工业和信息化部"十二五"规划教材

HANGKONG FADONGJI ZHUANZI DONGLIXUE

航空发动机转子动力学

廖明夫　主编

西北工业大学出版社
西　安

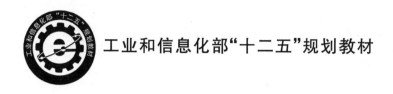

【内容简介】 本书从机械振动基础开始，系统地介绍转子动力学的基础理论。针对航空发动机的特点，引入转子系统“可容模态”的概念，建立转子动力学设计的方法和流程，最后论述转子减振理论和振动主动控制方法，并展示大量的实验验证结果。

本书融入了作者在航空发动机转子动力学领域多年的科研成果和经验，特别是转子进动分析理论、转子系统“可容模态”的概念、“可容模态”下转子动力学设计的方法和流程以及挤压油膜阻尼器和弹支干摩擦阻尼器的设计等，可直接作为航空发动机转子动力学设计的指南。另外，本书包含大量的图、表、数据、示例和实验结果，增强了理论的透明度和设计方法的可操作性，有助于读者理解和掌握。

本书可用作飞行器动力专业、机械专业和力学专业本科生及研究生的教科书，也宜作为航空发动机设计师的专业参考书。

图书在版编目(CIP)数据

航空发动机转子动力学/廖明夫主编．—西安：西北工业大学出版社，2015.11(2021.8 重印)
工业和信息化部“十二五”规划教材
ISBN 978-7-5612-4646-7

Ⅰ.①航… Ⅱ.①廖… Ⅲ.①航空发动机-转子动力学-高等学校-教材 Ⅳ.①V23

中国版本图书馆 CIP 数据核字(2015)第 275505 号

出版发行：西北工业大学出版社
通信地址：西安市友谊西路 127 号　　　　邮编：710072
电　　话：(029)88493844　88491757
网　　址：www.nwpup.com
印 刷 者：兴平市博闻印务有限公司
开　　本：787 mm×1 092 mm　　1/16
印　　张：24.375
字　　数：640 千字
版　　次：2015 年 11 月第 1 版　　2021 年 8 月第 2 次印刷
定　　价：90.00 元

前　言

航空发动机的突出特点是转速高、温度高、负荷大、结构复杂且轻柔。因此，振动问题一直是发动机研制中的“瓶颈”。据统计，由振动引发的发动机故障次数占发动机总故障的50%～60%。只有很好地解决振动问题，才有可能提高发动机的可靠性。而解决振动问题的根本出路在于建立发动机结构动力学设计体系，并贯彻在发动机设计的整个流程之中，防微杜渐，从源头抓起。

转子系统是发动机的核心部件，既是发动机振动的主体，也是发动机振动的主要激振源。因此，转子动力学设计是航空发动机结构动力学设计的重中之重。笔者编著本书的动机也恰在于此。

本书从机械振动基础开始，系统地介绍转子动力学的基础理论，引入转子系统“可容模态”的概念，建立转子动力学设计的方法和流程，最后论述转子减振理论和振动主动控制方法。其中部分内容是笔者及同事们若干年来科研成果的总结，期望对从事航空发动机和燃气轮机研制的同仁有所帮助。本书也宜作为飞行器动力专业、机械专业和力学专业本科生及研究生的教材和专业参考书。

本书共计18章，分为三个部分。第一部分为第1～10章的内容，主要以Gasch，Vance，Kraemer和顾家柳等著名转子动力学专家的经典著作为基础编写而成，属转子动力学的基础理论，是转子动力学设计的必备知识。第二部分为第11～14章的内容，着重以航空发动机为对象，论述转子动力学设计理论与方法。第三部分包括第15～18章，重点介绍转子减振与振动主动控制理论与技术。其中柔性转子的模态平衡和挤压油膜阻尼器技术是航空发动机转子减振的特色，而电磁轴承与弹支干摩擦阻尼器作为振动主动控制技术有望在未来发动机上获得应用。本书的三个部分相互联系，但相对独立完整，作为教材时，这样的结构安排有助于读者循序渐进地学习，也利于教师根据学生不同的专业类型取舍内容。

本书各章内容如下：

第1章介绍单自由度系统的振动，引入自振频率的概念及共振现象，给出振动系统阻尼的估计方法和振动烈度的度量方法。本章为转子动力学初学者的入门知识。

第2章介绍支座激振及振动隔离。一方面，台架或者飞机的振动均可引起发动机的振动。即使对发动机本身而言，附件或者机匣的振动也可导致转子振动。为简单起见，把这种现象视作支座激振。支座的运动可源自多种激扰源，例如，机翼振动、飞机起降的冲击、邻近机器的激扰、地震等。另一方面，转子的振动将会通过支承传至机匣，再由安装节传至飞机，引起飞机的振动，威胁飞行安全。这两个问题看似完全不同，但本质上是同一个问题的两个方面，都可通过振动的隔离加以解决。本章仍将发动机简化成单自由度系统，讨论支座激起的机器振动，分析发动机传到飞机的激扰力。在此基础之上，阐明振动隔离的原理及方法。虽是高度简化，但原理与方法并不失一般性。

第 3 章介绍单盘对称转子的振动，为转子动力学的基础。本章分析转子的涡动和不平衡响应，引入临界转速的概念，着重讨论转子的幅频特性及相频特性。

第 4 章分析带弯曲轴和非圆轴转子的振动。着重揭示它们的影响规律以及在此影响下转子的振动表现特征，为故障诊断奠定基础。

第 5 章介绍支承各向异性对转子振动的影响。分析转子的正、反进动，重点讨论转子的稳定性。

第 6 章讨论带偏置盘转子的振动。引入陀螺力矩，分析回转效应对临界转速的影响。

第 7 章介绍叶轮顶间隙激振。在汽轮机、轴流压缩机、航空发动机等轴流机械中，当转子受某种激扰，其轴心偏离机匣的中心位置时，叶轮与机匣的顶间隙就要发生变化。顶间隙小的一边叶轮所受周向力大，顶间隙大的一边叶轮所受的周向力小。最终产生间隙激振力，可导致转子发生正进动失稳（涡轮）或反进动失稳（压气机）。本章介绍间隙激振力的计算和在此力作用下转子的振动。

第 8 章论述转子振动的进动分析方法。给出全频域分解转子正、反进动量的算法和表达方法，引入廖氏 4 个进动分析定理及其证明，结合实例说明进动分析方法的应用。

第 9 章介绍振动测试及振动信号分析技术。介绍常用的振动传感器——位移、速度及加速度传感器，讨论信号处理中应注意的几个问题。

第 10 章介绍转子动平衡技术。考虑到实用性，只介绍刚性转子动平衡和柔性转子的影响系数平衡法。至于更深的平衡理论，读者可阅读本书第 15 章。

第 11 章详细讨论航空发动机高压转子结构动力学设计方法。首先建立发动机高压转子结构动力学模型，讨论转子抗振设计的要素，给出支承刚度匹配和动平衡时相位匹配的准则，引入参数临界转速的概念，最后用示例说明发动机高压转子的设计方法和步骤。

第 12 章论述航空发动机转子振动的“可容模态”和减振设计方法。针对航空发动机的变工况运行，引入转子“可容模态”概念，对应的临界转速定义为“可容临界”。建立“可容模态”下，转子减振设计方法和准则，以发动机低压转子和双转子模型为例，验证“可容模态”设计方法，并给出设计流程。

第 13 章介绍双转子的振动。以简化的双转子模型为基础，揭示双转子的耦合振动特性，着重分析中介轴承刚度各向异性对双转子振动的影响，从理论上证明，中介轴承刚度各向异性将产生转子“重力临界”现象，并引起组合频率成分的振动。

第14章介绍连续体转子的结构动力学设计。考虑轴的几何形状和分布质量，更接近真实的发动机转子。引入计算转子振动特性的传递矩阵法和有限元法，以此为基础，建立转子优化设计方法。分别按照“临界转速裕度”准则和“可容模态”准则对转子进行优化设计，比较两种设计结果，并给出设计示例。

第15章介绍柔性转子模态动平衡理论。对于运转在一阶、二阶甚至三阶临界转速之上的发动机转子，一般的刚性转子动平衡工艺达不到动平衡要求，必须将其视作柔性转子进行高速动平衡。柔性转子动平衡要比刚性转子动平衡复杂得多。它涉及平衡面的选取、各阶模态的确定、转子振动的测量、试重的加法、组件的平衡次序等诸多方面的问题。一般采用模态平衡法或影响系数平衡法对柔性转子实施动平衡。本章分别介绍模态平衡法中的N平面法和$N+2$平面法，给出转子模态动平衡的一般流程和步骤。

第16章介绍挤压油膜阻尼器。自20世纪60年代以来，挤压油膜阻尼器在航空发动机上获得了广泛应用，取得了良好的减振效果。本章系统地介绍挤压油膜阻尼器的原理和基础理论，建立挤压油膜阻尼器与转子系统匹配设计的方法，最后展示实验验证的结果。

第17章介绍电磁轴承。电磁轴承在地面机械中已获得成功应用，显现了突出的自适应优势。目前虽未应用于航空发动机，但随着技术进步和发动机对自适应减振结构的不断需求，未来有可能应用于航空发动机。本章论述电磁轴承的基本结构和工作原理，分析带电磁轴承转子的振动特性，介绍电磁轴承几种振动控制方法，讨论设计中应注意的几个问题。

第18章介绍弹支干摩擦阻尼器。弹支干摩擦阻尼器是一种新型的自适应转子减振机构，可实现转子振动主动控制，由西北工业大学研制。本章介绍弹支干摩擦阻尼器的原理和几种典型结构，剖析减振和镇定机理，建立弹支干摩擦阻尼器实施振动主动控制的两种控制方法，最后展示实验验证结果。

本书前言由廖明夫撰写，第1～10章由廖明夫、王四季和王俨剀编写；第11～14章由廖明夫、金路、刘展翅和宋明波编写；第15～18章由廖明夫、王四季、刘展翅和宋明波编写。廖明夫对全书进行了统编，陈曦和刘展翅负责全书的图表修订和校对。

在本书的编写过程中，得到了西北工业大学动力与能源学院“中德旋转机械与风能装置测控研究所”全体师生的帮助和支持，也得到了国家自然科学基金资助项目压电弹支干摩擦阻尼器的动力学分析与实验研究(51405393)的支持，西北工业大学出版社何格夫对本书的出版付出了辛勤劳动，在此一并表示衷心感谢。

由于水平有限，错误和不足在所难免，恳请读者批评指正。

编 者

2015年3月

目　录

第1章　单自由度系统的振动

发动机振动最简单的模型可由一个单自由度系统来描述。自振频率的概念及共振现象通过分析一个单自由度系统就可得到明确的解释。另外，振动强弱的度量也是一致的。因此，本书首先介绍单自由度系统的振动。

1.1　运动微分方程

图1.1描述的就是一个单自由度系统。它由质量、弹簧和阻尼器组成。此处认为弹簧与阻尼器皆为线性元件，即弹性力与位移 x 成正比，阻尼力与速度 $\dot{x}$ 成正比。

这一模型的运动微分方程可表示为

$$m\ddot{x}+d\dot{x}+sx=F(t) \tag{1.1}$$

式中：m 为质量；d 为阻尼系数；s 为刚度系数；$F(t)$ 为激振力；t 为时间；x 为质量 m 离开平衡位置的位移。

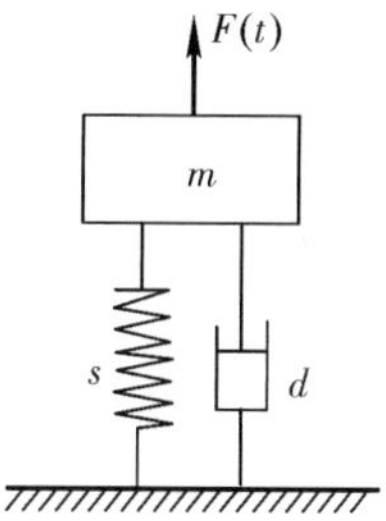

图1.1　单自由度振动系统

方程的解由齐次方程（$F(t)=0$）的通解和非齐次方程（$F(t)\neq 0$）的特解构成，它完全描述了系统的振动。齐次方程（$F(t)=0$）的通解描述振系的自由振动，而非齐次方程（$F(t)\neq 0$）的特解则描述振系的受迫振动。下面将分别讨论齐次方程的通解所描述的自由振动和非齐次方程的特解所描述的受迫振动。分析受迫振动时，仅考虑激振力为简谐激振力的情况。

1.2　自由振动

无激振力时，即 $F(t)=0$，振系的自由振动由方程式(1.1)对应的齐次方程来表征，可得

$$m\ddot{x}+d\dot{x}+sx=0 \tag{1.2}$$

方程两边同除以 m 可得

$$\ddot{x}+2\omega D\dot{x}+\omega^2 x=0 \tag{1.3}$$

其中

$$D=\frac{d}{2\sqrt{ms}} \tag{1.4}$$

称为阻尼比（相对阻尼系数），而

$$\omega=\sqrt{\frac{s}{m}} \tag{1.5}$$

称为振系的无阻尼自振频率。

假设方程的解为

$$x(t)=Ae^{\lambda t} \tag{1.6}$$

代入方程式(1.3)后可得

$$(\lambda^2+2\omega\lambda D+\omega^2)A=0 \tag{1.7}$$

由于 $A\neq 0$,则有

$$\lambda^2+2\omega\lambda D+\omega^2=0 \tag{1.8}$$

此方程称之为系统的特征方程,其解为

$$\lambda_{1,2}=-\omega D\pm\omega\sqrt{D^2-1} \tag{1.9}$$

对于发动机,绝大多数情况下满足

$$D\ll 1 \tag{1.10}$$

因此方程式(1.9)可改写为

$$\lambda_{1,2}=-\omega D\pm \mathrm{j}\omega\sqrt{1-D^2},\ \mathrm{j}=\sqrt{-1} \tag{1.11}$$

故可得方程式(1.3)的通解为

$$x(t)=e^{-\omega Dt}(A_1e^{\mathrm{j}\omega t\sqrt{1-D^2}}+A_2e^{-\mathrm{j}\omega t\sqrt{1-D^2}}) \tag{1.12}$$

其中 A_1 和 A_2 为复常数。考虑到 $x(t)$ 表示的是系统的振动位移,故 A_1 和 A_2 必为共轭复数,可设

$$A_1=(a-\mathrm{j}b)/2$$
$$A_2=(a+\mathrm{j}b)/2$$

代入方程式(1.12)后最终可得

$$x(t)=e^{-\omega Dt}(a\cos\sqrt{1-D^2}\,\omega t+b\sin\sqrt{1-D^2}\,\omega t)=Xe^{-\omega Dt}\sin(\sqrt{1-D^2}\,\omega t+\varphi) \tag{1.13}$$

其中

$$X=\sqrt{a^2+b^2} \tag{1.14}$$

$$\varphi=\arctan\frac{a}{b} \tag{1.15}$$

系数 a 和 b 由初始条件确定。

当无阻尼时,即 $D=0$ 时,方程式(1.13)变为

$$x(t)=a\cos\omega t+b\sin\omega t=X\sin(\omega t+\varphi) \tag{1.16}$$

图 1.2(a)描述了振系的无阻尼自由振动,而图 1.2(b)描述了阻尼对振系自由振动的影响。可见,当振系自由振动时,其振动频率为 ω 或 $\sqrt{1-D^2}\,\omega$。但当阻尼比 $D\ll 1$ 时,$\sqrt{1-D^2}\approx 1$。故在一般情况下,总是把 ω 称为振系的自振频率。由方程式(1.5)可见,ω 只取决于振系的固有参数,即质量 m 和刚度 s,因此,它也常被称为固有频率。

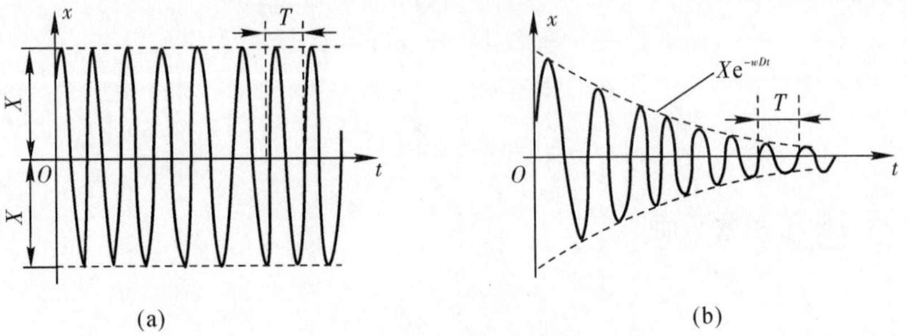

图 1.2 振系的自由振动

(a)无阻尼;(b)有阻尼

从图 1.2(b)可见,阻尼对振动幅值的影响非常明显。阻尼使得自由振动的幅值随时间不断衰减,最终至零。

再回到描述有阻尼系统自由振动的表达式(1.13)。其幅值衰减系数为 $e^{-\omega Dt}$。系统从任一时刻 t_0 开始振动一个周期 T 之后,幅值比为

$$\frac{x_0}{x_1}=e^{\omega DT} \tag{1.17}$$

或

$$\omega DT=\ln\frac{x_0}{x_1} \tag{1.18}$$

式中:x_0 为时刻 $t=t_0$ 时的振幅;x_1 为时刻 $t=t_0+T$ 时的振幅。

在弱阻尼情况下,$T\approx\frac{2\pi}{\omega}$,由方程式(1.18)可得

$$D=\frac{1}{2\pi}\ln\frac{x_0}{x_1} \tag{1.19}$$

当相邻 n 个周期时,方程式(1.19)变为

$$D=\frac{1}{2\pi n}\ln\frac{x_0}{x_n} \tag{1.20}$$

式中:x_n 为时刻 $t=t_0+nT$ 时的振幅。

根据这一计算公式(1.20),可实验获取阻尼比 D。其过程是利用锤击使系统产生自由振动,测量出相邻 n 个周期的振幅值,则可由式(1.20)计算出阻尼比 D。

1.3 受迫振动

所谓受迫振动是指外界因素作为激励使系统产生振动,并且在振动过程中这一激励始终作用在系统上。此处仅考虑外界激励为简谐力时的受迫振动。虽然这是最简单的情况,但一般情况下发动机受到的动载皆为周期性激扰,它经傅里叶分解总可表示为简谐函数的级数。因此,把外载视为简谐力并不失一般性。

设简谐力为

$$F(t)=F_0\cos\Omega t \tag{1.21}$$

代入方程式(1.1),并考虑式(1.4)和式(1.5),则有

$$\ddot{x}+2\omega D\dot{x}+\omega^2 x=\frac{F_0}{m}\cos\Omega t \tag{1.22}$$

其稳态解为

$$x=X\cos(\Omega t-\varphi) \tag{1.23}$$

其中

$$X=\frac{\frac{F_0}{m}}{\sqrt{(\omega^2-\Omega^2)^2+(2\omega\Omega D)^2}} \tag{1.24}$$

$$\varphi=\arctan\frac{2\omega\Omega D}{\omega^2-\Omega^2} \tag{1.25}$$

引入静态位移

$$x_s=\frac{F_0}{s} \tag{1.26}$$

和频率比

$$\lambda=\frac{\Omega}{\omega} \tag{1.27}$$

则方程式(1.24)和方程式(1.25)可转化成无量纲表达式为

$$Q=\frac{X}{x_s}=\frac{1}{\sqrt{(1-\lambda^2)^2+(2\lambda D)^2}} \tag{1.28}$$

$$\varphi=\arctan\frac{2\lambda D}{1-\lambda^2} \tag{1.29}$$

图 1.3 和图 1.4 分别表示 Q 和 φ 随转速比的变化,其中阻尼比 D 作为参数示出。

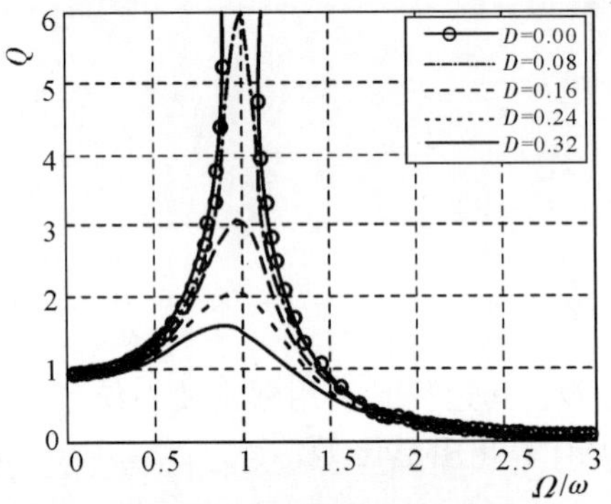

图 1.3 Q 随转速比的变化

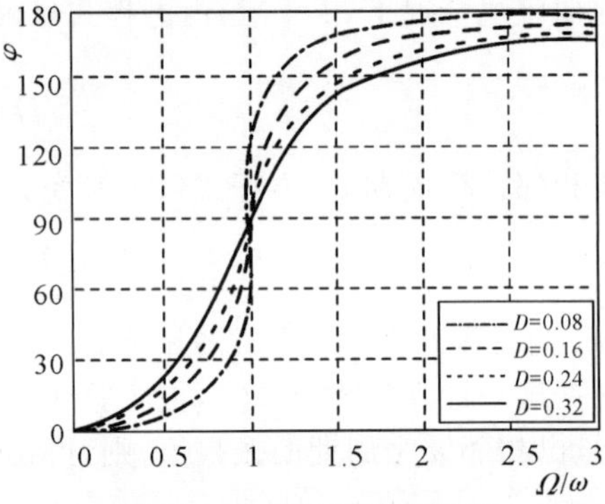

图 1.4 φ 随转速比的变化

由图 1.3 可见,Q 从 1 开始随转速比的增加达到最大值后渐近于零。$Q-\lambda$ 曲线称为幅频特性曲线。

当阻尼比 $D\leqslant 1/\sqrt{2}=0.707$ 时,有

$$\lambda_{\max}=\sqrt{1-2D^2} \tag{1.30}$$

Q 值此时达到最大值,即

$$Q_{\max}\approx\frac{1}{2D\sqrt{1-D^2}} \tag{1.31}$$

当阻尼很小时,$D\ll 1$,则有

$$\lambda_{\max}\approx 1$$
$$Q_{\max}\approx\frac{1}{2D} \tag{1.32}$$

由此表明,激振频率 Ω 等于系统自振频率 ω 时,系统发生共振。共振的振幅为

$$X_{\max}=\frac{x_s}{2D} \tag{1.33}$$

从图 1.4 表示的相位曲线可见,共振时无论阻尼比 D 取何值,相角 φ 总是保持 90°。因此,有时也以相角 φ 判断共振点。

1.4 阻尼的半功率点估计

如果已知振系的幅频特性,则可根据幅频特性估计出阻尼比 D 值。

在共振点，$\lambda_{max}\approx 1$，$Q_{max}\approx\frac{1}{2D}$。则对于任一幅值 αQ_{max} $(0<\alpha\leqslant 1)$，如图 1.5 所示，可得

$$\frac{\alpha^2}{4D^2}=\frac{1}{(1-\lambda^2)^2+(2\lambda D)^2} \tag{1.34}$$

其中 $\lambda=\frac{\Omega}{\omega}$ 为频率比。

整理之后可得

$$\lambda^4-2(1-2D^2)\lambda^2+1-\frac{4D^2}{\alpha^2}=0 \tag{1.35}$$

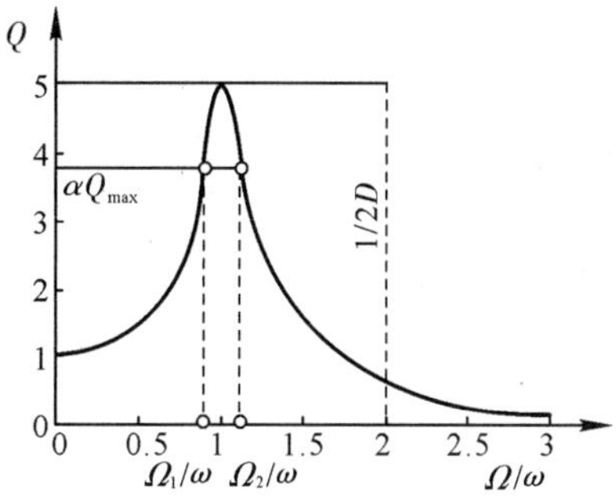

图 1.5　振系的幅频特性及半功率点

由此解出

$$\lambda^2=1-2D^2\pm 2D\sqrt{\frac{1}{\alpha^2}-1+D^2} \tag{1.36}$$

考虑到阻尼比 $D\ll 1$，可忽略 D 的高次项，即 $D^2\approx 0$，于是可得

$$\lambda^2=1\pm 2D\sqrt{\frac{1}{\alpha^2}-1} \tag{1.37}$$

由此得到的两个根应满足

$$\lambda_2^2-\lambda_1^2=\frac{\Omega_2^2-\Omega_1^2}{\omega^2}=4D\sqrt{\frac{1}{\alpha^2}-1} \tag{1.38}$$

$$\frac{\Omega_2^2-\Omega_1^2}{\omega^2}=\frac{(\Omega_2+\Omega_1)(\Omega_2-\Omega_1)}{\omega^2}=\frac{\frac{\Omega_2+\Omega_1}{2}2(\Omega_2-\Omega_1)}{\omega^2} \tag{1.39}$$

由于 $\frac{\Omega_2+\Omega_1}{2}\approx\omega$，故得

$$\frac{\Omega_2-\Omega_1}{\omega}\approx 2D\sqrt{\frac{1}{\alpha^2}-1} \tag{1.40}$$

当 $\alpha=\frac{\sqrt{2}}{2}$ 时，即半功率点，阻尼比为

$$D=\frac{\Omega_2-\Omega_1}{2\omega} \tag{1.41}$$

当 a 为(0,1)区间的任意值时，则可由式(1.38)得到阻尼比为

$$D=\frac{\Omega_2^2-\Omega_1^2}{4\omega^2\sqrt{\frac{1}{\alpha^2}-1}} \tag{1.42}$$

1.5　周期力激扰下的受迫振动

第 1.3 节讨论了简谐力作用下的受迫振动。考虑到发动机所受动载的特点，需分析任一周期力激扰下系统的受迫振动。仍取图 1.1 所示的单自由度系统作为分析模型，其振动微分

方程为

$$m\ddot{x}+d\dot{x}+sx=F(t) \tag{1.43}$$

其中激振力为周期力，即 $F(t)=F(t+T)$（$T=\frac{2\pi}{\Omega}$，Ω 为角速度）。因此，可将激振力 $F(t)$ 展成傅里叶级数，即

$$F(t)=\frac{a_0}{2}+\sum_{k=1}^{\infty}(a_k\cos k\Omega t+b_k\sin k\Omega t)=\frac{a_0}{2}+\sum_{k=1}^{\infty}A_k\cos(k\Omega t+\beta_k) \tag{1.44}$$

式中

$$a_0=\frac{2}{T}\int_0^T F(t)\mathrm{d}t \tag{1.45}$$

$$a_k=\frac{2}{T}\int_0^T F(t)\cos k\Omega t\,\mathrm{d}t \tag{1.46}$$

$$b_k=\frac{2}{T}\int_0^T F(t)\sin k\Omega t\,\mathrm{d}t \tag{1.47}$$

$$A_k=\sqrt{a_k^2+b_k^2} \tag{1.48}$$

$$\tan\beta_k=-\frac{b_k}{a_k} \tag{1.49}$$

式(1.44)表明，周期激振力总可以表示成简谐力的级数和。其中 $k=1$ 的简谐力为基频项，其频率为 Ω，对应于发动机转子的转动频率。由于系统为线性系统，符合叠加原理，故先考虑第 k 阶简谐力激起的振动。此时，运动方程为

$$m\ddot{x}+d\dot{x}+sx=A_k\cos(k\Omega t+\beta_k) \tag{1.50}$$

据式(1.24)和式(1.25)知其解为

$$X_k=\frac{A_k/m}{\sqrt{[\omega^2-(k\Omega)^2]^2+(2Dk\omega\Omega)^2}}\cos(k\Omega t+\beta_k-\varphi_k) \tag{1.51}$$

$$\tan\varphi_k=\frac{2Dk\omega\Omega}{\omega^2-(k\Omega)^2},\quad k=1,2,3,\cdots \tag{1.52}$$

由式(1.51)可见，当转动频率 $\Omega=\frac{\omega}{k}$ 时，振系发生共振，即所谓的谐波共振。图 1.6 表示 $k=1,2$ 和 3 时，振系振幅随转速比 Ω/ω 的变化曲线。

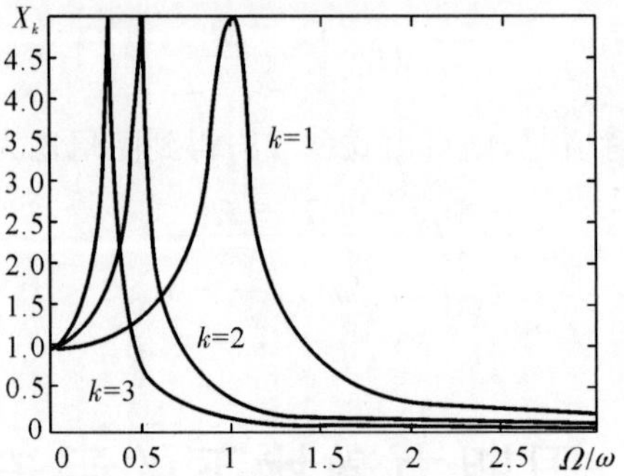

图 1.6 振幅随转速比的变化

最后得到总的受迫振动为

$$X=\frac{a_0}{2s}+\sum_{k=1}^{\infty}\frac{A_k/m}{\sqrt{[\omega^2-(k\Omega^2)]^2+(2Dk\omega\Omega)^2}}\cos(k\Omega t+\beta_k-\varphi_k) \tag{1.53}$$

由此表明，任一周期力将会同时激起振系一倍频、二倍频等谐波振动。其频谱为离散的谱线，如图 1.7 所示。

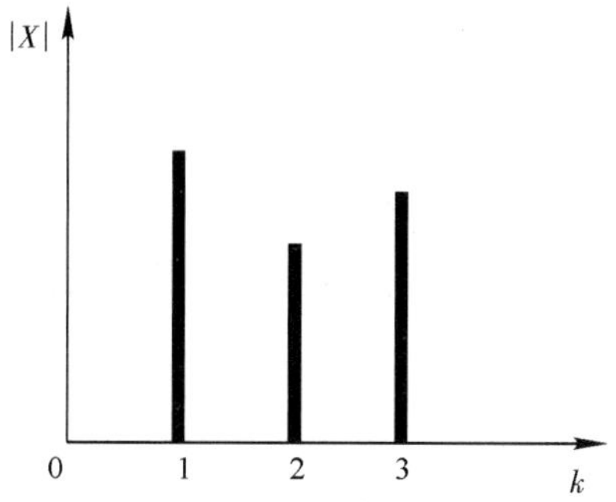

图 1.7　振动频谱

1.6　振动烈度的度量

振动烈度是机器状态监测的一个重要监测量，它可由峰值、峰-峰值、平均值、均方根值等量来度量。

峰值 A_p 或峰-峰值 $A_{p\text{-}p}$ 表示了振系最大的振动应力，同时也给出了振动噪声的限度。对于简谐振动，如图 1.8 所示，峰-峰值为

$$A_{p\text{-}p} = 2A_p \tag{1.54}$$

而平均值为

$$\overline{A} = \lim_{T\to\infty} \frac{1}{T}\int_0^T x(t)\,\mathrm{d}t \tag{1.55}$$

当振动信号中不包含直流量时，$\overline{A}=0$。

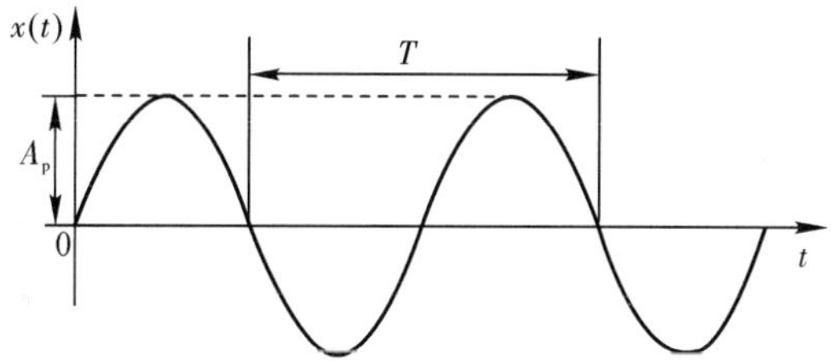

图 1.8　简谐振动

振动位移的均方值一般与振动能量相关联。其表达式为

$$\overline{X}^2 = \lim_{T\to\infty} \frac{1}{T}\int_0^T x^2(t)\,\mathrm{d}t \tag{1.56}$$

对于简谐振动 $x(t)=A\sin\omega t$，其均方值为

$$\overline{X}^2 = \lim_{T\to\infty} \frac{A^2}{T}\int_0^T \frac{1}{2}(1-\cos 2\omega t)\,\mathrm{d}t = \frac{1}{2}A^2 \tag{1.57}$$

而均方根值为

$$A_{\mathrm{rms}} = \sqrt{\overline{X}^2} \tag{1.58}$$

当 $x=A\sin\omega t$ 时，$A_{\mathrm{rms}}=\frac{1}{\sqrt{2}}A=0.707A$。

一般情况下，对于所测得的振动位移信号，利用峰值 A_{p} 或峰-峰值 $A_{\mathrm{p\text{-}p}}$ 来度量振动的烈度；而对于所测得的振动速度信号，则用均方根值 A_{rms} 来度量振动的烈度。ISO 7919 和 ISO 10816 分别给出了依据峰-峰值和均方根值来评定机器振动状态的国际标准。

但对于航空发动机，大部分情况下，利用振动加速度传感器在机匣上来测量发动机振动。常用振动加速度单峰值来度量振动烈度，但目前尚无通行的国际标准。

第 2 章　支座激振及振动隔离

一方面，台架或者飞机的振动均可引起发动机的振动。即使对发动机本身而言，附件或者机匣的振动也可导致转子振动。为简单起见，把这种现象视作支座激振。支座的运动可源自多种激扰源，例如机翼振动、飞机起降的冲击、邻近机器的激扰、地震等。另一方面，转子的振动将会通过支承传至机匣，再由安装节传至飞机，引起飞机的振动，威胁飞行安全。这两个问题看似完全不同，但本质上是同一个问题的两个方面，都可通过振动隔离加以解决。本章仍将发动机简化成单自由度系统，讨论支座激起的机器振动，分析发动机传到飞机的激扰力。在此基础之上，阐明振动隔离的原理及方法。虽是高度简化，但原理与方法并不失一般性。

2.1　支座激振

如图 2.1 所示，一弹簧－质量－阻尼振系固定在一运动的支座之上。假设支座的运动为

$$y = Y\sin\Omega t \tag{2.1}$$

质量 m 的运动为 x，则其运动方程为

$$m\ddot{x} = -s(x-y) - d(\dot{x}-\dot{y}) \tag{2.2}$$

引入变量

$$z = x - y \tag{2.3}$$

它表示质量 m 与支座之间的相对运动。将其代入方程式(2.2)，则有

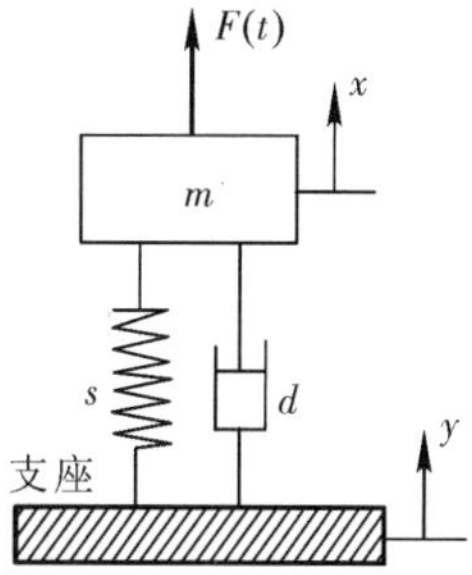

图 2.1　支座激振

$$m\ddot{z} + d\dot{z} + sz = -m\ddot{y} = m\Omega^2 Y\sin\Omega t \tag{2.4}$$

这与第 1 章所列的运动微分方程具有相同的形式。其解为

$$z = Z\sin(\Omega t - \varphi) \tag{2.5}$$

$$Z = \frac{\Omega^2 Y}{\sqrt{(\omega^2 - \Omega^2)^2 + (2\omega\Omega D)^2}} \tag{2.6}$$

$$\tan\varphi = \frac{2\omega\Omega D}{\omega^2 - \Omega^2} \tag{2.7}$$

可见，当支座运动频率 Ω 与振系自振频率 ω 重合时，振系发生共振；支座不动时($Y=0$)，显然不激起振动($Z=0$)。

由式(2.3)可求得绝对运动为

$$x = z + y \tag{2.8}$$

将式(2.1)、式(2.5)和式(2.6)代入式(2.8)后得到

$$x = X\sin\Omega(t - \varphi) \tag{2.9}$$

$$X=\sqrt{\frac{s^2+(\Omega d)^2}{[s-m\Omega^2]^2+(d\Omega)^2}}Y \tag{2.10}$$

$$\tan\varphi=\frac{md\Omega^3}{s(s-m\Omega^2)+(d\Omega)^2} \tag{2.11}$$

化成无量纲表达式可得

$$X=\sqrt{\frac{1+\left(2D\dfrac{\Omega}{\omega}\right)^2}{\left[1-\left(\dfrac{\Omega}{\omega}\right)^2\right]^2+\left(2D\dfrac{\Omega}{\omega}\right)^2}}Y \tag{2.12}$$

$$\tan\varphi=\frac{2D\left(\dfrac{\Omega}{\omega}\right)^3}{1-\left(\dfrac{\Omega}{\omega}\right)^2+\left(2D\dfrac{\Omega}{\omega}\right)^2} \tag{2.13}$$

由此可得支座运动幅度与振系振幅之比值为

$$\left|\frac{X}{Y}\right|=\sqrt{\frac{1+\left(2D\dfrac{\Omega}{\omega}\right)^2}{\left[1-\left(\dfrac{\Omega}{\omega}\right)^2\right]^2+\left(2D\dfrac{\Omega}{\omega}\right)^2}} \tag{2.14}$$

$\left|\dfrac{X}{Y}\right|$随频率比$\dfrac{\Omega}{\omega}$的变化规律如图 2.2 所示。这说明，当支座运动频率与振系的自振频率相同时，振系发生共振；当支座运动频率远大于振系自振频率时，振系振幅趋于零。这表明，在此条件下支座运动不激起振系振动。因此，为保证支座的运动不影响机器的运转，经常在机器与支座之间加垫橡胶垫块，使 ω 值远低于 Ω。

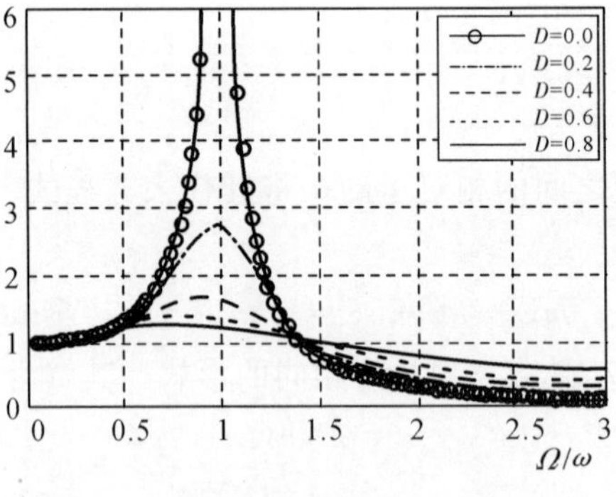

图 2.2　振系振幅与频率比的关系

2.2　振动的隔离

机器的振动是难以避免的，但经适当的隔离，可减小机器向基础传递的振动力，从而避免对周围环境造成不良影响。

如图 2.3 所示，振系传至基础的力为

$$F_{\mathrm{tr}}=d\dot{x}+sx \tag{2.15}$$

将

$$x = X\cos(\Omega t - \varphi) \tag{2.16}$$

代入式(2.15)，得

$$F_{tr} = F\cos(\Omega t - \varphi + \alpha) \tag{2.17}$$

$$F = \sqrt{(d\Omega)^2 + s^2}\,X \tag{2.18}$$

$$\tan\alpha = \frac{d\Omega}{s} \tag{2.19}$$

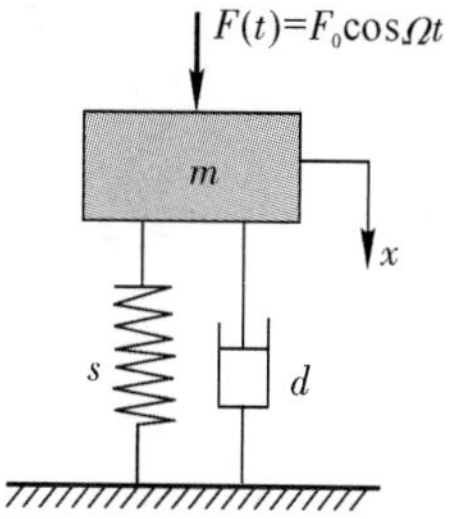

图 2.3　振系对基础的作用

考虑到式(2.18)中

$$X = \frac{F_0/s}{\sqrt{[1-(\Omega/\omega)^2]^2 + (2D\Omega/\omega)^2}} \tag{2.20}$$

则传至基础的力 F 与激振力 F_0 之比值为

$$\left|\frac{F}{F_0}\right| = \sqrt{\frac{1+\left(2D\dfrac{\Omega}{\omega}\right)^2}{\left[1-\left(\dfrac{\Omega}{\omega}\right)^2\right]^2 + \left(2D\dfrac{\Omega}{\omega}\right)^2}} \tag{2.21}$$

此比值称为传递率。它与式(2.14)的表达式完全相同，即

$$\left|\frac{F}{F_0}\right| = \left|\frac{X}{Y}\right| \tag{2.22}$$

这说明，要减小机器的振动向基础的传递，所采取的隔振方法与上节所述的相同。

本章将机器与基础的耦合简化成一单自由度系统。事实上，分析基础激振及振动隔离时，应将机器与基础作为一个整体考虑。有关内容请读者查阅参考文献[3]以及本书后面的章节。

第3章 单盘对称转子的振动

本章以最简单的单盘对称转子模型，即所谓的 Jeffcott 转子模型，作为分析对象，引入临界转速的概念，并分析转子的不平衡响应。实际发动机的转子系统要比这一模型复杂得多。但依据此模型仍可足够明确地解释实际转子的振动现象。

3.1 转子的涡动及幅频特性

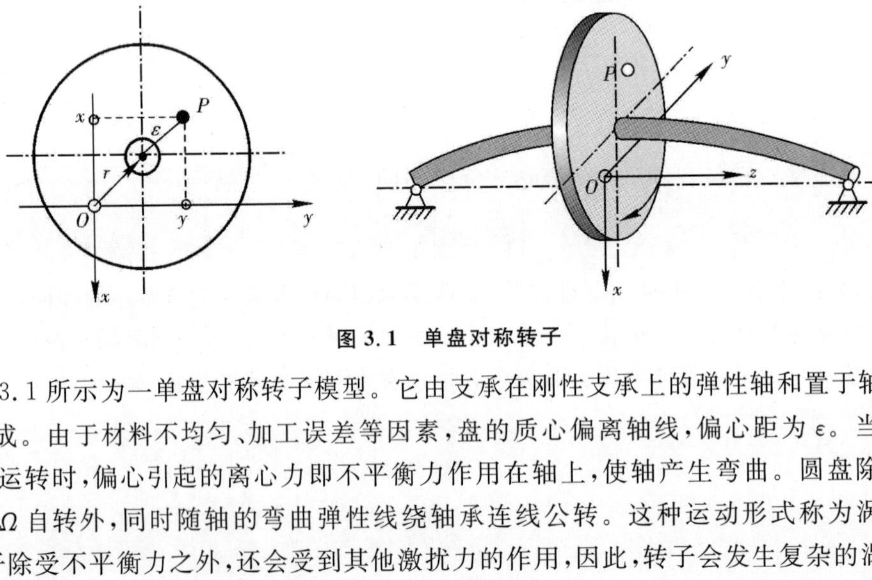

图 3.1 单盘对称转子

图 3.1 所示为一单盘对称转子模型。它由支承在刚性支承上的弹性轴和置于轴中间位置的盘组成。由于材料不均匀、加工误差等因素，盘的质心偏离轴线，偏心距为 ε。当转子以角速度 Ω 运转时，偏心引起的离心力即不平衡力作用在轴上，使轴产生弯曲。圆盘除绕轴心以角速度 Ω 自转外，同时随轴的弯曲弹性线绕轴承连线公转。这种运动形式称为涡动。实际中，转子除受不平衡力之外，还会受到其他激扰力的作用，因此，转子会发生复杂的涡动。

不妨仅考虑不平衡力作用下转子的变形，以便对临界转速、偏心转向以及自动定心现象获得直观的理解。

由图 3.1 可知，作用在转子上的离心力为

$$F=(\varepsilon+r)m\Omega^2 \tag{3.1}$$

式中：r 为轴在装盘处的挠度，m 为盘的质量。

这一离心力将由转子的弹性恢复力来平衡，即

$$sr=F=(\varepsilon+r)m\Omega^2 \tag{3.2}$$

此处 s 表示轴在置盘处的刚度。

由方程式(3.2)可解得

$$r=\frac{\varepsilon\left(\dfrac{\Omega}{\omega}\right)^2}{1-\left(\dfrac{\Omega}{\omega}\right)^2} \tag{3.3}$$

式中：$\omega=\sqrt{\frac{s}{m}}$。它与第 2 章所讨论的自振频率相同，此处称为临界转速。

转速从 0 向 ω 增大时，转子的挠度 r 随转速增大而增大。这是易于理解的现象。当转速 $\Omega=\omega$时，挠度 r 趋于无穷大。这与第 2 章所讨论的共振现象相似。这一转速称为临界转速。越过临界转速之后，转子挠度 r 则随转速增大而减小，当转速进一步增加时，挠度 r 渐近于转子偏心距 ε，即转子质心渐近于轴线。这一现象称为“自动定心”。图 3.2 描述了挠度 r 随转速比的变化过程，即幅频特性。幅值与转子偏心距 ε 成正比。

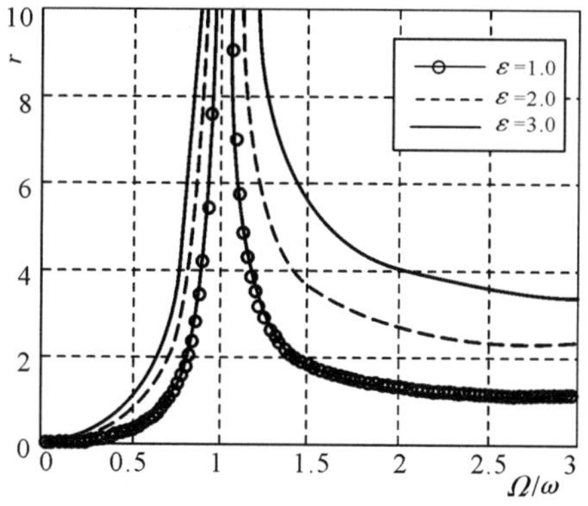

图 3.2 转子动挠度的幅值随转速比的变化($\varepsilon=1.0,2.0,3.0$)

在工程应用中定义，低于临界转速运转的转子称为亚临界转子；高于临界转速运转的转子称为超临界转子。而低于$\sqrt{\frac{1}{2}}$倍临界转速的转子称为刚性转子，因为在此转速区域离心力引起的转子挠度 r 小于偏心距 ε。高于此转速运转的转子，则称为柔性转子。

3.2 转子运动微分方程

转子的运动可进行严格的数学描述，即建立运动微分方程。这将为后面章节的讨论奠定基础。

取图 3.3 所示的空间固定坐标系 $Oxyz$ 来描述转子的运动。其中 x 和 y 轴位于圆盘的中心面上，z 轴与轴承中心连线重合。坐标原点 O 位于轴承中心连线上。

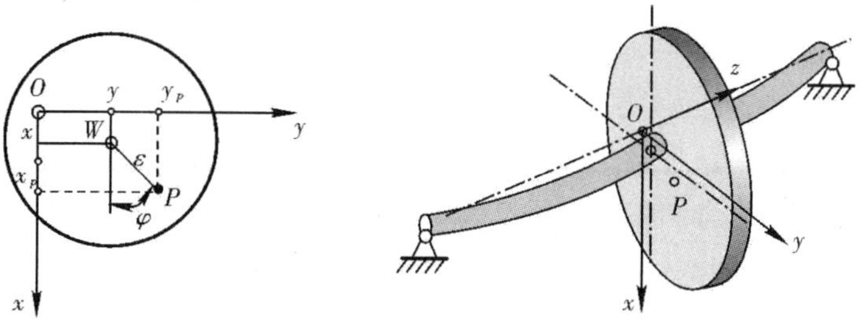

图 3.3 转子运动及坐标系

圆盘几何中心 W 的坐标为(x,y)。它所历经的是平面运动，即随重心 P 的平动和绕重心 P 的转动。

重心 P 的坐标为

$$\left.\begin{aligned} x_P &= x+\varepsilon\cos\varphi \\ y_P &= y+\varepsilon\sin\varphi \end{aligned}\right\} \tag{3.4}$$

根据牛顿定律可列出平动微分方程为

$$m\ddot{x}_P = -sx \tag{3.5}$$

$$m\ddot{y}_P = -sy \tag{3.6}$$

将式(3.4)分别代入方程式(3.5)和式(3.6)，经整理后可得

$$m\ddot{x} + sx = m\varepsilon\dot{\varphi}^2\cos\varphi + m\varepsilon\ddot{\varphi}\sin\varphi \tag{3.7}$$

$$m\ddot{y} + sy = m\varepsilon\dot{\varphi}^2\sin\varphi - m\varepsilon\ddot{\varphi}\cos\varphi \tag{3.8}$$

方程两边同除以 m ，并引入

$$\omega = \sqrt{\frac{s}{m}} \tag{3.9}$$

可得

$$\ddot{x} + \omega^2 x = \varepsilon\dot{\varphi}^2\cos\varphi + \varepsilon\ddot{\varphi}\sin\varphi \tag{3.10}$$

$$\ddot{y} + \omega^2 y = \varepsilon\dot{\varphi}^2\sin\varphi - \varepsilon\ddot{\varphi}\cos\varphi \tag{3.11}$$

根据动量矩定律可列出圆盘绕重心 P 转动的微分方程为

$$I\ddot{\varphi} = T + s\varepsilon(y\cos\varphi - x\sin\varphi) \tag{3.12}$$

式中：I 是圆盘的惯性矩，而 T 表示外加扭矩，即驱动扭矩。方程右边的第二项表示作用在圆盘几何中心 W 上的弹性恢复力所产生的力矩。

3.3 转子的不平衡响应

方程式(3.10)、式(3.11)和式(3.12)完全描述了转子的运动形态。此处，我们仅考虑转子的稳态运行，即驱动扭矩用于克服转子上的阻力，如气动力矩，故 $T=0$。则方程式(3.12)变为

$$\ddot{\varphi} = \frac{s}{I}\varepsilon(y\cos\varphi - x\sin\varphi) \tag{3.13}$$

由于 εx 和 εy 皆为高阶小量，可看作为 0，故方程式(3.13)可近似为

$$\ddot{\varphi} = 0 \tag{3.14}$$

由此可得

$$\dot{\varphi} = \Omega = \text{常数} \tag{3.15}$$

$$\varphi = \Omega t + \beta \tag{3.16}$$

可见，当言及机器稳态运行时，实际上总指机器的定转速运转状态。式(3.16)中的 β 为积分常数，总可由选择适当的时间起点使其为 0，故并不重要。将式(3.14)、式(3.15)和式(3.16)代入方程式(3.10)和式(3.11)，可得转子稳态运行时的运动微分方程为

$$\ddot{x} + \omega^2 x = \varepsilon\Omega^2\cos\Omega t \tag{3.17}$$

$$\ddot{y} + \omega^2 y = \varepsilon\Omega^2\sin\Omega t \tag{3.18}$$

设方程的稳态解为

$$x = X\cos\Omega t \tag{3.19}$$

$$y = Y\sin\Omega t \tag{3.20}$$

代入方程式(3.17)和式(3.18)后，可得

$$X = \frac{\varepsilon\Omega^2}{\omega^2 - \Omega^2} \tag{3.21}$$

$$Y = \frac{\varepsilon\Omega^2}{\omega^2 - \Omega^2} \tag{3.22}$$

引入转速比

$$\eta = \frac{\Omega}{\omega} \tag{3.23}$$

则方程的解最终可表示为

$$x = \varepsilon \frac{\eta^2}{1-\eta^2}\cos\Omega t \tag{3.24}$$

$$y = \varepsilon \frac{\eta^2}{1-\eta^2}\sin\Omega t \tag{3.25}$$

式(3.24)和式(3.25)表明，稳态运转时，在不平衡作用下转子在 x 和 y 方向历经同频、同幅的简谐振动，但相位相差 90°。振动频率与转子自转频率相同。振动幅值与转子不平衡量 ε 成正比并与转速 Ω 有关。当转速 Ω 与自振频率 ω 相同时，振幅趋于无穷大。这对于转子是非常危险的。因此，称 $\Omega=\omega$ 为转子的临界转速。

把方程式(3.24)和式(3.25)两边二次方之后相加，可得

$$x^2 + y^2 = \varepsilon^2\left[\frac{\eta^2}{1-\eta^2}\right]^2 \tag{3.26}$$

这是一个圆的方程。它表明轴心在转子运转过程中沿一圆轨迹运动。轨迹旋转方向与转子的自转方向相同。由此可见，转子不平衡引起转子的协调正进动，如图 3.4 所示。轨迹半径为

$$r = \varepsilon\left[\frac{\eta^2}{1-\eta^2}\right] \tag{3.27}$$

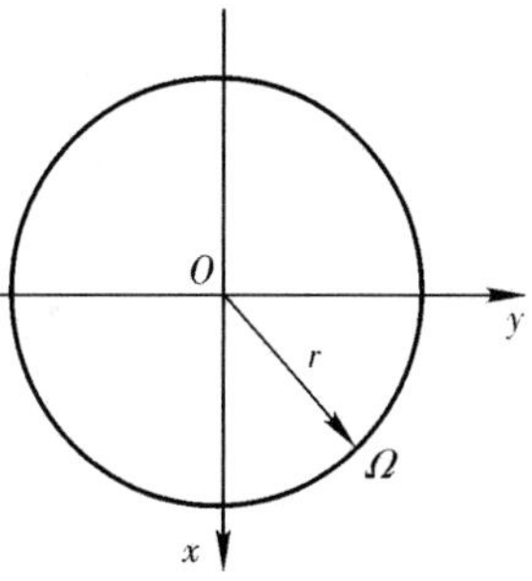

图 3.4　轴心轨迹

由方程式(3.4)、式(3.24)和式(3.25)可求得不平衡作用下转子重心的运动规律为

$$x_P = \frac{\varepsilon}{1-\eta^2}\cos\Omega t \tag{3.28}$$

$$y_P = \frac{\varepsilon}{1-\eta^2}\sin\Omega t \tag{3.29}$$

显然，式(3.28)和式(3.29)描述的也是一圆轨迹。圆的半径为

$$r_P = \left|\frac{\varepsilon}{1-\eta^2}\right| \tag{3.30}$$

另外，对于任何 η 值，都存在

$$r_P - r = \varepsilon \tag{3.31}$$

将方程式(3.24)和式(3.25)、方程式(3.28)和式(3.29)对应相除可得

$$\frac{y}{x} = \frac{y_P}{x_P} = \tan\Omega t \tag{3.32}$$

这一关系式说明，坐标原点 O、圆盘几何中心 W 以及重心 P 位于同一直线上。

图 3.5 表示了盘几何中心 W 和重心 P 运动轨迹半径随转速比的变化规律。两条曲线的垂直距离在任何转速处都保持为 ε。

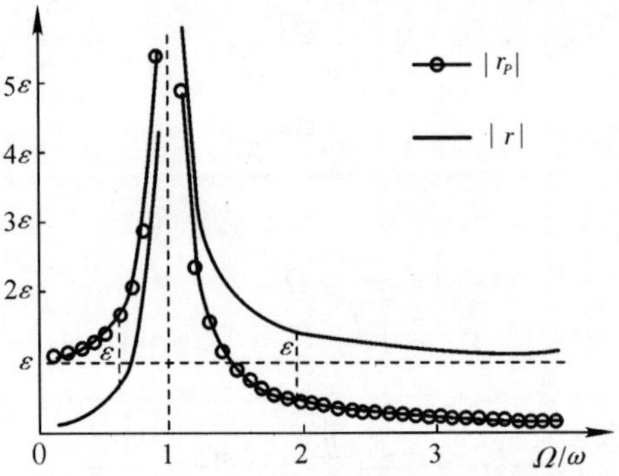

图 3.5　重心 P 和几何中心 W 的运动轨迹半径随转速比的变化

由图可见，当 $\Omega<\omega$ 时，即在亚临界区域，圆盘重心 P 的轨迹半径大于几何中心 W 的轨迹半径。这一状态与人们的直觉一致。易于想象，转子运转过程中，离心力的作用使重心向外。但在超临界区域($\Omega>\omega$)情况却相反，即圆盘几何中心 W 的轨迹半径大于重心 P 的轨迹半径，说明重心向内。这一现象不易直观理解。转速进一步增加，重心 P 将不断向轴承中心连线靠近。当转速 $\Omega\gg\omega$ 时，重心 P 将移到轴承中心连线上。此即所谓的"自动定心"现象。此时轴的挠度为 ε，支承动反力为 $s\varepsilon$。图 3.6 所示为上述的变化过程。

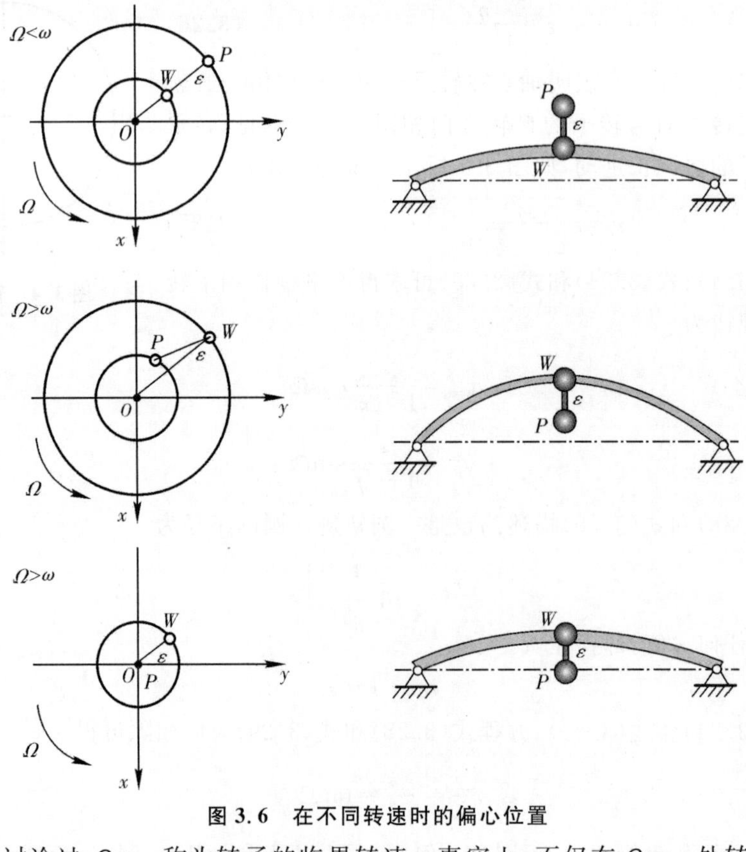

图 3.6　在不同转速时的偏心位置

前面曾经讨论过，$\Omega=\omega$ 称为转子的临界转速。事实上，不仅在 $\Omega=\omega$ 处转子振幅趋于无穷大，即使在相邻的区域之内转子运转也都是危险的。因此，应根据允许的振动幅值来确定这一危险区域。

假设转子允许的振幅为 R，则应保证

$$R \geqslant \left| \frac{\varepsilon \Omega^2}{\omega^2 - \Omega^2} \right| \tag{3.33}$$

由此解得危险区域为

$$\omega^2 \frac{R}{R+\varepsilon} < \Omega^2 < \omega^2 \frac{R}{R-\varepsilon} \tag{3.34}$$

如图 3.7 所示。

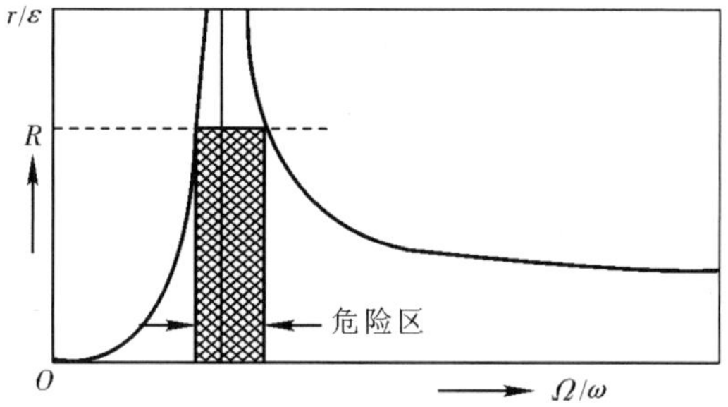

图 3.7　临界转速危险区域

3.4　不平衡作用下转子的进动

引入复向量

$$r = x + \mathrm{j}y \tag{3.35}$$

其中 $\mathrm{j}=\sqrt{-1}$ 为单位复向量。

方程式(3.18)两边同乘以 j 后与方程式(3.17)相加可得

$$\ddot{r} + \omega^2 r = \varepsilon \Omega^2 (\cos\Omega t + \mathrm{j}\sin\Omega t) \tag{3.36}$$

根据欧拉方程

$$\cos\alpha + \mathrm{j}\sin\alpha = \mathrm{e}^{\mathrm{j}\alpha} \tag{3.37}$$

方程式(3.36)可表示为

$$\ddot{r} + \omega^2 r = \varepsilon \Omega^2 \mathrm{e}^{\mathrm{j}\Omega t} \tag{3.38}$$

方程式右端的不平衡激扰力 $\varepsilon\Omega^2 \mathrm{e}^{\mathrm{j}\Omega t}$ 相当于以 Ω 旋转的矢量，旋转方向与转子自转方向相同。方程的解为

$$r = \frac{\varepsilon \Omega^2}{\omega^2 - \Omega^2} \mathrm{e}^{\mathrm{j}\Omega t} = \frac{\eta^2}{1-\eta^2} \varepsilon e^{\mathrm{j}\Omega t} \tag{3.39}$$

它描述的也是一以 Ω 旋转的矢量，旋转方向与不平衡力矢量或转子自转方向相同。此矢量称为协调或同步正进动。进动轨迹半径为

$$|r| = \frac{\varepsilon \Omega^2}{\omega^2 - \Omega^2} \tag{3.40}$$

可见，转子不平衡引起转子协调正进动，这与 3.3 节的结论相同。

3.5 固定坐标系和旋转坐标系下转子运动的描述和变换

在某些情况下，例如考虑内摩擦或不圆轴时，在旋转坐标系建立转子系统的运动方程要容易得多。将其解通过坐标变换转换到固定坐标系，最后就可求得转子在固定坐标系的运动规律。利用复向量描述方法可简捷地实现这一变换过程。

如图 3.8 所示，固定复坐标系为 $Oxjy$，以 Ω 旋转的复坐标系为 $O\xi j\zeta$。起始时刻两坐标系重合。

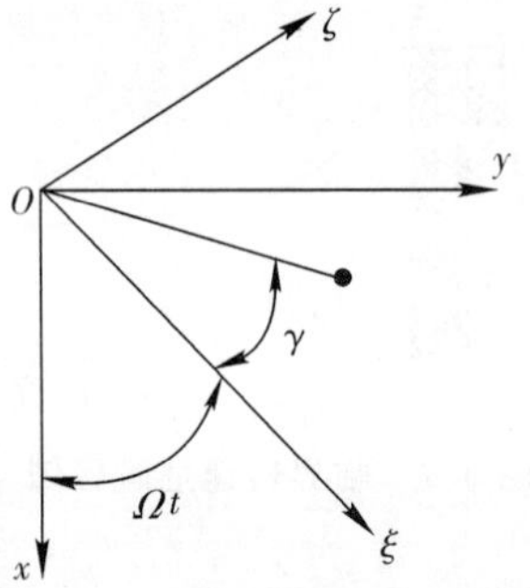

图 3.8 固定坐标系与旋转坐标系间的转换关系

假设坐标系中任一点 P，距原点距离为 l，绕原点 O 以转速 Ω 旋转。它在固定坐标系的位置为

$$r = x + \mathrm{j}y = l\mathrm{e}^{\mathrm{j}(\Omega t+\gamma)} \tag{3.41}$$

而在旋转坐标系中则为

$$\rho = \xi + \mathrm{j}\zeta = l\mathrm{e}^{\mathrm{j}\gamma} \tag{3.42}$$

比较式(3.41)和式(3.42)，可得固定坐标系与旋转坐标系间的转换关系为

$$r = \rho\mathrm{e}^{\mathrm{j}\Omega t} \tag{3.43}$$

或

$$\rho = r\mathrm{e}^{-\mathrm{j}\Omega t} \tag{3.44}$$

利用关系式(3.43)可将转子在固定坐标系的运动方程式(3.38)转换到旋转坐标系。为此，需将式(3.43)两边对时间进行两次微分，得到

$$\dot{r} = (\dot{\rho} + \mathrm{j}\Omega\rho)\mathrm{e}^{\mathrm{j}\Omega t} \tag{3.45}$$

$$\ddot{r} = (\ddot{\rho} + 2\mathrm{j}\Omega\dot{\rho} - \Omega^2\rho)\mathrm{e}^{\mathrm{j}\Omega t} \tag{3.46}$$

代入方程式(3.38)并经整理后，得到转子在旋转坐标系的运动方程为

$$\ddot{\rho} + 2\mathrm{j}\Omega\dot{\rho} + (\omega^2 - \Omega^2)\rho = \varepsilon\Omega^2 \tag{3.47}$$

把方程式(3.47)按实部和虚部分开之后，可得关于坐标分量 ξ 和 ζ 的方程为

$$\ddot{\xi} - 2\Omega\dot{\zeta} + (\omega^2 - \Omega^2)\xi = \varepsilon\Omega^2 \tag{3.48}$$

$$\ddot{\zeta} + 2\Omega\dot{\xi} + (\omega^2 - \Omega^2)\zeta = 0 \tag{3.49}$$

方程式(3.47)的非齐次解为

$$\rho = \varepsilon\frac{\eta^2}{1-\eta^2} \tag{3.50}$$

代回到方程式(3.43)后就得到在固定坐标系的解,与式(3.39)完全一致。

3.6　有阻尼时转子的振动

实际的机器中总是存在阻尼的。例如,转子的结构阻尼、挤压油膜阻尼器的油膜阻尼以及工作介质产生的阻尼等,都会对转子的振动产生影响。当阻尼为正时,有利于转子稳定;当阻尼为负时,会使转子失稳。本节不讨论阻尼对转子稳定性的影响,而只分析在线性阻尼的假设条件下,转子的不平衡响应。

存在阻尼时,转子的运动方程为

$$\ddot{x} + 2D\omega\dot{x} + \omega^2 x = \varepsilon\Omega^2\cos\Omega t \tag{3.51}$$

$$\ddot{y} + 2D\omega\dot{y} + \omega^2 y = \varepsilon\Omega^2\sin\Omega t \tag{3.52}$$

其中 $D=\dfrac{d}{2\sqrt{ms}}$为阻尼比,d 为阻尼系数。

把方程写成复向量的形式,则有

$$\ddot{r} + 2D\omega\dot{r} + \omega^2 r = \varepsilon\Omega^2 e^{j\Omega t} \tag{3.53}$$

其中 $r=x+jy$ 为复向量。方程的解为

$$r = \frac{\varepsilon\Omega^2}{\sqrt{(\omega^2-\Omega^2)^2+(2D\omega\Omega)^2}}e^{j(\Omega t-\beta)} \tag{3.54}$$

$$\tan\beta = \frac{2D\omega\Omega}{\omega^2-\Omega^2} \tag{3.55}$$

可见,存在阻尼时,在临界转速条件下,转子的振动幅值为

$$r = \frac{\varepsilon}{2D} \tag{3.56}$$

这说明,转子的振动为有界值,并且阻尼越大,振动幅值越小。增加阻尼,可减小转子通过临界转速时的振动。图 3.9 表示转子的幅频特性和相频特性。由图可见,不论阻尼多大,转子在临界转速处的相位差总为$\frac{\pi}{2}$。这一现象是判断临界转速的依据之一。

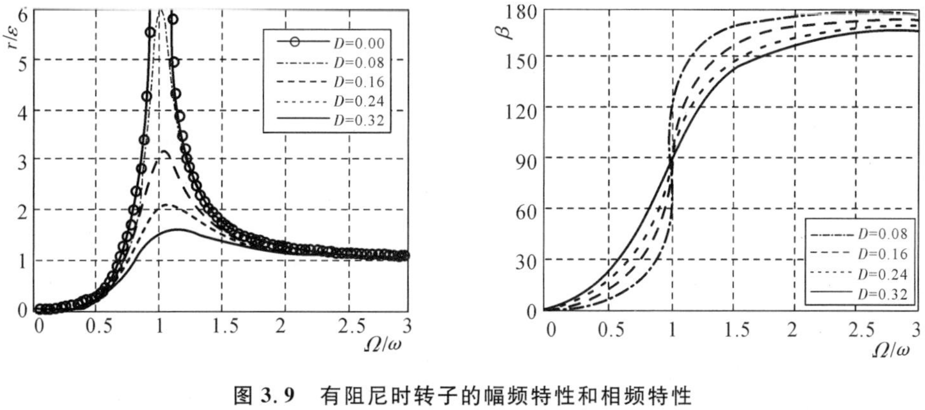

图 3.9　有阻尼时转子的幅频特性和相频特性

3.7 转子在临界转速点时的振动和阻尼的最佳估计方法

航空发动机、蒸汽发电机组、部分压缩机和鼓风机等旋转机械多工作在超临界区域。机器起停过程中须通过临界转速。为尽量减小通过临界转速时转子的振动，一方面，要求机器快速通过临界转速；另一方面，在频繁起停的机器中，专门加入阻尼器，例如航空发动机中加入挤压油膜阻尼器，以抑制转子通过临界时的振动。本节分析转子在临界转速点的响应，并建立阻尼的最佳估计方法。

3.7.1 转子在临界转速点时的振动

实际上，在临界转速点，转子振动要达到峰值需要一定的时间。当转速为临界转速时，即 $\Omega=\omega$，方程式(3.53)变为

$$\ddot{r}+2D\omega\dot{r}+\omega^2 r=\varepsilon\omega^2 \mathrm{e}^{\mathrm{j}\omega t} \tag{3.57}$$

其解为

$$r=\mathrm{e}^{-\omega Dt}(A_1\mathrm{e}^{\mathrm{j}\sqrt{1-D^2}\omega t}+A_2\mathrm{e}^{-\mathrm{j}\sqrt{1-D^2}\omega t})+R\mathrm{e}^{\mathrm{j}\Omega t} \tag{3.58}$$

其中括号中的项为对应于齐次方程的通解，A_1 和 A_2 为待定常数；第二项为非齐次方程的特解，且有

$$R=\frac{\varepsilon\eta^2}{1-\eta^2+2\mathrm{j}D\eta} \tag{3.59}$$

对式(3.58)两边分别求一阶导数，得

$$\begin{aligned}\dot{r}=&(-\omega D)\mathrm{e}^{-\omega Dt}(A_1\mathrm{e}^{\mathrm{j}\sqrt{1-D^2}\omega t}+A_2\mathrm{e}^{-\mathrm{j}\sqrt{1-D^2}\omega t})+\\ &\mathrm{e}^{-\omega Dt}(A_1\mathrm{j}\sqrt{1-D^2}\,\omega\mathrm{e}^{\mathrm{j}\sqrt{1-D^2}\omega t}-A_2\mathrm{j}\sqrt{1-D^2}\,\omega\mathrm{e}^{-\mathrm{j}\sqrt{1-D^2}\omega t})+R(\mathrm{j}\Omega)\mathrm{e}^{\mathrm{j}\Omega t}\end{aligned} \tag{3.60}$$

取零初始条件，即 $t=0,r=0,\dot{r}=0$，方程的解为

$$r=-\frac{R}{2}\mathrm{e}^{-\omega Dt}\left[\left(1+\frac{\eta-D\mathrm{j}}{\sqrt{1-D^2}}\right)\mathrm{e}^{\mathrm{j}\sqrt{1-D^2}\omega t}+\left(1-\frac{\eta-D\mathrm{j}}{\sqrt{1-D^2}}\right)\mathrm{e}^{-\mathrm{j}\sqrt{1-D^2}\omega t}\right]+R\mathrm{e}^{\mathrm{j}\Omega t} \tag{3.61}$$

在临界转速处 $\eta=1,\Omega=\omega$，则

$$r=\frac{\varepsilon\mathrm{j}}{4D}\cdot\mathrm{e}^{-\omega Dt}\left[\left(1+\frac{1-D\mathrm{j}}{\sqrt{1-D^2}}\right)\mathrm{e}^{\mathrm{j}\sqrt{1-D^2}\omega t}+\left(1-\frac{1-D\mathrm{j}}{\sqrt{1-D^2}}\right)\mathrm{e}^{-\mathrm{j}\sqrt{1-D^2}\omega t}\right]-\frac{\varepsilon\mathrm{j}}{2D}\mathrm{e}^{\mathrm{j}\omega t} \tag{3.62}$$

取初始条件 $t=0,r=0,\dot{r}=R(\mathrm{j}\Omega-\mathrm{j}\sqrt{1-D^2}\,\omega+\omega D)$，则

$$r=-R\mathrm{e}^{-\omega Dt}\mathrm{e}^{\mathrm{j}\sqrt{1-D^2}\omega t}+R\mathrm{e}^{\mathrm{j}\Omega t} \tag{3.63}$$

在临界转速处 $\eta=1,\Omega=\omega$，则

$$r=\frac{\mathrm{j}\varepsilon}{2D}(\mathrm{e}^{-\omega Dt}\cdot\mathrm{e}^{\mathrm{j}\sqrt{1-D^2}\omega t}-\mathrm{e}^{\mathrm{j}\omega t}) \tag{3.64}$$

图 3.10 所示为转子进动幅值达到最大值的过程。

无阻尼时，$D=0$，转子的响应为

$$r=-\frac{\mathrm{j}\varepsilon\omega}{2}t\mathrm{e}^{\mathrm{j}\omega t} \tag{3.65}$$

式(3.65)可直接由求解方程式(3.57)得到，也可通过对式(3.64)求极限得到，即

$$\lim_{D\to 0}r=\lim_{D\to 0}\frac{\mathrm{j}\varepsilon}{2D}\left[\mathrm{e}^{-\omega Dt}\mathrm{e}^{\mathrm{j}\sqrt{1-D^2}\omega t}-\mathrm{e}^{\mathrm{j}\omega t}\right] \tag{3.66}$$

根据洛必达法则，有

$$\lim_{D\to 0}r=\mathrm{j}\varepsilon\frac{\lim\limits_{D\to 0}\frac{\mathrm{d}}{\mathrm{d}D}\left[\mathrm{e}^{-\omega Dt}\mathrm{e}^{\mathrm{j}\sqrt{1-D^2}\omega t}-\mathrm{e}^{\mathrm{j}\omega t}\right]}{\lim\limits_{D\to 0}\frac{\mathrm{d}}{\mathrm{d}D}(2D)}=\frac{\mathrm{j}\varepsilon\omega}{2}t\mathrm{e}^{\mathrm{j}\omega t} \tag{3.67}$$

图 3.11 所示为转子进动随时间逐步趋于无穷大的过程。由图 3.10 和图 3.11 可见，在临界转速点，转子的振动幅值随时间增长。快速通过临界转速时，就可控制振动幅值的增长。

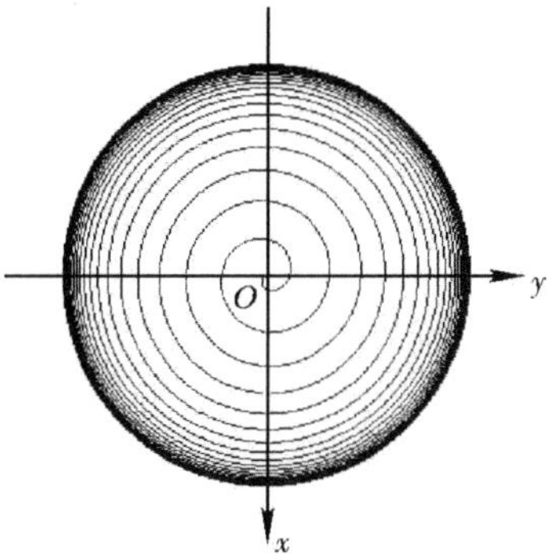

图 3.10　在临界转速处，转子进动幅值达到最大值的过程，$D=2\%$

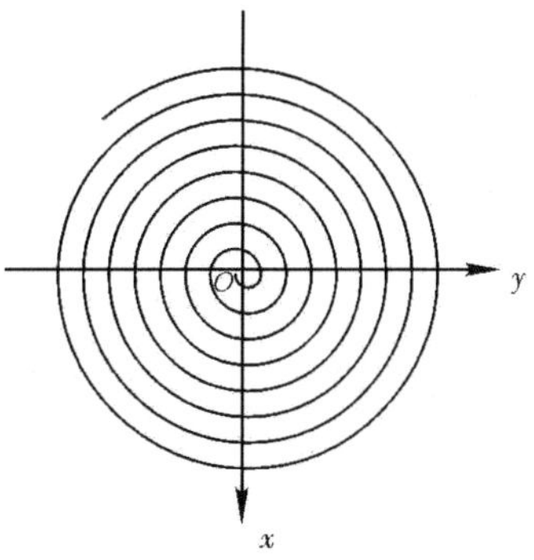

图 3.11　在临界转速处，无阻尼转子进动幅值趋于无穷大的过程

3.7.2　阻尼的最佳估计方法

式(3.56)和式(3.64)说明了加阻尼对临界峰值的影响。第 2.2 节和 2.4 节介绍了对阻尼系数 D 的估计方法。但不论是在锤击下的衰减自由振动信号中，还是在升降速过程测得的幅频特性数据中，都包含有测量误差和噪声影响。另外，阻尼系数 D 一般都会小于 10%。因此，利用前述两节所介绍的方法估计阻尼系数，误差较大。本节介绍三种阻尼系数降噪估计方法。

1. 根据衰减自由振动信号估计阻尼

对于实测的衰减自由振动信号，其中必然包含噪声干扰。用若干个周期的峰值求出阻尼系数，然后取均值，可达到降噪的目的。现取 n 个峰值为 $r_0, r_1, \cdots, r_{n-1}$，每一周期估计的阻尼系数为

$$D_i=\frac{1}{2\pi}\ln\frac{x_i}{x_{i+1}},\quad i=0,1,2,\cdots,n-2 \tag{3.68}$$

取平均值，求得

$$D=\frac{1}{n-1}\sum_{i=0}^{n-2}D_i \tag{3.69}$$

图 3.12 所示为只用一个周期估计的阻尼和多周期平均估计的比较。

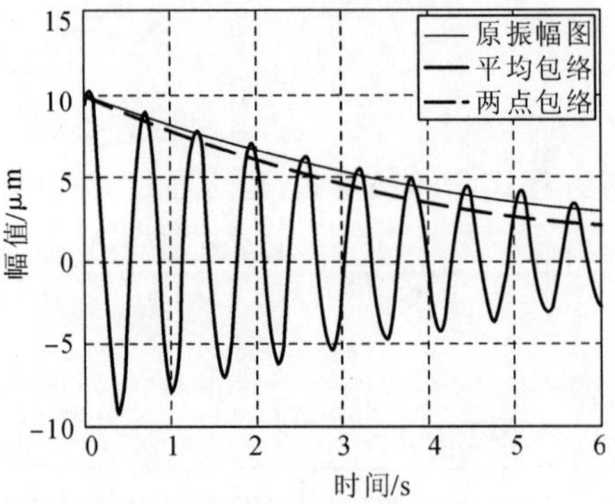

图 3.12　一个周期估计的阻尼($D=2.62\%$)和多周期平均估计($D=2.05\%$)的比较(D 的真值为 2%)

2. 包络逼近估计阻尼

阻尼估计也可采取包络逼近的方法求出阻尼系数 D。设衰减自由振动的包络为

$$\tilde{x}=R_0\mathrm{e}^{-\omega Dt} \tag{3.70}$$

构造误差函数

$$f=\sum_{k=0}^{n}\mid x(kT)-\tilde{x}(kT)\mid \tag{3.71}$$

其中 $x(kT)$为测量信号在 $t=kT$ 时的峰值。分别迭代 R_0 和 ωD 使误差函数 f 达到最小。由于 R_0 和 ωD 是相互独立的,因此,可为 R_0 设置一个初值,只迭代求解 ωD 即可,所得结果并不受 R_0 的影响。

临界转速 ω 较容易精确确定,求出 ωD 后,就可得到阻尼系数 D 值。在误差函数式(3.71)中,取误差绝对值之和,而未取误差平方之和,目的是减小计算量和计算误差,所得结果是一致的。

事实上,由于周期 T 和 ω 是相关的,在小阻尼情况下,$T=\dfrac{2\pi}{\omega}$。故误差函数可表示为

$$f=\sum_{k=0}^{n}\mid x(kT)-R_0\mathrm{e}^{-2\pi kD}\mid \tag{3.72}$$

从某一时刻 $t=0$,$R_0=x(0)$开始,每隔一个周期 T,计算误差函数 f 中对应的一项。迭代阻尼系数 D,直至误差函数达到最小。可以无须事先确定临界转速 ω。

图 3.13 所示为利用包络逼近估计的阻尼。

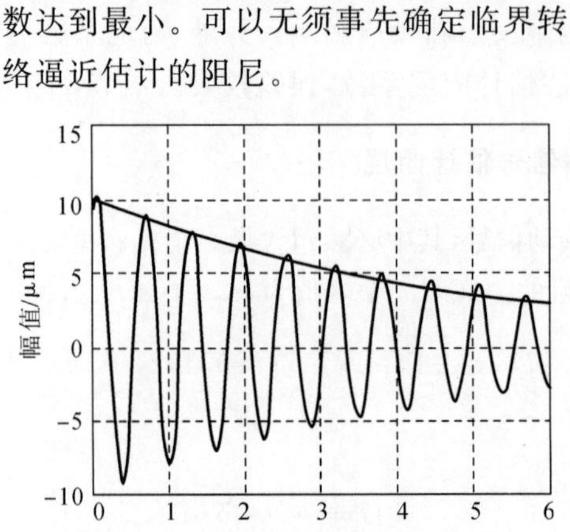

图 3.13　利用包络逼近估计的阻尼($D=2.1\%$),D 的真值为 2%

3. 根据幅频特性寻优估计阻尼

实际中，往往不易实施锤击实验。但在升降速过程中，可测得转子的幅频特性。在测量信号中，包含误差和噪声，特别是在临界转速点，由于振动剧烈，一般必须快速通过，故很难测到临界峰值。另外，由于转速和工况条件的限制，幅频特性曲线所包含的转速范围非常有限。可能无法运用 2.4 节介绍的半功率点估计方法，或者用此法估计的阻尼误差较大。此时，宜用以下的寻优估计方法求得阻尼。

假设测量得到的转子幅频特性为 $\widetilde{R}$，$\eta=\dfrac{\Omega}{\omega}$ 为转速比。理想情况下，转子幅频特性为

$$R=\frac{\varepsilon\eta^2}{\sqrt{(1-\eta^2)^2+(2D\eta)^2}} \tag{3.73}$$

构造误差函数

$$f=\sum_{k=0}^{n}\left|\widetilde{R}(\eta_k)-R(\eta_k)\right| \tag{3.74}$$

由于 ε 和 D 是相互独立的，采用上述类似的方法，设定 ε 的初值，$\varepsilon=\varepsilon_0$，迭代 D，使误差函数达到最小。

如果事先未知临界转速 ω，则可分别迭代 ω 和 D，使误差函数 f 最小。在风电机组中，一般均要加装阻尼器，以减振和降噪。运行一定时间后，需对阻尼器的阻尼效果进行检测。图 3.14～图 3.16所示为两台 1.5MW 风力发电机组运行约 5 个月后所测的幅频特性，利用上述幅频特性寻优估计法，估计出阻尼比分别为 $D=3.0\%$，$D=3.9\%$ 和 $D=3.6\%$。将所估计出的阻尼比 D 代入式(3.73)，可计算出风力机的幅频特性。图中给出了计算的幅频特性与实测幅频特性的比较结果，可直观衡量估计值的精度。由图可见，利用上述寻优估计法估计阻尼是很有效的。

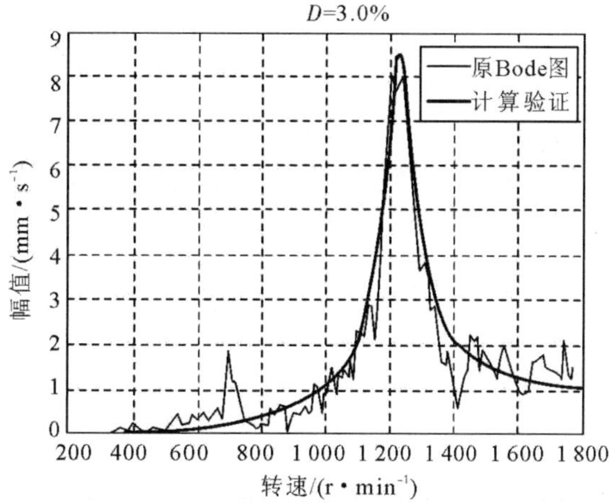

图 3.14　在某风电场 2# 风力机垂直方向上，利用寻优法估计阻尼比($D=3.0\%$)，由式(3.73)计算出的幅频特性与实测幅频特性的对比

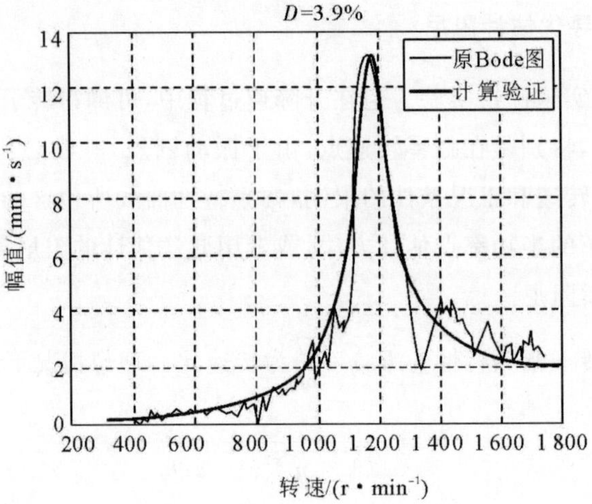

图 3.15　在某风电场 14# 风力机水平方向上，利用寻优法估计阻尼比($D=3.9\%$)，由式(3.73)计算出的幅频特性与实测幅频特性的对比

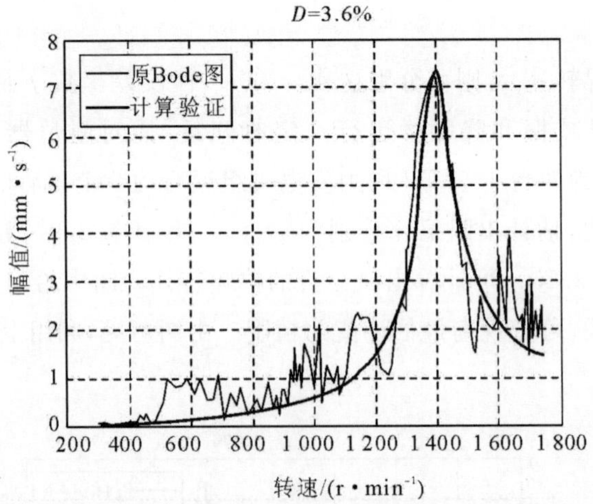

图 3.16　在某风电场 14# 风力机垂直方向上，利用寻优法估计阻尼比($D=3.6\%$)，由式(3.73)计算出的幅频特性与实测幅频特性的对比

第 4 章　带有弯曲轴和非圆轴转子的振动

前文的分析中为简单起见，曾将转子简化成单盘对称转子模型(Jeffcott 转子)。所得到的结论能够解释实际转子振动的部分基本现象。事实上，实际的转子系统很复杂，仅据简单的 Jeffcott 转子模型难以完全描述其振动特征。为此，本章及此后的几章将分别讨论弯曲轴、非圆轴、偏置盘、支承各向异性以及复杂结构因素影响下转子的振动特征，以便对转子振动获得更为深入的理解。

4.1　带有弯曲轴时转子的振动

由于加工、安装或运行中的问题，常会使转子轴发生弯曲。轴弯曲相当于在转子上附加了不平衡量，破坏了转子原有的平衡状态，常常使得转子振动增大。另外，在利用位移传感器进行动平衡时，需计及轴的初始弯曲。本节将讨论轴弯曲时转子的振动。

以图 4.1 所示的 Jeffcott 转子为例进行分析。

转子的运动微分方程为

$$m\ddot{\boldsymbol{r}}_P + s(\boldsymbol{r}_W - \boldsymbol{r}_b) = \boldsymbol{0} \tag{4.1}$$

其中

$$\boldsymbol{r}_P = \boldsymbol{r}_W + \varepsilon e^{j(\Omega t+\beta)} \tag{4.2}$$

式中：ε 为圆盘质量偏心，β 为其相位。

$$\boldsymbol{r}_b = B e^{j(\Omega t+\alpha)} \tag{4.3}$$

式中：$\boldsymbol{r}_b$ 为轴的初始弯曲，弯曲幅度为 B，相位为 α。

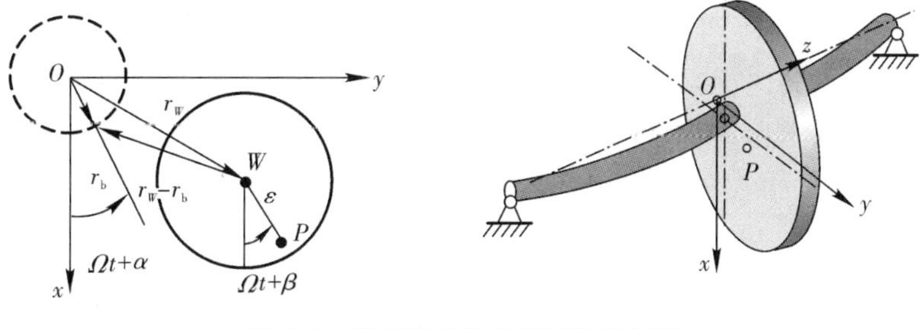

图 4.1　带有弯曲轴的转子及坐标系

将方程式(4.2)及式(4.3)代入方程式(4.1)并引入临界转速

$$\omega = \sqrt{\frac{s}{m}} \tag{4.4}$$

则方程式(4.1)变为

$$\ddot{\boldsymbol{r}}_W + \omega^2 \boldsymbol{r}_W = \varepsilon\Omega^2 e^{j(\Omega t+\beta)} + B\omega^2 e^{j(\Omega t+\alpha)} \tag{4.5}$$

其解为

$$\boldsymbol{r}_W=\frac{\varepsilon\lambda^2}{1-\lambda^2}e^{j(\Omega t+\beta)}+\frac{B}{1-\lambda^2}e^{j(\Omega t+\alpha)} \tag{4.6}$$

此处 $\lambda=\dfrac{\Omega}{\omega}$。可见，转子的振动包括两部分。第一部分是转子不平衡引起的振动；第二部分则是由轴弯曲所引起的。当转速比趋于无穷大时，$\dfrac{B}{1-\lambda^2}\to 0$。这表明，转子初始弯曲消失，转子的振动为

$$\boldsymbol{r}_W=-\varepsilon e^{j(\Omega t+\beta)}$$

与无初始弯曲时转子的振动相同。但作用在支承上的力却不同。支承上的力为

$$\boldsymbol{F}=\frac{1}{2}s(\boldsymbol{r}_W-\boldsymbol{r}_b)=-\frac{1}{2}(\varepsilon e^{j(\Omega t+\beta)}+Be^{j(\Omega t+\alpha)})=-\frac{1}{2}(\varepsilon e^{j\beta}+Be^{j\alpha})e^{j\Omega t}$$

可见，轴初始弯曲的影响并未消除。当初始弯曲与转子不平衡同相位时，转子支座振动将加剧。

对方程式(4.6)的第二项进行如下变形：

$$\frac{B}{1-\lambda^2}e^{j(\Omega t+\alpha)}=\frac{B(1+\lambda^2-\lambda^2)}{1-\lambda^2}e^{j(\Omega t+\alpha)}=\left(\frac{B\lambda^2}{1-\lambda^2}+B\right)e^{j(\Omega t+\alpha)} \tag{4.7}$$

之后，就可将方程式(4.6)改写为

$$\boldsymbol{r}_W=(\varepsilon e^{j\beta}+Be^{j\alpha})\frac{\lambda^2}{1-\lambda^2}e^{j\Omega t}+Be^{j(\Omega t+\alpha)} \tag{4.8}$$

其中第一项为轴弯曲引起的附加不平衡量与原始不平衡量叠加之后产生的不平衡响应；第二项则为轴的弯曲，它不随转速变化。因此，通过动平衡无法将轴初始弯曲在所有转速范围消除掉。

在转子上施加不平衡量 $\boldsymbol{u}=ue^{j\gamma}$，则转子的振动为

$$\boldsymbol{r}_W=(\varepsilon e^{j\beta}+Be^{j\alpha}+ue^{j\gamma})\frac{\lambda^2}{1-\lambda^2}e^{j\Omega t}+Be^{j(\Omega t+\alpha)} \tag{4.9}$$

要使转子运动位移消除，则须有

$$(\varepsilon e^{j\beta}+Be^{j\alpha}+ue^{j\gamma})\frac{\lambda^2}{1-\lambda^2}+Be^{j\alpha}=\boldsymbol{0} \tag{4.10}$$

该方程中包含有转速比 λ，因此无法确定一个不平衡量 $\boldsymbol{u}$，使得方程在任何转速比 λ 之下都成立。对于某一转速比 λ_0，由方程解得

$$(\varepsilon e^{j\beta}+ue^{j\gamma})=-\frac{Be^{j\alpha}}{\lambda_0^2} \tag{4.11}$$

则转子的振动为

$$\boldsymbol{r}_W=(\varepsilon e^{j\beta}+ue^{j\gamma})\frac{(1-\lambda_0^2)\lambda^2}{1-\lambda^2}e^{j\Omega t}+Be^{j(\Omega t+\alpha)} \tag{4.12}$$

显而易见，只有当 $\lambda=\lambda_0$ 时，$\boldsymbol{r}_W=\boldsymbol{0}$。即使 $\boldsymbol{r}_W=\boldsymbol{0}$，但转子支座上受的激振力仍然存在，其为

$$\boldsymbol{F}=\frac{1}{2}s(1-\lambda_0^2)(\varepsilon e^{j\beta}+ue^{j\gamma})e^{j\Omega t} \tag{4.13}$$

显然，动平衡没有达到消除支座动载荷的目的。

为此，对转子进行动平衡时，应取平衡条件为

$$\varepsilon e^{j\beta} + B e^{j\alpha} + u e^{j\gamma} = 0 \tag{4.14}$$

其中 u 为平衡校正量。

平衡之后，转子的运动中将保留轴的弯曲，即

$$\boldsymbol{r}_W = \boldsymbol{r}_b = B e^{j\alpha} e^{j\Omega t} \tag{4.15}$$

此时，转子支座上的激振力得以消除，即

$$\boldsymbol{F} = \frac{1}{2} s(\boldsymbol{r}_W - \boldsymbol{r}_b) = \boldsymbol{0} \tag{4.16}$$

4.2　带有非圆轴时转子的振动

在某些实际的转子轴上，常常会加工键槽，如图 4.2(a)所示；或如双极发电机转子的线圈槽，如图 4.2(b)所示；或者铣有切面，如图 4.2(c)所示。这样的构造使得转轴产生非轴对称。结果是转子在一个方向上刚度大，而在与其垂直的方向上刚度小。与此相对应，转子在同一阶具有两个临界转速。两个临界转速之间的区域为不稳定区域。另外，当转子水平放置时，转子重力还会引起二倍频振动。因此，对于带有非圆轴的转子，进行涡动分析时，不能忽略重力的影响。

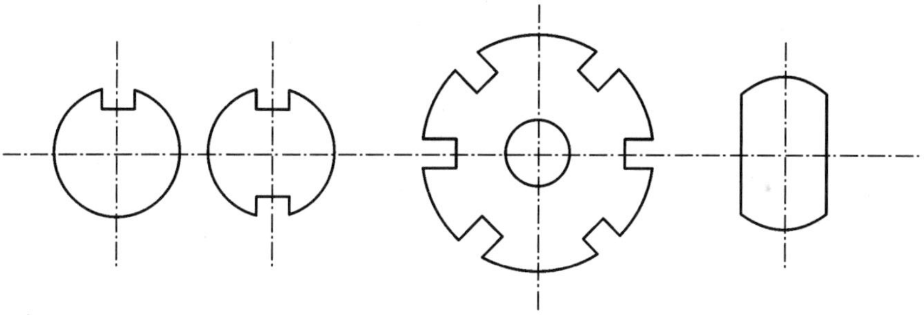

图 4.2　典型双刚度轴(转子)的截面

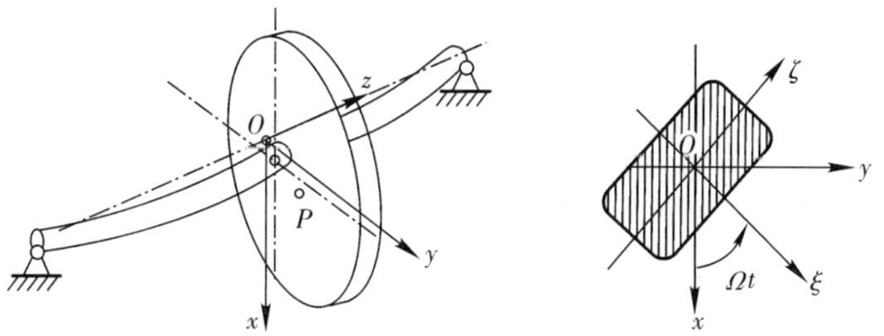

图 4.3　带双刚度轴的单盘转子及坐标系

取如图 4.3 所示的转子模型，一薄圆盘置于轴的跨中，轴的两端支承在刚性支承上。轴的截面如图所示。取固定坐标系 $Oxyz$ 和旋转坐标系 $O\xi\zeta z$。其中 ξ 轴和 ζ 轴分别与转轴截面的两个主惯性轴平行。转子自转角速度为 Ω，转子在两个主轴方向的刚度分别为 k_ξ 和 k_ζ。圆盘的质量偏心为 ε，相对旋转坐标系的相角为 β。于是，偏心 ε 的两个分量分别为

$$\varepsilon_\xi = \varepsilon\cos\beta \tag{4.17}$$

$$\varepsilon_\zeta = \varepsilon\sin\beta \tag{4.18}$$

首先在旋转坐标系建立转子的运动微分方程。为此逐项列出作用在转子上的力。

牵连惯性力为

$$F_{i\xi} = m\Omega^2(\xi + \varepsilon\cos\beta) \tag{4.19}$$

$$F_{i\zeta} = m\Omega^2(\zeta + \varepsilon\sin\beta) \tag{4.20}$$

哥氏惯性力为

$$F_{k\xi} = 2m\Omega\dot{\zeta} \tag{4.21}$$

$$F_{k\zeta} = -2m\Omega\dot{\xi} \tag{4.22}$$

轴的弹性力为

$$F_\xi = -k_\xi\xi \tag{4.23}$$

$$F_\zeta = -k_\zeta\zeta \tag{4.24}$$

作用在转子上的外阻尼力为

$$F_{d\xi} = -d(\dot{\xi} - \Omega\zeta) \tag{4.25}$$

$$F_{d\zeta} = -d(\dot{\zeta} + \Omega\xi) \tag{4.26}$$

转子受到的重力 $\boldsymbol{W}$ 为

$$W_\xi = mg\cos\Omega t \tag{4.27}$$

$$W_\zeta = -mg\sin\Omega t \tag{4.28}$$

根据质心运动定理可得

$$m\ddot{\xi} = F_{i\xi} + F_{k\xi} + F_\xi + F_{d\xi} + W_\xi \tag{4.29}$$

$$m\ddot{\zeta} = F_{i\zeta} + F_{k\zeta} + F_\zeta + F_{d\zeta} + W_\zeta \tag{4.30}$$

将式(4.19)～式(4.28)代入方程式(4.29)和式(4.30)，经整理后可得

$$m(\ddot{\xi} - \Omega^2\xi - 2\Omega\dot{\zeta}) + d(\dot{\xi} - \Omega\zeta) + k_\xi\xi = m\varepsilon\Omega^2\cos\beta + mg\cos\Omega t \tag{4.31}$$

$$m(\ddot{\zeta} - \Omega^2\zeta + 2\Omega\dot{\xi}) + d(\dot{\zeta} + \Omega\xi) + k_\zeta\zeta = m\varepsilon\Omega^2\sin\beta - mg\sin\Omega t \tag{4.32}$$

引入

$$\omega_\xi = \sqrt{\frac{k_\xi}{m}} \tag{4.33}$$

$$\omega_\zeta = \sqrt{\frac{k_\zeta}{m}} \tag{4.34}$$

$$\omega^2 = \frac{k_\zeta + k_\xi}{2m} = \frac{\omega_\zeta^2 + \omega_\xi^2}{2} \tag{4.35}$$

以及

$$\mu = \frac{k_\zeta - k_\xi}{k_\zeta + k_\xi} = \frac{\omega_\zeta^2 - \omega_\xi^2}{\omega_\zeta^2 + \omega_\xi^2} = \frac{\omega_\zeta^2 - \omega_\xi^2}{2\omega^2} \tag{4.36}$$

$$D = \frac{d}{2m\omega} \tag{4.37}$$

式中 D 为阻尼比。于是，方程式(4.31)和式(4.32)变为

$$\ddot{\xi} - \Omega^2\xi - 2\Omega\dot{\zeta} + 2\omega D(\dot{\xi} - \Omega\zeta) + \omega_\xi^2\xi = \varepsilon\Omega^2\cos\beta + g\cos\Omega t \tag{4.38}$$

$$\ddot{\zeta} - \Omega^2\zeta + 2\Omega\dot{\xi} + 2\omega D(\dot{\zeta} + \Omega\xi) + \omega_\zeta^2\zeta = \varepsilon\Omega^2\sin\beta - g\sin\Omega t \tag{4.39}$$

或

$$\ddot{\xi} - 2\Omega\dot{\zeta} + 2\omega D\dot{\xi} - 2\omega D\Omega\zeta + [(1-\mu)\omega^2 - \Omega^2]\xi = \varepsilon\Omega^2\cos\beta + g\cos\Omega t \tag{4.40}$$

$$\ddot{\zeta} + 2\Omega\dot{\xi} + 2\omega D\dot{\zeta} + 2\omega D\Omega\xi + [(1+\mu)\omega^2 - \Omega^2]\zeta = \varepsilon\Omega^2\sin\beta - g\sin\Omega t \tag{4.41}$$

写成矩阵形式则为

$$\begin{bmatrix}\ddot{\xi}\\ \ddot{\zeta}\end{bmatrix} + \begin{bmatrix}2\omega D & -2\Omega\\ 2\Omega & 2\omega\Omega\end{bmatrix}\begin{bmatrix}\dot{\xi}\\ \dot{\zeta}\end{bmatrix} + \begin{bmatrix}(1-\mu)\omega^2-\Omega^2 & -2\omega\Omega D\\ 2\omega\Omega D & (1+\mu)\omega^2-\Omega^2\end{bmatrix}\begin{bmatrix}\xi\\ \zeta\end{bmatrix} =$$

$$\varepsilon\Omega^2\begin{bmatrix}\cos\beta\\ \sin\beta\end{bmatrix} + g\begin{bmatrix}\cos\Omega t\\ -\sin\Omega t\end{bmatrix} \tag{4.42}$$

首先从方程式(4.42)对应的齐次方程出发，分析转子的稳定性。为此，设方程式(4.42)的齐次解为

$$\begin{bmatrix}\xi\\ \zeta\end{bmatrix} = \begin{bmatrix}\xi_0\\ \zeta_0\end{bmatrix}e^{\lambda t} \tag{4.43}$$

代入方程式(4.42)对应的齐次方程后，得到特征方程

$$\lambda^4 + 4\omega D\lambda^3 + 2(2\omega^2D^2 + \omega^2 + \Omega^2)\lambda^2 + 4\omega D(\omega^2 + \Omega^2)\lambda + (\omega^2 - \Omega^2)^2 - \mu^2\omega^4 + 4\omega^2\Omega^2D^2 = 0 \tag{4.44}$$

当无阻尼时，$D=0$，则特征方程式(4.44)变为

$$\lambda^4 + 2[\omega^2 + \Omega^2]\lambda^2 + (\omega^2 - \Omega^2)^2 - \mu^2\omega^4 = 0 \tag{4.45}$$

解得特征根为

$$\lambda_1 = \sqrt{-(\omega^2 + \Omega^2) + \sqrt{4\omega^2\Omega^2 + \mu^2\omega^4}} \tag{4.46}$$

$$\lambda_2 = \sqrt{-(\omega^2 + \Omega^2) - \sqrt{4\omega^2\Omega^2 + \mu^2\omega^4}} \tag{4.47}$$

$$\lambda_3 = -\lambda_1 \tag{4.48}$$

$$\lambda_4 = -\lambda_2 \tag{4.49}$$

λ_2 和 λ_4 总为纯虚根。但当

$$\sqrt{4\omega^2\Omega^2 + \mu^2\omega^2} > \omega^2 + \Omega^2 \tag{4.50}$$

时，λ_1 和 λ_3 为实根，且 λ_1 为正实根。在此条件下，方程的齐次解随时间无限增大，转子发生失稳振动。

由失稳条件式(4.50)解得转子失稳的转速范围为

$$\omega\sqrt{1-\mu} < \Omega < \omega\sqrt{1+\mu} \tag{4.51}$$

或

$$\omega_\xi < \Omega < \omega_\zeta \tag{4.52}$$

这说明，在两个临界转速之间的转速区域，转子将失稳。

图 4.4 给出了非圆度 μ 所对应的失稳区。当存在阻尼时，$D\neq 0$，失稳区域将变小，如图 4.5所示。这表明外阻尼有助于抑制转子失稳。

不妨考虑一个特例，即

$$D = \frac{\mu\omega}{2\Omega} \tag{4.53}$$

此时，转子系统的特征根全部为虚根。这表明无失稳区域。

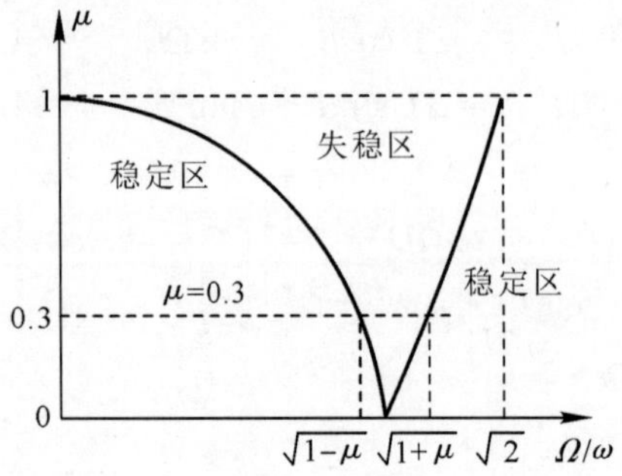

图 4.4　非圆度 μ 对应的失稳区

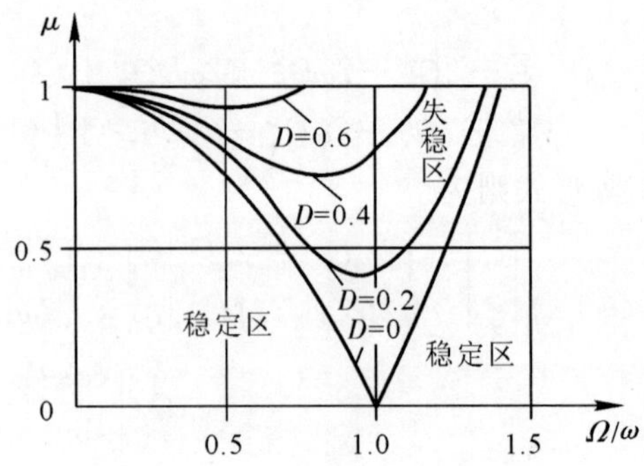

图 4.5　阻尼对失稳区的影响

4.2.1　转子的不平衡响应

再回到方程式(4.42)，仅考虑不平衡作用时，方程变为

$$\begin{bmatrix}\ddot{\xi}\\ \ddot{\zeta}\end{bmatrix}+\begin{bmatrix}2\omega D & -2\Omega\\ 2\Omega & 2\omega\Omega\end{bmatrix}\begin{bmatrix}\dot{\xi}\\ \dot{\zeta}\end{bmatrix}+\begin{bmatrix}(1-\mu)\omega^2-\Omega^2 & -2\omega\Omega D\\ 2\omega\Omega D & (1+\mu)\omega^2-\Omega^2\end{bmatrix}\begin{bmatrix}\xi\\ \zeta\end{bmatrix}=\varepsilon\Omega^2\begin{bmatrix}\cos\beta\\ \sin\beta\end{bmatrix} \tag{4.54}$$

其解为

$$\begin{bmatrix}\xi\\ \zeta\end{bmatrix}=\frac{1}{\Delta}\begin{bmatrix}(1+\mu)\omega^2-\Omega^2 & 2\omega\Omega D\\ -2\omega\Omega D & (1-\mu)\omega^2-\Omega^2\end{bmatrix}\varepsilon\Omega^2\begin{bmatrix}\cos\beta\\ \sin\beta\end{bmatrix} \tag{4.55}$$

式中

$$\Delta=(\omega^2-\Omega^2)^2+4\omega^2\Omega^2D^2-\mu^2\omega^4=(\omega_\xi^2-\Omega^2)(\omega_\zeta^2-\Omega^2)+4\omega^2\Omega^2D^2 \tag{4.56}$$

代入方程式(4.55)后，得到

$$\xi=\frac{(\omega_\zeta^2-\Omega^2)\varepsilon\Omega^2\cos\beta+2\omega\Omega^3D\varepsilon\sin\beta}{(\omega_\xi^2-\Omega^2)(\omega_\xi^2-\Omega^2)+4\omega^2\Omega^2D^2} \tag{4.57}$$

$$\zeta=\frac{(\omega_\xi^2-\Omega^2)\varepsilon\Omega^2\sin\beta-2\omega\Omega^3D\varepsilon\cos\beta}{(\omega_\xi^2-\Omega^2)(\omega_\zeta^2-\Omega^2)+4\omega^2\Omega^2D^2} \tag{4.58}$$

当阻尼比 $D=0$ 时

$$\xi=\frac{\varepsilon\Omega^2\cos\beta}{\omega_\xi^2-\Omega^2} \tag{4.59}$$

$$\zeta=\frac{\varepsilon\Omega^2\sin\beta}{\omega_\zeta^2-\Omega^2} \tag{4.60}$$

显而易见，当 $\Omega=\omega_\xi$ 时，ξ 为无穷大；当 $\Omega=\omega_\zeta$ 时，ζ 为无穷大。因此，带有非圆轴的转子具有两个临界转速 ω_ξ 和 ω_ζ。

根据第 3 章固定坐标系与旋转坐标系之间的转换关系，可将旋转坐标系中的运动 $\bar{r}=\zeta+\mathrm{j}\xi$ 转换成固定坐标系中的运动 $r=y+\mathrm{j}x$，即

$$r=\bar{r}\mathrm{e}^{\mathrm{j}\Omega t}=(\zeta+\mathrm{j}\xi)\mathrm{e}^{\mathrm{j}\Omega t} \tag{4.61}$$

这表明，转子不平衡激起同步协调进动。进动轨迹为一圆轨迹，半径为

$$R=\sqrt{\xi^2+\zeta^2} \tag{4.62}$$

4.2.2　转子自重激起的振动

对于水平置放的转子，需要考虑重力的作用。为此，可由方程组

$$\begin{bmatrix}\ddot{\xi}\\ \ddot{\zeta}\end{bmatrix}+\begin{bmatrix}2\omega D & -2\Omega\\ 2\Omega & 2\omega\Omega\end{bmatrix}\begin{bmatrix}\dot{\xi}\\ \dot{\zeta}\end{bmatrix}+\begin{bmatrix}(1-\mu)\omega^2-\Omega^2 & -2\omega\Omega D\\ 2\omega\Omega D & (1+\mu)\omega^2-\Omega^2\end{bmatrix}\begin{bmatrix}\xi\\ \zeta\end{bmatrix}=g\begin{bmatrix}\cos\Omega t\\ -\sin\Omega t\end{bmatrix} \tag{4.63}$$

求得重力响应。

为简单起见，把方程式(4.63)写成复数形式

$$\ddot{\bar{r}}+2(\omega D+\mathrm{j}\Omega)\dot{\bar{r}}+[\omega^2-\Omega^2+2\mathrm{j}\omega\Omega D]\bar{r}-\mu\omega^2\bar{r}^*=g\mathrm{e}^{-\mathrm{j}\Omega t} \tag{4.64}$$

其中，$\bar{r}=\xi+\mathrm{j}\zeta$，$\bar{r}^*=\xi-\mathrm{j}\zeta$。

设解为

$$\bar{r}=R_+\mathrm{e}^{+\mathrm{j}\Omega t}+R_-\mathrm{e}^{-\mathrm{j}\Omega t} \tag{4.65}$$

$$\bar{r}^*=R_+^*\mathrm{e}^{-\mathrm{j}\Omega t}+R_-^*\mathrm{e}^{\mathrm{j}\Omega t} \tag{4.66}$$

其中上标“ * ”表示复共轭。

代入方程式(4.64)后，可得

$$R_+=\frac{\mu g}{(1-\mu^2)\omega^2-4\Omega^2+4\mathrm{j}\omega\Omega D} \tag{4.67}$$

$$R_-=\frac{g(\omega^2-4\Omega^2-4\mathrm{j}\omega\Omega D)}{(1-\mu^2)\omega^4-4\omega^2\Omega^2-4\mathrm{j}\omega^3\Omega D} \tag{4.68}$$

将方程式(4.65)转换到空间固定坐标系后，可得

$$r=\bar{r}\mathrm{e}^{\mathrm{j}\Omega t}=R_-+R_+\mathrm{e}^{\mathrm{j}2\Omega t} \tag{4.69}$$

由此可见，转子自重产生的响应分为两部分。其中第一部分为重力引起的静位移 R_-；第二部分则为重力引起的二倍频振动，幅值为 R_+。当轴无非圆度时，即 $\mu=0$，重力引起的静态位移为

$$R_-=\frac{g}{\omega^2}=\frac{mg}{s_0} \tag{4.70}$$

式中：m 为转子质量，s_0 为转轴刚度。此时，$R_+=0$。这说明重力除了引起静态位移外，不引起转子振动。因此，在第 3 章分析转子运动时，不曾计及重力影响。

当轴非圆度存在时，$\mu\neq0$，重力引起的二倍频振动在转速 Ω 满足

$$\Omega_G=\omega\sqrt{\frac{1}{4}(1-\mu^2)-D^2} \tag{4.71}$$

时，达到最大值。一般情况下，非圆度 μ 与阻尼都很小，即 $\mu\ll1$，$D\ll1$。因此，$\Omega_G\approx\omega/2$。这表明转子转速 Ω 达到半临界转速时，重力将引起转子发生共振，即所谓的副临界现象。另外，根据式(4.69)可见，重力引起的二倍频振动为正进动。

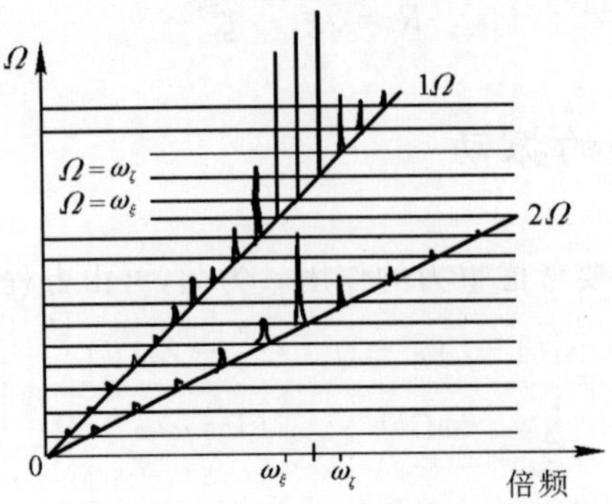

图 4.6　带非圆轴转子的不平衡响应和重力响应

图 4.6 表示带非圆轴转子的不平衡响应和重力响应。重力激起的二倍频振动在 $\Omega_G \approx \frac{1}{2}\omega$ 时达到峰值，即半临界共振。不平衡响应在 $\Omega = \omega_\xi$ 和 $\Omega = \omega_\zeta$ 时分别达到峰值。在两临界转速之间，转子发生失稳振动。

第 5 章　支承各向异性时转子的振动

实际上，所有的支承都或多或少具有柔性，并且一般情况下，柔性表现为各向异性，即垂直方向和水平方向上的刚度不相同。此时，转子在同一阶将出现两个临界转速，运动轨迹为椭圆。另外，支承还可以产生交叉刚度，当交叉刚度对称时，总可以经坐标变换消除交叉刚度。但当交叉刚度反对称时（支承在滑动轴承上的转子就可能出现这种情况），可使转子失稳。增加主刚度的各向异性有利于抑制由反对称交叉刚度引起的失稳振动。本章将讨论支承各向异性时转子的振动特征。

5.1　支承主刚度各向异性时转子的振动

如图 5.1 所示，一单盘转子支承在弹性支承之上。支承水平方向上的刚度为 s_h，垂直方向上为 s_v，假设无交叉刚度，即 $s_{xy}=s_{yx}=0$。轴在装盘处的刚度为 s。由此可求得置盘处转子的等效刚度分别为

$$s_x=\frac{2s_v s}{2s_v+s};\qquad s_y=\frac{2s_h s}{2s_h+s}$$

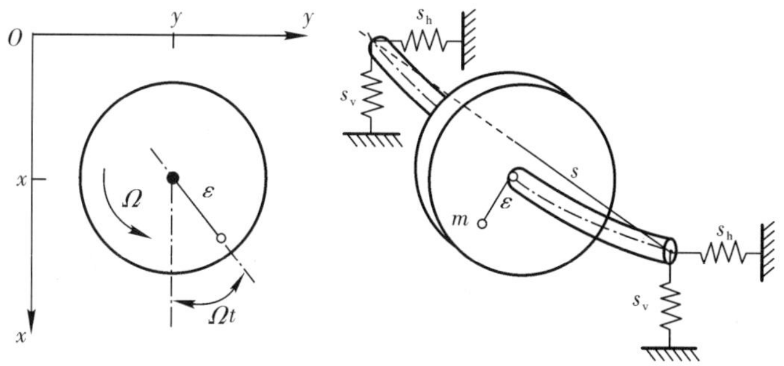

图 5.1　带有各向异性弹性支承的单盘转子

转子的运动微分方程为

$$m\ddot{x}+d\dot{x}+s_x x=m\varepsilon\Omega^2\cos\Omega t \tag{5.1}$$

$$m\ddot{y}+d\dot{y}+s_y y=m\varepsilon\Omega^2\sin\Omega t \tag{5.2}$$

引入　$D=\dfrac{d}{2m\omega_0}$，　$\omega_0^2=\dfrac{s_0}{m}$，　$s_0=\dfrac{1}{2}(s_x+s_y)$，　$\omega_x^2=\dfrac{s_x}{m}$，　$\omega_y^2=\dfrac{s_y}{m}$

代入方程式(5.1)和式(5.2)后，得到方程组

$$\ddot{x}+2D\omega_0\dot{x}+\omega_x^2 x=\varepsilon\Omega^2\cos\Omega t \tag{5.3}$$

$$\ddot{y}+2D\omega_0\dot{y}+\omega_y^2 y=\varepsilon\Omega^2\sin\Omega t \tag{5.4}$$

其解为
$$x=\frac{\varepsilon\Omega^2}{\sqrt{(\omega_x^2-\Omega^2)^2+(2D\omega_0\Omega)^2}}\cos(\Omega t+\beta_x) \tag{5.5}$$

$$y=\frac{\varepsilon\Omega^2}{\sqrt{(\omega_y^2-\Omega^2)^2+(2D\omega_0\Omega)^2}}\sin(\Omega t+\beta_y) \tag{5.6}$$

$$\tan\beta_x=\frac{2D\omega_0\Omega}{\omega_x^2-\Omega^2} \tag{5.7}$$

$$\tan\beta_y=\frac{2D\omega_0\Omega}{\omega_y^2-\Omega^2} \tag{5.8}$$

阻尼很小时，x 和 y 方向的振动分别在 $\Omega=\omega_x$ 和 $\Omega=\omega_y$ 处达到最大值。因此，转子存在两个临界转速 ω_x 和 ω_y。

图 5.2 表示 x 和 y 方向振动幅值随转速比的变化曲线。

当无阻尼时，$D=0$，转子的响应变为

$$x=\frac{\varepsilon\Omega^2}{\omega_x^2-\Omega^2}\cos\Omega t \tag{5.9}$$

$$y=\frac{\varepsilon\Omega^2}{\omega_y^2-\Omega^2}\sin\Omega t \tag{5.10}$$

轴心的轨迹方程为

$$\left[\frac{x}{\varepsilon\Omega^2/(\omega_x^2-\Omega^2)}\right]^2+\left[\frac{y}{\varepsilon\Omega^2/(\omega_y^2-\Omega^2)}\right]^2=1 \tag{5.11}$$

显而易见，其为椭圆方程，如图 5.3 所示。

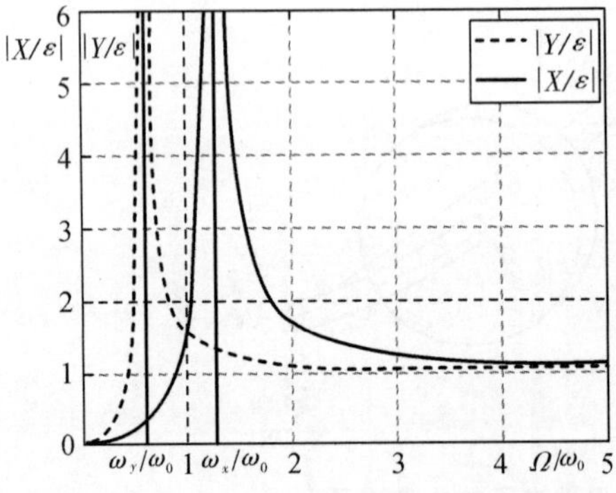

图 5.2　x 和 y 方向振动幅值随转速比的变化

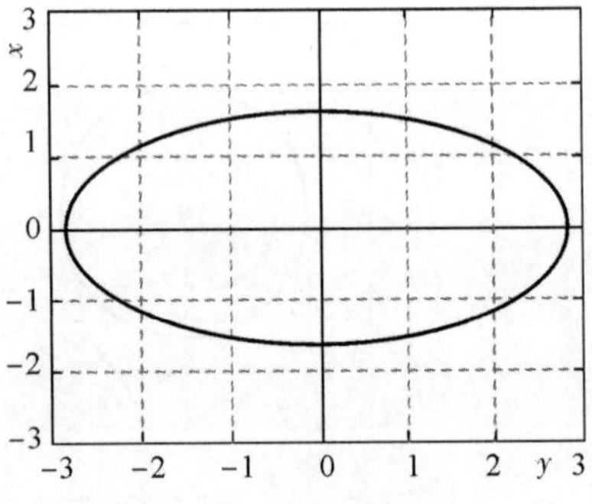

图 5.3　轴心的椭圆轨迹

椭圆的两个半轴分别为

$$a=\frac{\varepsilon\Omega^2}{\omega_x^2-\Omega^2};\qquad b=\frac{\varepsilon\Omega^2}{\omega_y^2-\Omega^2} \tag{5.12}$$

由 $a=b$ 解得

$$\Omega=\sqrt{\frac{\omega_x^2+\omega_y^2}{2}}=\omega_0 \tag{5.13}$$

在此转速点，转子的运动轨迹为圆，半径为 a。

5.2　支承主刚度各向异性时转子的正进动与反进动

把转子的运动表示成复向量的形式，不仅能反映出振动的大小，而且也能反映出转子运动的方向。为此，不妨构造一个复向量

$$r=x+\mathrm{j}y \tag{5.14}$$

它的矢端表示转子的运动轨迹。

根据欧拉方程有

$$\cos(\Omega t+\beta_x)=\frac{1}{2}\left[\mathrm{e}^{\mathrm{j}(\Omega t+\beta_x)}+\mathrm{e}^{-\mathrm{j}(\Omega t+\beta_x)}\right] \tag{5.15}$$

$$\sin(\Omega t+\beta_y)=\frac{1}{2\mathrm{j}}\left[\mathrm{e}^{\mathrm{j}(\Omega t+\beta_y)}+\mathrm{e}^{-\mathrm{j}(\Omega t+\beta_y)}\right] \tag{5.16}$$

可得

$$r=R_+\mathrm{e}^{\mathrm{j}\Omega t}+R_-\mathrm{e}^{-\mathrm{j}\Omega t} \tag{5.17}$$

其中

$$R_+=\frac{1}{2}\left[X\mathrm{e}^{\mathrm{j}\beta_x}+Y\mathrm{e}^{\mathrm{j}\beta_y}\right]\qquad(\text{为正进动分量}) \tag{5.18}$$

$$R_-=\frac{1}{2}\left[X\mathrm{e}^{-\mathrm{j}\beta_x}-Y\mathrm{e}^{-\mathrm{j}\beta_y}\right]\qquad(\text{为反进动分量}) \tag{5.19}$$

$$X=\frac{\varepsilon\Omega^2}{\sqrt{(\omega_x^2-\Omega^2)^2+(2\Omega D\omega_0)^2}};\qquad Y=\frac{\varepsilon\Omega^2}{\sqrt{(\omega_y^2-\Omega^2)^2+(2\Omega D\omega_0)^2}} \tag{5.20}$$

式中：$\mathrm{e}^{\mathrm{j}\Omega t}$ 表示在复平面上的一个单位旋转矢量，矢端轨迹为圆，半径为 1，旋转速度为 Ω，旋转方向与 Ω 相同，故称之为协调或同步正进动。$\mathrm{e}^{-\mathrm{j}\Omega t}$ 同样表示一个以速度 Ω 旋转的单位旋转矢量，但旋转方向与 Ω 相反，故称为同步反进动。

由式(5.19)可见，转子轴心的运动既包含同步正进动分量，也包含同步反进动分量。正、反进动分量的大小与转速、质量偏心、阻尼以及支承刚度各向异性有关。

重新整理后，得到：

$$R_+=\frac{\varepsilon\Omega^2(\omega_0^2-\Omega^2-2\mathrm{j}D\omega_0\Omega)}{(\omega_x^2-\Omega^2)(\omega_y^2-\Omega^2)+(2D\omega_0\Omega^2)} \tag{5.21}$$

$$R_-=\frac{-\varepsilon\Omega^2\Delta\omega_0^2}{(\omega_x^2-\Omega^2)(\omega_y^2-\Omega^2)+(2D\omega_0\Omega^2)} \tag{5.22}$$

其中 $\Delta\omega_0^2=\frac{s_x-s_y}{2m}$。显而易见，当支承各向同性时，$\Delta\omega_0^2=0$，无反进动分量。

当转速为 $0<\Omega<\omega_y$ 时(设 $\omega_y<\omega_x$)，$|R_+|>|R_-|$，正进动占优，转子轴心沿着椭圆轨迹正向进动。

当 $\omega_y<\Omega<\omega_x$ 时，$|R_-|>|R_+|$，即在两个临界转速之间，反进动占优，转子轴心沿着椭圆轨迹反向进动。在式(5.13)所给出的转速点 ω_0，不考虑阻尼($D=0$)时，$R_+=0$，而

$$R_-=\frac{\varepsilon\omega_0^2}{\Delta\omega_0^2}=\varepsilon\frac{s_x+s_y}{s_x-s_y}=a \tag{5.23}$$

这说明，转子的运动轨迹为反进动圆，半径为 $R_-=a$。

当 $\Omega>\omega_x$ 时，$|R_+|>|R_-|$，即超过第二个临界转速之后，正进动又重新占优，转子进动为正进动。转速继续增加，$|R_-|\to 0$，$|R_+|\to\varepsilon$。这表明，轨迹趋于半径为 ε 的圆。图 5.4 表示转子的正进动和反进动随转速比 $\dfrac{\Omega}{\omega_0}$ 的变化。

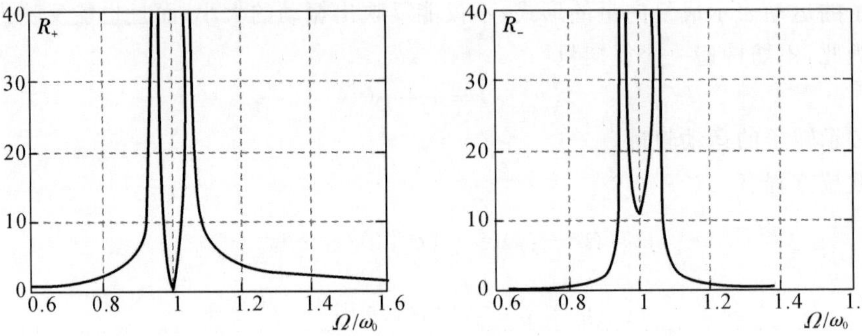

图 5.4　转子的正进动和反进动随转速比 $\dfrac{\Omega}{\omega_0}$ 的变化，$\dfrac{\Delta\omega_0}{\omega_0}=0.3$

图 5.5 表示在上述三个转速区域轨迹的形状。

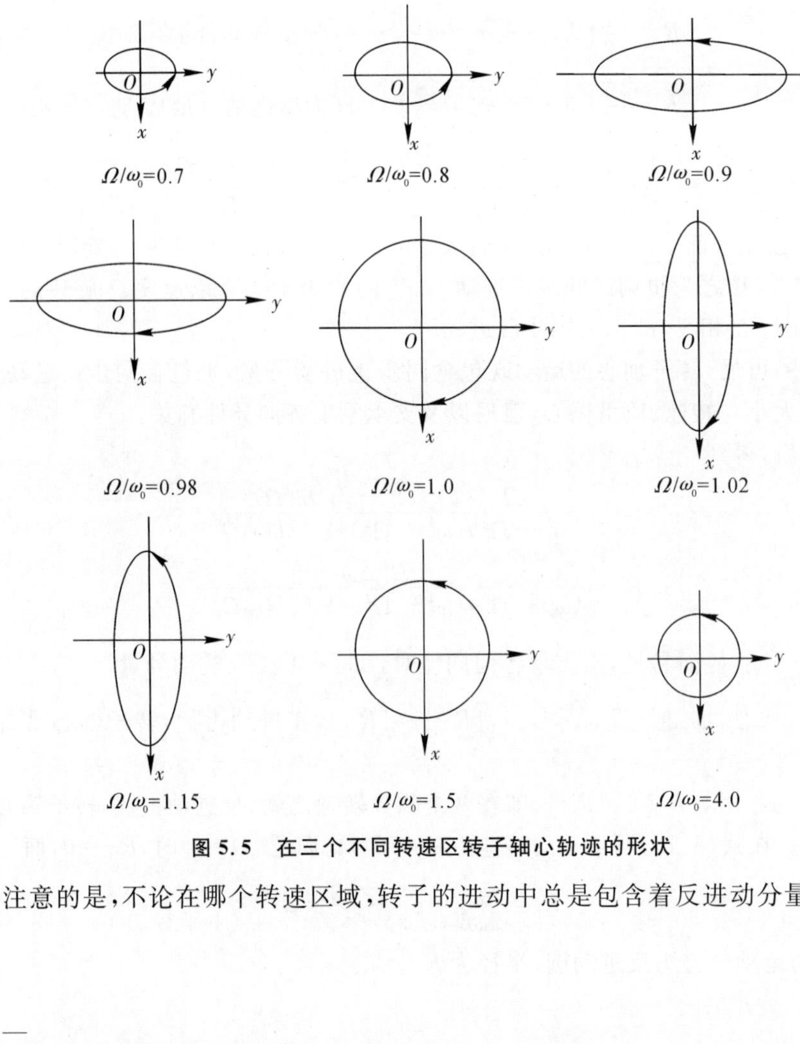

图 5.5　在三个不同转速区转子轴心轨迹的形状

值得注意的是，不论在哪个转速区域，转子的进动中总是包含着反进动分量。

5.3　支承存在交叉刚度时转子的振动

前面曾经假设支承刚度各向异性，但无交叉刚度。事实上，若存在交叉刚度，只要它对称，即 $s_{xy}=s_{yx}$，总可以通过坐标变换把刚度矩阵变换成对角矩阵。上述的求解过程和结论都是适用的。

存在交叉刚度时，转子的运动方程为

$$\begin{bmatrix} m & 0 \\ 0 & m \end{bmatrix}\begin{bmatrix} \ddot{x} \\ \ddot{y} \end{bmatrix}+\begin{bmatrix} s_{11} & s_{12} \\ s_{21} & s_{22} \end{bmatrix}\begin{bmatrix} x \\ y \end{bmatrix}=m\varepsilon\Omega^2\begin{bmatrix} \cos\Omega t \\ \sin\Omega t \end{bmatrix} \tag{5.24}$$

此处为简单起见，未计及阻尼。

引入正交变换

$$\begin{bmatrix} x \\ y \end{bmatrix}=\mathbf{A}\begin{bmatrix} v \\ w \end{bmatrix} \tag{5.25}$$

其中

$$\mathbf{A}=\begin{bmatrix} \cos\alpha & \sin\alpha \\ -\sin\alpha & \cos\alpha \end{bmatrix} \tag{5.26}$$

代入方程式(5.24)后，两边同乘以 $\mathbf{A}^{\mathrm{T}}$，可得

$$\begin{bmatrix} m & 0 \\ 0 & m \end{bmatrix}\begin{bmatrix} \ddot{v} \\ \ddot{w} \end{bmatrix}+\mathbf{A}^{\mathrm{T}}\begin{bmatrix} s_{11} & s_{12} \\ s_{21} & s_{22} \end{bmatrix}\mathbf{A}\begin{bmatrix} v \\ w \end{bmatrix}=m\varepsilon\Omega^2\mathbf{A}^{\mathrm{T}}\begin{bmatrix} \cos\Omega t \\ \sin\Omega t \end{bmatrix} \tag{5.27}$$

变换之后的刚度矩阵为

$$\mathbf{A}^{\mathrm{T}}\begin{bmatrix} s_{11} & s_{12} \\ s_{21} & s_{22} \end{bmatrix}\mathbf{A}=\begin{bmatrix} s_{xx} & s_{xy} \\ s_{yx} & s_{yy} \end{bmatrix} \tag{5.28}$$

其中

$$s_{xx}=s_{11}\cos^2\alpha+s_{22}\sin^2\alpha-(s_{12}+s_{21})\cos\alpha\sin\alpha \tag{5.29}$$

$$s_{xy}=s_{12}\cos^2\alpha-s_{21}\sin^2\alpha+(s_{11}-s_{22})\cos\alpha\sin\alpha \tag{5.30}$$

$$s_{yx}=s_{21}\cos^2\alpha-s_{12}\sin^2\alpha+(s_{11}-s_{22})\cos\alpha\sin\alpha \tag{5.31}$$

$$s_{yy}=s_{11}\sin^2\alpha+s_{22}\cos^2\alpha+(s_{12}+s_{21})\cos\alpha\sin\alpha \tag{5.32}$$

如果交叉刚度完全对称，即 $s_{12}-s_{21}$，则

$$s_{xy}=s_{yx}=\frac{s_{11}-s_{22}}{2}\sin2\alpha+s_{12}\cos2\alpha \tag{5.33}$$

为消除交叉刚度，α 应满足

$$\frac{s_{11}-s_{22}}{2}\sin2\alpha+s_{12}\cos2\alpha=0 \tag{5.34}$$

于是，得到

$$\tan2\alpha=\frac{2s_{12}}{s_{22}-s_{11}} \tag{5.35}$$

由此说明，当交叉刚度对称时，总可以通过坐标变换找到主坐标方向，使得该方向的力只产生该方向的位移，即使得刚度矩阵对角化。

当交叉刚度不对称时，无法实现刚度矩阵对角化。不妨回到式(5.30)和式(5.31)。由于$s_{12}\neq s_{21}$，故$s_{xy}\neq s_{yx}$。找不到坐标变换角α使式(5.30)和式(5.31)同时为0。

在很多情况下，交叉刚度为反对称，即$s_{12}=-s_{21}$，例如圆瓦或椭圆瓦滑动轴承的油膜刚度。反对称交叉刚度的存在，会在一定条件下使转子失稳，这种故障在实际中时有发生。下面对存在反对称交叉刚度和阻尼时转子的稳定性进行分析。

存在交叉刚度和阻尼时，转子的运动方程为

$$\begin{bmatrix} m & 0 \\ 0 & m \end{bmatrix}\begin{bmatrix} \ddot{x} \\ \ddot{y} \end{bmatrix}+\begin{bmatrix} d_{11} & d_{12} \\ d_{21} & d_{22} \end{bmatrix}\begin{bmatrix} \dot{x} \\ \dot{y} \end{bmatrix}+\begin{bmatrix} s_{11} & s_{12} \\ s_{21} & s_{22} \end{bmatrix}\begin{bmatrix} x \\ y \end{bmatrix}=m\varepsilon\Omega^2\begin{bmatrix} \cos\Omega t \\ \sin\Omega t \end{bmatrix} \tag{5.36}$$

其中$s_{12}=-s_{21}$，$d_{12}=-d_{21}$。

为了考察转子的稳定性，只要分析方程式(5.36)对应的齐次方程即可。

为简单起见，不妨设$d_{11}=d_{22}$，$s_{11}=s_{22}$。

写成复数形式后，方程变为

$$m\ddot{r}+(d_{11}-\mathrm{j}d_{12})\dot{r}+(s_{11}-\mathrm{j}s_{12})r=0 \tag{5.37}$$

其中$r=x+\mathrm{j}y$。

设解为

$$r=R\mathrm{e}^{\lambda t} \tag{5.38}$$

代入方程式(5.37)后，得到特征方程

$$m\lambda^2+(d_{11}-\mathrm{j}d_{12})\lambda+(s_{11}-\mathrm{j}s_{12})=0 \tag{5.39}$$

其根必为复数形式，即

$$\lambda=\alpha+\mathrm{j}\omega \tag{5.40}$$

代入方程式(5.39)，并将实部与虚部分开，可得

$$m\alpha^2-m\omega^2+\alpha d_{11}+\omega d_{12}+s_{11}=0 \tag{5.41}$$

$$2m\alpha\omega+d_{11}\omega-d_{12}\alpha-s_{12}=0 \tag{5.42}$$

假设转子系统无阻尼，即$d_{11}=d_{12}=0$，则上述两方程变为

$$m\alpha^2-m\omega^2+s_{11}=0 \tag{5.43}$$

$$2m\alpha\omega-s_{12}=0 \tag{5.44}$$

当无交叉刚度时，$s_{12}=0$，则$\alpha=0$，$\omega=\sqrt{\frac{s_{11}}{m}}$。这表明，系统不会失稳。

由方程式(5.43)和式(5.44)求得

$$\omega_1^2=\frac{s_{11}}{2m}+\frac{\sqrt{s_{11}^2+s_{12}^2}}{2m} \tag{5.45}$$

$$\omega_2^2=\frac{s_{11}}{2m}-\frac{\sqrt{s_{11}^2+s_{12}^2}}{2m} \tag{5.46}$$

$$\alpha_1^2=\frac{\sqrt{s_{11}^2+s_{12}^2}}{2m}-\frac{s_{11}}{2m} \tag{5.47}$$

或

$$\alpha_1=\frac{s_{12}}{2m\omega_1} \tag{5.48}$$

$$\alpha_2=\frac{s_{12}}{2m\omega_2} \tag{5.49}$$

由于 $\omega_1>0$，故 $\alpha_1>0$，因此系统将失稳。可见，反对称交叉刚度使得转子失稳。失稳时转子的振动频率为 ω_1。

引入外阻尼 d_{11}，但不考虑交叉阻尼项，即 $d_{12}=0$，则方程的根为

$$w_{1,2}=\pm\sqrt{\frac{4ms_{11}-d_{11}^2}{8m^2}+\frac{\sqrt{(4ms_{11}-d_{11}^2)^2+16m^2s_{12}^2}}{8m^2}} \tag{5.50}$$

$$w_{3,4}=\pm\sqrt{\frac{4ms_{11}-d_{11}^2}{8m^2}-\frac{\sqrt{(4ms_{11}-d_{11}^2)^2+16m^2s_{12}^2}}{8m^2}} \tag{5.51}$$

由于式(5.51)根号下的值为负，故 ω_3 和 ω_4 无意义。

$$\alpha_1=\frac{s_{12}-\omega_1 d_{11}}{2m\omega_1} \tag{5.52}$$

$$\alpha_2=\frac{s_{12}-\omega_2 d_{11}}{2m\omega_2} \tag{5.53}$$

因 $\omega_2<0$，故 $\alpha_2<0$。因此，转子的稳定性就取决于 α_1 的正负。如果转子的阻尼满足

$$d_{11}>\frac{s_{12}}{\omega_1} \tag{5.54}$$

则 $\alpha_1<0$，即转子始终保持稳定。换句话讲，引入阻尼之后，即使转子存在反对称交叉刚度，但只要满足

$$s_{12}<d_{11}\omega_1 \tag{5.55}$$

转子仍然不会失稳。

为了进一步说明失稳机理，将弹性恢复力所做的功加以描述。

弹性恢复力为

$$F_x=-s_{11}x-s_{12}y \tag{5.56}$$

$$F_y=s_{12}x-s_{11}y \tag{5.57}$$

假设转子沿一圆轨迹运动，轨迹半径为 r，如图 5.6 所示。当转子沿着轨迹运动了 $r\varphi$ 弧长时，弹性力做的功为

$$W_s=s_{12}r^2\varphi \tag{5.58}$$

这表明，反对称交叉刚度产生的弹性力向转子输入能量，促使转子涡动加剧。

引入阻尼后，阻尼力为

$$F_{xd}=-d_{11}\dot{x} \tag{5.59}$$

$$F_{yd}=-d_{11}\dot{y} \tag{5.60}$$

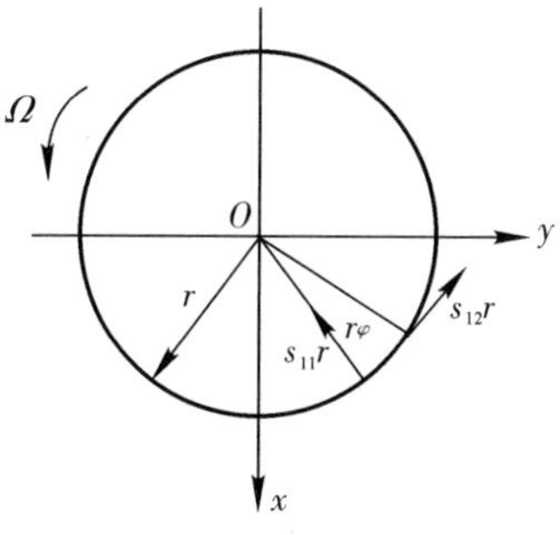

图 5.6　转子的失稳机理

阻尼所耗散的功为

$$W_d = -d_{11}\varphi\omega r^2 \tag{5.61}$$

当阻尼所耗散的功与反对称弹性力所输入的功相等时，即

$$W_d = W_s$$

或

$$d_{11} = \frac{s_{12}}{\omega} \tag{5.62}$$

转子处在稳定性边界。这与稳定性条件式(5.54)是一致的。

上述分析表明，增大转子系统的阻尼有利于提高转子的稳定性。

5.4 支承主刚度各向异性对转子稳定性的影响

前面在讨论存在交叉刚度时转子稳定性的过程中，曾假设两个主刚度是相同的，即 $s_{11} = s_{22}$。但更一般的情况是，既存在交叉刚度，又存在主刚度各向异性。如前所述，反对称交叉刚度可使转子失稳，但主刚度各向异性则有利于转子稳定。本节将讨论同时存在交叉刚度反对称和主刚度各向异性时转子的稳定性。

引入变量

$$s_{11} = s_0 + \Delta s;\quad s_{22} = s_0 - \Delta s;\quad \Delta s = \frac{s_{11} - s_{22}}{2};\quad s_0 = \frac{s_{11} + s_{22}}{2}$$

代入方程式(5.36)对应的齐次方程，并且忽略阻尼，则得

$$\begin{bmatrix} m & 0 \\ 0 & m \end{bmatrix}\begin{bmatrix} \ddot{x} \\ \ddot{y} \end{bmatrix} + \begin{bmatrix} s_0 + \Delta s & s_{12} \\ s_{21} & s_0 - \Delta s \end{bmatrix}\begin{bmatrix} x \\ y \end{bmatrix} = \begin{bmatrix} 0 \\ 0 \end{bmatrix} \tag{5.63}$$

仍设 $s_{21} = -s_{12}$，方程式(5.63)的解具有可表达为：

$$\begin{bmatrix} x \\ y \end{bmatrix} = \begin{bmatrix} X \\ Y \end{bmatrix} e^{\lambda t} \tag{5.64}$$

代入方程式(5.63)后，得到特征方程

$$m^2\lambda^4 + 2ms_0\lambda^2 + s_0^2 + s_{12}^2 - \Delta s^2 = 0 \tag{5.65}$$

如果主刚度相同，即 $\Delta s = 0$，则方程式(5.65)的解与式(5.39)的解是完全相同的。

设方程式(5.65)的解为

$$\lambda = \alpha + j\omega \tag{5.66}$$

代入方程式(5.65)之后，得

$$\alpha^2 - \omega^2 + 2j\alpha\omega = -\frac{s_0}{m} \pm \frac{\sqrt{\Delta s^2 - s_{12}^2}}{m} \tag{5.67}$$

如果 $\Delta s > s_{12}$，则有

$$\alpha = 0 \tag{5.68}$$

$$\omega^2 = \frac{s_0}{m} \mp \frac{\sqrt{\Delta s^2 - s_{12}^2}}{m} \tag{5.69}$$

这说明转子是稳定的。可见，当主刚度各向异性足以克服反对称交叉刚度的影响时，即使无阻

尼，转子也是稳定的。因此，主刚度各向异性有利于提高转子稳定性。另外，当 $s_{21}=s_{12}=0$ 时，由式(5.65)得到的两个临界转速与第 5.1 节的结果是相同的。

如果 $\Delta s<s_{12}$，由方程式(5.67)得

$$\alpha^2=-\frac{s_0}{2m}\pm\frac{\sqrt{s_0^2+s_{12}^2-\Delta s^2}}{2m} \tag{5.70}$$

由于

$$\sqrt{s_0^2+s_{12}^2-\Delta s^2}>s_0 \tag{5.71}$$

故

$$\alpha_1=\left[\frac{\sqrt{s_0^2+s_{12}^2-\Delta s^2}}{2m}-\frac{s_0}{2m}\right]^{1/2}>0 \tag{5.72}$$

转子不稳定。这说明，主刚度各向异性不足以克服反对称交叉刚度的影响。比较式(5.47)和式(5.72)，由于

$$\frac{\sqrt{s_0^2+s_{12}^2-\Delta s^2}}{2m}-\frac{s_0}{2m}<\frac{\sqrt{s_0^2+s_{12}^2}}{2m}-\frac{s_0}{2m} \tag{5.73}$$

故特征根的实部虽然大于 0，但其值要比主刚度各向同性时为小。这说明，主刚度各向异性在任何情况下都有利于抑制转子失稳。

5.5　从能量角度解释转子的稳定性

反对称交叉刚度存在时，弹性力将不断向转子输入能量，使转子的振动越来越大，导致转子失稳。

转子运动时的弹性力为

$$F_x=-s_0x-s_{12}y \tag{5.74}$$

$$F_y=-s_0y+s_{12}x \tag{5.75}$$

主刚度各向同性，故转子运动轨迹可假设为圆轨迹，即

$$x=r\cos\omega t \tag{5.76}$$

$$y=r\sin\omega t \tag{5.77}$$

则弹性力在转子运动一个周期内所做的功为

$$W=\int_0^T-[F_x\dot{x}+F_y\dot{y}]\mathrm{d}t \tag{5.78}$$

将式(5.74)～式(5.77)代入式(5.78)，可得

$$W=2\pi r^2s_{12} \tag{5.79}$$

此为反对称交叉刚度产生的弹性力在一个周期内向转子输入的能量。

当主刚度各向异性时，转子运动轨迹为椭圆，即

$$x=X\cos\omega t \tag{5.80}$$

$$y=Y\sin\omega t \tag{5.81}$$

弹性力为

$$F_x=-(s_0+\Delta s)x-s_{12}y \tag{5.82}$$

$$F_y = -(s_0 - \Delta s)y + s_{12}x \tag{5.83}$$

代入式(5.78),可得弹性力所做的功为

$$W = 2\pi XYs_{12} \tag{5.84}$$

若椭圆长轴 Y 与圆轨迹半径 r 相同,如图 5.7 所示,$Y = r$,则

$$2\pi XYs_{12} < 2\pi r^2 s_{12} \tag{5.85}$$

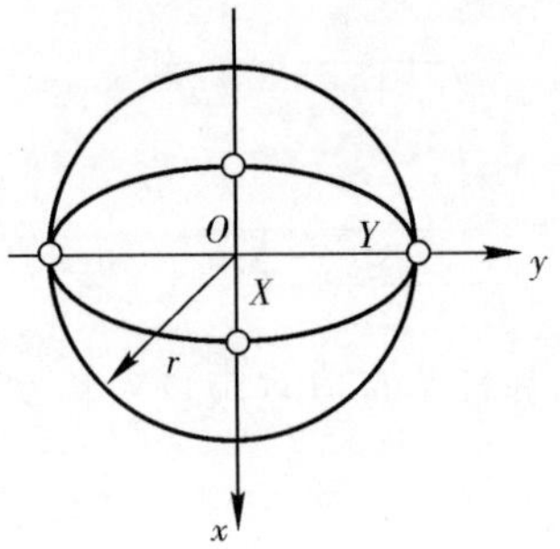

图 5.7 转子圆轨迹和椭圆轨迹

这说明,主刚度各向异性时,反对称交叉刚度产生的弹性力向转子输入的能量要比主刚度各向同性时小。由式(5.79)和式(5.85)可见,反对称交叉刚度产生的弹性力所做的功与转子运动轨迹所包围的面积成正比。显然,椭圆轨迹所包围的面积要比圆轨迹的面积小。

从能量的角度看,转子最终是否失稳取决于阻尼力耗散的能量大于还是小于弹性力输入的能量。

只考虑主阻尼时,阻尼力为

$$F_{dx} = -d_{11}\dot{x} \tag{5.86}$$

$$F_{dy} = -d_{11}\dot{y} \tag{5.87}$$

则阻尼力所耗散的功为

$$W_d = \int_0^T [F_{dx}\dot{x} + F_{dy}\dot{y}]dt \tag{5.88}$$

当转子运动轨迹为圆轨迹时,阻尼力所耗散的功为

$$W_d = 2\pi d_{11}\omega r^2 \tag{5.89}$$

与式(5.79)比较,当

$$W_d = 2\pi d_{11}\omega r^2 > W = 2\pi r^2 s_{12} \tag{5.90}$$

时,即

$$d_{11} > \frac{s_{12}}{\omega} \tag{5.91}$$

系统稳定。结果与式(5.62)相同。

当转子运动轨迹为椭圆轨迹时,阻尼力所耗散的功为

$$W_d = \pi d_{11}\omega(X^2 + Y^2) \tag{5.92}$$

稳定性条件则为

$$d_{11} > \frac{2XYs_{12}}{\omega(X^2 + Y^2)} \tag{5.93}$$

由于

$$X^2 + Y^2 > 2XY \tag{5.94}$$

即

$$\frac{2XY}{X^2 + Y^2} < 1 \tag{5.95}$$

故主刚度各向异性时的稳定性条件式(5.93)，要比各向同性时的稳定性条件式(5.91)更易于满足。这从能量的角度再次说明，主刚度各向异性有利于提高转子的稳定性。

第 6 章　盘偏置时转子的振动

在前面的章节中，假设盘置于轴的跨中。盘被处理成一个点质量，不计及其转动惯量，如图 6.1 所示。实际上，转子结构有多种形式，很多情况下并不符合上述假设，即盘并不安装在跨中，如图 6.2 所示。转子旋转时，偏心离心力使转子产生弯曲动挠度。圆盘不仅发生自转和横向振动，而且还要产生偏离原先平面的摆动。这种摆动将与转子横向振动耦合，产生所谓的回转效应。本章讨论盘偏置时的回转效应及其对转子振动的影响。

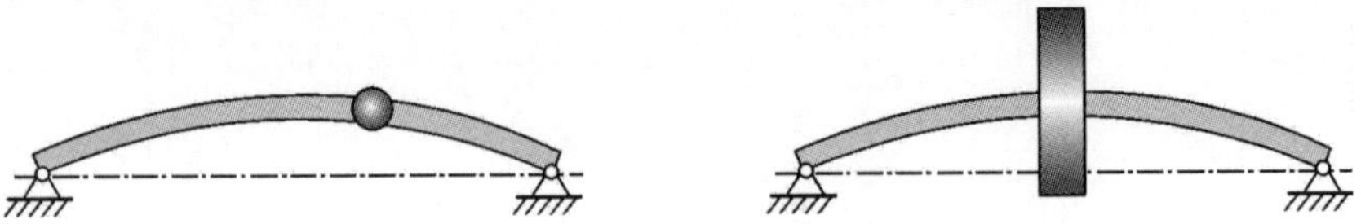

图 6.1　带点质量的转子和 Jeffcott 转子模型

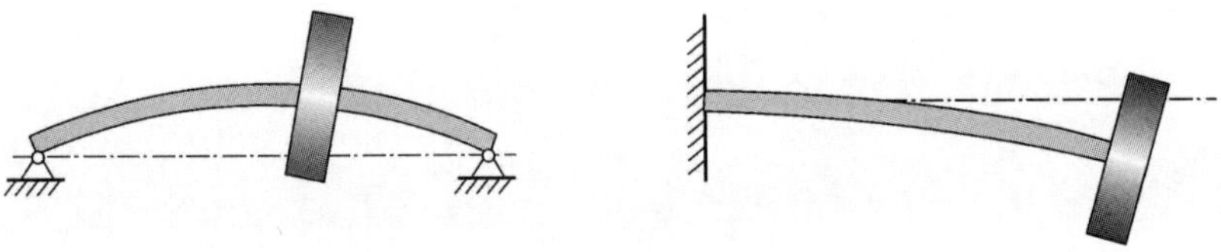

图 6.2　带偏置盘的转子和悬臂转子

6.1　回转效应的实验演示

为了对回转效应获得直观理解，我们不妨用图 6.3 所示的车轮进行实验说明。

车轮绕水平轴以 Ω 顺时针旋转，用手柄推动轴及车轮绕竖直轴以 $\dot{\varphi}_z$ 旋转，则车轮将会产生一个绕 y 轴的力矩，即陀螺力矩。力矩的大小为 $M_y=I_p\Omega\dot{\varphi}_z$。其中 I_p 为车轮绕轴的极惯性矩。转速 Ω 和 $\dot{\varphi}_z$ 越高，则陀螺力矩越大。

如果车轮绕 y 轴有一个角加速度，就会在 xOz 平面内产生一个回转力矩。此时，回转效应就可表达为：

$$M_y=I_p\Omega\dot{\varphi}_z-I_d\ddot{\varphi}_y \tag{6.1}$$

在此力矩的作用之下，水平轴将会发生如图 6.3 所示的变形。

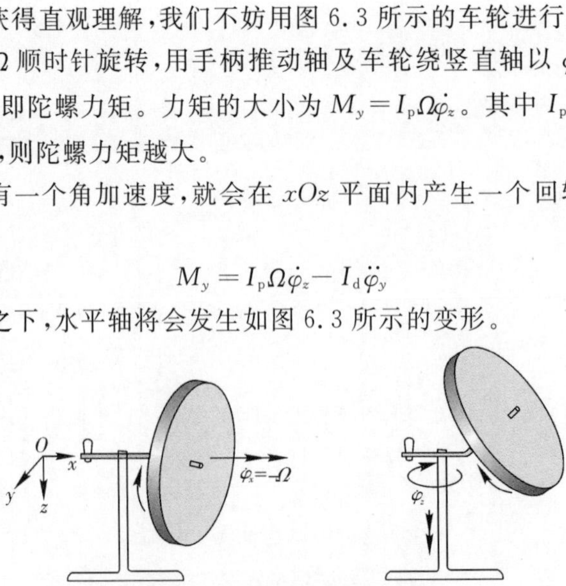

图 6.3　回转效应的实验演示

6.2　偏置盘运动的描述

盘偏置之后，在转子运转过程中，盘绕其中心线自转的同时，还会摆动。因此，可将盘的运动视作空间刚体运动，表示成随其质心的平动和绕质心的定点转动。随质心的平动由质心的坐标(x，y，z)来描述。如图 6.4 所示，取空间固定坐标系 $Oxyz$ 来描述盘质心的平动。取平动坐标系 $O'x'y'z'$，原点 O' 与盘质心固连，随盘平动但不转动，各个坐标轴与固定坐标系对应的各轴平行。转动坐标系为 $O'\xi\eta\zeta$，固结在圆盘上，$O'\eta$ 为过圆盘质心的法线，与轴动挠度曲线相切。$O'\xi$ 和 $O'\zeta$ 分别为圆盘上的两条正交的直径。图 6.4 表示带偏置盘的转子及动、静坐标系。

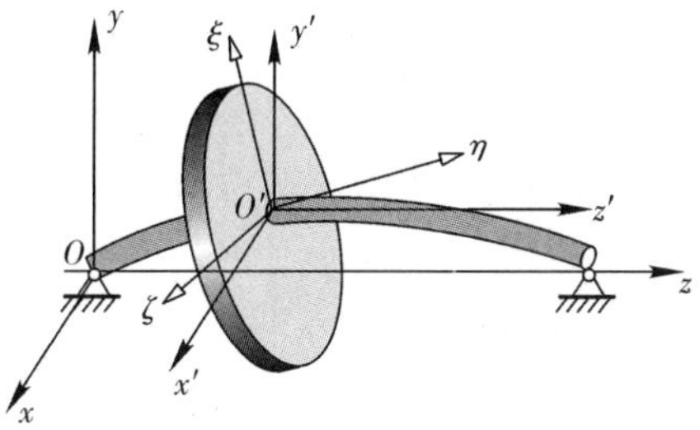

图 6.4　带偏置盘的转子及动静坐标系

盘的空间运动就由质心平动(x，y，z)和转动坐标系 $O'\xi\eta\zeta$ 绕平动坐标系的转动来表达。一般用 3 个欧拉角来定义转动坐标系绕平动坐标系的转动。假定初始时刻 t_0，转动坐标系与平动坐标系重合。在任一时刻 t，转动坐标系相对平动坐标系的位置可由 3 个位置角(欧拉角)来确定。先绕 $O'\zeta$ 轴转动 α 角，再绕 $O'\xi_1$ 轴转动 β 角，最后绕 $O'\eta_1$ 轴转动 φ 角，如图 6.5 所示。

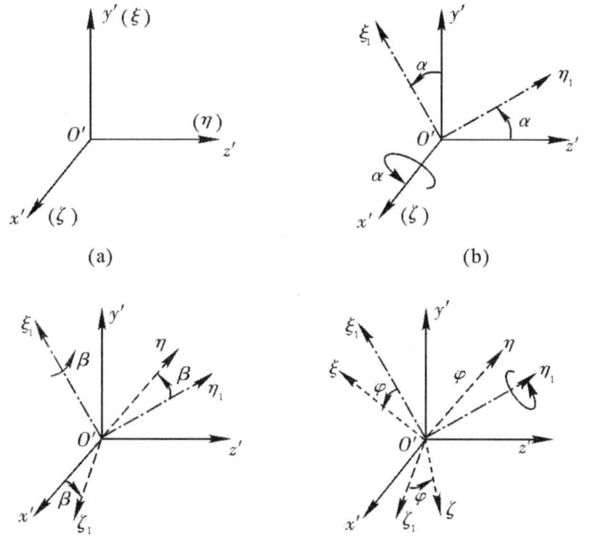

图 6.5　转动坐标系绕平动坐标系转动的 3 个欧拉角

(a) $t=t_0$，平动坐标系与转动坐标系重合；(b) $t=t$，绕 $O'\zeta$ 轴转动 α 角；
(c) $t=t$，绕 $O'\xi_1$ 轴转动 β 角；(d) $t=t$，绕 $O'\eta_1$ 轴转动 φ 角

于是，得到圆盘的角速度为

$$\boldsymbol{\omega}=\dot{\boldsymbol{\alpha}}+\dot{\boldsymbol{\beta}}+\dot{\boldsymbol{\varphi}} \tag{6.2}$$

投影到平动坐标系则为

$$\boldsymbol{\omega}=\begin{bmatrix}\omega_{x'}\\ \omega_{y'}\\ \omega_{z'}\end{bmatrix}=\begin{bmatrix}\dot{\alpha}-\dot{\varphi}\sin\beta\\ \dot{\beta}\cos\alpha+\dot{\varphi}\sin\alpha\cos\beta\\ \dot{\varphi}\cos\beta\cos\alpha-\dot{\beta}\sin\alpha\end{bmatrix} \tag{6.3}$$

由于 $O'\xi_1$，$O'\zeta$ 和 $O'\eta_1$ 轴皆为圆盘的惯性主轴，故圆盘对原点 O' 的动量矩为

$$\mathbf{L}_{O'}=I_{\mathrm{d}}\dot{\boldsymbol{\alpha}}+I_{\mathrm{d}}\dot{\boldsymbol{\beta}}+I_{\mathrm{p}}\dot{\boldsymbol{\varphi}} \tag{6.4}$$

在平动坐标系，动量矩则为

$$\mathbf{L}_{O}=\begin{bmatrix}L_{x'}\\ L_{y'}\\ L_{z'}\end{bmatrix}=\begin{bmatrix}I_{\mathrm{d}}\dot{\alpha}-I_{\mathrm{p}}\dot{\varphi}\sin\beta\\ I_{\mathrm{d}}\dot{\beta}\cos\alpha+I_{\mathrm{p}}\dot{\varphi}\sin\alpha\cos\beta\\ I_{\mathrm{p}}\dot{\varphi}\cos\beta\cos\alpha-I_{\mathrm{d}}\dot{\beta}\sin\alpha\end{bmatrix} \tag{6.5}$$

实际上，转子振动时的动挠度非常小，即微幅振动，α 和 β 为小量，故可取

$$\left.\begin{array}{l}\sin\alpha\approx\alpha,\cos\alpha\approx 1\\ \sin\beta\approx\beta,\cos\beta\approx 1\end{array}\right\} \tag{6.6}$$

于是，式(6.3)和式(6.5)简化为

$$\boldsymbol{\omega}=\begin{bmatrix}\omega_{x'}\\ \omega_{y'}\\ \omega_{z'}\end{bmatrix}=\begin{Bmatrix}\dot{\alpha}-\dot{\varphi}\beta\\ \dot{\beta}+\dot{\varphi}\alpha\\ \dot{\varphi}-\dot{\beta}\alpha\end{Bmatrix} \tag{6.7}$$

$$\mathbf{L}_{O}=\begin{bmatrix}L_{x'}\\ L_{y'}\\ L_{z'}\end{bmatrix}=\begin{bmatrix}I_{\mathrm{d}}\dot{\alpha}-I_{\mathrm{p}}\dot{\varphi}\beta\\ I_{\mathrm{d}}\dot{\beta}+I_{\mathrm{p}}\dot{\varphi}\alpha\\ I_{\mathrm{p}}\dot{\varphi}-I_{\mathrm{d}}\dot{\beta}\alpha\end{bmatrix} \tag{6.8}$$

取式(6.6)的近似假设后，相当于把 α 和 β 分别用转子动挠度曲线在 xOz 平面和 yOz 平面投影的切线与 Oz 轴的夹角来替代，如图 6.6 所示。

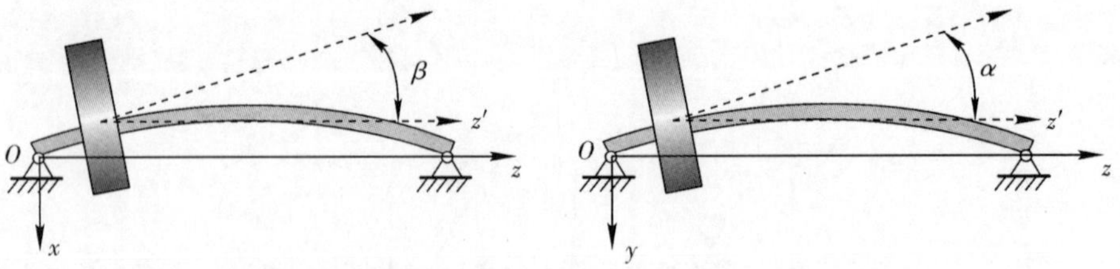

图 6.6 转子动挠度曲线在 xOz 平面和 yOz 平面的投影及转角 α 和 β

6.3 盘偏置时转子的运动方程

如图 6.7 所示，一转子支承在两个刚性支承之上，圆盘偏置。取固定坐标系 $Oxyz$。为列出转子的运动方程，先确定转子在置盘处力、力矩与位移和转角间的关系，即刚度矩阵。

$$\begin{bmatrix} F_x \\ M_y \\ F_y \\ M_x \end{bmatrix} = \begin{bmatrix} s_{11} & s_{12} & 0 & 0 \\ s_{21} & s_{22} & 0 & 0 \\ 0 & 0 & s_{11} & -s_{12} \\ 0 & 0 & -s_{21} & s_{22} \end{bmatrix} \begin{bmatrix} x \\ \varphi_y \\ y \\ \varphi_x \end{bmatrix} \begin{matrix} \left.\vphantom{\begin{matrix} x \\ \varphi_y \end{matrix}}\right\} xOz \text{ 平面} \\ \left.\vphantom{\begin{matrix} y \\ \varphi_x \end{matrix}}\right\} yOz \text{ 平面} \end{matrix} \tag{6.9}$$

其中 $s_{ij}(i,j=1,2)$为刚度系数。其物理意义如图 6.8 所示。

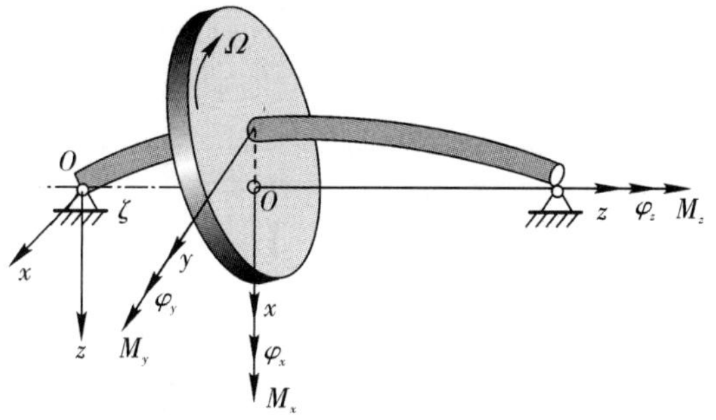

图 6.7　带偏置盘的转子和空间固定坐标系

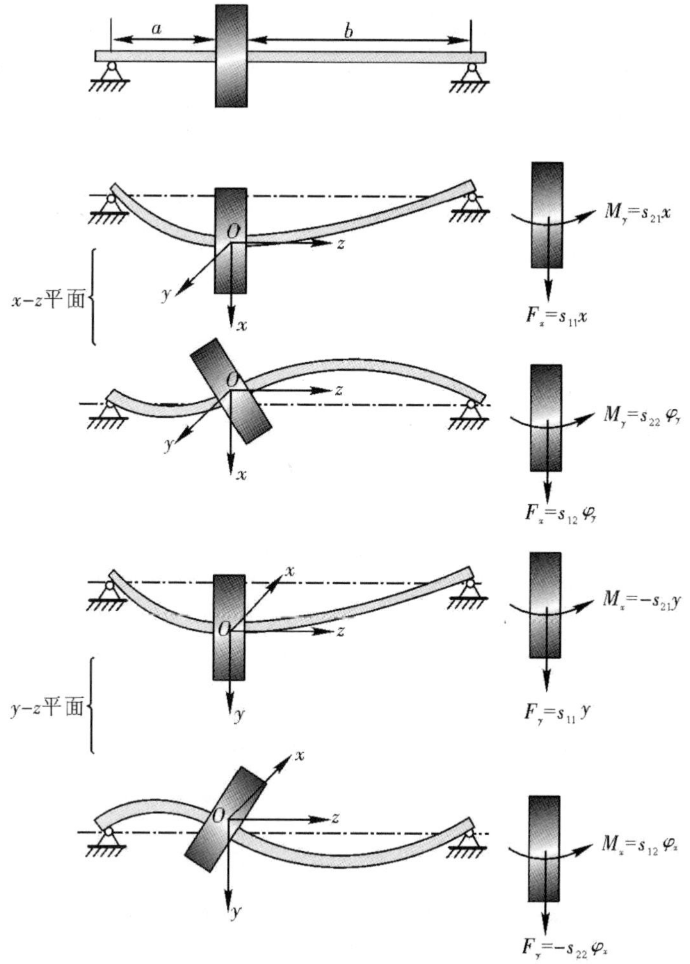

图 6.8　置盘处力、力矩和位移、转角间的关系(刚度的物理意义)

取固连于圆盘三个主轴方向的坐标系 $O'x'y'z'$。其原点在圆盘的质心，z' 轴与盘的旋转轴重合，x' 和 y' 轴则位于盘的中心面，分别与圆盘的两个主轴重合。但该坐标系并不随圆盘绕 z' 轴旋转。图 6.9 表示出坐标系 $Oxyz$ 和坐标系 $O'x'y'z'$。

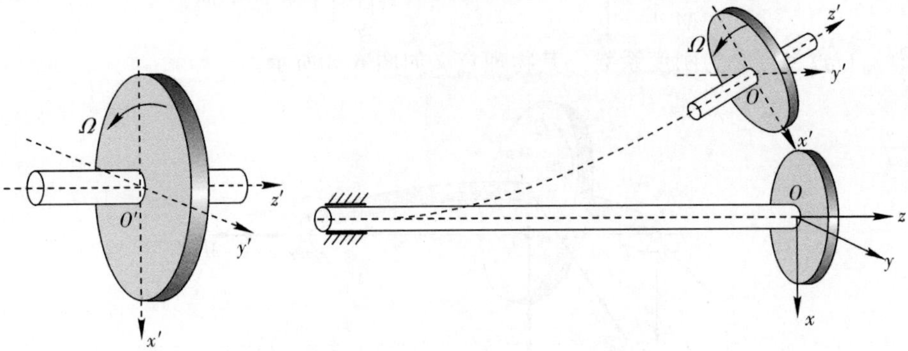

图 6.9　描述转子运动的固定坐标系 $Oxyz$ 和运动坐标系 $O'x'y'z'$

在坐标系 $O'x'y'z'$ 中，转子沿 x'，y'，z' 三个方向的动量矩分别为

$$L_{z'} = I_{p}\dot{\varphi}_{z'} \tag{6.10}$$

$$L_{y'} = I_{d}\dot{\varphi}_{y'} \tag{6.11}$$

$$L_{x'} = I_{d}\dot{\varphi}_{x'} \tag{6.12}$$

其中 $\varphi_{x'}$，$\varphi_{y'}$ 和 $\varphi_{z'}$ 分别为盘绕坐标轴 x'，y'，z' 的 3 个转角，I_p 和 I_d 分别为极惯性矩和直径惯性矩。

上述动量矩可投影到空间固定坐标系 $Oxyz$，如图 6.10 所示。在微幅摆动的假设条件下，投影到固定坐标系后，得

$$L_{y} = L_{y'} + L_{z'}\varphi_{x'} \tag{6.13}$$

$$L_{x} = L_{x'} - L_{z'}\varphi_{y'} \tag{6.14}$$

$$L_{z} = L_{z'} = I_{p}\dot{\varphi}_{z'} \tag{6.15}$$

假设转子以 Ω 恒速旋转，则 $\dot{\varphi}_{z'} = -\Omega =$ 常数，于是

$$L_{z} = L_{z'} = -I_{p}\Omega \tag{6.16}$$

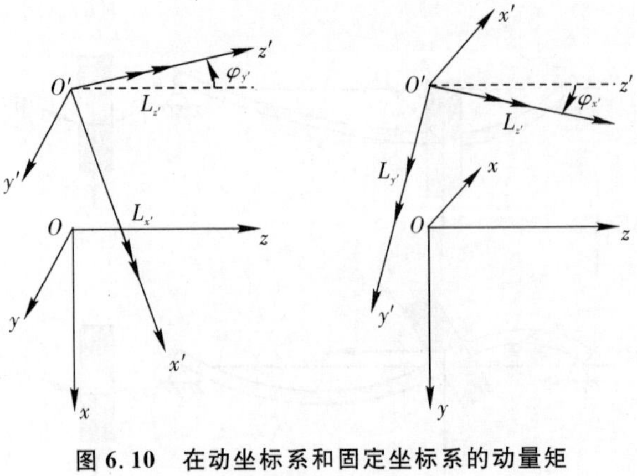

图 6.10　在动坐标系和固定坐标系的动量矩

把式(6.10)～式(6.12)代入式(6.13)和式(6.14)，可得

$$L_{y} = I_{d}\dot{\varphi}_{y'} - I_{p}\Omega\varphi_{x'} \tag{6.17}$$

$$L_x = I_d \dot{\varphi}_{x'} + I_p \Omega \varphi_{y'} \tag{6.18}$$

根据动量矩定律，求得惯性力矩为

$$M_x = \dot{L}_x = I_d \ddot{\varphi}_{x'} + I_p \Omega \dot{\varphi}_{y'} \tag{6.19}$$

$$M_y = \dot{L}_y = I_d \ddot{\varphi}_{y'} - I_p \Omega \dot{\varphi}_{x'} \tag{6.20}$$

其中 $I_d \ddot{\varphi}_{y'}$ 和 $I_d \ddot{\varphi}_{x'}$ 是圆盘摆动所产生的惯性力矩。即使转子不转动，它们也可存在。而 $I_p \Omega \dot{\varphi}_{y'}$ 和 $I_p \Omega \dot{\varphi}_{x'}$ 则为陀螺力矩，是由转子旋转产生的。若转子不旋转，$\Omega=0$，陀螺力矩为零。另外，转子横向振动的惯性力为 $F_x = m\ddot{x}_s$，$F_y = m\ddot{y}_s$。x_s 和 y_s 表示圆盘的质心坐标。最后可列出转子的运动微分方程

$$\begin{bmatrix} m & 0 & 0 & 0 \\ 0 & I_d & 0 & 0 \\ 0 & 0 & m & 0 \\ 0 & 0 & 0 & I_d \end{bmatrix} \begin{bmatrix} \ddot{x}_s \\ \ddot{\varphi}_{ys} \\ \ddot{y}_s \\ \ddot{\varphi}_{xs} \end{bmatrix} + \begin{bmatrix} 0 & 0 & 0 & 0 \\ 0 & 0 & 0 & -I_p\Omega \\ 0 & 0 & 0 & 0 \\ 0 & I_p\Omega & 0 & 0 \end{bmatrix} \begin{bmatrix} \dot{x}_s \\ \dot{\varphi}_{ys} \\ \dot{y}_s \\ \dot{\varphi}_{xs} \end{bmatrix} + \begin{bmatrix} s_{11} & s_{12} & 0 & 0 \\ s_{21} & s_{22} & 0 & 0 \\ 0 & 0 & s_{11} & -s_{12} \\ 0 & 0 & -s_{21} & s_{22} \end{bmatrix} \begin{bmatrix} x \\ \varphi_y \\ y \\ \varphi_x \end{bmatrix} = \begin{bmatrix} 0 \\ 0 \\ 0 \\ 0 \end{bmatrix} \tag{6.21}$$

在微幅运动的条件下，方程式(6.21)中取 $\varphi_x = \varphi_{x'}$，$\varphi_y = \varphi_{y'}$ 表示装圆盘处轴的挠角，φ_{xs} 和 φ_{ys} 表示圆盘的摆角。

引入复向量

$$r_s = x_s + \mathrm{j}y_s, \quad r = x + \mathrm{j}y, \quad \varphi_s = \varphi_{zs} + \mathrm{j}\varphi_{ys}, \quad \varphi = \varphi_z + \mathrm{j}\varphi_y$$

则方程式(6.21)可写成复数向量形式

$$\begin{bmatrix} m & 0 \\ 0 & I_d \end{bmatrix} \begin{bmatrix} \ddot{r}_s \\ \ddot{\varphi}_s \end{bmatrix} + \begin{bmatrix} 0 & 0 \\ 0 & -\mathrm{j}I_p\Omega \end{bmatrix} \begin{bmatrix} \dot{r}_s \\ \dot{\varphi}_s \end{bmatrix} + \begin{bmatrix} s_{11} & -\mathrm{j}s_{12} \\ \mathrm{j}s_{12} & s_{22} \end{bmatrix} \begin{bmatrix} r \\ \varphi \end{bmatrix} = \begin{bmatrix} 0 \\ 0 \end{bmatrix} \tag{6.22}$$

设圆盘偏心为 ε，相角为 β，圆盘初始斜度为 α，相角为 γ，则有

$$r_s = r + \varepsilon \mathrm{e}^{\mathrm{j}(\Omega t + \beta)} \tag{6.23}$$

$$\varphi_s = \varphi + \alpha \mathrm{e}^{\mathrm{j}(\Omega t + \gamma)} \tag{6.24}$$

代入方程式(6.22)后，最终得到偏置盘转子的运动方程

$$\begin{bmatrix} m & 0 \\ 0 & I_d \end{bmatrix} \begin{bmatrix} \ddot{r} \\ \ddot{\varphi} \end{bmatrix} + \begin{bmatrix} 0 & 0 \\ 0 & -\mathrm{j}I_p\Omega \end{bmatrix} \begin{bmatrix} \dot{r} \\ \dot{\varphi} \end{bmatrix} + \begin{bmatrix} s_{11} & -\mathrm{j}s_{12} \\ \mathrm{j}s_{12} & s_{22} \end{bmatrix} \begin{bmatrix} r \\ \varphi \end{bmatrix} = \Omega^2 \begin{bmatrix} m\varepsilon \mathrm{e}^{\mathrm{j}\beta} \\ (I_d - I_p)\alpha \mathrm{e}^{\mathrm{j}\gamma} \end{bmatrix} \mathrm{e}^{\mathrm{j}\Omega t} \tag{6.25}$$

6.4　转子的自振频率

为求转子的自振频率，可由方程式(6.25)对应的齐次方程求得转子系统的特征方程，即

$$\begin{vmatrix} -m\omega^2 + s_{11} & -\mathrm{j}s_{12} \\ \mathrm{j}s_{12} & (-I_d\omega^2 + I_p\Omega\omega + s_{22}) \end{vmatrix} = 0 \tag{6.26}$$

展开之后得

$$mI_d\omega^4 - mI_p\Omega\omega^3 - (s_{22}m + s_{11}I_d)\omega^2 + s_{11}I_p\Omega\omega + (s_{11}s_{22} - s_{12}^2) = 0 \tag{6.27}$$

方程式(6.27)有 4 个根。因为系数中包含有 Ω，因此，特征根 ω 与自转角速度 Ω 有关。图 6.11 表示方程式(6.27)的解 ω 与转速 Ω 的关系。由图可见，对应每一个转速 Ω，存在 4 个特征根，其中 2 个为正，2 个为负。故有 4 条特征根曲线，且关于原点对称。把 $-\omega$ 与 $-\Omega$ 代入方程式(6.27)后，方程保持不变，证明了特征根的原点对称性。

若转子不旋转，$\Omega=0$，得到4个特征根 ω_{01}，ω_{02}，ω_{03} 和 ω_{04}。此时，无陀螺力矩的影响。其中 $\omega_{03}=-\omega_{01}$，$\omega_{04}=-\omega_{02}$。ω_{01} 要小于把盘视作质点时的自振频率，即

$$\omega_{01}<\omega=\sqrt{\frac{s}{m}}=\sqrt{\frac{s_{11}s_{22}-s_{12}^2}{ms_{22}}} \tag{6.28}$$

而 ω_{02} 大于盘只作平面振动时的自振频率，即

$$\omega_{02}>\omega^*=\sqrt{\frac{s_{11}}{m}} \tag{6.29}$$

ω^* 可由齐次方程的第一个方程中令 $\varphi=0$ 而求得。

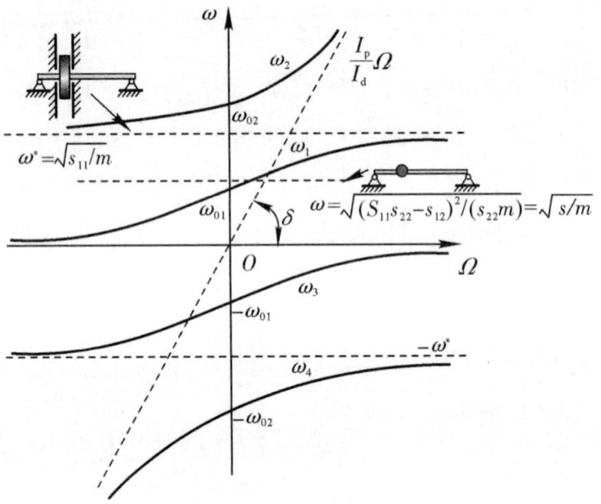

图 6.11 特征根与转速的变化关系($I_p>I_d$)

表6.1给出了转子自振频率随转速的变化趋势。

表 6.1 临界转速 ω 随转速 Ω 变化的趋势

Ω	$\Omega\to-\infty$	$\Omega\to+\infty$
ω_1	$\omega_1\to 0$	$\omega_1\to\omega^*$
ω_2	$\omega_2\to\omega^*$	$\omega_2\to\frac{I_p}{I_d}\Omega$
ω_3	$\omega_3\to-\omega^*$	$\omega_3\to 0$
ω_4	$\omega_4\to\frac{I_p}{I_d}\Omega$	$\omega_4\to\omega^*$

图6.11中给出了 ω_2 和 ω_4 在 $\Omega\to-\infty$ 和 $\Omega\to+\infty$ 时的渐近线。渐近线的斜率为

$$\tan\delta=\frac{I_p}{I_d} \tag{6.30}$$

对于图6.12所示的圆柱体，极惯性矩 I_p 和直径惯性矩 I_d 分别为

$$I_p=\frac{mR^2}{2} \tag{6.31}$$

$$I_d=\frac{m}{12}(3R^2+H^2) \tag{6.32}$$

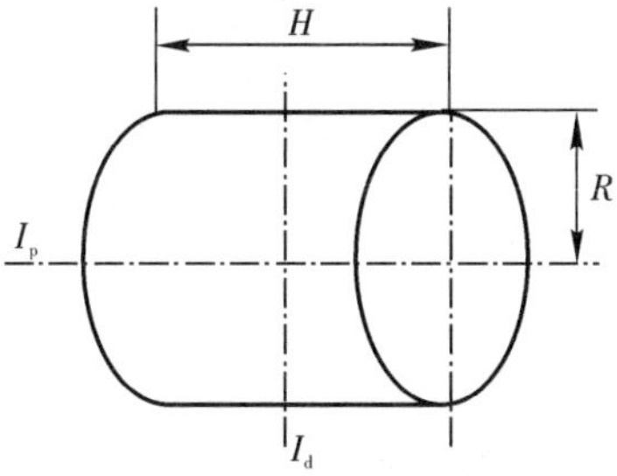

图 6.12　圆柱体的极转动惯量 I_p 和直径转动惯量 I_d

对于薄盘，$H \ll R$，于是 $\tan\delta \approx 2$，$\delta \approx 63.5°$。

盘厚度增加，斜率变小。当 $H=\sqrt{3}R$ 时，$\tan\delta=1$，$\delta=45°$；当 $H>\sqrt{3}R$ 时，$I_d>I_p$。

实际应用中，很多转子结构接近于对称。在此情况之下，可将转子摆动与横向振动解耦，即 $s_{12}=s_{21}=0$。根据特征方程式(6.27)得到转子横向振动的自振频率为

$$\omega_{1,3}=\pm\sqrt{\frac{s_{11}}{m}} \tag{6.33}$$

而纯摆动自振频率为

$$\omega_{2,4}=\frac{I_p}{2I_d}\Omega\pm\sqrt{\left(\frac{I_p}{2I_d}\Omega\right)^2+\frac{s_{22}}{I_d}} \tag{6.34}$$

可见，只有摆动自振频率受到陀螺力矩的影响，而横向振动的自振频率与 Jeffcott 转子的临界转速相同，不受陀螺力矩的影响。图 6.13 描述了对称转子自振频率随转速的变化曲线。

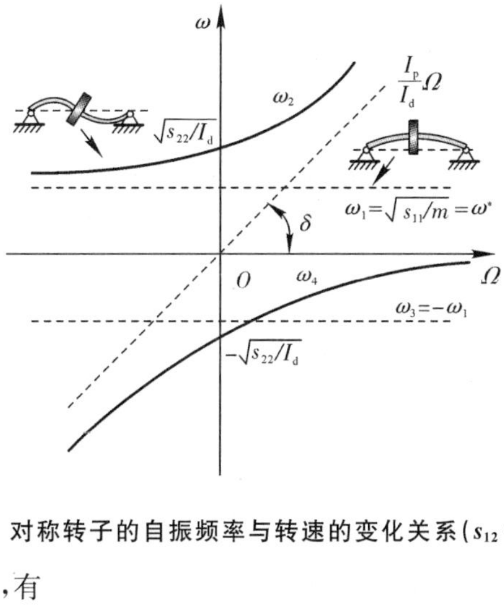

图 6.13　对称转子的自振频率与转速的变化关系($s_{12}=s_{21}=0$)

当转子不旋转时，$\Omega=0$，有

$$\omega_{2,4}\big|_{\Omega=0}=\pm\sqrt{\frac{s_{22}}{I_d}} \tag{6.35}$$

引入转速比

$$\eta^*=\frac{\Omega}{\omega_2\big|_{\Omega=0}}=\frac{\Omega}{\sqrt{\frac{s_{22}}{I_d}}} \tag{6.36}$$

则

$$\frac{\omega_{2,4}}{\omega_2\mid_{\Omega=0}}=\frac{I_p}{2I_d}\eta^* \pm\sqrt{\left(\frac{I_p}{2I_d}\eta^*\right)^2+1} \tag{6.37}$$

图 6.14 表示摆动自振频率比随转速比的变化关系。由图可见，只要$\frac{I_p}{I_d}>1$，则 ω_2 与 Ω 无交点。这说明 Jeffcott 转子正进动时，永远不会发生摆动。

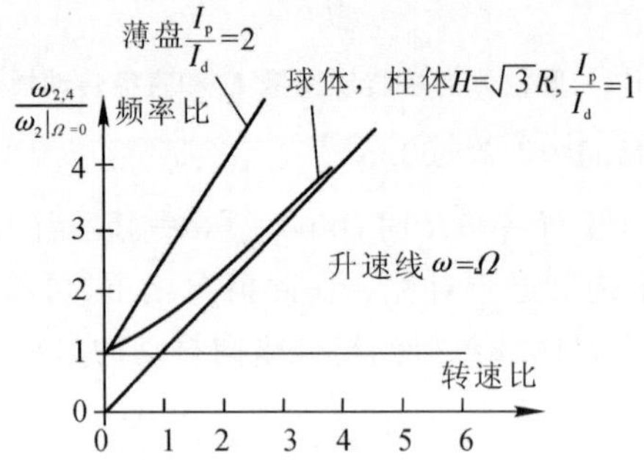

图 6.14　摆动自振频率随转速比 η^* 的变化

假设转子在临界转速处发生协调正进动，即 $\Omega=\omega$，则方程式(6.27)变成

$$m(I_p-I_d)\omega^4-[(I_p-I_d)s_{11}-ms_{22}]\omega^2-(s_{11}s_{22}-s_{12}^2)=0 \tag{6.38}$$

其解为

$$\omega^2=\frac{1}{2}\left(\frac{s_{11}}{m}-\frac{s_{22}}{I_p-I_d}\right)\pm\sqrt{\frac{1}{4}\left(\frac{s_{11}}{m}-\frac{s_{22}}{I_p-I_d}\right)^2+\frac{s_{11}s_{22}-s_{12}^2}{m(I_p-I_d)}} \tag{6.39}$$

求得的 ω 值就是考虑了回转效应之后转子的临界转速。对于薄盘，$I_p>I_d$，带根号的项要比前面的项大，根号前的负号使得 ω 值为复数，故无意义，只取带正号的值。这说明带薄盘的转子正向进动时，只有一个临界转速。如图 6.15 所示，此临界转速要比不考虑回转效应时的临界转速大。可见，此时回转效应提高了转子协调正进动的临界转速。

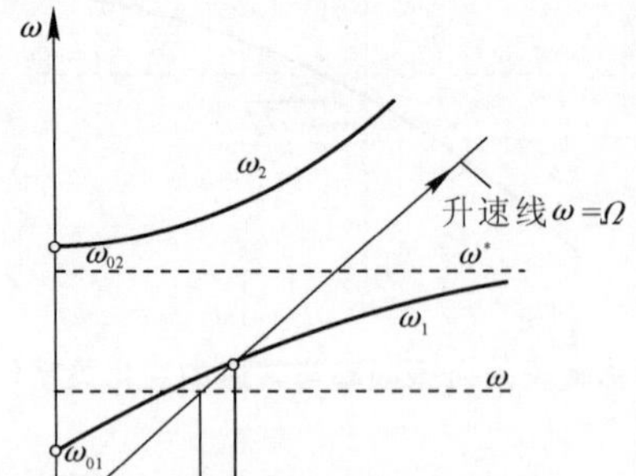

图 6.15　带薄盘的转子自振频率随转速的变化($I_p>I_d$)

如果转子带一个圆柱体，$I_p<I_d$，则由式(6.39)解得两个临界转速。图 6.16 表明，第一个临界转速 ω_1 低于不考虑回转效应时的临界转速 ω；而第二个临界转速 ω_2 则高于盘不摆动时的临界转速 ω^*。

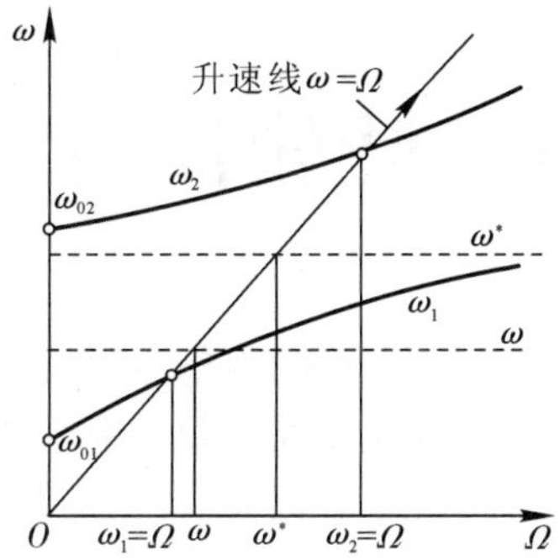

图 6.16　带圆柱体的转子的临界转速随转速的变化($I_p < I_d$)

假设转子进行协调反进动,即 $\omega = -\Omega$,则方程式(6.27)变为

$$m(I_p + I_d)\omega^4 - [(I_p + I_d)s_{11} + ms_{22}]\omega^2 + (s_{11}s_{22} - s_{12}^2) = 0 \tag{6.40}$$

可求得解为

$$\omega^2 = \frac{1}{2}\left(\frac{s_{11}}{m} + \frac{s_{22}}{I_p + I_d}\right) \pm \sqrt{\frac{1}{4}\left(\frac{s_{11}}{m} + \frac{s_{22}}{I_p + I_d}\right)^2 - \frac{s_{11}s_{22} - s_{12}^2}{m(I_p + I_d)}} \tag{6.41}$$

它与协调正进动时的临界转速不同。如图 6.17 所示,不论 I_p 大于还是小于 I_d,总存在两个反进动临界转速。其中一个总是低于不考虑回转效应时的临界转速 ω;另一个则总是高于盘不摆动时的临界转速 ω^*。在任何情况之下,协调反进动都使转子第一阶弯曲临界转速降低。

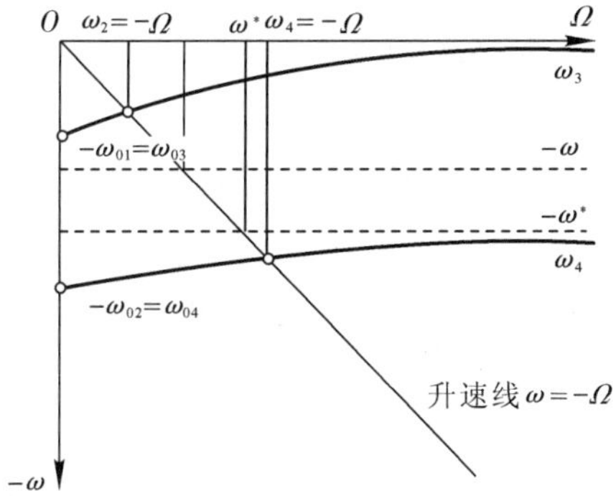

图 6.17　转子协调反进动时的临界转速

第 7 章 叶轮顶间隙激振

在汽轮机、轴流压缩机、航空发动机等轴流机械中，当转子受某种激扰，其轴心偏离机匣的中心位置时，叶轮与机匣的顶间隙就要发生变化。顶间隙小的一边叶轮所受周向力大，顶间隙大的一边叶轮所受的周向力小。图 7.1 表示叶轮周向力的非均匀分布。最终产生一个垂直于转子位移方向的切向力，称之为间隙激振力。这个力可导致转子发生正进动失稳（涡轮）或反进动失稳（压缩机）。本章以参考文献[2]为基础，介绍间隙激振力的计算和在此力作用下转子的振动。

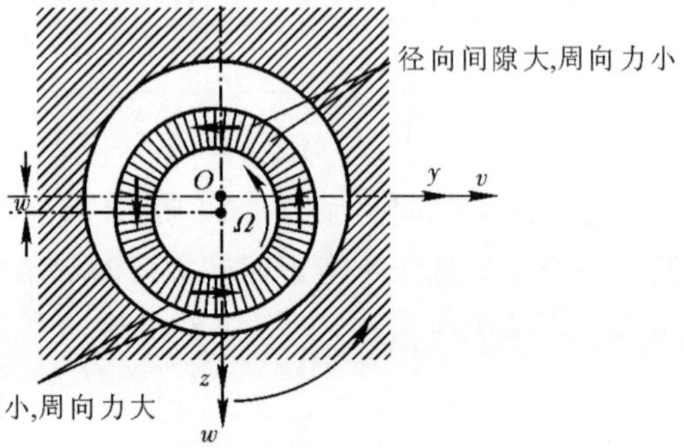

图 7.1 叶轮径向间隙不均引起的非均匀周向力

间隙激振力与转子位移间的关系可表示成

$$-\begin{bmatrix} F_z \\ F_y \end{bmatrix} = \begin{bmatrix} 0 & K_s \\ -K_s & 0 \end{bmatrix} \begin{bmatrix} z \\ y \end{bmatrix} \tag{7.1}$$

式(7.1)表明，间隙激振力产生反对称交叉刚度，正如第 5 章所讨论的结果，这将会使转子失稳。

7.1 间隙激振力的计算

在理想情况下，转子完全居中，无能量损失，如图 7.2 所示。燃气或蒸汽的能量通过涡轮的旋转转化成机械能，即

$$\dot{m}\Delta H = F_{u,id}\Omega R_m \tag{7.2}$$

式中：$\dot{m}$ 为流过涡轮的流量；ΔH 为流过涡轮后流体的焓降；$F_{u,id}$为理想情况下流体作用的周向力；Ω 为转子角速度；R_m 为叶轮叶片流道的平均半径。

由此求得周向力为

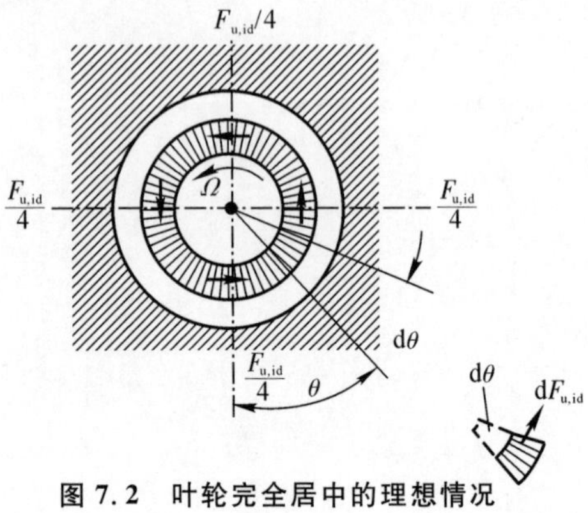

图 7.2 叶轮完全居中的理想情况

$$F_{u,id}=\frac{\dot{m}\Delta H}{\Omega R_m} \tag{7.3}$$

而微元段上的周向力为

$$dF_{u,id}=F_{u,id}\frac{d\theta}{2\pi}=\frac{\dot{m}\Delta H}{\Omega R_m}\frac{d\theta}{2\pi} \tag{7.4}$$

为了计及损失，引入效率 η_u，则周向力为

$$dF_u^*=dF_{u,id}\eta_u=F_{u,id}\eta_u\frac{d\theta}{2\pi} \tag{7.5}$$

式(7.5)适用于转子与机匣完全同心的情况。叶尖间隙损失尚未考虑。流过间隙的流体不产生效率或周向力。计及间隙损失时周向力为

$$dF_u=dF_{u,id}(\eta_u-\zeta_{sp}(\theta))=F_{u,id}\frac{d\theta}{2\pi}(\eta_u-\zeta_{sp}(\theta)) \tag{7.6}$$

其中 $\zeta_{sp}(\theta)$为局部间隙损失系数。它与周向角度 θ 有关。由此就可考虑转子偏心的影响。

局部间隙损失系数 $\zeta_{sp}(\theta)$的确定将在下节讨论。我们暂且假设，$\zeta_{sp}(\theta)$是已知的。于是，如图 7.3 所示，沿周向积分就可求得周向力在 y 和 z 方向的分量分别为

$$F_y=\int dF_y=\int_0^{2\pi}dF_u\cos\theta=-\frac{F_{u,id}}{2\pi}\int_0^{2\pi}\frac{d\zeta_{sp}(\theta)}{d\theta}\cos\theta d\theta \tag{7.7}$$

$$F_z=\int dF_z=-\int_0^{2\pi}dF_u\sin\theta=-\frac{F_{u,id}}{2\pi}\int_0^{2\pi}\frac{d\zeta_{sp}(\theta)}{d\theta}\sin\theta d\theta \tag{7.8}$$

根据式(7.3)，式(7.8)中 $F_{u,id}$是已知的。只要确定了 $\zeta_{sp}(\theta)$，就可求得 F_y 和 F_z。$\zeta_{sp}(\theta)$与间隙函数有关，即取决于转子的横向位移。

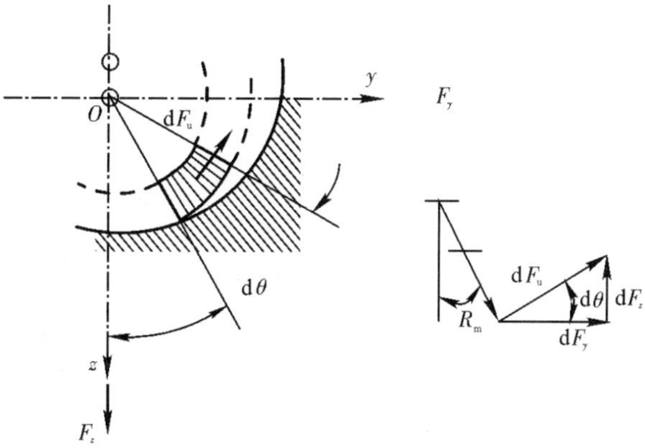

图 7.3　周向力及其在 z 和 y 方向的分量

7.2　局部间隙损失系数

假设间隙损失系数为间隙流过的流量与总流量之比，即

$$\zeta_{sp}=\frac{\dot{m}_{sp}}{\dot{m}_0} \tag{7.9}$$

图 7.4 及图 7.5 描述了确定间隙损失系数 $\zeta_{sp}(\theta)$ 所用的模型及参数。

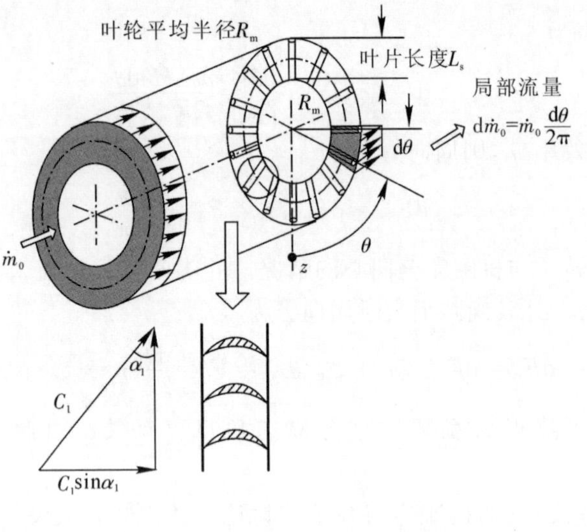

图 7.4　叶轮居中时的流量及局部流量

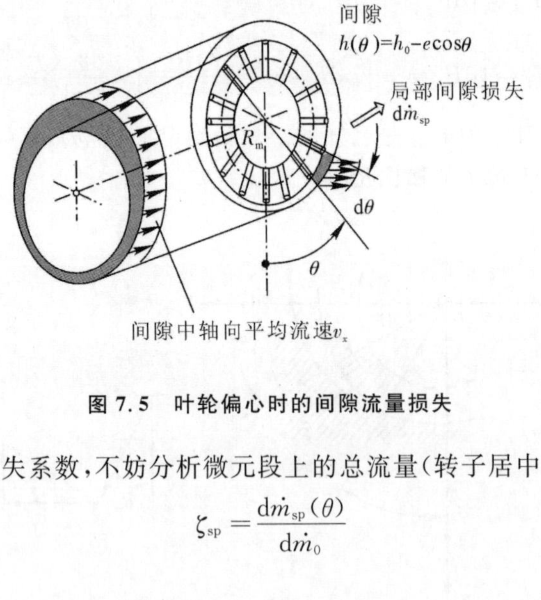

图 7.5　叶轮偏心时的间隙流量损失

为求得局部间隙损失系数，不妨分析微元段上的总流量（转子居中）和间隙流量：

$$\zeta_{sp}=\frac{d\dot{m}_{sp}(\theta)}{d\dot{m}_0} \tag{7.10}$$

微元段上的总流量为

$$d\dot{m}_0=\rho C_1\sin\alpha_1 R_m dL_s \tag{7.11}$$

式中：ρ 为密度，$C_1\sin\alpha_1$ 为流体轴向速度，R_m 为流道的平均半径，L_s 为叶片长度。而间隙流量则为

$$d\dot{m}_{sp}=K_c\rho v_x R_t h(\theta)d\theta \tag{7.12}$$

其中 K_c 为间隙系数；R_t 为叶轮顶部半径；v_x 为间隙中轴向平均流速，它可由叶轮级焓降求得。

$$R_t=R_m+\frac{L_s}{2} \tag{7.13}$$

$h(\theta)$为局部间隙，其为

$$h(\theta) = h_0 - e\cos\theta \tag{7.14}$$

将上述的关系式代入式(7.10)之后，可得

$$\zeta_{sp}(\theta) = \frac{K_c}{C_1 \sin\alpha_1}\sqrt{\frac{2\Delta H}{C_d}}\left(1 + \frac{L_s}{2R_m}\right)\frac{h(\theta)}{L_s} \tag{7.15}$$

引入系数 K_2，有

$$K_2 = \frac{K_c}{2C_1 \sin\alpha_1}\sqrt{\frac{2\Delta H}{C_d}}\left(1 + \frac{L_s}{2R_m}\right) \tag{7.16}$$

最后得到局部间隙损失系数为

$$\zeta_{sp}(\theta) = \frac{2K_2}{L_s}(h_0 - e_0\cos\theta) \tag{7.17}$$

其中第一项为常数项，第二项与周向角度 θ 有关。第一项通过间隙损失使理想情况下 $e = e_0 = 0$ 的周向力减小。第二项与周向角度 θ 有关，可使周向力增大或减小。

7.3　间隙激振力系数

把局部间隙损失系数 $\zeta_{sp}(\theta)$ 的表达式(7.17)代入周向力的表达式(7.7)和式(7.8)中，可得

$$F_y = \frac{F_{u,id}}{2\pi}\int_0^{2\pi}\frac{2K_2}{L_s}e_0\sin\theta\cos\theta\,\mathrm{d}\theta \tag{7.18}$$

$$F_x = \frac{F_{u,id}}{2\pi}\int_0^{2\pi}\frac{2K_2}{L_s}e_0\sin^2\theta\,\mathrm{d}\theta \tag{7.19}$$

设转子位移为 $x = e_0, y = 0$，则 $F_x = 0$，求出式(7.18)的积分，得

$$F_y = \frac{F_{u,id}}{L_s}K_2 x \tag{7.20}$$

比较式(7.20)与式(7.1)可得

$$K_s = S_{xy} = \frac{F_{u,id}}{L_s}K_2 \tag{7.21}$$

代入 K_2 的表达式(7.16)就可得到

$$K_s = S_{xy} = -S_{yx} = \frac{\dot{m}\Delta H}{L_s \Omega R_m}\frac{K_c}{2C_1\sin\alpha_1}\sqrt{\frac{2\Delta H}{C_d}}\left(1 + \frac{L_s}{2R_m}\right) \tag{7.22}$$

7.4　间隙激振的失稳作用

再回到表达式(7.1)，当转子发生位移 x 和 y 时，间隙激振力就可由式(7.22)和式(7.1)求得。

间隙激振力始终垂直于转子的位移方向。对于涡轮，其沿转子旋转方向超前位移 90°；对于压缩机，则沿转子旋转反方向超前位移 90°。如图 7.6 所示，当转子沿圆轨迹运动时，间隙激振力不断向转子运动输入能量，最终使转子失稳。其机理如前所述，间隙激振力产生了反对称

交叉刚度。但需注意,涡轮中的间隙激振力使转子产生正进动失稳,而压缩机中的间隙激振力则使转子产生反进动失稳。

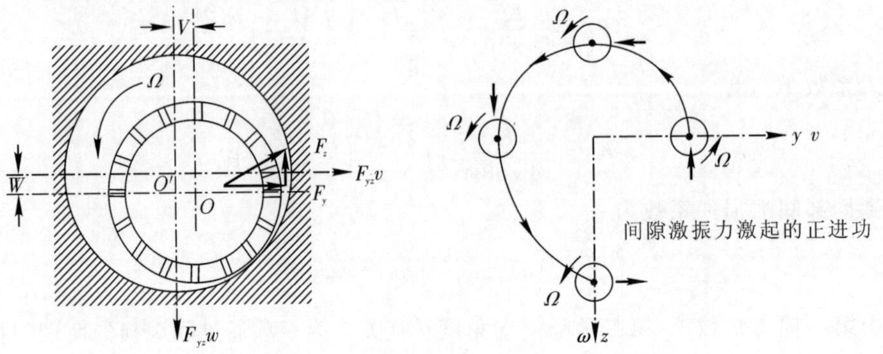

图 7.6 间隙激振力激起的转子正进动

第8章 转子振动的进动分析方法及其应用

本章系统地介绍转子进动分析方法的原理、算法以及进动圆表征形式，构建进动比函数（反进动量与正进动量之比），分析其特性，阐述进动比函数在转子振动故障诊断中的作用，介绍转子进动的4个廖氏定理，并给出理论证明，列出3个应用实例和9种典型故障的进动特征。转子进动分析既反映了转子振动的频率、幅值，又包含了转子振动的相位信息，而且还显现了转子进动的方向，因此，转子进动分析是转子振动特性分析和故障诊断的有效方法。

8.1 进动分析方法的建立

如前面章节所述，一般情况下，转子的运动既包含自转也包含公转。这种复合运动称之为涡动。转子涡动的形态，即公转与自转间的关系是表征转子振动特性和诊断转子故障的重要特征信息。

转子的进动分析就是把转子的运动分解成正进动分量和反进动分量，以凸显转子的涡动特征。由于正、反进动量既反映了转子振动的频率、幅值，又包含了转子振动的相位信息，而且还显现了转子进动的方向，因此，正、反进动量作为转子振动的特征量，可清晰地表征激振力和转子运动之间的关系，要比传统的频谱更敏感，与故障类型的对应关系更明确，进动分析是转子振动特性分析和故障诊断的有效工具。

R. Gasch 曾于1975年在转子动力学著作中，引入了正进动和反进动概念，后与廖明夫于1990—1992年在研究带裂纹转子振动时，建立了进动分析方法，曾把该方法用于裂纹故障和不平衡故障的诊断。实验结果证实了进动分析方法的有效性。

1992—1993年廖明夫与德国 Schenck 公司合作，把进动分析方法移植于该公司的监测系统 VIBROCAM-5000 系列，并在捷克 SKODA 涡轮机械集团公司进行了实验，验证了进动分析方法的效果。

自此之后，进动分析方法逐步得到较广泛的应用。针对支承各向异性的转子，廖明夫又提出了进动比函数的概念，并利用进动比函数的特性来诊断转子支座松动、转轴裂纹和转子不平衡故障。最近又建立了利用进动比函数预估转子特性参数的方法，提出了转子进动的4个廖氏定理。

本章将系统地介绍转子进动分析方法的原理、算法以及应用实例，力图为这一方法在转子振动特性分析和故障诊断中的应用提供参考。

8.2 转子的轴心轨迹——正、反进动分解

如第3章所述，各向同性的转子在不平衡力的作用下，将沿一圆轨迹运动。轨迹方向与转

子自转方向一致，旋转速度与自转速度相同，即所谓的协调正进动，或一阶正进动。在临界转速附近，转子轨迹半径异常大，转子发生共振。

第5章曾说明，当转子支承各向异性时，转子进动轨迹为一椭圆。利用图8.1所示的测试仪器就可测得转子的进动轨迹。

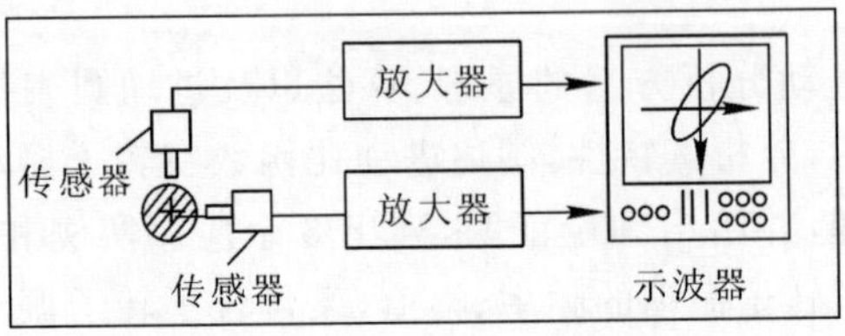

图 8.1　转子运动轨迹的测量

假设在垂直方向和水平方向测得的振动信号 $w(t)$，$v(t)$ 皆为工频（一倍频）信号。根据不同的幅值及相位，$w(t)$ 和 $v(t)$ 所构成的椭圆轨迹可为一阶正进动为主的轨迹或一阶反进动为主的轨迹。但将 $w(t)$ 和 $v(t)$ 进行时域和频域表征时，反映不出这一现象，如图8.2所示。

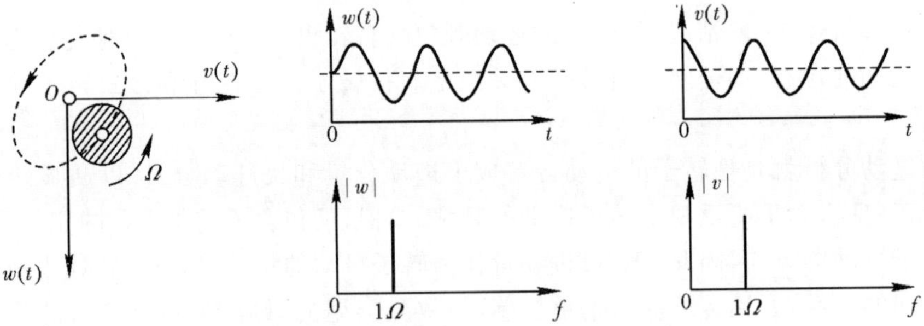

图 8.2　转子振动信号的时域及频域表征

图8.2所示的椭圆轨迹可分解为正进动圆轨迹和反进动圆轨迹，如图8.3所示。

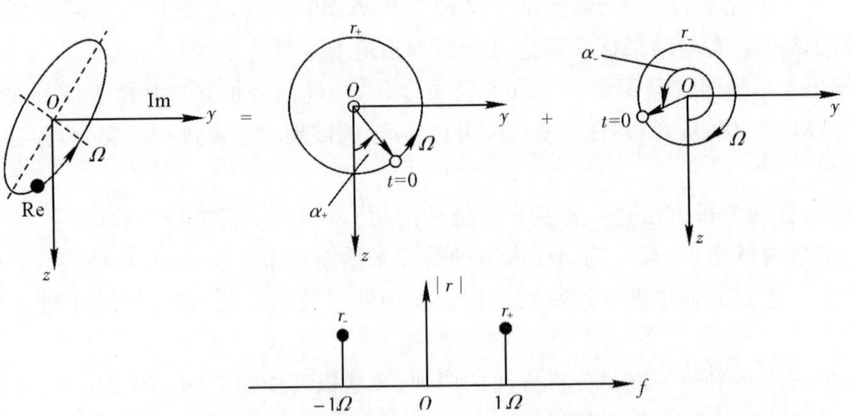

图 8.3　不平衡引起的转子椭圆轨迹，正、反进动圆轨迹以及正、反进动频谱

为此，不妨由 $w(t)$ 和 $v(t)$ 构造一复向量：

$$r(t)=w(t)+\mathrm{j}v(t),\ \mathrm{j}=\sqrt{-1} \tag{8.1}$$

复向量 $r(t)$ 为复平面 (w,v)（相当于转子横截面）上的时变向量。其矢端描述的就是转子进动轨迹。

将

$$w(t)=w_c\cos\Omega t+w_s\sin\Omega t \tag{8.2}$$

$$v(t)=v_c\cos\Omega t+v_s\sin\Omega t \tag{8.3}$$

代入表达式(8.1)，并应用欧拉公式

$$\cos\Omega t=\frac{1}{2}[e^{j\Omega t}+e^{-j\Omega t}]$$

$$\sin\Omega t=\frac{1}{2j}[e^{j\Omega t}-e^{-j\Omega t}]$$

$$r=r_+ e^{j\Omega t}+r_- e^{-j\Omega t} \tag{8.4}$$

式中

$$r_+=\frac{1}{2}[(w_c+v_s)+j(v_c-w_s)] \tag{8.5}$$

$$r_-=\frac{1}{2}[(w_c-v_s)+j(v_c+w_s)] \tag{8.6}$$

分别为正进动和反进动幅值向量。$e^{j\Omega t}$为绕轴承连线沿转子自转方向同向旋转的单位矢量，即单位正进动矢量；$e^{-j\Omega t}$则为单位反进动矢量。因此，$r_+ e^{j\Omega t}$就描绘了一个以$|r_+|$为半径的正进动圆轨迹；$r_- e^{-j\Omega t}$则为$|r_-|$以为半径的反进动圆轨迹。

由此可见，任一椭圆轨迹总可分解为两个圆轨迹之和。其中一个为正进动圆轨迹；另一个则为反进动圆轨迹。轨迹半径分别为$|r_+|$和$|r_-|$。由于r_+和r_-均为复向量，因此，它们不仅包含了幅值信息，而且还包含了相位信息。

由式(8.5)和式(8.6)可得

$$r_+=|r_+|e^{j\alpha_+} \tag{8.7}$$

$$r_-=|r_-|e^{j\alpha_-} \tag{8.8}$$

其中$|r_+|$和$|r_-|$分别为正、反进动量的幅值，有

$$|r_+|=\frac{1}{2}\sqrt{(w_c+v_s)^2+(v_c-w_s)^2} \tag{8.9}$$

$$|r_-|=\frac{1}{2}\sqrt{(w_c-v_s)^2+(v_c+w_s)^2} \tag{8.10}$$

α_+和α_-则分别表示正、反进动量的相位，有

$$\alpha_+=\arctan\frac{v_c-w_s}{w_c+v_s} \tag{8.11}$$

$$\alpha_-=\arctan\frac{v_c+w_s}{w_c-v_s} \tag{8.12}$$

图 8.3 所示为椭圆轨迹的正、反进动分解以及正、反进动频谱。反过来，椭圆轨迹的长轴和短轴则很容易由正、反进动量求得。

$$\text{长轴}\quad a=|r_+|+|r_-| \tag{8.13}$$

$$\text{短轴}\quad b=|r_+|-|r_-| \tag{8.14}$$

其中长轴 a 对于评定振动烈度以及监测动静间隙异常重要。

当$|r_+|>|r_-|$时，椭圆轨迹正向进动；当$|r_+|<|r_-|$时，椭圆轨迹反向进动。当$|r_+|=|r_-|$时，轨迹为直线。

正、反进动谱已不是转子在某一方向上振动信号的频谱，而是在测量截面转子进动的向量

谱。事实上,正、反进动谱可表示成向量谱,如图 8.4 所示,幅值和相位皆得到表征。

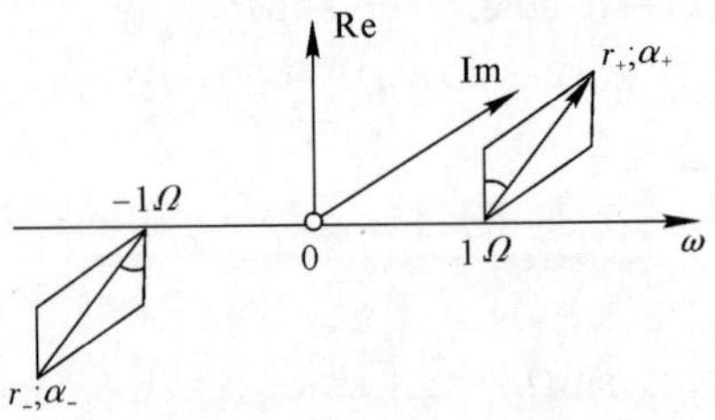

图 8.4　正、反进动向量谱

在转子升速过程或降速过程中,可把正、反进动谱表示成三维谱,如图 8.5 所示。

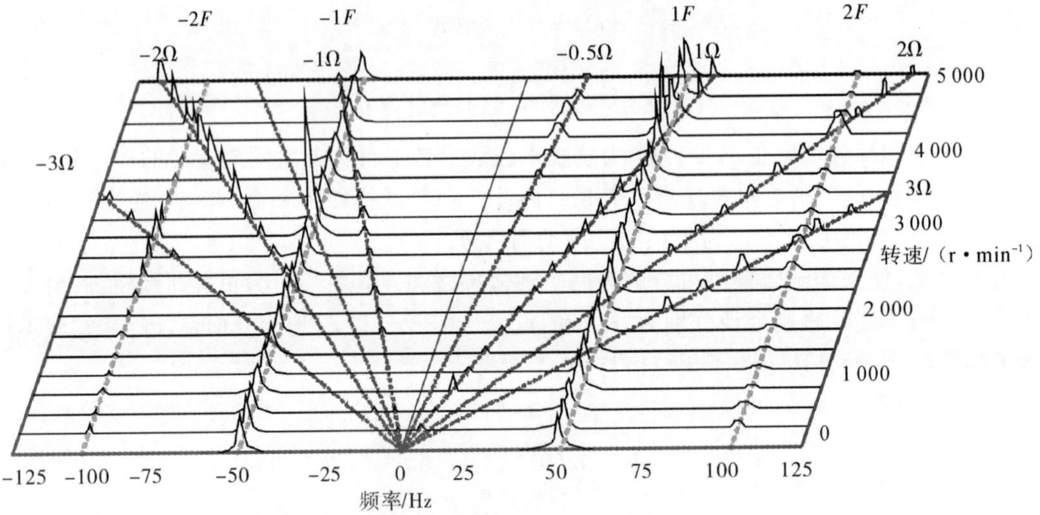

图 8.5　正、反进动三维谱

8.3　转子运动的进动比函数

如第 5 章所述,受不平衡激扰时,支承各向异性的转子的进动轨迹为椭圆,因而总是包含有一阶正进动分量和一阶反进动分量,并且正、反进动分量随不平衡量变化而变化,如图 8.6 所示。

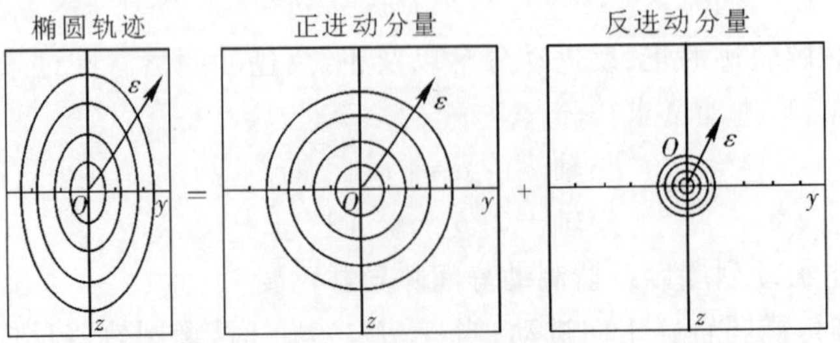

图 8.6　转子进动椭圆轨迹和正、反进动圆轨迹随不平衡量的增大而增大

此时,正、反进动分量分别为

$$r_{+}=\frac{\varepsilon\Omega^{2}(\omega_{0}^{2}-\Omega^{2}-2\mathrm{j}D\omega_{0}\Omega)}{(\omega_{z}{}^{2}-\Omega^{2})(\omega_{y}^{2}-\Omega^{2})+(2D\omega_{0}\Omega)^{2}} \tag{8.15}$$

$$r_{-}=\frac{-\varepsilon\Omega^{2}\Delta\omega_{0}{}^{2}}{(\omega_{z}^{2}-\Omega^{2})(\omega_{y}^{2}-\Omega^{2})+(2D\omega_{0}\Omega)^{2}} \tag{8.16}$$

式中

$$D=\frac{d}{2m\omega_{0}},\quad \omega_{0}^{2}=\frac{s_{0}}{m},\quad \Delta\omega_{0}^{2}=\frac{\Delta s_{0}}{m}$$

$$s_{0}=\frac{1}{2}(s_{z}+s_{y}),\quad \Delta s_{0}=\frac{1}{2}(s_{z}-s_{y}),\quad \omega_{z}^{2}=\frac{s_{z}}{m},\quad \omega_{y}^{2}=\frac{s_{y}}{m}$$

其中 s_z 和 s_y 分别为转子在垂直方向和水平方向的刚度，ε 为转子的不平衡量。

一阶反进动分量对某些故障(轴裂纹、转/静碰摩等)比较敏感。因此，常常以一阶反进动分量的变化来诊断故障。但必须排除不平衡量的影响。

为此构造一个进动比函数 λ。它定义为一阶反进动量与一阶正进动量之比，即

$$\lambda=\frac{r_{-}}{r_{+}} \tag{8.17}$$

由于 r_{+} 和 r_{-} 皆为复向量，故 λ 也为复向量。

在线性条件之下，λ 与不平衡量无关，即当不平衡发生变化时，λ 并不发生变化。但转子出现故障时，例如轴裂纹、转/静碰摩或支座松动等，λ 将发生变化。不妨以支承各向异性及轴裂纹为例加以说明。

8.3.1　支承各向异性时转子的进动比函数

将支座各向异性时转子的不平衡响应再次列出，即

$$r_{+}=\frac{\varepsilon\Omega^{2}(\omega_{0}^{2}-\Omega^{2}-2\mathrm{j}D\omega_{0}\Omega)}{(\omega_{x}{}^{2}-\Omega^{2})(\omega_{y}^{2}-\Omega^{2})+(2D\omega_{0}\Omega)^{2}} \tag{8.18}$$

$$r_{-}=\frac{-\varepsilon\Omega^{2}\Delta\omega_{0}{}^{2}}{(\omega_{x}^{2}-\Omega^{2})(\omega_{y}^{2}-\Omega^{2})+(2D\omega_{0}\Omega)^{2}} \tag{8.19}$$

其中 ε 为不平衡量。

如图 8.6 所示，不平衡量增大时，一阶正、反进动量 r_{+} 和 r_{-} 均增大。此时，进动比函数为

$$\lambda=\frac{r_{-}}{r_{+}}=\frac{-\Delta\omega_{0}^{2}}{\omega_{0}^{2}-\Omega^{2}-2\mathrm{j}D\omega_{0}\Omega} \tag{8.20}$$

或

$$\lambda=\frac{r_{-}}{r_{+}}=A\mathrm{e}^{\mathrm{j}\theta} \tag{8.21}$$

式中

$$A=\frac{\Delta s_{0}/s_{0}}{\sqrt{(1-\eta^{2})^{2}+(2D\eta)^{2}}} \tag{8.22}$$

$$\theta=\arctan\frac{2D\eta}{1-\eta^{2}} \tag{8.23}$$

其中 $\eta=\dfrac{\Omega}{\omega_{0}}$ 为转速比。

可见，λ 只与转速 Ω 及转子刚度、阻尼有关，而与不平衡量 ε 无关。当支承各向异性增大时(例如支承松动)，即 $\Delta\omega_{0}^{2}$ 增大，因而 λ 值也增大。因此，进动比函数 λ 与转子结构变化紧密

相关。图 8.7 表示进动比函数 λ 随转速 Ω 的变化曲线。其中 $\frac{\Delta s_0}{s_0}=\frac{\Delta\omega_0^2}{\omega_0^2}$ 作为参数示出。由图可见，转子刚度的变化会引起进动比函数幅值的变化，但对相位无影响。相位只取决于阻尼和转速比，与一个 Jeffcott 转子的相位特征一致。

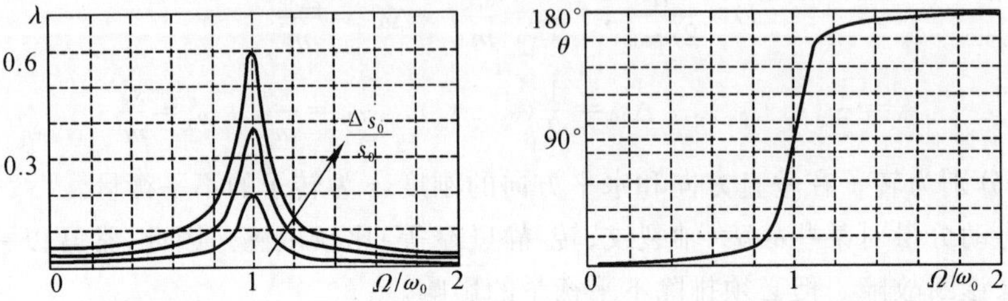

图 8.7　进动比函数 λ 的幅值和相位随转速 Ω 的变化($D=5\%$; $\frac{\Delta s_0}{s_0}=\frac{\Delta\omega_0^2}{\omega_0^2}=2\%,4\%,6\%$)

8.3.2　裂纹转子的进动比函数

关于裂纹转子的振动特性分析，请参考文献[16]。本节直接引用其结果，以说明进动比函数的应用。

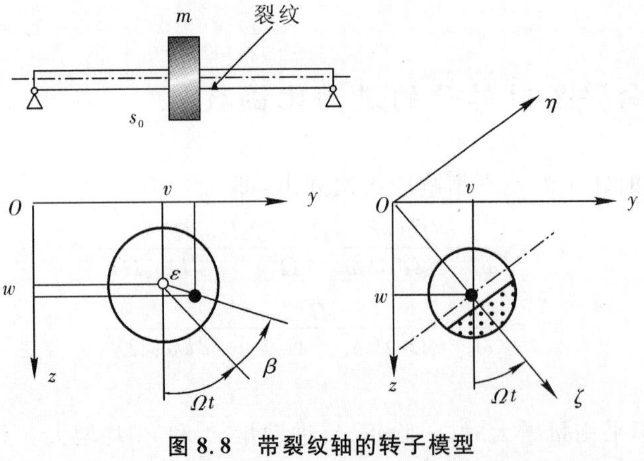

图 8.8　带裂纹轴的转子模型

对于如图 8.8 所示的带裂纹转子，裂纹引起的一阶正、反进动分别为

$$r_+=X_{\text{static}}\frac{\Delta s_\xi}{s_0}\frac{b_{+1}}{1-\eta^2+2\mathrm{j}D\eta}\tag{8.24}$$

$$r_-=X_{\text{static}}\frac{\Delta s_\xi}{s_0}\frac{b_{-1}}{1-\eta^2-2\mathrm{j}D\eta}\tag{8.25}$$

而不平衡响应为

$$R_+=\frac{\mu^2\varepsilon\mathrm{e}^{\mathrm{j}\beta}}{1-\eta^2+2\mathrm{j}D\eta}\tag{8.26}$$

由此得到进动比函数

$$\lambda=\frac{X_{\text{static}}\frac{\Delta s_\xi}{s_0}b_{-1}(1-\eta^2+2\mathrm{j}D\eta)}{\left(X_{\text{static}}\frac{\Delta s_\xi}{s_0}b_{+1}+\eta^2\varepsilon\mathrm{e}^{\mathrm{j}\beta}\right)(1-\eta^2-2\mathrm{j}D\eta)}=\frac{\frac{\Delta s_\xi}{s_0}b_{-1}(1-\eta^2+2\mathrm{j}D\eta)}{\left(\frac{\Delta s_\xi}{s_0}b_{+1}+\eta^2\bar{\varepsilon}\mathrm{e}^{\mathrm{j}\beta}\right)(1-\eta^2-2\mathrm{j}D\eta)}\tag{8.27}$$

式中
$$\eta=\frac{\Omega}{\omega_0},\qquad \omega_0^2=\frac{s_0}{m},\qquad \bar{\varepsilon}=\frac{\varepsilon}{X_{\text{static}}} \tag{8.28}$$

进一步整理之后，得

$$\lambda=\frac{\dfrac{\Delta s_{\xi}}{s_0}b_{-1}\mathrm{e}^{\mathrm{j}(2\alpha-\gamma)}}{\sqrt{\left(\dfrac{\Delta s_{\xi}}{s_0}b_{+1}\right)^2+\eta^4\bar{\varepsilon}^2+2\eta^2\bar{\varepsilon}b_{+1}\dfrac{\Delta s_{\xi}}{s_0}\cos\beta}} \tag{8.29}$$

式中

$$\alpha=\arctan\frac{2D\eta}{1-\eta^2} \tag{8.30}$$

$$\gamma=\arctan\frac{\eta^2\bar{\varepsilon}\sin\beta}{\dfrac{\Delta S_{\xi}}{S_0}b_{+1}+\eta^2\bar{\varepsilon}\cos\beta} \tag{8.31}$$

可见，出现了裂纹之后，进动比函数不仅与不平衡量的幅值相关而且也与不平衡量的相位相关。图 8.9 表示进动比函数的幅值和相位与转速比 η 的变化关系。当不平衡量的相角 β 不同时，进动比函数随转速比的变化明显不同。为分别说明不平衡量的相角及幅值对进动比函数的影响，取转速比为常数（η=0.9），分别示出进动比函数与不平衡的相角和幅值的变化关系，如图 8.10 和图 8.11 所示。

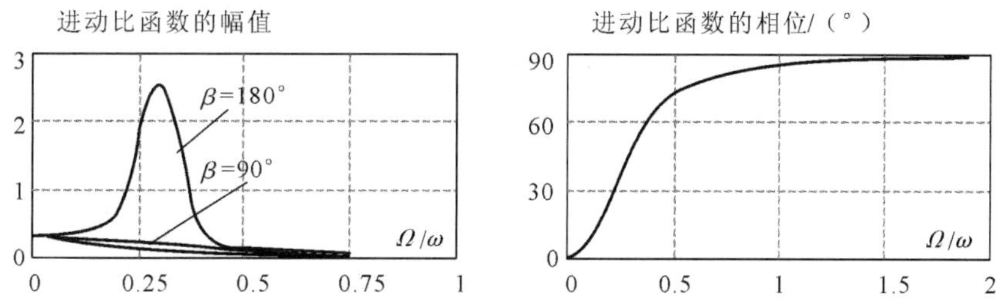

图 8.9　进动比函数的幅值和相位随转速比 η 的变化

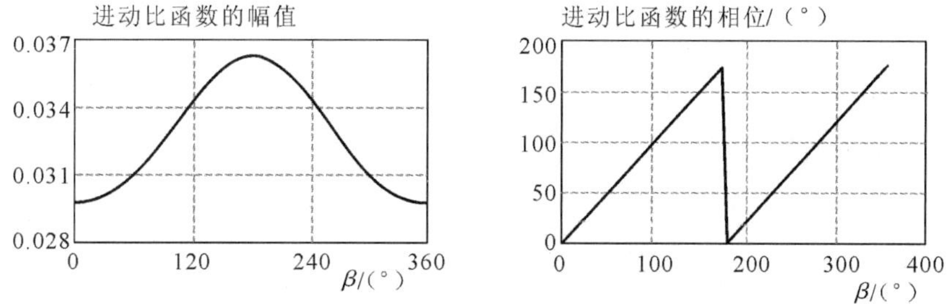

图 8.10　进动比函数的幅值和相位随不平衡的相角的变化

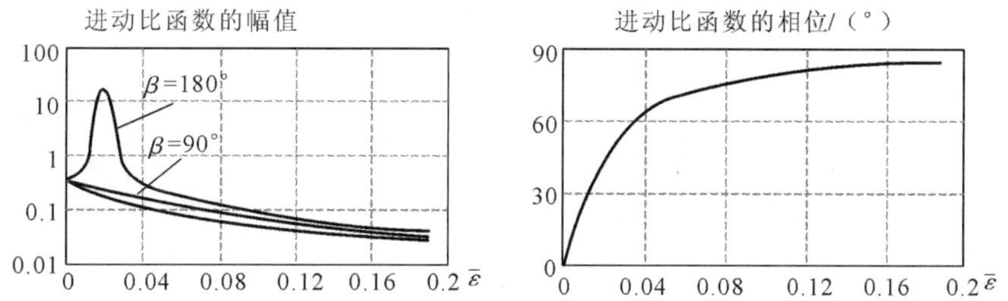

图 8.11　进动比函数的幅值和相位随不平衡量幅值的变化

以上的变化关系很容易解释。对于 Jeffcott 转子，不平衡量只影响转子的一阶正进动，而与一阶反进动无关。当不平衡与裂纹同相时，一阶正进动随不平衡量单调增加，故进动比函数单调减小。当不平衡与裂纹反相时，不平衡量将补偿裂纹的影响，使得一阶正进动随不平衡量的增加而减小，故进动比函数先随不平衡量增大而减小。当

$$\eta^2\bar{\varepsilon}=\frac{\Delta S_\xi}{S_0}b_{+1} \tag{8.32}$$

时，不平衡量及裂纹对一阶正进动的影响相互抵消，故进动比函数无穷大。当不平衡量继续增大时，则一阶正进动开始增加，进动比函数减小。当 $\varepsilon\to\infty$ 时，$\lambda\to 0$。

上述的变化规律也是转子裂纹故障的重要特征。利用这一特征有助于诊断裂纹故障。

8.4 转子进动轨迹的全息进动分析

前面讨论了椭圆轨迹的一阶正、反进动分解。事实上，转子的进动轨迹通常很复杂，并非简单的椭圆轨迹。其中既包含有一阶正、反进动分量，同时也可能包含高阶进动分量和次谐波进动分量。把前述的分析方法拓展到任意的频率点，就可得到任意频率成分的正、反进动分量，由此就可形成全息进动谱。

全息进动谱可由傅里叶复变换求得。在 w 和 v 方向，转子振动信号中，任一频率分量总可表示为

$$W_{\mathrm{p}}=W_{\mathrm{pc}}\cos\omega_{\mathrm{p}}t+W_{\mathrm{ps}}\sin\omega_{\mathrm{p}}t \tag{8.33}$$

$$V_{\mathrm{p}}=V_{\mathrm{pc}}\cos\omega_{\mathrm{p}}t+V_{\mathrm{ps}}\sin\omega_{\mathrm{p}}t \tag{8.34}$$

应用欧拉公式

$$\cos\omega_{\mathrm{p}}t=\frac{1}{2}(\mathrm{e}^{\mathrm{j}\omega_{\mathrm{p}}t}+\mathrm{e}^{-\mathrm{j}\omega_{\mathrm{p}}t}),\quad \sin\theta=\frac{1}{2\mathrm{j}}(\mathrm{e}^{\mathrm{j}\omega_{\mathrm{p}}t}-\mathrm{e}^{-\mathrm{j}\omega_{\mathrm{p}}t})$$

可得

$$W_{\mathrm{p}}=\frac{1}{2}[W_{\mathrm{pc}}-\mathrm{j}W_{\mathrm{ps}}]\mathrm{e}^{\mathrm{j}\omega_{\mathrm{p}}t}+\frac{1}{2}[W_{\mathrm{pc}}+\mathrm{j}W_{\mathrm{ps}}]\mathrm{e}^{-\mathrm{j}\omega_{\mathrm{p}}t} \tag{8.35}$$

$$V_{\mathrm{p}}=\frac{1}{2}[V_{\mathrm{pc}}-\mathrm{j}V_{\mathrm{ps}}]\mathrm{e}^{\mathrm{j}\omega_{\mathrm{p}}t}+\frac{1}{2}[V_{\mathrm{pc}}+\mathrm{j}V_{\mathrm{ps}}]\mathrm{e}^{-\mathrm{j}\omega_{\mathrm{p}}t} \tag{8.36}$$

对 $W_{\mathrm{p}}(t)$ 和 $V_{\mathrm{p}}(t)$ 进行傅里叶复变换得

$$W_{\mathrm{p}}(\omega)=\frac{1}{2}[W_{\mathrm{pc}}-\mathrm{j}W_{\mathrm{ps}}]\delta(\omega-\omega_{\mathrm{p}})+\frac{1}{2}[W_{\mathrm{pc}}+\mathrm{j}W_{\mathrm{ps}}]\delta(\omega+\omega_{\mathrm{p}}) \tag{8.37}$$

$$V_{\mathrm{p}}(\omega)=\frac{1}{2}[V_{\mathrm{pc}}-\mathrm{j}V_{\mathrm{ps}}]\delta(\omega-\omega_{\mathrm{p}})+\frac{1}{2}[V_{\mathrm{pc}}+\mathrm{j}V_{\mathrm{ps}}]\delta(\omega+\omega_{\mathrm{p}}) \tag{8.38}$$

如图 8.12 所示。

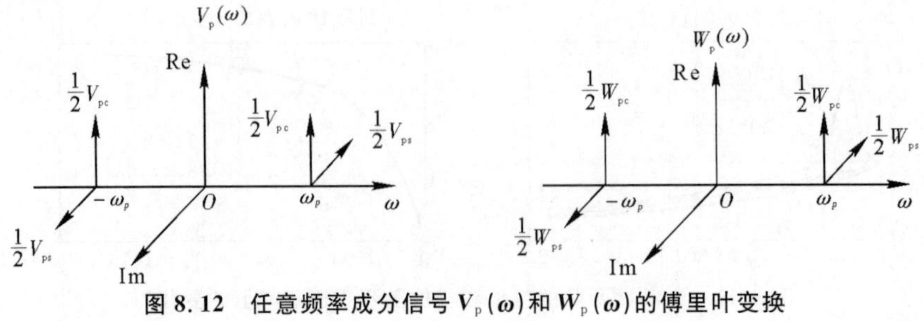

图 8.12 任意频率成分信号 $V_{\mathrm{p}}(\omega)$ 和 $W_{\mathrm{p}}(\omega)$ 的傅里叶变换

可见，在频率 ω_p 处，$w(t)$ 和 $v(t)$ 的傅里叶变换的实部分别为 $\frac{1}{2}W_{pc}$ 和 $\frac{1}{2}V_{pc}$，虚部分别为 $-\frac{1}{2}W_{ps}$ 和 $-\frac{1}{2}V_{ps}$，则由

$$r_p = W_p(\omega) + jV_p(\omega) \tag{8.39}$$

可求得任意频率 ω_p 处的正、反进动分量 r_{+p} 和 r_{-p} 分别为

$$r_{+p} = \frac{1}{2}(W_{pc} + V_{ps}) + \frac{1}{2}j(V_{pc} - W_{ps}) \tag{8.40}$$

$$r_{-p} = \frac{1}{2}(W_{pc} - V_{ps}) + \frac{1}{2}j(V_{pc} + W_{ps}) \tag{8.41}$$

图 8.13 所示为全息进动分析的流程图和正、反进动分量 r_{+p} 和 r_{-p} 以及进动比函数的可视化表征形式。进动圆的半径表示进动量的幅值，进动圆的起始点则表示进动量的相位。

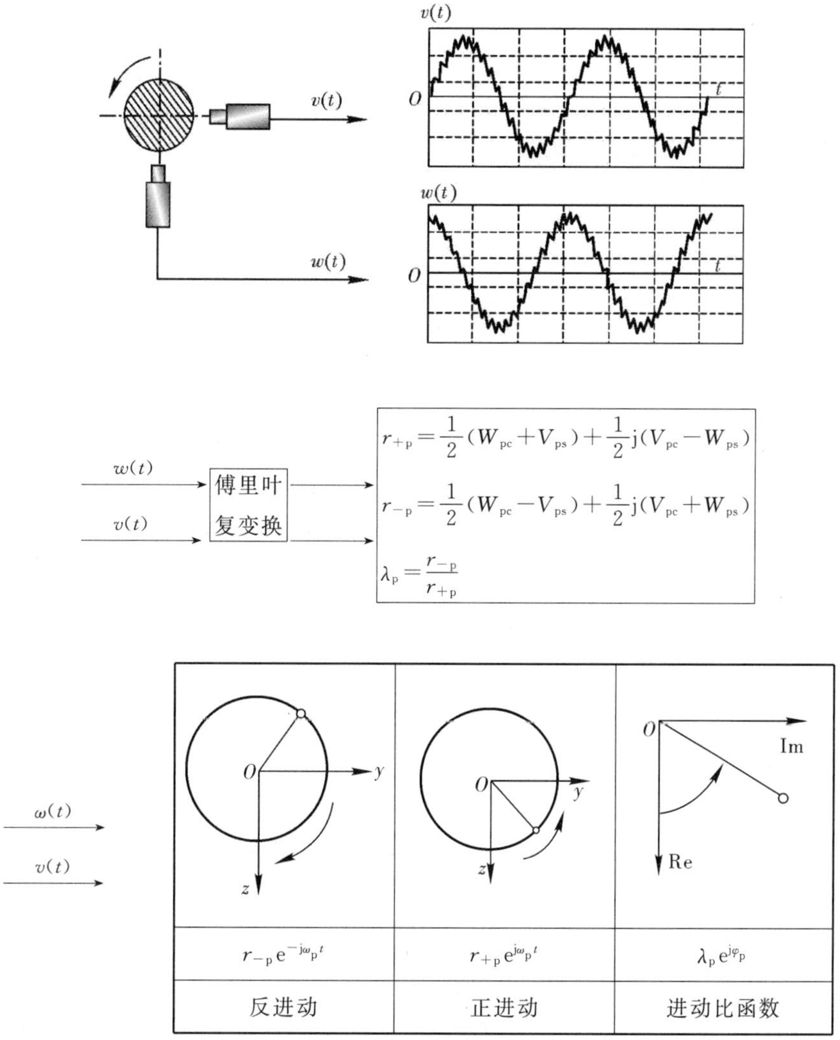

图 8.13　全息进动分析的流程图和正、反进动分量 r_{+p} 和 r_{-p} 以及进动比函数的表征形式

8.5 转子进动分析的廖氏定理

本节引入关于转子进动轨迹面积、周长以及激振力做功的 4 个廖氏定理及其证明，进一步揭示转子进动的规律，丰富转子进动分析理论的内涵。

定理 1：面积定理

转子任何一阶轴心轨迹所围的面积等于该阶正、反进动圆面积之差的绝对值。可用公式表达为

$$A = |A_+ - A_-| \tag{8.42}$$

式中：A 为转子进动椭圆轨迹所围的面积，A_+ 为对应的正进动圆面积，A_- 为对应的反进动圆面积。

证明 转子进动的椭圆轨迹可表示为

$$x(t) = a_x\cos\Omega t + b_x\sin\Omega t \tag{8.43}$$

$$y(t) = a_y\cos\Omega t + b_y\sin\Omega t \tag{8.44}$$

一般情况下，轨迹为斜椭圆，如图 8.14 所示。

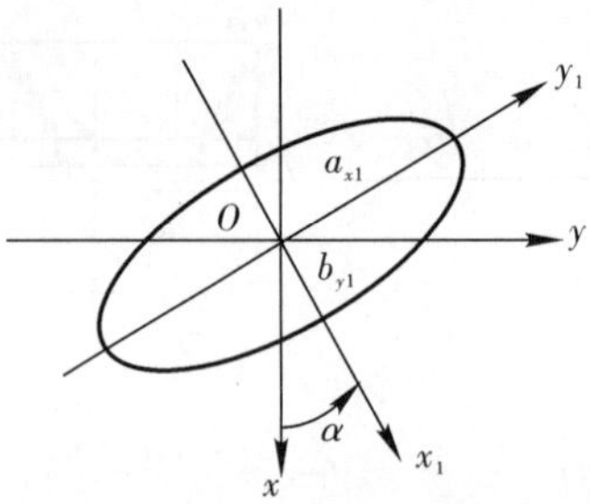

图 8.14 转子进动的椭圆轨迹

通过坐标变换可得到在主轴坐标系 Ox_1y_1 中由长、短轴表示的椭圆方程，即

$$x_1(t) = a_{x1}\cos\Omega t \tag{8.45}$$

$$y_1(t) = b_{y1}\sin\Omega t \tag{8.46}$$

式中

$$a_{x1} = \sqrt{a_x^2 + a_y^2} \tag{8.47}$$

$$b_{y1} = \sqrt{b_x^2 + b_y^2} \tag{8.48}$$

$$\left.\begin{aligned} a_x &= a_{x1}\cos\alpha \\ a_y &= a_{x1}\sin\alpha \end{aligned}\right\} \tag{8.49}$$

$$\left.\begin{aligned} b_y &= b_{y1}\cos\alpha \\ b_x &= -b_{y1}\sin\alpha \end{aligned}\right\} \tag{8.50}$$

椭圆面积为

$$A = \pi a_{x1}b_{y1} \tag{8.51}$$

由式(8.47)～式(8.51)可得正进动圆的面积为

$$A_+ = \frac{1}{4}\pi[(a_x + b_y)^2 + (a_y - b_x)^2] \tag{8.52}$$

反进动圆的面积为

$$A_{-}=\frac{1}{4}\pi[(a_x-b_y)^2+(a_y+b_x)^2] \tag{8.53}$$

正、反进动圆面积之差的绝对值为

$$|A_{+}-A_{-}|=\pi|a_xb_y-a_yb_x| \tag{8.54}$$

将式(8.49)和式(8.50)代入式(8.51)，可得

$$|A_{+}-A_{-}|=\pi|a_xb_y-a_yb_x|=\pi|a_{x1}\cos\alpha\cdot b_{y1}\cos\alpha+a_{x1}\sin\alpha\cdot b_{y1}\sin\alpha|=$$
$$\pi|a_{x1}b_{y1}(\cos^2\alpha+\sin^2\alpha)|=A \tag{8.55}$$

在某些情况下，转子反进动占优，即 $A_{-}>A_{+}$，但面积差取绝对值后，式(8.55)总是成立的。

有时转子轴心轨迹会接近于一条直线，如图 8.15 所示，即使如此，定理 1 仍然成立。

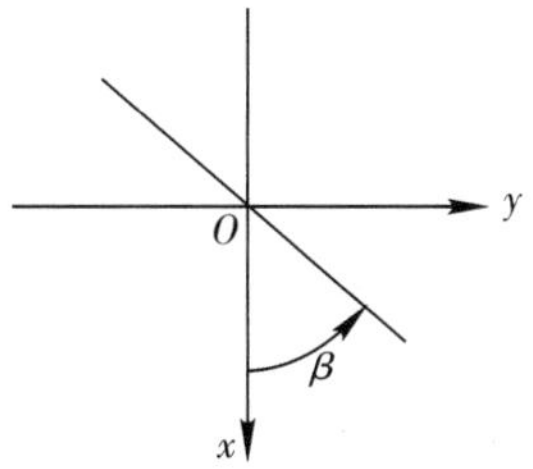

图 8.15　转子的直线轨迹

直线轨迹的方程为

$$x(t)=a_x\cos\Omega t \tag{8.56}$$

$$y(t)=a_y\cos\Omega t \tag{8.57}$$

其面积为 $A=0$。

直线轨迹同样可分解为正进动圆和反进动圆轨迹，其半径分别为

$$r_{+}=\frac{1}{2}[a_x+\mathrm{j}a_y] \tag{8.58}$$

$$r_{-}=\frac{1}{2}[a_x-\mathrm{j}a_y] \tag{8.59}$$

它们的面积相等，即

$$A_{+}=A_{-}=\frac{1}{4}\pi[a_x^2+a_y^2] \tag{8.60}$$

显然有 $A_{+}-A_{-}=A=0$。定理 1 证毕。

定理 2：周长定理

转子轴心进动轨迹的周长小于等于正、反进动圆轨迹周长之和，而大于等于正、反进动圆轨迹周长。可用不等式表达为

$$\max(L_{+},L_{-})\leqslant L\leqslant L_{+}+L_{-} \tag{8.61}$$

式中：L 为转子轴心进动轨迹周长，L_{+} 为对应的正进动圆轨迹周长，L_{-} 为对应的反进动圆轨迹周长。

证明　假设 X 和 Y 分别为椭圆的长、短轴，$X>Y$，则对应的正进动圆轨迹周长为

$$L_{+}=\pi(X+Y) \tag{8.62}$$

反进动圆轨迹周长为

$$L_{-}=\pi(X-Y) \tag{8.63}$$

正、反进动圆轨迹周长之和为

$$L_{+}+L_{-}=2\pi X \tag{8.64}$$

椭圆周长可以表示为如下级数形式：

$$L=2\pi X\left\{1-\sum_{n=1}^{\infty}\left[\left(\frac{(2n-1)!!}{(2n)!!}\right)^2\frac{e^{2n}}{2n-1}\right]\right\} \tag{8.65}$$

式中

$$e=\sqrt{\frac{X^2-Y^2}{X^2}}$$

为清晰起见，将式(8.65)展开，即

$$L=2\pi X\left[1-\left(\frac{1}{2}\right)^2\frac{e^2}{1}-\left(\frac{1\times 3}{2\times 4}\right)^2\frac{e^4}{3}-\left(\frac{1\times 3\times 5}{2\times 4\times 6}\right)^2\frac{e^6}{5}-\cdots\right]$$

显而易见

$$L<2\pi X=L_{+}+L_{-} \tag{8.66}$$

另外，椭圆周长还可表示为如下级数形式：

$$L=\pi(X+Y)\left\{1+\left(\frac{1}{2}\right)^2\lambda^2+\left(\frac{1}{2\cdot 4}\right)^2\lambda^4+\sum_{n=3}^{\infty}\left[\left(\frac{(2n-3)!!}{(2n)!!}\right)^2\lambda^{2n}\right]\right\} \tag{8.67}$$

式中：$\lambda=\dfrac{X-Y}{X+Y}$。

由式(8.67)可得

$$L=\pi(X+Y)\left[1+\left(\frac{1}{2}\right)^2\lambda^2+\left(\frac{1}{2\times 4}\right)^2\lambda^4+\left(\frac{1\times 3}{2\times 4\times 6}\right)^2\lambda^6+\left(\frac{5!!}{8!!}\right)\lambda^8+\cdots\right]>\pi(X+Y)=L_{+} \tag{8.68}$$

定理 2 证毕。

如图 8.16 所示，转子的进动角为

$$\tan\theta=\frac{y}{x}=\frac{Y}{X}\tan\Omega t \tag{8.69}$$

进动角速度为

$$\theta=\frac{XY}{X^2\cos^2\Omega t+Y^2\sin^2\Omega t}\Omega \tag{8.70}$$

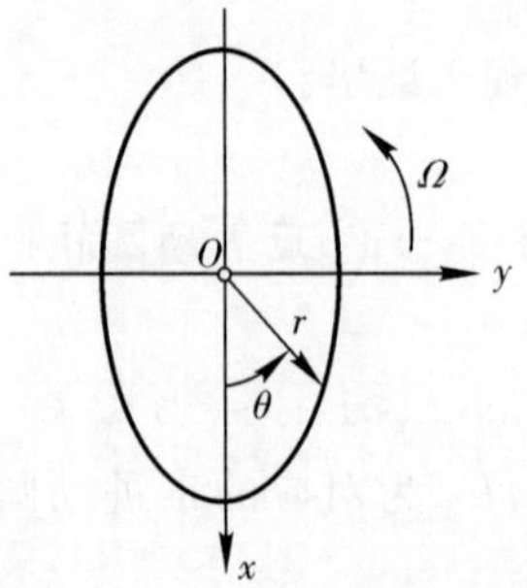

图 8.16　转子的进运轨迹和进动角

只有当转子轴心进动轨迹为圆轨迹时，即 $X=Y$，进动角速度才与转子自转角速度相等，转子发生协调正进动。当轴心轨迹为椭圆时，进动角速度与自转角速度不相等，即 $\dot{\theta} \neq \Omega$。

当转子轴心沿椭圆轨迹运动时，转子进动角速度 $X=2Y$ 周期性的变化。如图 8.17 所示为当 $X = 2Y$ 时，转子自转一周内，$\dot{\theta}$ 在$(\frac{1}{2}\Omega, 2\Omega)$间的变化。转子这种涡动可能会对轴承和结构配合面产生影响。但仅靠水平或者垂直方向上的振动测量观察不到转子这种涡动形式。

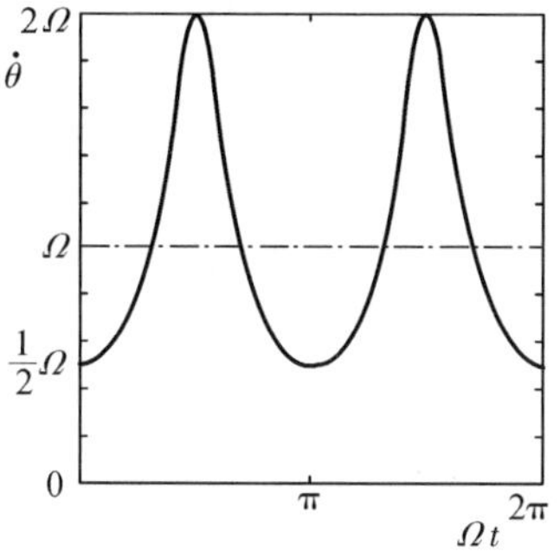

图 8.17　转子自转一周，进动角速度的变化($X = 2Y$)

定理 3：进动力关于做功的正交性定理

转子上的作用力可分解为正进动作用力和反进动作用力，正进动作用力只在正进动轨迹上做功，而在反进动轨迹上不做功；反进动作用力只在反进动轨迹上做功，而在正进动轨迹上不做功。

定理 3 表明，作用于转子上的正、反进动力关于做功是正交的。

证明　转子上的作用力可表示为

$$\boldsymbol{F}=F_{+}\,\mathrm{e}^{\mathrm{j}\Omega t}+F_{-}\,\mathrm{e}^{-\mathrm{j}\Omega t} \tag{8.71}$$

式中：F_{+}为正进动作用力力幅；F_{-}为反进动作用力力幅。

设转子的运动轨迹为

$$r=r_{+}\,\mathrm{e}^{\mathrm{j}(\Omega t+\beta_{+})}+r_{-}\,\mathrm{e}^{-\mathrm{j}(\Omega t+\beta_{-})} \tag{8.72}$$

式中：r_{+}为转子正进动轨迹半径；β_{+}为正进动相角；r_{-}为转子反进动轨迹半径；β_{-}为反进动相角。

正进动作用力所做的微功为

$$\mathrm{d}W_{+}=F_{+}\,\mathrm{e}^{\mathrm{j}\Omega t}\cdot \mathrm{d}r=F_{+}\,\mathrm{e}^{\mathrm{j}\Omega t}\cdot(\mathrm{d}r_{+}+\mathrm{d}r_{-}) \tag{8.73}$$

式中

$$\mathrm{d}r=[\mathrm{j}\Omega r_{+}\,\mathrm{e}^{\mathrm{j}(\Omega t+\beta_{+})}-\mathrm{j}\Omega r_{-}\,\mathrm{e}^{-\mathrm{j}(\Omega t+\beta_{-})}]\mathrm{d}t \tag{8.74}$$

$$\mathrm{d}r_{+}=\mathrm{j}\Omega r_{+}\,\mathrm{e}^{\mathrm{j}(\Omega t+\beta_{+})}\,\mathrm{d}t \tag{8.75}$$

$$\mathrm{d}r_{-}=-\mathrm{j}\Omega r_{-}\,\mathrm{e}^{-\mathrm{j}(\Omega t+\beta_{-})}\,\mathrm{d}t \tag{8.76}$$

正进动作用力在正进动轨迹上所做的微功为

$$\mathrm{d}W_{++}=F_{+}\,\mathrm{e}^{\mathrm{j}\Omega t}\cdot \mathrm{d}r_{+} \tag{8.77}$$

将式(8.74)写成实部和虚部形式，即

$$\mathrm{d}W_{++}=[F_{+}\cos\Omega t+\mathrm{j}F_{+}\sin\Omega t]\cdot\Omega[-r_{+}\sin(\Omega t+\beta_{+})+\mathrm{j}r_{+}\cos(\Omega t+\beta_{+})]\mathrm{d}t \tag{8.78}$$

根据内积法则，式(8.75)为

$$\begin{aligned}\mathrm{d}W_{++}&=[-F_{+}r_{+}\cos\Omega t\sin(\Omega t+\beta_{+})+F_{+}r_{+}\sin\Omega t\cos(\Omega t+\beta_{+})]\mathrm{d}(\Omega t)=\\&-F_{+}r_{+}\sin\beta_{+}\,\mathrm{d}(\Omega t)\end{aligned} \tag{8.79}$$

转子旋转一周，正进动作用力在正进动轨迹上所做的功为

$$W_{++}=\int_0^{2\pi}\mathrm{d}W_{++}=-\int_0^{2\pi}F_+ r_+\sin\beta_+\,\mathrm{d}(\Omega t)=-2\pi F_+ r_+\sin\beta_+ \tag{8.80}$$

它分别与正进动作用力力幅 F_+ 和转子正进动轨迹半径 r_+ 成正比，且与正进动轨迹的相角相关。当 $\beta\neq k\pi(k=0,1,2,\cdots)$ 时，$W_{++}\neq 0$，即正进动作用力在正进动轨迹上做功。

正进动作用力在反进动轨迹上所做的微功为

$$\mathrm{d}W_{+-}=F_+\mathrm{e}^{\mathrm{j}\Omega t}\mathrm{d}r_- \tag{8.81}$$

同样将式(8.81)写成实部和虚部形式，即

$$\mathrm{d}W_{+-}=[F_+\cos\Omega t+\mathrm{j}F_+\sin\Omega t]\cdot\Omega[-r_-\sin(\Omega t+\beta_-)-\mathrm{j}r_-\cos(\Omega t+\beta_-)]\mathrm{d}t \tag{8.82}$$

根据内积法则，式(8.82)为

$$\begin{aligned}\mathrm{d}W_{+-}&=[-F_+ r_-\cos\Omega t\sin(\Omega t+\beta_-)-F_+ r_-\sin\Omega t\cos(\Omega t+\beta_-)]\mathrm{d}(\Omega t)=\\&-F_+ r_-\sin(2\Omega t+\beta_-)\mathrm{d}(\Omega t)\end{aligned} \tag{8.83}$$

转子旋转一周，正进动作用力在反进动轨迹上所做的功为

$$W_{+-}=\int_0^{2\pi}\mathrm{d}W_{+-}=-\int_0^{2\pi}F_+ r_-\sin(2\Omega t+\beta_-)\mathrm{d}(\Omega t)=\frac{1}{2}F_+ r_-\cos(2\Omega t+\beta_-)\Big|_0^{2\pi}=0 \tag{8.84}$$

可见，正进动作用力在反进动轨迹上所做的功始终为0。

同理，可得到转子旋转一周反进动作用力在反进动轨迹上所做的功为

$$W_{--}=\int_0^{2\pi}\mathrm{d}W_{--}=-\int_0^{2\pi}F_- r_-\sin\beta_-\,\mathrm{d}(\Omega t)=-2\pi F_- r_-\sin\beta_- \tag{8.85}$$

转子旋转一周，反进动作用力在正进动轨迹上所做的功为 $W_{-+}=0$。

定理3证毕。

定理4:进动力做功定理

转子上作用力所做的总功等于正进动作用力和反进动作用力所做功的代数和，即

$$W=W_{++}+W_{--}=W_++W_- \tag{8.86}$$

式中：W_{++} 为正进动力在正进动轨迹上所做的功，W_{--} 为反进动力在反进动轨迹上所做的功，W 为转子上的作用力在椭圆轨迹上所做的功，W_+ 为正进动作用力所做的功，W_- 为反进动作用力所做的功。

证明 设转子上的作用力为

$$\boldsymbol{F}=F_+\mathrm{e}^{\mathrm{j}\Omega t}+F_-\mathrm{e}^{-\mathrm{j}\Omega t} \tag{8.87}$$

式中：F_+ 为正进动作用力力幅；F_- 为反进动作用力力幅。

转子的进动轨迹为

$$\boldsymbol{r}=r_+\mathrm{e}^{\mathrm{j}(\Omega t+\beta_+)}+r_-\mathrm{e}^{-\mathrm{j}(\Omega t+\beta_-)} \tag{8.88}$$

作用力所做的微功为

$$W=\boldsymbol{F}\cdot\mathrm{d}\boldsymbol{r}=[F_+\mathrm{e}^{\mathrm{j}\Omega t}+F_-\mathrm{e}^{-\mathrm{j}\Omega t}]\cdot[\mathrm{d}r_++\mathrm{d}r_-] \tag{8.89}$$

根据定理3关于进动力做功的正交性，即可得到

$$W=\int_0^T\mathrm{d}W\mathrm{d}t=\int_0^T\boldsymbol{F}\cdot\dot{r}\mathrm{d}t=\int_0^T\mathrm{d}W_+\,\mathrm{d}t+\int_0^T\mathrm{d}W_-\,\mathrm{d}t=W_{++}+W_{--}=W_++W_- \tag{8.90}$$

定理4证毕。

图8.18表示轨迹、作用力和位移之间的关系。

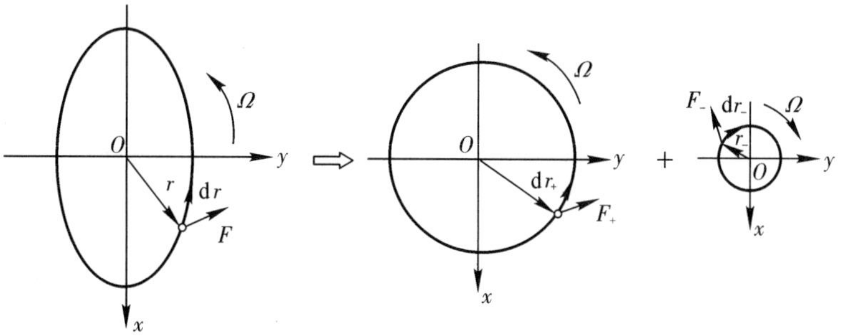

图 8.18　转子轴心进动轨迹、作用力和位移

此处需说明，定理 3 和定理 4 中所述及的力和轨迹必须是同阶的，即为转速的相同倍频分量(例如，n 阶激振力代表力的作用频率为 $n\Omega$)。

现在以不平衡力、阻尼力和弹性恢复力 3 种力的进动分解与所做的功为例，验证定理 3 和定理 4，并示范说明定理 3 和定理 4 的应用。

1. 不平衡力所做的功

转子不平衡力在 x、y 方向的分量分别为

$$F_{x\varepsilon}=m\varepsilon\Omega^2\cos(\Omega t+\beta) \tag{8.91}$$

$$F_{y\varepsilon}=m\varepsilon\Omega^2\sin(\Omega t+\beta) \tag{8.92}$$

写成进动作用力形式为

$$F_\varepsilon=F_{x\varepsilon}+\mathrm{j}F_{y\varepsilon}=F_{+\varepsilon}\mathrm{e}^{\mathrm{j}\Omega t}=m\varepsilon\Omega^2\mathrm{e}^{\mathrm{j}\beta}\mathrm{e}^{\mathrm{j}\Omega t} \tag{8.93}$$

式中：$F_{+\varepsilon}=m\varepsilon\Omega^2\mathrm{e}^{\mathrm{j}\beta}$ 为正进动作用力。这说明转子不平衡只会产生正进动作用力。

假设转子的进动轨迹为

$$r=r_+\mathrm{e}^{\mathrm{j}(\Omega t+\beta_+)}+r_-\mathrm{e}^{-\mathrm{j}(\Omega t+\beta_-)} \tag{8.94}$$

根据定理 3 和定理 4，转子自转一周内不平衡力所做的功为

$$\begin{aligned}W_\varepsilon&=\int_0^T\boldsymbol{F}_\varepsilon\cdot\mathrm{d}\boldsymbol{r}=\int_0^T\boldsymbol{F}_{+\varepsilon}\cdot\mathrm{d}\boldsymbol{r}_+=\int_0^{2\pi}|\boldsymbol{F}_{+\varepsilon}|\mathrm{e}^{\mathrm{j}\beta}\cdot(\mathrm{j}|\boldsymbol{r}_+|\mathrm{e}^{\mathrm{j}\alpha})\mathrm{d}\theta=\\&\int_0^{2\pi}|\boldsymbol{F}_{+\varepsilon}|\cdot|\boldsymbol{r}_+|\cos\left(\beta-\alpha-\frac{\pi}{2}\right)\mathrm{d}\theta=\\&2\pi|\boldsymbol{F}_{+\varepsilon}|\cdot|\boldsymbol{r}_+|\sin(\beta-\alpha)\end{aligned} \tag{8.95}$$

式中：T 为转子自转一周的周期。注意，式(8.95)积分中对正进动力向量与正进动轨迹向量进行内积运算，而不是直接相乘。

由式(8.95)可见，当不平衡力相位超前于正进动轨迹矢量 r_+，即 $\beta>\beta_+$ 时，不平衡力做正功；当不平衡力相位滞后于正进动轨迹矢量 r_+，即 $\beta<\beta_+$ 时，不平衡力做负功；当不平衡力与正进动轨迹矢量 r_+ 同相位，即 $\beta=\beta_+$ 时，不平衡力不做功。这三种做功模式可由如下条件式来表达：

$$\left.\begin{aligned}&W_\varepsilon>0,\quad 当\ \beta>\alpha\ 时\\&W_\varepsilon=0,\quad 当\ \beta-\alpha=0\ 或\ \beta-\alpha=\pm\pi\ 时\\&W_\varepsilon<0,\quad 当\ \beta<\alpha\ 时\end{aligned}\right\} \tag{8.96}$$

2. 阻尼力所做的功

线性阻尼力可表示为

$$\boldsymbol{F}_{\mathrm{d}}=-d_0\dot{\boldsymbol{r}}=-\operatorname{sgn}(|r_+|-|r_-|)\mathrm{j}\,\Omega d_0[r_+\mathrm{e}^{\mathrm{j}\Omega t}-r_-\mathrm{e}^{-\mathrm{j}\Omega t}]=$$
$$-\operatorname{sgn}(|r_+|-|r_-|)(F_{+\mathrm{d}}\mathrm{e}^{\mathrm{j}\Omega t}+F_{-\mathrm{d}}\mathrm{e}^{-\mathrm{j}\Omega t}) \tag{8.97}$$

式中：$F_{\mathrm{d}+}=\mathrm{j}d_0r_+$；$F_{\mathrm{d}-}=\mathrm{j}d_0r_-$；$d_0$ 为阻尼系数；符号函数为

$$\operatorname{sgn}(|r_+|-|r_-|)=\begin{cases}1, & \text{当 } |r_+|>-|r_-|>0 \text{ 时}\\0, & \text{当 } |r_+|-|r_-|=0 \text{ 时}\\-1, & \text{当 } |r_+|-|r_-+|<0 \text{ 时}\end{cases}$$

由定理 3 和定理 4 求得阻尼力所做的功为

$$W_{\mathrm{d}}=\int_0^T\boldsymbol{F}_{\mathrm{d}}\cdot\mathrm{d}\boldsymbol{r}=-\operatorname{sgn}(|r_+|-|r_-|)(\int_0^{2\pi}F_{+\mathrm{d}}\cdot\mathrm{j}r_+\,\mathrm{d}\theta+\int_0^{2\pi}F_{-\mathrm{d}}\cdot\mathrm{j}r_-\,\mathrm{d}\theta)=$$
$$-\operatorname{sgn}(|r_+|-|r_-|)(\Omega d_0\int_0^{2\pi}\mathrm{j}r_+\cdot\mathrm{j}r_+\,\mathrm{d}\theta-\Omega d_0\int_0^{2\pi}\mathrm{j}r_-\cdot\mathrm{j}r_-\,\mathrm{d}\theta)=$$
$$-\operatorname{sgn}(|r_+|-|r_-|)2\pi d_0\Omega[r_+^2-r_-^2] \tag{8.98}$$

式(8.98)表明，只要 $d_0>0$，不论是正进动占优，还是反进动占优，阻尼力所做的功总是负的，即阻尼总是耗散转子的振动能量。

3. 存在反对称交叉刚度时，弹性恢复力所做的功

弹性恢复力在 x 和 y 方向的分量分别为

$$F_x=-s_{xx}x-s_{xy}y \tag{8.99}$$

$$F_y=-s_{yy}y-s_{yx}x \tag{8.100}$$

式中：s_{xx} 和 s_{yy} 为主刚度，$s_{xy}=-s_{yx}$ 为反对称交叉刚度。

转子的轴心进动轨迹为

$$\boldsymbol{r}=r_+\mathrm{e}^{\mathrm{j}\Omega t}+r_-\mathrm{e}^{-\mathrm{j}\Omega t} \tag{8.101}$$

将弹性恢复力分解成进动作用力的形式，即

$$\boldsymbol{F}=F_x+\mathrm{j}F_y=-s_0\boldsymbol{r}-\Delta s_0\boldsymbol{r}^*+s_{xy}\mathrm{j}\boldsymbol{r}=$$
$$-s_0[r_+\mathrm{e}^{\mathrm{j}\Omega t}+r_-\mathrm{e}^{-\mathrm{j}\Omega t}]+s_{xy}\mathrm{j}[r_+\mathrm{e}^{\mathrm{j}\Omega t}+r_-\mathrm{e}^{-\mathrm{j}\Omega t}]-\Delta s_0[r_-^*\mathrm{e}^{-\mathrm{j}\Omega t}+r_-^*\mathrm{e}^{\mathrm{j}\Omega t}]=$$
$$(\mathrm{j}s_{xy}r_+-s_0r_+-\Delta s_0r_-^*)\mathrm{e}^{\mathrm{j}\Omega t}+(\mathrm{j}s_{xy}r_--r_0r_--\Delta s_0r_+^*)\mathrm{e}^{-\mathrm{j}\Omega t}=F_+\mathrm{e}^{\mathrm{j}\Omega t}+F_-\mathrm{e}^{-\mathrm{j}\Omega t} \tag{8.102}$$

式中：r_+^* 为正进动轨迹矢量 r_+ 的共轭向量，r_-^* 为反进动轨迹矢量 r_- 的共轭向量，而

$$s_0=\frac{1}{2}(s_{xx}+s_{yy}),\Delta s_0=\frac{1}{2}(s_{xx}-s_{yy})$$

$$F_+=(\mathrm{j}s_{xy}-s_0)r_+-\Delta s_0r_-^* \tag{8.103}$$

$$F_-=(\mathrm{j}s_{xy}-s_0)r_--\Delta s_0r_+^* \tag{8.104}$$

转子自转一个周期内，弹性恢复力所做的功为

$$W=\int_0^T\boldsymbol{F}\cdot\mathrm{d}\boldsymbol{r}=\int_0^{2\pi}F_+\cdot\mathrm{j}r_+\,\mathrm{d}\theta-\int_0^{2\pi}F_-\cdot\mathrm{j}r_-\,\mathrm{d}\theta=2\pi s_{xy}[r_+^2-r_-^2] \tag{8.105}$$

根据定理 1，可求得式(8.105)为

$$W=2\pi s_{xy}[r_+^2-r_-^2]=2\pi s_{xy}XY \tag{8.106}$$

式中：X 和 Y 分别为转子轴心椭圆轨迹的长、短轴。

由式(8.106)可见，弹性恢复力所做的功与轨迹所围的面积和反对称交叉刚度成正比。当正进动占优时，即$|r_+|>|r_-|$，则弹性恢复力做正功，$W>0$，反对称交叉刚度会使得转子失稳。

但对于支承各向异性的转子，当在水平与垂直临界转速之间运行时，即$\omega_y<\Omega<\omega_x$，反进动占优，$|r_-|>|r_+|$。此时，弹性恢复力做负功，$W<0$。这表明，反对称交叉刚度将会抑制转子反进动失稳，发挥镇定作用。

上述 3 个示例说明，应用定理 3 和定理 4 很容易求得激振力所做的功。其物理意义是，正进动作用力只会影响转子正进动，而反进动作用力只影响转子反进动。这为诊断转子故障提供了重要准则。

8.6　几种典型故障条件下转子的进动特征

由上述的分析可见，转子的进动形态既反映了转子系统的结构特点，又反映了转子所受载荷的特征。采用图 8.13 所示的进动圆表征形式，转子正、反进动的频率、幅值、相位、方向以及进动比函数全部可得以可视化表征，图形简单、形象，信息丰富，体现出了进动分析的优点。表 8.1 列出了 9 种典型故障的进动特征。

表 8.1　9 种典型故障的进动特征

故障类型	频率分量	正进动	反进动	进动比函数	注　释
不平衡	1×	●		□	进动比函数不随不平衡量变化
不对中	1×	●	●	☐	正、反进动量幅值接近；进动比函数随不对中度增大而增大
	2×	●	●	☐	
碰　摩	1×	●	•	□	出现次谐波和超次谐波正、反进动，反进动量的变化很明显
	2×		•	☐	
	(0.2,0.3,…,1)×；(1.1,1.2,…,2)×	•	●	☐	
油膜涡动	(0.42～0.48)×	●	•	□	出现次谐波正、反进动，正进动占优
油膜振荡	转子自振频率 f	●	•	□	转子严重失稳，以自振频率正进动
轴裂纹	1×	●	•	□	进动比函数随不平衡量发生变化
	2×	•			
	3×	•	•	□	

续表

故障类型	频率分量	正进动	反进动	进动比函数	注　释
密封激起的涡动	(0.3～0.6)×	●	●	□	出现次谐波正、反进动，正进动占优，失稳转速为转子自振频率；与负荷有关
压缩机叶轮间隙激起的涡动	(0.3～1.0)×	●	●	□	反进动量占优，失稳转速为转子反进动自振频率；与负荷有关
涡轮间隙激起的涡动	(0.3～1.0)×	●	●	□	正进动量占优，失稳转速为转子自振频率；与负荷有关

第 9 章　振动测试及振动信号分析

为对发动机实施状态评估与故障诊断，首先必须测得机器的振动信号，然后对所测的信号进行有效的分析，提取如前面章节所述的相关振动特征信息，才可开展振动分析与故障诊断。

为此，本章着重介绍发动机振动测试技术以及相关的分析方法。这些内容是把转子动力学的基本理论与真实发动机联系起来的桥梁，使得振动分析与故障诊断具有可观性及可操作性。本章除考虑发动机振动测试的特殊要求外，还介绍一般机器的振动测试，以便于相互借鉴。

9.1　测试的目的和任务

发动机振动测试的目的和任务主要体现在下述 5 个方面。

1. 发动机研制试验

在发动机研制过程中，对其部件或样机进行测试，检验是否达到设计要求或是否能可靠运行，还可对设计方法和设计模型进行验证和考核。例如，发动机的临界转速可能需要调整，或者需要改进阻尼器等。特别需要强调的是，在新机研制过程中，零、部件试验频繁，故障易于暴露，也易于查清，在试验中，也易于测取故障特征信息。因此，振动测试异常重要。将所测得的振动信息不断积累和总结，就可建立此机型的设计数据库和故障特征数据库，为新机的定型以及定型之后发动机的运行、维护及故障诊断奠定基础。这是国际上若干大型知名企业的宝贵经验，值得学习和借鉴。

2. 发动机试车运行测试

不论是在研发动机，还是批产发动机，均需进行台架试车。在台架试车时，发动机振动是重要的监测和检验参数。首先检验发动机振动是否处于限定标准范围内。如果振动超标，将通过振动测试来分析超标原因。对于地面机器，同样要进行试车测试。当机器制造商把新机器交付给用户时，需进行试车运行测试，检验机器是否符合所有的规范和设计要求。例如，机器的振动是否符合 API 612 和 API 670 或 ISO 7919 和 ISO 10816 的要求。

3. 故障诊断

如前所述，振动测试是故障诊断的基础。在现有的技术条件之下，对于大型旋转机械，振动测试应长期在线进行，并且联成网络，实现多台机组的网络化监测和远程诊断。其目的就是能够快捷、及时、有效地诊断机器的故障。对于航空发动机，在线振动监测也是必须的。在机载条件下，测量发动机的振动，若出现异常，及时报警，并给出提示信息，以便飞行员采取应对措施。

4. 实现预测维修

不论是在发动机台架试车过程中，还是在机载运行时，通过振动测试，及时、准确地掌握发动机的运行状态，对出现的故障及其发展趋势给出预报，为实现发动机的预测维修提供技术保证。对于大涵道比发动机，机载振动测试需提供风扇转子支承处振动的低压一倍频分量幅值和相位，以实现发动机风扇转子的本机动平衡。

5. 建立数据库、积累数字化经验

在发动机典型部件或者关键部件的部件实验中，进行振动测试和监控。一方面，对其动力学模型和振动特性进行验证，评估部件设计是否满足动力学特性要求，建立部件设计与振动特性之间的关系，即设计数据库。另一方面，还需试验确定零件公差、零件间配合公差以及工况变化对振动的影响，建立工艺、工况数据库。最后，可能还要对部件局部或整体失效后的振动进行测试，建立部件故障数据库。

如上所述，在研制过程中、试运行阶段以及在役运行时，都应对发动机进行振动测试。所测得的数据用于评估发动机的状态和趋势，建立设计数据库、故障模式和故障诊断准则，形成完整的数据库，不断积累数字化经验。数字化经验具有继承性、推广性、共享性和可加性，对于发动机的设计、运行和维护都有重要的指导作用。

9.2 振动传感器

传感器是振动测试中的关键器件。它把机器的振动信号转化成电信号，使后续的显示、记录以及数字化分析成为可能。目前，常用的振动传感器分为振动位移、振动速度和振动加速度三类传感器。它们的工作原理有所不同，适用条件也不相同，本节将加以详细介绍。

9.2.1 技术指标

传感器的性能以及适用范围由下述技术指标来表征。

1. 灵敏度

电测传感器的灵敏度是指输出的电量(如电压)与其所感受的机械量(如振幅、速度、加速度)之比。设输入的振动为

$$x = X\sin\omega t \tag{9.1}$$

输出的电压信号为

$$u = U\sin(\omega t + \varphi) \tag{9.2}$$

式中：φ 为输出信号 u 与被测振动量 x 的相位滞后，称之为相移。则灵敏度定义为

$$s = \lim_{\Delta x \to 0}\frac{\Delta u}{\Delta x} = \frac{\mathrm{d}u}{\mathrm{d}x} \tag{9.3}$$

灵敏度是传感器的基本参数，与灵敏度有直接关系的是分辨率。分辨率是指输出电压的变化量 Δu 可以辨认时，输入振动量的最小变化量 Δx。Δx 愈小，表明分辨率愈高。显然，灵

敏度愈高，则分辨率也愈高。因此，为了测量微小的幅值变化，要求传感器有较高的灵敏度。但必须指出，在选择灵敏度值时，应同时考虑到在该灵敏度下的信噪比。通常，灵敏度愈高，则信噪比将相应下降。这将降低测量结果的精度。另外，还需考虑数采系统的精度。数采系统的分辨率要与传感器的灵敏度相适应，即高于传感器灵敏度，此时，灵敏度的选择才适宜。

2. 线性度

在理想情况下，传感器的灵敏度应是常量。传感器输出的电量与其所感受的振动量之比是定值，也就是呈线性关系，如图 9.1 中的拟合直线。

实际上，传感器总是有不同程度的非线性，如图 9.1 中的标定曲线。若把传感器看作是线性系统，就出现了误差。线性度就是衡量实际传感器与理想测量系统之间的吻合程度。设传感器满量程的输出量为 U_m，传感器的标定曲线（由实验得到）与拟合直线之间的最大偏差为 Δ_m，则传感器的线性度为

$$\delta = \frac{\Delta_m}{U_m} \times 100\% \tag{9.4}$$

线性度应愈小愈好，如图 9.2 所示。线性范围是指，灵敏度在允许的误差范围内，传感器能测量的最大振动输入幅值范围。最低可测振动幅值取决于传感器的分辨率；最高可测振动幅值取决于传感器的结构特性。

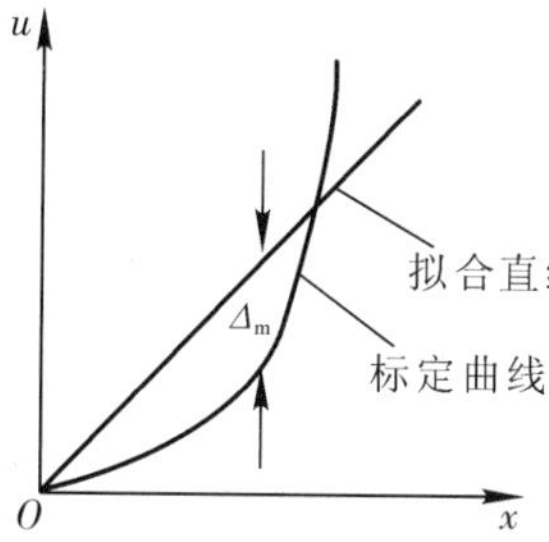

图 9.1　线性度定义

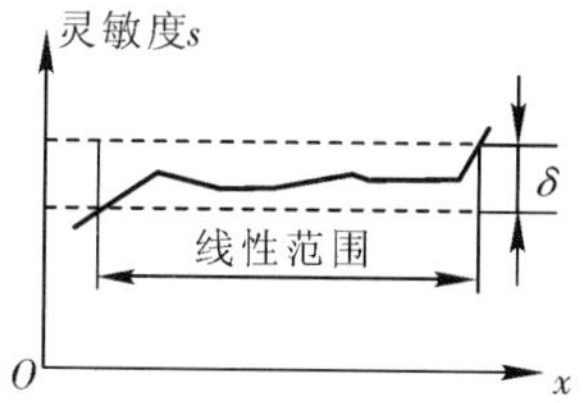

图 9.2　线性范围

3. 频率范围

频率范围是指，在允许的灵敏度误差范围内，传感器可使用的频率范围。有的还要求输出的正弦波与输入的正弦波之间的相移不超过某一限制值，传感器的使用频率范围也应符合这一要求。使用频率范围主要取决于传感器的材料及结构特性。频率范围愈宽愈好。

4. 温度范围

温度范围是指，在允许的灵敏度误差范围内，传感器可承受的工作环境温度范围。振动位移传感器一般可承受的温度范围为－30～180°C；内部集成振荡电路的位移传感器一般可承受的温度范围为 0～120°C；振动速度传感器一般可承受的温度范围为－40～100°C，最高可达 200°C；振动加速度传感器一般可承受的温度范围比较宽，最高可达 480°C，但内部集成电荷放大器的加速度传感器适用的温度范围一般为－50～125°C。在航空发动机高温端测振时，常常设计能通冷却空气的安装座，以保护传感器。

现在详细介绍三种最常用的振动传感器——位移传感器、速度传感器以及加速度传感器

的工作原理和特点。

9.2.2 振动位移传感器:电涡流传感器

目前常用的振动位移传感器一般为非接触式电涡流位移传感器,也称为趋近式探头,用来直接测量转轴的相对振动。电涡流传感器的工作原理基于电涡流效应。如图 9.3 所示,线圈中通以交流电流则产生交变磁通 Φ。当被测的物体表面靠近线圈时,交变磁通在物体表面感应出电涡流。此电涡流随即产生磁通 Φ_e。它总是阻碍原交变磁通 Φ 变化,从而改变了线圈中的电感 L。在被测物体材料确定之后,电感的变化就只与距离 δ 的大小有关。

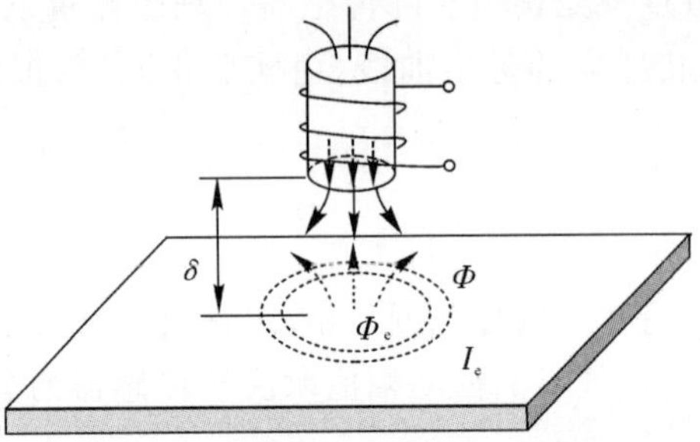

图 9.3 电涡流位移传感器的原理

通过测量电路把电感 L 随距离 δ 的变化转化为电压随距离的变化,再进行线性校正,使得传感器输出电压 u 与距离 δ 成线性关系。但这种线性关系有一定的范围。传感器出厂时,需经检验,给出电压与距离的线性范围。这是传感器的重要指标之一,如图 9.4 所示。

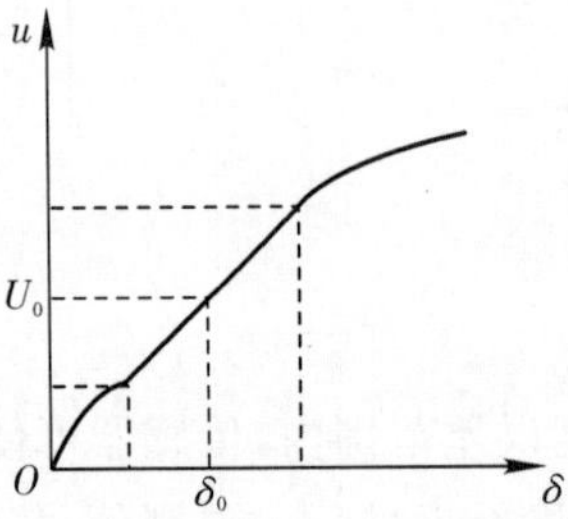

图 9.4 传感器线性范围标定

安装传感器时,应使初始间隙位于线性范围的中间位置,如图 9.4 中的 δ_0。传感器的位移测量范围与传感器感应头直径相关。直径越大,测量范围越大,但灵敏度降低。例如,感应头直径为 8 mm,最大测量位移为 2 mm,灵敏度为 8 mV/μm;感应头直径为 17 mm,则最大测量位移为 8 mm,但灵敏度为 4 mV/μm。

目前大部分新出厂的大型旋转机械都安装有此类传感器,用于在线监测机器的振动。

电涡流位移传感器具有以下优点:

(1)可直接测得转轴的振动;

(2)测量频率范围大,一般为 0～10 kHz,可直接测量静态位移;

(3)测量精度高,灵敏度可达 8 mV/μm;

(4)可用于测量转速和相位。

但其也具有以下缺点：

(1)安装的可达性要求高；

(2)需在机器某一部位加工安装孔；

(3)被测轴表面的划痕、非圆度以及原始偏移都包含在被测信号之中，但这些影响可经表面处理和从信号中减去初始偏移而消除；

(4)必需提供电源；

(5)输出信号中包含一直流偏量，通常为−8 V，会影响测量的灵敏度，需加以补偿；

(6)需要外接一个振荡器，但在温度低于 120°C 的使用环境下，可选择内部集成振荡器的一体化位移传感器。

近 30 多年来，电涡流传感器得到广泛应用，已成为大型旋转机械振动监测的首选传感器。

9.2.3　振动速度传感器：磁电式传感器

振动速度传感器是最早的测振传感器。早期的振动烈度都是以振动速度作为标准来度量的。振动速度传感器的工作原理如图 9.5 所示。永久磁铁支承在很弱的弹簧之上，构成一个自振频率较低(例如，5～10 Hz)的弹簧-质量振系。传感器壳体与被测物体固联之后，固定在壳体上的线圈就发生与被测物体相同的振动。当振动频率高于传感器内弹簧-质量振系自振频率时，即永久磁铁位移很小，线圈与永久磁铁发生相对运动，切割磁力线，从而在线圈中产生感应电势。感应电势的大小与被测物体的振动速度成正比。

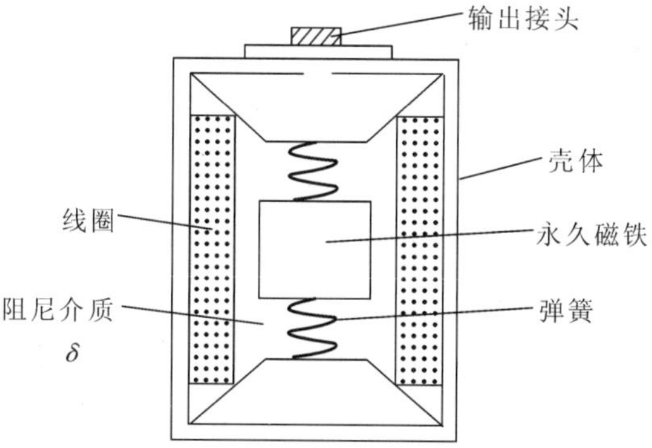

图 9.5　振动速度传感器

经标定之后，输出电压就可反映被测物体的振动速度。振动速度传感器的可测频率范围一般为 10～2 kHz。对于地面大型旋转机械壳体或支座的振动测试，一般选用这种传感器。

其优点：

(1)安装方便；

(2)抗干扰能力强；

(3)灵敏度较高，可达到 100 mV/(mm · s^{-1})；

(4)无须提供电源。

其局限性：

(1)不宜测量过低和过高频率的振动，例如 10 Hz 以下或 2 kHz 以上的振动。发动机齿轮箱和轴承的振动、叶片激起的振动都可能超过传感器的上界频率。大型风电机组低速端的振动属超低频振动，在0～0.5 Hz范围内，利用速度传感器无法测量。

(2)由于传感器中包含有运动的机械部分，因此，会出现磨损，其灵敏度会随着时间发生变化。

(3)质量较大，常用的传感器质量范围为300～500 g。

9.2.4 振动加速度传感器

加速度传感器也是一种获得广泛应用的振动传感器。其结构如图9.6所示，由壳体内安装的弹簧、质量块和压电晶片组成。其工作原理是：当质量块随被测物体一起振动时，它会在压电晶片上作用一个动态惯性力。在此力的作用下，压电晶片的极化表面上产生与惯性力成正比的电荷。而惯性力与被测物体的振动加速度成正比。因此，传感器的电荷输出就与被测物体的振动加速度呈线性关系。

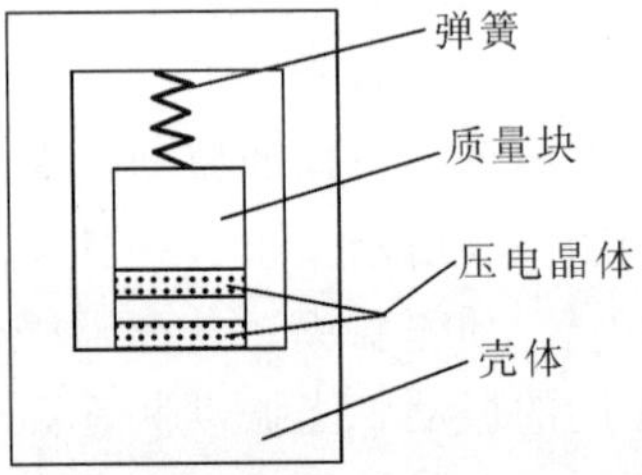

图9.6 振动加速度传感器

利用电荷放大器把电荷输出转化成电压量。加速度传感器的频响特性如图9.7所示。值得注意，传感器的自振频率远在所测频率之上(速度传感器的自振频率则在所测频率之下)。一般情况下，可测频率范围应限制在加速度传感器自振频率的30%之内。对于灵敏度较高的加速度传感器，可测频率上限可达15 kHz。

加速度传感器的灵敏度很大程度上取决于质量块的质量大小。质量越大，输出越大。高输出对于增强传感器的低频可测性尤为重要。但质量增加，传感器的自振频率降低，从而降低可测频率的上限，传感器的尺寸也会增大。

加速度传感器的输出为低电平、高阻抗信号，需进行调理。如上所述，传统的方法是利用电荷放大器来进行调理。但目前已有将调理电路集成在传感器内的一体化加速度传感器，只需提供电源，传感器就输出电压信号，可将输出信号直接接入测试仪器。这一改进对于较远距离的测量特别重要。传统的传感器至电荷放大器的距离一般只允许1～2 m。在很多情况下，这限制了传感器的使用。

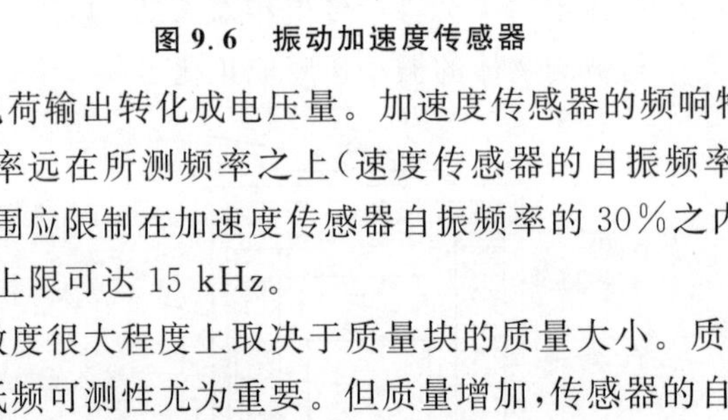

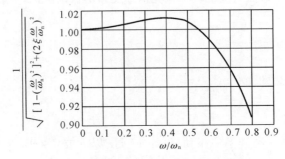

图9.7 振动加速度传感器的频响特性

加速度传感器的优点：

(1)频率范围宽，一体化传感器的频率范围可达 1.5 Hz～15 kHz；

(2)尺寸小，重量轻；

(3)允许的工作温度高，最高可达 480℃；

(4)将调理电路一体化后，几乎可全部涵盖速度传感器可测的范围和场合。

其缺点：

(1)一般情况下，需要信号调理器；

(2)低频特性不好；

(3)对安装条件特别敏感。

9.3　传感器的安装

9.3.1　地面机器上传感器的安装

对于大型旋转机械，出厂时即已安装振动传感器。换言之，振动传感器及振动测试系统已经成为机器的必备部件。应参照通行的国家标准或国际标准确定传感器的安装位置和安装方法。

传感器最好是安装在能最敏感地反映转子横向振动的位置，但必须兼顾机器结构的限制。一般情况下，传感器安装在轴承位置处，每一个截面安装两个传感器，且相互垂直，如图 9.8 所示。同一机器不同的轴承处，传感器的安装位置应该是相似的。

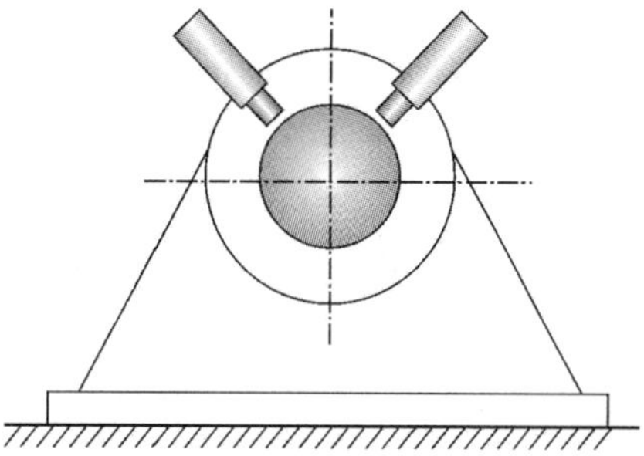

图 9.8　传感器的标准安装

有时，每一轴承处仅安装一个传感器。作为机器的振动监测和故障诊断所用这是不够的，因为每一截面一个传感器不足以完全反映转子的振动特征。

非接触式位移传感器一般安装在轴承壳体上的孔中，或者安装在邻近轴承壳体的保持架上。安装在轴承中的传感器不应与滑油油道相互干涉。安装传感器的保持架不应在传感器拟测的振动频率范围之内发生共振，否则将使传感器所测信号失真。传感器感应头所对被测轴表面应当光滑，不应有键槽、滑油油道或螺纹，还要进行消磁处理。另外，初始偏移不能超过允许振动值的 25％或 6 μm。在生产或装配过程中，常用胶带缠绕已处理好的转子被测表面，以避免擦痕和划伤。

振动速度传感器和加速度传感器一般安装在轴承座上或机器壳体上，安装位置如图 9.9 所示。

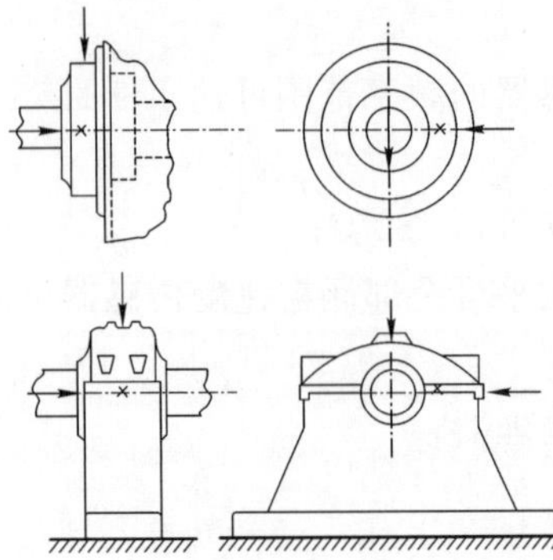

图 9.9 传感器在壳体和轴承座上的安装

9.3.2 航空发动机上传感器的选择与安装

航空发动机上传感器的安装无通行标准可依，但应遵循下述原则：

(1)一般在发动机的机匣上测量发动机的振动。故宜选用振动速度和振动加速度传感器。在风扇机匣和压气机主承力机匣位置，温度较低，可选振动速度传感器；而在涡轮机匣位置，温度很高，需选用振动加速度传感器。但考虑到需测轴承故障信息和叶片引起的振动，均选用加速度传感器为宜。

(2)在发动机研制时，就应设计传感器的安装位置和安装方式。传感器的安装位置应设置在发动机转子主传力路径上，与支承的距离最短。例如，承力机匣的安装边上。在同一截面，应设置相距 90°的两个安装位置。一般以螺栓形式把传感器安装座固定在机匣上，再通过螺栓将传感器固定在安装座上。但需确保在测量的频率范围内，不会发生安装座共振。

(3)应在所有承力机匣截面以及附件机匣上均设计振动传感器安装位置。用作发动机研制时安装足够数量的传感器，以验证发动机结构动力学设计，评估发动机状态。另外，在发动机台架试车时，若出现振动超标或故障，则可增装传感器以测量足够的振动信号，用于分析和诊断。例如，有的发动机振动传感器安装位置达到 13 个，而机载只用 3 个。

(4)对于大涵道比发动机，应在 $1^{\#}$ 轴承座上安装加速度传感器和键相传感器，并在风扇转子上设置键相齿盘，以提供实施风扇转子本机动平衡的振动和相位信号。键相齿盘的齿数应超过风扇叶片的数目。其中一个用于键相的高齿应比其余齿高约 0.5 mm。

9.4 振动信号的调理和采集

传感器所测得的振动信号需经调理之后才能进行进一步处理。所谓调理，即对信号进行滤波与放大。滤掉所关心的最高频率之上的频率分量，然后进行放大。这部分内容是大家熟知的，不再赘述。

调理之后的信号经模/数(A/D)转换与采集，就可进入计算机以得到各种分析结果。对于旋转机械，特别需要强调的是等周期并行采集。

等周期采集是指采集信号的长度为转子旋转周期的整倍数。例如，转子每转一圈采集 128 个点，某一通道采集了 2 048 个点，则表示连续采集了 16 个旋转周期，即转子旋转了 16 转的数据。

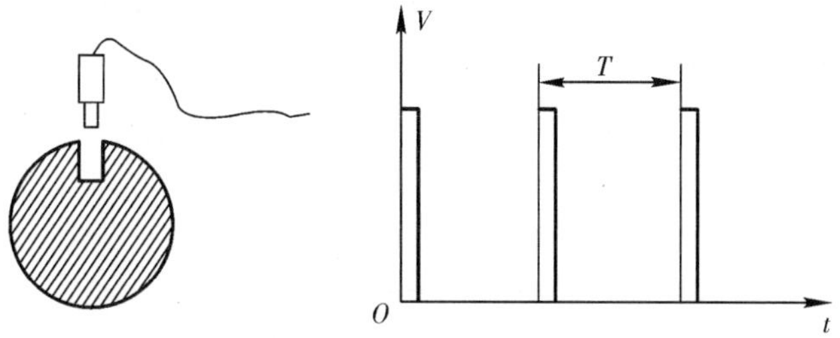

图 9.10　等周期采集过程

等周期采集过程如图 9.10 所示。转子的键相位传感器提供如图所示的脉冲信号，两个脉冲之间的时距即为转子旋转的周期。脉冲电压触发计数器计数。由此，可得到周期 T，同时也得到了转速。对周期 T 进行等间距划分，即得到采样间隔 ΔT。例如，每转采集 128 个点时，采样间隔为

$$\Delta T=\frac{T}{128} \tag{9.5}$$

然后控制 A/D 以采样率 $f=\dfrac{1}{\Delta T}$ 从脉冲上升沿开始采集。由此就实现了等周期采样。

保证等周期采样的目的是，防止在对信号进行频率分析时出现泄漏和失真。一般情况下，转子典型故障的特征皆与转速的倍频相关联。准确地得到转子振动的倍频量是实施故障诊断的重要保证。不妨设转子的振动为标准的不平衡响应，即正弦信号，如图 9.11 所示。若对信号进行整周期采样，则其频谱值仅为工频量。但若非整周期采样，如图中的 T' 为信号长度，则其频谱中包含有倍频分量，显然出现了失真。

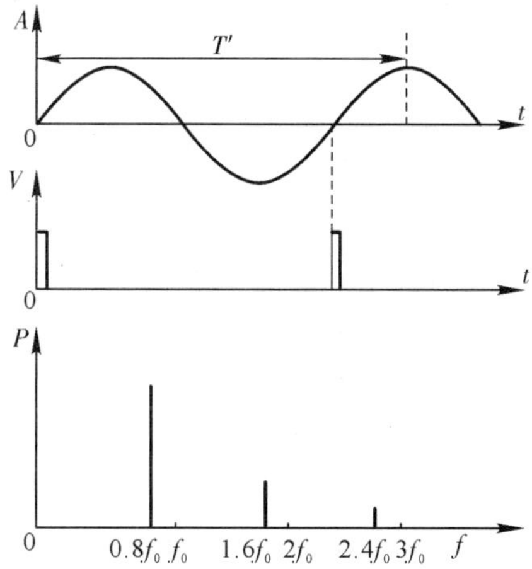

图 9.11　非整周期采样信号及其频谱

转子振动的相位是反映转子振动状态非常重要的特征信息。为保证精确的相位信息，要求 A/D 采集并行进行，即多个通道同时刻采集，如图 9.12 所示，在任一时刻 t_i，对 4 个通道的信号同时进行采集，就得到同一时刻的振动信号 $X_1(t_i)$，$X_2(t_i)$，$X_3(t_i)$，$X_1(t_i)$($i=0,1,2,\cdots,n$)。

实现并行 A/D 采样的方案如图 9.13 所示。每一个通道对应一个 A/D 转换器。

实现同步等周期并行采样，不仅满足了上述的要求，而且也提高了采集速度，为每一周期

(每一转)采集足够的数据点提供了硬件保证。根据采样定理,采样频率应满足 $f \geqslant 2.5 f_{\max}$,其中 $f_{\max}$是拟分析的最高频率。例如,转速为 6 000 r/min,需分析转子振动的最高频率阶次为 24 倍,则采集频率最小应达到

$$f \geqslant \frac{6\ 000}{60} \times 24 \times 2.5 = 6\ 000\ \text{Hz} \tag{9.6}$$

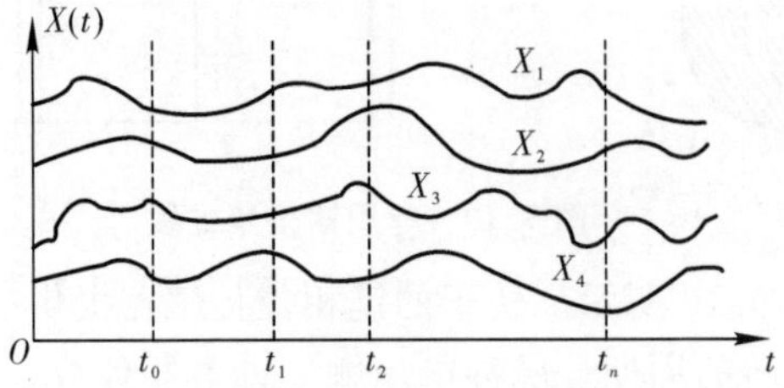

图 9.12　多通道并行采集信号

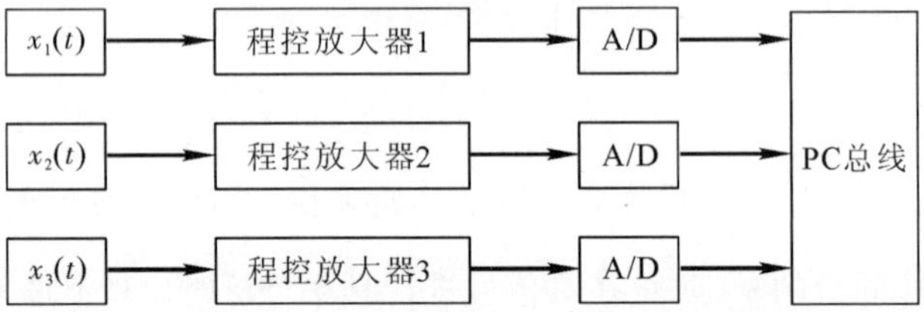

图 9.13　独立并行 A/D 采样方案

实际上,为保证高阶量的幅值较为精确,2.5 倍远远不够。一般应至少达到 10 倍或 12 倍。如取 10 倍,则有

$$f \geqslant 24\ 000\ \text{Hz} \tag{9.7}$$

这说明,每一周期(每一转)至少采集 240 个数据点。

9.5　转子振动信号的处理与分析

关于信号处理与分析很多专著作了详尽的论述,本节只讨论与旋转机械振动相关的几个问题,力求把方法的普遍性与应用的特殊性结合起来。

9.5.1　频率分辨率

对转子振动信号进行频谱分析,既可得到次谐波分量又可得到倍频分量。需要的信号长度应为若干个旋转周期,即 nT(T 为旋转周期,n 为整数)。周期数 n 决定了频率分辨率。假设连续采集 16 个旋转周期的振动信号,则得到频率分辨率为

$$\Delta f = \frac{1}{16T} = \frac{1}{16} f_0 \tag{9.8}$$

其中,$f_0 = \dfrac{1}{T}$,为转子旋转频率(r/s)。

可见,此时频率分辨率为基频的 1/16。若需进一步提高分辨率,则需增加信号长度,即增

加周期数 n。这有可能使信号数据量大增。但增加每周期的采样点数并不提高频率分辨率，而只增加分析的频率阶次以及高阶次分量的准确度。这在诊断增速箱故障时非常重要。因此，在提高频率分辨率和增加频率阶次之间，应进行折中选择。例如，只关注 0～3 倍频和次谐波振动分量时（诊断碰摩故障），为提高频率分辨率可选旋转周期数为 32，即连续采集转子旋转 32 周的信号，但每周采集 32 个数据点就可保证足够的精度。对于最高倍频分量（三倍频），采样率仍可达到 $f>10f_0$，而频率分辨率则为 $\Delta f=\frac{1}{32}$。

9.5.2 特征量的提取及表征

1. 峰-峰值及有效值

根据 ISO 7919 和 ISO 10816，当用位移传感器测振时，测得的宽带振动峰-峰值就用来表征机器振动的烈度；当用速度传感器时，则用有效值来度量振动烈度，即

$$V_{rms}=\sqrt{\frac{1}{T}\int_0^T V^2(t)\mathrm{d}t} \tag{9.9}$$

需要注意的是，振动中可能包含有很强的次谐波分量，例如碰摩引起的次谐波涡动，获取峰-峰值和有效值时，信号的采集长度要大于一个整周期，最好是 2 或 4 个整周期。不妨举例说明。

假设所测得的振动信号为

$$V=V_1\sin\Omega t+V_2\sin\frac{1}{3}\Omega t \tag{9.10}$$

精确的有效值为

$$V_{rms}=\sqrt{\frac{1}{2}(V_1^2+V_2^2)} \tag{9.11}$$

但若只取 1 个整周期 T_1 利用式(9.9)积分，则得

$$\widetilde{V}_{rms}=\sqrt{\frac{1}{2\pi}\int_0^{2\pi}[V_1\sin\Omega t+V_2\sin\Omega t]^2\mathrm{d}(\Omega t)}=\sqrt{\frac{1}{2}\left(V_1^2+V_2^2-\frac{9\sqrt{3}}{8\pi}V_1V_2\right)} \tag{9.12}$$

其中的第三项即为误差项。

若取 2 个周期时，积分表达式为

$$\widetilde{V}_{rms}=\sqrt{\frac{1}{4\pi}\int_0^{4\pi}[V_1\sin\Omega t+V_2\sin\Omega t]^2\mathrm{d}(\Omega t)}=\sqrt{\frac{1}{2}\left(V_1^2+V_2^2-\frac{9\sqrt{3}}{16\pi}V_1V_2\right)} \tag{9.13}$$

可见，误差项减小一半。

若取 3 个周期，则得到精确值。

2. 信号平均

为消除噪声干扰，经常对所测得的振动信号进行时域平均。但对转子振动信号若平均不当，则可能丢失故障特征信息。

人们常常将连续测得的转子若干个周期的振动信号进行平均，最后得到一个周期的平均

信号。在对转子进行动平衡时,这种平均方法是可取的。但对于故障诊断,由此平均方法得到的平均信号不能作为源信息。因为,它存在丢失重要故障特征信息的可能性。

假设转子振动中包含有半频涡动,则振动可表达为

$$X = A_1 \sin\Omega t + A_2 \sin\frac{1}{2}\Omega t \tag{9.14}$$

其中第一项为不平衡响应,第二项为半频涡动。波形如图 9.14 所示。

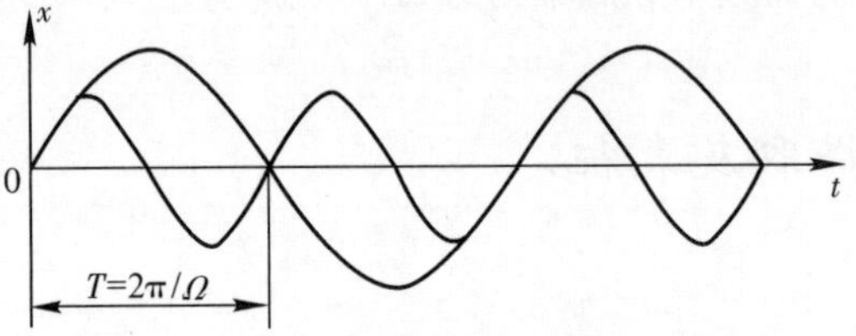

图 9.14　不平衡响应与半频涡动的波形

若将第 1,2,3 和 4 周期的信号进行平均,则所得到的平均信号为

$$\overline{X} = A_1 \sin\Omega t \tag{9.15}$$

这说明,平均信号中不包含半频涡动。可见,此信息丢失。因此,观测原始时域信号始终是很重要的。

航空发动机振动信号中,既包含有高压转子转频成分,也包含有低压转子转频成分。若按照高压转频整周期采集振动数据,并进行整周期平均,则会大幅消减低压转频振动成分;反之亦然,若按照低压转频整周期采集振动数据,并进行整周期平均,则会大幅消减高压转频振动成分。

3. 相位信息的获取及表征

相位信息是反映转子振动状态、诊断机器故障的重要信息。因此,转子振动相位的获取及表征是振动信息处理和分析的重要环节。

如前文所述,要得到绝对相位,必须要有键相位信号。若无此条件,采用多通道并行采集方式,仍可获得各测点之间的相对相位。

相位不是可直接测量的量,需从测量信号中提取。在很多教科书中,都给出了简单的计算公式。但在实际应用中,常常会出现相位离差很大的现象。究其原因,主要是在相位计算公式中应用了反正切函数所致。反正切函数是奇异函数,如图 9.15 所示。当反正切值在 0 值附近波动时,相位角就会在 0～π 间跳动。

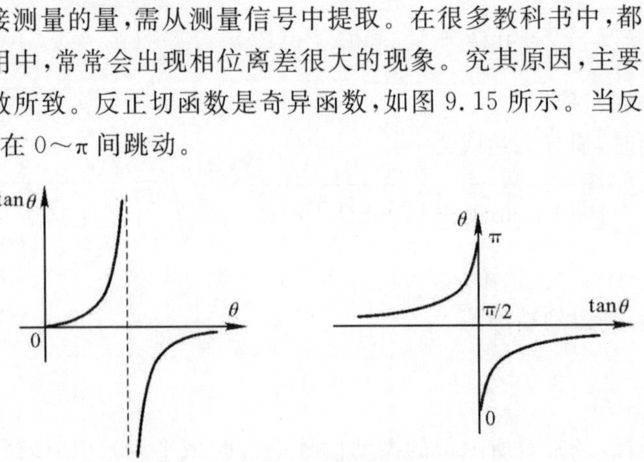

图 9.15　正切函数与反正切函数曲线

对所测得的振动信号经傅里叶分析后,可得

$$X(t)=\sum_{k=0}^{\infty}[a_k\cos k\Omega t+b_k\sin k\Omega t]=\sum_{k=0}^{\infty}A_k\cos(k\Omega t-\varphi_k) \tag{9.16}$$

其中 A_k 和 φ_k 分别表示第 k 阶振动幅值和相位角，其表达式为

$$A_k=\sqrt{a_k^2+b_k^2}；\qquad \varphi_k=\arctan\frac{b_k}{a_k} \tag{9.17}$$

由反正切函数获取相位角，理论上无可挑剔。但在实际应用时，a_k 和 b_k 是由测量信号获得的。当 b_k 在 0 值附近波动时，相位角 φ_k 就在 $0\sim\pi$ 间跳动；当 $a_k \ll b_k$ 时或 $a_k \to 0$ 时，又可能导致计算机溢出。因此，在实践中，应避免使用式(9.17)来求得相位。事实上，可用反正弦函数来克服这一困难。由式(9.16)知

$$A_k\cos\varphi_k=a_k \tag{9.18}$$

$$A_k\sin\varphi_k=b_k \tag{9.19}$$

可得

$$\sin\varphi_k=\frac{b_k}{\sqrt{a_k^2+b_k^2}} \tag{9.20}$$

$$\varphi_k=\arcsin\frac{b_k}{\sqrt{a_k^2+b_k^2}} \tag{9.21}$$

式(9.21)要比式(9.17)稳定得多。只要 a_k 和 b_k 不同时为 0，就不会溢出。

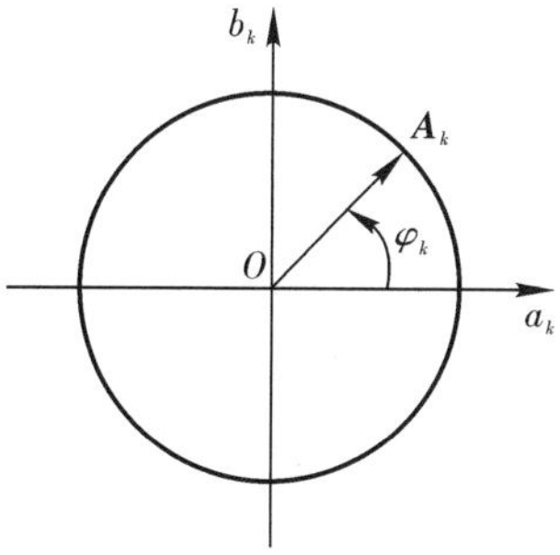

图 9.16　振动矢量图

对于状态监测与故障诊断而言，关注的是相位变化和变化趋势。可用如图 9.16 所示的矢量图进行表征。图中横坐标为 a_k，纵坐标为 b_k，矢量 $\mathbf{A}_k$ 与横坐标间的夹角即为 φ_k。当 a_k 和 b_k 变化时，矢量 $\mathbf{A}_k$ 长度发生变化，同时绕原点 O 偏转，偏转的角度就是相位的变化。这种表征方式也称为极坐标图表达。

第 10 章　转子的动平衡

由于材质不均、工艺误差、转子叶片不均匀变形、不均匀磨损或局部掉块等因素的影响，转子上总是存在着不平衡。转子不平衡是发动机主要的激振源。正如第 3 章和第 4 章所得到的结果，不平衡引起转子振动，加速轴承、轴封等部件的磨损，降低机器的使用寿命和效率。另外，所引起的转子振动还会通过机匣传至安装节，对飞机产生不良影响。

为此，在发动机制造或者维修过程中，甚至在运行过程中，都需要对转子进行动平衡。动平衡是通过在转子上去重或加配重的方法来改变转子的质量分布，使质心偏心离心力引起的转子振动或作用在轴承上的动载荷减小到允许范围之内，以达到发动机平稳运行的目的。

本章着重介绍有关动平衡的基本理论。考虑到实用性，只介绍影响系数平衡法。至于其他平衡方法，读者可参阅有关专著和本书第 15 章。

10.1　不平衡的分布、静不平衡与动不平衡

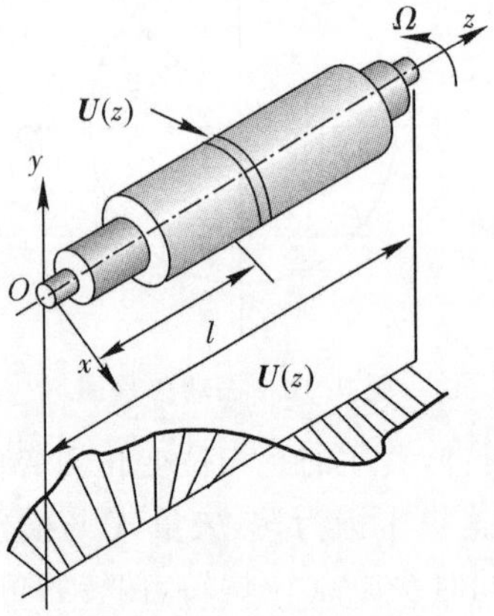

图 10.1　不平衡量的分布

对于任一转子，如图 10.1 所示，质心沿轴承连线的分布是一条任意的空间曲线。不妨在转子上取一厚度为 dz 的薄圆盘。它的质心偏移为 $\boldsymbol{e}(z)$，质量为 $\mathrm{d}m=q(z)\mathrm{d}z$（$q(z)$为轴向的质量分布）。当转子以转速 Ω 运转时，薄圆盘质量偏心所产生的离心力为

$$\mathrm{d}\boldsymbol{F}=\boldsymbol{e}(z)\mathrm{d}m(z)\Omega^2=\boldsymbol{e}(z)q(z)\Omega^2 z=\boldsymbol{u}(z)\mathrm{d}z\Omega^2 \tag{10.1}$$

其中，$\boldsymbol{u}(z)=\boldsymbol{e}(z)q(z)$称之为不平衡的分布函数。转子上不同薄盘单元的分布函数皆不相同，因此不平衡分布函数描述的是一条空间曲线。

整个转子的偏心离心力可表示为

$$\boldsymbol{F}=\int_0^l \mathrm{d}\boldsymbol{F}=\Omega^2\int_0^l \boldsymbol{e}(z)q(z)\mathrm{d}z=\Omega^2\int_0^l \boldsymbol{u}(z)\mathrm{d}z \tag{10.2}$$

总的不平衡力 $\boldsymbol{F}$ 作用到两支承截面，所产生的支承反力为

$$\boldsymbol{F}_1+\boldsymbol{F}_2=\boldsymbol{F} \tag{10.3}$$

$$\boldsymbol{F}_2=\int_0^1 \frac{z\mathrm{d}\boldsymbol{F}}{l}=\Omega^2\int_0^1 \frac{z\boldsymbol{e}(z)q(z)\mathrm{d}z}{l} \tag{10.4}$$

$$\boldsymbol{F}_1=\int_0^1 \frac{(1-z)\mathrm{d}\boldsymbol{F}}{l}=\Omega^2\int_0^1 \frac{(1-z)\boldsymbol{e}(z)q(z)\mathrm{d}z}{l} \tag{10.5}$$

当不平衡可简化成作用在质心的一个集中不平衡力时，称之为静不平衡，如图 10.2 所示。此时，偏心离心力为 $\boldsymbol{F}=\Omega^2\boldsymbol{U}_c$，$\boldsymbol{U}_c=m\boldsymbol{e}_c$ 为不平衡量。静不平衡可通过静态方法平衡。

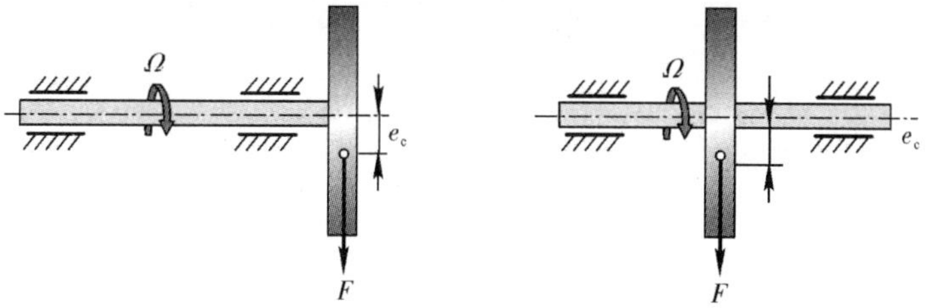

图 10.2　静不平衡

当不平衡力可简化成一力偶时，如图 10.3 所示，则不能通过静态方法校正。

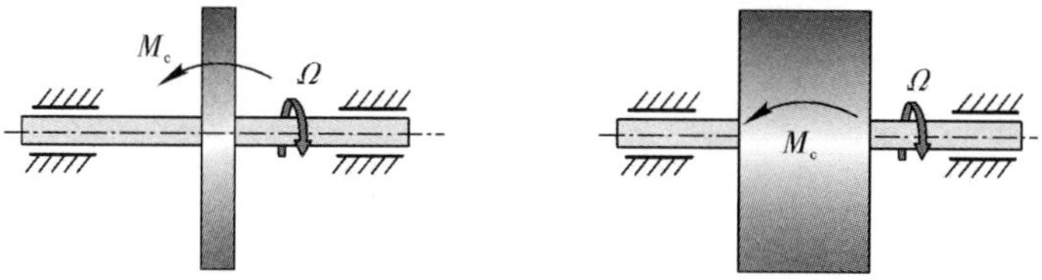

图 10.3　力偶不平衡

一般情况下，转子的不平衡既有力不平衡，也有力偶不平衡，称之为动不平衡。转子的动平衡就是通过在转子上去重或加配重的方法来校正转子的动不平衡。

10.2　刚性转子与柔性转子

如果转子的工作转速远低于其第一阶弯曲临界转速，则称该转子为刚性转子。如第 3 章讨论的结果，不平衡引起的转子挠度为

$$r=\frac{\varepsilon\Omega^2}{\omega^2-\Omega^2}=\frac{\varepsilon\left(\dfrac{\Omega}{\omega}\right)^2}{1-\left(\dfrac{\Omega}{\omega}\right)^2} \tag{10.6}$$

当工作转速 $\Omega\ll\omega$ 时，转子的挠度 $r\approx 0$。这表明，不平衡力引起的转子变形可以忽略不计。事实上，当$\dfrac{\Omega}{\omega}<0.5$ 时，就可认为转子是刚性的。此时，转子挠度满足 $r<\dfrac{1}{3}\varepsilon$。

当工作转速满足 $0.5\leqslant\dfrac{\Omega}{\omega}<0.707$ 时，转子称之为准刚性转子。此时，转子挠度满足$\dfrac{1}{3}\varepsilon<$

$r<\varepsilon$。

工作转速高于上述范围的转子则称之为柔性转子。在工作转速处，柔性转子的挠度满足 $r>\varepsilon$。

刚性转子与柔性转子的区别仅在于工作转速范围不同。因此，在理想情况下，应在工作转速处进行动平衡，特别是平衡柔性转子。但实际中往往难以实现，在大多数情况下，仅能进行低速平衡，即刚性转子平衡。

10.3 刚性转子的平衡

刚性转子的平衡一般在低转速下进行。由于不考虑转子的挠曲变形，故由离心力平衡方程就可获得平衡条件。

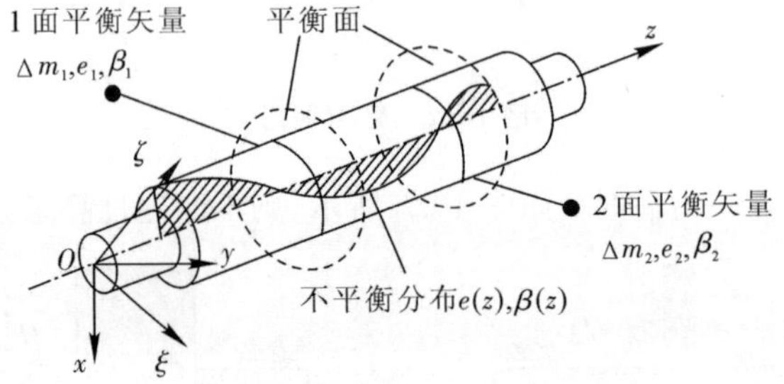

图 10.4 刚性转子的平衡

如图 10.4 所示，一刚性转子支承在刚性支承上。取固定坐标系为 $Oxyz$，旋转坐标系为$O\xi\zeta z$。

不妨在旋转坐标系 $O\xi\zeta z$ 列出离心力平衡条件。

在 ξOz 平面上，原始不平衡力对左端轴承取矩可得

$$f_{R_0}^{\xi} l = \Omega^2 \int_0^l z q(z) \varepsilon(z) \cos\beta \mathrm{d}z \tag{10.7}$$

对右端轴承取矩可得

$$f_{L_0}^{\xi} l = \Omega^2 \int_0^l (l-z) q(z) \varepsilon(z) \cos\beta \mathrm{d}z \tag{10.8}$$

其中 $q(z)$ 为转子密度，$\varepsilon(z)$ 和 β 分别为不平衡量和相位角。

采取同样的求矩过程，可得 ζOz 平面上的两个方程为

$$f_{R_0}^{\zeta} l = \Omega^2 \int_0^l z q(z) \varepsilon(z) \sin\beta \mathrm{d}z \tag{10.9}$$

$$f_{L_0}^{\zeta} l = \Omega^2 \int_0^l (l-z) q(z) \varepsilon(z) \sin\beta \mathrm{d}z \tag{10.10}$$

在平衡校正面 1 和 2 上加校正质量 $\Delta \boldsymbol{m}_1$ 和 $\Delta \boldsymbol{m}_2$ 后，在左、右轴承上产生的离心力矩分别为

$$f_{R}^{\xi} l = (z_1 \Delta m_1 e_1 \cos\beta_1 + z_2 \Delta m_2 e_2 \cos\beta_2)\Omega^2 \tag{10.11}$$

$$f_{R}^{\zeta} l = (z_1 \Delta m_1 e_1 \sin\beta_1 + z_2 \Delta m_2 e_2 \sin\beta_2)\Omega^2 \tag{10.12}$$

$$f_L^{\xi} l=[\Delta m_1 e_1 (l-z_1)\cos\beta_1+\Delta m_2 e_2 (l-z_2)\cos\beta_2]\Omega^2 \tag{10.13}$$

$$f_L^{\zeta} l=[\Delta m_1 e_1 (l-z_1)\sin\beta_1+\Delta m_2 e_2 (l-z_2)\sin\beta_2]\Omega^2 \tag{10.14}$$

加了校正质量之后，应使左、右轴承上的力为 0。因此平衡条件为

$$f_{R_0}^{\xi}+f_R^{\xi}=0 \tag{10.15}$$

$$f_{R_0}^{\zeta}+f_R^{\zeta}=0 \tag{10.16}$$

$$f_{L_0}^{\xi}+f_L^{\xi}=0 \tag{10.17}$$

$$f_{L_0}^{\zeta}+f_L^{\zeta}=0 \tag{10.18}$$

考虑到方程式(10.11)～式(10.14)，平衡条件可写成

$$\begin{bmatrix} f_L^{\xi} \\ f_L^{\zeta} \\ f_R^{\xi} \\ f_R^{\zeta} \end{bmatrix}_0 +\frac{\Omega^2}{l}\begin{bmatrix} l-z_1 & 0 & l-z_2 & 0 \\ 0 & l-z_1 & 0 & l-z_2 \\ z_1 & 0 & z_2 & 0 \\ 0 & z_1 & 0 & z_2 \end{bmatrix}\begin{bmatrix} \Delta m_1 e_1 \cos\beta_1 \\ \Delta m_1 e_1 \sin\beta_1 \\ \Delta m_2 e_2 \cos\beta_2 \\ \Delta m_2 e_2 \sin\beta_2 \end{bmatrix}=0 \tag{10.19}$$

在具有刚性支承的平衡机上平衡时，只需要一次运行就可获得足够的信息，以求得平衡配重。带有初始不平衡的转子，以转速 Ω 运行，测量左、右支承上的力 $\boldsymbol{f}_{L_0}$ 和 $\boldsymbol{f}_{R_0}$，则根据平衡条件式(10.19)可求得

$$\begin{bmatrix} \Delta m_1 e_1 \cos\beta_1 \\ \Delta m_1 e_1 \sin\beta_1 \\ \Delta m_2 e_2 \cos\beta_2 \\ \Delta m_2 e_2 \sin\beta_2 \end{bmatrix}=-\frac{l}{\Omega^2}\begin{bmatrix} l-z_1 & 0 & l-z_2 & 0 \\ 0 & l-z_1 & 0 & l-z_2 \\ z_1 & 0 & z_2 & 0 \\ 0 & z_1 & 0 & z_2 \end{bmatrix}^{-1}\begin{bmatrix} f_L{}^{\xi} \\ f_L{}^{\zeta} \\ f_R{}^{\xi} \\ f_R{}^{\zeta} \end{bmatrix}_0 \tag{10.20}$$

其中右端向量为所测得的力向量，矩阵中的元素只与平衡机的支承距离 l 及转子平衡校正面的位置 z_1 和 z_2 有关。这些参数都是事先已知的。因此，很容易由方程式(10.19)求得平衡校正量。

平衡条件式(10.19)是根据旋转坐标系 $O\xi\zeta z$ 中支承受力方程得到的。事实上，在固定坐标系 $Oxyz$ 也能得到同样的条件。在推导过程中，只须把左、右支承上的力看作是旋转力，即可得到所求结果。

把方程式(10.19)写成复数形式为

$$\begin{bmatrix} \boldsymbol{f}_L \\ \boldsymbol{f}_R \end{bmatrix}+\frac{\Omega^2}{l}\begin{bmatrix} l-z_1 & l-z_2 \\ z_1 & z_2 \end{bmatrix}\begin{bmatrix} \boldsymbol{u}_1 \\ \boldsymbol{u}_2 \end{bmatrix}=0 \tag{10.21}$$

其中

$$\boldsymbol{f}_L=f_L^{\xi}+\mathrm{j}f_L^{\zeta};\qquad \boldsymbol{f}_R=f_R^{\xi}+\mathrm{j}f_R^{\zeta};$$

$$\boldsymbol{u}_1=\Delta m_1 \varepsilon_1(\cos\beta_1+\mathrm{j}\sin\beta_1)=\Delta m_1\varepsilon_1 \mathrm{e}^{\mathrm{j}\beta_1}$$

$$\boldsymbol{u}_2=\Delta m_2 \varepsilon_2(\cos\beta_2+\mathrm{j}\sin\beta_2)=\Delta m_2\varepsilon_2 \mathrm{e}^{\mathrm{j}\beta_2}$$

方程式(10.21)两边同乘以 $\mathrm{e}^{\mathrm{j}\Omega t}$，得

$$\begin{bmatrix} \boldsymbol{f}_L \\ \boldsymbol{f}_R \end{bmatrix}\mathrm{e}^{\mathrm{j}\Omega t}+\frac{\Omega^2}{l}\begin{bmatrix} l-z_1 & l-z_2 \\ z_1 & z_2 \end{bmatrix}\begin{bmatrix} \boldsymbol{u}_1 \\ \boldsymbol{u}_2 \end{bmatrix}\mathrm{e}^{\mathrm{j}\Omega t}=\boldsymbol{0} \tag{10.22}$$

根据第 3 章给出的固定坐标系与旋转坐标系之间的转换关系式(3.43)可知，方程式(10.22)左端的第一项就是左、右支承上的力在固定坐标系的表达式，第二项就是所加校正质量在支承上所产生的离心力在固定坐标系的表达式。由此证明，平衡条件式(10.19)或式

(10.21)不论在旋转坐标系或固定坐标系都是相同的。

10.4 影响系数平衡法

在现场平衡时,一般只能在机匣或轴承座上测量转子的振动,机匣振动以及支承的影响都包含在测量信号之中。另外,转子的尺寸有时也不易测得。在这种情况下,平衡条件式(10.19)或式(10.21)就不再适用。

利用影响系数法可克服上述困难,实现转子的现场平衡。影响系数法基于校正配重与所测量机器振动之间的线性关系,即影响系数来对转子进行平衡。利用此方法,须运行转子三次,才能完成平衡。

用影响系数法平衡转子的实施过程分为以下转子的三次运行:

第 0 次运行:使转子以转速 Ω 运行,在测点 1 和 2 处测得转子振动分别为 $\boldsymbol{A}_{10}$ 和 $\boldsymbol{A}_{20}$。此测量信号包含了原始不平衡、支承以及机匣特性等因素的影响。

第 1 次运行:在第 1 校正面上加试配重 $\boldsymbol{u}_{T1}$,使转子仍以转速 Ω 运行,在测点 1 和 2 处测得的转子振动分别为 $\boldsymbol{A}_{11}$ 和 $\boldsymbol{A}_{21}$,它们既包含了原始不平衡、支承以及机匣特性的影响,也包含了试配重 $\boldsymbol{u}_{T1}$ 的影响。试配重的影响为

$$\Delta\boldsymbol{A}_{11}=\boldsymbol{A}_{11}-\boldsymbol{A}_{10}, \qquad \Delta\boldsymbol{A}_{21}=\boldsymbol{A}_{21}-\boldsymbol{A}_{20}$$

故影响系数为

$$\boldsymbol{\alpha}_{11}=\frac{\boldsymbol{A}_{11}-\boldsymbol{A}_{10}}{\boldsymbol{u}_{T1}}, \qquad \boldsymbol{\alpha}_{21}=\frac{\boldsymbol{A}_{21}-\boldsymbol{A}_{20}}{\boldsymbol{u}_{T1}}$$

第 2 次运行:在第 2 校正面上加试配重 $\boldsymbol{u}_{T2}$,再次使转子以转速 Ω 运行。测得的转子振动分别为 $\boldsymbol{A}_{12}$ 和 $\boldsymbol{A}_{22}$。试配重 $\boldsymbol{u}_{T2}$ 的影响系数为

$$\boldsymbol{\alpha}_{12}=\frac{\boldsymbol{A}_{12}-\boldsymbol{A}_{10}}{\boldsymbol{u}_{T2}}, \qquad \boldsymbol{\alpha}_{22}=\frac{\boldsymbol{A}_{22}-\boldsymbol{A}_{20}}{\boldsymbol{u}_{T2}}$$

求得影响系数后,就可由平衡条件式

$$\begin{bmatrix}\boldsymbol{A}_{10}\\ \boldsymbol{A}_{20}\end{bmatrix}+\begin{bmatrix}\boldsymbol{\alpha}_{11} & \boldsymbol{\alpha}_{12}\\ \boldsymbol{\alpha}_{21} & \boldsymbol{\alpha}_{22}\end{bmatrix}^{-1}\begin{bmatrix}\boldsymbol{u}_{10}\\ \boldsymbol{u}_{20}\end{bmatrix}=0 \tag{10.23}$$

求得校正量 $\boldsymbol{u}_{10}$ 和 $\boldsymbol{u}_{20}$ 为

$$\begin{bmatrix}\boldsymbol{u}_{10}\\ \boldsymbol{u}_{20}\end{bmatrix}=-\begin{bmatrix}\boldsymbol{\alpha}_{11} & \boldsymbol{\alpha}_{12}\\ \boldsymbol{\alpha}_{21} & \boldsymbol{\alpha}_{22}\end{bmatrix}^{-1}\begin{bmatrix}\boldsymbol{A}_{10}\\ \boldsymbol{A}_{20}\end{bmatrix} \tag{10.24}$$

平衡刚性转子,仅需两个平衡校正面即可实现。

10.5 柔性转子的动平衡

柔性转子往往工作在一阶甚至二、三阶弯曲临界转速之上。因此,平衡时不仅要消除转子刚体不平衡,而且要消除工作转速范围之内的振型不平衡。为此,人们建立了所谓的模态平衡法。该方法的应用条件是,所要平衡的各阶振型是可以解耦的。实际上,意味着阻尼必须很

小，同时轴承刚度无交叉耦合效应。另外，需预先确知转子系统的模态。这种平衡方法对平衡人员的要求较高。本书第 15 章将详细介绍模态平衡法。

在现场平衡时，往往并无有关转子动力学特性的先验知识；再则，可供使用的平衡校正面数目也受到限制，一般多为两个校正面，因此，难以应用模态平衡法进行平衡。实际上仍用影响系数法。在多数情况下，都能达到满意的效果。

如 10.4 节所述，对于刚性转子的平衡，取两个校正面及一个平衡转速即能达到平衡目的。但对柔性转子，如只选一个平衡转速难以保证在某个转速范围之内都达到平衡。为此，必须选用多个平衡转速。

以带有两个平衡校正面的柔性转子为例，取 4 个平衡转速 Ω_1，Ω_2，Ω_3 和 Ω_4。平衡过程与刚体转子类似。

第一次运行转子时，在测点 1 和测点 2 测得的转子振动为

$$\boldsymbol{r}_0=[\underbrace{r_{10}\ r_{20}}_{\Omega_1};\underbrace{r_{10}\ r_{20}}_{\Omega_2};\underbrace{r_{10}\ r_{20}}_{\Omega_3};\underbrace{r_{10}\ r_{20}}_{\Omega_4}]^{\mathrm{T}}=$$

$$[r_{10}\quad r_{20}\quad r_{30}\quad r_{40}\quad r_{50}\quad r_{60}\quad r_{70}\quad r_{80}]_0^{\mathrm{T}} \tag{10.25}$$

在第 1 校正面上加试重 $\boldsymbol{u}_{\mathrm{T1}}$ 后，第二次运行转子，测得的振动为

$$\boldsymbol{r}_1=[r_{11}\quad r_{21}\quad r_{31}\quad r_{41}\quad r_{51}\quad r_{61}\quad r_{71}\quad r_{81}]_0^{\mathrm{T}} \tag{10.26}$$

在第 2 校正面上加试重 $\boldsymbol{u}_{\mathrm{T2}}$ 后，再次运行转子，测得的振动为

$$\boldsymbol{r}_2=[r_{12}\quad r_{22}\quad r_{32}\quad r_{42}\quad r_{52}\quad r_{62}\quad r_{72}\quad r_{82}]_0^{\mathrm{T}} \tag{10.27}$$

则影响系数矩阵应是

$$\boldsymbol{A}=[\boldsymbol{\alpha}_1\quad \boldsymbol{\alpha}_2] \tag{10.28}$$

其中

$$\boldsymbol{\alpha}_1=(\boldsymbol{r}_1-\boldsymbol{r}_0)/\boldsymbol{u}_{\mathrm{T1}},\qquad \boldsymbol{\alpha}_2=(\boldsymbol{r}_2-\boldsymbol{r}_0)/\boldsymbol{u}_{\mathrm{T2}} \tag{10.29}$$

平衡条件为

$$\boldsymbol{Au}+\boldsymbol{r}_0=\boldsymbol{f} \tag{10.30}$$

其中 $\boldsymbol{u}$ 为平衡校正量，有

$$\boldsymbol{u}=\begin{bmatrix}\boldsymbol{u}_1\\ \boldsymbol{u}_2\end{bmatrix} \tag{10.31}$$

$\boldsymbol{f}$ 为误差向量。因为方程式(10.30)是一矛盾方程组，故存在误差 $\boldsymbol{f}$。

平衡的目标是要求平衡之后，转子的剩余振动最小，即误差向量 $\boldsymbol{f}$ 的模最小。

由方程式(10.30)可求得误差 $\boldsymbol{f}$ 的模为

$$\boldsymbol{f}^{*\mathrm{T}}\boldsymbol{f}=(\boldsymbol{u}^{*\mathrm{T}}\boldsymbol{A}^{*\mathrm{T}}+\boldsymbol{r}_0^{*\mathrm{T}})(\boldsymbol{Au}+\boldsymbol{r}_0)=$$

$$\boldsymbol{u}^{*\mathrm{T}}\boldsymbol{A}^{*\mathrm{T}}\boldsymbol{Au}+\boldsymbol{r}_0^{*\mathrm{T}}\boldsymbol{Au}+\boldsymbol{u}^{*\mathrm{T}}\boldsymbol{A}^{*\mathrm{T}}\boldsymbol{r}_0+\boldsymbol{r}_0^{*\mathrm{T}}\boldsymbol{r}_0 \tag{10.32}$$

对 $\boldsymbol{f}^{*\mathrm{T}}\boldsymbol{f}$ 关于 $\boldsymbol{u}$ 求极值，即 $\partial\dfrac{(\boldsymbol{f}^{*\mathrm{T}}\boldsymbol{f})}{\partial\,\boldsymbol{u}}=0$，可得

$$\boldsymbol{A}^{*\mathrm{T}}\boldsymbol{Au}+\boldsymbol{A}^{*\mathrm{T}}\boldsymbol{r}_0=0 \tag{10.33}$$

由此求得

$$\boldsymbol{u}=-(\boldsymbol{A}^{*\mathrm{T}}\boldsymbol{A})^{-1}\boldsymbol{A}^{*\mathrm{T}}\boldsymbol{r}_0 \tag{10.34}$$

如果将式(10.34)算得的平衡校正量 $\boldsymbol{u}$ 加在转子上后，仍未达到所要求的平衡精度，需重复上述过程，再进行一次平衡。

10.6 影响系数法的改进

10.6.1 带有初始弯曲的转子的动平衡

由第 4 章的讨论可知，带有初始弯曲的不平衡转子的振动包含了两部分：一部分为初始弯曲引起的不平衡量与原始不平衡量叠加之后产生的不平衡响应；另一部分为轴的初始弯曲。轴的初始弯曲不随转速变化。在对转子进行动平衡时，只需对第一部分进行平衡，而保留轴的初始弯曲。当用转子振动位移信号进行动平衡时，应对平衡方程式(10.23)和式(10.34)进行修正，以除掉初始弯曲的影响。

如果在低速运行时，转子的径向跳动量较大，则可判断该转子有初始弯曲。此时，在低转速下用位移传感器采集的振动信号为 $\boldsymbol{B}_1$，$\boldsymbol{B}_2$，则方程式(10.24)将修正为

$$\begin{bmatrix}\boldsymbol{u}_1\\ \boldsymbol{u}_2\end{bmatrix}=-\begin{bmatrix}\boldsymbol{\alpha}_{11} & \boldsymbol{\alpha}_{12}\\ \boldsymbol{\alpha}_{21} & \boldsymbol{\alpha}_{22}\end{bmatrix}\begin{bmatrix}\boldsymbol{A}_{10}-\boldsymbol{B}_1\\ \boldsymbol{A}_{20}-\boldsymbol{B}_2\end{bmatrix} \tag{10.35}$$

方程式(10.34)则修正为

$$\boldsymbol{u}=-(\boldsymbol{A}^{*\mathrm{T}}\boldsymbol{A})^{-1}\boldsymbol{A}^{*\mathrm{T}}\Delta\boldsymbol{r}_0 \tag{10.36}$$

式中 $\Delta\boldsymbol{r}_0=[\underbrace{r_{10}-B_1\ \ r_{20}-B_2}_{\Omega_1};\underbrace{r_{10}-B_1\ \ r_{20}-B_2}_{\Omega_2};\underbrace{r_{10}-B_1\ \ r_{20}-B_2}_{\Omega_3};\underbrace{r_{10}-B_1\ \ r_{20}-B_2}_{\Omega_4}]^{\mathrm{T}}=$

$[r_{10}-B_1\quad r_{20}-B_2\quad r_{30}-B_1\quad r_{40}-B_2\quad r_{50}-B_1\quad r_{60}-B_2\quad r_{70}-B_1\quad r_{80}-B_2]_0^{\mathrm{T}}$

平衡之后，将保留转子的初始弯曲。

10.6.2 保留试重的影响系数法

在实际的现场动平衡操作中，有时采用焊接和铆接等方式加试重，加试重之后不易去掉。在这种情况下，需要对影响系数法进行改进，以实现可保留试重的现场动平衡。

设共选取了 N 个平衡转速 $\Omega_1,\Omega_2,\cdots,\Omega_n,\cdots,\Omega_N$，校正平面有 K 个，其轴向位置分别为 $z_1,z_2,\cdots,z_k,\cdots,z_K$，在转子上选取 M 个测点，其轴向位置为 $z=b_1,b_2,\cdots,b_m,\cdots,b_M$。

采用加试重之后不去掉试重的方式，每次加试重对转子的动力学特性不会产生显著影响，即影响系数不变。但此时，第 $k+1$ 次加试重的振动响应应该去掉第 k 次加试重对振动响应的影响，所得到的才是第 $k+1$ 次加试重后振动响应的变化。

设原始不平衡转子以转速 Ω_n 转动时，测得的 b_m 点的振动为 $\boldsymbol{A}_0(b_m,\Omega_n)$。在 z_1 处的校正平面上加试重 $\boldsymbol{u}_{\mathrm{T1}}$ 后，b_m 点的振动变为 $\boldsymbol{A}_1(b_m,\Omega_n)$，于是，影响系数 $\boldsymbol{\alpha}_{m1}^{(n)}$ 作为在校正平面 z_1 处单位试重引起的效果矢量可由下式求得：

$$\boldsymbol{\alpha}_{m1}^{(n)}=\frac{\boldsymbol{A}_1(b_m,\Omega_n)-\boldsymbol{A}_0(b_m,\Omega_n)}{\boldsymbol{u}_{\mathrm{T1}}} \tag{10.37}$$

每次加试重后，并不去掉试重，在经历第 k 次加试重，即在 z_k 处的校正平面上加试重 $\boldsymbol{u}_{\mathrm{Tk}}$ 后，b_m 点的振动变为 $\boldsymbol{A}(b_m,\Omega_n)$。这时再在 z_{k+1} 处的校正平面上加试重 $\boldsymbol{u}_{\mathrm{T(k+1)}}$ 后，b_m 点的振动

变为 $\boldsymbol{A}_{k+1}(b_m,\Omega_n)$，于是，影响系数 $\boldsymbol{\alpha}_{m(R+1)}^{(n)}$ 作为在校正平面 z_{k+1} 处单位试重引起的效果矢量可由下式求得：

$$\boldsymbol{\alpha}_{m(k+1)}^{(n)}=\frac{\boldsymbol{A}_{k+1}(b_m,\Omega_n)-\boldsymbol{A}_k(b_m,\Omega_n)}{\boldsymbol{u}_{\mathrm{T}(k+1)}},\qquad k=1,2,\cdots,K \tag{10.38}$$

综合式(10.37)和式(10.38)，可得在校正平面 z_k 处的影响系数通式为

$$\boldsymbol{\alpha}_{mk}^{(n)}=\frac{\boldsymbol{A}_k(b_m,\Omega_n)-\boldsymbol{A}_{k-1}(b_m,\Omega_n)}{\boldsymbol{u}_{\mathrm{T}k}},\qquad k=1,2,\cdots,K \tag{10.39}$$

将式(10.39)带入方程式(10.40)，即可利用最小二乘法解得校正质量为

$$\boldsymbol{u}=-(\boldsymbol{\alpha}^{*^{\mathrm{T}}}\boldsymbol{\alpha})^{-1}\boldsymbol{\alpha}^{*^{\mathrm{T}}}\boldsymbol{\Lambda}_K \tag{10.40}$$

式中

$$\boldsymbol{\alpha}=\begin{bmatrix}\boldsymbol{\alpha}_{11}^{(1)} & \boldsymbol{\alpha}_{12}^{(1)} & \cdots & \boldsymbol{\alpha}_{1K}^{(1)}\\ \boldsymbol{\alpha}_{21}^{(1)} & \boldsymbol{\alpha}_{22}^{(1)} & \cdots & \boldsymbol{\alpha}_{2K}^{(1)}\\ \vdots & \vdots & & \vdots\\ \boldsymbol{\alpha}_{M1}^{(1)} & \boldsymbol{\alpha}_{M2}^{(1)} & \cdots & \boldsymbol{\alpha}_{MK}^{(2)}\\ \boldsymbol{\alpha}_{11}^{(2)} & \boldsymbol{\alpha}_{12}^{(2)} & \cdots & \boldsymbol{\alpha}_{1K}^{(2)}\\ \boldsymbol{\alpha}_{21}^{(2)} & \boldsymbol{\alpha}_{22}^{(2)} & \cdots & \boldsymbol{\alpha}_{2K}^{(1)}\\ \vdots & \vdots & & \vdots\\ \boldsymbol{\alpha}_{M1}^{(2)} & \boldsymbol{\alpha}_{M2}^{(2)} & \cdots & \boldsymbol{\alpha}_{MK}^{(2)}\\ \vdots & \vdots & & \vdots\\ \boldsymbol{\alpha}_{M1}^{(N)} & \boldsymbol{\alpha}_{M2}^{(N)} & \cdots & \boldsymbol{\alpha}_{MK}^{(N)}\end{bmatrix} \tag{10.41}$$

$$\boldsymbol{\Lambda}_K=\begin{bmatrix}\boldsymbol{A}_K(b_1,\Omega_1)\\ \boldsymbol{A}_K(b_2,\Omega_1)\\ \vdots\\ \boldsymbol{A}_K(b_M,\Omega_1)\\ \boldsymbol{A}_K(b_1,\Omega_2)\\ \boldsymbol{A}_K(b_2,\Omega_2)\\ \vdots\\ \boldsymbol{A}_K(b_M,\Omega_2)\\ \vdots\\ \boldsymbol{A}_K(b_M,\Omega_N)\end{bmatrix} \tag{10.42}$$

$\boldsymbol{\Lambda}_K$ 是加完最后一个试重 $\boldsymbol{u}_{\mathrm{T}K}$ 后，测得的转子响应列向量。

10.6.3　平衡面相关性问题的处理

在多平面的影响系数法平衡中，平衡面的选择成为影响机组现场动平衡的重要因素之一。常常由于平衡面选择不当，引起平衡面之间线性相关而导致平衡失败。对于动平衡问题而言，线性相关问题是指影响系数矩阵为病态矩阵，该矩阵的某列与其他列存在线性相关性，即某列可以被其他列的线性组合所近似代替。这表明某一平衡面是和其他平衡面线性相关的，是多余的，即可由其他面所代替。此时，最小二乘法结果不稳定，求得的校正质量可能非常大，不符

合实际情况，而且，对测量中产生的误差过于敏感，细微的系统误差有可能导致大幅度波动的计算结果。为此，必须消除多余的平衡面，或重新选择与其他平衡面线性无关的截面作为平衡面。由于事先无法知道平衡面之间是否存在线性相关性，因此只有在通过测量和计算得到影响系数矩阵之后才能进行判断。本节讨论如何判断影响系数矩阵的线性相关性，并给出算法，以消除非独立的平衡面。

线性相关平衡面出现的情况主要有以下几种：

(1)平衡面相隔太近，这些平衡面对转子振动影响相似。相距较近的平衡面上的试重所引起的振动响应近似相同，在影响系数矩阵中将出现相似列，形成线性相关的平衡面。

(2)影响系数偏小造成相关平衡面。这不是完全意义上的平衡面相关。它主要有两种可能：一是试重质量太小，背景噪声和高阶分量的影响使得影响系数发生畸变，造成虚假的平衡面；二是由于所选取的平衡面离测振点距离太远，或是选取的平衡面离振型节点太近，使得影响系数很小。

(3)转子复杂振型的影响。当转子跨越多支承和多阶临界转速时，转子的振型为多阶模态的叠加，其形状为复杂的空间曲线。在轴系高速平衡时，若选取的平衡面较多，容易出现相关平衡面。

(4)平衡转速的影响。柔性转子的振型随着转速的变化而变化，所以平衡面之间的相关性会随着转子转速的不同而发生变化。在某一转速下不相关的平衡面有可能在另一转速下发生相关。

检验平衡面相关性的步骤如下：

先将 $n\times m$ 的影响系数矩阵的列向量按照其范数从大到小重新排列，构成新的影响系数矩阵，$\boldsymbol{\alpha}_1,\boldsymbol{\alpha}_2,\cdots,\boldsymbol{\alpha}_m$ 表示影响系数矩阵的 m 个列向量，其中，$\boldsymbol{\alpha}_1$ 的欧式范数最大。

由 $\boldsymbol{\alpha}_1$ 构造一个基向量，得

$$\boldsymbol{e}_1=\frac{\boldsymbol{\alpha}_1}{\|\boldsymbol{\alpha}_1\|} \tag{10.43}$$

其中 $\|\boldsymbol{\alpha}_1\|$ 为向量的范数，即

$$\|\boldsymbol{\alpha}_1\|=\sqrt{\alpha_{11}^2+\alpha_{21}^2+\cdots+\alpha_{n1}^2} \tag{10.44}$$

则 $\boldsymbol{\alpha}_2$ 与 $\boldsymbol{\alpha}_1$ 的正交部分为

$$\boldsymbol{\beta}_2=\boldsymbol{\alpha}_2-(\bar{\boldsymbol{e}}_1^{\mathrm{T}}\boldsymbol{\alpha}_2)\cdot\boldsymbol{e}_1 \tag{10.45}$$

其中 $\bar{\boldsymbol{e}}_1^{\mathrm{T}}$ 为 $\boldsymbol{e}_1$ 的共轭转置向量。$\boldsymbol{\alpha}_1$ 与 $\boldsymbol{\alpha}_2$ 的正交显著性为

$$s_2=\frac{\|\boldsymbol{\beta}_2\|}{\|\boldsymbol{\alpha}_2\|} \tag{10.46}$$

可选择 s_2 为 $\boldsymbol{\alpha}_1$ 和 $\boldsymbol{\alpha}_2$ 之间线性独立性的度量。

当 $s_2<0.2$ 时，可以认为 $\boldsymbol{\alpha}_1$ 和 $\boldsymbol{\alpha}_2$ 不独立，可将 $\boldsymbol{\alpha}_2$ 消去，再对 $\boldsymbol{\alpha}_3$ 进行判断。

而当 $s_2>0.2$ 时，由 $\boldsymbol{\beta}_2$ 构造一个基向量为

$$\boldsymbol{e}_2=\frac{\boldsymbol{\beta}_2}{\|\boldsymbol{\alpha}_2\|} \tag{10.47}$$

则 $\boldsymbol{\alpha}_3$ 的正交部分为

$$\boldsymbol{\beta}_3=\boldsymbol{\alpha}_3-(\bar{\boldsymbol{e}}_1^{\mathrm{T}}\boldsymbol{\alpha}_3)\cdot\boldsymbol{e}_1-(\bar{\boldsymbol{e}}_2^{\mathrm{T}}\boldsymbol{\alpha}_3)\cdot\boldsymbol{e}_2 \tag{10.48}$$

则 $\boldsymbol{\alpha}_3$ 与 $\boldsymbol{\alpha}_1$ 和 $\boldsymbol{\alpha}_2$ 的正交显著性为

$$s_2 = \frac{\|\boldsymbol{\beta}_3\|}{\|\boldsymbol{\alpha}_3\|} \tag{10.49}$$

当 $s_3<0.2$ 时，可以认为 $\boldsymbol{\alpha}_3$ 与 $\boldsymbol{\alpha}_1$ 和 $\boldsymbol{\alpha}_2$ 不独立，可将 $\boldsymbol{\alpha}_3$ 消去，再对 $\boldsymbol{\alpha}_4$ 进行判断。

而当 $s_3>0.2$ 时，重复上述过程检验 $\boldsymbol{\alpha}_4$。按照上述步骤，一直检验到 $\boldsymbol{\alpha}_m$。

10.6.4　影响系数矩阵的存储和重用

如前文所述，一般情况下，在使用影响系数法实施现场动平衡时，需要将转子运行 $K+1$ 次（K 为平衡校正面数），以确定影响系数矩阵。但这给实际现场动平衡操作带来了很大的困难和麻烦。这也是影响系数法的缺陷之一。对于大型旋转设备，启、停机并非易事。对于柔性转子，启、停机往往要通过临界转速。而此时，转子系统达到共振点，振动会很大。反复启、停机，转子都要通过临界转速，这将给机器带来损害。另外，停机加试重，再启动运行，要花费相当长的时间，有时甚至达到 1～2 h，这给现场动平衡带来困难。基于这样的情况，对于同类机器或同一台机器，应在每次动平衡之后，保留影响系数矩阵，以便下一次重用，可大幅减少启、停机次数。

旋转设备通常在工作转速下稳态运行，在一定的条件下，在一段时间内，转子运行的工况，如转速、负荷、油温、流量和压力等基本不变。这样，转子的结构和性能将在一段时间内基本稳定不变。在这种情况下，转子的影响系数矩阵基本不变。

因此，可以考虑在转子第一次运行或者大修期间，较为准确地测得转子的影响系数矩阵，并将其存贮于计算机中。在对转子进行连续监测时，当发现转子振动异常，并判断为不平衡所致，且必须进行动平衡时，则可现场采集一组振动信号 $\boldsymbol{A}_0(b_1,\Omega),\boldsymbol{A}_0(b_2,\Omega),\cdots,\boldsymbol{A}_0(b_m,\Omega),\cdots,\boldsymbol{A}_0(b_M,\Omega)$，其中 b_m 为各个测点在转子轴向的位置，M 为测点的数目，Ω 为转速。将存储的影响系数矩阵从磁盘中调出，与测得的振动信号一起带入到式(10.34)中，解方程即可求得校正质量 $\boldsymbol{u}_1,\boldsymbol{u}_2,\cdots,\boldsymbol{u}_k,\cdots,\boldsymbol{u}_K$。这样就避免了反复加试重的启、停机过程。但此时务必注意，所选取的测点和平衡面与前次测转子影响系数矩阵时所选取的测点和平衡面一致，否则，计算结果将大相径庭。

需要提及的是，在用影响系数法进行单面动平衡时，在完成上述过程之后，如果转子的振动仍未降低到允许的范围，则加校正质量 $\boldsymbol{u}$ 的过程本身可以看作是一次加试重的过程，可利用加校正质量之后测得的振动信号（记为 $\boldsymbol{A}_1(b_1,\Omega),\boldsymbol{A}_1(b_2,\Omega),\cdots,\boldsymbol{A}_1(b_m,\Omega),\cdots,\boldsymbol{A}_1(b_M,\Omega)$），再一次计算影响系数，即

$$\overline{\boldsymbol{\alpha}}' = \frac{\boldsymbol{A}_1 - \boldsymbol{A}_0}{\boldsymbol{u}} \tag{10.50}$$

可用 $\overline{\boldsymbol{\alpha}}'$ 对转子进行再一次平衡。此时，可观察 $\overline{\boldsymbol{\alpha}}'$ 与存储的影响系数是否相同，如果发现影响系数发生了明显的变化，则说明转子系统的结构发生了变化。

10.6.5　利用平均数据计算影响系数矩阵

仍然将讨论的前提设为转子结构和性能不变。

如果已经对转子进行了一次以上的动平衡，可将原始的振动信号保存在计算机中。将这

些原始数据以动平衡次数进行平均，用平均之后的数据计算影响系数，可消除由于某几次测量中，噪声或者其他因素带来的误差。

10.7 基于试重组的影响系数平衡法

按常规影响系数法，为求出各面的影响系数，需在每个平衡面上分别单独加重，从而求得各平衡面的影响系数。但在现场动平衡过程中，会有一些特殊情况。这些情况包括：

(1)如图 10.5 所示，在动不平衡转子上，两个平衡面上的初始不平衡量 U_a 和 U_b，呈反相分布。可以根据机组的振动数据以及转子的动力学特性，估计出滞后角，尝试在两个平衡面上同时加重，即施加反相重量组 U_a 和 $-U_b$，一次平衡成功。若尝试失败，平衡数据无法再继续利用。

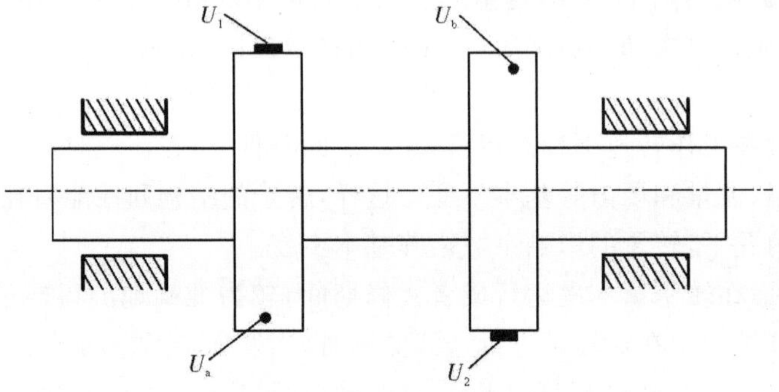

图 10.5　动不平衡转子

(2)加试重位置会影响各阶模态对影响系数的贡献，结合转子的振型，通过试加重量组获得更加理想的影响系数。

为了解决上述情况下转子动平衡问题，在常规影响系数法的基础上，本节建立基于试重组的影响系数法。

10.7.1 基于正交试重组的影响系数法

1. 影响系数矩阵

假设测点数目为 n，平衡校正面数目为 m。转子初始振动为

$$\boldsymbol{A} = [\boldsymbol{A}_{10} \quad \boldsymbol{A}_{20} \quad \cdots \quad \boldsymbol{A}_{n0}]^{\mathrm{T}} \tag{10.51}$$

在 m 个平衡面上加试重组

$$\boldsymbol{U}_{\mathrm{T1}} = [\boldsymbol{u}_{\mathrm{T11}} \quad \boldsymbol{u}_{\mathrm{T21}} \quad \cdots \quad \boldsymbol{u}_{\mathrm{T}m1}]^{\mathrm{T}} \tag{10.52}$$

测得的振动为

$$\boldsymbol{A}_1 = [\boldsymbol{A}_{11} \quad \boldsymbol{A}_{21} \quad \cdots \quad \boldsymbol{A}_{n1}]^{\mathrm{T}} \tag{10.53}$$

于是，试重组 $\boldsymbol{U}_{\mathrm{T1}}$ 产生的振动为

$$\Delta\boldsymbol{A}_1 = \boldsymbol{A}_1 - \boldsymbol{A}_0 = [\boldsymbol{A}_{11} - \boldsymbol{A}_{10} \quad \boldsymbol{A}_{21} - \boldsymbol{A}_{20} \quad \cdots \quad \boldsymbol{A}_{n1} - \boldsymbol{A}_{n0}]^{\mathrm{T}} \tag{10.54}$$

去掉第 1 个试重组，再在 m 个平衡面上加第 2 个试重组

$$\boldsymbol{U}_{\mathrm{T}2}=[\boldsymbol{u}_{\mathrm{T}12}\quad \boldsymbol{u}_{\mathrm{T}22}\quad \cdots\quad \boldsymbol{u}_{\mathrm{T}m2}]^{\mathrm{T}} \tag{10.55}$$

$\boldsymbol{U}_{\mathrm{T}2}$必须与$\boldsymbol{U}_{\mathrm{T}1}$正交，即

$$\boldsymbol{U}_{\mathrm{T}2}^{*\mathrm{T}}\boldsymbol{U}_{\mathrm{T}1}=0 \tag{10.56}$$

式中：$\boldsymbol{U}_{\mathrm{T}2}^{*\mathrm{T}}$为$\boldsymbol{U}_{\mathrm{T}2}$的共轭转置。但是

$$\boldsymbol{U}_{\mathrm{T}2}^{*\mathrm{T}}\boldsymbol{U}_{\mathrm{T}2}\neq 0 \tag{10.57}$$

$\boldsymbol{U}_{\mathrm{T}m}$产生的振动为

$$\Delta\boldsymbol{A}_2=\boldsymbol{A}_2-\boldsymbol{A}_0=[\boldsymbol{A}_{12}-\boldsymbol{A}_{10}\quad \boldsymbol{A}_{22}-\boldsymbol{A}_{20}\quad \cdots\quad \boldsymbol{A}_{n2}-\boldsymbol{A}_{n0}]^{\mathrm{T}} \tag{10.58}$$

共加 m 个试重组。第 m 个试重组$\boldsymbol{U}_{\mathrm{T}m}$必须满足以下正交条件，即

$$\boldsymbol{U}_{\mathrm{T}m}^{*\mathrm{T}}\boldsymbol{U}_{\mathrm{T}1}=0 \tag{10.59}$$

$$\boldsymbol{U}_{\mathrm{T}m}^{*\mathrm{T}}\boldsymbol{U}_{\mathrm{T}2}=0 \tag{10.60}$$

……

$$\boldsymbol{U}_{\mathrm{T}m}^{*\mathrm{T}}\boldsymbol{U}_{\mathrm{T}m-1}=0 \tag{10.61}$$

$$\boldsymbol{U}_{\mathrm{T}m}^{*\mathrm{T}}\boldsymbol{U}_{\mathrm{T}m}\neq 0 \tag{10.62}$$

$\boldsymbol{U}_{\mathrm{T}m}$所产生的振动为

$$\Delta\boldsymbol{A}_m=\boldsymbol{A}_m-\boldsymbol{A}_0=[\boldsymbol{A}_{1m}-\boldsymbol{A}_{10}\quad \boldsymbol{A}_{2m}-\boldsymbol{A}_{20}\quad \cdots\quad \boldsymbol{A}_{nm}-\boldsymbol{A}_{n0}]^{\mathrm{T}} \tag{10.63}$$

假设转子的影响系数矩阵为

$$[\alpha]=\begin{bmatrix}\alpha_{11} & \alpha_{12} & \cdots & \alpha_{1m}\\ \alpha_{21} & \alpha_{12} & \cdots & \alpha_{1m}\\ \vdots & \vdots & & \vdots\\ \alpha_{n1} & \alpha_{n2} & \cdots & \alpha_{nm}\end{bmatrix} \tag{10.64}$$

则可得到

$$[\alpha]\boldsymbol{U}_{\mathrm{T}1}=\Delta\boldsymbol{A}_1 \tag{10.65}$$

$$[\alpha]\boldsymbol{U}_{\mathrm{T}2}=\Delta\boldsymbol{A}_2 \tag{10.66}$$

……

$$[\alpha]\boldsymbol{U}_{\mathrm{T}m}=\Delta\boldsymbol{A}_m \tag{10.67}$$

写成矩阵形式，则有

$$[\alpha][U_{\mathrm{T}}]=[\Delta A] \tag{10.68}$$

式中

$$[U_{\mathrm{T}}]=[\boldsymbol{U}_{\mathrm{T}1}\quad \boldsymbol{U}_{\mathrm{T}2}\quad \cdots\quad \boldsymbol{U}_{\mathrm{T}m}] \tag{10.69}$$

$$[\Delta A]=[\Delta\boldsymbol{A}_1\quad \Delta\boldsymbol{A}_2\quad \cdots\Delta\boldsymbol{A}_m] \tag{10.70}$$

由于$[U_{\mathrm{T}}]$为正交矩阵，因此

$$\boldsymbol{U}_{\mathrm{T}}^{*\mathrm{T}}\boldsymbol{U}_{\mathrm{T}}=\begin{bmatrix}\lambda_1 & 0 & \cdots & 0\\ 0 & \lambda_2 & \cdots & 0\\ \vdots & \vdots & & \vdots\\ 0 & 0 & \cdots & \lambda_m\end{bmatrix} \tag{10.71}$$

式(10.71)为对角阵，其中

$$\lambda_i=\boldsymbol{U}_{\mathrm{T}i}^{*\mathrm{T}}\boldsymbol{U}_{\mathrm{T}i},i=1,2,\cdots,m \tag{10.72}$$

不妨把试重组归一化，即

$$\boldsymbol{u}_{\mathrm{T}i}=\frac{\boldsymbol{U}_{\mathrm{T}i}}{\sqrt{\lambda_i}},i=1,2,\cdots,m \tag{10.73}$$

写成矩阵形式，则有

$$[U_{\mathrm{T}}]=[\boldsymbol{U}_{\mathrm{T1}}\quad \boldsymbol{U}_{\mathrm{T2}}\quad \cdots\quad \boldsymbol{U}_{\mathrm{T}m}]=[u_{\mathrm{T}}][\sqrt{\lambda_i}] \tag{10.74}$$

式中

$$[u_{\mathrm{T}}]=[\boldsymbol{u}_{\mathrm{T1}}\quad \boldsymbol{u}_{\mathrm{T2}}\quad \cdots\quad \boldsymbol{u}_{\mathrm{T}m}] \tag{10.75}$$

并且

$$[u_{\mathrm{T}}]^{*\mathrm{T}}[u_{\mathrm{T}}]=[u_{\mathrm{T}}][u_{\mathrm{T}}]^{*\mathrm{T}}=[I] \tag{10.76}$$

$$[\sqrt{\lambda_i}]=\begin{bmatrix}\sqrt{\lambda_1} & 0 & \cdots & 0\\ 0 & \sqrt{\lambda_2} & \cdots & 0\\ \vdots & \vdots & & \vdots\\ 0 & 0 & \cdots & \sqrt{\lambda_m}\end{bmatrix} \tag{10.77}$$

带入式(10.68)，则有

$$[\alpha][U_{\mathrm{T}}]=[\alpha][u_{\mathrm{T}}][\sqrt{\lambda_i}]=[\Delta A] \tag{10.78}$$

方程两边顺序右乘以$[\sqrt{\lambda_i}]^{-1}$和$[u_{\mathrm{T}}]^{*\mathrm{T}}$，就得到影响系数矩阵

$$[\alpha]=[\Delta A][\sqrt{\lambda_i}]^{-1}[u_{\mathrm{T}}]^{*\mathrm{T}} \tag{10.79}$$

2. 平衡校正量

平衡方程为

$$[\alpha]\boldsymbol{U}=-\boldsymbol{A}_0 \tag{10.80}$$

利用最小二乘法得到平衡校正量为

$$\boldsymbol{U}=-([\alpha]^{*\mathrm{T}}[\alpha])^{-1}[\alpha]^{*\mathrm{T}}\boldsymbol{A}_0 \tag{10.81}$$

事实上，不必先计算出影响系数矩阵$[\alpha]$，然后再解方程式(10.81)。

由方程式(10.79)得

$$[\alpha]^{*\mathrm{T}}=[u_{\mathrm{T}}][\sqrt{\lambda_i}]^{-1}[\Delta A]^{*\mathrm{T}} \tag{10.82}$$

于是

$$[\alpha]^{*\mathrm{T}}[\alpha]=[u_{\mathrm{T}}][\sqrt{\lambda_i}]^{-1}[\Delta A]^{*\mathrm{T}}[\Delta A][\sqrt{\lambda_i}]^{-1}[u_{\mathrm{T}}]^{*\mathrm{T}} \tag{10.83}$$

$$([\alpha]^{*\mathrm{T}}[\alpha])^{-1}=([u_{\mathrm{T}}]^{*\mathrm{T}})^{-1}[\sqrt{\lambda_i}]([\Delta A]^{*\mathrm{T}}[\Delta A])^{-1}[\sqrt{\lambda_i}][u_{\mathrm{T}}]^{-1} \tag{10.84}$$

而

$$([\alpha]^{*\mathrm{T}}[\alpha])^{-1}[\alpha]^{*\mathrm{T}}=([u_{\mathrm{T}}]^{*\mathrm{T}})^{-1}[\sqrt{\lambda_i}]([\Delta A]^{*\mathrm{T}}[\Delta A])^{-1}[\Delta A]^{*\mathrm{T}} \tag{10.85}$$

代入式(10.81)，最后得

$$\boldsymbol{U}=-([\alpha]^{*\mathrm{T}}[\alpha])^{-1}[\alpha]^{*\mathrm{T}}\boldsymbol{A}_0=-([u_{\mathrm{T}}]^{*\mathrm{T}})^{-1}[\sqrt{\lambda_i}]([\Delta A]^{*\mathrm{T}}[\Delta A])^{-1}[\Delta A]^{*\mathrm{T}}\boldsymbol{A}_0 \tag{10.86}$$

代入式(10.76)的正交条件，式(10.86)变为

$$\boldsymbol{U}=-([\alpha]^{*\mathrm{T}}[\alpha])^{-1}[\alpha]^{*\mathrm{T}}\boldsymbol{A}_0=-[u_{\mathrm{T}}][\sqrt{\lambda_i}]([\Delta A]^{*\mathrm{T}}[\Delta A])^{-1}[\Delta A]^{*\mathrm{T}}\boldsymbol{A}_0 \tag{10.87}$$

由于试重组矩阵$[U_T]$或$[u_T]^T$是正交矩阵，因此，只需检验试重效果矢量$\Delta \boldsymbol{A}_1, \Delta \boldsymbol{A}_2, \cdots, \Delta \boldsymbol{A}_m$之间的线性相关性，就可检验平衡面的线性相关性。检验的方法和判定准则与第 10.6.3 节相同。

3. 正交试重组的确定

第 1 个试重组可根据经验施加。原则是，尽量保证施加试重组后，转子振动不会超过允许值。

不妨以 3 面平衡为例来说明正交试重组的确定。

假设第 1 个试重组为

$$\boldsymbol{U}_{T1} = [\boldsymbol{u}_{T11} \quad \boldsymbol{u}_{T21} \quad \boldsymbol{u}_{T31}]^T \tag{10.88}$$

第 2 个试重组为

$$\boldsymbol{U}_{T2} = [\boldsymbol{u}_{T12} \quad \boldsymbol{u}_{T22} \quad \boldsymbol{u}_{T32}]^T \tag{10.89}$$

须满足

$$\boldsymbol{U}_{T2}^{*T} \boldsymbol{U}_{T1} = 0 \tag{10.90}$$

或

$$\boldsymbol{u}_{T11} \boldsymbol{u}_{T12}^* + \boldsymbol{u}_{T21} \boldsymbol{u}_{T22}^* + \boldsymbol{u}_{T31} \boldsymbol{u}_{T32}^* = 0 \tag{10.91}$$

从式(10.91)无法解出第 2 个试重组的全部分量。实际中，可以选择

$$\boldsymbol{u}_{T12} = \boldsymbol{u}_{T11} \tag{10.92}$$

$$\boldsymbol{u}_{T22} = \boldsymbol{u}_{T21} \tag{10.93}$$

于是，由式(10.91)解出$\boldsymbol{u}_{T32}$，即

$$\boldsymbol{u}_{T32} = (|\boldsymbol{u}_{T11}|^2 + |\boldsymbol{u}_{T21}|^2)/\boldsymbol{u}_{T31}^* \tag{10.94}$$

第 3 个试重组$\boldsymbol{U}_{T3}$应满足

$$\boldsymbol{U}_{T3}^{*T} \boldsymbol{U}_{T1} = 0 \tag{10.95}$$

$$\boldsymbol{U}_{T3}^{*T} \boldsymbol{U}_{T2} = 0 \tag{10.96}$$

由此得到两个方程为

$$\boldsymbol{u}_{T11} \boldsymbol{u}_{T13}^* + \boldsymbol{u}_{T21} \boldsymbol{u}_{T23}^* + \boldsymbol{u}_{T31} \boldsymbol{u}_{T33}^* = 0 \tag{10.97}$$

$$\boldsymbol{u}_{T12} \boldsymbol{u}_{T13}^* + \boldsymbol{u}_{T22} \boldsymbol{u}_{T23}^* + \boldsymbol{u}_{T32} \boldsymbol{u}_{T33}^* = 0 \tag{10.98}$$

可取$\boldsymbol{u}_{T13} = \boldsymbol{u}_{T11}$，则由式(10.97)和式(10.98)就可解得$\boldsymbol{u}_{T23}$和$\boldsymbol{u}_{T33}$。

10.7.2　基于试重组的影响系数平衡法

上节所述基于正交试重组的影响系数法要求试重组必须正交。若只能在转子平衡面的固定方位上施加试重，则可能因无法在计算所得的方位上施加试重，导致平衡无法进行。因此，需要针对任意试重组，建立影响系数平衡法。此时，拟采用奇异值分解的方法求解影响系数，要求每次加试重矢量间不相关。

设在动平衡实验中，共有 K 个平衡面，共进行了 H 次试加重运行。对于多平面同时加试重的情况，需足够次数的加试重运行方可进行平衡计算。也就是说，对于具有 K 个平衡面的平衡问题，试重运行次数不小于平衡面数 K。

1. 数据组织

(1)响应矩阵。$\boldsymbol{A}_h$ 为第 h 次加重后 M 个测点的振动量所组成的振动向量，有

$$\boldsymbol{A}_h=[\boldsymbol{A}_{1h},\boldsymbol{A}_{2h},\cdots,\boldsymbol{A}_{Mh}]^{\mathrm{T}} \tag{10.99}$$

则由振动向量所组成的响应矩阵 $\boldsymbol{A}_{M\times H}$ 为

$$\boldsymbol{A}_{M\times H}=[\boldsymbol{A}_0,\boldsymbol{A}_1,\cdots,\boldsymbol{A}_H] \tag{10.100}$$

式中：$\boldsymbol{A}_0$ 为未加试重时的初始振动向量。

(2)试重矩阵。$\boldsymbol{U}_{Th}$ 为第 h 次加重时 K 个平衡面的试重量所组成的试重向量，有

$$\boldsymbol{U}_{Th}=[\boldsymbol{u}_{\mathrm{T}1h},\boldsymbol{u}_{\mathrm{T}2h},\cdots,\boldsymbol{u}_{\mathrm{T}Kh}]^{\mathrm{T}} \tag{10.101}$$

则由试重向量所组成的试重矩阵$[U_{\mathrm{T}}]_{M\times H}$为

$$[U_{\mathrm{T}}]_{M\times H}=[\boldsymbol{U}_{\mathrm{T}1},\boldsymbol{U}_{\mathrm{T}2},\cdots,\boldsymbol{U}_{\mathrm{T}H}] \tag{10.102}$$

(3)影响系数矩阵。M 个测点，K 个加重面组成的影响系数矩阵$[\alpha]_{M\times K}$为

$$[\alpha]_{M\times K}=\begin{bmatrix}\alpha_{11} & \alpha_{12} & \cdots & \alpha_{1K}\\ \alpha_{21} & \alpha_{22} & \cdots & \alpha_{2K}\\ \vdots & \vdots & & \vdots\\ \alpha_{M1} & \alpha_{M2} & \cdots & \alpha_{MK}\end{bmatrix} \tag{10.103}$$

2. 影响系数求解

(1)计算振动变化量矩阵。$\Delta\boldsymbol{A}_h$ 为第 h 次加重在 M 个测点所引起的振动变化量组成的向量，则由振动变化向量所组成的振动变化量矩阵$[\Delta A]_{M\times H}$为

$$[\Delta A]_{M\times H}=[\Delta\boldsymbol{A}_1,\Delta\boldsymbol{A}_2,\cdots,\Delta\boldsymbol{A}_H] \tag{10.104}$$

式中

$$\Delta\boldsymbol{A}_h=\boldsymbol{A}_h-\boldsymbol{A}_0,1\leqslant h\leqslant H \tag{10.105}$$

(2)计算影响系数矩阵。在平衡实验中，认为加试重响应与加试重呈线性关系，故有矩阵方程

$$[\alpha]_{M\times H}[U_{\mathrm{T}}]_{K\times H}=[\Delta A]_{M\times H} \tag{10.106}$$

只要每次加试重矢量间不相关，就可求出可靠的影响系数矩阵。对试重矩阵进行奇异值分解后得到

$$[U_{\mathrm{T}}]_{K\times H}=[W]_{K\times K}[S]_{K\times H}[V]_{H\times H}^{*\mathrm{T}} \tag{10.107}$$

式中：$[W]$和$[V]$均为单位正交阵；$\boldsymbol{S}=\begin{bmatrix}\boldsymbol{\Sigma} & \boldsymbol{O}\\ \boldsymbol{O} & \boldsymbol{O}\end{bmatrix}$，$[\boldsymbol{\Sigma}]=\mathrm{diag}(\sigma_1,\sigma_2,\cdots,\sigma_r)$，而 $\sigma_i(i=1,2,\cdots,r)$ 为矩阵$[U_{\mathrm{T}}]$的全部非零奇异值。

$\boldsymbol{U}_{\mathrm{T}}$ 的广义逆矩阵为

$$[U_{\mathrm{T}}]_{H\times K}^{+}=[V]_{H\times H}\begin{bmatrix}\boldsymbol{\Sigma}^{-1} & \boldsymbol{O}\\ \boldsymbol{O} & \boldsymbol{O}\end{bmatrix}_{H\times K}[W]_{K\times K}^{*T} \tag{10.108}$$

$$[\alpha]_{M\times K}=[\Delta A]_{M\times H}[U_T]_{H\times K}^{-1} \tag{10.109}$$

将式(10.108)代入式(10.109)，得到影响系数矩阵

$$[\alpha]_{M\times K}=[\Delta A]_{M\times H}[V]_{H\times H}\begin{bmatrix}\boldsymbol{\Sigma}^{-1} & \boldsymbol{O}\\ \boldsymbol{O} & \boldsymbol{O}\end{bmatrix}_{H\times K}[W]_{K\times K}^{*T} \tag{10.110}$$

3. 计算校正质量

由响应与不平衡之间的线性关系,得到平衡方程

$$\boldsymbol{\alpha}\boldsymbol{U}=-\boldsymbol{A}_0 \tag{10.111}$$

式中:$\boldsymbol{U}$ 为校正质量;$\boldsymbol{A}_0$ 为初始振动向量。

平衡方程式(10.111)的意义为,求出使转子在 M 个测点的振动量均为零的校正质量。但人们希望采用尽量小的校正质量达到平衡精度要求。因此,使用 Goodman 提出的最小二乘法求解平衡方程式(10.111),即求一组校正质量,使得转子的残余振动最小。通过奇异值分解的方法,求解影响系数矩阵的广义逆矩阵 $\boldsymbol{\alpha}^{+}$,可得到平衡方程式(10.111)的最小二乘解为

$$\boldsymbol{U}=(\boldsymbol{\alpha}^{*\mathrm{T}}\boldsymbol{\alpha})^{-1}\boldsymbol{\alpha}^{*\mathrm{T}}\boldsymbol{A}_0 \tag{10.112}$$

4. 对试重组的要求

如上所述,基于正交试重组的影响系数法要求每次所加的试重组两两正交,而基于试重组的影响系数法则只要求每次加试重矢量间不相关。下面以双平衡面为例对比两种方法对试重组的要求。

如图 10.6 所示的转子,假设测点 2 的振动值大于测点 1 的振动值,且二者反相。此时可以根据经验和转子动力学特性,估计出滞后角。在平衡面 Ⅰ 和 Ⅱ 上分别施加重量组 $\boldsymbol{U}_{\mathrm{T}}=\begin{bmatrix}\boldsymbol{u}_{\mathrm{T1}}\\ \boldsymbol{u}_{\mathrm{T2}}\end{bmatrix}=\begin{bmatrix}1\\ -2\end{bmatrix}$(负号表示反相施加重量)。若未得到满意的平衡效果,则可将 $\boldsymbol{U}_{\mathrm{T}}$ 作为第一次试重组 $\boldsymbol{U}_{\mathrm{T1}}$,即 $\boldsymbol{U}_{\mathrm{T1}}=\boldsymbol{U}_{\mathrm{T}}$。

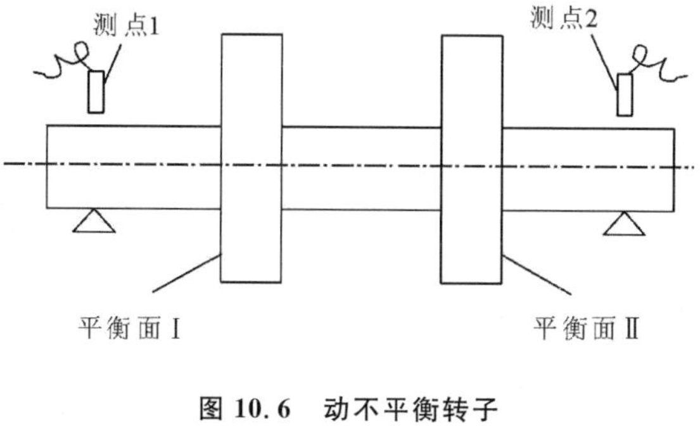

图 10.6　动不平衡转子

当使用基于正交试重组的影响系数法时,要求第二次试重组 $\boldsymbol{U}_{\mathrm{T2}}$ 与 $\boldsymbol{U}_{\mathrm{T1}}$ 正交。即 $\boldsymbol{U}_{\mathrm{T2}}$ 中的两个试重必须同相,例如 $\boldsymbol{U}_{\mathrm{T2}}=\begin{bmatrix}2\\ 1\end{bmatrix}$,那么势必导致一个测点处的振动加剧。若使用基于试重组的影响系数法,则 $\boldsymbol{U}_{\mathrm{T2}}$ 无须与 $\boldsymbol{U}_{\mathrm{T1}}$ 正交。可以根据振动量、转子动力学特性和经验,继续施加反相试重组。

10.7.3 基于正交试重组的影响系数法和基于试重组的影响系数法的关系

本节分析基于正交试重组的影响系数法和基于试重组的影响系数法间的关系。对转子施加正交试重组$[U_{\mathrm{T}}]_{K\times K}$(加试重次数 $H=K$),使用基于试重组的影响系数法平衡转子,则有矩阵方程

$$[\alpha]_{M\times K}[U_{\mathrm{T}}]_{K\times K}=[\Delta A]_{M\times K} \tag{10.113}$$

进而有试重组矩阵$[U_{\mathrm{T}}]_{K\times K}$的奇异值分解为

$$[U_{\mathrm{T}}]_{K\times K}=[W]_{K\times K}[S]_{K\times K}[V]_{K\times K}^{*\mathrm{T}} \tag{10.114}$$

式中:$S=\mathrm{diag}(\sigma_1,\sigma_2,\cdots,\sigma_k)$,$\sigma_i(i=1,2,\cdots,K)$为$[U_{\mathrm{T}}]$的奇异值;$[W]_{K\times K}$和$[V]_{K\times K}^{*\mathrm{T}}$是单位正交矩阵。

将式(10.114)代入式(10.113),可得影响系数矩阵

$$[\alpha]=[\Delta A][V][S]^{-1}[W]^{*\mathrm{T}} \tag{10.115}$$

1. 求试重组矩阵$[\boldsymbol{U}_{\mathrm{T}}]$的奇异值

由式(10.71)可知,$[U_{\mathrm{T}}]^{*\mathrm{T}}[U_{\mathrm{T}}]$的特征值为 $\lambda_i(i=1,2,\cdots,K)$。$[U_{\mathrm{T}}]$的奇异值为 $\sigma_i=\sqrt{\lambda_i}(i=1,2,\cdots,K)$,故有

$$\boldsymbol{S}=\mathrm{diag}(\sqrt{\lambda_1},\sqrt{\lambda_2},\cdots,\sqrt{\lambda_K}) \tag{10.116}$$

2. 求$[\boldsymbol{W}]$

由式(10.114)得

$$[U_{\mathrm{T}}][U_{\mathrm{T}}]^{*\mathrm{T}}=[W][S]^2[W]^{*\mathrm{T}}=[W]\begin{bmatrix}\lambda_1 & 0 & \cdots & 0\\ 0 & \lambda_2 & \cdots & 0\\ \vdots & \vdots & & \vdots\\ 0 & 0 & \cdots & \lambda_K\end{bmatrix}[W]^{*\mathrm{T}} \tag{10.117}$$

由式(10.74)得

$$[U_{\mathrm{T}}][U_{\mathrm{T}}]^{*\mathrm{T}}=[u_{\mathrm{T}}][\sqrt{\lambda_i}][\sqrt{\lambda_i}][u_{\mathrm{T}}]^{*\mathrm{T}}=[u_{\mathrm{T}}][\lambda_i][u_{\mathrm{T}}]^{*\mathrm{T}} \tag{10.118}$$

联立式(10.117)和式(10.118),可得

$$[W]=[u_{\mathrm{T}}] \tag{10.119}$$

3. 求$[\boldsymbol{V}]$

由式(10.114)得

$$[U_{\mathrm{T}}]^{*T}[U_{\mathrm{T}}]=[V][S]^2[V]^{*\mathrm{T}}=[V]\begin{bmatrix}\lambda_1 & 0 & \cdots & 0\\ 0 & \lambda_2 & \cdots & 0\\ \vdots & \vdots & & \vdots\\ 0 & 0 & \cdots & \lambda_K\end{bmatrix}[V]^{*\mathrm{T}} \tag{10.120}$$

由式(10.74)得

$$[U_{\mathrm{T}}]^{*\mathrm{T}}[U_{\mathrm{T}}]=[\sqrt{\lambda_i}][u_{\mathrm{T}}]^{*\mathrm{T}}[u_{\mathrm{T}}][\sqrt{\lambda_i}]=[\lambda_i] \tag{10.121}$$

联立式(10.120)和式(10.121),可得

$$[V]=\boldsymbol{I} \tag{10.122}$$

式中:$\boldsymbol{I}$ 为单位矩阵。

将式(10.116)、式(10.119)和式(10.122)代入式(10.115),可得影响系数矩阵为

$$[\alpha]=[\Delta A][\sqrt{\lambda_i}]^{-1}[u_{\mathrm{T}}]^{*\mathrm{T}} \tag{10.123}$$

式(10.123)与式(10.79)一致。由此可见,使用 10.7.2 节基于试重组的影响系数法时,若施加正交试重组,则算法蜕化为基于正交试重组的影响系数法。换言之,基于正交试重组的影响系数法是基于试重组的影响系数法的一个特例。后者放宽了算法对试重组的要求。

第 11 章　航空发动机高压转子的结构动力学设计方法

航空发动机的高压转子由高压压气机、高压涡轮和支承系统构成。一般情况下，将转子设计成刚性转子，而支承带有弹性，且在前支点配置弹支和挤压油膜阻尼器，如图 11.1 所示的 GE90 和 GEnx 发动机就采用了这种设计方案。

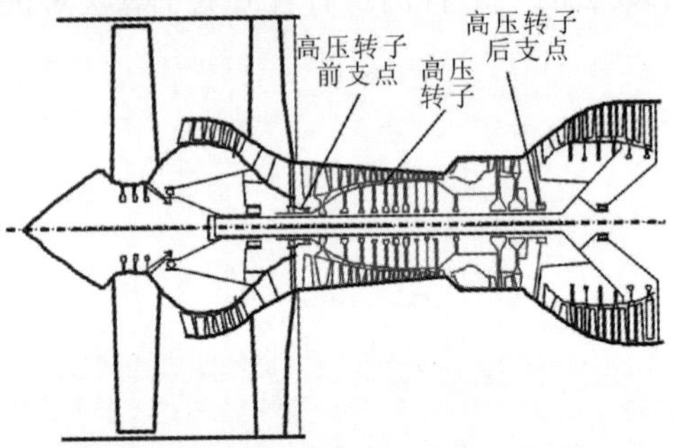

图 11.1　GE90 发动机结构简图

在设计高压转子时，需要确定转子的模态，但往往仅关注转子临界转速的配置，即要求一阶临界转速（平动模态）在发动机慢车转正以下，而二阶临界转速（俯仰模态）则在工作转速范围之内。发动机每次运行，都将通过临界转速。因此，需在支承处设计挤压油膜阻尼器，以减小转子通过临界转速时的振动。挤压油膜阻尼器一般配置在高压转子的前支点处。但阻尼器的阻尼效果将受到转子设计参数的影响。

转子的结构动力学设计是高压转子设计的关键。设计的目标是在发动机整个工作转速范围内，保证转子振动水平不超过限制值。设计时要解决的主要问题：

（1）如何建立动力学模型，以便优化设计和积累设计经验；

（2）如何设计转子结构，包括弹性支承，以达到“转速裕度”要求，即“避开共振”的要求；

（3）如何优化转子的参数，即如何优化转子的模态，才能更有效地发挥挤压油膜阻尼器的减振作用；

（4）如何优化转子的参数、制定平衡工艺，以降低转子对不平衡量变化的敏感度。

为此，本章建立高压转子的动力学模型，考虑转子设计的所有参数，理论上建立转子两阶临界转速的上界估计方法，提出高压转子结构动力学设计的基本准则。该准则包含转子设计的所有参数，并以无量纲化的组合形式表达，可对高压转子的设计提供明确的指导。

11.1　高压转子的动力学模型及振动模态

设计时可将高压转子简化为如图 11.2 所示的模型。刚性转子支承在两个弹性支座上。

转子质量为 M，极转动惯量为 I_p，重心距前支点的距离为 a，绕重心的转动惯量为 I，阻尼器设置在前支点处，阻尼系数为 d，两个弹性支承的刚度分别为 S_{b1} 和 S_{b2}，两支点间的距离为 L。

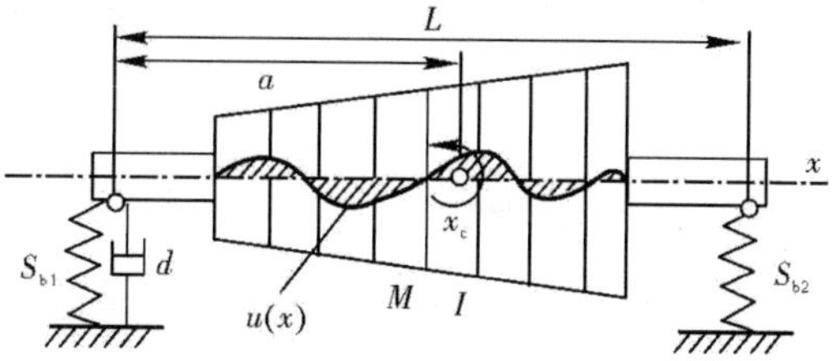

图 11.2　高压转子的动力学模型

设转子质心的位置为 x_c，挠度为 r，倾角为 θ，长度 $b=L-a$。考虑陀螺力矩时，转子自由振动微分方程为

$$\begin{bmatrix} M & 0 \\ 0 & I \end{bmatrix}\begin{bmatrix} \ddot{r} \\ \ddot{\theta} \end{bmatrix}+\begin{bmatrix} 0 & 0 \\ 0 & -\mathrm{j}I_p\Omega \end{bmatrix}\begin{bmatrix} \dot{r} \\ \dot{\theta} \end{bmatrix}+\begin{bmatrix} S_{b1}+S_{b2} & \mathrm{j}(aS_{b1}-bS_{b2}) \\ -\mathrm{j}(aS_{b1}-bS_{b2}) & (a^2S_{b1}+b^2S_{b2}) \end{bmatrix}\begin{bmatrix} r \\ \theta \end{bmatrix}=\begin{bmatrix} 0 \\ 0 \end{bmatrix} \tag{11.1}$$

在分析转子模态时，可暂不考虑阻尼。设方程的解为

$$\begin{bmatrix} r \\ \theta \end{bmatrix}=\begin{bmatrix} r_0 \\ \theta_0 \end{bmatrix}\mathrm{e}^{\mathrm{j}\omega t} \tag{11.2}$$

代入方程式(11.1)后，得到

$$\begin{bmatrix} S_{b1}+S_{b2}-M\omega^2 & \mathrm{j}(aS_{b1}-bS_{b2}) \\ -\mathrm{j}(aS_{b1}-bS_{b2}) & a^2S_{b1}+b^2S_{b2}+I_p\omega\Omega-I\omega^2 \end{bmatrix}\begin{bmatrix} r_0 \\ \theta_0 \end{bmatrix}=0 \tag{11.3}$$

由此得到特征方程为

$$(a^2S_{b1}+b^2S_{b2}+I_p\omega\Omega-I\omega^2)(S_{b1}+S_{b2}-M\omega^2)-(aS_{b1}-bS_{b2})^2=0 \tag{11.4}$$

或

$$\begin{aligned} &MI\omega^4-MI_p\Omega\omega^3-[M(a^2S_{b1}+b^2S_{b2})+(S_{b1}+S_{b2})I]\omega^2+ \\ &I_p(S_{b1}+S_{b2})\Omega\omega+L^2S_{b1}S_{b2}=0 \end{aligned} \tag{11.5}$$

引入以下无量纲参数：

$\dfrac{a}{L}$——转子相对重心位置；

$\dfrac{I}{ML^2}$——转子相对转动惯量；

$\bar{\omega}=\sqrt{\dfrac{S_{b1}+S_{b2}}{M}}$——转子当量临界转速；

$\dfrac{S_{b1}}{S_{b2}}$——转子刚度比；

$\lambda=\dfrac{\omega}{\bar{\omega}}$——转子相对临界转速。

则特征方程变为

$$\lambda^4-\frac{I_p}{I}\frac{\Omega}{\bar{\omega}}\lambda^3-\left[\frac{\left(\dfrac{a}{L}\right)^2\left(1+\dfrac{S_{b1}}{S_{b2}}\right)+\left(1-\dfrac{2a}{L}\right)}{\left(1+\dfrac{S_{b1}}{S_{b2}}\right)\dfrac{I}{ML^2}}+1\right]\lambda^2+\frac{I_p}{I}\frac{\Omega}{\bar{\omega}}\lambda+\frac{S_{b1}/S_{b2}}{\left(1+\dfrac{S_{b1}}{S_{b2}}\right)^2\dfrac{I}{ML^2}}=0 \tag{11.6}$$

由此可解得转子的临界转速。

转子的振型为

$$r_{0i}=-\mathrm{j}\,\frac{aS_{b1}-bS_{b2}}{S_{b1}+S_{b2}-M\omega^2}\theta_{0i}=-\mathrm{j}\,\frac{L\left[\dfrac{a}{L}-\dfrac{1}{1+\dfrac{S_{b1}}{S_{b2}}}\right]}{1-\lambda^2}\theta_{0i}$$
$$(i=1,2,\text{振型阶数}) \tag{11.7}$$

图 11.3 所示为转子的前两阶振型。

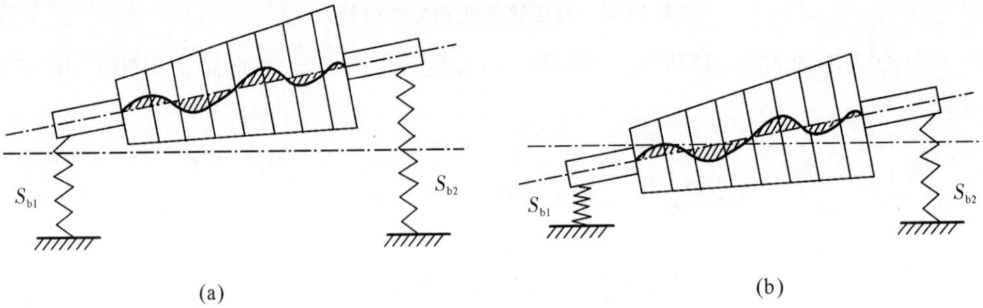

图 11.3 转子的前两阶振型

(a)一阶振型;(b)二阶振型

由式(11.6)和式(11.7)可见,转子的模态取决于$\frac{a}{L}$,$\frac{I}{ML^2}$,$\frac{I_p}{I}$,$\bar{\omega}^2=\frac{S_{b1}+S_{b2}}{M}$和$\frac{S_{b1}}{S_{b2}}$共 5 个无量纲参数。在气动设计完成后,转子质量 M 和长度 L 可能是确定的。$\frac{a}{L}$为转子质心的相对轴向位置,ML^2 是转子可能的最大转动惯量。由于 $I_e=I(1-\frac{I_p}{I}\frac{\Omega}{\omega})$,故转子的模态与极转动惯量和质心转动惯量之比$\frac{I_p}{I}$、转速比$\frac{\Omega}{\omega}$相关。$\frac{S_{b1}}{S_{b2}}$为前后两个支承的刚度比,$\sqrt{\frac{S_{b1}+S_{b2}}{M}}=\bar{\omega}$定义为转子的当量临界转速。在设计转子时,恰当地选取这些设计参数,就可满足特定的结构动力学设计要求。

选定上述的设计参数,就可由式(11.6)解出转子的临界转速。图 11.4 所示为$\frac{S_{b1}}{S_{b2}}=\frac{1}{2}$;$a/L=\frac{1}{2}$;$\frac{I}{ML^2}=\frac{1}{6}$;$I_p/I=\frac{1}{2}$,1,2 时,转子的临界转速与转子工作转速之间的关系。图中转子转速为相对转速$\frac{\Omega}{\bar{\omega}}$。

由图 11.4 可见,在任何情况下,一阶临界转速 $\omega_1<\bar{\omega}$,且随转速增大趋近于 $\bar{\omega}$。随着$\frac{I_p}{I}$增大,转子的陀螺力矩对二阶临界转速的影响增大。当$\frac{I_p}{I}\geqslant1$ 时,转速频率激振力不会激起二阶临界转速共振。当$\frac{I_p}{I}=1$ 时,转子越过一阶临界转速之后,转速增加,二阶临界转速也增加,转速可能会始终处在二阶临界转速的邻域,但始终无法越过二阶临界转速,转子的振动会居高不下。因此,在高压转子设计中,应尽量避免$\frac{I_p}{I}=1$ 的情况。

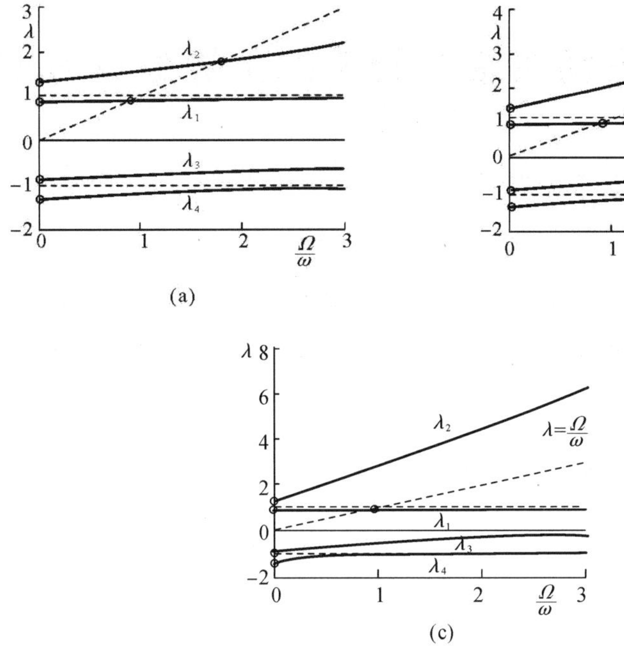

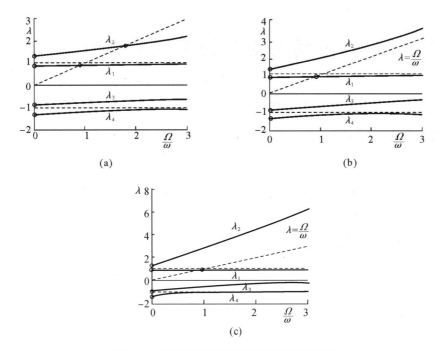

图 11.4　转子的临界转速与转速之间的关系

(a) $\frac{S_{b1}}{S_{b2}}=1/2, a/L=1/2, \frac{I}{ML^2}=1/6, I_p/I=1/2$；

(b) $\frac{S_{b1}}{S_{b2}}=1/2, a/L=1/2, \frac{I}{ML^2}=1/6, I_p/I=1$；

(c) $\frac{S_{b1}}{S_{b2}}=1/2, a/L=1/2, \frac{I}{ML^2}=1/6, I_p/I=2$

值得注意的是，由于陀螺力矩对二阶临界转速的影响较大，故二阶振型会随转速发生变化。图 11.5 所示分别为转速为 0 和转速为协调正进动临界转速时的一阶和二阶振型。由图可见，随转速增加，转子一阶振型趋向于纯平动，二阶振型趋向于纯俯仰。图中纵坐标为归一化的振型，r_e 为转子任一轴向位置处的振幅，r_{f0} 为转速为零时前支点的振幅。横坐标为$\bar{x}=\frac{x}{L}$。

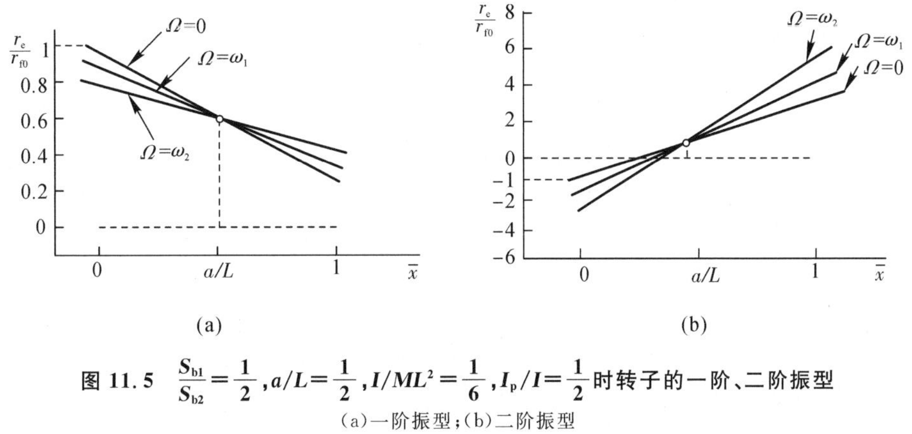

图 11.5　$\frac{S_{b1}}{S_{b2}}=\frac{1}{2}, a/L=\frac{1}{2}, I/ML^2=\frac{1}{6}, I_p/I=\frac{1}{2}$时转子的一阶、二阶振型

(a)一阶振型；(b)二阶振型

11.2 转子两阶临界转速的上界估计方法

在转子设计初期，给定转子质量 M，期望在未知其他参数的情况下，通过前、后支点刚度 S_{b1} 和 S_{b2} 的配置，初步估计出临界转速的界值。从图 11.4 可以看出，$\omega_1 \leqslant \sqrt{\dfrac{S_{b1}+S_{b2}}{M}} = \bar{\omega} \leqslant \omega_2$，且当 $\dfrac{\left(1-\dfrac{I_p}{I}\right)I}{ML^2} > \dfrac{1}{12}$ 时，$\omega_2 \leqslant 2\sqrt{\dfrac{S_{b1}+S_{b2}}{M}} = 2\bar{\omega}$。现在证明这两个关系的普适性。

转子的振动特征方程为

$$MI\left(1-\frac{I_p}{I}\frac{\Omega}{\omega}\right)\omega^4 - \left[M(a^2S_{b1}+b^2S_{b2})+(S_{b1}+S_{b2})I\left(1-\frac{I_p}{I}\frac{\Omega}{\omega}\right)\right]\omega^2 + L^2S_{b1}S_{b2} = 0 \tag{11.8}$$

令

$$I_e = I\left(1-\frac{I_p}{I}\frac{\Omega}{\omega}\right) \tag{11.9}$$

于是可把自振频率表示为

$$\begin{aligned}\omega_{1,2}^2 = {} & \frac{M(a^2S_{b1}+b^2S_{b2})+I_e(S_{b1}+S_{b2})}{2MI_e} \mp \\ & \frac{1}{2MI}\sqrt{[M(a^2S_{b1}+b^2S_{b2})+I_e(S_{b1}+S_{b2})]^2-4MI_eS_{b1}S_{b2}L^2} = \\ & \frac{S_{b1}+S_{b2}}{M}\left[\frac{\left(\dfrac{a}{L}\right)^2\left(1+\dfrac{S_{b1}}{S_{b2}}\right)+1-\dfrac{2a}{L}}{\left(1+\dfrac{S_{b1}}{S_{b2}}\right)\dfrac{2I_e}{ML^2}}+\frac{1}{2}\right] \mp \\ & \frac{S_{b1}+S_{b2}}{M}\sqrt{\left[\frac{\left(\dfrac{a}{L}\right)^2\left(1+\dfrac{S_{b1}}{S_{b2}}\right)+1-\dfrac{2a}{L}}{\left(1+\dfrac{S_{b1}}{S_{b2}}\right)\dfrac{2I_e}{ML^2}}+\frac{1}{2}\right]^2-\frac{\dfrac{S_{b1}}{S_{b2}}}{\left(1+\dfrac{S_{b1}}{S_{b2}}\right)\dfrac{I_e}{ML^2}}}\end{aligned} \tag{11.10}$$

首先证明 $\omega_1 \leqslant \sqrt{\dfrac{S_{b1}+S_{b2}}{M}} = \bar{\omega}$。

$$\omega_1^2 = \frac{S_{b1}+S_{b2}}{M}\left\{\begin{aligned}&\left[\frac{\left(\dfrac{a}{L}\right)^2\left(1+\dfrac{S_{b1}}{S_{b2}}\right)+1-\dfrac{2a}{L}}{\left(1+\dfrac{S_{b1}}{S_{b2}}\right)\dfrac{2I_e}{ML^2}}+\frac{1}{2}\right]- \\ &\sqrt{\left[\frac{\left(\dfrac{a}{L}\right)^2\left(1+\dfrac{S_{b1}}{S_{b2}}\right)+1-\dfrac{2a}{L}}{\left(1+\dfrac{S_{b1}}{S_{b2}}\right)\dfrac{2I_e}{ML^2}}+\frac{1}{2}\right]^2-\frac{\dfrac{S_{b1}}{S_{b2}}}{\left(1+\dfrac{S_{b1}}{S_{b2}}\right)^2\dfrac{I_e}{ML^2}}}\end{aligned}\right\} \tag{11.11}$$

只要证明大括号中的项小于 1，就可得到 $\omega_1^2 < \dfrac{S_{b1}+S_{b2}}{M} = \bar{\omega}^2$，即要证明

$$\left[\frac{\left(\frac{a}{L}\right)^2\left(1+\frac{S_{b1}}{S_{b2}}\right)+1-\frac{2a}{L}}{\left(1+\frac{S_{b1}}{S_{b2}}\right)\frac{2I_e}{ML^2}}+\frac{1}{2}\right]-\sqrt{\left[\frac{\left(\frac{a}{L}\right)^2\left(1+\frac{S_{b1}}{S_{b2}}\right)+1-\frac{2a}{L}}{\left(1+\frac{S_{b1}}{S_{b2}}\right)\frac{2I_e}{ML^2}}+\frac{1}{2}\right]^2-\frac{\frac{S_{b1}}{S_{b2}}}{\left(1+\frac{S_{b1}}{S_{b2}}\right)^2\frac{I_e}{ML^2}}}<1 \tag{11.12}$$

或

$$\left(\left[\frac{\left(\frac{a}{L}\right)^2\left(1+\frac{S_{b1}}{S_{b2}}\right)+1-\frac{2a}{L}}{\left(1+\frac{S_{b1}}{S_{b2}}\right)\frac{2I_e}{ML^2}}+\frac{1}{2}\right]-1\right)^2<\left[\frac{\left(\frac{a}{L}\right)^2\left(1+\frac{S_{b1}}{S_{b2}}\right)+1-\frac{2a}{L}}{\left(1+\frac{S_{b1}}{S_{b2}}\right)\frac{2I_e}{ML^2}}+\frac{1}{2}\right]^2-\frac{\frac{S_{b1}}{S_{b2}}}{\left(1+\frac{S_{b1}}{S_{b2}}\right)^2\frac{I_e}{ML^2}} \tag{11.13}$$

将不等式的左、右两端展开并整理，得

$$-2\left[\frac{\left(\frac{a}{L}\right)^2\left(1+\frac{S_{b1}}{S_{b2}}\right)+1-\frac{2a}{L}}{\left(1+\frac{S_{b1}}{S_{b2}}\right)\frac{2I_e}{ML^2}}+\frac{1}{2}\right]+1<-\frac{\frac{S_{b1}}{S_{b2}}}{\left(1+\frac{S_{b1}}{S_{b2}}\right)^2\frac{I_e}{ML^2}} \tag{11.14}$$

或

$$\frac{\frac{S_{b1}}{S_{b2}}}{\left(1+\frac{S_{b1}}{S_{b2}}\right)^2\frac{I_e}{ML^2}}<2\left[\frac{\left(\frac{a}{L}\right)^2\left(1+\frac{S_{b1}}{S_{b2}}\right)+1-\frac{2a}{L}}{\left(1+\frac{S_{b1}}{S_{b2}}\right)\frac{2I_e}{ML^2}}+\frac{1}{2}\right]-1 \tag{11.15}$$

化简得

$$\frac{\frac{S_{b1}}{S_{b2}}}{\left(1+\frac{S_{b1}}{S_{b2}}\right)^2\frac{I_e}{ML^2}}<\frac{\left(\frac{a}{L}\right)^2\left(1+\frac{S_{b1}}{S_{b2}}\right)+1-\frac{2a}{L}}{\left(1+\frac{S_{b1}}{S_{b2}}\right)\frac{I_e}{ML^2}} \tag{11.16}$$

左、右两端相约，得

$$\frac{\frac{S_{b1}}{S_{b2}}}{1+\frac{S_{b1}}{S_{b2}}}<\left(\frac{a}{L}\right)^2\left(1+\frac{S_{b1}}{S_{b2}}\right)+1-\frac{2a}{L} \tag{11.17}$$

左、右两端同乘以$\left(1+\frac{S_{b1}}{S_{b2}}\right)$并合并、移项，得

$$\left(\frac{a}{L}\right)^2\left(1+\frac{S_{b1}}{S_{b2}}\right)^2-\frac{2a}{L}\left(1+\frac{S_{b1}}{S_{b2}}\right)+1>0 \tag{11.18}$$

显而易见，不等式的左端为

$$\left[\frac{a}{L}\left(1+\frac{S_{b1}}{S_{b2}}\right)-1\right]^2>0 \tag{11.19}$$

于是，证得 $\omega_1^2<\dfrac{S_{b1}+S_{b2}}{M}=\bar{\omega}^2$ 是成立的。另外，由图 11.4 可见，随转速增加，ω_1 趋近于 $\bar{\omega}$。

再证明 $\omega_2^2>\dfrac{S_{b1}+S_{b2}}{M}=\bar{\omega}^2$。

$$\omega_2^2=\frac{S_{b1}+S_{b2}}{M}\left(\left[\frac{\left(\frac{a}{L}\right)^2\left(1+\frac{S_{b1}}{S_{b2}}\right)+1-\frac{2a}{L}}{\left(1+\frac{S_{b1}}{S_{b2}}\right)\frac{2I_e}{ML^2}}+\frac{1}{2}\right]+\sqrt{\left[\frac{\left(\frac{a}{L}\right)^2\left(1+\frac{S_{b1}}{S_{b2}}\right)+1-\frac{2a}{L}}{\left(1+\frac{S_{b1}}{S_{b2}}\right)\frac{2I_e}{ML^2}}+\frac{1}{2}\right]^2-\frac{\frac{S_{b1}}{S_{b2}}}{\left(1+\frac{S_{b1}}{S_{b2}}\right)^2\frac{I_e}{ML^2}}}\right) \tag{11.20}$$

只要证明大括号中的项大于1，就可得到 $\omega_2^2>\dfrac{S_{b1}+S_{b2}}{M}=\bar{\omega}^2$，即要证明

$$\left[\frac{\left(\frac{a}{L}\right)^2\left(1+\frac{S_{b1}}{S_{b2}}\right)+1-\frac{2a}{L}}{\left(1+\frac{S_{b1}}{S_{b2}}\right)\frac{2I_e}{ML^2}}+\frac{1}{2}\right]+\sqrt{\left[\frac{\left(\frac{a}{L}\right)^2\left(1+\frac{S_{b1}}{S_{b2}}\right)+1-\frac{2a}{L}}{\left(1+\frac{S_{b1}}{S_{b2}}\right)\frac{2I_e}{ML^2}}+\frac{1}{2}\right]^2-\frac{\frac{S_{b1}}{S_{b2}}}{\left(1+\frac{S_{b1}}{S_{b2}}\right)^2\frac{I_e}{ML^2}}}>1 \tag{11.21}$$

对上式移项并取左、右两端的二次方，可得

$$\left\{1-\left[\frac{\left(\frac{a}{L}\right)^2\left(1+\frac{S_{b1}}{S_{b2}}\right)+1-\frac{2a}{L}}{\left(1+\frac{S_{b1}}{S_{b2}}\right)\frac{2I_e}{ML^2}}+\frac{1}{2}\right]\right\}^2<$$
$$\left[\frac{\left(\frac{a}{L}\right)^2\left(1+\frac{S_{b1}}{S_{b2}}\right)+1-\frac{2a}{L}}{\left(1+\frac{S_{b1}}{S_{b2}}\right)\frac{2I_e}{ML^2}}+\frac{1}{2}\right]^2-\frac{\frac{S_{b1}}{S_{b2}}}{\left(1+\frac{S_{b1}}{S_{b2}}\right)^2\frac{I_e}{ML^2}} \tag{11.22}$$

左、右两端展开，整理后得到

$$-2\left[\frac{\left(\frac{a}{L}\right)^2\left(1+\frac{S_{b1}}{S_{b2}}\right)+1-\frac{2a}{L}}{\left(1+\frac{S_{b1}}{S_{b2}}\right)\frac{2I_e}{ML^2}}+\frac{1}{2}\right]+1<-\frac{\frac{S_{b1}}{S_{b2}}}{\left(1+\frac{S_{b1}}{S_{b2}}\right)^2\frac{I_e}{ML^2}} \tag{11.23}$$

化简后得

$$\frac{S_{b1}}{S_{b2}}-\left[\left(\frac{a}{L}\right)^2\left(1+\frac{S_{b1}}{S_{b2}}\right)+1-\frac{2a}{L}\right]\left(1+\frac{S_{b1}}{S_{b2}}\right)<0 \tag{11.24}$$

进一步整理，得到

$$-\left(\frac{a}{L}\right)^2\left(1+\frac{S_{b1}}{S_{b2}}\right)^2+\frac{2a}{L}\left(1+\frac{S_{b1}}{S_{b2}}\right)-1<0 \tag{11.25}$$

式(11.25)左端合并成二次方项后恒成立，即

$$-\left[\frac{a}{L}\left(1+\frac{S_{b1}}{S_{b2}}\right)-1\right]^2<0 \tag{11.26}$$

最终证得 $\omega_1\leqslant\sqrt{\dfrac{S_{b1}+S_{b2}}{M}}=\bar{\omega}\leqslant\omega_2$ 成立。

若陀螺力矩的作用使得 $I_e=I\left(1-\dfrac{I_p}{I}\dfrac{\Omega}{\omega}\right)=0$，即把转子视作点质量，则临界转速为

$$\omega_1^* = \sqrt{\frac{L^2 S_{b1} S_{b2}}{M(a^2 S_{b1} + b^2 S_{b2})}} = \sqrt{\frac{S_{b1} + S_{b2}}{M}} \sqrt{\frac{S_{b1}/S_{b2}}{\left(\frac{a}{L}\right)^2 \left(1+\frac{S_{b1}}{S_{b2}}\right)^2 + \left(1+\frac{S_{b1}}{S_{b2}}\right)\left(1-\frac{2a}{L}\right)}} <$$

$$\sqrt{\frac{S_{b1} + S_{b2}}{M}} = \bar{\omega}$$

接下来证明当 $\Omega=0$ 时，$\omega_2 \leqslant 2\bar{\omega}$ 或 $\omega_2^2 \leqslant 4\bar{\omega}^2$。当 $\Omega=0$ 时，有

$$\omega_2^2 = \frac{S_{b1}+S_{b2}}{M}\left\{\left[\frac{\left(\frac{a}{L}\right)^2\left(1+\frac{S_{b1}}{S_{b2}}\right)+1-\frac{2a}{L}}{\left(1+\frac{S_{b1}}{S_{b2}}\right)\frac{2I}{ML^2}}+\frac{1}{2}\right]+\sqrt{\left[\frac{\left(\frac{a}{L}\right)^2\left(1+\frac{S_{b1}}{S_{b2}}\right)+1-\frac{2a}{L}}{\left(1+\frac{S_{b1}}{S_{b2}}\right)\frac{2I}{ML^2}}+\frac{1}{2}\right]^2-\frac{\frac{S_{b1}}{S_{b2}}}{\left(1+\frac{S_{b1}}{S_{b2}}\right)^2\frac{I_e}{ML^2}}}\right\}=$$

$$\bar{\omega}^2\left\{\left[\frac{\left(\frac{a}{L}\right)^2\left(1+\frac{S_{b1}}{S_{b2}}\right)+1-\frac{2a}{L}}{\left(1+\frac{S_{b1}}{S_{b2}}\right)\frac{2I}{ML^2}}+\frac{1}{2}\right]+\sqrt{\left[\frac{\left(\frac{a}{L}\right)^2\left(1+\frac{S_{b1}}{S_{b2}}\right)+1-\frac{2a}{L}}{\left(1+\frac{S_{b1}}{S_{b2}}\right)\frac{2I}{ML^2}}+\frac{1}{2}\right]^2-\frac{\frac{S_{b1}}{S_{b2}}}{\left(1+\frac{S_{b1}}{S_{b2}}\right)^2\frac{I}{ML^2}}}\right\} \tag{11.27}$$

高压转子绕质心的转动惯量始终满足

$$I \geqslant \frac{ML^2}{12} \tag{11.28}$$

即转子绕质心的转动惯量总是大于或等于如图 11.6 所示的匀质轴绕质心的转动惯量。

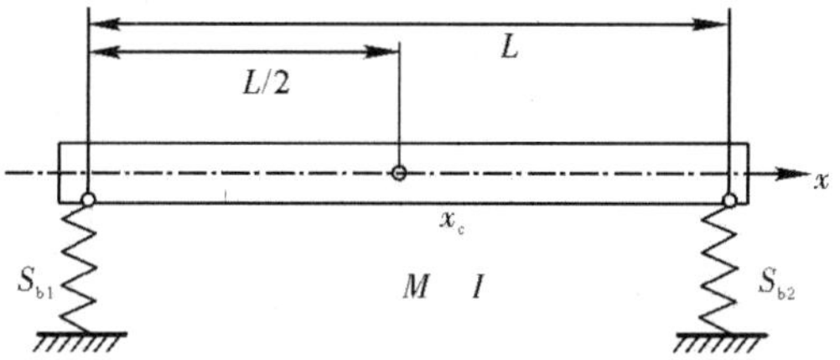

图 11.6 匀质轴绕质心的转动惯量为 $\frac{ML^2}{12}$

当取 $I=\frac{ML^2}{12}$，$\frac{a}{L}=\frac{1}{2}$时，ω_2 取最大值，即

$$\omega_2^2 = \frac{S_{b1}+S_{b2}}{M}\left\{\left[\frac{\left(\frac{a}{L}\right)^2\left(1+\frac{S_{b1}}{S_{b2}}\right)+1-\frac{2a}{L}}{\left(1+\frac{S_{b1}}{S_{b2}}\right)\frac{2I}{ML^2}}+\frac{1}{2}\right]+\sqrt{\left[\frac{\left(\frac{a}{L}\right)^2\left(1+\frac{S_{b1}}{S_{b2}}\right)+1-\frac{2a}{L}}{\left(1+\frac{S_{b1}}{S_{b2}}\right)\frac{2I}{ML^2}}+\frac{1}{2}\right]^2-\frac{\frac{S_{b1}}{S_{b2}}}{\left(1+\frac{S_{b1}}{S_{b2}}\right)^2\frac{I}{ML^2}}}\right\}=$$

$$\bar{\omega}^2\left\{2+2\sqrt{1-\frac{\frac{3S_{b1}}{S_{b2}}}{\left(1+\frac{S_{b1}}{S_{b2}}\right)^2}}\right\} < 4\bar{\omega}^2 \tag{11.29}$$

如果考虑陀螺力矩时，即 $\Omega\neq0$，当$\left(1-\frac{I_p}{I}\right)I\geqslant\frac{ML^2}{12}$时，转子的二阶协调正进动临界转速仍然满足 $\omega_2\leqslant2\bar{\omega}$。但在实际中，高压转子的极转动惯量 I_p 与质心转动惯量 I 相差不会太大，条件$\left(1-\frac{I_p}{I}\right)I\geqslant\frac{ML^2}{12}$可能不成立。此时，估计的界值约为 $2\bar{\omega}\leqslant\omega_2\leqslant3\bar{\omega}$。

在上述的证明过程中，并未涉及刚度比$\frac{S_{b1}}{S_{b2}}$。因此，上述结论与刚度的取值无关。换言之，

对于实际中刚度比$\frac{S_{b1}}{S_{b2}}$的所有取值范围上述结论均成立。根据上述界值估计,可以很容易地预估高压转子两阶临界转速的范围,便于在发动机方案设计阶段有据可依。

11.3 高压转子的抗振设计

根据上述转子模态与无量纲参数间的关系,经恰当设计就可得到所期望的模态。模态设计的目标:①对转子不平衡敏感度尽量小;②外传力尽量小;③通过临界转速时,振动峰值尽量小。对于高压转子,一般情况下,弹支和挤压油膜阻尼器设置在前支承处;在工作转速范围内,允许存在上述两阶模态。此时,模态设计的原则:①一阶模态在慢车转速以下,且以前支点变形为主;②二阶模态在慢车以上、巡航转速以下,仍需较大的前支点变形。其目的是增加挤压油膜阻尼器的阻尼效果,降低转子对不平衡的敏感度,避免高压涡轮叶尖与机匣的碰摩。

11.3.1 转子的不平衡响应

如上所述,在前支点配置阻尼器,阻尼系数为 d,如图 11.2 所示。一般情况下,阻尼对转子的模态影响很小,可忽略不计,但对转子的响应却影响显著。现分析转子的不平衡响应。

假设在转子两端截面上存在不平衡量(模拟压气机第一级、第二级以及涡轮不平衡),不平衡量的半径位置分别为 R_1 和 R_2,大小为 Δm_1 和 Δm_2,相角分别为 β_1 和 β_2。转子的运动方程为

$$M\ddot{r}+d(\dot{r}+\mathrm{j}a\dot{\theta})+(S_{b1}+S_{b2})r+\mathrm{j}(aS_{b1}-bS_{b2})\theta=\Omega^2\mathrm{e}^{\mathrm{j}\Omega t}(\Delta m_1R_1\mathrm{e}^{\mathrm{j}\beta_1}+\Delta m_2R_2\mathrm{e}^{\mathrm{j}\beta_2}) \tag{11.30}$$

$$I\ddot{\theta}-jI_p\Omega\dot{\theta}-da(\mathrm{j}\dot{r}-a\dot{\theta})-\mathrm{j}(aS_{b1}-bS_{b2})r+(a^2S_{b1}+b^2S_{b2})\theta= \Omega^2\mathrm{e}^{\mathrm{j}\Omega t}[aR_1\Delta m_1\mathrm{e}^{\mathrm{j}\beta_1}-(L-a)R_2\Delta m_2\mathrm{e}^{\mathrm{j}\beta_2}] \tag{11.31}$$

写成矩阵形式为

$$\begin{bmatrix}M & 0\\0 & I\end{bmatrix}\begin{bmatrix}\ddot{r}\\\ddot{\theta}\end{bmatrix}+\begin{bmatrix}0 & 0\\0 & -\mathrm{j}I_p\Omega\end{bmatrix}\begin{bmatrix}\dot{r}\\\dot{\theta}\end{bmatrix}+\begin{bmatrix}d & \mathrm{j}ad\\-\mathrm{j}ad & da^2\end{bmatrix}\begin{bmatrix}\dot{r}\\\dot{\theta}\end{bmatrix}+\begin{bmatrix}S_{b1}+S_{b2} & \mathrm{j}(aS_{b1}-bS_{b2})\\-\mathrm{j}(aS_{b1}-bS_{b2}) & (a^2S_{b1}+b^2S_{b2})\end{bmatrix}\begin{bmatrix}r\\\theta\end{bmatrix}= \Omega^2\mathrm{e}^{\mathrm{j}\Omega t}\begin{bmatrix}\Delta m_1R_1\mathrm{e}^{\mathrm{j}\beta_1}+\Delta m_2R_2\mathrm{e}^{\mathrm{j}\beta_2}\\aR_1\Delta m_1\mathrm{e}^{\mathrm{j}\beta_1}-(L-a)R_2\Delta m_2\mathrm{e}^{\mathrm{j}\beta_2}\end{bmatrix} \tag{11.32}$$

设解为

$$\begin{bmatrix}r\\\theta\end{bmatrix}=\begin{bmatrix}r_e\\\theta_e\end{bmatrix}\mathrm{e}^{\mathrm{j}(\Omega t+\alpha)} \tag{11.33}$$

代入方程(11.32)后得到

$$\begin{bmatrix}S_{b1}+S_{b2}-M\Omega^2 & \mathrm{j}(aS_{b1}-bS_{b2})\\-\mathrm{j}(aS_{b1}-bS_{b2}) & a^2S_{b1}+b^2S_{b2}+(I_p-I)\Omega^2\end{bmatrix}\begin{bmatrix}r_e\\\theta_e\end{bmatrix}\mathrm{e}^{\mathrm{j}\alpha}+\mathrm{j}\Omega\begin{bmatrix}d & \mathrm{j}ad\\-\mathrm{j}ad & da^2\end{bmatrix}\begin{bmatrix}r_e\\\theta_e\end{bmatrix}\mathrm{e}^{\mathrm{j}\alpha}= \Omega^2\begin{bmatrix}\Delta m_1R_1\mathrm{e}^{\mathrm{j}\beta_1}+\Delta m_2R_2\mathrm{e}^{\mathrm{j}\beta_2}\\aR_1\Delta m_1\mathrm{e}^{\mathrm{j}\beta_1}-(L-a)R_2\Delta m_2\mathrm{e}^{\mathrm{j}\beta_2}\end{bmatrix} \tag{11.34}$$

由此解得转子的不平衡响应为

$$
\begin{bmatrix} r_e \\ \theta_e \end{bmatrix} e^{j\alpha} =
$$

$$
\left(\begin{bmatrix} S_{b1} + S_{b2} - M\Omega^2 & j(aS_{b1} - bS_{b2}) \\ -j(aS_{b1} - bS_{b2}) & a^2 S_{b1} + b^2 S_{b2} + (I_p - I)\Omega^2 \end{bmatrix} + j\Omega \begin{bmatrix} d & jad \\ -jad & da^2 \end{bmatrix} \right)^{-1} \begin{bmatrix} F_{1e} + F_{2e} \\ aF_{1e} - (L-a) \end{bmatrix} \tag{11.35}
$$

式中

$$
F_{1e} = \Omega^2 \Delta m_1 R_1 e^{j\beta_1}
$$

$$
F_{2e} = \Omega^2 \Delta m_2 R_2 e^{j\beta_2}
$$

或

$$
\begin{bmatrix} r_e \\ \theta_e \end{bmatrix} e^{j\alpha} =
$$

$$
\left(\begin{bmatrix} S_{b1} + S_{b2} - M\Omega^2 & j(aS_{b1} + bS_{b2}) \\ -j(aS_{b1} - bS_{b2}) & a^2 S_{b1} + b^2 S_{b2} + (I_p - I)\Omega^2 \end{bmatrix} + j\Omega \begin{bmatrix} d & jad \\ -jad & da^2 \end{bmatrix} \right)^{-1} \begin{bmatrix} 1 & 1 \\ a & -(L-a) \end{bmatrix} \begin{bmatrix} F_{1e} \\ F_{2e} \end{bmatrix} \tag{11.36}
$$

运用前面的无量纲参数$\dfrac{a}{L}$，$\dfrac{I}{ML^2}$，$\dfrac{S_{b1}+S_{b2}}{M}$和$\dfrac{S_{b1}}{S_{b2}}$，可将转子的不平衡响应无量纲化，即

$$
\begin{bmatrix} \bar{r}_e \\ \theta_e \end{bmatrix} e^{j\alpha} =
$$

$$
\left(\begin{bmatrix} 1 - \dfrac{\Omega^2}{\bar{\omega}^2} & j\left(\dfrac{a}{L} - \dfrac{1}{1 + \dfrac{S_{b1}}{S_{b2}}} \right) \\ -j\left(\dfrac{a}{L} - \dfrac{1}{1 + \dfrac{S_{b1}}{S_{b2}}} \right) & \left(\dfrac{a}{L} \right)^2 + \dfrac{1}{1 + \dfrac{S_{b1}}{S_{b2}}} \left(1 - \dfrac{2a}{L} \right) + \dfrac{(I_p - I)\Omega^2}{ML^2 \bar{\omega}^2} \end{bmatrix} + \right.
$$

$$
\left. j \begin{bmatrix} \dfrac{2\Omega}{\bar{\omega}} D & j\,\dfrac{2a}{L}\,\dfrac{\Omega}{\bar{\omega}} D \\ -j\,\dfrac{2a}{L}\,\dfrac{\Omega}{\bar{\omega}} D & 2\left(\dfrac{a}{L} \right)^2 \dfrac{\Omega}{\bar{\omega}} D \end{bmatrix} \right)^{-1} \begin{bmatrix} 1 & 1 \\ \dfrac{a}{L} & -\left(1 - \dfrac{a}{L} \right) \end{bmatrix} \begin{bmatrix} F_{1e} \\ F_{2e} \end{bmatrix} \tag{11.37}
$$

式中

$$
\bar{r}_e = \frac{r_e}{L}
$$

$$
\bar{\omega} = \sqrt{\frac{S_{b1} + S_{b2}}{M}}
$$

$$
D = \frac{d}{\bar{\omega} M}
$$

$$
f_{1e} = \frac{\Omega^2}{\bar{\omega}^2} \frac{\Delta m_1}{M} \frac{R_1}{L} e^{j\beta_1}
$$

$$f_{2e}=\frac{\Omega^2}{\bar{\omega}^2}\frac{\Delta m_2}{M}\frac{R_2}{L}e^{j\beta_2}$$

系数矩阵行列式为

$$\Delta=g_{11}g_{22}-g_{12}g_{21}$$

其中

$$g_{11}=1-\frac{\Omega^2}{\bar{\omega}^2}+j2\frac{\Omega}{\bar{\omega}}D$$

$$g_{12}=-j\left[\frac{a}{L}-\frac{1}{\left(1+\frac{S_{b1}}{S_{b2}}\right)}\right]+\frac{2a}{L}\frac{\Omega}{\bar{\omega}}D$$

$$g_{21}=j\left[\frac{a}{L}-\frac{1}{\left(1+\frac{S_{b1}}{S_{b2}}\right)}\right]-\frac{2a}{L}\frac{\Omega}{\bar{\omega}}D$$

$$g_{22}=\left(\frac{a}{L}\right)^2+\frac{1}{1+\frac{S_{b1}}{S_{b2}}}\left(1-\frac{2a}{L}\right)+\frac{(I_p-I)\Omega^2}{ML^2\bar{\omega}^2}+j2\left(\frac{a}{L}\right)^2\frac{\Omega}{\bar{\omega}}D$$

当阻尼 $D=0$ 时，转子协调正进动的临界转速为

$$\left(1-\frac{I_p}{I}\right)\lambda^4-\left[\frac{\left(\frac{a}{L}\right)^2\left(1+\frac{S_{b1}}{S_{b2}}\right)+\left(1-\frac{2a}{L}\right)}{\left(1+\frac{S_{b1}}{S_{b2}}\right)\frac{I}{ML^2}}+1-\frac{I_p}{I}\right]\lambda^2+\frac{S_{b1}/S_{b2}}{\left(1+\frac{S_{b1}}{S_{b2}}\right)^2\frac{I}{ML^2}}=0 \tag{11.38}$$

式中 $\lambda=\frac{\Omega}{\bar{\omega}}$。

由此解得

$$\lambda_{+1}=(\pm)\sqrt{\frac{1}{2}\left[\frac{\left(\frac{a}{L}\right)^2\left(1+\frac{S_{b1}}{S_{b2}}\right)+\left(1-\frac{2a}{L}\right)}{\left(1-\frac{I_p}{I}\right)\left(1+\frac{S_{b1}}{S_{b2}}\right)\frac{I}{ML^2}}+1\pm\sqrt{\left[\frac{\left(\frac{a}{L}\right)^2\left(1+\frac{S_{b1}}{S_{b2}}\right)+\left(1-\frac{2a}{L}\right)}{\left(1-\frac{I_p}{I}\right)\left(1+\frac{S_{b1}}{S_{b2}}\right)\frac{I}{ML^2}}+1\right]^2-\frac{4S_{b1}/S_{b2}}{\left(1-\frac{I_p}{I}\right)\left(1+\frac{S_{b1}}{S_{b2}}\right)^2\frac{I}{ML^2}}}\right]} \tag{11.39}$$

当有阻尼时，系数矩阵的行列式为

$$\Delta=\begin{vmatrix}1-\frac{\Omega^2}{\bar{\omega}^2}+j\frac{2\Omega}{\bar{\omega}}D & j\left[\frac{a}{L}-\frac{1}{1+\frac{S_{b1}}{S_{b2}}}\right]-\frac{2a}{L}\frac{\Omega}{\bar{\omega}}D\\ -j\left[\frac{a}{L}-\frac{1}{1+\frac{S_{b1}}{S_{b2}}}\right]+\frac{2a}{L}\frac{\Omega}{\bar{\omega}}D & \left(\frac{a}{L}\right)^2+\frac{1}{1+\frac{S_{b1}}{S_{b2}}}\left(1-\frac{2a}{L}\right)+\frac{(I_p-I)\Omega^2}{ML^2\bar{\omega}^2}+j2\left(\frac{a}{L}\right)^2\frac{\Omega}{\bar{\omega}}D\end{vmatrix}=$$

$$\left[\left(\frac{a}{L}\right)^2+\frac{1}{1+\frac{S_{b1}}{S_{b2}}}\left(1-\frac{2a}{L}\right)+\frac{(I_p-I)\Omega^2}{ML^2\bar{\omega}^2}\right]\left(1-\frac{\Omega^2}{\bar{\omega}^2}\right)-\left[\frac{a}{L}-\frac{1}{1+\frac{S_{b1}}{S_{b2}}}\right]^2+$$

$$2jD\frac{\Omega}{\bar{\omega}}\left\{\frac{1}{1+\frac{S_{b1}}{S_{b2}}}-\left(\frac{\Omega}{\bar{\omega}}\right)^2\left[\left(\frac{a}{L}\right)^2+\frac{I\left(1-\frac{I_p}{I}\right)}{ML^2}\right]\right\} \tag{11.40}$$

在协调正进动的临界转速处，有

$$\left[\left(\frac{a}{L}\right)^2+\frac{1}{1+\frac{S_{b1}}{S_{b2}}}\left(1-\frac{2a}{L}\right)+\frac{(I_p-I)\Omega^2}{ML^2\bar{\omega}^2}\right]\left(1-\frac{\Omega^2}{\bar{\omega}^2}\right)-\left[\frac{a}{L}-\frac{1}{1+\frac{S_{b1}}{S_{b2}}}\right]^2=0 \tag{11.41}$$

故在临界转速处，系数行列式仅存虚部，即

$$\begin{vmatrix} 1-\frac{\Omega^2}{\bar{\omega}^2}+\mathrm{j}\frac{2\Omega}{\bar{\omega}}D & \mathrm{j}\left[\frac{a}{L}-\frac{1}{1+\frac{S_{b1}}{S_{b2}}}\right]-\frac{2a}{L}\frac{\Omega}{\bar{\omega}}D \\ -\mathrm{j}\left[\frac{a}{L}-\frac{1}{1+\frac{S_{b1}}{S_{b2}}}\right]-\frac{2a}{L}\frac{\Omega}{\bar{\omega}}D & \left(\frac{a}{L}\right)^2+\frac{1}{1+\frac{S_{b1}}{S_{b2}}}\left(1-\frac{2a}{L}\right)+\frac{(I_p-I)\Omega^2}{ML^2\bar{\omega}^2}+\mathrm{j}2\left(\frac{a}{L}\right)^2\frac{\Omega}{\bar{\omega}}D \end{vmatrix}=$$

$$2\mathrm{j}D\frac{\Omega}{\bar{\omega}}\left\{\frac{1}{1+\frac{S_{b1}}{S_{b2}}}-\frac{\Omega}{\bar{\omega}}^2\left[\frac{a^2}{L}+\frac{I\left(1-\frac{I_p}{I}\right)}{ML^2}\right]\right\} \tag{11.42}$$

显然，增大阻尼比 D 值，会减小振动峰值。但如式(11.42)所示，减振效果还与转子模态或转子参数有关。当阻尼比 D 一定时，要使转子在临界转速处振动峰值最小，须使行列式的模最大，即

$$\left|\frac{\Omega}{\bar{\omega}}\left\{\frac{1}{1+\frac{S_{b1}}{S_{b2}}}-\frac{\Omega}{\bar{\omega}}^2\left[\frac{a^2}{L}+\frac{I\left(1-\frac{I_p}{I}\right)}{ML^2}\right]\right\}\right|$$

最大。

对于高压转子，一般情况下，$I>I_p$，且相差不会太大，$\frac{a}{L}\leqslant\frac{1}{2}$。当在一阶临界转速运行时，即 $\Omega=\omega_1$ 时，选 $S_{b2}>S_{b1}$，则

$$\left|\frac{\Omega}{\bar{\omega}}\left\{\frac{1}{1+\frac{S_{b1}}{S_{b2}}}-\frac{\Omega}{\bar{\omega}}^2\left[\frac{a^2}{L}+\frac{I\left(1-\frac{I_p}{I}\right)}{ML^2}\right]\right\}\right|$$

趋于最大。这样的设计是合理的，也很容易理解。如图 11.5 所示，前支点刚度小，一阶振型下，前支点位移较大，阻尼器能发挥更大的阻尼作用。事实上，在发动机设计中，也遵循着这一规律。此外，增大阻尼比 D，振动峰值减小。

但在二阶临界转速运行时，即当 $\Omega=\omega_2$ 时，情况却相反。如图 11.5 所示，二阶模态为纯俯仰振动，节点靠近前支点，前支点位移小于后支点，且前支点刚度 S_{b1} 越小，节点越靠近前支点，前支点的位移越小，阻尼器的阻尼作用就越小。如图 11.7 所示为转子的幅频特性。

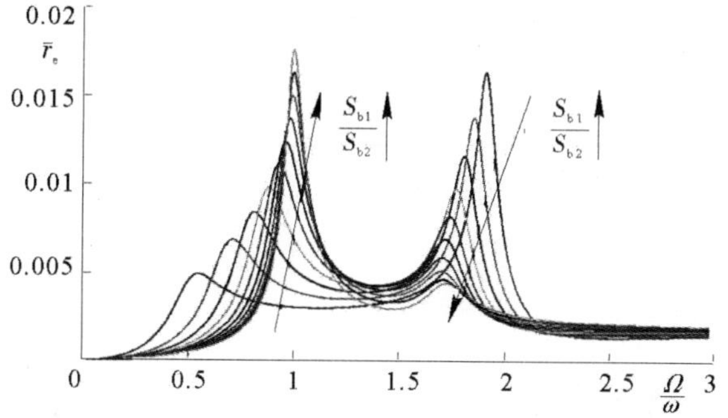

图 11.7　转子的幅频特性($\frac{a}{L}=0.5$;$\frac{I}{ML^2}=1/6$;$\frac{I_p}{I}=0.5$;$D=4\%$;$\frac{S_{b1}}{S_{b2}}=[0.1,1]$)

由图 11.7 可见，可以选择以下三种设计方案：

(1)主要抑制转子通过一阶临界转速时的振动峰值。此时应选择 $S_{b2}>S_{b1}$，例如，$\frac{S_{b1}}{S_{b2}}=[0.1,0.5]$。

(2)主要抑制转子通过二阶临界转速时的振动峰值。此时应选择 $S_{b2}\leqslant S_{b1}$，例如，$\frac{S_{b1}}{S_{b2}}=[1,2]$。

(3)既要抑制一阶临界峰值，又要抑制二阶临界峰值，则须折中选择前、后支点的刚度比，例如 $\frac{S_{b1}}{S_{b2}}=[0.5,1]$。

不论何种方案，增加阻尼比 D 值，总会使前两阶临界峰值均减小。

一般情况下，转子的一阶临界转速 ω_1 处于发动机慢车转速以下，而二阶临界转速 ω_2 处于发动机主要工作转速范围之内，例如，ω_2 可能在发动机最大转速的 65%～75%范围内。此时，应以抑制二阶临界峰值为主要设计目标。

除按照上述原则选择参数之外，还应控制压气机和涡轮残余不平衡量的相位。图 11.8 所示为压气机(前截面)和涡轮(后截面)残余不平衡量分别为同相位和反相位时转子的幅频响应。此处选取前、后截面不平衡量的大小相同，只是改变相位。由图可见，同相位时不平衡主要激起转子一阶模态的振动，反相位时会激起二阶模态的振动。二阶模态处在主要工作转速范围之内，因此，应使压气机和涡轮残余不平衡量的相位相同，这有利于控制转子的振动。

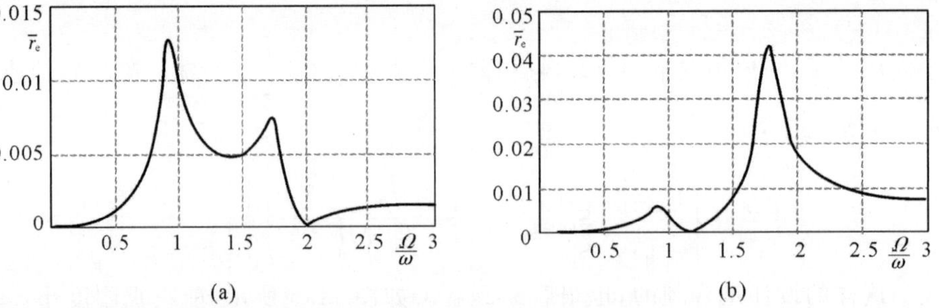

图 11.8　前、后截面不平衡量同相位与反相位时转子的幅频特性($\frac{S_{b1}}{S_{b2}}=\frac{1}{2},\frac{a}{L}=\frac{1}{2},\frac{I}{ML^2}=\frac{1}{6},\frac{I_p}{I}=\frac{1}{2}$)

(a)前、后截面残余不平衡量同相位；(b)前、后截面残余不平衡量反相位

设计时，如果选择 $I_p>I$，则在发动机所有工作转速范围内，只存在一阶协调正进动临界转速，振型以平动为主。宜选第一设计方案，即主要抑制转子通过一阶临界转速时的振动峰值。此时，应选择 $S_{b2}>S_{b1}$，例如，$\frac{S_{b1}}{S_{b2}}=[0.1,0.5]$。另外，应使压气机(前截面)和涡轮(后截面)残余不平衡量的相位相反，这有利于控制转子的振动。

11.3.2　协调正进动参数临界转速

再回到式(11.42)。令行列式的虚部为零，即

$$2\mathrm{j}D\frac{\Omega}{\bar{\omega}}\left\{\frac{1}{1+\frac{S_{b1}}{S_{b2}}}-\frac{\Omega^2}{\bar{\omega}}\left[\frac{a^2}{L}+\frac{I\left(1-\frac{I_p}{I}\right)}{ML^2}\right]\right\}=0 \tag{11.43}$$

若选择一组设计参数使行列式的实部和虚部同时为零，即式(11.41)和式(11.43)同时成立，则阻尼器无效。

由式(11.43)可解得

$$\frac{1}{1+\dfrac{S_{b1}}{S_{b2}}}=\frac{\Omega^2}{\bar{\omega}}\left\{\frac{a^2}{L}+\frac{I\left(1-\dfrac{I_p}{I}\right)}{ML^2}\right\} \tag{11.44}$$

代入式(11.41)后，得到

$$\frac{I\left(1-\dfrac{I_p}{I}\right)}{ML^2}=\frac{a}{L}\left(1-\frac{a}{L}\right) \tag{11.45}$$

当转子参数满足式(11.45)时，转子振动方程系数矩阵行列式的实部和虚部确实会同时为零，阻尼器失去阻尼作用，转子振动趋于无穷大，转子动平衡难度加大。由式(11.44)可解出对应的转速，即

$$\frac{\Omega_{p+}}{\bar{\omega}}=\sqrt{\frac{L}{a}\,\frac{1}{1+\dfrac{S_{b1}}{S_{b2}}}} \tag{11.46}$$

称 Ω_{p+} 为协调正进动参数临界转速。图 11.9 所示为参数临界转速随刚度比的变化。

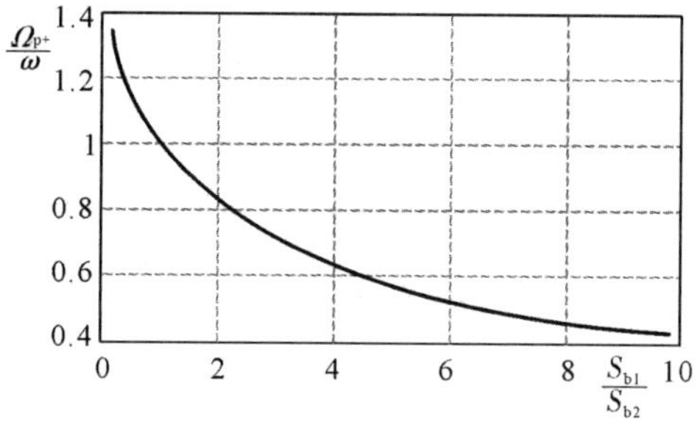

图 11.9　参数临界转速随刚度比的变化($\frac{a}{L}=\frac{1}{2}$)

实际的高压转子重心位置 $\frac{a}{L}$ 会落在区间(0.3,0.7)之内，而 $\frac{a}{L}\left(1-\frac{a}{L}\right)$ 必然落在区间 $\left[\frac{1}{5},\frac{1}{4}\right]$ 之内。因此，式(11.45)在实际发动机中一般不会成立，协调正进动参数临界转速不会出现，设计风险不大。

11.3.3　反进动激振力作用下转子的振动

某些类型的发动机以对转模式工作。低压转子会对高压转子施加反转方向的激振力。另外，当高压转子与机匣或与密封产生碰摩时，在高压转子上也会作用反进动激振力。

假设作用在压气机(前截面)和涡轮(后截面)上的反进动激振力为

$$F_{-1}=\begin{bmatrix}F_{-1g1}\,e^{j\beta_{g1}}\\ F_{-1g2}\,e^{j\beta_{g2}}\end{bmatrix}e^{-j\Omega_g t} \tag{11.47}$$

式中，Ω_g 为反进动激振力的频率或反转时的低压转速；F_{-1gi} 和 $\beta_{gi}(i=1,2)$ 分别为反进动激振力的幅值和相位。

代入方程式(11.32)，即得

$$\begin{bmatrix} M & 0 \\ 0 & I \end{bmatrix}\begin{bmatrix} \ddot{r} \\ \ddot{\theta} \end{bmatrix}+\begin{bmatrix} 0 & 0 \\ 0 & -\mathrm{j}I_{\mathrm{p}}\Omega \end{bmatrix}\begin{bmatrix} \dot{r} \\ \dot{\theta} \end{bmatrix}+\begin{bmatrix} d & \mathrm{j}ad \\ -\mathrm{j}ad & da^2 \end{bmatrix}\begin{bmatrix} \dot{r} \\ \dot{\theta} \end{bmatrix}+\begin{bmatrix} S_{\mathrm{b1}}+S_{\mathrm{b2}} & \mathrm{j}(aS_{\mathrm{b1}}-bS_{\mathrm{b2}}) \\ -\mathrm{j}(aS_{\mathrm{b1}}-bS_{\mathrm{b2}}) & (a^2S_{\mathrm{b1}}+b^2S_{\mathrm{b2}}) \end{bmatrix}$$

$$\begin{bmatrix} r \\ \theta \end{bmatrix}=\mathrm{e}^{-\mathrm{j}\Omega_{\mathrm{g}}t}\begin{bmatrix} F_{-1\mathrm{g1}}\mathrm{e}^{\mathrm{j}\beta_{\mathrm{g1}}}+F_{-1\mathrm{g2}}\mathrm{e}^{\mathrm{j}\beta_{\mathrm{g2}}} \\ aF_{-1\mathrm{g1}}\mathrm{e}^{\mathrm{j}\beta_{\mathrm{g1}}}-(L-a)F_{-1\mathrm{g2}}\mathrm{e}^{\mathrm{j}\beta_{\mathrm{g2}}} \end{bmatrix} \tag{11.48}$$

设解为

$$\begin{bmatrix} r \\ \theta \end{bmatrix}=\begin{bmatrix} r_{\mathrm{g}} \\ \theta_{\mathrm{g}} \end{bmatrix}\mathrm{e}^{-\mathrm{j}(\Omega_{\mathrm{g}}t+\varphi)} \tag{11.49}$$

代入方程式(11.48)后得到

$$\begin{bmatrix} S_{\mathrm{b1}}+S_{\mathrm{b2}}-M\Omega_{\mathrm{g}}^2 & \mathrm{j}(aS_{\mathrm{b1}}-bS_{\mathrm{b2}}) \\ -\mathrm{j}(aS_{\mathrm{b1}}-bS_{\mathrm{b2}}) & a^2S_{\mathrm{b1}}+b^2S_{\mathrm{b2}}+\left(I_{\mathrm{p}}\dfrac{\Omega}{\Omega_{\mathrm{g}}}+I\right)\Omega_{\mathrm{g}}^2 \end{bmatrix}\begin{bmatrix} r_{\mathrm{g}} \\ \theta_{\mathrm{g}} \end{bmatrix}\mathrm{e}^{-\mathrm{j}\varphi}-\mathrm{j}\Omega_{\mathrm{g}}\begin{bmatrix} d & \mathrm{j}ad \\ -\mathrm{j}ad & da^2 \end{bmatrix}\begin{bmatrix} r_{\mathrm{g}} \\ \theta_{\mathrm{g}} \end{bmatrix}\mathrm{e}^{-\mathrm{j}\varphi}=$$

$$\begin{bmatrix} F_{-1\mathrm{g1}}\mathrm{e}^{\mathrm{j}\beta_{\mathrm{g1}}}+F_{-1\mathrm{g2}}\mathrm{e}^{\mathrm{j}\beta_{\mathrm{g2}}} \\ aF_{-1\mathrm{g1}}\mathrm{e}^{\mathrm{j}\beta_{\mathrm{g1}}}-(L-a)F_{-1\mathrm{g2}}\mathrm{e}^{\mathrm{j}\beta_{\mathrm{g2}}} \end{bmatrix} \tag{11.50}$$

进行无量纲化处理，得到

$$\begin{bmatrix} \bar{r}_{\mathrm{g}} \\ \theta_{\mathrm{g}} \end{bmatrix}\mathrm{e}^{-\mathrm{j}\varphi}=\left\{\begin{bmatrix} 1-\dfrac{\Omega_{\mathrm{g}}^2}{\bar{\omega}^2} & \mathrm{j}\left(\dfrac{a}{L}-\dfrac{1}{1+\dfrac{S_{\mathrm{b1}}}{S_{\mathrm{b2}}}}\right) \\ -\mathrm{j}\left(\dfrac{a}{L}-\dfrac{1}{1+\dfrac{S_{\mathrm{b1}}}{S_{\mathrm{b2}}}}\right) & \left(\dfrac{a}{L}\right)^2+\dfrac{1}{1+\dfrac{S_{\mathrm{b1}}}{S_{\mathrm{b2}}}}\left(1-\dfrac{2a}{L}\right)-\dfrac{\left(I_{\mathrm{p}}\dfrac{\Omega}{\Omega_{\mathrm{g}}}+I\right)\Omega_{\mathrm{g}}^2}{ML^2\bar{\omega}^2} \end{bmatrix}-\right.$$

$$\left.\mathrm{j}\begin{bmatrix} \dfrac{2\Omega_{\mathrm{g}}}{\bar{\omega}}D & \mathrm{j}\dfrac{2a}{L}\dfrac{\Omega_{\mathrm{g}}}{\bar{\omega}}D \\ -\mathrm{j}\dfrac{2a}{L}\dfrac{\Omega_{\mathrm{g}}}{\bar{\omega}}D & 2\left(\dfrac{a}{L}\right)^2\dfrac{\Omega_{\mathrm{g}}}{\bar{\omega}}D \end{bmatrix}\right\}^{-1}\begin{bmatrix} 1 & 1 \\ \dfrac{a}{L} & -\left(1-\dfrac{a}{L}\right) \end{bmatrix}\begin{bmatrix} f_{1\mathrm{g}} \\ f_{2\mathrm{g}} \end{bmatrix} \tag{11.51}$$

式中

$$\bar{r}_{\mathrm{g}}=\frac{r_{\mathrm{g}}}{L}$$

$$\bar{\omega}=\sqrt{\frac{S_{\mathrm{b1}}+S_{\mathrm{b2}}}{M}}$$

$$D=\frac{d}{2\bar{\omega}M}$$

$$f_{1\mathrm{g}}=\frac{F_{1\mathrm{g1}}}{(S_{\mathrm{b1}}+S_{\mathrm{b2}})L}\mathrm{e}^{\mathrm{j}\beta_{\mathrm{g1}}}$$

$$f_{2\mathrm{g}}=\frac{F_{1\mathrm{g2}}}{(S_{\mathrm{b1}}+S_{\mathrm{b2}})L}\mathrm{e}^{\mathrm{j}\beta_{\mathrm{g2}}}$$

系数矩阵的行列式为

$$\Delta=\begin{vmatrix} 1-\dfrac{\Omega_{\mathrm{g}}^2}{\bar{\omega}^2}-\mathrm{j}\dfrac{2\Omega_{\mathrm{g}}}{\bar{\omega}}D & \mathrm{j}\left(\dfrac{a}{L}-\dfrac{1}{1+\dfrac{S_{\mathrm{b1}}}{S_{\mathrm{b2}}}}\right)+\dfrac{2a}{L}\dfrac{\Omega_{\mathrm{g}}}{\bar{\omega}}D \\ -\mathrm{j}\left(\dfrac{a}{L}-\dfrac{1}{1+\dfrac{S_{\mathrm{b1}}}{S_{\mathrm{b2}}}}\right)-\dfrac{2a}{L}\dfrac{\Omega_{\mathrm{g}}}{\bar{\omega}}D & \left(\dfrac{a}{L}\right)^2+\dfrac{1}{1+\dfrac{S_{\mathrm{b1}}}{S_{\mathrm{b2}}}}\left(1-\dfrac{2a}{L}\right)-\dfrac{\left(I_{\mathrm{p}}\dfrac{\Omega}{\Omega_{\mathrm{g}}}+I\right)\Omega_{\mathrm{g}}^2}{ML^2\bar{\omega}^2}-\mathrm{j}2\left(\dfrac{a}{L}\right)^2\dfrac{\Omega_{\mathrm{g}}}{\bar{\omega}}D \end{vmatrix}=$$

$$\left\{\left(\frac{a}{L}\right)^2+\frac{1}{1+\frac{S_{b1}}{S_{b2}}}\left(1-\frac{2a}{L}\right)-\frac{\left(I_p\frac{\Omega}{\Omega_g}+I\right)\Omega_g^2}{ML^2\bar{\omega}^2}\right\}\left(1-\frac{\Omega_g^2}{\bar{\omega}^2}\right)-\left\{\frac{a}{L}-\frac{1}{1+\frac{S_{b1}}{S_{b2}}}\right\}^2+$$

$$2jD\frac{\Omega_g}{\bar{\omega}}\left\{\frac{-1}{1+\frac{S_{b1}}{S_{b2}}}+\left(\frac{\Omega_g}{\bar{\omega}}\right)^2\left[\left(\frac{a}{L}\right)^2+\frac{I_p\frac{\Omega}{\Omega_g}+I}{ML^2}\right]\right\} \tag{11.52}$$

阻尼比 $D=0$ 时，转子的临界转速为

$$\lambda_{-1}=\pm\sqrt{\frac{1}{2}\left\{\frac{\left(\frac{a}{L}\right)^2\left(1+\frac{S_{b1}}{S_{b2}}\right)+\left(1-\frac{2a}{L}\right)}{\left(1+\frac{I_p}{I}\frac{\Omega}{\Omega_g}\right)\left(1+\frac{S_{b1}}{S_{b2}}\right)\frac{I}{ML^2}}+1\pm\sqrt{\left[\frac{\left(\frac{a}{L}\right)^2\left(1+\frac{S_{b1}}{S_{b2}}\right)+\left(1-\frac{2a}{L}\right)}{\left(1+\frac{I_p}{I}\frac{\Omega}{\Omega_g}\right)\left(1+\frac{S_{b1}}{S_{b2}}\right)\frac{I}{ML^2}}+1\right]^2-\frac{4S_{b1}/S_{b2}}{\left(1+\frac{I_p}{I}\frac{\Omega}{\Omega_g}\right)\left(1+\frac{S_{b1}}{S_{b2}}\right)^2\frac{I}{ML^2}}}\right\}} \tag{11.53}$$

协调反进动时，$\Omega=\Omega_g$，转子的临界转速为

$$\lambda_{-1}=\pm\sqrt{\frac{1}{2}\left\{\frac{\left(\frac{a}{L}\right)^2\left(1+\frac{S_{b1}}{S_{b2}}\right)+\left(1-\frac{2a}{L}\right)}{\left(1+\frac{I_p}{I}\right)\left(1+\frac{S_{b1}}{S_{b2}}\right)\frac{I}{ML^2}}+1\pm\sqrt{\left[\frac{\left(\frac{a}{L}\right)^2\left(1+\frac{S_{b1}}{S_{b2}}\right)+\left(1-\frac{2a}{L}\right)}{\left(1+\frac{I_p}{I}\right)\left(1+\frac{S_{b1}}{S_{b2}}\right)\frac{I}{ML^2}}+1\right]^2-\frac{4S_{b1}/S_{b2}}{\left(1+\frac{I_p}{I}\right)\left(1+\frac{S_{b1}}{S_{b2}}\right)^2\frac{I}{ML^2}}}\right\}} \tag{11.54}$$

图 11.10 所示为转子反进动自振频率随转速的变化。由图 11.10 可见，不论 $\frac{I_p}{I}$ 为何值，总存在 2 个协调反进动临界转速，且随着转速 Ω 增加，一阶临界转速趋于零，二阶临界转速趋于 $\bar{\omega}$。

图 11.11 所示为转子受到反进动激励时，转子响应幅值随转速的变化关系。支承刚度比的影响与协调正进动时的规律一致。

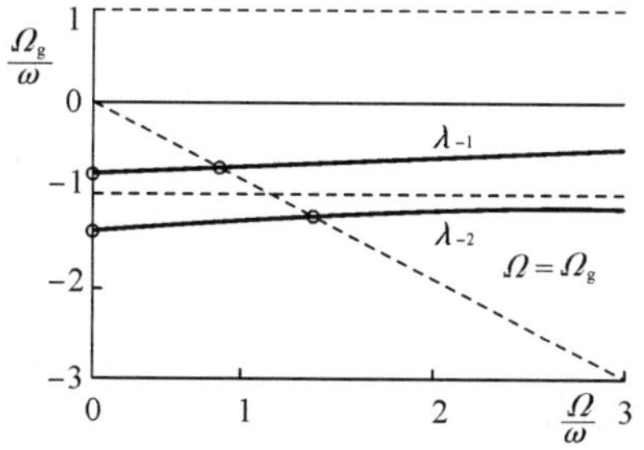

图 11.10　转子的反进动自振频率随转速的变化（$\frac{a}{L}=\frac{1}{2}$，$\frac{I}{ML^2}=\frac{1}{6}$，$\frac{I_p}{I}=\frac{1}{2}$，$\frac{S_{b1}}{S_{b2}}=\frac{1}{3}$）

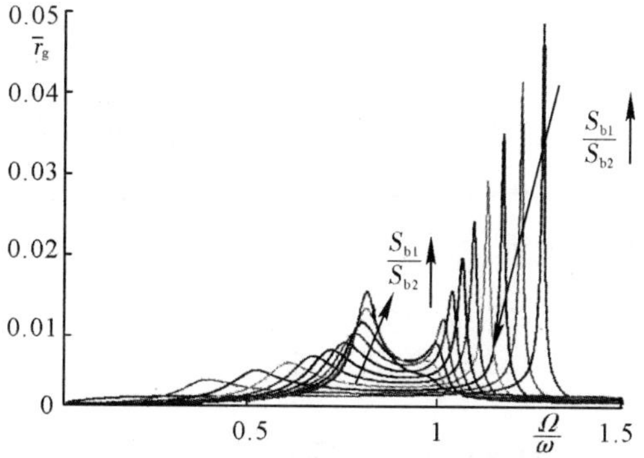

图 11.11　反进动激励时转子的幅频特性（$\frac{a}{L}=\frac{1}{2}$，$\frac{I}{ML^2}=\frac{1}{6}$，$\frac{I_p}{I}=1.3$，$D=4\%$，$\frac{S_{b1}}{S_{b2}}=[0.1,1]$）

11.3.4 反进动参数临界转速

令行列式(11.52)的虚部为零,得到

$$\frac{1}{1+\dfrac{S_{b1}}{S_{b2}}}=\left(\frac{\Omega_g}{\bar{\omega}}\right)^2\left[\frac{a^2}{L}+\frac{I\left(1+\dfrac{\Omega}{\Omega_g}\dfrac{I_p}{I}\right)}{ML^2}\right] \tag{11.55}$$

代入行列式(11.52)的实部,并令其为零,解得

$$\frac{I\left(1+\dfrac{\Omega}{\Omega_g}\dfrac{I_p}{I}\right)}{ML^2}=\frac{a}{L}\left(1-\frac{a}{L}\right) \tag{11.56}$$

当转子参数满足式(11.56)时,转子振动方程系数矩阵行列式(11.52)的实部和虚部同时为零,阻尼器对转子的反进动临界响应无阻尼效果,转子振动无穷大,对反进动作用力异常敏感。

当转子参数满足式(11.56)时,对应的反进动自振频率可由式(11.55)解出,即

$$\frac{\Omega_{gp\_}}{\bar{\omega}}=\sqrt{\frac{L}{a}\frac{1}{\left(1+\dfrac{S_{b1}}{S_{b2}}\right)}} \tag{11.57}$$

式中:$\Omega_{gp\_}$ 为反进动参数临界转速。

如前所述,实际的高压转子重心位置$\dfrac{a}{L}$会落在区间(0.3,0.7)之内,而$\dfrac{a}{L}\left(1-\dfrac{a}{L}\right)$必然落在区间(1/5,1/4]之内。高、低压转子对转时,$\Omega_g<\Omega$,低压转子不平衡会对高压转子产生反进动激励。在这种情况下,式(11.56)在实际中是可能成立的。因此,在对转双转子发动机设计中,要检验高压转子参数,避免出现式(11.56)所示的条件。另外,由式(11.56)还可解得

$$\frac{\Omega}{\Omega_g}=\frac{1}{I_p}\left[\frac{a}{L}\left(1-\frac{a}{L}\right)ML^2-I\right] \tag{11.58}$$

转子参数确定之后,对转双转子高、低压转速比不宜取式(11.58)所确定的值。否则,将会使条件式(11.56)成立,出现反进动参数临界转速,导致阻尼器无效。

比较式(11.45)和式(11.56)可见,转子协调正进动时,可能不会出现协调正进动参数临界转速,但反进动时,则有可能出现反进动参数临界转速。其物理意义很明确,即对于同样的转子,高、低压转子同转时,阻尼器效果明显;而反转时,有可能出现反进动临界现象,阻尼器无效。因此,在发动机借鉴性设计中,须按式(11.56)检验转子的参数。与避开临界转速邻域的设计原则类似,转子的参数应避开式(11.56)所定值的一定范围,如图 11.12 所示。当$\dfrac{I\left(1+\dfrac{\Omega}{\Omega_g}\dfrac{I_p}{I}\right)}{ML^2}\Big/\left[\dfrac{a}{L}\left(1-\dfrac{a}{L}\right)\right]<0.6$或$\dfrac{I\left(1+\dfrac{\Omega}{\Omega_g}\dfrac{I_p}{I}\right)}{ML^2}\Big/\left[\dfrac{a}{L}\left(1-\dfrac{a}{L}\right)\right]>1.5$时,不会出现参数临界转速的影响。若转子参数落在不恰当的范围内,如图 11.12 所示的范围[0.6,1.5],则转子的振动对不平衡的变化非常敏感,须修正转子的设计。

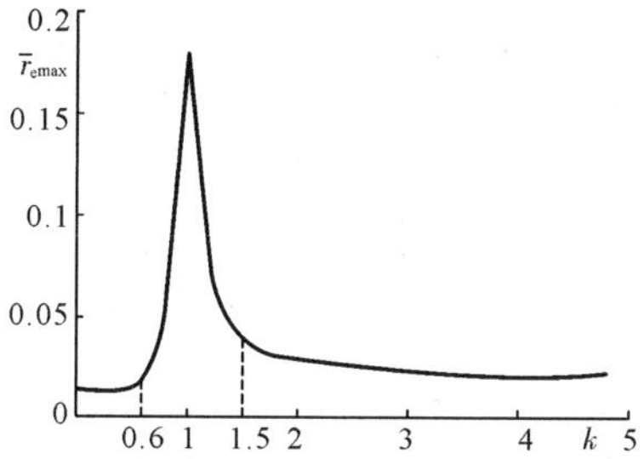

图 11.12　转子临界峰值随转子参数的变化

$$\left(\frac{a}{L}=\frac{1}{2};\frac{I}{ML^2}=\frac{1}{6};D=4\%;\frac{S_{b1}}{S_{b2}}=\frac{1}{2};\bar{a}=\frac{a}{L}\left(1-\frac{a}{L}\right),\bar{I}=\frac{I\left(1+\frac{\Omega}{\Omega_g}\frac{I_p}{I}\right)}{ML^2}=k\bar{a};k=[0.01,5]\right)$$

11.4　高压转子动力学设计实例

本节以一个三盘转子模拟高压转子，利用有限元法进行数值仿真计算，对前述高压转子的前两阶模态、高压转子支承刚度配比准则、高压转子动平衡相位配比准则以及参数临界转速的出现条件进行模拟与验证。同时，作为设计实例，也可为高压转子动力学设计提供参考与指导。

11.4.1　高压转子动力学模型

真实的高压转子结构非常复杂，例如，压气机盘可能达到 10 级以上，转子多采用盘鼓结构，同时使用挤压油膜阻尼器等。但对于高压转子的动力学分析和设计，可建立如图 11.13 所示的简化模型，只要保证结构动力学相似，所得设计结果就具有指导意义。

简化的模型转子系统包含三个盘，其中前两个盘模拟高压压气机盘（HPC），第三个盘模拟高压涡轮（HPT）。转子系统包含两个支承，分别模拟高压转子前支承和后支承。其中，前、后支承均为弹性支承，阻尼器设置在前支承。

通过调节转子的几何参数及惯量参数，探讨前述的各无量纲参数对高压转子动力学特性的影响。可改变的转子参数包括以下：

(1)转子支承刚度比 S_{b1}/S_{b2}，通过改变前、后支承的支承刚度值即可改变转子的支承刚度比；

(2)高压转子质心位置 a/L，通过调节高压转子转盘的质量或者各盘的位置均可改变转子的相对质心位置；

(3)轴的长度以及各个位置的截面可变；

(4)各盘直径、厚度、质量 m、极转动惯量 I_p 以及转动惯量 I 等参数。

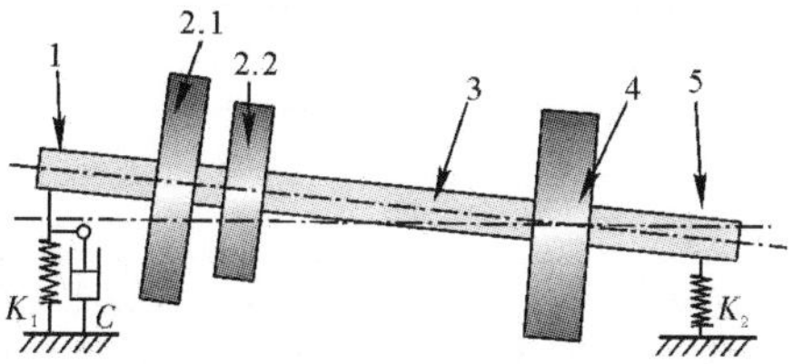

图 11.13　高压转子结构动力学模型

1—前支点(含阻尼器)；2.1 和 2.2—模拟 HPC 盘；3—高压轴；4—模拟 HPT 盘；5—后支点

根据转子结构特征对转子进行划分，建立转子的有限元模型，具体建模及计算过程参见本书第 14 章连续体转子的结构动力学设计相关内容，有限元模型如图 11.14 所示。该模型所包含的有限元单元包括：

(1)梁单元：19 个，其中各单元内、外直径，长度可调；

(2)轴承单元：2 个，轴承的刚度可调，其中前支承添加线性阻尼；

(3)盘单元：3 个，各盘内、外径和盘厚度可调，各盘的节点位置可调。

下面使用数值方法计算转子的前两阶模态，通过调节转子的几何参数如转子重心位置，以及力学参数如转子支承刚度比，研究不同参数配比下高压转子动力学特征。需要说明的是，为了增强计算结果的普适性，计算过程中的模型参数均以无量纲参数给出。例如，当研究支承刚度配比时，所使用的模型参数为支承刚度比 S_{b1}/S_{b2}，而不是具体的刚度值。

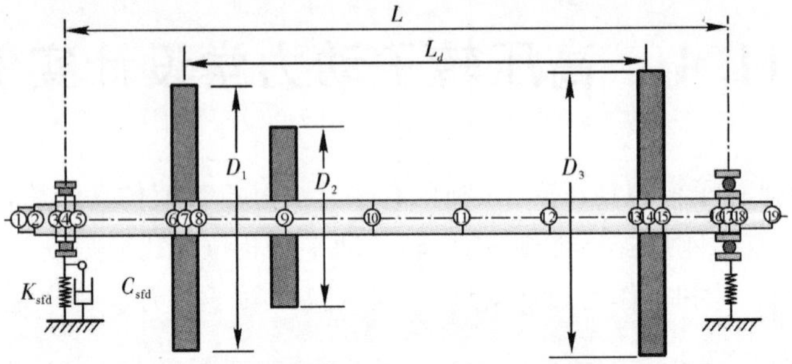

图 11.14　高压转子有限元模型

11.4.2　高压转子的前两阶模态

根据图 11.14 所示的有限元模型，得到转子系统的运动微分方程为

$$[M^S][\ddot{q}^S]+([C^S]-\Omega[G^S])[\dot{q}^S]+[K^S][q^S\}=\{Q^S] \tag{11.59}$$

式中$[M^S]$为系统质量矩阵；$[C^S]$为系统阻尼矩阵；$[G^S]$为系统陀螺力矩矩阵；$[K^S]$为系统刚度矩阵；$[Q^S]$为系统所受广义力向量；$[q^S]$为系统广义坐标向量。

计算前两阶模态时，所使用的有限元模型参数见表 11.1。

表 11.1　转子模型参数

	节点编号	外径/mm	内径/mm	厚度/mm
盘单元参数	2	700	60	40
	3	500	40	40
	18	700	60	60
轴单元参数	节点编号	外径/mm	内径/mm	长度/mm
	1,18	43	0	50
	1～17	160	150	50
	19	43	0	0
支承参数	节点编号	刚度/(N·m^{-1})	阻尼/(N·s·m^{-1})	
	1	1.2E6	100	
	19	1.5E6	0	

根据模型参数，可得转子无量纲化参数，见表 11.2。

表 11.2　模型无量纲化参数

相对质心位置 a/L	转动惯量比 I_p/I	相对转动惯量 $I/(ML^2)$	当量临界转速 $\bar{\omega}/(\mathrm{rad \cdot s^{-1}})$	支承刚度比 S_{b1}/S_{b2}
0.68	0.31	0.22	84.8	0.83

计算得到的转子前两阶振型如图 11.15 所示，临界转速如图 11.16 所示。

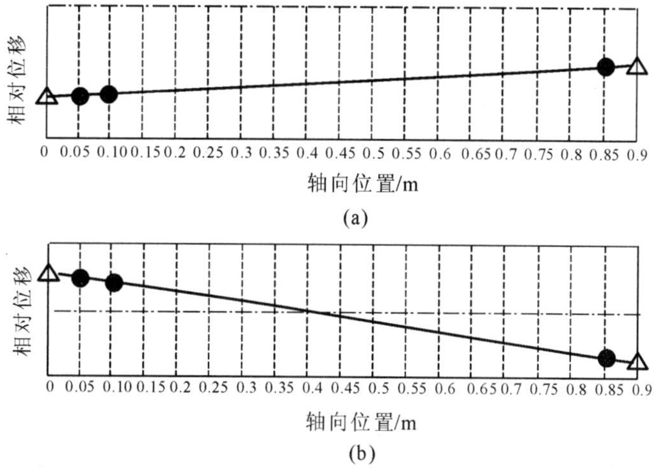

图 11.15　转子两阶振型

(a)一阶振型；(b)二阶振型

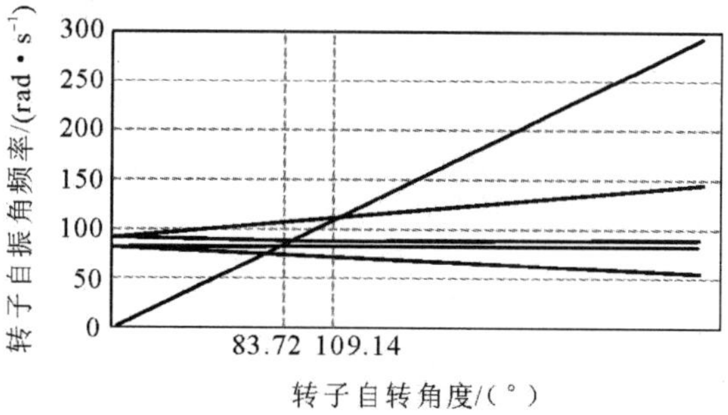

图 11.16　坎贝尔图

如图 11.15 所示，转子一阶振型为平动模态，二阶振型为俯仰模态。在一阶临界转速时，分布于高压轴的弯曲应变能为 3.3%；在二阶临界转速时，分布于高压轴的弯曲应变能为 3.8%，应变能主要集中在弹支上。根据文献[44]，当集中于轴系的应变能小于 10%时，可认为转子的模态为刚性模态。因此，本算例将转子视作为刚性转子是合适的。

根据第 11.2 节中前两阶临界转速上界估算方法，当 $\dfrac{(1-I_p/I)I}{ML^2} \geqslant \dfrac{1}{12}$ 时，转子的一阶临界转速满足 $\omega_1 < \bar{\omega}$；二阶临界转速满足 $\bar{\omega} < \omega_2 < 2\bar{\omega}$。对于本算例 $\dfrac{(1-I_p/I)I}{ML^2} = 0.22$，$\omega_1 = 0.98\bar{\omega}$，$\omega_2 = 1.29\bar{\omega}$，与第 11.2 节中的估算结果是相符的。

11.4.3 高压转子支承刚度配比

转子几何参数不变，设置不同的刚度比 S_{b1}/S_{b2}，计算转子的不平衡响应。考虑到转子为刚性转子，根据一阶振型与二阶振型，转子振动的最大位移出现在支承处。因此，下面计算的转子响应均为支承处转子的响应。假设转子的支承刚度比 S_{b1}/S_{b2} 的范围为 0.2～1.2，具体参数见表 11.3。假设前支点安装线性阻尼器，阻尼值为 800N·s·m^{-1}。在模拟涡轮盘 0°位置添加 20g·cm 不平衡量，所得到的响应如图 11.17 所示。

表 11.3　支承刚度

S_{b1}/S_{b2}	0.2	0.4	0.6	0.8	1.0	1.2
S_{b1}/(N·m^{-1})	1.0E6	2.0E6	3.0E6	4.0E6	5.0E6	6.0E6

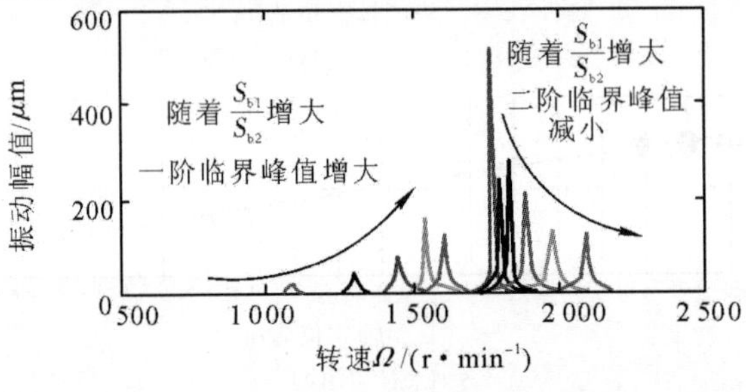

(a)

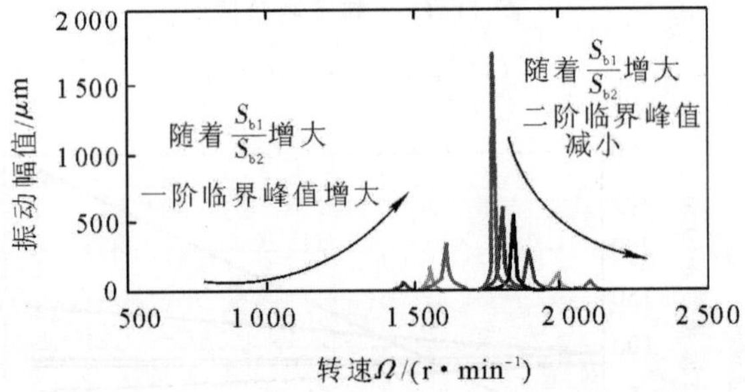

(b)

图 11.17　不同刚度比下转子的响应

(a)支承 1 处临界峰值；(b)支承 2 处临界峰值

根据计算结果，随着刚度比 S_{b1}/S_{b2} 的增大，转子的一阶临界峰值呈增大趋势，转子的二阶临界峰值呈减小趋势。也就是说，增大前支点刚度有利于降低高压转子二阶振动峰值；减小前支点刚度有利于降低转子一阶振动峰值。因此，在进行高压转子动力学设计时，不仅要考虑支承刚度对临界转速和振型的影响，还需结合转子的工作转速与设计目标，合理配置高压转子前后支点支承刚度比。

11.4.4 高压转子动平衡相位匹配准则

设置不同的模拟高压压气机盘与模拟高压涡轮盘的不平衡量，通过改变其相位来计算不平衡量的相位匹配对转子振动响应的影响。

假设靠近前支点的模拟压气机盘与模拟高压涡轮盘上存在不平衡量，具体大小与位置见表 11.4，分别计算转子的不平衡响应，如图 11.18 所示。

表 11.4　不平衡量设置

计算条件	模拟压气机盘	模拟涡轮盘
反相位	30 g·cm∠0°	30 g·cm∠180°
同相位	30 g·cm∠0°	30 g·cm∠0°

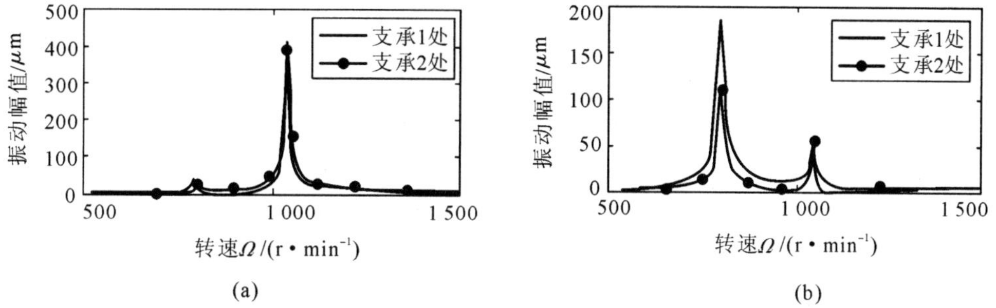

图 11.18　不同不平衡量相位匹配下转子的响应

(a)不平衡量反相位(不平衡量夹角 180°)；(b) 不平衡量同相位(不平衡量夹角 0°)

根据计算结果，当压气机与涡轮残余不平衡量设置为反相位时，转子的一阶临界峰值小于二阶临界峰值；当压气机与涡轮残余不平衡量设置为同相位时，转子的二阶临界峰值小于一阶临界峰值。此规律与第 11.3.1 节中所述的残余不平衡量匹配准则相符。

11.4.5　高压转子参数临界转速

根据第 11.3.2 节，协调正进动条件下通常不易出现参数临界转速。因此本算例在反进动条件下，计算参数临界转速的出现时转子的响应。在计算中，通过调节各轴段长度与盘的几何参数来满足参数临界转速的出现条件，具体参数见表 11.5。

表 11.5　验证参数临界转速的转子模型参数

盘单元参数	节点编号	外径/mm	内径/mm	厚度/mm
	2,18	400	40	60
	10	200	100	40
轴单元参数	节点编号	外径/mm	内径/mm	长度/mm
	1,18	43	0	34
	1～17	160	150	34
	19	43	0	0
支承参数	节点编号	刚度/(N·m⁻¹)	阻尼/(N·s·m⁻¹)	
	1	1E6	200	
	19	1E6	0	

根据上述转子参数计算可得转子的几何参数与惯量参数，见表 11.6。

表 11.6　参数临界转速条件下转子参数的选择

相对质心位置 a/L	转动惯量比 I_p/I	相对转动惯量 $I/(ML^2)$
0.500	0.236	0.201 9

此时

$$\frac{I\left(1+\frac{\Omega}{\Omega_g}\frac{I_p}{I}\right)}{ML^2}\approx\frac{a}{L}\left(1-\frac{a}{L}\right)$$

即满足了反进动条件下参数临界转速的出现条件。给盘 1 添加 5 g·cm 不平衡量，相位为 0°；给盘 3 添加不平衡量 5 g·cm，相位为 90°。以 0.02 rad/s 步长分别计算转子在同步正进动和同步反进动条件下的不平衡响应，结果如图 11.19 所示。

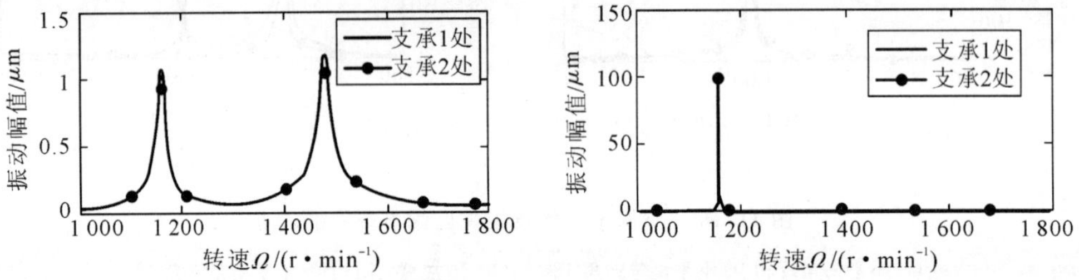

图 11.19　参数临界转速条件下转子的响应

(a)同步正进动条件下转子的响应；(b)同步反进动条件下转子的响应

由图 11.19 所示的计算结果可见，在满足参数临界转速出现的条件下，转子在同步正进动条件下，其振动水平仍维持在正常水平，即参数临界转速不出现。但是，在反进动条件下，转子的一阶临界峰值急剧增大，较正进动条件下的临界峰值增大了近 100 倍。事实上，转速步长取得越小，转子的一阶临界峰值越大。也就是说，此时阻尼器已经失效，即出现了第 11.3.4 节所述参数临界转速现象。经计算，反进动参数临界转速也可能表现为二阶临界峰值急剧增大或阻尼器在二阶临界转速时失效。

因此，在进行动力学设计时，应按照式(11.56)检验参数临界转速是否存在，以避免出现参数临界现象。

11.5　弹性支承刚度估计与测试

由前述可知，支承的刚度是发动机转子设计的重要参数。支承刚度的改变是通过改变弹性支承的设计刚度来实现的。常见的弹性支承包括鼠笼式、拉杆式和弹性环式弹性支承，其中鼠笼式弹性支承应用最为广泛。本节针对鼠笼式弹性支承，通过仿真计算和实验说明弹性支承刚度的估计方法与测试方法。

鼠笼刚度的准确估计是鼠笼式弹性支承设计的前提。目前常用的估计方法有公式计算、有限元仿真和实验测试方法。相对于常用的计算公式，使用三维有限元模型计算鼠笼式弹性支承的刚度时，计算结果误差较小。对弹性支承进行刚度测定时，实验方法很重要，测试的方法不正确，可能会造成较大的刚度误差。在进行弹性支承刚度估计与实验时应予以重视。

鼠笼式弹性支承结构简图与实物如图 11.20 所示。

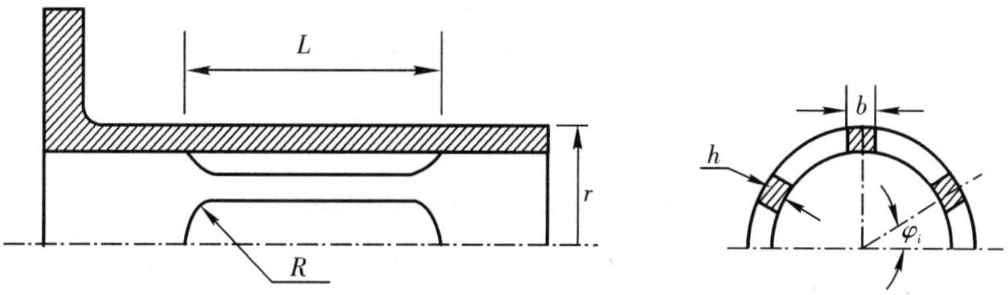

(a)

(b)

图 11.20　鼠笼弹性支承

(a)结构简图；(b)实物图

根据航空发动机设计手册，在进行刚度计算时，可采用以下式(11.60)～式(11.62)中任意一个进行刚度计算。

$$K_{rr} = \frac{nEb^2h^2}{L^3} \tag{11.60}$$

$$K_{rr} = \frac{nEbh}{2}\left(\frac{1}{L^3/h^2 + 13L/6} + \frac{1}{L^3/b^2 + 13L/6}\right) \tag{11.61}$$

$$K_{rr} = \frac{12E}{L^3}\sum_{i=1}^{n}(I_h\cos^2\varphi_i + I_b\sin^2\varphi_i) \tag{11.62}$$

式中：n 为鼠笼肋条数；E 为材料弹性模量；L 为鼠笼肋条长度；b 为鼠笼肋条截面宽度；h 为鼠笼肋条截面高度，$I_h = \frac{bh^3}{12}$，$I_b = \frac{hb^3}{12}$。

除以上三个公式外，有的公式加入了修正系数，该修正系数是通过实验得到的，可提高计算的准确度。常用的经验公式为

$$K_{rr} = \frac{nEbh(b^2 + kh^2)}{2L^3} \tag{11.63}$$

其中，k 为修正系数，$k = \frac{1}{(1+2\sqrt{bh}/L)^3}$。

从以上几个公式的表达式中可以看出，所有的计算公式中都没有考虑肋条两端倒角 R 的影响。然而，肋条形变最大的地方正是在肋条的两端，如图 11.21 所示。所以倒角 R 对刚度的影响是较大的。因此，使用公式计算时通常会出现计算结果偏小的情况。

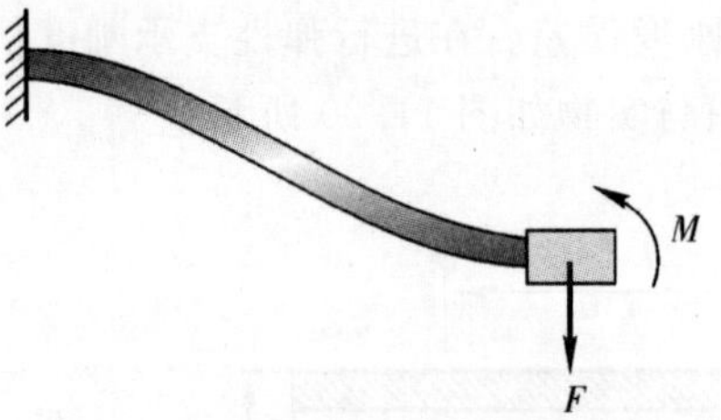

图 11.21　肋条受力变形示意图

同时，肋条的截面形状对鼠笼刚度有一定影响。不妨先不考虑倒角 R 的影响(假设 $R=0$)，首先讨论以上几个公式在计算不同截面形状时有何区别。以一个鼠笼式弹性支承为例，计算参数见表 11.7。

表 11.7　鼠笼参数

肋条数目 n	肋条长度 L	倒角 R	肋条面积 A	肋条截面宽高比 $r_a(b/h)$
16	63 mm	0 mm	14.8 mm^2	0.2～4.0

分别使用以上 4 个计算公式和有限元仿真方法，计算不同肋条截面形状时的鼠笼刚度，得到鼠笼刚度随截面宽高比 r_a 的变化曲线如图 11.22 所示。

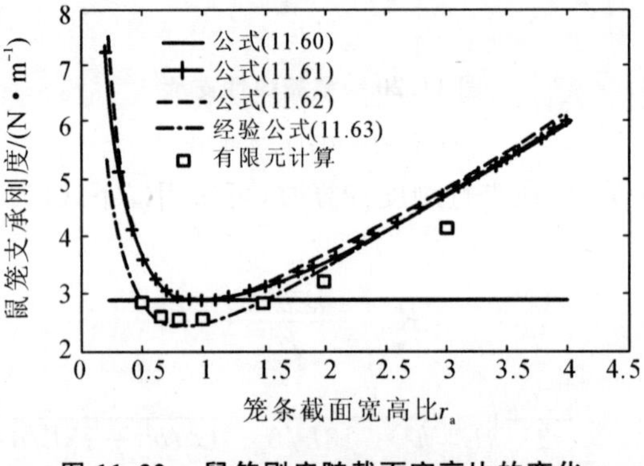

图 11.22　鼠笼刚度随截面宽高比的变化

根据计算结果，式(11.60)的计算结果不受截面宽高比 r_a 的影响，而式(11.61)与式(11.62)基本相同。使用经验公式(11.63)的计算结果与有限元仿真的结果较为相近，尤其在宽高比 r_a 最为常见的 0.5～2.0 的设计范围内。而使用三维有限元仿真的计算结果较为可靠。因此，从以上计算结果可以看出：当不考虑倒角时，使用经验公式计算得到的刚度更加准确。当考虑圆角时，刚度的大小受倒角 R 大小取值影响较大，无法直接确定哪个公式更加准确，需要具体情况具体分析。但是，由于使用三维有限元仿真计算时可以考虑圆角的影响，因此在设计以及计算鼠笼刚度时，使用有限元法估算刚度是较为可靠的。下面使用有限元建模，计算一个真实鼠笼的刚度，鼠笼式弹性支承参数见表 11.8。

表 11.8　鼠笼式弹性支承参数

肋条数目 n	肋条长度 L	圆角 R	肋条宽度 b	肋条高度 h
16	63 mm	3 mm	3.7 mm	4.0 mm

使用有限元建模，添加合适的约束以模拟轴承分布载荷，如图 11.23 所示。

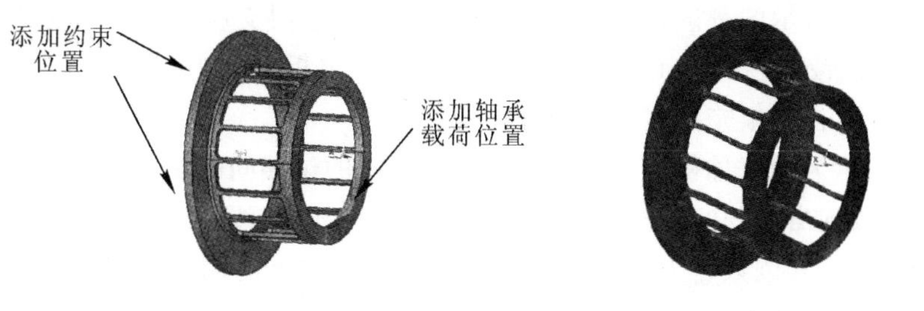

(a)　　　　　　　　(b)

图 11.23　有限元仿真计算鼠笼刚度

(a)约束与载荷;(b)鼠笼变形

根据鼠笼所受力与变形计算得到该鼠笼的刚度为 2.88×10^6 N/m,实验测得的支承刚度为 2.96×10^6 N/m,相对误差仅为 2.7%。使用刚度计算公式得到的结果与误差见表 11.9。

表 11.9　鼠笼刚度计算结果及误差

	实验结果	有限元仿真	式(11.60)	式(11.61)	式(11.62)	经验公式(11.63)
刚度/(10^6 N·m^{-1})	2.96	2.88	2.82	2.80	2.83	2.38
误差	0	2.7%	4.8%	5.3%	4.5%	19.5%

需要说明的是,表 11.9 中各公式的计算误差并不具有普适性,仅适用于该模型。这是因为各公式计算误差的大小不仅与建立计算公式时的假设有关,也与是否有圆角以及圆角的大小有关。

下面说明鼠笼刚度的测试过程。最常见的测试方法是通过在轴承安装位置悬挂重物,然后根据测得的位移与力的关系计算得到鼠笼的刚度。有时为了便于安装不同的鼠笼,会用到测试工装,如图 11.24 所示。在测试过程中基准面的选择非常关键,基准面决定了位移传感器支座的安装位置。换句话说,基准选在哪里,所测得的位移就是鼠笼端面与该基准面间的相对位移。测试对象为鼠笼,因此,基准面应选在距离鼠笼安装面最近的位置,如图中所示基准 A 所在的平面。由于传感器安装条件限制,有时不得不选择将传感器支座安装在距离鼠笼法兰端较远的位置如支座(基准 B)处,甚至是实验平台(基准 C)上。这样测得的刚度不再是鼠笼刚度,而是包含基准与测试面间所有部件的串联刚度,这将给测试结果带来较大误差。据笔者经验,这种因测试方案选择不当造成的误差在实际测试中普遍存在,应引起注意。

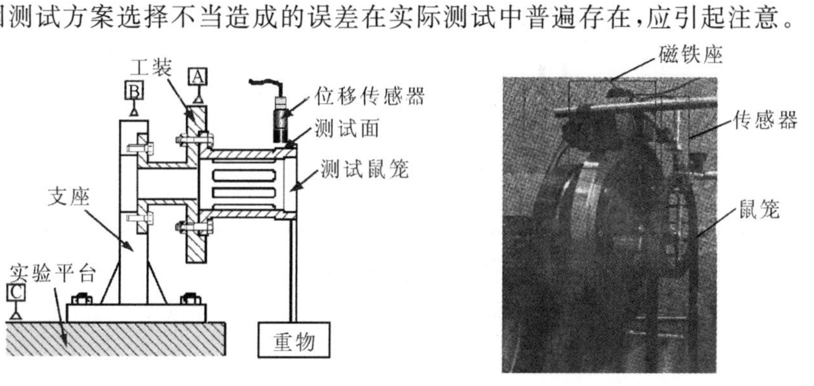

(a)　　　　　　　　(b)

图 11.24　鼠笼弹支刚度测试方案

(a)刚度测试方案;(b)刚度测试照片

采用图 11.24 所示的测试方案，选择基准 A 作为传感器支座即磁铁座安装面。磁铁座安装如图 11.24(b)所示，共测量 4 次。每次测完后，将鼠笼拆下，转 90°后再安装，重复上一次的测量过程。由此可检验鼠笼弹支刚度的各向均匀度。

图 11.25 所示为测试过程中所施加的力与所测得的位移间的变化关系。在鼠笼各个方向上，位移与受力表现出较好的线性关系，而且四个方向上的直线斜率非常接近。直线的斜率 k 为弹性支承的柔度，其倒数即为所求刚度。计算四个方向上的刚度，计算结果见表 11.10，该弹性支承的刚度为 2.96×10^{6} N/m。

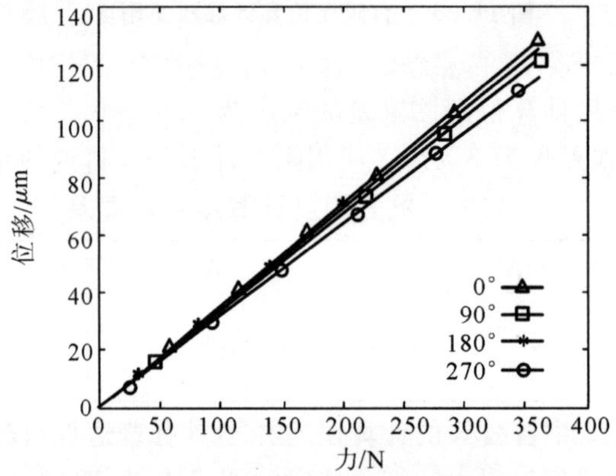

图 11.25　鼠笼弹支位移随力的变化

表 11.10　鼠笼弹支刚度测试结果

方向	0°	90°	180°	270°
测试刚度/(N·m^{-1})	3.096×10^{6}	2.86×10^{6}	2.82×10^{6}	3.08×10^{6}
平均刚度/(N·m^{-1})	2.96×10^{6}			

掌握如何准确估计和测试弹性支承刚度的方法后，就可以根据转子的动力学设计要求，为转子设计合适的弹性支承。由于支承刚度是转子系统的重要参数，因此，只有对弹性支承的刚度进行了准确的估计后，才能使得所设计的转子达到既定的设计状态。

11.6　小　　结

本章建立了发动机高压转子的动力学模型，揭示了设计参数与转子振动特性间的关系，提出了转子临界转速界值的估计方法，建立了转子支承刚度设计的准则，揭示了转子参数临界转速现象，给出了参数临界转速出现的条件。本章小结如下：

(1)高压转子单独支承时(无中介轴承)，用支承在两个弹性支承上的刚性转子作为其结构动力学设计模型是合适的。

(2)可依据当量临界转速来估计转子的临界转速范围。当量临界转速为 $\bar{\omega}=\sqrt{\dfrac{S_{b1}+S_{b2}}{M}}$ (S_{b1} 和 S_{b2} 为前、后支承的刚度，M 为转子的质量)时，转子的一阶临界转速 $\omega_1<\bar{\omega}$，且随转速增

大趋近于 $\bar{\omega}$；当$\dfrac{\left(1-\dfrac{I_p}{I}\right)I}{ML^2}\geqslant\dfrac{1}{12}$（$I$ 为转子绕质心的转动惯量，I_p 为转子的极转动惯量，L 为两支承间的距离）时，转子的二阶临界转速 $\bar{\omega}<\omega_2\leqslant 2\sqrt{\dfrac{S_{b1}+S_{b2}}{M}}=2\bar{\omega}$；当条件 $\left(1-\dfrac{I_p}{I}\right)I\geqslant\dfrac{ML^2}{12}$ 不成立时，在实际可选的设计参数范围内，估计的界值约为 $2\bar{\omega}\leqslant\omega_2\leqslant 3\bar{\omega}$。

(3)若在工作转速范围内，设置一阶和二阶临界转速，一阶临界转速一般设计在慢车转速以下，二阶临界转速设计在慢车与巡航转速之间。在这种情况下，阻尼器是必要的，一般设置在前支承处。阻尼越大，临界峰值越小。但阻尼效果受到前、后支承刚度 S_{b1} 和 S_{b2} 的影响。取 $S_{b1}<S_{b2}$，有利于降低一阶临界峰值；而取 $S_{b1}>S_{b2}$，有利于降低二阶临界峰值。若以降低二阶临界峰值为设计目标，则高压压气机剩余不平衡量应与高压涡轮剩余不平衡量同相位。

(4) 转子存在协调正进动参数临界转速。当$\dfrac{I\left(1-\dfrac{I_p}{I}\right)}{ML^2}=\dfrac{a}{L}\left(1-\dfrac{a}{L}\right)$（$a$ 为转子重心的轴向位置）时，转子的协调正进动参数临界转速为$\dfrac{\Omega_{p+}}{\bar{\omega}}=\sqrt{\dfrac{L}{a}\dfrac{1}{1+\dfrac{S_{b1}}{S_{b2}}}}$。在参数临界转速处，阻尼器将失去阻尼作用，振动无穷大。但在转子参数的实际取值范围内，转子协调正进动参数临界转速不会出现。

(5)转子也存在反进动参数临界转速。当$\dfrac{I\left(1+\dfrac{\Omega}{\Omega_g}\dfrac{I_p}{I}\right)}{ML^2}=\dfrac{a}{L}\left(1-\dfrac{a}{L}\right)$（$\Omega$ 为转子转速，Ω_g 为反进动激振频率）时，转子的反进动参数临界转速为$\dfrac{\Omega_{gp-}}{\bar{\omega}}=\sqrt{\dfrac{L}{a}\dfrac{1}{1+\dfrac{S_{b1}}{S_{b2}}}}$。在参数临界转速处，阻尼器将失去阻尼作用，振动无穷大。转子反进动参数临界转速在实际中是可能出现的。因此，在设计时，要按照上述条件对转子参数进行检验，以避免出现反进动参数临界转速。

(6) 使用一个设计实例对高压转子设计方法进行了验证，结合实际说明了弹性支承的刚度估计与测试中应注意的问题。

第12章 航空发动机转子振动的“可容模态”和减振设计

航空发动机转子的结构动力学设计一直沿用“保证工作转速与临界转速留有足够裕度”的设计准则，即不论亚临界或者超临界运行的转子，其工作转速须与临界转速保持足够的裕度，例如15%。由于要在超临界工作，故须设置阻尼器以降低临界响应。Gunter 给出了最佳阻尼与支承刚度的关系，并分析了最佳阻尼对转子的镇定作用。但他仅考虑了一阶模态。Vance 较系统地总结出转子动力学设计的目标、准则和方法。本书前一章建立了发动机高压转子的动力学设计方法，提出了参数临界转速的概念，建立了设计参数的检验准则。

近年来，随着对战机战术要求的提升和飞行任务的多样性变化，航空发动机变工况特征愈加突出。发动机的结构动力学设计面临前所未有的挑战。

高性能航空发动机在工作期间，转子频繁越过一阶、二阶甚至三阶临界转速，工作点甚至落在临界转速位置或邻域，难以保证工作转速与临界转速之间的裕度要求。换言之，转子的临界转速将成为发动机的工作转速。这种情况下的转子模态，应定义为“可容模态”，对应的临界转速定义为“可容临界”。之所以定义为“可容模态”，一是因为发动机运行期间，转子频繁越过临界转速，临界转速甚至可能成为工作转速；二是因为工作状态下，材料特性、配合刚度和连接刚度发生明显变化，导致临界转速在较大范围内变化，很难保证设计时的“转速裕度”；三是因为“可容模态”下，转子结构动力学设计的准则是，要把转子的“可容临界”响应控制在允许的限制值之下，而不再是刻意保证期望的“转速裕度”；四是按照“可容模态”原则设计，易于保证发动机推重比和气动性能。为此，一是要在支承中加入阻尼器；二是要保证“可容模态”与支座绝对刚性时转子模态间的裕度，即“模态裕度”。这一变化将需要新的设计思想和方法与之相适应。

对于“可容模态”下工作的转子，结构动力学设计至关重要。设计的核心内容是减振，但不追求设定的“转速裕度”和跨越临界转速时的加速度，而是直接在临界转速之下，设计和优化转子参数，使阻尼器阻尼效果最佳，从而允许转子在“可容模态”下工作。另外，转子动平衡的要求将会更加苛刻。本章以发动机低压转子为例，分析转子的动力学特性和不平衡响应，建立“可容模态”减振设计的参数匹配原则和动平衡准则。“可容模态”下阻尼器的减振效果不仅取决于阻尼器的设计，还取决于转子参数的匹配设计，即保证“模态裕度”。另外，要提高转子动平衡的精度，残余不平衡的分布要尽量与支座绝对刚性时转子的模态正交。

12.1 简单柔性转子的“可容模态”设计

为说明柔性转子“可容模态”设计的思想，取图12.1所示的简单对称转子作为分析模型。

如图12.1所示，设两个支承的刚度和阻尼系数分别为 s_{b1}，d_{b1}，s_{b2} 和 d_{b1}。为简单起见，取

$$s_{b1}=s_{b2}=s_b,d_{b1}=d_{b2}=d_b$$

设轴两端的位移分别为(x_{b1},y_{b1})，(x_{b2},y_{b2})，盘中心的位移为(x,y)，摆角为(θ_x,θ_y)。

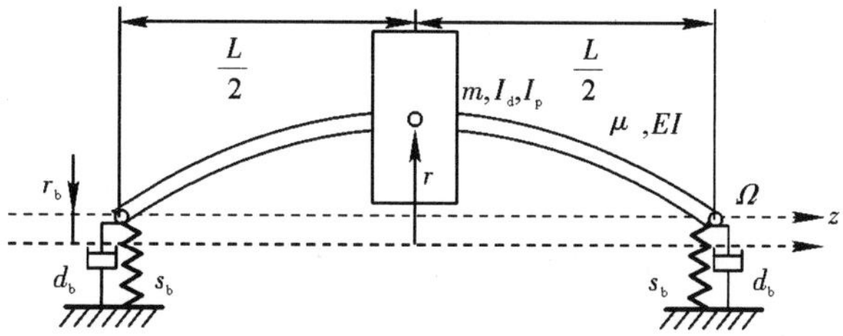

图 12.1　带弹支和阻尼器的柔性转子及坐标系

12.1.1　转子一阶模态为“可容模态”

考虑到转子系统的对称性，盘的横向振动和摆动是相互独立的，即无交叉刚度，$s_{12}=s_{21}=0$。此种条件下，转子的运动方程为

$$\left.\begin{aligned}m\ddot{x}+s_{11}(x-x_b)=m\varepsilon\Omega^2\cos(\Omega t+\beta)\\ m\ddot{y}+s_{11}(y-y_b)=m\varepsilon\Omega^2\sin(\Omega t+\beta)\end{aligned}\right\}\tag{12.1}$$

$$\left.\begin{aligned}s_{11}(x-x_b)=2s_bx_b+2d_b\dot{x}_b\\ s_{11}(y-y_b)=2s_by_b+2d_b\dot{y}_b\end{aligned}\right\}\tag{12.2}$$

方程中 s_{11} 为置盘处轴的横向刚度，而 $x_{b1}=x_{b2}=x_b$，$y_{b1}=y_{b2}=y_b$。

引入复向量

$$\left.\begin{aligned}r=x+\mathrm{j}y\\ r_b=x_b+\mathrm{j}y_b\end{aligned}\right\}\tag{12.3}$$

则方程式(12.1)和式(12.2)变为

$$\left.\begin{aligned}m\ddot{r}+s_{11}(r-r_b)=m\varepsilon\Omega^2\mathrm{e}^{\mathrm{j}(\Omega t+\beta)}\\ s_{11}(r-r_b)=2s_br_b+2d_b\dot{r}_b\end{aligned}\right\}\tag{12.4}$$

将式(12.4)中第二个方程代入第一个方程，可得

$$\frac{2md_b}{s_{11}}\dddot{r}_b+\frac{m(2s_b+s_{11})}{s_{11}}\ddot{r}_b+2d_b\dot{r}_b+2s_br_b=m\varepsilon\Omega^2\mathrm{e}^{\mathrm{j}(\Omega t+\beta)}\tag{12.5}$$

设转子的稳态解为

$$r_b=r_{b0}\mathrm{e}^{\mathrm{j}(\Omega t+\beta_{b0})}\tag{12.6}$$

代入方程式(12.5)并化简，得到

$$\left[2s_b-\frac{m(2s_b+s_{11})}{s_{11}}\Omega^2+2\mathrm{j}d_b\Omega\left(1-\frac{m}{s_{11}}\Omega^2\right)\right]r_{b0}\mathrm{e}^{\mathrm{j}\beta_{b0}}=m\varepsilon\Omega^2\mathrm{e}^{\mathrm{j}\beta}\tag{12.7}$$

由此解得支承振动幅值为

$$|r_{b0}\mathrm{e}^{\mathrm{j}\beta_{b0}}|=\left\{\left[2s_b-\frac{m(2s_b+s_{11})}{s_{11}}\Omega^2\right]^2+\left[2d_b\Omega\left(1-\frac{m}{s_{11}}\Omega^2\right)\right]^2\right\}^{-\frac{1}{2}}m\varepsilon\Omega^2\tag{12.8}$$

由式(12.8)可得无阻尼时的一阶临界转速为

$$\Omega_{cr1}=\sqrt{\frac{2s_bs_{11}}{m(2s_b+s_{11})}}\tag{12.9}$$

引入一阶阻尼比

$$D_{\mathrm{cr1}}=\frac{d_{\mathrm{b}}}{m\Omega_{\mathrm{cr1}}}\tag{12.10}$$

可得无量纲的支承振动幅值为

$$\frac{\left|r_{\mathrm{b0}}\mathrm{e}^{\mathrm{j}\beta_{\mathrm{b0}}}\right|}{\varepsilon}=\frac{\left(\dfrac{\Omega}{\Omega_{\mathrm{cr1}}}\right)^2}{\sqrt{\left(\dfrac{2s_{\mathrm{b}}+s_{11}}{s_{11}}\right)^2\left[1-\left(\dfrac{\Omega}{\Omega_{\mathrm{cr1}}}\right)^2\right]^2+\left(2D_{\mathrm{cr1}}\dfrac{\Omega}{\Omega_{\mathrm{cr1}}}\right)^2\left[1-\left(\dfrac{\Omega}{\Omega_{\mathrm{cr1}}}\right)^2\dfrac{2s_{\mathrm{b}}}{2s_{\mathrm{b}}+s_{11}}\right]^2}}\tag{12.11}$$

而转子的无量纲响应幅值为

$$\frac{\left|r_0\mathrm{e}^{\mathrm{j}\beta_0}\right|}{\varepsilon}=\sqrt{\left(1+\frac{2s_{\mathrm{b}}}{s_{11}}\right)^2+4D_{\mathrm{cr1}}^2\left(\frac{2s_{\mathrm{b}}/s_{11}}{2s_{\mathrm{b}}/s_{11}+1}\right)^2}\,\frac{\left|r_{\mathrm{b0}}\mathrm{e}^{\mathrm{j}\beta_{\mathrm{b}}}\right|}{\varepsilon}\tag{12.12}$$

图 12.2 所示为为转子和支承的幅频特性。由图可见,仅在临界转速附近,阻尼器减振效果明显。当能保证与临界转速有足够的转速裕度时,例如 15%,阻尼器则只用于跨越临界转速时减振。跨越临界转速时,只要升速或降速足够快,振动幅值就不会很大,阻尼器设计就相对较容易。在这种情况下,支承与转子的刚度选择,主要考虑调整临界转速的位置,以保证转速裕度,而与阻尼效果无关。

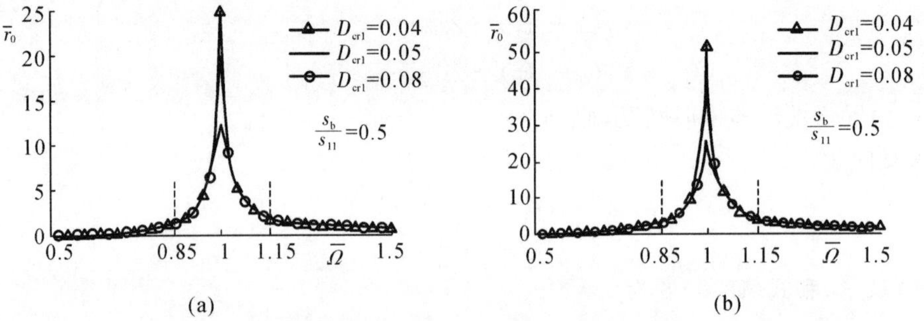

图 12.2　转子和支承的振动幅频特性($D_{\mathrm{cr1}}=0.04,\ 0.05,\ 0.08;\ \dfrac{s_{\mathrm{b}}}{s_{11}}=0.5;\ \bar{\Omega}=\dfrac{\Omega}{\Omega_{\mathrm{cr1}}}$)

(a)支承振动幅频特性($\bar{r}_{\mathrm{b0}}=\dfrac{\left|r_{\mathrm{b0}}\mathrm{e}^{\mathrm{j}\beta_{\mathrm{b0}}}\right|}{\varepsilon}$);(b) 转子振动幅频特性,$\bar{r}_0=\dfrac{\left|r_0\mathrm{e}^{\mathrm{j}\beta_0}\right|}{\varepsilon}$

但若一阶模态为"可容模态",即工作时,转子频繁跨越一阶临界转速,甚至在一阶临界转速邻近工作,则阻尼器要优化设计,并且要与转子和支承刚度匹配。

在临界转速处,即 $\Omega=\Omega_{\mathrm{cr1}}$ 时,转子支承的响应幅值为

$$\frac{\left|r_{b0}\mathrm{e}^{\mathrm{j}\beta_{\mathrm{b0}}}\right|_{\mathrm{cr1}}}{\varepsilon}=\frac{1+\dfrac{2s_{\mathrm{b}}}{s_{11}}}{2D_{\mathrm{cr1}}}\tag{12.13}$$

转子的临界响应幅值为

$$\frac{\left|r_0\mathrm{e}^{\mathrm{j}\beta_0}\right|_{\mathrm{cr1}}}{\varepsilon}=\sqrt{\left(1+\frac{2s_{\mathrm{b}}}{s_{11}}\right)^2+4D_{\mathrm{cr1}}^2\left(\frac{2s_{\mathrm{b}}/s_{11}}{2s_{\mathrm{b}}/s_{11}+1}\right)^2}\,\frac{\left|r_{b0}\mathrm{e}^{\mathrm{j}\beta_{\mathrm{b}}}\right|}{\varepsilon}=$$

$$\sqrt{\left(1+\frac{2s_{\mathrm{b}}}{s_{11}}\right)^2+4D_{\mathrm{cr1}}^2\left(\frac{2s_{\mathrm{b}}/s_{11}}{2s_{\mathrm{b}}/s_{11}+1}\right)^2}\,\frac{\left(1+\dfrac{2s_{\mathrm{b}}}{s_{11}}\right)}{2D_{\mathrm{cr1}}}\tag{12.14}$$

显而易见,阻尼 D_{cr1} 越大,支承和转子的临界响应越小。但它还取决于转子支承刚度与轴刚度

的选取。当支承刚度相对于轴的刚度无穷大时，即 $2s_b \gg s_{11}$，转子临界响应趋于无穷大。这表明，阻尼无效，转子动平衡难度增大。支承绝对刚性，置于其上的阻尼器自然失去作用。

当轴的刚度相对于支承刚度趋于无穷大时，即 $s_{11} \gg 2s_b$，转子和支承的临界响应达到最小，即

$$\frac{|r_0 e^{j\beta_0}|_{min}}{\varepsilon} \approx \frac{|r_{b0} e^{j\beta_b}|_{min}}{\varepsilon} = \frac{1}{2D_{cr1}} \tag{12.15}$$

换句话说，挤压油膜阻尼器对支承在弹支上的刚性转子阻尼效果最好。

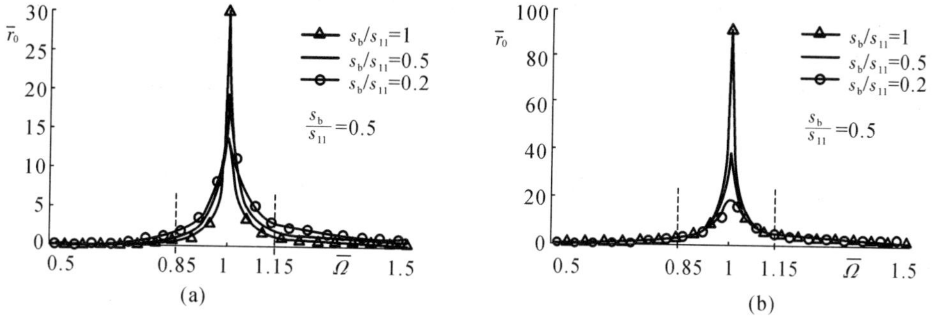

图 12.3　转子和支承振动幅频特性随支承与转子刚度比的变化($D_{cr1}=0.05$；$\frac{s_b}{s_{11}}=0.2，0.5，1.0$)

(a)支承振动幅频特性($\bar{r}_{b0}=\frac{|r_{b0} e^{j\beta_{b0}}|}{\varepsilon}$)；(b)转子振动幅频特性($\bar{r}_0=\frac{|r_0 e^{j\beta_0}|}{\varepsilon}$)

图 12.3 所示为阻尼比 $D_{cr1}=0.05$ 时转子和支承振动幅频特性随支承与转子刚度比的变化。由图可见，在临界转速区域，支承与转子刚度比的匹配对临界响应峰值的影响非常显著。支承刚度越小，减振效果越好。

对于航空发动机的低压转子，轴的直径受限，而长度较长，故刚度较小。要按照 $s_{11} \gg 2s_b$ 的条件来设计转子的支承，将受到两个约束条件的限制：①弹支要有足够的强度；②转子一支承系统的静变形不能太大(例如密封配合要求)。因此，须折中选择。

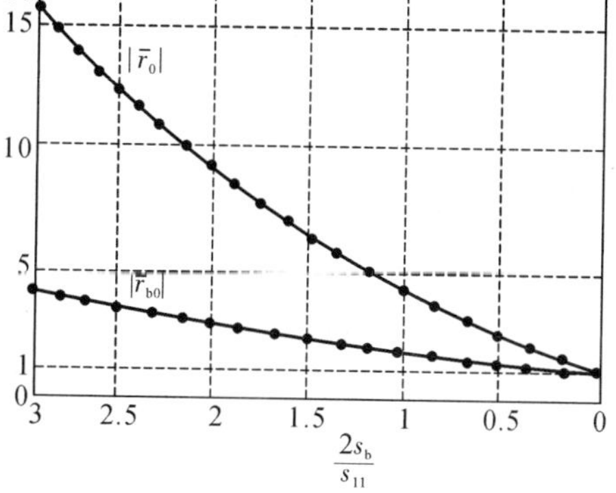

图 12.4　转子和支承振动相对幅值随支承/轴刚度比 $\frac{2s_b}{s_{11}}$ 的变化关系

($\Omega=\Omega_{cr1}$，纵坐标分别为 $|\bar{r}_0|=|r_0 e^{j\beta_0}|_{cr1}/|r_0 e^{j\beta_0}|_{min}$ 和 $|\bar{r}_{b0}|=|r_{b0} e^{j\beta_{b0}}|_{cr1}/|r_{b0} e^{j\beta_{b0}}|_{min}$)

图 12.4 所示为临界转速处减振效果与轴和支承刚度比 $\frac{2s_b}{s_{11}}$ 的变化关系。由图可见，随着 $\frac{2s_b}{s_{11}}$ 的减小，转子振动持续减小，最终趋于最小值。这与文献[7,46]的结论是一致的。

当 $s_b = s_{11}$ 时，$|r_0 e^{j\beta_0}|/|r_0 e^{j\beta_0}|_{min} \approx 9$，$|r_{b0} e^{j\beta_{b0}}|/|r_{b0} e^{j\beta_{b0}}|_{min} = 3$。而当 $s_b \leqslant \frac{1}{5} s_{11}$ 时，$|r_0 e^{j\beta_0}|/|r_0 e^{j\beta_0}|_{min} \approx 1.96$，$|r_{b0} e^{j\beta_{b0}}|/|r_{b0} e^{j\beta_{b0}}|_{min} \leqslant 1.4$。因此，设计时，只要选择支承刚度小于轴刚度的 20%，阻尼器就可发挥显著的阻尼效果。

12.1.2 二阶模态为“可容模态”

航空发动机的低压转子在工作转速范围之内，可能会存在前两阶模态。若一阶模态在慢车以下，二阶模态可能会出现在主要工作转速区域，成为“可容模态”。二阶模态通常表现为俯仰形式，并伴随轴的弯曲变形。为便于分析和理解，仍取图 12.1 所示的转子模型加以剖析，但结论并不失一般性。

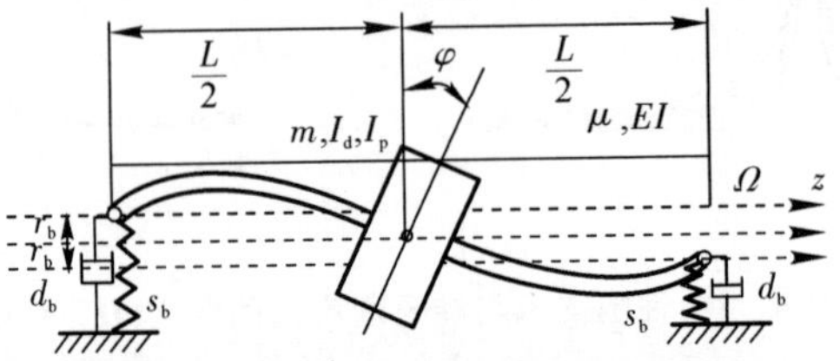

图 12.5 转子的二阶振动模态(纯俯仰)

如图 12.5 所示，转子的二阶模态为纯摆动(纯俯仰)模态。转子的振动微分方程为

$$I\ddot{\varphi} - jI_p\Omega\dot{\varphi} + s_{22}\varphi - js_{22}\frac{2r_b}{L} = (I - I_p)\alpha\omega^2 e^{j(\omega t+\gamma)} \tag{12.16}$$

$$s_{22}\varphi - js_{22}\frac{2r_b}{L} = 2js_b\frac{L}{2}r_b + 2jd_b\frac{L}{2}\dot{r}_b \tag{12.17}$$

$$\varphi = j\left(\frac{Ls_b}{s_{22}} + \frac{2}{L}\right)r_b + j\frac{d_bL}{s_{22}}\dot{r}_b \tag{12.18}$$

式中：s_{22} 为置盘处轴的抗摆刚度，Ω 为转子的自转角速度，α 为盘的初始偏角，ω 为摆振激振频率。

将式(12.18)代入方程式(12.16)，得到

$$j\frac{Id_bL}{s_{22}}\dddot{r}_b + \left[ILj\left(\frac{s_b}{s_{22}} + \frac{2}{L^2}\right) + \frac{I_p\Omega d_bL}{s_{22}}\right]\ddot{r} + \left[I_p\Omega L\left(\frac{s_b}{s_{22}} + \frac{2}{L^2}\right) + jd_bL\right]\dot{r}_b + jLs_br_b = (I - I_p)\alpha\omega^2 e^{j(\omega t+\gamma)} \tag{12.19}$$

设转子的稳态解为

$$r_b = r_{b02} e^{j(\omega t+\beta_{b02})} \tag{12.20}$$

代入方程式(12.19)，可得

$$\left\{\frac{Id_bL}{s_{22}}\omega^3 - \left[ILj\left(\frac{s_b}{s_{22}} + \frac{2}{L^2}\right) + \frac{I_p\Omega d_bL}{s_{22}}\right]\omega^2 + j\left[I_p\Omega L\left(\frac{s_b}{s_{22}} + \frac{2}{L^2}\right) + jd_bL\right)\omega + jLs_b\right\} r_{b02} e^{j\beta_{b02}} = 0$$

$$\left\{\frac{Id_bL}{s_{22}}\omega^3 - \frac{I_p\Omega d_bL}{s_{22}}\omega^2 - d_bL\omega + j\left[-IL\left(\frac{s_b}{s_{22}} + \frac{2}{L^2}\right)\omega^2 + I_p\Omega L\left(\frac{s_b}{s_{22}} + \frac{2}{L^2}\right)\omega + Ls_b\right]\right\} r_{b02} e^{j\beta_{b02}} = 0 \tag{12.21}$$

当阻尼为零时，即 $d_b = 0$，可得到特征方程为

$$-I\left(\frac{s_{\rm b}}{s_{22}}+\frac{2}{L^2}\right)\omega^2+I_{\rm p}\Omega\left(\frac{s_{\rm b}}{s_{22}}+\frac{2}{L^2}\right)\omega+s_{\rm b}=0 \tag{12.22}$$

解得转子的二阶临界转速为

$$\omega_{\rm cr2,1}=\frac{I_{\rm p}\Omega}{2I}\pm\sqrt{\left(\frac{I_{\rm p}\Omega}{2I}\right)^2+\frac{s_{\rm b}}{I\left(\frac{s_{\rm b}}{s_{22}}+\frac{2}{L^2}\right)}} \tag{12.23}$$

当转子在临界转速处振动时，即 $\omega=\omega_{\rm cr}$，转子的临界响应为

$$r_{\rm b2}{\rm e}^{{\rm j}\beta_{\rm b02}}=\frac{(I-I_{\rm p})\alpha\omega_{\rm cr}^2{\rm e}^{{\rm j}\gamma}}{\frac{Id_{\rm b}L}{s_{22}}\omega_{\rm cr}^3-\frac{I_{\rm p}\Omega d_{\rm b}L}{s_{22}}\omega_{\rm cr}^2-d_{\rm b}L\omega_{\rm cr}}=\frac{(I-I_{\rm p})\alpha\omega_{\rm cr}{\rm e}^{{\rm j}\gamma}}{d_{\rm b}L\left(\frac{I}{s_{22}}\omega_{\rm cr}^2-\frac{I_{\rm p}\Omega}{s_{22}}\omega_{\rm cr}-1\right)} \tag{12.24}$$

将临界转速的表达式代入分母，得到

$$r_{\rm b02}{\rm e}^{{\rm j}\beta_{\rm b02}}=\frac{(I-I_{\rm p})\alpha\omega_{\rm cr}{\rm e}^{{\rm j}\gamma}}{d_{\rm b}L\left(\frac{s_{\rm b}}{s_{\rm b}+\frac{2s_{22}}{L^2}}-1\right)}=\sqrt{-\frac{(I-I_{\rm p})(s_{\rm b}L^2+2s_{22})}{s_{22}}} \tag{12.25}$$

由式(12.25)可见，转子的临界振动峰值与一阶模态时的规律一致。当支承刚度相对轴的刚度无穷大时，即 $s_b\gg s_{22}$，转子临界响应趋于无穷大，阻尼无效。

由式(12.23)和式(12.25)可见，即使在临界转速处，转子非协调响应幅值与转速密切相关。

若转子发生同步正进动，即 $\omega=\Omega$，则

$$r_{\rm b+}=r_{\rm b0+}{\rm e}^{{\rm j}(\Omega t+\beta_{\rm b+})} \tag{12.26}$$

代入方程式(12.19)，可得

$$\left((I-I_{\rm p})\frac{d_{\rm b}L}{s_{22}}\Omega^3-d_{\rm b}L\Omega+{\rm j}\left[-(I-I_{\rm p})L\left(\frac{s_{\rm b}}{s_{22}}+\frac{2}{L^2}\right)\Omega^2+Ls_{\rm b}\right]\right)r_{\rm b0+}{\rm e}^{{\rm j}\beta_{\rm b+}}=I\alpha\Omega^2{\rm e}^{{\rm j}\gamma} \tag{12.27}$$

无阻尼时，特征方程为

$$-I\left(\frac{s_{\rm b}}{s_{22}}+\frac{2}{L^2}\right)\Omega^2+I_{\rm p}\Omega^2\left(\frac{s_{\rm b}}{s_{22}}+\frac{2}{L^2}\right)+s_{\rm b}=0 \tag{12.28}$$

解得临界转速为

$$\Omega_{\rm cr2}=\sqrt{\frac{s_{\rm b}s_{22}}{(I-I_{\rm p})\left(s_{\rm b}+\frac{2s_{22}}{L^2}\right)}} \tag{12.29}$$

式(12.29)表明，当 $I_{\rm p}\geqslant I$ 时，转子不会发生协调正进动摆动。但对于航空发动机的低压转子，一般情况下，$I_{\rm p}<I$。

令

$$\frac{d_{\rm b}L^2}{I}=D_{\rm cr2}\Omega_{\rm cr2} \tag{12.30}$$

$$\overline{\Omega}=\frac{\Omega}{\Omega_{\rm cr2}} \tag{12.31}$$

代入式(12.27)和式(12.29)，解得支承无量纲振动幅值为

$$\frac{\left|r_{\rm b02}{\rm e}^{{\rm j}\beta_{\rm b02}}\right|}{L\alpha}=\left\{\left[\frac{D_{\rm cr2}L^2s_{\rm b}}{L^2s_{\rm b}+2s_{22}}\overline{\Omega}^3-D_{\rm cr2}\overline{\Omega}\right]^2+\left[\frac{I-I_{\rm p}}{I}\left(\frac{L^2s_{\rm b}+2s_{22}}{s_{22}}\right)(1-\overline{\Omega}^2)\right]^2\right\}^{-\frac{1}{2}}\overline{\Omega}^2$$

$$\frac{|r_{b02}e^{j\beta_{b02}}|}{L\alpha}=\frac{\frac{I-I_p}{I}\left(\frac{\Omega}{\Omega_{cr2}}\right)^2}{\sqrt{\left[\frac{I-I_p}{I}\left(\frac{L^2s_b+2s_{22}}{s_{22}}\right)\right]^2\left[1-\left(\frac{\Omega}{\Omega_{cr2}}\right)^2\right]^2+\left(2D_{cr2}\frac{\Omega}{\Omega_{cr2}}\right)^2\left[1-\left(\frac{\Omega}{\Omega_{cr2}}\right)^2\frac{L^2s_b}{L^2s_b+2s_{22}}\right]^2}} \tag{12.32}$$

转子的无量纲响应为

$$\frac{|\varphi_{02}|}{\alpha}=\sqrt{\left(2+\frac{L^2s_b}{s_{22}}\right)^2+\left[\frac{2ID_{cr2}\frac{L^2s_b}{s_{22}}}{(I-I_p)\left(2+\frac{L^2s_b}{s_{22}}\right)}\right]^2}\ \frac{|r_{b02}e^{j\beta_{b02}}|}{L\alpha} \tag{12.33}$$

分别比较式(12.32)和式(12.11)、式(12.33)和式(12.12)可见，前两阶模态的无量纲响应表达式形式相同，只是由于陀螺力矩的影响，二阶模态包含了转动惯量。

在二阶临界转速处，即 $\Omega=\Omega_{cr2}$，支承和转子的振动幅值分别为

$$\frac{|r_{b02}e^{j\beta_{b02}}|_{cr2}}{L\alpha}=\frac{(I-I_p)\left(2+\frac{L^2s_b}{s_{22}}\right)}{4ID_{cr2}} \tag{12.34}$$

$$\frac{|\varphi_{02}|_{cr2}}{\alpha}=\sqrt{\left(2+\frac{L^2s_b}{s_{22}}\right)^2+\left[\frac{2ID_{cr2}\frac{L^2s_b}{s_{22}}}{(I-I_p)\left(2+\frac{L^2s_b}{s_{22}}\right)}\right]^2}\ \frac{(I-I_p)\left(2+\frac{L^2s_b}{s_{22}}\right)}{4ID_{cr2}} \tag{12.35}$$

而当轴的刚度相对于支承刚度趋于无穷大时，即 $s_{22}\gg L^2s_b$，支承和转子的临界响应达到最小，即

$$\frac{|r_{b02}e^{j\beta_{b02}}|_{cr2/min}}{L\alpha}=\frac{I-I_p}{2ID_{cr2}} \tag{12.36}$$

$$\frac{|\varphi_{02}|_{cr2/min}}{\alpha}=\frac{I-I_p}{ID_{cr2}} \tag{12.37}$$

当 $L^2s_b\leqslant\frac{1}{2}s_{22}$ 时，由式(12.34)和式(12.35)可算出，$|r_{b02}e^{j\beta_{b02}}|_{cr2}/|r_{b02}e^{j\beta_{b02}}|_{cr2/min}=1.25$；$|\varphi_{02}|_{cr2}/|\varphi_{02}|_{cr2/min}\approx1.5625$。这一条件在实际设计中较易满足。

对于对转发动机，有可能在低压转子上作用反进动激振力，使转子产生反进动，即

$$r_{b-}=r_{b0-}e^{-j(\omega t+\beta_{b-})} \tag{12.38}$$

特征方程为

$$-I\left(\frac{s_b}{s_{22}}+\frac{2}{L^2}\right)\omega^2-I_p\Omega\left(\frac{s_b}{s_{22}}+\frac{2}{L^2}\right)\omega+s_b=0 \tag{12.39}$$

解得转子的临界转速为

$$\omega_{-cr1}=-\frac{I_p\Omega}{2I}-\sqrt{\left(\frac{I_p\Omega}{2I}\right)^2+\frac{s_b}{I\left(\frac{s_b}{s_{22}}+\frac{2}{L^2}\right)}} \tag{12.40}$$

同步反进动($w=-\Omega$)的临界转速为

$$\Omega_{-cr2}=-\sqrt{\frac{s_bs_{22}}{(I+I_p)\left(s_b+\frac{2s_{22}}{L^2}\right)}} \tag{12.41}$$

当转子在反进动临界转速处振动时，即 $\omega=\omega_{-cr}$，转子的临界响应为

$$r_{-\mathrm{b}02}\mathrm{e}^{\mathrm{j}\beta_{-\mathrm{b}02}}=\frac{(I+I_{\mathrm{p}})\alpha\omega_{-\mathrm{cr}}^{2}\mathrm{e}^{\mathrm{j}\gamma}}{-\dfrac{Id_{\mathrm{b}}L}{s_{22}}\omega_{-\mathrm{cr}}^{3}-\dfrac{I_{\mathrm{p}}\Omega d_{\mathrm{b}}L}{s_{22}}\omega_{-\mathrm{cr}}^{2}+d_{\mathrm{b}}L\omega_{-\mathrm{cr}}}=\frac{(I+I_{\mathrm{p}})\alpha\omega_{-\mathrm{cr}}\mathrm{e}^{\mathrm{j}\gamma}}{d_{\mathrm{b}}L\left(-\dfrac{I}{s_{22}}\omega_{-\mathrm{cr}}^{2}-\dfrac{I_{\mathrm{p}}\Omega}{s_{22}}\omega_{-\mathrm{cr}}+1\right)} \tag{12.42}$$

将临界转速的表达式代入式(12.42)的分母，得到

$$r_{-\mathrm{b}02}\mathrm{e}^{\mathrm{j}\beta_{-\mathrm{b}02}}=\frac{(I+I_{\mathrm{p}})\alpha\omega_{-\mathrm{cr}}\mathrm{e}^{\mathrm{j}\gamma}(L^{2}s_{\mathrm{b}}+2s_{22})}{2d_{\mathrm{b}}Ls_{22}} \tag{12.43}$$

与正进动的结论是一致的。

协调反进动时，$\omega=\Omega_{-\mathrm{cr}2}$，当 $\dfrac{L^{2}s_{\mathrm{b}}}{s_{22}}\to 0$ 时，$(r_{\mathrm{b}-}\mathrm{e}^{\mathrm{j}\beta_{\mathrm{b}-}})_{-\mathrm{cr}2/\min}=\dfrac{\sqrt{2s_{\mathrm{b}}(I+I_{\mathrm{p}})}\alpha\mathrm{e}^{\mathrm{j}\gamma}}{2d_{\mathrm{b}}}$。与式(12.36)比较可见，$(r_{\mathrm{b}-}\mathrm{e}^{\mathrm{j}\beta_{\mathrm{b}-}})_{-\mathrm{cr}2/\min}<(r_{\mathrm{b}02}\mathrm{e}^{\mathrm{j}\beta_{\mathrm{b}02}})_{\mathrm{cr}2/\min}$。

上述分析表明，阻尼器的减振效果取决于阻尼的大小，但也与转子刚度和支承刚度的匹配密切相关。如果二阶模态为“可容模态”，减振设计的目标就是降低转子的二阶临界响应。阻尼器和转子/支承刚度的匹配应针对二阶模态来设计。由于 $s_{22}>s_{11}$，适合二阶模态减振的转子/支承刚度匹配 $L^{2}s_{\mathrm{b}}=\eta s_{22}\left(\eta\leqslant\dfrac{1}{2}\right)$，对一阶模态可能不是最佳的。但反过来，适合一阶模态减振的转子/支承刚度匹配 $s_{\mathrm{b}}=\eta s_{11}\left(\eta\leqslant\dfrac{1}{5}\right)$，对二阶模态总是适合的。航空发动机的低压转子细长，刚度 s_{11} 较低，而要满足刚度匹配 $s_{\mathrm{b}}=\eta s_{11}\left(\eta\leqslant\dfrac{1}{5}\right)$，支承设计可能会受到强度和变形条件的限制。但若一阶模态不是“可容模态”，则针对一阶模态的刚度匹配 $s_{\mathrm{b}}=\eta s_{11}$ 可适当放宽，而主要关注二阶模态减振。

可以类推，若在发动机工作转速内存在多个“可容模态”，例如涡轴发动机，则以最低一阶“可容模态”来匹配转子/支承刚度。

12.2　一般柔性转子的“可容模态”设计

实际的转子自由度较多，具有多个模态，“可容模态”设计要复杂得多。为说明一般转子“可容模态”设计的方法，取图 12.6 所示的转子模型为设计对象，既不失一般性，又可使设计过程透明、易懂。

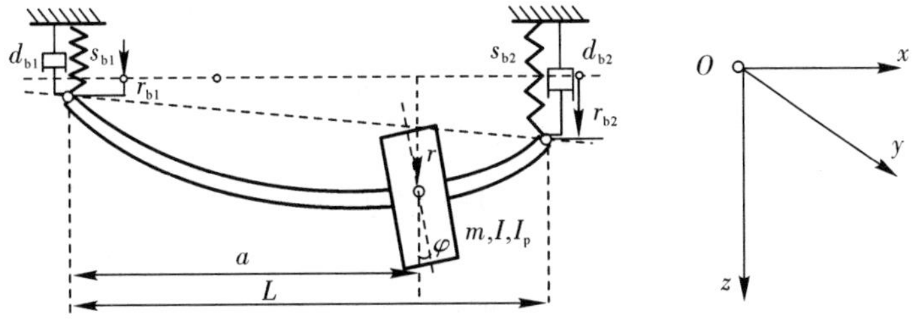

图 12.6　带弹支和阻尼器的柔性转子模型及坐标系

如图 12.6 所示，假设两个支承的刚度和阻尼系数分别为 $s_{\mathrm{b}1}$，$d_{\mathrm{b}1}$，$s_{\mathrm{b}2}$ 和 $d_{\mathrm{b}2}$，s_{11} 为轮盘处转轴的位移刚度、s_{22} 为转角刚度、s_{12} 为转角引起的位移刚度、s_{21} 为位移引起的转角刚度；Ω 为转

子转速。取图中所示的坐标系，设轴两端的位移分别为(x_{b1},y_{b1})，(x_{b2},y_{b2})，盘中心的位移为(x,y)，盘的摆角为(θ_x,θ_y)，则转子的运动方程为

$$\left.\begin{aligned}&m\ddot{x}+s_{11}\left[x-x_{b1}-\frac{a(x_{b2}-x_{b1})}{L}\right]+s_{12}\left(\theta_y+\frac{x_{b2}-x_{b1}}{L}\right)=m\varepsilon\Omega^2\cos(\Omega t+\beta)\\&m\ddot{y}+s_{11}\left[y-y_{b1}-\frac{a(y_{b2}-y_{b1})}{L}\right]-s_{12}\left(\theta_x-\frac{y_{b2}-y_{b1}}{L}\right)=m\varepsilon\Omega^2\sin(\Omega t+\beta)\end{aligned}\right\}\tag{12.44}$$

$$\left.\begin{aligned}&I\ddot{\theta}_y-I_p\Omega\dot{\theta}_x+s_{21}\left[x-x_{b1}-\frac{a(x_{b2}-x_{b1})}{L}\right]+s_{22}\left(\theta_y+\frac{x_{b2}-x_{b1}}{L}\right)=0\\&I\ddot{\theta}_x+I_p\Omega\dot{\theta}_y-s_{21}\left[y-y_{b1}-\frac{a(y_{b2}-y_{b1})}{L}\right]+s_{22}\left(\theta_x-\frac{y_{b2}-y_{b1}}{L}\right)=0\end{aligned}\right\}\tag{12.45}$$

$$\left.\begin{aligned}&s_{11}\left[x-x_{b1}-\frac{a(x_{b2}-x_{b1})}{L}\right]+s_{12}\left(\theta_y+\frac{x_{b2}-x_{b1}}{L}\right)=s_{b1}x_{b1}+s_{b2}x_{b2}+d_{b1}\dot{x}_{b1}+d_{b2}\dot{x}_{b2}\\&s_{11}\left[y-y_{b1}-\frac{a(y_{b2}-y_{b1})}{L}\right]-s_{12}\left(\theta_x-\frac{y_{b2}-y_{b1}}{L}\right)=s_{b1}y_{b1}+s_{b2}y_{b2}+d_{b1}\dot{y}_{b1}+d_{b2}\dot{y}_{b2}\end{aligned}\right\}\tag{12.46}$$

$$\left.\begin{aligned}&s_{21}\left[x-x_{b1}-\frac{a(x_{b2}-x_{b1})}{L}\right]+s_{22}\left(\theta_y+\frac{x_{b2}-x_{b1}}{L}\right)=(L-a)s_{b2}x_{b2}+(L-a)d_{b2}\dot{x}_{b2}-as_{b1}x_{b1}-ad_{b1}\dot{x}_{b1}\\&-s_{21}\left[y-y_{b1}-\frac{a(y_{b2}-y_{b1})}{L}\right]+s_{22}\left(\theta_x-\frac{y_{b2}-y_{b1}}{L}\right)=-(L-a)s_{b2}y_{b2}-(L-a)d_{b2}\dot{y}_{b2}+as_{b1}y_{b1}+ad_{b1}\dot{y}_{b1}\end{aligned}\right\}\tag{12.47}$$

取复向量

$$r=x+\mathrm{j}y$$
$$\varphi=\theta_x+\mathrm{j}\theta_y$$
$$r_{b1}=x_{b1}+\mathrm{j}y_{b1}$$
$$r_{b2}=x_{b2}+\mathrm{j}y_{b2}$$

则上述方程变为

$$m\ddot{r}+s_{11}\left(r-r_{b1}-\frac{a(r_{b2}-r_{b1})}{L}\right)-\mathrm{j}s_{12}\varphi+s_{12}\frac{r_{b2}-r_{b1}}{L}=m\varepsilon\Omega^2\mathrm{e}^{\mathrm{j}(\Omega t+\beta)}\tag{12.48}$$

$$I\ddot{\varphi}-\mathrm{j}I_p\Omega\dot{\varphi}+s_{22}\varphi+\mathrm{j}s_{21}r-\mathrm{j}s_{21}r_{b1}-\mathrm{j}s_{21}\frac{a(r_{b2}-r_{b1})}{L}+\mathrm{j}s_{22}\frac{r_{b2}-r_{b1}}{L}=0\tag{12.49}$$

$$s_{11}\left(r-r_{b1}-\frac{a(r_{b2}-r_{b1})}{L}\right)-\mathrm{j}s_{12}\varphi+s_{12}\frac{r_{b2}-r_{b1}}{L}=s_{b1}r_{b1}+s_{b2}r_{b2}+d_{b1}\dot{r}_{b1}+d_{b2}\dot{r}_{b2}\tag{12.50}$$

$$\mathrm{j}s_{21}\left(r-r_{b1}-\frac{a(r_{b2}-r_{b1})}{L}\right)+s_{22}\varphi+\mathrm{j}s_{22}\frac{r_{b2}-r_{b1}}{L}=-a\mathrm{j}(s_{b1}r_{b1}+d_{b1}\dot{r}_{b1})+(L-a)\mathrm{j}(s_{b2}r_{b2}+d_{b2}\dot{r}_{b2})\tag{12.51}$$

将方程式(12.48)～式(12.51)合写成矩阵形式为

$$\boldsymbol{M}\ddot{\boldsymbol{Q}}+\boldsymbol{D}\dot{\boldsymbol{Q}}+\boldsymbol{S}\boldsymbol{Q}=\boldsymbol{u}\tag{12.52}$$

式中

$$\boldsymbol{M}=\begin{bmatrix}m&0&0&0\\0&I&0&0\\0&0&0&0\\0&0&0&0\end{bmatrix}$$

$$\boldsymbol{D}=\begin{bmatrix}0 & 0 & 0 & 0\\ 0 & -\mathrm{j}I_{\mathrm{p}}\Omega & 0 & 0\\ 0 & 0 & -d_{\mathrm{b1}} & -d_{\mathrm{b2}}\\ 0 & 0 & a\mathrm{j}d_{\mathrm{b1}} & -(L-a)\mathrm{j}d_{\mathrm{b2}}\end{bmatrix}$$

$$\boldsymbol{S}=\begin{bmatrix}s_{11} & -\mathrm{j}s_{12} & -\left(1-\frac{a}{L}\right)s_{11}-\frac{s_{12}}{L} & -\frac{a}{L}s_{11}+\frac{s_{12}}{L}\\ \mathrm{j}s_{21} & s_{22} & -\mathrm{j}\left(1-\frac{a}{L}\right)s_{21}-\mathrm{j}\,\frac{s_{22}}{L} & -\mathrm{j}\,\frac{a}{L}s_{21}+\mathrm{j}\,\frac{s_{22}}{L}\\ s_{11} & -\mathrm{j}s_{12} & -\left(1-\frac{a}{L}\right)s_{11}-\frac{s_{12}}{L}-s_{\mathrm{b1}} & -\frac{a}{L}s_{11}+\frac{s_{12}}{L}-s_{\mathrm{b2}}\\ \mathrm{j}s_{21} & s_{22} & -\mathrm{j}\left(1-\frac{a}{L}\right)s_{21}-\mathrm{j}\,\frac{s_{22}}{L}+\mathrm{j}as_{\mathrm{b1}} & -\mathrm{j}\,\frac{a}{L}s_{21}+\mathrm{j}\,\frac{s_{22}}{L}-(L-a)\mathrm{j}s_{\mathrm{b2}}\end{bmatrix}$$

$$\boldsymbol{u}=\begin{bmatrix}m\varepsilon\Omega^{2}\,\mathrm{e}^{\mathrm{j}(\Omega t+\beta)}\\ 0\\ 0\\ 0\end{bmatrix}$$

$$\boldsymbol{Q}=\begin{bmatrix}r\\ \varphi\\ r_{\mathrm{b1}}\\ r_{\mathrm{b2}}\end{bmatrix}$$

令

$$\boldsymbol{Q}_1=\begin{bmatrix}r\\ \varphi\end{bmatrix};\quad \boldsymbol{Q}_2=\begin{bmatrix}r_{\mathrm{b1}}\\ r_{\mathrm{b2}}\end{bmatrix}$$

由方程式(12.50)和式(12.51)可解得

$$\boldsymbol{Q}_1=\boldsymbol{S}_{\mathrm{s}}^{-1}\boldsymbol{S}_{\mathrm{bb}}\boldsymbol{Q}_2+\boldsymbol{S}_{\mathrm{s}}^{-1}\boldsymbol{S}_{\mathrm{bd}}\dot{\boldsymbol{Q}}_2 \tag{12.53}$$

式中

$$\boldsymbol{S}_{\mathrm{s}}=\begin{bmatrix}s_{11} & -\mathrm{j}s_{12}\\ \mathrm{j}s_{21} & s_{22}\end{bmatrix}$$

$$\boldsymbol{S}_{\mathrm{bb}}=\begin{bmatrix}\left(1-\frac{a}{L}\right)s_{11}+\frac{s_{12}}{L}+s_{\mathrm{b1}} & \frac{a}{L}s_{11}-\frac{s_{12}}{L}+s_{\mathrm{b2}}\\ \mathrm{j}\left(1-\frac{a}{L}\right)s_{21}+\mathrm{j}\,\frac{s_{22}}{L}-\mathrm{j}as_{\mathrm{b1}} & \mathrm{j}\,\frac{a}{L}s_{21}-\mathrm{j}\,\frac{s_{22}}{L}+(L-a)\mathrm{j}s_{\mathrm{b2}}\end{bmatrix}=$$

$$\boldsymbol{S}_{\mathrm{s}}\left(\begin{bmatrix}\left(1-\frac{a}{L}\right) & \frac{a}{L}\\ \frac{\mathrm{j}}{L} & \frac{-\mathrm{j}}{L}\end{bmatrix}+\boldsymbol{S}_{\mathrm{s}}^{-1}\begin{bmatrix}1 & 1\\ -\mathrm{j}a & \mathrm{j}(L-a)\end{bmatrix}\begin{bmatrix}s_{\mathrm{b1}} & 0\\ 0 & s_{\mathrm{b2}}\end{bmatrix}\right) \tag{12.54}$$

$$\boldsymbol{S}_{\mathrm{bd}}=\begin{bmatrix}d_{\mathrm{b1}} & d_{\mathrm{b2}}\\ -a\mathrm{j}d_{\mathrm{b1}} & (L-a)\mathrm{j}d_{\mathrm{b2}}\end{bmatrix}=\begin{bmatrix}1 & 1\\ -\mathrm{j}a & \mathrm{j}(L-a)\end{bmatrix}\begin{bmatrix}d_{\mathrm{b1}} & 0\\ 0 & d_{\mathrm{b2}}\end{bmatrix} \tag{12.55}$$

代入方程式(12.48)和式(12.49)，可得

$$\begin{bmatrix} m & 0 \\ 0 & I \end{bmatrix}(\boldsymbol{S}_{\mathrm{s}}^{-1}\boldsymbol{S}_{\mathrm{bb}}\ddot{\boldsymbol{Q}}_2+\boldsymbol{S}_{\mathrm{s}}^{-1}\boldsymbol{S}_{\mathrm{bd}}\ddot{\boldsymbol{Q}}_2)+\begin{bmatrix} 0 & 0 \\ 0 & -\mathrm{j}I_{\mathrm{p}}\Omega \end{bmatrix}(\boldsymbol{S}_{\mathrm{s}}^{-1}\boldsymbol{S}_{\mathrm{bb}}\dot{\boldsymbol{Q}}_2+\boldsymbol{S}_{\mathrm{s}}^{-1}\boldsymbol{S}_{\mathrm{bd}}\ddot{\boldsymbol{Q}}_2)+\boldsymbol{S}_{\mathrm{bb}}\boldsymbol{Q}_2+\boldsymbol{S}_{\mathrm{bd}}\dot{\boldsymbol{Q}}_2+\boldsymbol{S}_{\mathrm{bs}}\boldsymbol{Q}_2=\boldsymbol{u}_1 \tag{12.56}$$

式中

$$\boldsymbol{S}_{\mathrm{bs}}=\begin{bmatrix} -\left(1-\frac{a}{L}\right)s_{11}-\frac{s_{12}}{L} & -\frac{a}{L}s_{11}+\frac{s_{12}}{L} \\ -\mathrm{j}\left(1-\frac{a}{L}\right)s_{21}-\mathrm{j}\frac{s_{22}}{L} & -\mathrm{j}\frac{a}{L}s_{21}+\mathrm{j}\frac{s_{22}}{L} \end{bmatrix}$$

$$\boldsymbol{u}_1=\begin{bmatrix} m\varepsilon \\ 0 \end{bmatrix}\Omega^2\mathrm{e}^{\mathrm{j}(\Omega t+\beta)}=U_1\Omega^2\mathrm{e}^{\mathrm{j}(\Omega t+\beta)}$$

经整理后，方程式(12.56)变为

$$\begin{bmatrix} m & 0 \\ 0 & I \end{bmatrix}\boldsymbol{S}_{\mathrm{s}}^{-1}\boldsymbol{S}_{\mathrm{bd}}\ddot{\boldsymbol{Q}}_2+\left(\begin{bmatrix} m & 0 \\ 0 & I \end{bmatrix}\boldsymbol{S}_{\mathrm{s}}^{-1}\boldsymbol{S}_{\mathrm{bb}}+\begin{bmatrix} 0 & 0 \\ 0 & -\mathrm{j}I_{\mathrm{p}}\Omega \end{bmatrix}\boldsymbol{S}_{\mathrm{s}}^{-1}\boldsymbol{S}_{\mathrm{bd}}\right)\ddot{\boldsymbol{Q}}_2+$$
$$\left(\begin{bmatrix} 0 & 0 \\ 0 & -\mathrm{j}I_{\mathrm{p}}\Omega \end{bmatrix}\boldsymbol{S}_{\mathrm{s}}^{-1}\boldsymbol{S}_{\mathrm{bb}}+\boldsymbol{S}_{\mathrm{bd}}\right)\dot{\boldsymbol{Q}}_2+\begin{bmatrix} s_{\mathrm{b1}} & s_{\mathrm{b2}} \\ -\mathrm{j}as_{\mathrm{b1}} & \mathrm{j}(L-a)s_{\mathrm{b2}} \end{bmatrix}\boldsymbol{Q}_2=\boldsymbol{u}_1 \tag{12.57}$$

当不考虑阻尼时，即 $\boldsymbol{S}_{\mathrm{bd}}=\boldsymbol{0}$，方程式(12.57)则变为

$$\begin{bmatrix} m & 0 \\ 0 & I \end{bmatrix}\boldsymbol{S}_{\mathrm{s}}^{-1}\boldsymbol{S}_{\mathrm{bb}}\ddot{Q}_2+\begin{bmatrix} 0 & 0 \\ 0 & -\mathrm{j}I_{\mathrm{p}}\Omega \end{bmatrix}\boldsymbol{S}_{\mathrm{s}}^{-1}\boldsymbol{S}_{\mathrm{bb}}\dot{\boldsymbol{Q}}_2+\begin{bmatrix} s_{\mathrm{b1}} & s_{\mathrm{b2}} \\ -\mathrm{j}as_{\mathrm{b1}} & \mathrm{j}(L-a)s_{\mathrm{b2}} \end{bmatrix}\boldsymbol{Q}_2=\boldsymbol{u}_1 \tag{12.58}$$

方程式(12.58)的齐次方程为

$$\begin{bmatrix} m & 0 \\ 0 & I \end{bmatrix}\boldsymbol{S}_{\mathrm{s}}^{-1}\boldsymbol{S}_{\mathrm{bb}}\ddot{\boldsymbol{Q}}_2+\begin{bmatrix} 0 & 0 \\ 0 & -\mathrm{j}I_{\mathrm{p}}\Omega \end{bmatrix}\boldsymbol{S}_{\mathrm{s}}^{-1}\boldsymbol{S}_{\mathrm{bb}}\dot{\boldsymbol{Q}}_2+\begin{bmatrix} s_{\mathrm{b1}} & s_{\mathrm{b2}} \\ -\mathrm{j}as_{\mathrm{b1}} & \mathrm{j}(L-a)s_{\mathrm{b2}} \end{bmatrix}\boldsymbol{Q}_2=\boldsymbol{0} \tag{12.59}$$

得到的特征方程为

$$-\begin{bmatrix} m & 0 \\ 0 & I \end{bmatrix}\boldsymbol{S}_{\mathrm{s}}^{-1}\boldsymbol{S}_{\mathrm{bb}}\omega^2+\mathrm{j}\begin{bmatrix} 0 & 0 \\ 0 & -\mathrm{j}I_{\mathrm{p}}\Omega \end{bmatrix}\boldsymbol{S}_{\mathrm{s}}^{-1}\boldsymbol{S}_{\mathrm{bb}}\omega+\begin{bmatrix} s_{\mathrm{b1}} & s_{\mathrm{b2}} \\ -\mathrm{j}as_{\mathrm{b1}} & \mathrm{j}(L-a)s_{\mathrm{b2}} \end{bmatrix}=\boldsymbol{0} \tag{12.60}$$

由此可解得随转速变化的临界转速。同步进动时，$\omega=\Omega$，特征方程为

$$-\begin{bmatrix} m & 0 \\ 0 & I-I_{\mathrm{p}} \end{bmatrix}\boldsymbol{S}_{\mathrm{s}}^{-1}\boldsymbol{S}_{\mathrm{bb}}\Omega^2+\begin{bmatrix} s_{\mathrm{b1}} & s_{\mathrm{b2}} \\ -\mathrm{j}as_{\mathrm{b1}} & \mathrm{j}(L-a)s_{\mathrm{b2}} \end{bmatrix}=\boldsymbol{0} \tag{12.61}$$

临界转速为

$$\begin{bmatrix} \Omega_{\mathrm{cr1}}^2 & 0 \\ 0 & \Omega_{\mathrm{cr2}}^2 \end{bmatrix}=\begin{bmatrix} \frac{s_{\mathrm{cr1}}}{m_{\mathrm{cr1}}} & 0 \\ 0 & \frac{s_{\mathrm{cr2}}}{m_{\mathrm{cr2}}} \end{bmatrix} \tag{12.62}$$

式中：Ω_{cr1} 和 Ω_{cr2} 分别为转子的一阶和二阶临界转速，s_{cr1} 和 s_{cr2} 分别为转子的一阶和二阶模态刚度，m_{cr1} 和 m_{cr2} 分别为一阶和二阶模态质量。

转子的模态矩阵为

$$[\Phi]=[\boldsymbol{\Phi}_1 \quad \boldsymbol{\Phi}_2]=\begin{bmatrix} \psi_{11} & \psi_{12} \\ \psi_{21} & \psi_{22} \end{bmatrix} \tag{12.63}$$

式中：$\boldsymbol{\Phi}_1=\begin{Bmatrix} \psi_{11} \\ \psi_{21} \end{Bmatrix}$为转子的一阶振型；$\boldsymbol{\Phi}_2=\begin{Bmatrix} \psi_{12} \\ \psi_{22} \end{Bmatrix}$为转子的二阶振型。

把方程式(12.56)的左端整理成两个部分，即

$$\left(\begin{bmatrix} m & 0 \\ 0 & I \end{bmatrix}\boldsymbol{S}_{\mathrm{s}}^{-1}\boldsymbol{S}_{\mathrm{bd}}\ddot{\boldsymbol{Q}}_2+\begin{bmatrix} 0 & 0 \\ 0 & -\mathrm{j}I_{\mathrm{p}}\Omega \end{bmatrix}S_{\mathrm{s}}^{-1}S_{\mathrm{bd}}\ddot{\boldsymbol{Q}}_2+S_{\mathrm{bd}}\dot{\boldsymbol{Q}}_2\right)+$$

$$\left(\begin{bmatrix} m & 0 \\ 0 & I \end{bmatrix}\boldsymbol{S}_{\mathrm{s}}^{-1}\boldsymbol{S}_{\mathrm{bb}}\ddot{\boldsymbol{Q}}_2+\begin{bmatrix} 0 & 0 \\ 0 & -\mathrm{j}I_{\mathrm{p}}\Omega \end{bmatrix}\boldsymbol{S}_{\mathrm{s}}^{-1}\boldsymbol{S}_{\mathrm{bb}}\dot{\boldsymbol{Q}}_2+\begin{bmatrix} s_{\mathrm{b1}} & s_{\mathrm{b2}} \\ -\mathrm{j}as_{\mathrm{b1}} & \mathrm{j}(L-a)s_{\mathrm{b2}} \end{bmatrix}\boldsymbol{Q}_2\right)=\boldsymbol{u}_1 \tag{12.64}$$

设转子的不平衡响应为

$$\boldsymbol{Q}_2=\boldsymbol{Q}_{20}\mathrm{e}^{\mathrm{j}(\Omega t+\beta_2)} \tag{12.65}$$

在临界转速处，$\Omega=\Omega_{\mathrm{cr}i}(i=1,2)$，转子的临界响应为

$$\boldsymbol{Q}_2=\boldsymbol{Q}_{2\mathrm{cr}}\mathrm{e}^{\mathrm{j}(\Omega_{\mathrm{cr}i}t+\beta_{2\mathrm{cr}})} \tag{12.66}$$

代入方程式(12.64)，得

$$\left(-\mathrm{j}\begin{bmatrix} m & 0 \\ 0 & I \end{bmatrix}\boldsymbol{S}_{\mathrm{s}}^{-1}\boldsymbol{S}_{\mathrm{bd}}\Omega_{\mathrm{cr}i}^3-\begin{bmatrix} 0 & 0 \\ 0 & -\mathrm{j}I_{\mathrm{p}}\Omega_{\mathrm{cr}i} \end{bmatrix}\boldsymbol{S}_{\mathrm{s}}^{-1}\boldsymbol{S}_{\mathrm{bd}}\Omega_{\mathrm{cr}i}^2+\mathrm{j}\boldsymbol{S}_{\mathrm{bd}}\Omega_{\mathrm{cr}i}\right)\boldsymbol{Q}_{2\mathrm{cr}}+$$

$$\left(-\begin{bmatrix} m & 0 \\ 0 & I \end{bmatrix}\boldsymbol{S}_{\mathrm{s}}^{-1}\boldsymbol{S}_{\mathrm{bb}}\Omega_{\mathrm{cr}i}^2+\begin{bmatrix} 0 & 0 \\ 0 & I_{\mathrm{p}}\Omega_{\mathrm{cr}i} \end{bmatrix}\boldsymbol{S}_{\mathrm{s}}^{-1}\boldsymbol{S}_{\mathrm{bb}}\Omega_{\mathrm{cr}i}+\begin{bmatrix} s_{\mathrm{b1}} & s_{\mathrm{b2}} \\ -\mathrm{j}as_{\mathrm{b1}} & \mathrm{j}(L-a)s_{\mathrm{b2}} \end{bmatrix}\right)\boldsymbol{Q}_{2\mathrm{cr}}=\boldsymbol{U}_1\Omega_{\mathrm{cr}i}^2 \tag{12.67}$$

在临界转速处，方程式(12.67)左边的第二项为 0，此时有

$$\left(-\mathrm{j}\begin{bmatrix} m & 0 \\ 0 & I \end{bmatrix}\boldsymbol{S}_{\mathrm{s}}^{-1}\boldsymbol{S}_{\mathrm{bd}}\Omega_{\mathrm{cr}i}^3-\begin{bmatrix} 0 & 0 \\ 0 & -\mathrm{j}I_{\mathrm{p}}\Omega_{\mathrm{cr}i} \end{bmatrix}\boldsymbol{S}_{\mathrm{s}}^{-1}\boldsymbol{S}_{\mathrm{bd}}\Omega_{\mathrm{cr}i}^2+\mathrm{j}\boldsymbol{S}_{\mathrm{bd}}\Omega_{\mathrm{cr}i}\right)\boldsymbol{Q}_{2\mathrm{cr}}=\boldsymbol{U}_1\Omega_{\mathrm{cr}i}^2 \tag{12.68}$$

或

$$\mathrm{j}\left(-\begin{bmatrix} m & 0 \\ 0 & I-I_{\mathrm{p}} \end{bmatrix}\boldsymbol{S}_{\mathrm{s}}^{-1}\boldsymbol{S}_{\mathrm{bd}}\Omega_{\mathrm{cr}i}^2+\boldsymbol{S}_{\mathrm{bd}}\right)\boldsymbol{Q}_{2\mathrm{cr}}=\boldsymbol{U}_1\Omega_{\mathrm{cr}i} \tag{12.69}$$

为便于分析，引入变换

$$\boldsymbol{q}_{2\mathrm{cr}}=\boldsymbol{S}_{\mathrm{s}}^{-1}\boldsymbol{S}_{\mathrm{bd}}\boldsymbol{Q}_{2\mathrm{cr}};\boldsymbol{Q}_{2\mathrm{cr}}=\boldsymbol{S}_{\mathrm{bd}}^{-1}\boldsymbol{S}_{\mathrm{s}}\boldsymbol{q}_{2\mathrm{cr}} \tag{12.70}$$

代入方程式(12.69)后，得到

$$\left(-\begin{bmatrix} m & 0 \\ 0 & I-I_{\mathrm{p}} \end{bmatrix}\Omega_{\mathrm{cr}i}^2+\boldsymbol{S}_{\mathrm{s}}\right)\mathrm{j}\boldsymbol{q}_{2\mathrm{cr}}=\boldsymbol{U}_1\Omega_{\mathrm{cr}i} \tag{12.71}$$

支承绝对刚性时，即 $s_{\mathrm{b1}}=s_{\mathrm{b2}}\rightarrow\infty$，可求得转子的模态为

$$\begin{bmatrix} \tilde{\Omega}_{\mathrm{cr1}}^2 & 0 \\ 0 & \tilde{\Omega}_{\mathrm{cr2}}^2 \end{bmatrix}=\begin{bmatrix} \dfrac{\tilde{s}_{\mathrm{cr1}}}{\tilde{m}_{\mathrm{cr1}}} & 0 \\ 0 & \dfrac{\tilde{s}_{\mathrm{cr2}}}{\tilde{m}_{\mathrm{cr2}}} \end{bmatrix} \tag{12.72}$$

式中：$\tilde{\Omega}_{\mathrm{cr1}}$ 和 $\tilde{\Omega}_{\mathrm{cr2}}$ 分别为支承绝对刚性时转子的一阶和二阶临界转速，$\tilde{s}_{\mathrm{cr1}}$ 和 $\tilde{s}_{\mathrm{cr2}}$ 分别为支承绝对刚性时转子的一阶和二阶模态刚度，$\tilde{m}_{\mathrm{cr1}}$ 和 $\tilde{m}_{\mathrm{cr2}}$ 分别为一阶和二阶模态质量。

支承绝对刚性时，转子的模态矩阵为

$$[\tilde{\Phi}]=[\tilde{\boldsymbol{\Phi}}_1\quad\tilde{\boldsymbol{\Phi}}_2]=\begin{bmatrix} \tilde{\psi}_{11} & \tilde{\psi}_{12} \\ \tilde{\psi}_{21} & \tilde{\psi}_{22} \end{bmatrix} \tag{12.73}$$

且有

$$[\tilde{\Phi}]^{\mathrm{T}}\boldsymbol{S}_{\mathrm{s}}[\tilde{\Phi}]=\begin{bmatrix} \tilde{s}_{\mathrm{cr1}} & 0 \\ 0 & \tilde{s}_{\mathrm{cr2}} \end{bmatrix} \tag{12.74}$$

$$[\widetilde{\Phi}]^{\mathrm{T}}\begin{bmatrix} m & 0 \\ 0 & I-I_{\mathrm{p}} \end{bmatrix}[\widetilde{\Phi}]=\begin{bmatrix} \widetilde{m}_{\mathrm{cr1}} & 0 \\ 0 & \widetilde{m}_{\mathrm{cr2}} \end{bmatrix} \tag{12.75}$$

式中：$\widetilde{\boldsymbol{\Phi}}_1=\begin{bmatrix} \widetilde{\psi}_{11} \\ \widetilde{\psi}_{21} \end{bmatrix}$为刚性支承时转子的一阶振型；$\widetilde{\boldsymbol{\Phi}}_2=\begin{bmatrix} \widetilde{\psi}_{12} \\ \widetilde{\psi}_{22} \end{bmatrix}$为刚性支承时转子的二阶振型。

由方程式(12.71)可解得

$$\boldsymbol{q}_{2\mathrm{cr}}=-\mathrm{j}\left(\boldsymbol{S}_{\mathrm{s}}-\begin{bmatrix} m & 0 \\ 0 & I-I_{\mathrm{p}} \end{bmatrix}\Omega_{\mathrm{cr}i}^2\right)^{-1}\boldsymbol{U}_1\Omega_{\mathrm{cr}i} \tag{12.76}$$

由式(12.74)和式(12.75)解得

$$\boldsymbol{S}_{\mathrm{s}}=([\widetilde{\Phi}]^{\mathrm{T}})^{-1}\begin{bmatrix} \widetilde{s}_{\mathrm{cr1}} & 0 \\ 0 & \widetilde{s}_{\mathrm{cr2}} \end{bmatrix}([\widetilde{\Phi}])^{-1} \tag{12.77}$$

$$\begin{bmatrix} m & 0 \\ 0 & I-I_{\mathrm{p}} \end{bmatrix}=([\widetilde{\Phi}]^{\mathrm{T}})^{-1}\begin{bmatrix} \widetilde{m}_{\mathrm{cr1}} & 0 \\ 0 & \widetilde{m}_{\mathrm{cr2}} \end{bmatrix}([\widetilde{\Phi}])^{-1} \tag{12.78}$$

将式(12.77)和式(12.78)代入式(12.76)，即

$$\boldsymbol{q}_{2\mathrm{cr}}=-\mathrm{j}\left(([\widetilde{\Phi}]^{\mathrm{T}})^{-1}\begin{bmatrix} \widetilde{s}_{\mathrm{cr1}} & 0 \\ 0 & \widetilde{s}_{\mathrm{cr2}} \end{bmatrix}([\widetilde{\Phi}])^{-1}-([\widetilde{\Phi}]^{\mathrm{T}})^{-1}\begin{bmatrix} \widetilde{m}_{\mathrm{cr1}} & 0 \\ 0 & \widetilde{m}_{\mathrm{cr2}} \end{bmatrix}([\widetilde{\Phi}])^{-1}\Omega_{\mathrm{cr}i}^2\right)^{-1}\boldsymbol{U}_1\Omega_{\mathrm{cr}i} \tag{12.79}$$

化简后得

$$\boldsymbol{q}_{2cr}=-\mathrm{j}[\widetilde{\Phi}]\begin{bmatrix} \widetilde{s}_{\mathrm{cr1}}-\widetilde{m}_{\mathrm{cr1}}\Omega_{\mathrm{cr}i}^2 & 0 \\ 0 & \widetilde{s}_{\mathrm{cr2}}-\widetilde{m}_{\mathrm{cr2}}\Omega_{\mathrm{cr}i}^2 \end{bmatrix}^{-1}[\widetilde{\Phi}]^{\mathrm{T}}\boldsymbol{U}_1\Omega_{\mathrm{cr}i} \tag{12.80}$$

进一步变换得

$$\boldsymbol{q}_{2cr}=-\mathrm{j}[\widetilde{\Phi}]\begin{bmatrix} \dfrac{1}{\widetilde{m}_{\mathrm{cr1}}(\widetilde{\Omega}_{\mathrm{cr1}}^2-\Omega_{\mathrm{cr}i}^2)} & 0 \\ 0 & \dfrac{1}{\widetilde{m}_{\mathrm{cr2}}(\widetilde{\Omega}_{\mathrm{cr2}}^2-\Omega_{\mathrm{cr}i}^2)} \end{bmatrix}[\widetilde{\Phi}]^{\mathrm{T}}\boldsymbol{U}_1\Omega_{\mathrm{cr}i} \tag{12.81}$$

代入式(12.70)，即可求得支承的振动为

$$\boldsymbol{Q}_{2\mathrm{cr}}=\boldsymbol{S}_{\mathrm{bd}}^{-1}\boldsymbol{S}_{\mathrm{s}}\boldsymbol{q}_{2\mathrm{cr}}=-\mathrm{j}\boldsymbol{S}_{\mathrm{bd}}^{-1}\boldsymbol{S}_{\mathrm{s}}[\widetilde{\Phi}]\begin{bmatrix} \dfrac{1}{\widetilde{m}_{\mathrm{cr1}}(\widetilde{\Omega}_{\mathrm{cr1}}^2-\Omega_{\mathrm{cr}i}^2)} & 0 \\ 0 & \dfrac{1}{\widetilde{m}_{\mathrm{cr2}}(\widetilde{\Omega}_{\mathrm{cr2}}^2-\Omega_{\mathrm{cr}i}^2)} \end{bmatrix}[\widetilde{\Phi}]^{\mathrm{T}}\boldsymbol{U}_1\Omega_{\mathrm{cr}i} \tag{12.82}$$

引入模态阻尼矩阵

$$\begin{bmatrix} d_{\mathrm{cr1}} & 0 \\ 0 & d_{\mathrm{cr2}} \end{bmatrix}=[\widetilde{\Phi}]^{\mathrm{T}}\boldsymbol{S}_{\mathrm{bd}}[\widetilde{\Phi}] \tag{12.83}$$

或

$$\boldsymbol{S}_{\mathrm{bd}}=([\widetilde{\Phi}]^{\mathrm{T}})^{-1}\begin{bmatrix} 2m_{\mathrm{cr1}}\Omega_{\mathrm{cr1}}D_{\mathrm{cr1}} & 0 \\ 0 & 2m_{\mathrm{cr2}}\Omega_{\mathrm{cr2}}D_{\mathrm{cr2}} \end{bmatrix}[\widetilde{\Phi}]^{-1} \tag{12.84}$$

式中

$$D_{cr1}=\frac{d_{cr1}}{2m_{cr1}\Omega_{cr1}};\quad D_{cr2}=\frac{d_{cr2}}{2m_{cr2}\Omega_{cr2}} \tag{12.85}$$

分别为一阶和二阶模态阻尼比。

把式(12.84)代入式(12.82),最后得到支承的振动为

$$\boldsymbol{Q}_{2cr}=-\mathrm{j}[\tilde{\Phi}]\begin{bmatrix}\dfrac{\Omega_{cri}}{2m_{cr1}D_{cr1}\Omega_{cr1}} & 0\\ 0 & \dfrac{\Omega_{cri}}{2m_{cr2}D_{cr2}\Omega_{cr2}}\end{bmatrix}[\tilde{\Phi}]^{\mathrm{T}}\boldsymbol{S}_{s}[\tilde{\Phi}]\begin{bmatrix}\dfrac{1}{\tilde{m}_{cr1}(\tilde{\Omega}_{cr1}^{2}-\Omega_{cri}^{2})} & 0\\ 0 & \dfrac{1}{\tilde{m}_{cr2}(\tilde{\Omega}_{cr2}^{2}-\Omega_{cri}^{2})}\end{bmatrix}[\tilde{\Phi}]^{\mathrm{T}}\boldsymbol{U}_{1}\Omega_{cri} \tag{12.86}$$

将式(12.74)代入式(12.86)得

$$\boldsymbol{Q}_{2cr}=-\mathrm{j}[\tilde{\Phi}]\begin{bmatrix}\dfrac{\Omega_{cri}^{2}}{2m_{cr1}D_{cr1}\Omega_{cr1}} & 0\\ 0 & \dfrac{\Omega_{cri}^{2}}{2m_{cr2}D_{cr2}\Omega_{cr2}}\end{bmatrix}\begin{bmatrix}\dfrac{\tilde{\Omega}_{cr1}^{2}}{(\tilde{\Omega}_{cr1}^{2}-\Omega_{cri}^{2})} & 0\\ 0 & \dfrac{\tilde{\Omega}_{cr2}^{2}}{\tilde{m}_{cr2}(\tilde{\Omega}_{cr2}^{2}-\Omega_{cri}^{2})}\end{bmatrix}[\tilde{\Phi}]^{\mathrm{T}}\boldsymbol{U}_{1} \tag{12.87}$$

转子的振动为

$$\boldsymbol{Q}_{1cr}=\boldsymbol{S}_{s}^{-1}\boldsymbol{S}_{bb}\boldsymbol{Q}_{2cr}+\boldsymbol{S}_{s}^{-1}\boldsymbol{S}_{bd}\dot{\boldsymbol{Q}}_{2cr}=(\boldsymbol{S}_{s}^{-1}\boldsymbol{S}_{bb}+\mathrm{j}\Omega_{cri}\boldsymbol{S}_{s}^{-1}\boldsymbol{S}_{bd})\boldsymbol{Q}_{2cr} \tag{12.88}$$

将式(12.87)代入式(12.88)得

$$\boldsymbol{Q}_{1cr}=(\boldsymbol{S}_{s}^{-1}\boldsymbol{S}_{bb}+\mathrm{j}\Omega_{cri}\boldsymbol{S}_{s}^{-1}\boldsymbol{S}_{bd})\boldsymbol{Q}_{2cr}=$$

$$-\mathrm{j}(\boldsymbol{S}_{s}^{-1}\boldsymbol{S}_{bb}+\mathrm{j}\Omega_{cri}\boldsymbol{S}_{s}^{-1}\boldsymbol{S}_{bd})[\tilde{\Phi}]\begin{bmatrix}\dfrac{\Omega_{cri}^{2}}{2m_{cr1}D_{cr1}\Omega_{cr1}} & 0\\ 0 & \dfrac{\Omega_{cri}^{2}}{2m_{cr2}D_{cr2}\Omega_{cr2}}\end{bmatrix}\begin{bmatrix}\dfrac{\tilde{\Omega}_{cr1}^{2}}{(\tilde{\Omega}_{cr1}^{2}-\Omega_{cri}^{2})} & 0\\ 0 & \dfrac{\tilde{\Omega}_{cr2}^{2}}{\tilde{m}_{cr2}(\tilde{\Omega}_{cr2}^{2}-\Omega_{cri}^{2})}\end{bmatrix}[\tilde{\Phi}]^{\mathrm{T}}\boldsymbol{U}_{1} \tag{12.89}$$

式中

$$\boldsymbol{S}_{s}^{-1}\boldsymbol{S}_{bb}=\begin{bmatrix}\left(1-\dfrac{a}{L}\right)s_{11}+\dfrac{s_{12}}{L}+s_{b1} & \dfrac{a}{L}s_{11}-\dfrac{s_{12}}{L}+s_{b2}\\ \mathrm{j}\left(1-\dfrac{a}{L}\right)s_{21}+\mathrm{j}\dfrac{s_{22}}{L}-\mathrm{j}as_{b1} & \mathrm{j}\dfrac{a}{L}s_{21}-\mathrm{j}\dfrac{s_{22}}{L}+(L-a)\mathrm{j}s_{b2}\end{bmatrix}=$$

$$\left\{\begin{bmatrix}1-\dfrac{a}{L} & \dfrac{a}{L}\\ \dfrac{\mathrm{j}}{L} & \dfrac{-\mathrm{j}}{L}\end{bmatrix}+[\tilde{\Phi}]\begin{bmatrix}\tilde{s}_{cr1} & 0\\ 0 & \tilde{s}_{cr2}\end{bmatrix}^{-1}[\tilde{\Phi}]^{\mathrm{T}}\begin{bmatrix}1 & 1\\ -\mathrm{j}a & \mathrm{j}(L-a)\end{bmatrix}\begin{bmatrix}s_{b1} & 0\\ 0 & s_{b2}\end{bmatrix}\right\}=$$

$$[\tilde{\Phi}]\left\{[\tilde{\Phi}]^{-1}\begin{bmatrix}1-\dfrac{a}{L} & \dfrac{a}{L}\\ \dfrac{\mathrm{j}}{L} & \dfrac{-\mathrm{j}}{L}\end{bmatrix}[\tilde{\Phi}]+\begin{bmatrix}\tilde{s}_{cr1} & 0\\ 0 & \tilde{s}_{cr2}\end{bmatrix}^{-1}[\tilde{\Phi}]^{\mathrm{T}}\begin{bmatrix}1 & 1\\ -\mathrm{j}a & \mathrm{j}(L-a)\end{bmatrix}\begin{bmatrix}s_{b1} & 0\\ 0 & s_{b2}\end{bmatrix}[\tilde{\Phi}]\right\}[\tilde{\Phi}]^{-1}$$

$$\boldsymbol{S}_s^{-1}\boldsymbol{S}_{bd}=\boldsymbol{S}_s^{-1}\left([\boldsymbol{\Phi}]^T\right)^{-1}\begin{bmatrix}2m_{cr1}\Omega_{cr1}D_{cr1} & 0\\ 0 & 2m_{cr2}\Omega_{cr2}D_{cr2}\end{bmatrix}[\boldsymbol{\Phi}]^{-1}=$$

$$[\tilde{\Phi}]\begin{bmatrix}\tilde{s}_{cr1} & 0\\ 0 & \tilde{s}_{cr2}\end{bmatrix}^{-1}[\tilde{\Phi}]^T\left([\tilde{\Phi}]^T\right)^{-1}\begin{bmatrix}2m_{cr1}\Omega_{cr1}D_{cr1} & 0\\ 0 & 2m_{cr2}\Omega_{cr2}D_{cr2}\end{bmatrix}[\tilde{\Phi}]^{-1}=$$

$$[\tilde{\Phi}]\begin{bmatrix}\tilde{s}_{cr1} & 0\\ 0 & \tilde{s}_{cr2}\end{bmatrix}^{-1}[\tilde{\Phi}]^T\left([\tilde{\Phi}]^T\right)^{-1}\begin{bmatrix}2m_{cr1}\Omega_{cr1}D_{cr1} & 0\\ 0 & 2m_{cr2}\Omega_{cr2}D_{cr2}\end{bmatrix}[\tilde{\Phi}]^{-1}=$$

$$[\tilde{\Phi}]\begin{bmatrix}\tilde{s}_{cr1} & 0\\ 0 & \tilde{s}_{cr2}\end{bmatrix}^{-1}\begin{bmatrix}2m_{cr1}\Omega_{cr1}D_{cr1} & 0\\ 0 & 2m_{cr2}\Omega_{cr2}D_{cr2}\end{bmatrix}[\tilde{\Phi}]^{-1}=$$

$$[\tilde{\Phi}]\begin{bmatrix}2D_{cr1} & 0\\ 0 & 2D_{cr2}\end{bmatrix}[\tilde{\Phi}]^{-1}$$

$$\boldsymbol{Q}_{1cr}=(\boldsymbol{S}_s^{-1}\boldsymbol{S}_{bb}+\mathrm{j}\Omega_{cri}\boldsymbol{S}_s^{-1}\boldsymbol{S}_{bd})Q_{2cr}=$$

$$-\mathrm{j}[\tilde{\Phi}]\left\{[\tilde{\Phi}]^{-1}\begin{bmatrix}1-\dfrac{a}{L} & \dfrac{a}{L}\\ \dfrac{\mathrm{j}}{L} & \dfrac{-\mathrm{j}}{L}\end{bmatrix}[\tilde{\Phi}]+\begin{bmatrix}\tilde{s}_{cr1} & 0\\ 0 & \tilde{s}_{cr2}\end{bmatrix}^{-1}[\tilde{\Phi}]^T\begin{bmatrix}1 & 1\\ -\mathrm{j}a & \mathrm{j}(L-a)\end{bmatrix}\begin{bmatrix}s_{b1} & 0\\ 0 & s_{b2}\end{bmatrix}[\tilde{\Phi}]+\begin{bmatrix}2D_{cr1} & 0\\ 0 & 2D_{cr2}\end{bmatrix}\right\}\times$$

$$\begin{bmatrix}\dfrac{\Omega_{cri}^2}{2m_{cr1}D_{cr1}\Omega_{cr1}} & 0\\ 0 & \dfrac{\Omega_{cri}^2}{2m_{cr2}D_{cr2}\Omega_{cr2}}\end{bmatrix}\begin{bmatrix}\dfrac{\tilde{\Omega}_{cr1}^2}{(\tilde{\Omega}_{cr1}^2-\Omega_{cri}^2)} & 0\\ 0 & \dfrac{\tilde{\Omega}_{cr2}^2}{\tilde{m}_{cr2}(\tilde{\Omega}_{cr2}^2-\Omega_{cri}^2)}\end{bmatrix}[\tilde{\Phi}]^T\boldsymbol{U}_1 \qquad (12.90)$$

定义

$$\tilde{\boldsymbol{L}}=[\tilde{\Phi}]^{-1}\begin{bmatrix}1-\dfrac{a}{L} & \dfrac{a}{L}\\ \dfrac{\mathrm{j}}{L} & \dfrac{-\mathrm{j}}{L}\end{bmatrix}[\tilde{\Phi}] \qquad (12.91)$$

为模态几何阵。

定义

$$\tilde{\boldsymbol{S}}_{bb}=[\tilde{\Phi}]^T\begin{bmatrix}1 & 1\\ -\mathrm{j}a & \mathrm{j}(L-a)\end{bmatrix}\begin{bmatrix}s_{b1} & 0\\ 0 & s_{b2}\end{bmatrix}[\tilde{\Phi}] \qquad (12.92)$$

为支承模态刚度阵。

将式(12.91)和式(12.92)代入式(12.90)得

$$\boldsymbol{Q}_{1cr}=(\boldsymbol{S}_s^{-1}\boldsymbol{S}_{bb}+\mathrm{j}\Omega_{cri}\boldsymbol{S}_s^{-1}\boldsymbol{S}_{bd})\boldsymbol{Q}_{2cr}=$$

$$-\mathrm{j}[\tilde{\Phi}]\left\{\tilde{\boldsymbol{L}}+\begin{bmatrix}\tilde{s}_{cr1} & 0\\ 0 & \tilde{s}_{cr2}\end{bmatrix}^{-1}\tilde{\boldsymbol{S}}_{bb}+\begin{bmatrix}2D_{cr1} & 0\\ 0 & 2D_{cr2}\end{bmatrix}\right\}\begin{bmatrix}\dfrac{\Omega_{cri}^2}{2m_{cr1}D_{cr1}\Omega_{cr1}} & 0\\ 0 & \dfrac{\Omega_{cri}^2}{2m_{cr2}D_{cr2}\Omega_{cr2}}\end{bmatrix}\times$$

$$\begin{bmatrix} \dfrac{\widetilde{\Omega}_{cr1}^2}{(\widetilde{\Omega}_{cr1}^2 - \Omega_{cri}^2)} & 0 \\ 0 & \dfrac{\widetilde{\Omega}_{cr2}^2}{\widetilde{m}_{cr2}(\widetilde{\Omega}_{cr2}^2 - \Omega_{cri}^2)} \end{bmatrix} [\widetilde{\Phi}]^{\mathrm{T}} \boldsymbol{U}_1 \tag{12.93}$$

显而易见，阻尼越大，转子的临界响应越小；支承弹性时转子的临界转速 Ω_{cri} 越低于支承刚性时的临界转速，转子的临界响应也会越小。弹支转子和刚支转子的临界转速皆包含了转子的所有参数。因此，阻尼效果与转子本身的参数和支承参数均有关联。但须注意，从方程式(12.87)可得出以下结论：

(1)在支承为弹性的情况下，若转子前两阶临界转速皆低于支承刚性时的一阶临界转速，即 $\Omega_{cr2}^2 < \widetilde{\Omega}_{cr1}^2$，则前两阶模态刚度 s_{cr1} 和 s_{cr2} 越小，前两阶临界峰值就越小。

(2)在支承为弹性的情况下，若转子二阶临界转速低于支承刚性时的二阶临界转速，而高于支承刚性时的一阶临界转速，即 $\widetilde{\Omega}_{cr1}^2 < \Omega_{cr2}^2 < \widetilde{\Omega}_{cr2}^2$，且二阶模态为"可容模态"，则二阶临界转速为 $\Omega_{cr2}^2 = \dfrac{\widetilde{\Omega}_{cr1}^2 + \widetilde{\Omega}_{cr2}^2}{2}$ 时，二阶临界峰值最小。

(3)在支承为弹性的情况下，若转子二阶临界转速低于支承刚性时的二阶临界转速，而与支承刚性时的一阶临界转速相等，即 $\Omega_{cr2}^2 = \widetilde{\Omega}_{cr1}^2$，则阻尼失效，转子响应对不平衡量异常敏感，振动会变的非常剧烈。在转子设计中，应避免出现这一情况。

(4)转子残余不平衡的分布应与刚支时转子的模态正交，即 $[\widetilde{\Phi}]^{\mathrm{T}} U_1 = 0$。此时转子不平衡响应最小。

从上述分析过程和结论可知，"可容模态"设计不是要保证转子工作转速与临界转速的裕度，而是要保证转子实际临界转速与支承绝对刚性时转子临界转速间的裕度，实际上，是要匹配支承与转子的参数。支承刚度比转子刚度低得越多，转子临界响应就越小。但对于发动机低压转子来说，转子细长，要使支承刚度远低于转子刚度，这是非常困难的。但只要保证"可容模态"与支承绝对刚性时转子模态间的裕度，即"模态裕度"，阻尼器将会有效地发挥减振作用，临界响应是可控的，即"可容模态"下允许转子发生弯曲变形。在设计时，"模态裕度"是较容易保证的。一是由于支座绝对刚性时，转子的模态较易精确确定；二是在整个工作转速范围内，一般仅涉及一阶支座绝对刚性时的模态，最多不超过两阶。

12.3　双转子系统的"可容模态"设计

12.3.1　双转子系统的"可容模态"设计流程

航空发动机一般采用双转子结构。双转子系统结构复杂，柔性大，耦合强，且工作转速范围宽。若按照"转速裕度"的准则来设计双转子系统，则很难达到发动机的性能要求。为此，须遵循"可容模态"设计思想来设计双转子系统。

双转子系统的“可容模态”设计与上述的单转子相似。设计步骤和要点如下：

(1)设定转子系统工作时的“可容模态”。根据发动机的工作转速范围和性能要求，设定转子系统的“可容模态”。“可容模态”设定的原则是：第一阶模态位于慢车以下，但允许在慢车位置；第二阶和第三阶模态位于巡航转速以下，裕度10%；在巡航转速与最大转速之间最好不设模态，若不易避开将第三阶模态设置在巡航转速与最大转速之间，将第四阶模态设置在最大转速之上8%～10%。

(2)建立双转子系统的参数化模型。建立转子动力学模型是“可容模态”设计的基础。建模时，风扇、压气机、高压涡轮和低压涡轮可按照几何尺寸和材料参数等效为盘和盘鼓，轴的质量和刚度可直接由几何尺寸和材料参数确定，支座则由刚度、阻尼和参振质量来等效。在参数设计时，先不考虑局部非线性的影响，而到结构和工艺设计时，再进一步细化。

(3)确定支承绝对刚性时转子系统的模态。假设支承刚度包括中介轴承刚度无穷大，确定刚性支承条件下转子系统的模态，包括模态质量、模态刚度、临界转速和振型。可用有限元法或者传递矩阵法计算，一般只需算出前三阶模态即可。通常比较容易算准刚支模态，但对于低压转子须考虑连接刚度，风扇转子与低压涡轮转子一般采用套齿和螺栓连接，连接刚度的确定要依据充分的实验支持。

刚支模态包括3个部分：①高压转子的刚支模态；②低压转子的刚支模态；③双转子系统的刚支模态。

在整个工作转速范围之内，最多允许存在双转子系统的两阶刚支模态，但须将此两阶模态与设定的“可容模态”错开，错开的“裕度”达到8%～10%即可，这很容易实现。

(4)根据支承绝对刚性时转子的模态参数和“可容模态”的位置，选取支承的刚度。根据刚支转子模态刚度选择支承刚度的初值，高压转子前支承刚度和中介轴承的刚度应小于刚支高压转子模态刚度的20%。若把发动机转子第一阶模态设在慢车以下，则应选中介轴承的刚度小于或等于高压前支承刚度；若把发动机转子第一阶模态设在慢车转速或慢车转速以上，则应选中介轴承的刚度大于或等于高压前支承刚度。

风扇转子两个支承的刚度以及低压涡轮后支承的刚度可选为刚支低压转子第一阶模态刚度的20%～50%。

(5)确定支承弹性时双转子系统的模态，检验是否与预设的“可容模态”相符。将选定的支承刚度参数代入双转子系统模型，计算转子系统的模态。首先检验转子系统的模态是否与预设的“可容模态”相符，若相差较远，则调整支承刚度参数，以尽量接近预设“可容模态”。

达到“可容模态”要求后，检验“可容模态”(可能有三阶或四阶)是否与转子系统刚支模态留有足够的裕度，例如10%。若裕度不够，可调整支承刚度或转子参数。

(6)在支承处设置阻尼器，确定不平衡响应。在发动机中，一般是在支承处设置挤压油膜阻尼器对转子施加阻尼。引入挤压油膜阻尼器之后，支承刚度会发生变化。上述支承刚度的选择实际上应考虑挤压油膜阻尼器的影响。挤压油膜阻尼器的刚度和阻尼特性是转子“可容模态”设计的基础，需要进行充分的理论分析和实验研究，建立挤压油膜阻尼器设计数据库，以支持转子动力学设计。但在设计时，可先将挤压油膜阻尼器假设为线性黏滞阻尼器。

在有阻尼条件下，计算转子的不平衡响应。根据阻尼器所能发挥的阻尼作用和平衡效果，最后可给出转子剩余不平衡量及其分布的限制标准。

(7)参数微调和优化设计。在上述参数选定值的基础上，对参数微调，进行双转子系统的最终优化设计。优化的目标可选作外传力、应变能和响应峰值的复合指标。在有的优化设计中，把重量限制作为转子结构动力学设计的约束条件。但按照上述设计步骤进入优化设计阶段时，约束条件为振动限制值、尺寸参数(例如两个轴承之间的距离、轴承内环直径、外环直径、转子的最大直径等)以及转/静间隙等。

由于参数的影响规律和设计准则是明确的，利用简单的寻优方法即可实现优化设计。

(8)极端条件下转子响应的验证。发动机工作时的极端条件包括：大工况下的机动飞行；突加大不平衡量(叶片掉块或断裂)；空中停车(轴向力突降、温度突变)；滑油中断(挤压油膜阻尼器无工作介质)等等。这些极端条件虽非常态但并不罕见，上述的“可容模态”设计未予考虑。在完成上述七步设计后，要对极端条件下转子系统的响应进行验证。对大工况下的机动飞行和突加大不平衡量(叶片掉块或断裂)两种极端条件，可首先直接运用上述的线性模型，进行响应计算，分别检验在此两种条件下，转子的振动幅值(包括静态变形)是否超过挤压油膜阻尼器的限值和转/静间隙值，如果超过限值，则需结合下一步的非线性因素分析进行验证。

对于空中停车(轴向力突降、温度突变)和滑油中断(挤压油膜阻尼器无工作介质)两种极端条件，需要计及主轴承和挤压油膜阻尼器的瞬态特性，应对模型进行适当的修改后进行验证。这非本章的内容。

(9)非线性因素影响的评估。发动机转子非线性因素主要包含在连接结构、轴承组件、挤压油膜阻尼器、亚健康状态(转/静间轻度碰摩)和故障作用之中。在发动机转子系统设计之前，通过模型实验、组件实验和部件实验，基本探明非线性因素的作用机理和影响规律，并形成数据库。在完成上述线性系统七个步骤的设计之后，在局部引入非线性因素，结合上述的极端条件进行验证。主要验证两个方面的内容：一是转子的响应是否恶化；二是转子的稳定性，给出失稳边界。

(10)模型或样机验证。根据所设计的转子系统，建造一个模型实验器或者样机进行实验验证。实验时，尽可能多地安装测振传感器，既可测量支座振动速度或加速度，还应测量转子振动位移，同一截面力求安装相互垂直的 2 只传感器。实验验证的内容主要包括：

1)设计的转子模态特性准确度。对转子的刚支模态和弹支模态分别进行验证，实验结果与设计结果总会存在差别，可调整设计模型中的参数，使设计结果与实验结果逼近，由此验证所设计的模态特性是否符合设计要求，检验设计时模型参数的准确度，同时，验证模型参数对模态特性的影响规律和敏感度。另外，可对实验器或样机的结构或实验条件进行调整，例如，改变连接结构的螺栓拧紧力矩、配合紧度等，验证这些参数对模态特性的影响。既可对设计模型进行修正，又可积累数据库。

2)转子的响应特性。在整个工作转速范围内，测量转子的振动响应，检验是否达到“可容模态”设计的要求。转子响应主要由不平衡所致，在实验之前，对高、低压转子分别进行动平衡，动平衡的精度应达到平衡设备所能实现的最高水平，检验剩余不平衡分布与刚支模态的正交性，转子应按照发动机的任务包线运行，而无须保留“转速裕度”。如前所述，“可容模态”设计的核心是阻尼器的设计和刚度的匹配。若达不到“可容模态”设计的要求，首先检查挤压油膜阻尼器的有效性。挤压油膜阻尼器的阻尼效果与油膜长度、油膜间隙、滑油黏度、进油方式、弹支刚度、转子参数等因素紧密相关，必须按照已获得的设计准则和经验(数据库)，进行精准控制。若正确设计和精准制装，阻尼效果一般是很显著的。

分别改变高压转子和低压转子的不平衡量及分布，测量转子的响应特性，直至振动峰值达到限定值。将测量结果与设计模型所计算的结果进行比较，检验转子的线性度。根据检验结果，对模型进行局部非线性修正。

12.3.2 双转子系统的“可容模态”设计实例

以一发动机双转子系统为实例，具体地说明双转子系统“可容模态”设计流程。转子系统的结构简图如图 12.7 所示。该转子结构为典型的双转子系统，采用这一结构布局的发动机包括 AL-31F，CFM56 等。其特征为：低压转子采用 0—2—1 支承方案，高压转子采用 1—0—1 支承方案；高、低压转子通过中介轴承耦合，4 支点为中介轴承；1 支点为刚性支承；2 支点、3 支点(轴承组)和 5 支点为弹性支承，如图 12.7 所示。低压转子含有两个盘，分别模拟风扇盘(Fan)和低压涡轮盘(LPT)；高压转子含有四个盘，分别模拟高压压气机盘(HPC1，HPC2 和 HPC3)和高压涡轮盘(HPT)。运用有限元法，建立转子参数化模型，分析动力学特性，从而进行“可容模态”设计。

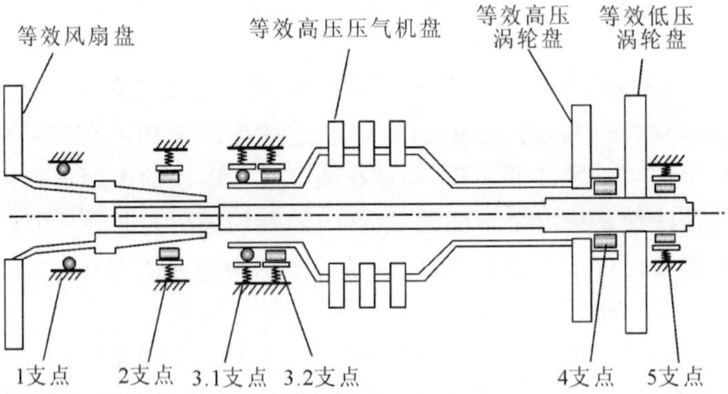

图 12.7 发动机双转子模型

1. 设定转子系统工作时的“可容模态”

通常，在气动设计阶段确定发动机各工作状态下的工作转速。一般以高压转子转速来设定工作转速。例如，发动机最大转速 13 000 r/min 是指发动机高压转子最大转速为 13 000 r/min。

假设发动机高、低压转子同转，转速比为 1.25，工作转速设置见表 12.1。

表 12.1 发动机工作转速设置

	慢车转速	巡航转速	最大转速
工作转速(高压)/$(r\cdot min^{-1})$	3 000	10 000	13 000

根据“可容模态”理论设计原则可确定模态设置的目标：

(1)转子一阶模态设置在慢车转速以下，即一阶模态转子临界转速应设置在 3 000 r/min 以下；

(2)二阶和三阶模态设置在巡航转速以下，裕度为 10%，即二阶和三阶临界转速应小于巡航转速的 90%，即 9 000 r/min；

(3)四阶模态设置在最大转速以上，裕度为 8%～10%，即四阶临界转速应在 14 000 r/min 以上。

以上设计原则与目标可用图 12.8 所示的转速范围表示。注意，图中各阶模态的位置仅为示意图，只是为了说明临界转速可能出现的位置。

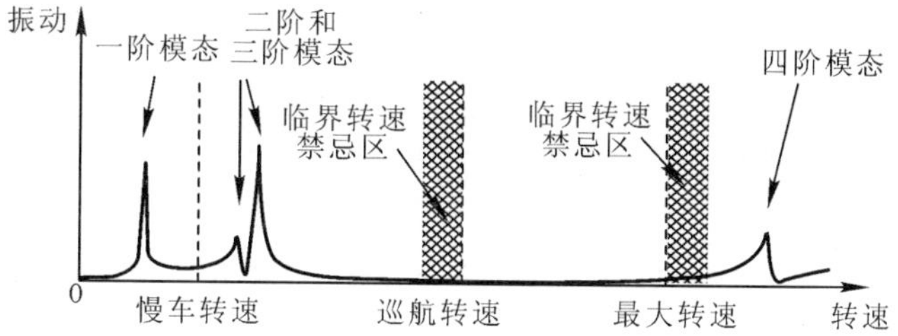

图 12.8　“可容模态”转速设置示意图

2. 建立双转子系统的参数化模型

建立双转子有限元参数化模型，如图 12.9 所示。将双转子模型划分为 45 个单元，节点数目为 46，其中节点 1～20 为低压转子节点，21～46 为高压转子节点。轴单元和盘单元参数见表 12.2 和表 12.3。材料密度为 7 850 kg/m^3，弹性模量为 2.01×10^{11} N/m^2。

表 12.2　弹性轴单元参数

转子	轴段	长度/mm	内径/mm	外径/mm
低压	1～2	20	45	95
	2～3	40	45	95
	3～4	29	45	95
	4～5	137	0	50
	5～6	44	0	48
	6～7	71	0	50
	7～8	71	0	50
	8～9	100	0	58
	9～10	100	0	58
	10～11	100	0	58
	11～12	100	0	58
	12～13	100	0	58
	13～14	100	0	58
	14～15	100	0	58
	15～16	80	0	58
	16～17	96	0	84
	17～18	62	0	65
	18～19	38	0	65
	19～20	52	0	60
	20～21	0	0	60

转子	轴段	长度/mm	内径/mm	外径/mm
高压	21～22	23	56	70
	22～23	38	56	70
	23～24	40	56	70
	24～25	7.75	56	88
	25～26	7.75	83	115
	26～27	7.75	110	142
	27～28	7.75	137	169
	28～29	19.5	164	196
	29～30	72	186	196
	30～31	72	186	196
	31～32	17.5	186	196
	32～33	7.75	164	196
	33～34	7.75	139	171
	34～35	7.75	114	146
	35～36	7.75	89	121
	36～37	4	64	96
	37～38	96	64	84
	38～39	100	64	84
	39～40	100	64	84
	40～41	100	64	84
	41～42	100	64	84
	42～43	66.5	64	84
	43～44	23	64	84
	44～45	22.5	60	126
	45～46	33	100	130

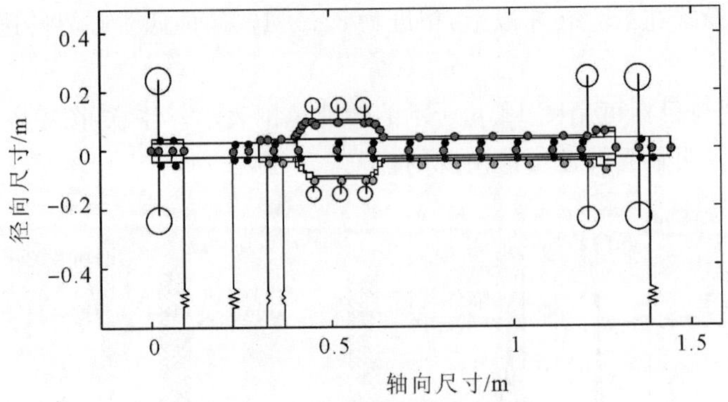

图 12.9　双转子有限元计算模型

表 12.3　刚性盘参数

转　子	节点质量/kg		极转动惯量/(kg・m²)	直径转动惯量/(kg・m²)
低压转子	3	33.92	0.628 7	0.314 4
	4	18.01	0.272 3	0.136 2
高压转子	16	12.26	0.149 4	0.074 7
	23	12.26	0.149 4	0.074 7
	24	12.26	0.149 4	0.074 7
	27	23.21	0.348 8	0.174 4

上述模型中，未给定支承参数。支承的刚度为确定模态的关键参数，该参数将在第 4 步中确定。

3. 确定支承绝对刚性时转子系统的模态

将支承设置为刚性支承，计算转子的模态，所用刚度大小为 1×10^{10} N/m。一般需要计算前三阶刚支模态。在本算例中，转子最大转速已经确定为 13 000 r/min。因此，这里计算了 20 000 r/min 以下存在的刚支模态。对于双转子系统存在两种激励方式，即低压转子激励或高压转子激励。经计算，两种激励条件下，在 0～20 000 r/min 范围内，转子皆存在两阶模态，振型如图 12.10 所示。表 12.4 给出了两种激励条件下转子的两阶临界转速。

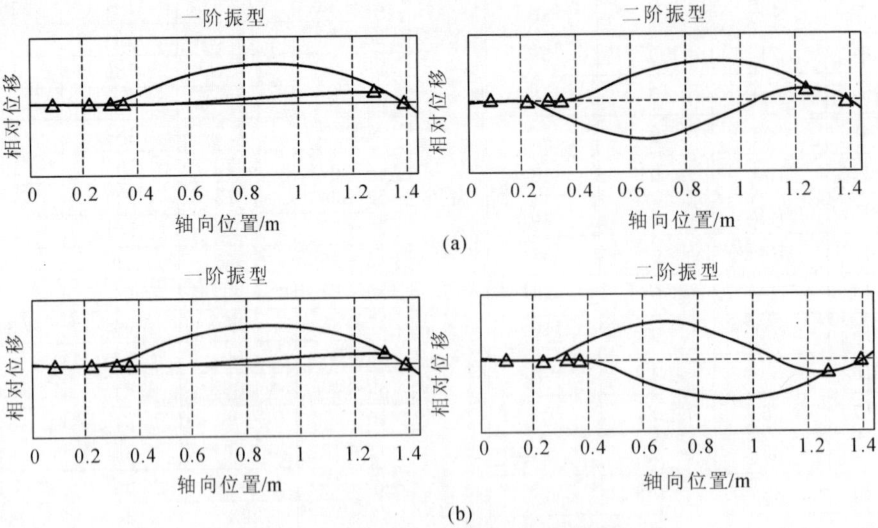

图 12.10　刚支条件下两阶振型

(a)低压激励；(b)高压激励

表 12.4 转子两阶临界转速

激励方式	一阶临界转速/(r·min^{-1})	二阶临界转速/(r·min^{-1})
低压激励	6 561	14 687
高压激励	6 413	14 874

根据计算结果，在整个工作转速范围内，仅存在一阶刚支模态。使用弹性支承后，转子系统一阶临界转速将会降低。因此，在 6 561 r/min 转速以下，必然存在一阶或者一阶以上临界转速。也就是说，通过调节支承刚度，不可能将所有临界转速均调到转子工作转速范围之外。转子临界转速完全有可能会出现在慢车转速与刚支临界转速之间。此时，须采取“可容模态”设计。考虑到“可容模态”需要与刚支模态错开，裕度为 8%～10%，模态设置的转速范围如图 12.11所示。如前所述，图中转子的响应与各阶模态的位置仅为示意图。

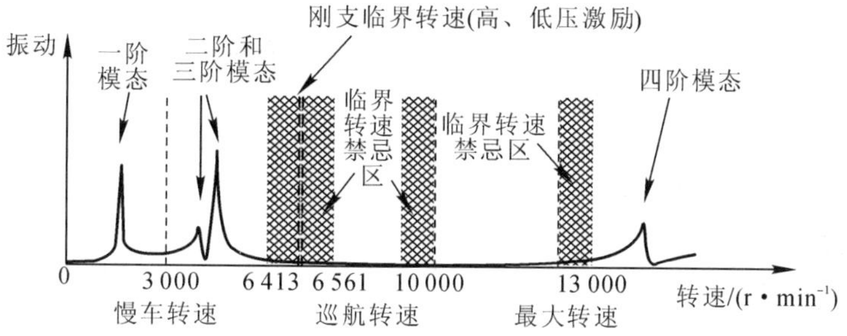

图 12.11 “可容模态”转速设置示意图(考虑刚支模态)

4. 根据支承绝对刚性时转子的模态参数和“可容模态”的位置，选取支承刚度

根据已得到的刚支模态，计算转子模态参数。在最大工作转速范围内，仅存在一阶刚支模态。因此，可按照一阶刚支模态计算模态质量与模态刚度，计算结果见表 12.5。两种激励条件下，转子模态刚度基本是相同的，取低压一阶模态刚度为 5.4×10^6 N/m，高压一阶模态刚度为 1.3×10^7 N/m。

表 12.5 刚支条件下转子模态参数

激励方式	转子	模态质量/kg	模态刚度/(N·m^{-1})
低压激励	低压转子	11.6	5.5×10^6
	高压转子	29.2	1.3×10^7
高压激励	低压转子	11.6	5.3×10^6
	高压转子	29.2	1.3×10^7

根据刚支条件模态刚度确定高、低压转子弹性支承的刚度，计算结果见表 12.6。该双转子系统中，1 号支承为刚性支承，4 号支承为中介轴承，未设置弹性支承，同样为刚性支承。

5. 确定支承弹性时双转子系统的模态，检验是否与预设的“可容模态”相符

将上述参数带入参数化模型中，计算转子在最大转速范围内的模态。根据计算结果，在上述支承条件下，转子在工作转速范围内具有三阶模态，振型如图 12.12 和图 12.13 所示。根据振型可计算转子各阶模态下，轴系应变能分布。计算结果见表 12.7。在两种激励条件下，三阶临界转速均小于刚支条件下一阶临界转速。前两阶模态均在慢车以下，第三阶模态在慢车以上，所以应将第三阶模态设置为“可容模态”。

表 12.6 支承刚度初步选择

转子	模态刚度/(N·m^{-1})	支承编号	支承形式	比例	刚度/(N·m^{-1})
低压	5.4×10^6	1	刚性支承	—	1×10^9
		2	弹性支承	20%	1.08×10^6
		5	弹性支承	20%	1.08×10^6
高压	1.3×10^7	3.1	弹性支承	10%	1.3×10^6
		3.2	弹性支承	10%	1.3×10^6
		4	刚性支承	—	1×10^6

根据应变能分布，三阶模态中，前两阶为刚性模态；第三阶低压轴应变能比例超过 10%，为柔性模态，高压转子仍为刚性模态。

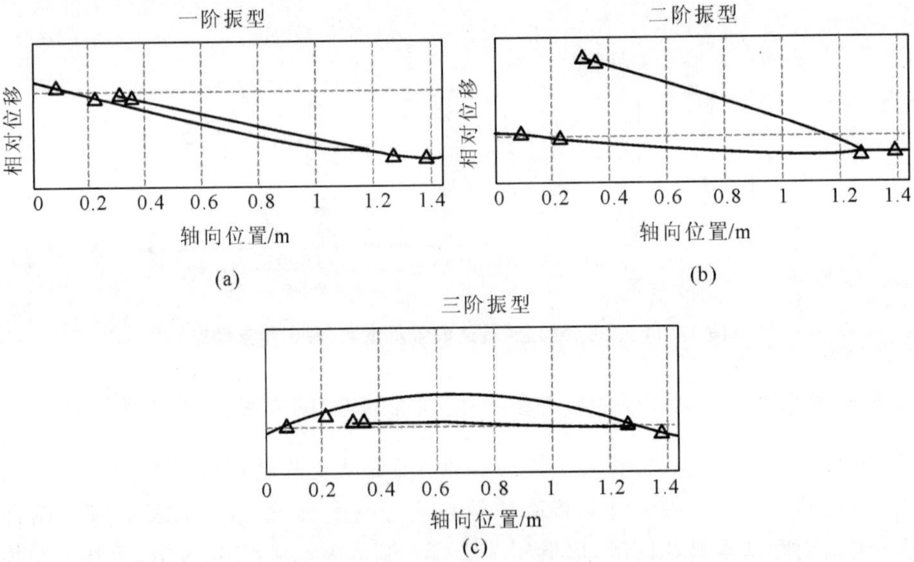

图 12.12 低压激励三阶振型

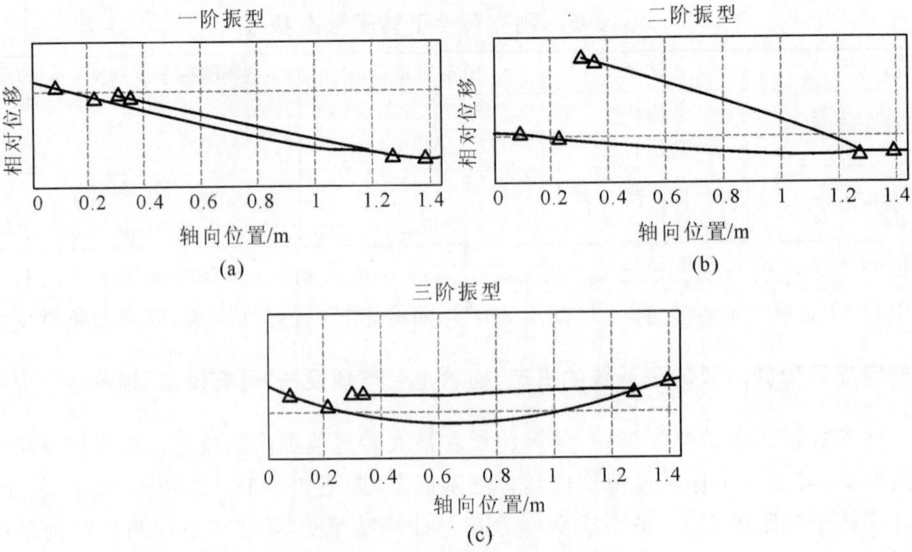

图 12.13 高压激励前三阶振型

表 12.7　各阶模态应变能分布

激励方式	阶次	临界转速/(r·min⁻¹)	低压应变能分布/(%)	高压应变能分布/(%)
低压激励	一	1 346	0.00	0.00
	二	2 783	0.01	0.08
	三	5 325	14.22	0.01
高压激励	一	1 342	0.00	0.00
	二	2 766	0.01	0.08
	三	5 033	13.95	0.01

分别在高低压转子两个盘上加 20 g·cm 不平衡量，同相位，同时假设各轴承处阻尼为 500 N·s/m，该条件为弱阻尼条件。在低压激励和高压激励条件下，计算转子不平衡响应，结果如图 12.14 和图 12.15 所示。

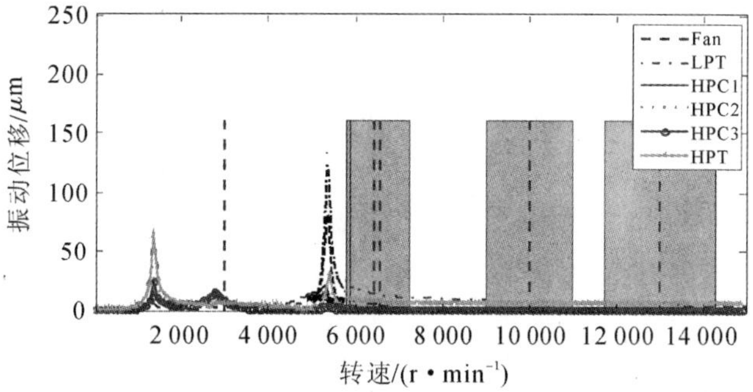

图 12.14　低压激励下转子的不平衡响应

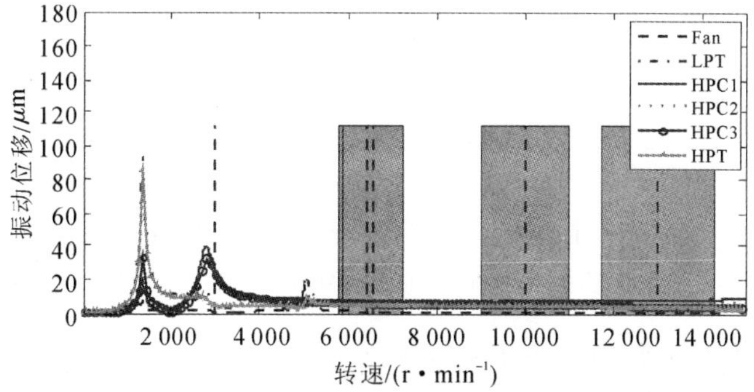

图 12.15　高压激励下转子的不平衡响应

当选择的支承刚度较大时，可能出现转子的第三阶模态进入刚支模态的转速禁忌区，或者与刚支临界转速重合。不妨增大弹性支承的刚度，使得第三阶临界转速与刚支临界转速重合。经迭代计算，当低压弹支刚度取模态刚度 81%，高压弹支刚度取模态刚度 65%时，转子三阶临界转速与刚支临界转速重合。以低压转子主激励为例，在相同的条件下，计算转子的响应，如图 12.16 所示。

根据计算结果，增大弹性支承刚度后，转子的第二阶临界转速也增大至慢车以上，成为“可容模态”，并且几乎进入刚支临界转速禁忌区。转子的临界峰值大幅度增加，结果见表 12.8。根据计算结果，当转子三阶临界转速增大至与转子一阶刚支临界转速重合时，除一阶高压涡轮振动峰值，三阶低压风扇与涡轮振动峰值减小外，其余临界转速的增大，最大增大 30 倍。因此，当选择支承刚度较大时，可能造成转子“可容模态”阶次增多，“可容模态”临界转速可能会与刚支临界转速重合，转子振动水平显著增大。实际转子系统设计中，在结构强度与静变形允许的条件下，应尽量采用较柔的支承，这样有利于获得更加优良的转子动力学特性。

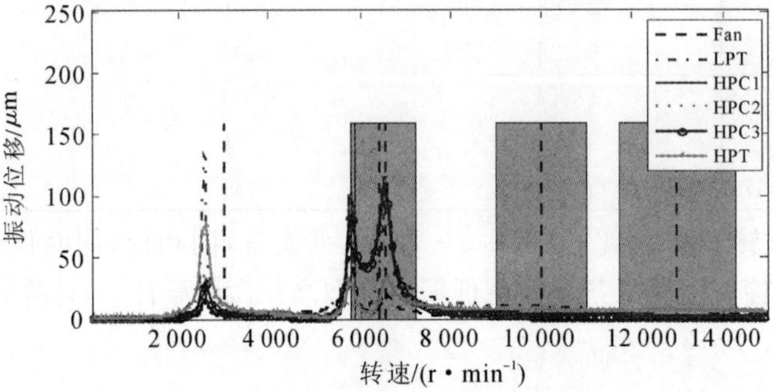

图 12.16　低压激励下转子的不平衡响应

表 12.8　转子第三阶临界转速与刚支临界转速重合时转子临界峰值

阶　　次		一阶		二阶		三阶	
刚度条件		改变前	改变后	改变前	改变后	改变前	改变后
是否“可容模态”		否	否	否	是	是	是
临界峰值 μm	Fan	5	132	2	68	92	20
	LPT	68	133	7	84	135	85
	HPC1	15	26	17	103	16	116
	HPC2	20	38	15	105	10	112
	HPC3	24	50	14	108	44	108
	HPT	62	17	6	40	44	45

实际设计中，若希望使得转子的动力学特性更加优良，如进一步降低转子“可容模态”的临界峰值，可采用迭代优化的方法，进一步优化各弹性支承刚度和转子的几何参数，使得“可容模态”与刚支模态具有更大的裕度，转子系统的振动水平更小。详细的优化设计方法请参阅本书第 14 章。

6. 在支承处设置阻尼器，确定不平衡响应

航空发动机中普遍采用挤压油膜阻尼器实现发动机减振。有关挤压油膜阻尼器设计的方法请参阅本书第 16 章相关内容。

正常工作的挤压油膜阻尼器为弱非线性阻尼器。计算过程中可使用线性黏滞阻尼代替非线性阻尼，以简化计算过程。本节使用了线性阻尼代替挤压油膜阻尼器，以说明转子添加阻尼器后的不平衡响应情况。假设在 2 号、5 号和 3.1 号弹性支承添加阻尼器，阻尼大小为 950 N·s/m，计算转子的不平衡响应，添加阻尼器前、后转子的响应曲线如图 12.17 所示。

根据计算结果，在使用上述线性阻尼器后，转子的前三阶最大临界峰值均控制在 100 μm 范围以内；转子“可容模态”，即转子三阶模态，临界峰值减小至原来的 1/3，控制在 50 μm 以内。经计算，转子一阶模态处，阻尼比约为 8.3%；转子二阶和三阶模态处，阻尼比均大于 8.5%。由于将“可容模态”下的振动控制在较低的水平，因此，转子可频繁穿越临界转速。

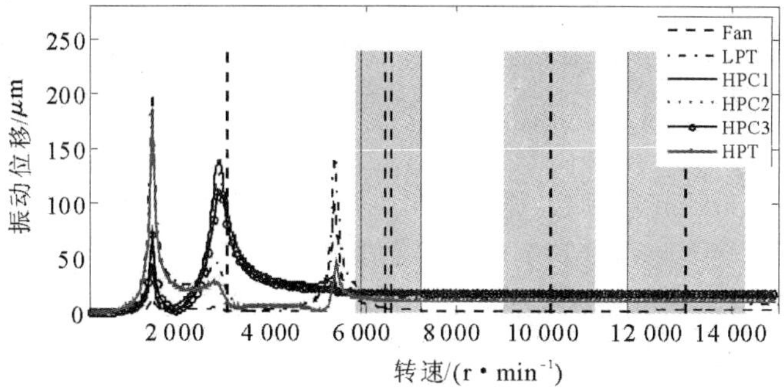

(a)

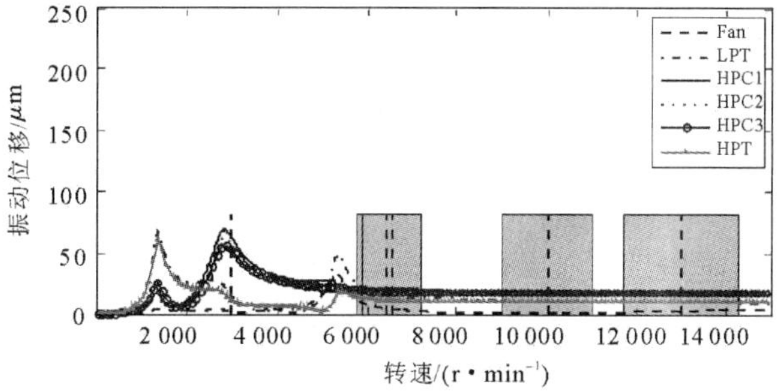

(b)

图 12.17　添加线性阻尼前、后转子的不平衡响应

(a)无阻尼器转子的不平衡响应;(b)添加阻尼器后转子的不平衡响应

另外,通过转子参数微调和优化可使转子的动力学特性更加优良。例如,通过优化设计,调整轴系各截面参数,可获得更加轻质的转子系统。关于转子的优化设计请参阅本书第 14 章“双转子动力学设计”。本节设计流程的后续内容以实验为主,这里不再讨论。

至此,通过设置转子弹性支承的支承刚度,初步完成了转子的“可容模态”设计。在上述设计流程中,根据刚支模态确定弹性支承参数是关键步骤,即支承参数须与转子系统刚支模态参数相匹配,这一原则在实际设计中具有重要的指导意义。

12.4　小　　结

本章提出了转子“可容模态”的概念,建立了转子“可容模态”的设计方法和流程。小结如下:

(1)随着航空发动机变工况特征越来越突出,传统的“转速裕度”准则难以适用于发动机转子的结构动力学设计。发动机运行期间,转子频繁越过临界转速,临界转速甚至可能成为工作转速。另外,在工作状态下,材料特性、配合和连接刚度会发生明显变化,导致临界转速在较大范围内变化,很难保证设计时的“转速裕度”。因此,发动机转子应按照“可容模态”准则来设计。

(2)“可容模态”设计的准则是,通过加装阻尼器和参数优化把转子的“可容临界”响应控制在允许的限制值之下,而不再刻意保证期望的“转速裕度”和“临界变速率”。

(3)“可容模态”设计的核心是优化转子参数和支承参数,保证阻尼器的减振效果最佳。如果二阶模态为“可容模态”，设计的目标是降低转子的二阶临界响应。阻尼器和转子/支承参数的匹配应针对二阶模态来设计。适合二阶模态减振的转子/支承参数最优匹配，对一阶模态可能不是最佳的。但反过来，适合一阶模态减振的转子/支承参数最佳匹配，对二阶模态是适合的。

(4)航空发动机的低压转子细长，刚度较低，要达到适合一阶模态减振的转子/支承参数最佳匹配，支承设计可能会受到强度和变形条件的限制。但若一阶模态不是“可容模态”，则针对一阶模态的参数匹配可适当放宽，而主要关注二阶“可容模态”减振。

若在发动机工作转速内存在多个“可容模态”，例如涡轴发动机，则以最低一阶“可容模态”来匹配转子/支承参数。

(5)转子任意一阶“可容临界”若与刚支转子某一临界转速重合，则会在此“可容临界”处发生共振。设计时须避免。

(6)按照“模态裕度”准则进行航空发动机转子动力学设计是可行的。

第 13 章　双转子系统的振动

现代涡喷或者涡扇发动机都采用双转子甚至三转子结构。为提高推重比，常将高压转子的后支点设计成轴间轴承形式，或称中介轴承，即高压转子前端通过前轴承支承在与机匣连接的固定支承结构上，而后端通过中介轴承支承在低压涡轮轴上。CFM－56 就采用了这种结构形式，如图 13.1 所示。

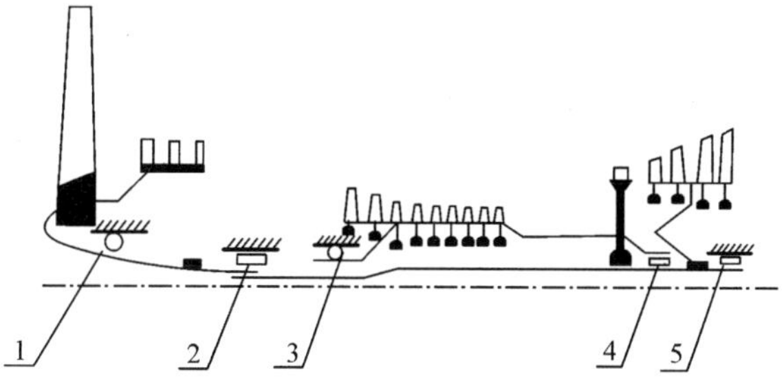

图 13.1　CFM－56 发动机的转子结构

1－风扇前支点；2－风扇后支点；3－高压转子前支点；

4－高压转子后支点(即中介轴承)；5－低压涡轮后支点

除此之外，为进一步提高推重比，将转子设计成柔性转子，即在工作范围内，转子要越过一阶、二阶甚至三阶临界转速。这就使得发动机转子成为耦合很强的双转子系统，传统的单转子理论不能完全描述其振动特性。

研究者利用传递矩阵法或有限元法对发动机双转子系统的振动进行了诸多研究，部分成果已应用于发动机转子的设计。但由于模型复杂、计算规模大、算法不透明等因素的影响，使得大规模的数值计算在揭示规律、分析机理和建立准则等方面凸显局限性。

本章建立双转子模型，考虑支承刚度和阻尼以及中介轴承的影响，运用解析方法分析双转子的振动特性，以揭示双转子的振动规律，解释实际运行中出现的现象，得到转子设计的一般性指导准则和普适性结论。在上述的双转子结构中，中介轴承是关键部件，也是薄弱部件，因此，本章对其进行重点分析。所得结论对中介轴承及其固定、装配的设计有重要的指导意义。

13.1　简支对称双转子模型和运动方程

如图 13.2 所示，轴长度为 $L=2a$，2 个盘安装在轴的中间位置，分别代表高压和低压涡轮，2 个盘的质量分别为 m_H 和 m_L，转速分别为 Ω_H 和 Ω_L。置盘处轴的刚度为 s。设盘的几何中心坐标为 (x,y)；重心坐标分别为(x_{HG},y_{HG})和(x_{LG},y_{LG})，如图 13.3 和图 13.4 所示。

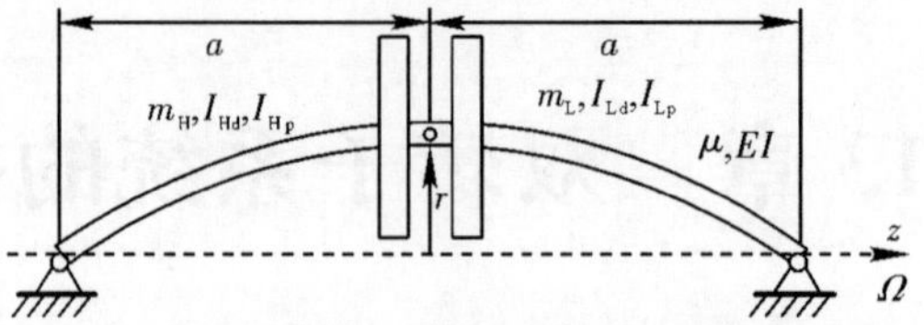

图 13.2　简支对称双转子模型

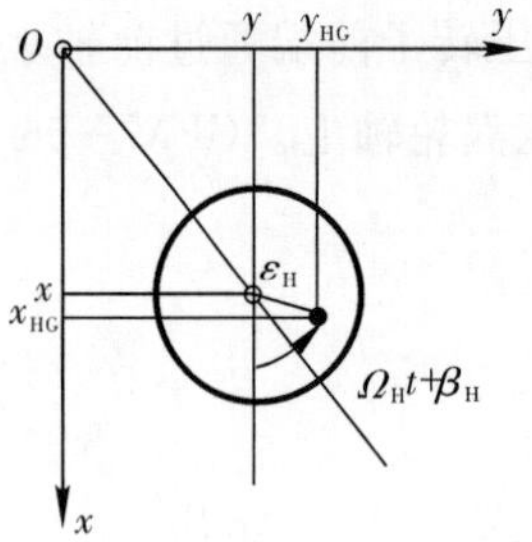

图 13.3　高压盘的坐标

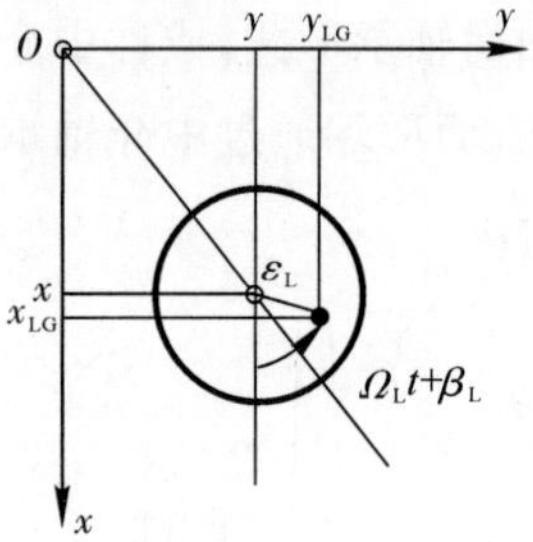

图 13.4　低压盘的坐标

转子的力平衡条件为

$$\left.\begin{aligned} m_H\ddot{x}_{HG}+m_L\ddot{x}_{LG}+sx=0 \\ m_H\ddot{y}_{HG}+m_L\ddot{y}_{LG}+sy=0 \end{aligned}\right\} \tag{13.1}$$

盘的重心坐标和几何中心坐标有如下关系：

$$\left.\begin{aligned} x_{HG}=x+\varepsilon_H\cos(\Omega_H t+\beta_H) \\ y_{HG}=y+\varepsilon_H\sin(\Omega_H t+\beta_H) \end{aligned}\right\} \tag{13.2}$$

$$\left.\begin{aligned} x_{LG}=x+\varepsilon_L\cos(\Omega_L t+\beta_L) \\ y_{LG}=y+\varepsilon_L\sin(\Omega_L t+\beta_L) \end{aligned}\right\} \tag{13.3}$$

把式(13.2)和式(13.3)代入式(13.1)，得

$$\left.\begin{aligned} (m_H+m_L)\ddot{x}+sx=m_H\varepsilon_H\Omega_H^2\cos(\Omega_H t+\beta_H)+m_L\varepsilon_L\Omega_L^2\cos(\Omega_L t+\beta_L) \\ (m_H+m_L)\ddot{y}+sy=m_H\varepsilon_H\Omega_H^2\sin(\Omega_H t+\beta_H)+m_L\varepsilon_L\Omega_L^2\sin(\Omega_L t+\beta_L) \end{aligned}\right\} \tag{13.4}$$

式中：m_H 和 m_L 分别为高压盘和低压盘的质量；ε_H，ε_L，β_H 和 β_L 分别为高、低压盘质心偏移量和相位。

方程式(13.4)两端同除以(m_H+m_L)，并设

$$\omega=\sqrt{\frac{s}{m_H+m_L}} \tag{13.5}$$

于是得到

$$\left.\begin{aligned} \ddot{x}+\omega^2x=\frac{m_H}{(m_H+m_L)}\varepsilon_H\Omega_H^2\cos(\Omega_H t+\beta_H)+\frac{m_L}{(m_H+m_L)}\varepsilon_L\Omega_L^2\cos(\Omega_L t+\beta_L) \\ \ddot{y}+\omega^2y=\frac{m_H}{(m_H+m_L)}\varepsilon_H\Omega_H^2\sin(\Omega_H t+\beta_H)+\frac{m_L}{(m_H+m_L)}\varepsilon_L\Omega_L^2\sin(\Omega_L t+\beta_L) \end{aligned}\right\} \tag{13.6}$$

式中：ω 为转子的临界转速，$\omega=\sqrt{\frac{s}{m_H+m_L}}$。若高压盘支承在低压轴上，转子系统的临界转速由 2 个盘的质量和轴的刚度决定。

13.2 双转子的不平衡响应

应用线性叠加原理，可求得转子的稳态响应为

$$\left.\begin{aligned}x&=\frac{m_{\mathrm{H}}}{(m_{\mathrm{H}}+m_{\mathrm{L}})}\frac{\varepsilon_{\mathrm{H}}\Omega_{\mathrm{H}}^{2}}{\omega^{2}-\Omega_{\mathrm{H}}^{2}}\cos(\Omega_{\mathrm{H}}t+\beta_{\mathrm{H}})+\frac{m_{\mathrm{L}}}{(m_{\mathrm{H}}+m_{\mathrm{L}})}\frac{\varepsilon_{\mathrm{L}}\Omega_{\mathrm{L}}^{2}}{\omega^{2}-\Omega_{\mathrm{L}}^{2}}\cos(\Omega_{\mathrm{L}}t+\beta_{\mathrm{L}})\\y&=\frac{m_{\mathrm{H}}}{(m_{\mathrm{H}}+m_{\mathrm{L}})}\frac{\varepsilon_{\mathrm{H}}\Omega_{\mathrm{H}}^{2}}{\omega^{2}-\Omega_{\mathrm{H}}^{2}}\sin(\Omega_{\mathrm{H}}t+\beta_{\mathrm{H}})+\frac{m_{\mathrm{L}}}{(m_{\mathrm{H}}+m_{\mathrm{L}})}\frac{\varepsilon_{\mathrm{L}}\Omega_{\mathrm{L}}^{2}}{\omega^{2}-\Omega_{\mathrm{L}}^{2}}\sin(\Omega_{\mathrm{L}}t+\beta_{\mathrm{L}})\end{aligned}\right\}\tag{13.7}$$

由式(13.7)可见，转子的响应中既包含高压盘不平衡响应，也包含低压盘不平衡响应。若要使转子在亚临界条件下运转，则须满足

$$\Omega_{\mathrm{H}}<\omega=\sqrt{\frac{s}{m_{\mathrm{H}}+m_{\mathrm{L}}}}\tag{13.8}$$

由于转子质量为高压盘和低压盘质量之和，所以轴的刚度 s 须足够大，这样最终导致转子尺寸和重量都会很大。这与提高发动机推重比的设计目标不一致，因此，式(13.8)所示的亚临界设计是一种不可取的设计原则。

若按如下原则设计：

$$\Omega_{\mathrm{L}}<\omega=\sqrt{\frac{s}{m_{\mathrm{H}}+m_{\mathrm{L}}}}<\Omega_{\mathrm{H}}\tag{13.9}$$

即低压转速 Ω_{L} 在转子临界转速之下，高压转速 Ω_{H} 在转子临界转速之上，在达到设计转速前，高压盘的转速将会通过临界转速，激起转子的共振，即当 $\Omega_{\mathrm{H}}=\omega$ 时，振动量 x 和 y 会很大，并以高压转速分量绝对占优。

不妨对式(13.7)两边关于 ε_{H} 求导，可得到

$$\left.\begin{aligned}\frac{\mathrm{d}x}{\mathrm{d}\varepsilon_{\mathrm{H}}}&=\frac{m_{\mathrm{H}}}{(m_{\mathrm{H}}+m_{\mathrm{L}})}\frac{\Omega_{\mathrm{H}}^{2}}{\omega^{2}-\Omega_{\mathrm{H}}^{2}}\cos(\Omega_{\mathrm{H}}t+\beta_{\mathrm{H}})\\\frac{\mathrm{d}y}{\mathrm{d}\varepsilon_{\mathrm{H}}}&=\frac{m_{\mathrm{H}}}{(m_{\mathrm{H}}+m_{\mathrm{L}})}\frac{\Omega_{\mathrm{H}}^{2}}{\omega^{2}-\Omega_{\mathrm{H}}^{2}}\sin(\Omega_{\mathrm{H}}t+\beta_{\mathrm{H}})\end{aligned}\right\}\tag{13.10}$$

式(13.10)反映了转子振动响应对高压不平衡的敏感度。在临界转速附近，敏感度接近于无穷大。这时，转子的振动响应对高压盘的不平衡会特别敏感。针对这种情况，一是需要在转子系统中增加阻尼器；二是需要保证高压盘的动平衡精度。

若进一步提高转子的柔性，使得

$$\omega=\sqrt{\frac{s}{m_{\mathrm{H}}+m_{\mathrm{L}}}}<\Omega_{\mathrm{L}}\tag{13.11}$$

则高、低压转子都需要通过临界转速，都将激起转子的共振。因此，对于全柔性转子，阻尼减振和高精度动平衡非常重要。

引入复向量 $r=x+\mathrm{j}y$，则式(13.7)可变为

$$r=\frac{m_{\mathrm{H}}}{(m_{\mathrm{H}}+m_{\mathrm{L}})}\frac{\Omega_{\mathrm{H}}^{2}}{\omega^{2}-\Omega_{\mathrm{H}}^{2}}\varepsilon_{\mathrm{H}}\mathrm{e}^{\mathrm{j}\beta_{\mathrm{H}}}\mathrm{e}^{\mathrm{j}\Omega_{\mathrm{H}}t}+\frac{m_{\mathrm{L}}}{(m_{\mathrm{H}}+m_{\mathrm{L}})}\frac{\Omega_{\mathrm{L}}^{2}}{\omega^{2}-\Omega_{\mathrm{L}}^{2}}\varepsilon_{\mathrm{L}}\mathrm{e}^{\mathrm{j}\beta_{\mathrm{L}}}\mathrm{e}^{\mathrm{j}\Omega_{\mathrm{L}}t}\tag{13.12}$$

式(13.12)说明，高压盘和低压盘的不平衡均使转子产生以高、低压转速旋转的正进动，如图 13.5 和图 13.6 所示。

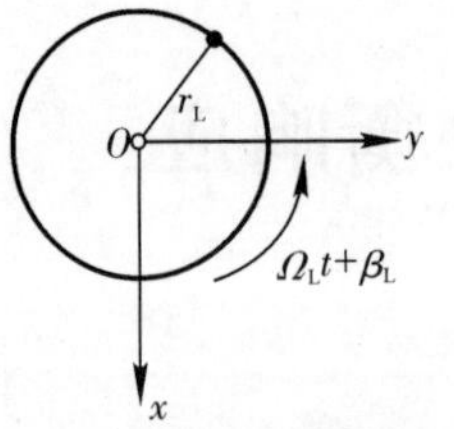

图 13.5　低压盘不平衡激起的正进动

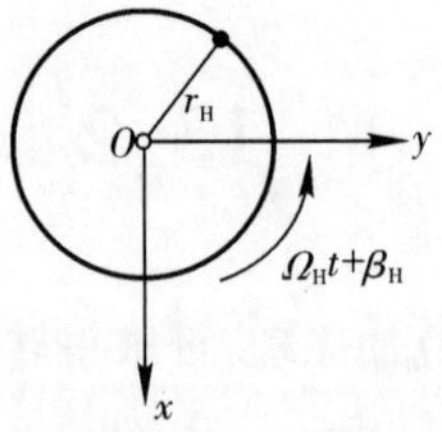

图 13.6　高压盘不平衡激起的正进动

13.3　双转子的拍振

设高、低压转子转差率为

$$\delta_n=\frac{\Omega_H-\Omega_L}{\Omega_H} \tag{13.13}$$

当转差率很小时，转子会出现拍振，载波频率为 Ω_H，调制频率为 $\Omega_H\delta_n$。把式(13.13)代入式(13.7)，可得

$$x=\sqrt{A^2+B^2+2AB\cos(-\beta_H+\beta_L-\Omega_H\delta_n t)}\cos(\Omega_H t+\varphi) \tag{13.14}$$

$$y=\sqrt{A^2+B^2+2AB\cos(-\beta_H+\beta_L-\Omega_H\delta_n t)}\sin(\Omega_H t+\varphi) \tag{13.15}$$

式中

$$\left.\begin{aligned}A&=\frac{m_H}{(m_H+m_L)}\frac{\varepsilon_H\Omega_H^2}{\omega^2-\Omega_H^2}\\B&=\frac{m_L}{(m_H+m_L)}\frac{\varepsilon_L\Omega_L^2}{\omega^2-\Omega_L^2}\end{aligned}\right\} \tag{13.16}$$

$$\tan\varphi=\frac{A\sin\beta_H+B\sin(\beta_L-\Omega_H\delta_n t)}{A\cos\beta_H+B\cos(\beta_L-\Omega_H\delta_n t)} \tag{13.17}$$

式(13.14)和式(13.15)为拍振的波形函数，其波形如图 13.7 和图 13.8 所示。

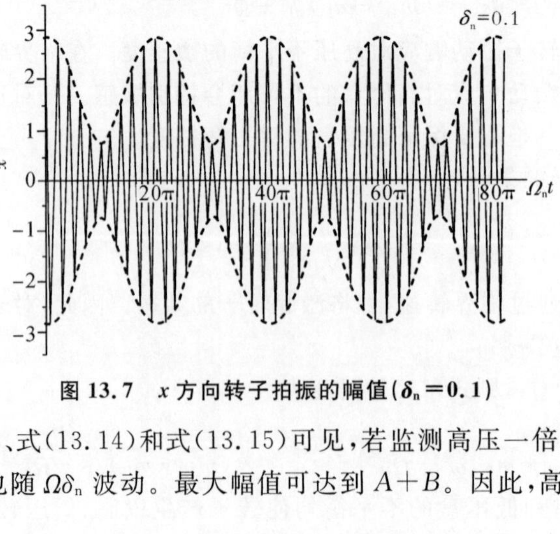

图 13.7　x 方向转子拍振的幅值($\delta_n=0.1$)

由图 13.7、图 13.8、式(13.14)和式(13.15)可见，若监测高压一倍频分量，不仅其幅值以 $\Omega\delta_n$ 波动，而且其相位也随 $\Omega\delta_n$ 波动。最大幅值可达到 $A+B$。因此，高、低压转子转速不宜靠得太近。

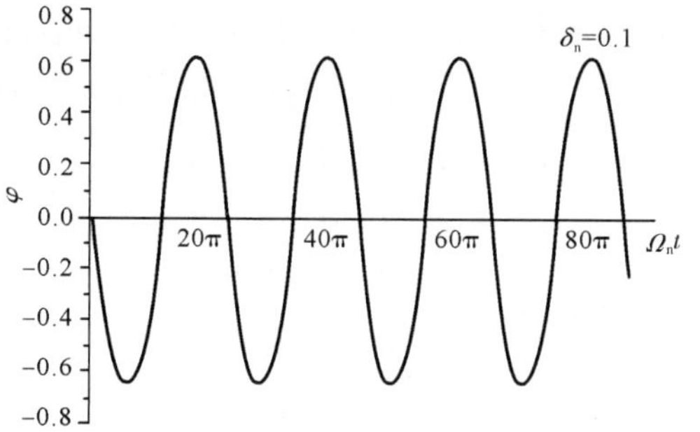

图 13.8　x 方向转子拍振的相位($\delta_n=0.1$)

把式(13.14)和式(13.15)代入式(13.12),可以得到转子的进动为

$$r=(A\mathrm{e}^{\mathrm{j}\beta_H}+B\mathrm{e}^{\mathrm{j}\beta_L}\mathrm{e}^{-\mathrm{j}\Omega_H\delta_n t})\mathrm{e}^{\mathrm{j}\Omega_H t} \tag{13.18}$$

转子以高压转速正进动,但进动的幅值以调制频率随时间变化,如图 13.9 所示。理想情况下,分别单独平衡高压盘和低压盘,均会使转子振动减小。但高、低压转子转速差很小时,高、低压盘不平衡的相互影响增大。

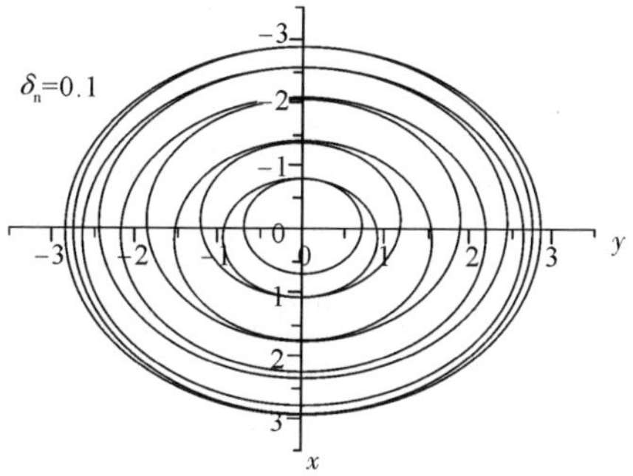

图 13.9　转子的轴心进动轨迹($\delta_n=0.1$)

13.4　带弹支和阻尼器的双转子振动

支座与机匣连接,机匣一般为薄壁结构,柔性比较大。另外,要加装阻尼器。因此,发动机转子的支承应视为弹性支承,如图 13.10 所示。假设两个支座的刚度和阻尼系数分别为 S_{b1},d_{b1},S_{b2}和 d_{b2}。

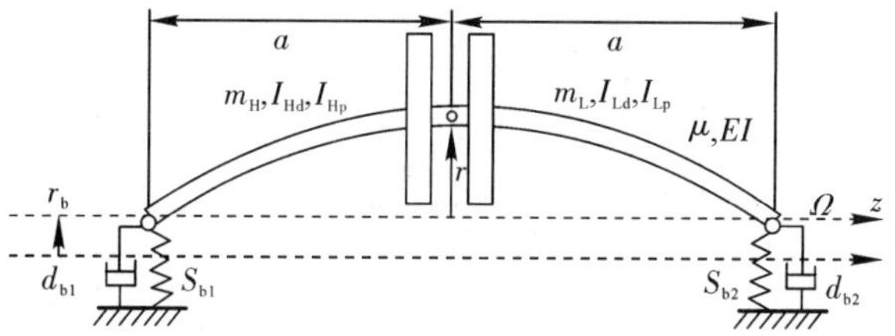

图 13.10　带弹支和阻尼器的双转子

为简单起见,设

$$S_{b1}=S_{b2}=S_b, d_{b1}=d_{b2}=d_b$$

设轴端的位移为(x_b,y_b),转子的运动方程为

$$\left.\begin{aligned}(m_H+m_L)\ddot{x}+s(x-x_b)=m_H\varepsilon_H\Omega_H^2\cos(\Omega_H t+\beta_H)+m_L\varepsilon_L\Omega_L^2\cos(\Omega_L t+\beta_L)\\(m_H+m_L)\ddot{y}+s(y-y_b)=m_H\varepsilon_H\Omega_H^2\sin(\Omega_H t+\beta_H)+m_L\varepsilon_L\Omega_L^2\sin(\Omega_L t+\beta_L)\end{aligned}\right\}\tag{13.19}$$

$$\left.\begin{aligned}s(x-x_b)=2S_b x_b+2d_b\dot{x}_b\\s(y-y_b)=2S_b y_b+2d_b\dot{y}_b\end{aligned}\right\}\tag{13.20}$$

令

$$\left.\begin{aligned}v=x-x_b\\w=y-y_b\end{aligned}\right\}\tag{13.21}$$

引入复向量

$$\left.\begin{aligned}r=x+\mathrm{j}y\\\rho=v+\mathrm{j}w\\r_b=x_b+\mathrm{j}y_b\end{aligned}\right\}\tag{13.22}$$

代入方程式(13.19)和式(13.20),则可以得到

$$(m_H+m_L)\ddot{\rho}+s\rho=-(m_H+m_L)\ddot{r}_b+m_H\varepsilon_H\Omega_H^2\mathrm{e}^{\mathrm{j}(\Omega_H t+\beta_H)}+m_L\varepsilon_L\Omega_L^2\mathrm{e}^{\mathrm{j}(\Omega_L t+\beta_L)}\tag{13.23}$$

$$s\rho=2S_b r_b+2d_b\dot{r}_b\tag{13.24}$$

设转子的稳态解为

$$\left.\begin{aligned}\rho=\rho_H\mathrm{e}^{\mathrm{j}\Omega_H t}+\rho_L\mathrm{e}^{\mathrm{j}\Omega_L t}\\r_b=r_{bH}\mathrm{e}^{\mathrm{j}\Omega_H t}+r_{bL}\mathrm{e}^{\mathrm{j}\Omega_L t}\end{aligned}\right\}\tag{13.25}$$

令 $D_b=\dfrac{d_b}{2\sqrt{s(m_H+m_L)}}$为阻尼比。根据线性叠加理论,可求出高压不平衡响应为

$$r_{bH}=\frac{1}{1+\dfrac{m_L}{m_H}}\frac{\dfrac{\Omega_H^2}{\omega^2}\varepsilon_H\mathrm{e}^{\mathrm{j}\beta_H}}{\dfrac{2S_b}{s}-\left(\dfrac{2S_b}{s}+1\right)\dfrac{\Omega_H^2}{\omega^2}+2\mathrm{j}D_b\dfrac{\Omega_H}{\omega}\left(1-\dfrac{\Omega_H^2}{\omega^2}\right)}\tag{13.26}$$

$$r_H=\frac{1}{1+\dfrac{m_L}{m_H}}\frac{\left(\dfrac{2S_b}{s}+1+2\mathrm{j}D_b\dfrac{\Omega_H}{\omega}\right)\dfrac{\Omega_H^2}{\omega^2}\varepsilon_H\mathrm{e}^{\mathrm{j}\beta_H}}{\dfrac{2S_b}{s}-\left(\dfrac{2S_b}{s}+1\right)\dfrac{\Omega_H^2}{\omega^2}+2\mathrm{j}D_b\dfrac{\Omega_H}{\omega}\left(1-\dfrac{\Omega_H^2}{\omega^2}\right)}\tag{13.27}$$

转子对低压盘的不平衡响应与上式完全类似,此处略去。

当 $\Omega_H=\omega=\sqrt{\dfrac{s}{m_L+m_H}}$ 时,由式(13.26)和式(13.27)可得

$$r_{bH}=\frac{m_H\varepsilon_H\mathrm{e}^{\mathrm{j}\beta_H}}{m_L+m_H}\tag{13.28}$$

$$r_H=\frac{(2S_b+s+2\mathrm{j}d_b\Omega_H)m_H\varepsilon_H\mathrm{e}^{\mathrm{j}\beta_H}}{s[m_L+m_H]}\tag{13.29}$$

可以看出,此时的转子响应不为极大值,因而 $\omega=\sqrt{\dfrac{s}{m_L+m_H}}$ 已不是转子的临界转速。但从式(13.29)可以发现,支座刚性 S_b 越大,振动越大。

如果转子无阻尼,即 $d_b=0$,当

$$\Omega_i=\omega_b=\sqrt{\frac{2S_b s}{(m_L+m_H)(2S_b+s)}},\ i=\mathrm{L},\mathrm{H}\tag{13.30}$$

时，不论是转子振动，还是轴端位移都无穷大，故 ω_b 为转子临界转速。

对式(13.30)变形后，可以看出

$$\omega_b=\sqrt{\frac{s}{(m_L+m_H)\left(1+\frac{s}{2S_b}\right)}}<\sqrt{\frac{s}{m_L+m_H}}=\omega \tag{13.31}$$

这说明支座弹性降低了转子临界转速。在实际发动机设计中，也常用弹支来下调转子临界转速。

13.5 刚性转子

对于刚性转子设计方案，即轴的刚度远远大于支座的刚度，$s\gg 2S_b$，此时转子的临界转速为

$$\omega_b=\sqrt{\frac{2S_b}{(m_L+m_H)(1+\frac{2S_b}{s})}}\ll\sqrt{\frac{s}{m_L+m_H}}=\omega \tag{13.32}$$

并且

$$r_i\approx r_{bi},\quad i=L,H \tag{13.33}$$

即转子的振动主要表现为转子作为刚体在弹支上进动。

不论何种情况，转子在临界转速处，振动都将无穷大。增设阻尼器是应对转子通过临界转速时的最有效减振措施。

在临界转速 ω_b 处，由式(13.26)和式(13.27)可分别得到轴端和转子的振动幅值为

$$r_{bi}=\frac{m_i\sqrt{\frac{2S_b(1+2S_b/s)}{(m_L+m_H)}}}{2jd_b}\varepsilon_i e^{j\beta_i},\quad i=L,H \tag{13.34}$$

$$r_i=\frac{m_i\sqrt{\frac{2S_b(1+2S_b/s)}{(m_L+m_H)}}}{2jd_b}\left(1+\frac{2S_b+2jd_b\omega_b}{s}\right)\varepsilon_i e^{j\beta_i},\quad i=L,H \tag{13.35}$$

由式(13.35)可以看出，在临界转速下，阻尼使得转子和轴端的振动为有界值，且阻尼 d_b 越大，振动越小。仅从减振的角度出发，采用刚性转子设计，即 $s\gg 2S_b$ 时，减振效果最好。此时

$$r_i\approx r_{bi}=\frac{m_i\sqrt{\frac{2S_b}{(m_L+m_H)}}}{2jd_b}\varepsilon_i e^{j\beta_i},\quad i=L,H \tag{13.36}$$

因此，在发动机设计中，若采用弹支挤压油膜阻尼器来减振，一般把转子设计成刚性的。但这要求转子轴的半径很大。特别是对于低压轴，增大半径将会大幅度增大发动机的重量。这与提高推重比是矛盾的。因此，对于高推重比发动机，完全采用刚性转子设计是很困难的。

13.6 柔性转子

假设转子的刚性与支座相当，即 $s=2S_b$，阻尼器阻尼不变，代入式(13.26)和式(13.27)，可得临界转速处轴端和转子的振动峰值为

$$r_{bi}=\frac{m_i\sqrt{\dfrac{2S_b}{(m_L+m_H)}}}{2jd_b}\sqrt{2}\,\varepsilon_i e^{j\beta_i},\quad i=L,H \tag{13.37}$$

$$r_i=\frac{m_i\sqrt{\dfrac{2S_b}{(m_L+m_H)}}}{2jd_b}\left(2+\frac{2jd_b\omega_b}{s}\right)\sqrt{2}\,\varepsilon_i e^{j\beta_i},\quad i=L,H \tag{13.38}$$

此时,转子和轴端的振动都明显增大,转子的振动增大约 3 倍。只有通过提高转子动平衡的精度,使转子不平衡量 ε_i 减小 1/3,才能保证转子振动不变。由此可见,柔性转子对转子不平衡非常敏感,故对转子动平衡的精度要求很高。

图 13.11 和图 13.12 分别所示为转子和轴端振动幅值随转速的变化。由图可见,随着转子变柔,在一定不平衡量作用下,轴端和转子的振动均增大。

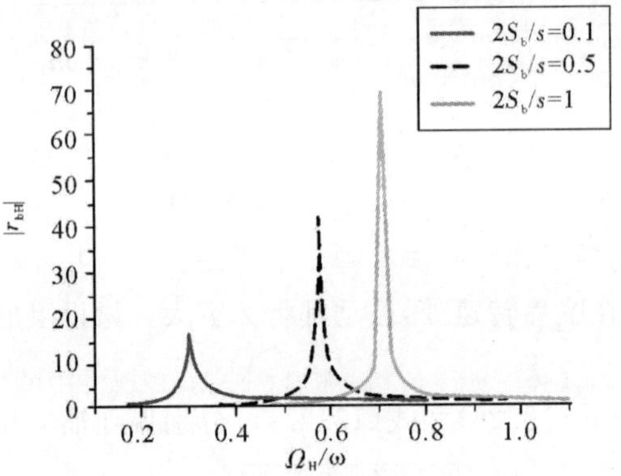

图 13.11　轴端振动幅值随转速的变化($2S_b/s=0.1,0.5,1.0$)

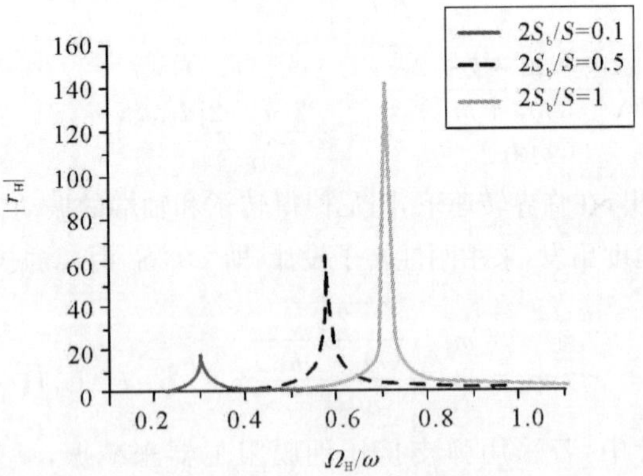

图 13.12　转子的振动幅值随转速的变化($2S_b/s=0.1,0.5,1.0$)

13.7　刚度均匀的中介轴承的影响

如前面所述,为提高推重比,现代涡喷或涡扇发动机,常在双转子系统中采用中介轴承的设计方案,即高压转子的后支点支承在低压转子上,例如,图 13.1 所示的支点 4。中介轴承包含了轴承本身以及轴承座和轴颈等配装件和联接结构,具有一定的柔性,是高、低压转子动力学耦合的关键环节，前面曾假设其刚度无穷大。但这一假设与实际情况并不完全相符。事实上，中介轴承的刚度特性对双转子动力学特性有着显著的影响。

本节考虑理想的情况，即中介轴承的刚度均匀一致，其值为 S_{in}。在此条件下，分析中介轴承的刚度对转子振动特性的影响。为简单起见，假设转子的支承为刚性支承，如图 13.1 所示。

13.7.1　刚性支座无阻尼

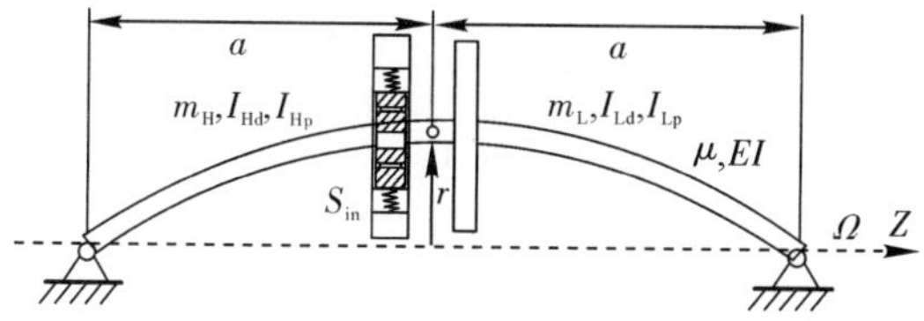

图 13.13　刚性支座无阻尼转子(考虑中介轴承的弹性)

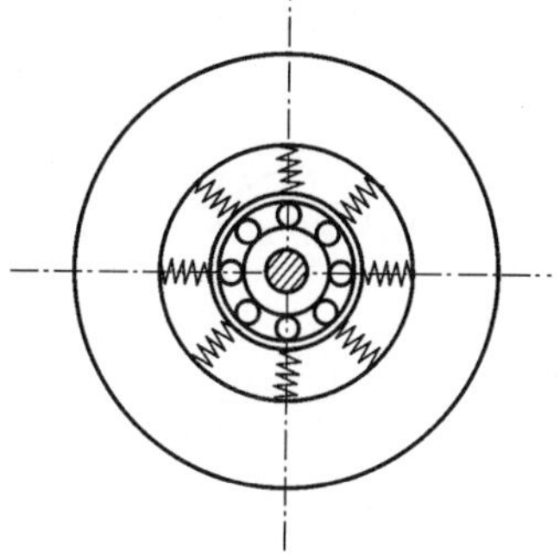

图 13.14　刚度均匀的转子中介轴承

如图 13.13 和图 13.14 所示，暂不考虑支座弹性和阻尼。设高压盘盘心的坐标为(x_H, y_H)，低压盘盘心坐标为(x_L, y_L)，则转子的运动方程为

$$\left.\begin{aligned} m_H\ddot{x}_H + S_{in}(x_H - x_L) &= m_H\Omega_H^2\varepsilon_H\cos(\Omega_H t+\beta_H) \\ m_H\ddot{y}_H + S_{in}(y_H - y_L) &= m_H\Omega_H^2\varepsilon_H\sin(\Omega_H t+\beta_H) \end{aligned}\right\} \tag{13.39}$$

$$\left.\begin{aligned} m_L\ddot{x}_L - S_{in}(x_H - x_L) + s x_L &= m_L\Omega_L^2\varepsilon_L\cos(\Omega_L t+\beta_L) \\ m_L\ddot{y}_L - S_{in}(y_H - y_L) + s y_L &= m_L\Omega_L^2\varepsilon_L\sin(\Omega_L t+\beta_L) \end{aligned}\right\} \tag{13.40}$$

改写成复向量形式为

$$\left.\begin{aligned} m_H\ddot{r}_H + S_{in}r_H - S_{in}r_L &= m_H\Omega_H^2\varepsilon_H e^{j(\Omega_H t+\beta_H)} \\ m_L\ddot{r}_L - S_{in}r_H + (s+S_{in})r_L &= m_L\Omega_L^2\varepsilon_L e^{j(\Omega_L t+\beta_L)} \end{aligned}\right\} \tag{13.41}$$

转子的高压不平衡响应幅值为

$$r_{HH} = \frac{m_H\Omega_H^2\varepsilon_H e^{j\beta_H}(s+S_{in}-m_L\Omega_H^2)}{(S_{in}-m_H\Omega_H^2)(s+S_{in}-m_L\Omega_H^2)-S_{in}^2} \tag{13.42}$$

$$r_{LH} = \frac{m_H\Omega_H^2\varepsilon_H e^{j\beta_H} S_{in}}{(S_{in}-m_H\Omega_H^2)(s+S_{in}-m_L\Omega_H^2)-S_{in}^2} \tag{13.43}$$

转子的低压不平衡响应幅值为

$$r_{HL} = \frac{m_L\Omega_L^2\varepsilon_L e^{j\beta_L} S_{in}}{(S_{in}-m_H\Omega_L^2)(s+S_{in}-m_L\Omega_L^2)-S_{in}^2} \tag{13.44}$$

$$r_{LL}=\frac{m_L\Omega_L^2\varepsilon_L e^{j\beta_L}(S_{in}-m_H\Omega_L^2)}{(S_{in}-m_H\Omega_L^2)(s+S_{in}-m_L\Omega_L^2)-S_{in}^2} \tag{13.45}$$

由以上转子响应表达式可以得到双转子的动力吸振条件，即当 $\Omega_H=\sqrt{\frac{s+S_{in}}{m_L}}$ 时，高压转子的高压不平衡响应为 0，即 $r_{HH}=0$，低压转子的高压不平衡响应为

$$r_{LH}=\frac{m_H\Omega_H^2\varepsilon_H e^{j\beta_H}}{-S_{in}} \tag{13.46}$$

而当 $\Omega_L=\sqrt{\frac{S_{in}}{m_H}}$ 时，低压转子的低压不平衡响应为 0，即 $r_{LL}=0$，高压转子的低压不平衡响应为

$$r_{HL}=\frac{m_L\Omega_L^2\varepsilon_L e^{j\beta_L}}{-S_{in}} \tag{13.47}$$

中介轴承的弹性使转子自由度增加 2 个。令转子响应表达式的分母为 0，就可求得转子的临界转速，即

$$(S_{in}-m_H\Omega_H^2)(s+S_{in}-m_L\Omega_H^2)-S_{in}^2=0 \tag{13.48}$$

解得转子的前两阶临界转速为

$$\omega_{1,2}^2=\frac{s+S_{in}}{2m_L}+\frac{S_{in}}{2m_H}\mp\sqrt{\left(\frac{s+S_{in}}{2m_L}\right)^2+\left(\frac{S_{in}}{2m_H}\right)^2+\frac{S_{in}(S_{in}-s)}{2m_Lm_H}} \tag{13.49}$$

式(13.49)看似很复杂，但它满足

$$\omega_1^2<\omega^2=\frac{s}{m_L+m_H}<\omega_2^2 \tag{13.50}$$

且当 $S_{in}\to\infty$ 时，$\omega_1\to\omega$。式(13.50)说明，中介轴承的弹性使转子的第一阶临界转速降低。

不妨予以证明：

$$\omega_1^2=\frac{s+S_{in}}{2m_L}+\frac{S_{in}}{2m_H}-\sqrt{\left(\frac{s+S_{in}}{2m_L}\right)^2+\left(\frac{S_{in}}{2m_H}\right)^2+\frac{S_{in}(S_{in}-s)}{2m_Lm_H}} \tag{13.51}$$

分子和分母同乘以 $\frac{s+S_{in}}{2m_L}+\frac{S_{in}}{2m_H}+\sqrt{\left(\frac{s+S_{in}}{2m_L}\right)^2+\left(\frac{S_{in}}{2m_H}\right)^2+\frac{S_{in}(S_{in}-s)}{2m_Lm_H}}$，可得

$$\omega_1^2=\frac{\dfrac{sS_{in}}{m_Lm_H}}{\dfrac{s+S_{in}}{2m_L}+\dfrac{S_{in}}{2m_H}+\sqrt{\left(\dfrac{s+S_{in}}{2m_L}\right)^2+\left(\dfrac{S_{in}}{2m_H}\right)^2+\dfrac{S_{in}(S_{in}-s)}{2m_Lm_H}}} \tag{13.52}$$

分子和分母同除以 S_{in}，并令 $S_{in}\to\infty$，可得

$$\lim_{S_{in}\to\infty}\omega_1^2=\frac{\dfrac{s}{m_Lm_H}}{\dfrac{1}{2m_L}+\dfrac{1}{2m_H}+\sqrt{\left(\dfrac{1}{2m_L}\right)^2+\left(\dfrac{1}{2m_H}\right)^2+\dfrac{1}{2m_Lm_H}}}=\frac{\dfrac{s}{m_Lm_H}}{\dfrac{1}{m_L}+\dfrac{1}{m_H}}=\frac{s}{m_L+m_H}=\omega^2 \tag{13.53}$$

证毕。

由式(13.42)～式(13.45)可见，由于无阻尼，转子在临界转速处的振动趋于无穷大。

13.7.2 带阻尼弹支

考虑支座弹性和阻尼时，双转子模型如图 13.15 所示。为简单起见，假设两个支承刚度相

同，即 $S_{b1}=S_{b2}=S_b$，阻尼也相同，即 $d_{b1}=d_{b2}=d_b$。

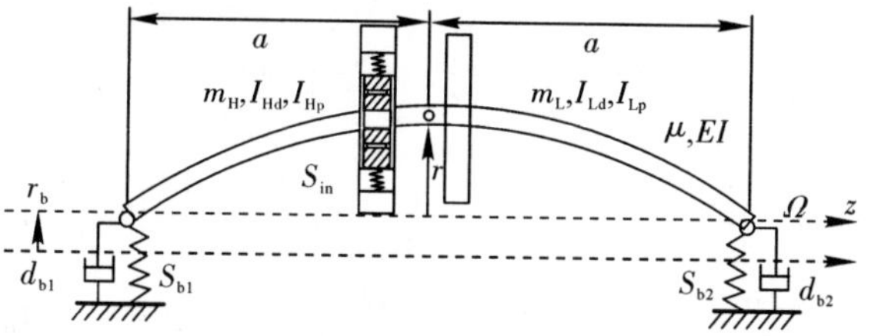

图 13.15　带阻尼弹支考虑中介轴承刚度时的转子模型

转子的运动微分方程为

$$\left.\begin{aligned} m_H\ddot{r}_H+S_{in}r_H-S_{in}r_L&=m_H\Omega_H^2\varepsilon_H e^{j(\Omega_H t+\beta_H)} \\ m_L\ddot{r}_L-S_{in}(r_H-r_L)+s(r_L-r_b)&=m_L\Omega_L^2\varepsilon_L e^{j(\Omega_L t+\beta_L)} \end{aligned}\right\} \tag{13.54}$$

$$s(r_L-r_b)=2S_b r_b+2d_b\dot{r}_b \tag{13.55}$$

式中：S_b 为支承刚度，d_b 为支承阻尼系数。

设高压不平衡响应为

$$r_H=r_{HH}e^{j\Omega_H t} \tag{13.56}$$

$$r_L=r_{LH}e^{j\Omega_H t} \tag{13.57}$$

$$r_b=r_{bH}e^{j\Omega_H t} \tag{13.58}$$

代入方程式(13.54)和式(13.55)，得到

$$\begin{bmatrix} S_{in}-m_H\Omega_H^2 & -S_{in} & 0 \\ -S_{in} & s+S_{in}-m_L\Omega_H^2 & -s \\ 0 & -s & s+2S_b+2jd_b\Omega_H \end{bmatrix}\begin{bmatrix} r_{HH} \\ r_{LH} \\ r_{bH} \end{bmatrix}=\begin{bmatrix} m_H\Omega_H^2\varepsilon_H e^{j\beta_H} \\ 0 \\ 0 \end{bmatrix} \tag{13.59}$$

系数行列式为

$$\begin{aligned} \Delta=&(S_{in}-m_H\Omega_H^2)(s+S_{in}-m_L\Omega_H^2)(s+2S_b+2jd_b\Omega_H)-S_{in}^2(s+2S_b+2jd_b\Omega_H)-s^2(S_{in}-m_H\Omega_H^2)= \\ &[(S_{in}-m_H\Omega_H^2)(s+S_{in}-m_L\Omega_H^2)-S_{in}^2](s+2S_b)-s^2(S_{in}-m_H\Omega_H^2)+ \\ &2jd_b\Omega_H[(S_{in}-m_H\Omega_H^2)(s+S_{in}-m_L\Omega_H^2)-S_{in}^2] \end{aligned} \tag{13.60}$$

若不考虑阻尼，即 $d_b=0$ 时，令系数行列式 Δ 为 0，即可求得转子的临界转速为

$$\begin{aligned} \omega_{1,2}^2=&\frac{m_H(s+S_{in})+m_L S_{in}-\dfrac{s^2 m_H}{s+2S_b}}{2m_L m_H}\mp\frac{1}{2m_L m_H}\sqrt{\left[m_H(s+S_{in})+m_L S_{in}-\frac{s^2 m_H}{s+2S_b}\right]^2-4m_L m_H\frac{2sS_b S_{in}}{s+2S_b}}= \\ &\omega_H^2\left[\frac{\dfrac{m_H}{m_L}\left(1+\dfrac{S_{in}}{s}\right)+\dfrac{S_{in}}{s}-\dfrac{m_H}{m_L}\dfrac{1}{1+\dfrac{2S_b}{s}}}{2}\mp\frac{1}{2}\sqrt{\left[\frac{m_H}{m_L}\left(1+\frac{S_{in}}{s}\right)+\frac{S_{in}}{s}-\frac{m_H}{m_L}\frac{1}{1+\dfrac{2S_b}{s}}\right]^2-4\frac{m_H}{m_L}\frac{\dfrac{2S_b}{s}\dfrac{S_{in}}{s}}{1+\dfrac{2S_b}{s}}}\right] \end{aligned} \tag{13.61}$$

式中

$$\omega_H^2=\frac{s}{m_H} \tag{13.62}$$

而转子的高压不平衡响应幅值为

$$r_{HH}=\frac{sS_{in}m_H\Omega_H^2\varepsilon_H e^{j\beta_H}}{\Delta} \tag{13.63}$$

$$r_{\rm LH}=\frac{1}{\Delta}[S_{\rm in}m_{\rm H}\Omega_{\rm H}^2\varepsilon_{\rm H}{\rm e}^{{\rm j}\beta_{\rm H}}(s+2S_{\rm b}+2{\rm j}d_{\rm b}\Omega_{\rm H})]=$$

$$\frac{sS_{\rm in}m_{\rm H}\Omega_{\rm H}^2\varepsilon_{\rm H}{\rm e}^{{\rm j}\beta_{\rm H}}}{\Delta}\left(1+\frac{2S_{\rm b}}{s}+\frac{2{\rm j}d_{\rm b}\Omega_{\rm H}}{s}\right) \tag{13.64}$$

$$r_{\rm bH}=\frac{m_{\rm H}\Omega_{\rm H}^2\varepsilon_{\rm H}{\rm e}^{{\rm j}\beta_{\rm H}}}{\Delta}[(s+S_{\rm in}-m_{\rm L}\Omega_{\rm H}^2)(s+2S_{\rm b}+2{\rm j}d_{\rm b}\Omega_{\rm H})-s^2]=$$

$$\frac{sS_{\rm in}m_{\rm H}\Omega_{\rm H}^2\varepsilon_{\rm H}{\rm e}^{{\rm j}\beta_{\rm H}}}{\Delta}\left\{\left[1+\frac{S_{\rm in}}{s}-\frac{1}{\dfrac{m_{\rm H}}{m_{\rm L}}}\left(\frac{\Omega_{\rm H}}{\omega_{\rm H}}\right)^2\right]\left(1+\frac{2S_{\rm b}}{s}+\frac{2{\rm j}d_{\rm b}\Omega_{\rm H}}{s}\right)-1\right\}\frac{1}{\dfrac{S_{\rm in}}{s}} \tag{13.65}$$

由此可以看出，支座具有弹性和阻尼之后，动力吸振现象不再出现，转子通过临界转速时，振动受到阻尼抑制，幅值为有限值。

当高压转子转速达到临界转速时，即 $\Omega_{\rm H}=\omega_i(i=1,2)$，转子的高压不平衡响应幅值为

$$r_{{\rm HHcr}i}=\frac{\dfrac{S_{\rm in}}{s}m_{\rm H}\omega_i^2\varepsilon_{\rm H}{\rm e}^{{\rm j}\beta_{\rm H}}}{2{\rm j}d_{\rm b}\omega_i\left(\dfrac{S_{\rm in}}{s}-\dfrac{\omega_i^2}{\omega_{\rm H}^2}\right)}\left(1+\frac{2S_{\rm b}}{s}\right),\quad i=1,2 \tag{13.66}$$

设模态阻尼比为

$$D_{{\rm b}i}=\frac{d_{\rm b}}{\omega_i m_{\rm H}} \tag{13.67}$$

代入式(13.66)，可得高压转子的高压不平衡响应临界峰值为

$$r_{{\rm HHcr}i}=\frac{\dfrac{S_{\rm in}}{s}\varepsilon_{\rm H}{\rm e}^{{\rm j}\beta_{\rm H}}}{2{\rm j}D_{{\rm b}i}\left(\dfrac{S_{\rm in}}{s}-\dfrac{\omega_i^2}{\omega_{\rm H}^2}\right)}\left(1+\frac{2S_{\rm b}}{s}\right),\quad i=1,2 \tag{13.68}$$

低压转子的临界峰值为

$$r_{{\rm LHcr}i}=\frac{1}{\Delta}[S_{\rm in}m_{\rm H}\omega_i^2\varepsilon_{\rm H}{\rm e}^{{\rm j}\beta_{\rm H}}(s+2S_{\rm b}+2{\rm j}d_{\rm b}\omega_i)]=$$

$$r_{{\rm HHcr}i}\left(1+\frac{2S_{\rm b}}{s}+2{\rm j}D_{{\rm b}i}\frac{\omega_i^2}{\omega_{\rm H}^2}\right),\quad i=1,2 \tag{13.69}$$

支承的临界峰值为

$$r_{{\rm bHcr}i}=\frac{m_{\rm H}\omega_i^2\varepsilon_{\rm H}{\rm e}^{{\rm j}\beta_{\rm H}}}{\Delta}[(s+S_{\rm in}-m_{\rm L}\omega_i^2)(s+2S_{\rm b}+2{\rm j}d_{\rm b}\omega_i)-s^2]=$$

$$r_{{\rm HHcr}i}\left[\left[1+\frac{S_{\rm in}}{s}-\frac{1}{\dfrac{m_{\rm H}}{m_{\rm L}}}\left(\frac{\omega_i}{\omega_{\rm H}}\right)^2\right]\left(1+\frac{2S_{\rm b}}{s}+2{\rm j}D_{{\rm b}i}\frac{\omega_i^2}{\omega_{\rm H}^2}\right)-1\right]\frac{1}{\dfrac{S_{\rm in}}{s}},\quad i=1,2 \tag{13.70}$$

对式(13.68)进行无量纲处理，得到高压转子的高压不平衡响应相对临界峰值为

$$\bar{r}_{{\rm HHcr}i}=\left|\frac{2{\rm j}D_{{\rm b}i}r_{{\rm HHcr}i}}{\varepsilon_{\rm H}{\rm e}^{{\rm j}\beta_{\rm H}}}\right|=\frac{\dfrac{S_{\rm in}}{s}}{\left(\dfrac{S_{\rm in}}{s}-\dfrac{\omega_i^2}{\omega_{\rm H}^2}\right)}\left(1+\frac{2S_{\rm b}}{s}\right),\quad i=1,2 \tag{13.71}$$

图 13.16～图 13.18 表示高压转子的不平衡响应峰值随中介轴承刚度比$\dfrac{S_{\rm in}}{s}$的变化。图中纵坐标为 $\bar{r}_{{\rm HHcr}i}$，虚线为第一阶响应峰值，$\Omega_{\rm H}=\omega_1$；实线为第二阶响应峰值，$\Omega_{\rm H}=\omega_2$。

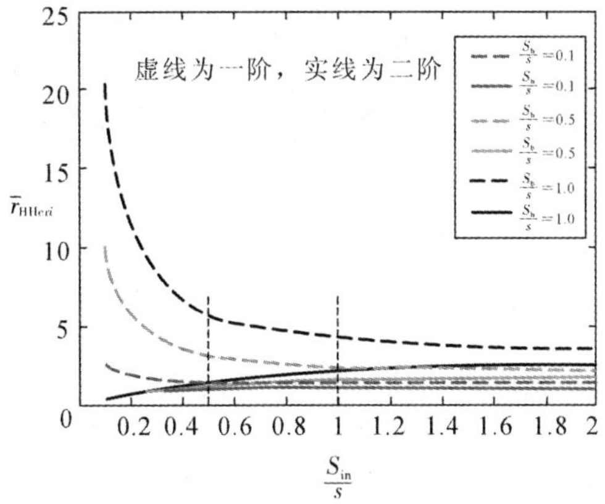

图 13.16　高压转子的不平衡响应峰值随中介轴承刚度比$\frac{S_{in}}{s}$的变化($\frac{m_H}{m_L}=0.5$;$\frac{S_b}{s}=0.1,0.5,1.0$)

由图 13.16 可见，对于固定的中介轴承刚度比$\frac{S_{in}}{s}$，转子支座刚度比$\frac{S_b}{s}$增大，高压转子的一阶和二阶振动峰值均增大，但一阶振动峰值增大更显著。对于任意支座刚度比$\frac{S_b}{s}$，随着中介轴承刚度比$\frac{S_{in}}{s}$的增大，高压转子的一阶振动峰值减小，二阶振动峰值增大。但中介轴承刚度比增大到$\frac{S_{in}}{s}>\frac{1}{2}$后，一阶和二阶振动峰值的变化均趋于平缓。

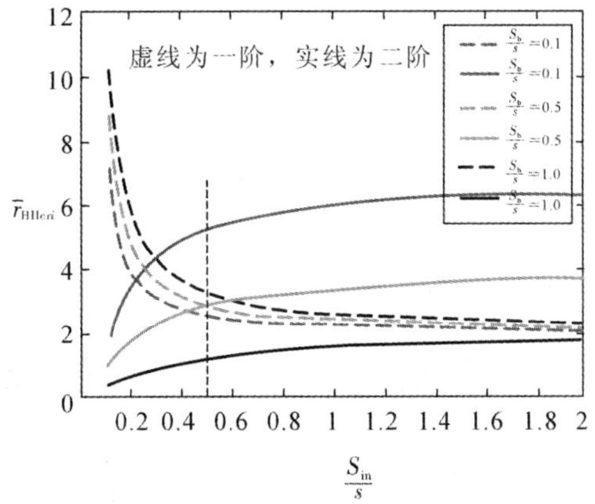

图 13.17　高压转子的不平衡响应峰值随刚度比$\frac{S_{in}}{s}$的变化($\frac{S_b}{s}=0.5$;$\frac{m_H}{m_L}=0.3,0.5,1.0$)

由图 13.17 可知，对于固定的中介轴承刚度比$\frac{S_{in}}{s}$，高、低压转子的质量比$\frac{m_H}{m_L}$增大，高压转子的一阶振动峰值增大，二阶振动峰值减小，且减小得很显著。对于任意质量比$\frac{m_H}{m_L}$，随着中介轴承刚度比$\frac{S_{in}}{s}$的增大，高压转子的一阶振动峰值减小，二阶振动峰值增大。但中介轴承刚度比增大到$\frac{S_{in}}{s}>\frac{1}{2}$后，一阶和二阶振动峰值的变化均趋于平缓。这与图 13.16 所示的变化趋势一致。

由图 13.16 和图 13.17 可得出中介轴承刚度比$\frac{S_{in}}{s}$的影响规律，即对于转子参数$\left(\frac{m_H}{m_L},\frac{S_b}{s}\right)$的任意值，随着中介轴承刚度比$\frac{S_{in}}{s}$的增大，高压转子的一阶振动峰值均减小，二阶振动峰值均增大。因此，若要减小一阶振动峰值，$\frac{S_{in}}{s}$越大越好；而若要减小二阶振动峰值，$\frac{S_{in}}{s}$越小越好。但中介轴承刚度比增大到$\frac{S_{in}}{s}>\frac{1}{2}$后，一阶和二阶振动峰值的变化均趋于平缓。图 13.18 更清晰地表征出这一规律。当中介轴承刚度比达到$\frac{S_{in}}{s}=2$时，它的变化对转子振动几乎不再产生影响。但在实际发动机中，由于重量限制，$\frac{S_{in}}{s}=2$不易达到。综合考虑对一阶和二阶振动峰值的影响，中介轴承刚度比的取值范围应限制在$\frac{S_{in}}{s}=\left(\frac{1}{5}\sim1\right)$。

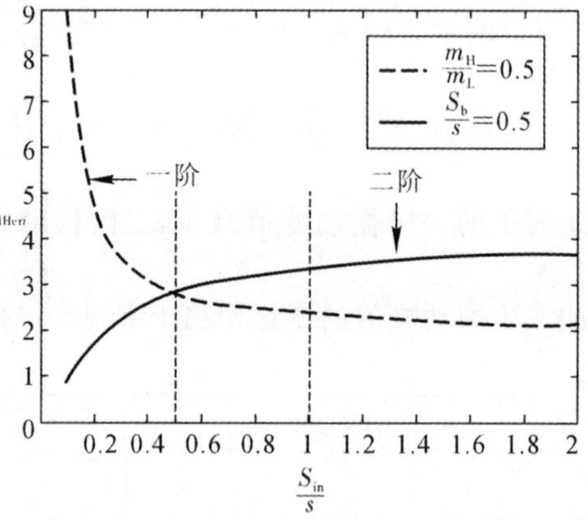

图 13.18　高压转子的不平衡响应峰值随刚度比$\frac{S_{in}}{s}$($\frac{S_b}{s}=0.5$；$\frac{m_H}{m_L}=0.5$)

13.8　刚度各向异性的中介轴承的影响

由于工艺误差或装配不准确等因素的影响，中介轴承的刚度可能会周向不均匀。如图 13.19 所示，(O,ζ,ξ)为随高压转子一起旋转的坐标系，旋转角速度为Ω_H。设沿ζ方向的刚度为$S_{in\zeta}$，沿ξ方向的刚度为$S_{in\xi}$。不考虑支座的弹性和阻尼。在旋转坐标系中列出转子运动方程为

$$\left.\begin{aligned}m_H(\ddot{\xi}_H-\Omega_H^2\xi_H-2\Omega_H\dot{\zeta}_H)+S_{in\xi}(\xi_H-\xi_L)=m_H\Omega_H^2\varepsilon_H\cos\beta_H+m_Hg\cos\Omega_Ht\\m_H(\ddot{\zeta}_H-\Omega_H^2\zeta_H+2\Omega_H\dot{\xi}_H)+S_{in\zeta}(\zeta_H-\zeta_L)=m_H\Omega_H^2\varepsilon_H\sin\beta_H-m_Hg\sin\Omega_Ht\end{aligned}\right\}\tag{13.72}$$

$$\left.\begin{aligned}m_L(\ddot{\xi}_L-\Omega_H^2\xi_L-2\Omega_H\dot{\zeta}_L)-S_{in\xi}(\xi_H-\xi_L)+s\xi_L=m_L\Omega_L^2\varepsilon_L\cos[(\Omega_H-\Omega_L)t+\beta_L]+m_Lg\cos\Omega_Ht\\m_L(\ddot{\zeta}_L-\Omega_H^2\zeta_L+2\Omega_H\dot{\xi}_L)-S_{in\zeta}(\zeta_H-\zeta_L)+s\zeta_L=-m_L\Omega_L^2\varepsilon_L\sin[(\Omega_H-\Omega_L)t+\beta_L]-m_Lg\sin\Omega_Ht\end{aligned}\right\}\tag{13.73}$$

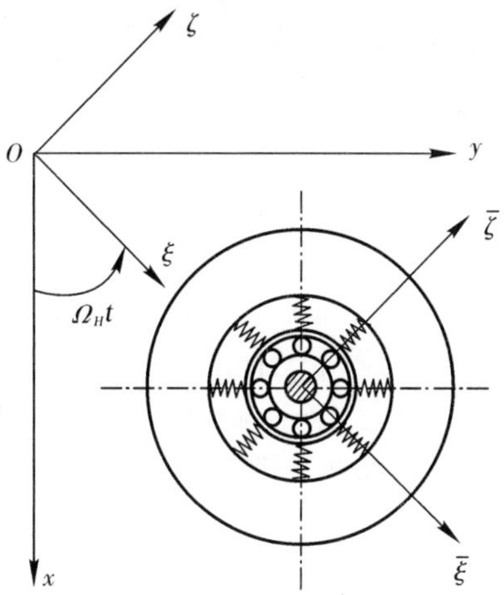

图 13.19　刚度各向异性的中介轴承旋转坐标系(O,ζ,ξ)

13.8.1　高压盘不平衡响应

设转子对高压盘不平衡的响应为

$$\left.\begin{aligned}\xi_{HH}&=A_{HH}\cos\varphi_{HH}\\\zeta_{HH}&=A_{HH}\sin\varphi_{HH}\end{aligned}\right\}\tag{13.74}$$

$$\left.\begin{aligned}\xi_{LH}&=A_{LH}\cos\varphi_{LH}\\\zeta_{LH}&=A_{LH}\sin\varphi_{LH}\end{aligned}\right\}\tag{13.75}$$

代入方程式(13.72)和式(13.73)后，得到

$$\begin{bmatrix}S_{in\xi}-m_H\Omega_H^2 & 0 & -S_{in\xi} & 0\\0 & S_{in\zeta}-m_H\Omega_H^2 & 0 & -S_{in\zeta}\\-S_{in\xi} & 0 & s+S_{in\xi}-m_L\Omega_H^2 & 0\\0 & -S_{in\zeta} & 0 & s+S_{in\zeta}-m_L\Omega_H^2\end{bmatrix}\begin{bmatrix}\xi_{HH}\\\zeta_{HH}\\\xi_{LH}\\\zeta_{LH}\end{bmatrix}=\begin{bmatrix}m_H\Omega_H^2\varepsilon_H\cos\beta_H\\m_H\Omega_H^2\varepsilon_H\sin\beta_H\\0\\0\end{bmatrix}\tag{13.76}$$

系数矩阵的行列式为

$$\Delta_H=[(S_{in\xi}-m_H\Omega_H^2)(s+S_{in\xi}-m_L\Omega_H^2)-S_{in\xi}^2][(S_{in\zeta}-m_H\Omega_H^2)(s+S_{in\zeta}-m_L\Omega_H^2)-S_{in\zeta}^2]\tag{13.77}$$

当 $S_{in\xi}=S_{in\zeta}$，即中介轴承各向同性时，式(13.77)与式(13.60)完全相同。

由式(13.77)可见，中介轴承的各向异性使得转子的临界转速增加为 4 个，表达式与式(13.61)相似。实际上，$S_{in\xi}$与 $S_{in\zeta}$差别不会太大，两两相近的临界转速差别也不会太大，这样就相当于把临界转速的区域扩大了。

转子在旋转坐标系的不平衡响应为

$$\xi_{HH}=\frac{S_{in\zeta}m_H\Omega_H^2\varepsilon_H\sin\beta_H}{(S_{in\zeta}-m_H\Omega_H^2)(s+S_{in\zeta}-m_L\Omega_H^2)-S_{in\zeta}^2}\tag{13.78}$$

$$\zeta_{HH}=\frac{S_{in\xi}m_H\Omega_H^2\varepsilon_H\cos\beta_H}{(S_{in\xi}-m_H\Omega_H^2)(s+S_{in\xi}-m_L\Omega_H^2)-S_{in\xi}^2}\tag{13.79}$$

$$\xi_{\mathrm{LH}}=\frac{(s+S_{\mathrm{in}\zeta}-m_{\mathrm{L}}\Omega_{\mathrm{H}}^{2})m_{\mathrm{H}}\Omega_{\mathrm{H}}^{2}\varepsilon_{\mathrm{H}}\sin\beta_{\mathrm{H}}}{(S_{\mathrm{in}\zeta}-m_{\mathrm{H}}\Omega_{\mathrm{H}}^{2})(s+S_{\mathrm{in}\zeta}-m_{\mathrm{L}}\Omega_{\mathrm{H}}^{2})-S_{\mathrm{in}\zeta}^{2}} \tag{13.80}$$

$$\zeta_{\mathrm{LH}}=\frac{(s+S_{\mathrm{in}\xi}-m_{\mathrm{L}}\Omega_{\mathrm{H}}^{2})m_{\mathrm{H}}\Omega_{\mathrm{H}}^{2}\varepsilon_{\mathrm{H}}\cos\beta_{\mathrm{H}}}{(S_{\mathrm{in}\xi}-m_{\mathrm{H}}\Omega_{\mathrm{H}}^{2})(s+S_{\mathrm{in}\xi}-m_{\mathrm{L}}\Omega_{\mathrm{H}}^{2})-S_{\mathrm{in}\xi}^{2}} \tag{13.81}$$

取复向量

$$\rho=\xi+\mathrm{j}\zeta \tag{13.82}$$

$$r=x+\mathrm{j}y \tag{13.83}$$

式中：ρ 为旋转坐标系中的复向量，r 为固定坐标系中的复向量。两向量间的变换关系为

$$r=\rho\mathrm{e}^{\mathrm{j}\Omega_{\mathrm{H}}t} \tag{13.84}$$

对式(13.78)～式(13.81)进行上述的变换之后，就可得到固定坐标系中转子的高压盘不平衡响应。

为便于把表达式无量纲化，引入平均刚度和刚度差，即

$$S_{\mathrm{ina}}=\frac{1}{2}(S_{\mathrm{in}\xi}+S_{\mathrm{in}\zeta}) \tag{13.85}$$

$$\Delta S_{\mathrm{a}}=\frac{1}{2}(S_{\mathrm{in}\xi}-S_{\mathrm{in}\zeta}) \tag{13.86}$$

如图 13.20 所示为高压盘和低压盘的高压不平衡响应幅频特性。纵坐标为相对幅值 $\frac{|r_{\mathrm{HH}}|}{\varepsilon_{\mathrm{H}}}$ 和 $\frac{|r_{\mathrm{LH}}|}{\varepsilon_{\mathrm{H}}}$，横坐标为相对转速 $\frac{\Omega_{\mathrm{H}}}{\omega}=\frac{\Omega_{\mathrm{H}}}{\sqrt{\frac{s}{m_{\mathrm{H}}+m_{\mathrm{L}}}}}$。由图可见，当 $\Omega_{\mathrm{H}}=\sqrt{\frac{s+S_{\mathrm{in}\zeta}}{m_{\mathrm{L}}}}$ 或 $\Omega_{\mathrm{H}}=\sqrt{\frac{s+S_{\mathrm{in}\xi}}{m_{\mathrm{L}}}}$ 时，低压盘会出现“动力吸振”现象。此时，低压盘的高压不平衡响应为零。

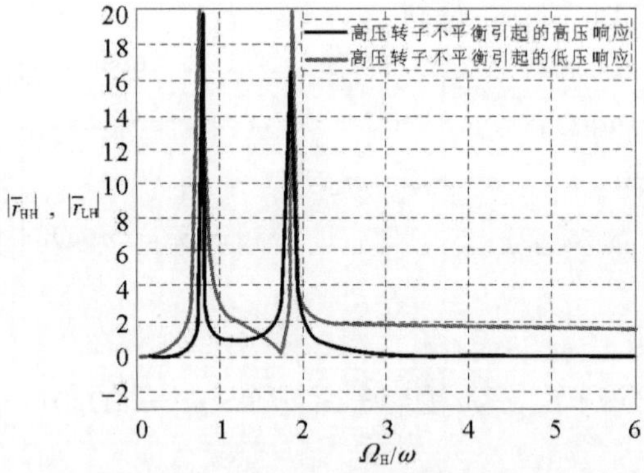

图 13.20　高压盘和低压盘的高压不平衡响应幅频特性

$\left(\frac{\Delta S_{\mathrm{a}}}{S_{\mathrm{ina}}}=1\%;\frac{S_{\mathrm{ina}}}{s}=0.5;\frac{m_{\mathrm{L}}}{m_{\mathrm{H}}}=1;\beta_{\mathrm{H}}=\frac{\pi}{4}\right)$

13.8.2　重力响应

把方程式(13.72)和式(13.73)写成复向量形式，且只考虑重力影响，并引入式(13.85)和式(13.86)所表示的平均刚度和刚度差，可得

$$m_{\mathrm{H}}\ddot{\rho}_{\mathrm{H}}+2m_{\mathrm{H}}\Omega_{\mathrm{H}}\mathrm{j}\dot{\rho}_{\mathrm{H}}-m_{\mathrm{H}}\Omega_{\mathrm{H}}^{2}\rho_{\mathrm{H}}+S_{\mathrm{ina}}\rho_{\mathrm{H}}-S_{\mathrm{ina}}\rho_{\mathrm{L}}+\Delta S_{\mathrm{a}}\rho_{\mathrm{H}}^{*}-\Delta S_{\mathrm{a}}\rho_{\mathrm{L}}^{*}=m_{\mathrm{H}}g\mathrm{e}^{-\mathrm{j}\Omega_{\mathrm{H}}t} \tag{13.87}$$

$$m_{\mathrm{L}}\ddot{\rho}_{\mathrm{L}}+2\mathrm{j}\Omega_{\mathrm{H}}m_{\mathrm{L}}\dot{\rho}_{\mathrm{L}}-m_{\mathrm{L}}\Omega_{\mathrm{H}}^{2}\rho_{\mathrm{L}}-S_{\mathrm{ina}}\rho_{\mathrm{H}}+S_{\mathrm{ina}}\rho_{\mathrm{L}}-\Delta S_{\mathrm{a}}\rho_{\mathrm{H}}^{*}+\Delta S_{\mathrm{a}}\rho_{\mathrm{L}}^{*}+s\rho_{\mathrm{L}}=m_{\mathrm{L}}g\mathrm{e}^{-\mathrm{j}\Omega_{\mathrm{H}}t} \tag{13.88}$$

式中：ρ_H^* 和 ρ_L^* 分别为 ρ_H 和 ρ_L 的共轭复向量。

设方程的解为

$$\left.\begin{aligned}\rho_H&=\rho_{H+}e^{j\Omega_H t}+\rho_{H-}e^{-j\Omega_H t}\\ \rho_L&=\rho_{L+}e^{j\Omega_H t}+\rho_{L-}e^{-j\Omega_H t}\end{aligned}\right\}\tag{13.89}$$

代入方程式(13.87)和式(13.88)并整理，可得

$$(S_{ina}-4m_H\Omega_H^2)\rho_{H+}-S_{ina}\rho_{L+}+\Delta S_a\rho_{H-}^*-\Delta S_a\rho_{L-}^*=0\tag{13.90}$$

$$S_{ina}\rho_{H-}-S_{ina}\rho_{L-}+\Delta S_a\rho_{H+}^*-\Delta S_a\rho_{L+}^*=m_H g\tag{13.91}$$

$$(s+S_{ina}-4m_L\Omega_H^2)\rho_{L+}-S_{ina}\rho_{H+}-\Delta S_a\rho_{H-}^*+\Delta S_a\rho_{L-}^*=0\tag{13.92}$$

$$-S_{ina}\rho_{H-}+(s+S_{ina})\rho_{L-}-\Delta S_a\rho_{H+}^*+\Delta S_a\rho_{L+}^*=m_L g\tag{13.93}$$

由以上 4 个方程可解得

$$\rho_{H+}=\frac{\Delta S_a m_H g}{S_{ina}}\frac{s-4m_L\Omega_H^2}{4S_{ina}m_H\Omega_H^2-(s-4m_L\Omega_H^2)(S_{ina}-4m_H\Omega_H^2)+\dfrac{(\Delta S_a)^2}{S_{ina}}(s-4m_L\Omega_H^2-4m_H\Omega_H^2)}\tag{13.94}$$

$$\rho_{H-}=\frac{m_H g}{S_{ina}}+\frac{g(m_L+m_H)}{s}-\frac{\Delta S_a}{S_{ina}}\rho_{H+}\frac{s-4m_L\Omega_H^2-4m_H\Omega_H^2}{s-4m_L\Omega_H^2}\tag{13.95}$$

$$\rho_{L+}=\frac{\Delta S_a m_H g}{S_{ina}}\frac{4m_H\Omega_H^2}{4S_{ina}m_H\Omega_H^2-(s-4m_L\Omega_H^2)(S_{ina}-4m_H\Omega_H^2)+\dfrac{(\Delta S_a)^2}{S_{ina}}(s-4m_L\Omega_H^2-4m_H\Omega_H^2)}\tag{13.96}$$

$$\rho_{L-}=\frac{g(m_H+m_L)}{s}\tag{13.97}$$

根据式(13.84)的变换关系，得到固定坐标系中转子的振动为

$$\left.\begin{aligned}r_H&=\rho_{H+}e^{j2\Omega_H t}+\rho_{H-}\\ r_L&=\rho_{L+}e^{j2\Omega_H t}+\rho_{L-}\end{aligned}\right\}\tag{13.98}$$

由此可见，中介轴承刚度出现各向异性时，转子的自重会激起转子以高压二倍频正进动。各向异性越严重振动越大，而且这种振动通过转子对中和转子动平衡无法消除。同时还可以看出，高压转子自重将激起转子二倍频共振，即产生“副临界”现象。

事实上，令式(13.94)和式(13.96)分母中的 $2\Omega_H=\lambda$，并使分母为零，即

$$S_{ina}m_H\lambda^2-(s-m_L\lambda^2)(S_{ina}-m_H\lambda^2)+\frac{(\Delta S_a)^2}{S_{ina}}[s-(m_L+m_H)\lambda^2]=0\tag{13.99}$$

展开之后得到

$$m_L m_H\lambda^4-[m_H s+(m_L+m_H)\frac{S_{ina}^2-(\Delta S_a)^2}{S_{ina}}]\lambda^2+\frac{s[S_{ina}^2-(\Delta S_a)^2]}{S_{ina}}=0\tag{13.100}$$

其解为

$$\lambda_{1,2}^2=\frac{1}{2m_L m_H}\left[m_H s+(m_L+m_H)\frac{S_{ina}^2-(\Delta S_a)^2}{S_{ina}}\right]\mp\frac{1}{2m_L m_H}\sqrt{\left[m_H s+(m_L+m_H)\frac{S_{ina}^2-(\Delta S_a)^2}{S_{ina}}\right]^2-4m_L m_H\frac{s[S_{ina}^2-(\Delta S_a)^2]}{S_{ina}}}\tag{13.101}$$

由于 $\Delta S_a \ll S_{ina}$，故上式近似为

$$\lambda_{1,2}^2 \approx \frac{s+S_{ina}}{2m_L}+\frac{S_{ina}}{2m_H} \mp \sqrt{\left(\frac{s+S_{ina}}{2m_L}\right)^2+\left(\frac{S_{ina}}{2m_H}\right)^2-\frac{S_{ina}(S_{ina}-s)}{2m_L m_H}} \tag{13.102}$$

此式与式(13.49)相同。由此解得当 $\lambda=\omega_i\,(i=1,2)$ 时，即 $\Omega_H=\frac{1}{2}\omega_i$ 时，转子发生共振。这一结果有可能使得原本最大工作转速在临界转速以下的转子，在正常工作转速范围之内发生共振。

在飞机机动飞行中，惯性力会发生很大变化，相当于转子自重 $(m_L+m_H)g$ 发生变化，转子的二倍频振动还会加剧。

假设飞机俯冲拉起，半径为 R，瞬时角速度为 Ω_F，则作用在高压盘和低压盘上的瞬时惯性力分别为

$$F_{Hf}=m_H R\Omega_F^2 \tag{13.103}$$

$$F_{Lf}=m_L R\Omega_F^2 \tag{13.104}$$

由于飞机机动飞行的角速度 Ω_F 远远小于转子转动角速度，即 $\Omega_F \ll \Omega_L < \Omega_H$，故机动飞行的惯性力可近似地视作静态载荷。对于俯冲拉起的机动动作，最大惯性力的方向与重力方向相同，大小叠加，只须在方程式(13.87)和式(13.88)右端的自重中加上惯性力，即可求得机动飞行惯性力的影响，即

$$m_H\ddot{\rho}_H+2m_H\Omega_H j\dot{\rho}_H-m_H\Omega_H^2\rho_H+S_{ina}\rho_H-S_{ina}\rho_L+\Delta S_a\rho_H^*-\Delta S_a\rho_L^*=m_H(R\Omega_F^2+g)e^{-j\Omega_H t} \tag{13.105}$$

$$m_L\ddot{\rho}_L+2\Omega_H m_L j\dot{\rho}_L-m_L\Omega_H^2\rho_L-S_{ina}\rho_H+S_{ina}\rho_L-\Delta S_a\rho_H^*+\Delta S_a\rho_L^*+s\rho_L=m_L(R\Omega_F^2+g)e^{-j\Omega_H t} \tag{13.106}$$

由上述方程可见，实际上，只须将解式(13.94)～式(13.97)中的重力加速度 g 代换为 $R\Omega_F^2+g$ 就可得到机动飞行惯性力作用下转子的响应。对于其他动作的机动飞行，只要把机动惯性力考虑为复向量即可，即

$$F_{Hf}=m_H R\Omega_F^2 e^{j\beta_F} \tag{13.107}$$

$$F_{Lf}=m_L R\Omega_F^2 e^{j\beta_F} \tag{13.108}$$

所得结果形式完全相同。

对于某些机型来说，最大过载系数可能达到 8～9，即 $R\Omega_F^2 e^{j\beta_F}=8g\sim 9g$。这就使得在机动飞行时，中介轴承刚度各向异性产生的二倍频重力响应大幅增加，这是很危险的。

取转子的静态变形为

$$x_s=\frac{(m_H+m_L)g}{s} \tag{13.109}$$

式中：x_s 表示在高压盘和低压盘重力作用下，转子的静态变形量。

令

$$\bar{\omega}^2=\frac{s}{m_H+m_L} \tag{13.110}$$

利用式(13.109)和式(13.110)对式(13.94)和式(13.96)进行无量纲化处理，得到

$$\bar{\rho}_{H+}=\frac{\rho_{H+}}{x_s}=\frac{\Delta S_a}{S_{ina}}\frac{m_H}{m_L+m_H}\times$$

$$\frac{1-4\dfrac{\Omega_H^2}{\bar{\omega}^2}\dfrac{m_L}{m_L+m_H}}{\left[4\dfrac{S_{ina}}{s}\dfrac{m_H}{m_L+m_H}\dfrac{\Omega_H^2}{\bar{\omega}^2}-\left(1-4\dfrac{m_L}{m_L+m_H}\dfrac{\Omega_H^2}{\bar{\omega}^2}\right)\left(\dfrac{S_{ina}}{s}-4\dfrac{m_H}{m_L+m_H}\dfrac{\Omega_H^2}{\bar{\omega}^2}\right)+\dfrac{(\Delta S_a)^2}{S_{ina}^2}\dfrac{S_{ina}}{s}\left(1-4\dfrac{\Omega_H^2}{\bar{\omega}^2}\right)\right]} \tag{13.111}$$

$$\bar{\rho}_{L+}=\frac{\rho_{L+}}{x_s}=\frac{\Delta S_a}{S_{ina}}\frac{m_H}{m_L+m_H}\times$$

$$\frac{4\dfrac{\Omega_H^2}{\bar{\omega}^2}\dfrac{m_H}{m_L+m_H}}{\left[4\dfrac{S_{ina}}{s}\dfrac{m_H}{m_L+m_H}\dfrac{\Omega_H^2}{\bar{\omega}^2}-\left(1-4\dfrac{m_L}{m_L+m_H}\dfrac{\Omega_H^2}{\bar{\omega}^2}\right)\left(\dfrac{S_{ina}}{s}-4\dfrac{m_H}{m_L+m_H}\dfrac{\Omega_H^2}{\bar{\omega}^2}\right)+\dfrac{(\Delta S_a)^2}{S_{ina}^2}\dfrac{S_{ina}}{s}\left(1-4\dfrac{\Omega_H^2}{\bar{\omega}^2}\right)\right]} \tag{13.112}$$

如图 13.21 所示为高压盘和低压盘的重力响应幅值。纵坐标为相对幅值 $\bar{\rho}_{H+}$ 和 $\bar{\rho}_{L+}$，横坐标为相对转速$\dfrac{\Omega_H}{\bar{w}}=\dfrac{\Omega_H}{\sqrt{\dfrac{s}{m_H+m_L}}}$。由图 13.21 可见，当 $\Omega_H=\dfrac{1}{2}\omega_1$ 或 $\Omega_H=\dfrac{1}{2}\omega_2$ 时，转子发生共振。即使中介轴承刚度出现$\dfrac{\Delta S_a}{S_{ina}}=1\%$的不均匀，转子在“副临界”时的重力响应也会很大。

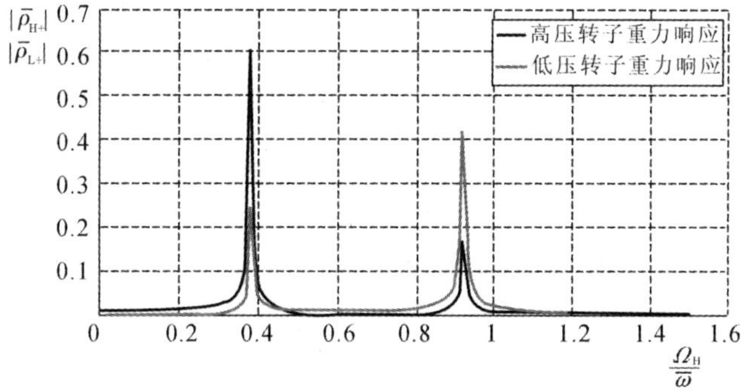

图 13.21　高压盘和低压盘的重力响应幅频特性

($\dfrac{\Delta S_a}{S_{ina}}=1\%$；$\dfrac{S_{ina}}{s}=0.5$；$\dfrac{m_L}{m_H}=1$)

假设最大过载系数达到 9，重力和机动飞行产生的惯性力为 $10g(m_H+m_L)$。再设高压转子和低压转子的总质量为 250 kg，轴的刚度为 1×10^7 N/m，则转子静态位移为

$$x_s=\frac{(m_H+m_L)g}{s}=\frac{9.81\times10\times250}{1\times10^7}=2.452\ 5\ \text{mm}$$

而机动飞行时，高、低压转子的重力响应峰值分别为

$$\rho_{H+}=\bar{\rho}_{H+}x_s\approx0.6\times2.452\ 5=1.471\ 5\ \text{mm} \tag{13.113}$$

$$\rho_{L+}=\bar{\rho}_{L+}x_s\approx0.44\times2.452\ 5=1.079\ 1\ \text{mm} \tag{13.114}$$

由图 13.21 可见，在重力“副临界转速”处，振动会非常大。因此，在发动机设计中，须采取非常精密的结构和工艺措施，保证中介轴承刚度的均匀度。例如，CFM56 发动机中介轴承座与高压涡轮盘用 42 个 M8 的精密螺栓连接，如图 13.22 所示。

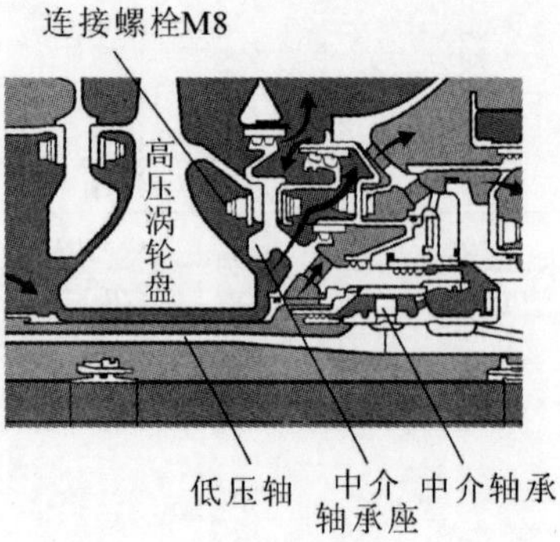

图 13.22　CFM56 发动机中介轴承座与高压涡轮盘的连接(精密螺栓,42×M8)

13.8.3　低压盘不平衡响应

仅考虑低压盘不平衡的作用时,转子的运动方程为

$$m_{\mathrm{H}}\ddot{\rho}_{\mathrm{H}}+2m_{\mathrm{H}}\Omega_{\mathrm{H}}\mathrm{j}\dot{\rho}_{\mathrm{H}}-m_{\mathrm{H}}\Omega_{\mathrm{H}}^2\rho_{\mathrm{H}}+S_{\mathrm{ina}}\rho_{\mathrm{H}}-S_{\mathrm{ina}}\rho_{\mathrm{L}}+\Delta S_{\mathrm{a}}\rho_{\mathrm{H}}^*-\Delta S_{\mathrm{a}}\rho_{\mathrm{L}}^*=0 \tag{13.115}$$

$$m_{\mathrm{L}}\ddot{\rho}_{\mathrm{L}}+2\Omega_{\mathrm{H}}m_{\mathrm{L}}\mathrm{j}\dot{\rho}_{\mathrm{L}}-m_{\mathrm{L}}\Omega_{\mathrm{H}}^2\rho_{\mathrm{L}}-S_{\mathrm{ina}}\rho_{\mathrm{H}}+S_{\mathrm{ina}}\rho_{\mathrm{L}}-\Delta S_{\mathrm{a}}\rho_{\mathrm{H}}^*+\Delta S_{\mathrm{a}}\rho_{\mathrm{L}}^*+s\rho_{\mathrm{L}}=m_{\mathrm{L}}\Omega_{\mathrm{L}}^2\varepsilon_{\mathrm{L}}\mathrm{e}^{\mathrm{j}\beta_{\mathrm{L}}}\mathrm{e}^{-\mathrm{j}(\Omega_{\mathrm{H}}-\Omega_{\mathrm{L}})t} \tag{13.116}$$

设方程的解为

$$\left.\begin{aligned}\rho_{\mathrm{HL}}&=\rho_{\mathrm{HL}+}\mathrm{e}^{\mathrm{j}(\Omega_{\mathrm{H}}-\Omega_{\mathrm{L}})t}+\rho_{\mathrm{HL}-}\mathrm{e}^{-\mathrm{j}(\Omega_{\mathrm{H}}-\Omega_{\mathrm{L}})t}\\ \rho_{\mathrm{LL}}&=\rho_{\mathrm{LL}+}\mathrm{e}^{\mathrm{j}(\Omega_{\mathrm{H}}-\Omega_{\mathrm{L}})t}+\rho_{\mathrm{LL}-}\mathrm{e}^{-\mathrm{j}(\Omega_{\mathrm{H}}-\Omega_{\mathrm{L}})t}\end{aligned}\right\} \tag{13.117}$$

代入方程式(13.115)和式(13.116),可得

$$(S_{\mathrm{ina}}+4m_{\mathrm{H}}\Omega_{\mathrm{H}}\Omega_{\mathrm{L}}-4m_{\mathrm{H}}\Omega_{\mathrm{H}}^2-m_{\mathrm{H}}\Omega_{\mathrm{L}}^2)\rho_{\mathrm{HL}+}-S_{\mathrm{ina}}\rho_{\mathrm{LL}+}+\Delta S_{\mathrm{a}}\rho_{\mathrm{HL}-}^*-\Delta S_{\mathrm{a}}\rho_{\mathrm{LL}-}^*=0 \tag{13.118}$$

$$(S_{\mathrm{ina}}-m_{\mathrm{H}}\Omega_{\mathrm{L}}^2)\rho_{\mathrm{HL}-}-S_{\mathrm{ina}}\rho_{\mathrm{LL}-}+\Delta S_{\mathrm{a}}\rho_{\mathrm{HL}+}^*-\Delta S_{\mathrm{a}}\rho_{\mathrm{LL}+}^*=0 \tag{13.119}$$

$$(s+S_{\mathrm{ina}}+4m_{\mathrm{L}}\Omega_{\mathrm{H}}\Omega_{\mathrm{L}}-4m_{\mathrm{L}}\Omega_{\mathrm{H}}^2-m_{\mathrm{L}}\Omega_{\mathrm{L}}^2)\rho_{\mathrm{LL}+}-S_{\mathrm{ina}}\rho_{\mathrm{HL}+}-\Delta S_{\mathrm{a}}\rho_{\mathrm{HL}-}^*+\Delta S_{\mathrm{a}}\rho_{\mathrm{LL}-}^*=0 \tag{13.120}$$

$$(s+S_{\mathrm{ina}}-m_{\mathrm{L}}\Omega_{\mathrm{L}}^2)\rho_{\mathrm{LL}-}-S_{\mathrm{ina}}\rho_{\mathrm{HL}-}-\Delta S_{\mathrm{a}}\rho_{\mathrm{HL}+}^*+\Delta S_{\mathrm{a}}\rho_{\mathrm{LL}+}^*=m_{\mathrm{L}}\Omega_{\mathrm{L}}^2\varepsilon_{\mathrm{L}}\mathrm{e}^{\mathrm{j}\beta_{\mathrm{L}}} \tag{13.121}$$

由式(13.121)可解得

$$\rho_{\mathrm{LL}-}=\frac{m_{\mathrm{L}}\Omega_{\mathrm{L}}^2\varepsilon_{\mathrm{L}}\mathrm{e}^{\mathrm{j}\beta_{\mathrm{L}}}+m_{\mathrm{H}}\Omega_{\mathrm{L}}^2\rho_{\mathrm{HL}-}}{s-m_{\mathrm{L}}\Omega_{\mathrm{L}}^2} \tag{13.122}$$

$$\rho_{\mathrm{LL}+}=-\frac{4m_{\mathrm{H}}\Omega_{\mathrm{H}}\Omega_{\mathrm{L}}-4m_{\mathrm{H}}\Omega_{\mathrm{H}}^2-m_{\mathrm{H}}\Omega_{\mathrm{L}}^2}{s+4m_{\mathrm{L}}\Omega_{\mathrm{H}}\Omega_{\mathrm{L}}-4m_{\mathrm{L}}\Omega_{\mathrm{H}}^2-m_{\mathrm{L}}\Omega_{\mathrm{L}}^2}\rho_{\mathrm{HL}+} \tag{13.123}$$

为推导简单起见,令

$$F_{\mathrm{L}}=m_{\mathrm{L}}\Omega_{\mathrm{L}}^2\varepsilon_{\mathrm{L}}\mathrm{e}^{\mathrm{j}\beta_{\mathrm{L}}} \tag{13.124}$$

$$A=S_{\mathrm{ina}}+4m_{\mathrm{H}}\Omega_{\mathrm{H}}\Omega_{\mathrm{L}}-4m_{\mathrm{H}}\Omega_{\mathrm{H}}^2-m_{\mathrm{H}}\Omega_{\mathrm{L}}^2 \tag{13.125}$$

$$B=S_{\mathrm{ina}}-m_{\mathrm{H}}\Omega_{\mathrm{L}}^2 \tag{13.126}$$

$$C=s+S_{\mathrm{ina}}+4m_{\mathrm{L}}\Omega_{\mathrm{H}}\Omega_{\mathrm{L}}-4m_{\mathrm{L}}\Omega_{\mathrm{H}}^2-m_{\mathrm{L}}\Omega_{\mathrm{L}}^2 \tag{13.127}$$

$$D=s+S_{\mathrm{ina}}-m_{\mathrm{L}}\Omega_{\mathrm{L}}^2 \tag{13.128}$$

代入方程式(13.118)~式(13.121),可以解得

$$\rho_{\mathrm{HL}+}=\frac{C-S_{\mathrm{ina}}}{AC-S_{\mathrm{ina}}^2}\Delta S_{\mathrm{a}}\left(\frac{F^*}{D-S_{\mathrm{ina}}}-\frac{D-S_{\mathrm{ina}}-m_{\mathrm{H}}\Omega_{\mathrm{L}}^2}{D-S_{\mathrm{ina}}}\rho_{\mathrm{HL}-}^*\right) \tag{13.129}$$

$$\rho_{HL-}=\frac{F[(\Delta S_a)^2(2S_{ina}-A-C)-S_{ina}(AC-S_{ina}^2)]}{-(AC-S_{ina}^2)(BD-S_{ina}^2)+(\Delta S_a)^2(2S_{ina}-A-C)(D-S_{ina}-m_H\Omega_L^2)} \tag{13.130}$$

$$\rho_{LL+}=-\frac{A-S_{ina}}{C-S_{ina}}\rho_{HL+} \tag{13.131}$$

$$\rho_{LL-}=\frac{F+m_H\Omega_L^2\rho_{HL-}}{D-S_{ina}} \tag{13.132}$$

把上述求得的幅值代入式(13.117)，并利用式(13.84)的变换关系，得到固定坐标系中转子的振动为

$$\left.\begin{aligned} r_{HL}&=\rho_{HL+}\mathrm{e}^{\mathrm{j}(2\Omega_H-\Omega_L)t}+\rho_{HL-}\mathrm{e}^{\mathrm{j}\Omega_L t}\\ r_{LL}&=\rho_{LL+}\mathrm{e}^{\mathrm{j}(2\Omega_H-\Omega_L)t}+\rho_{LL-}\mathrm{e}^{\mathrm{j}\Omega_L t}\end{aligned}\right\} \tag{13.133}$$

低压盘的不平衡使得转子以低压一倍频 Ω_L 正进动，并且在 $D-S_{ina}=0$ 时，即 $\Omega_L=\sqrt{\frac{s}{m_L}}$ 时转子发生共振。除此之外，低压盘的不平衡还激起转子以组合频率$(2\Omega_H-\Omega_L)$正进动，在 $AC-S_{ina}^2=0$ 时，即$(2\Omega_H-\Omega_L)=\omega_{1,2}$时，转子发生共振。事实上，把 A 和 C 的表达式(13.125)和式(13.127)代入 $AC-S_{ina}^2=0$，可得到

$$[S_{ina}-m_H\,(2\Omega_H-\Omega_L)^2][s+S_{ina}-m_L\,(2\Omega_H-\Omega_L)^2]-S_{ina}^2=0 \tag{13.134}$$

令 $\lambda=2\Omega_H-\Omega_L$，代入式(13.134)可得

$$m_Lm_H\lambda^4-[m_LS_{ina}+(s+S_{ina})m_H]\lambda^2+sS_{ina}=0 \tag{13.135}$$

解得的结果与式(13.49)类似，即当 $\lambda=2\Omega_H-\Omega_L=\omega_{1,2}$ 时，转子发生共振。当高压转子与低压转子反方向旋转时，组合频率为$(2\Omega_H+\Omega_L)$。

图 13.23～图 13.26 所示为低压盘不平衡作用下，转子的振动幅频特性。纵坐标分别为相对幅值$\frac{|\rho_{HL+}|}{\varepsilon_L}$，$\frac{|\rho_{LL+}|}{\varepsilon_L}$，$\frac{|\rho_{HL-}|}{\varepsilon_L}$和$\frac{|\rho_{LL-}|}{\varepsilon_L}$；横坐标为相对转速$\frac{\Omega_H}{\omega}=\frac{\Omega_H}{\sqrt{\frac{s}{m_H+m_L}}}$。由图 13.23 和图 13.24 可见，高压盘和低压盘都会出现组合频率成分。它们由中介轴承刚度各向异性所引起。这再次说明保证中介轴承刚度均匀度的重要性。当中介轴承刚度各向异性很小时，组合频率成分要比低压一倍频成分小得多。

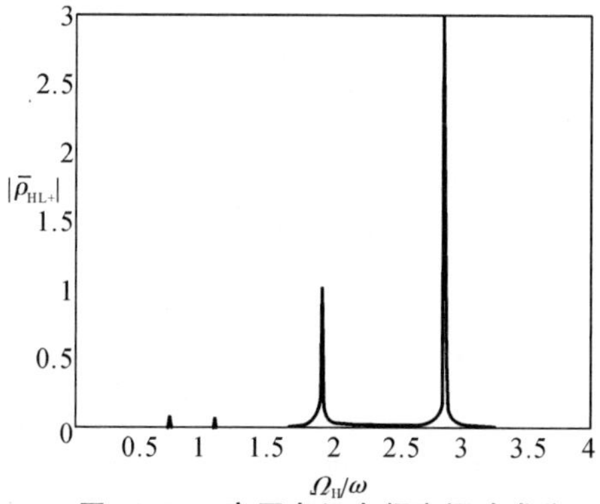

图 13.23　高压盘组合频率振动成分

$(\frac{\Delta S_a}{S_{ina}}=1\%;\frac{S_{ina}}{s}=0.5;\frac{m_L}{m_H}=1;\frac{\Omega_L}{\Omega_H}=0.8)$

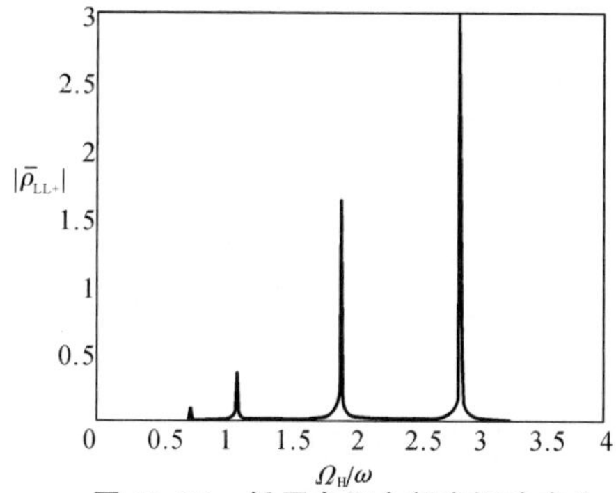

图 13.24　低压盘组合频率振动成分

$(\frac{\Delta S_a}{S_{ina}}=1\%;\frac{S_{ina}}{s}=0.5;\frac{m_L}{m_H}=1;\frac{\Omega_L}{\Omega_H}=0.8)$

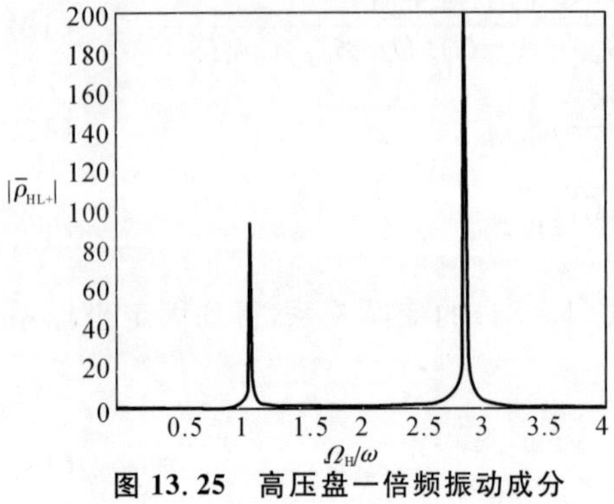

图 13.25 高压盘一倍频振动成分

$\left(\frac{\Delta S_a}{S_{ina}}=1\%;\frac{S_{ina}}{s}=0.5;\frac{m_L}{m_H}=1;\frac{\Omega_L}{\Omega_H}=0.8\right)$

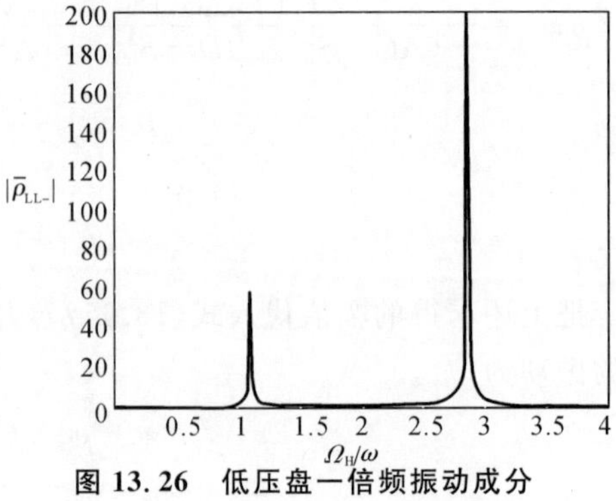

图 13.26 低压盘一倍频振动成分

$\left(\frac{\Delta S_a}{S_{ina}}=1\%;\frac{S_{ina}}{s}=0.5;\frac{m_L}{m_H}=1;\frac{\Omega_L}{\Omega_H}=0.8\right)$

13.9 带中介轴承的对转双转子的振动

有的发动机采用高、低压转子对转的工作方式。中介轴承的外环支承在低压转子上，内环支承在高压转子上，如图 13.27 所示。设外环支承座刚度为 S_{ino}，内环支承座刚度为 S_{ini}。当内、外环支承座刚度各向均匀时，由串联关系可得到中介轴承的等效刚度为

$$S_{ine}=\frac{S_{ino}S_{ini}}{S_{ino}+S_{ini}} \tag{13.136}$$

用此等效刚度替代本章第 13.7 节中的 S_{in}，则第 13.7 节的所有结论均适合于图 13.27 所示的对转双转子，但此时中介轴承的刚度要比不考虑轴承内、外环支承座刚度时低得多。

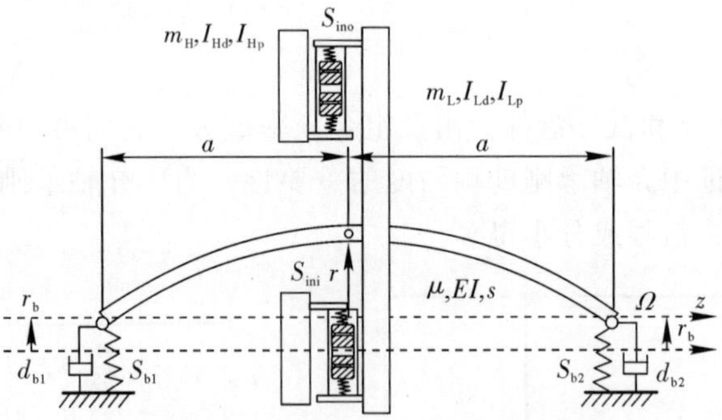

图 13.27 带中介轴承的对转双转子模型

（中介轴承外环固定在低压转子上，内环固定在高压转子上）

13.9.1 中介轴承内环支承座刚度各向异性

如上所述，某些发动机对转双转子的中介轴承内环通过一个锥形筒支承在高压盘端面上，由一组精密螺栓固定。实际中，中介轴承座的连接结构都为复杂的薄壁件。因此，内、外环支承都存在弹性，由于连接件的不均匀以及装配误差等原因，内、外环支承座刚度都可能存在各向异性。现考虑中介轴承内环支承座周向刚度不均匀，而外环周向刚度均匀的情况。建立随

高压转子一起旋转的旋转坐标系 (O,ζ,ξ)，如图 13.28 所示。坐标原点为不考虑重力时，高压盘的静态中心。由于内环支承座周向刚度不均匀，设 $S_{ini\zeta}$ 为内环支承座沿 ζ 方向的刚度，$S_{ini\xi}$ 为内环支承座沿 ξ 方向的刚度，外环支承座刚度 S_{ino} 是各向同性的，于是可得到中介轴承两个方向的等效刚度 $S_{in\zeta}$ 和 $S_{in\xi}$ 分别为

$$S_{in\zeta}=\frac{S_{ini\zeta}S_{ino}}{S_{ini\zeta}+S_{ino}} \tag{13.137}$$

$$S_{in\xi}=\frac{S_{ini\xi}S_{ino}}{S_{ini\xi}+S_{ino}} \tag{13.138}$$

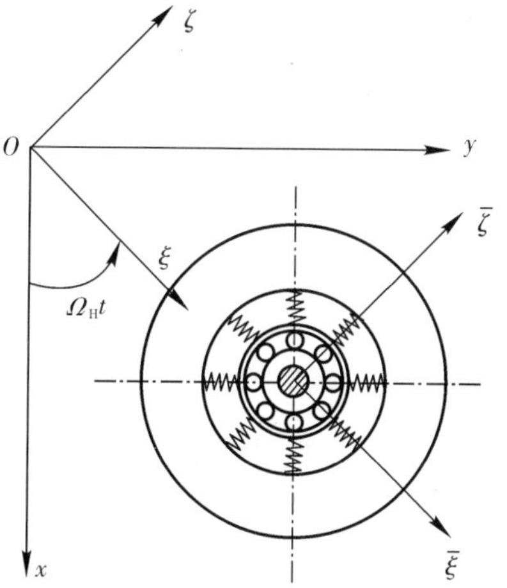

图 13.28　随高压转子一起旋转的坐标系及中介轴承内环、外环弹性支承座

把式(13.137)和式(13.138)所表示的中介轴承的等效刚度 $S_{in\zeta}$ 和 $S_{in\xi}$ 代入本章第 13.8 节的方程，则所有结论对于对转中介轴承均是成立的，但低压转子不平衡所激起的组合频率振动成分频率为 $(2\Omega_H+\Omega_L)$。

13.9.2　中介轴承外环支承座刚度各向异性

某些发动机对转双转子的中介轴承外环通过一个圆形筒支承在低压盘端面上，由一组精密螺栓固定。外环支承座也为薄壁件。现考虑中介轴承内环支承座周向刚度均匀，而外环周向刚度不均匀的情况。建立随低压转子一起旋转的旋转坐标系 (O,υ,ζ)，如图 13.29 所示。坐标原点为不考虑重力时，低压盘的静态中心。由于外环支承座周向刚度不均匀，设 $S_{ino\upsilon}$ 为外环支承座沿 υ 方向的刚度，$S_{ino\zeta}$ 为外环支承座沿 ζ 方向的刚度，内环支承座刚度 S_{ini} 是各向同性的，于是可得到中介轴承在 υ 和 ζ 两个方向的等效刚度 $S_{in\upsilon}$ 和 $S_{in\zeta}$ 分别为

$$S_{in\upsilon}=\frac{S_{ino\upsilon}S_{ini}}{S_{ino\upsilon}+S_{ini}} \tag{13.139}$$

$$S_{in\zeta}=\frac{S_{ino\zeta}S_{ini}}{S_{ino\zeta}+S_{ini}} \tag{13.140}$$

在随低压转子旋转的坐标系中，转子的运动方程为

$$\left.\begin{aligned}
&m_H(\ddot{\zeta}_H-\Omega_L^2\zeta_H-2\Omega_L\dot{\upsilon}_H)+S_{in\zeta}(\zeta_H-\zeta_L)=m_H\Omega_H^2\varepsilon_H\cos[(\Omega_L+\Omega_H)t+\beta_H]+m_Hg\cos\Omega_Lt\\
&m_H(\ddot{\upsilon}_H-\Omega_L^2\upsilon_H+2\Omega_L\dot{\zeta}_H)+S_{in\upsilon}(\upsilon_H-\upsilon_L)=-m_H\Omega_H^2\varepsilon_H\sin[(\Omega_L+\Omega_H)t+\beta_H]-m_Hg\sin\Omega_Lt
\end{aligned}\right\} \tag{13.141}$$

$$\left.\begin{aligned}m_L(\ddot{\zeta}_L-\Omega_L^2\zeta_L-2\Omega_L\dot{\upsilon}_L)-S_{in\zeta}(\zeta_H-\zeta_L)+s\zeta_L=m_L\Omega_L^2\varepsilon_L\cos\beta_L+m_Lg\cos\Omega_Lt\\ m_L(\ddot{\upsilon}_L-\Omega_L^2\upsilon_L+2\Omega_L\dot{\zeta}_L)-S_{in\upsilon}(\upsilon_H-\upsilon_L)+s\upsilon_L=m_L\Omega_L^2\varepsilon_L\sin\beta_L-m_Lg\sin\Omega_Lt\end{aligned}\right\}\quad(13.142)$$

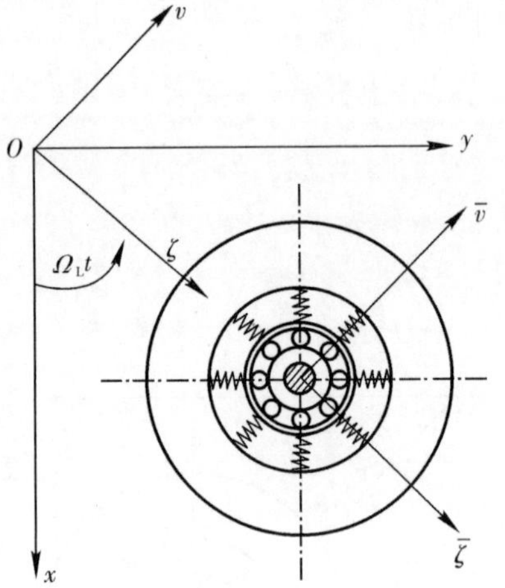

图 13.29　随低压转子一起旋转的坐标系及中介轴承内环、弹性支承座

采用与本章第 13.8 节类似的求解方法，求解上述方程可以得到高压转子不平衡、低压转子不平衡以及转子重力所激起的振动。结果与第 13.8 节的结论相似：

(1)高压转子不平衡除激起转子高压转频振动外，还将引起转子的组合频率($2\Omega_L+\Omega_H$)振动，并在 $2\Omega_L+\Omega_H=\omega_{1,2}$ 时共振。

(2)低压转子不平衡将激起转子低压转频振动。

(3)重力激起转子二倍低压转频的正进动，出现"副临界"现象，即 $\Omega_L=\frac{\omega_{1,2}}{2}$ 时，转子共振。

13.10　小　　结

本章建立了双转子模型，运用解析方法分析了双转子的振动特征，揭示了双转子的振动规律，解释了实际运行中出现的现象，针对中介轴承进行了重点分析，得到如下结论：

(1)所建立的双转子模型，可考虑支承刚度和阻尼以及中介轴承的影响，适用于解析方法分析，明晰地揭示了双转子的运动规律。所得结论具有指导性和普适性。

(2)挤压油膜阻尼器对刚性转子的阻尼效果最好。对于柔性双转子，要达到同样的减振效果，需提高转子动平衡的精度。

(3)采用中介轴承结构，双转子系统耦合性加强。高、低压转子转速接近时，会出现拍振，振动幅值可能会成为高压不平衡响应幅值和低压不平衡响应幅值的叠加。为避免出现拍振，高、低压转子转速差不应小于 10%。

(4)考虑中介轴承刚度时，双转子系统会出现动力吸振现象。

(5)中介轴承刚度的取值范围应为$\frac{S_{in}}{s}=\left(\frac{1}{5}\sim1\right)$($s$ 为轴的刚度)。

(6)由于工艺和装配误差，可能会使中介轴承及轴承座刚度周向不均匀，造成中介轴承刚度各向异性。中介轴承刚度各向异性时，重力激起转子二倍频正进动，出现“副临界”现象；飞机机动飞行会加剧转子的重力响应。由于发动机是变转速运行的机器，重力会使原本高于最大工作转速的自振频率成为“副临界”转速。

(7)中介轴承刚度各向异性时，高、低压转子不平衡都会激起转子的组合频率振动。高、低压转子同转时，组合频率为($2\Omega_H-\Omega_L$)或($2\Omega_L-\Omega_H$)，并在 $2\Omega_H-\Omega_L=\omega_{1,2}$ 或 $2\Omega_L-\Omega_H=\omega_{1,2}$ 时共振。当高压转子与低压转子反方向旋转时，组合频率为($2\Omega_H+\Omega_L$)或($2\Omega_L+\Omega_H$)，并在 $2\Omega_H+\Omega_L=\omega_{1,2}$ 或 $2\Omega_L+\Omega_H=\omega_{1,2}$ 时共振。转子振动的频率成分增多，共振点增多，这对转子的安全稳定运行是非常不利的。因此，在发动机设计中，须采取非常精密的结构和工艺措施，以保证中介轴承刚度的均匀度。

第14章　航空发动机转子动力学设计

前面章节把转子简化为带盘的无重轴,利用解析方法进行分析。实际的发动机转子结构很复杂,一般包括叶片、盘、鼓、盘鼓连接、轴、轴盘连接、支承系统等单元,有时还存在分叉结构。对转子进行动力学分析和优化设计时,要综合考虑结构因素、几何因素和惯量分布,宜将转子视作连续体模型进行分析。为此,需利用数值方法求解。目前,支持转子动力学分析的数值计算方法主要有两种:传递矩阵法和有限元法。

传递矩阵法由 Prohl 和 Myklestad 于 20 世纪 40 年代提出,后来经过很多学者不断发展完善,使得传递矩阵法及其各种改进方法能用来计算单跨单转子、多跨单转子以及具有多个中介支承的多跨多转子一支承系统的临界转速、不平衡响应以及动力稳定性分析。其基本思想是,将转子系统划分为若干个单元,这些单元一环接一环地结合起来,形成一种链式结构,每段都看成是无质量等截面梁,将各段的质量集中在其两端的节点上,这些节点称为站。通常,转子系统上有集中质量、轮盘、弹性铰链和弹性支承等四种站,每个站上含四个状态参数,即挠度、挠角、弯矩和剪力。通过传递矩阵,将各站的状态参数从始端传递到末端,再利用两端的边界条件进行求解。

有限元法首先由 Ruhl 于 1970 年提出。其基本思路是,将转子系统划分为轮盘、轴段和轴承等单元,将各单元彼此的连接点定义为节点,各单元通过节点传递相互作用力,利用拉格朗日方程或者哈密顿正则方程建立每个单元的运动学平衡方程,从而得到各单元的质量矩阵、阻尼矩阵、陀螺效应矩阵、刚度矩阵以及外力向量。在建立轴微元段的方程时,将微元段内各点的挠度和挠角运用形函数法,用左、右两个端点的挠度和挠角线性插值得到,将动能和势能沿着微元段的长度积分,从而得到微元段的平衡方程。利用各节点之间的相互作用力平衡的条件,将各矩阵进行综合组装,从而得到以各节点广义位移(挠度和挠角)为未知量的常微分方程组,求解方程组就可得到转子系统的动力学特性。

两种方法在处理轴段时均采用 Timoshenko 梁假设,模型考虑了剪应力和转动惯量。传递矩阵法的主要优点:矩阵阶数固定,不随系统自由度变大而变大,编程比较容易,占用内存少,运算速度比较快。有限元法的主要优点:表达方式简洁,易于扩展为瞬态响应计算和更精确的三维计算。

不管使用传递矩阵法还是有限元法,计算准确与否主要取决于模型的建立是否准确。

本章首先介绍转子动力学分析的传递矩阵法和有限元法,然后在此基础上介绍转子动力学的优化设计。

14.1　传递矩阵法

传递矩阵法是应用较普遍的一种转子动力学计算方法,编程较简单,计算速度快。

14.1.1　转子模型建立

根据转子的结构可将转子简化为由弹性轴段、集中质量、轮盘、活动球铰和弹性支承等单元构成的离散模型。离散处理的原则：

(1)轮盘、支承、联轴器、轴段分叉点所在处需要设置为站。

(2)轴段内径或外径突变处需要设置为站。

(3)较细长的等截面轴段需要划分为若干段，原则为 $L/D<1$(L 为轴段长度，D 为轴段外径)。

(4)由一个等截面梁的计算结果可知，如果要求集总化带来的固有频率误差小于 1%，那么，节点总数 N 应满足

$$N \geqslant 1+5.34n \tag{14.1}$$

式中：n 为要求计算的固有频率(或临界转速)的最高阶数。例如，要计算转子的三阶临界转速，即 $n=3$，则转子至少要分为 17 个节点。

14.1.2　轴段的传递矩阵

1. 坐标系及参数定义

如图 14.1 所示为分析轴段用的坐标系及参数定义。OX 轴为轴线，OY 轴为弯曲振动的横向位移，第 i 个轴段上有两个站，分别用 i 和 $i+1$ 表示，用 $[y\quad \theta\quad M\quad Q]^{\mathrm{T}}$ 表示每个站的状态参数，状态参数中四个分量分别为挠度、挠角、弯矩和剪力。

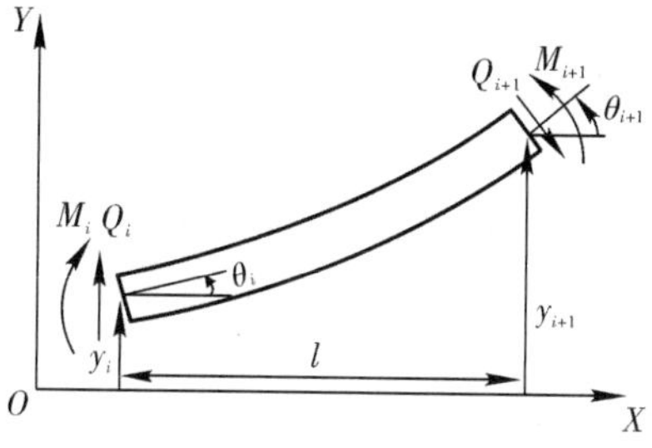

图 14.1　坐标系及参数符号定义

2. 均质轴的传递矩阵

考虑轴段质量和转动惯量时，均质轴的传递矩阵关系为

$$\begin{bmatrix} y \\ \theta \\ M \\ Q \end{bmatrix}_{i+1} = \begin{bmatrix} T_1 & \dfrac{1}{k}T_2 & \dfrac{1}{EIk^2}T_3 & \dfrac{1}{EIk^3}T_4 \\ kT_4 & T_1 & \dfrac{1}{EIk^2}T_2 & \dfrac{1}{EIk^2}T_3 \\ EIk^2T_3 & EIkT_4 & T_1 & \dfrac{1}{k}T_2 \\ EIk^3T_2 & EIk^2T_3 & kT_4 & T_1 \end{bmatrix} \begin{bmatrix} y \\ \theta \\ M \\ Q \end{bmatrix}_i \tag{14.2}$$

式中：$T_1=\frac{1}{2}(\cosh kL+\cos kL)$；$T_2=\frac{1}{2}(\sinh kL+\sin kL)$；$T_3=\frac{1}{2}(\cosh kL-\cos kL)$；$T_4=\frac{1}{2}(\sinh kL-\sin kL)$；$k^4=\frac{\omega^2 U}{EI}$，$U$ 为转轴单位长度的质量；E 为轴段材料的弹性模量；I 为轴段的截面惯性矩。

3. 无质量轴段的传递矩阵

若轴段的横截面尺寸相对较小，质量也比较小，可以将轴质量折合到两端质量站，把轴段本身看作为无质量的弹性梁。考虑剪切效应时，无质量轴段的传递矩阵关系为

$$\begin{bmatrix} y \\ \theta \\ M \\ Q \end{bmatrix}_{i+1} = \begin{bmatrix} 1 & l & \frac{l^2}{2EI} & \frac{l^3}{6EI}(1-v) \\ 0 & 1 & \frac{l}{EI} & \frac{l^2}{2EI} \\ 0 & 0 & 1 & l \\ 0 & 0 & 0 & 1 \end{bmatrix} \begin{bmatrix} y \\ \theta \\ M \\ Q \end{bmatrix}_i \tag{14.3}$$

式中：l 为轴段长度；v 为剪切效应系数 $v=6EI\beta/(GA)$；β 为截面形状系数，其表达式为

$$\beta=\frac{7+6\mu}{6(1+\mu)}\left[1+\frac{20+12\mu}{7+6\mu}\left(\frac{Dd}{D^2+d^2}\right)^2\right] \tag{14.4}$$

式中：μ 为轴段材料的泊松比；D 为轴段的外径；d 为轴段的内径。

对于实心轴，截面形状系数为

$$\beta=\frac{7+6\mu}{6(1+\mu)}$$

对于实心钢轴，泊松比一般为 0.3，则 $\beta=1.13$。如果不计剪切效应，则可设置 $v=0$。

如果轴段受到大小为 N 的轴向力，则无质量轴段的传递矩阵关系为

$$\begin{bmatrix} y \\ \theta \\ M \\ Q \end{bmatrix}_{i+1} = \begin{bmatrix} 1 & l & \frac{l^2}{2EI} & \frac{l^3}{6EI}(1-v) \\ 0 & 1 & \frac{l}{EI} & \frac{l^2}{2EI} \\ 0 & Nl & 1+\frac{l^2}{2EI}N & l+\frac{l^3 N}{6EI}(1-v) \\ 0 & 0 & 0 & 1 \end{bmatrix} \begin{bmatrix} y \\ \theta \\ M \\ Q \end{bmatrix}_i \tag{14.5}$$

14.1.3　轴段间的传递矩阵

轴段间的站连接前一个轴段的终止端和后一个轴段的起始端，常见的站有 4 种：集中质量站、轮盘站、弹性铰链站和弹性支承站（见图 14.2 所示）。

1. 集中质量站的传递矩阵

如图 14.2(a)所示，通过质量为 m 的集中质量时，站的左、右两侧的传递矩阵关系为

$$\begin{bmatrix} y \\ \theta \\ M \\ Q \end{bmatrix}^{\mathrm{R}} = \begin{bmatrix} 1 & 0 & 0 & 0 \\ 0 & 1 & 0 & 0 \\ 0 & 0 & 1 & 0 \\ m\Omega^2 & 0 & 0 & 1 \end{bmatrix} \begin{bmatrix} y \\ \theta \\ M \\ Q \end{bmatrix}^{\mathrm{L}} \tag{14.6}$$

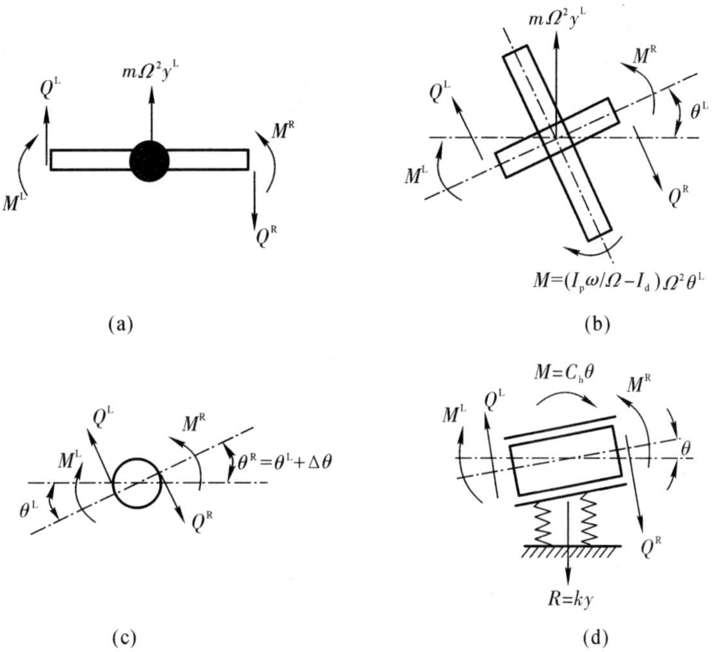

图 14.2　几种典型站的状态参数关系

(a)集中质量站;(b)轮盘站;(c)弹性铰链站;(d)弹性支承站

集中质量站的传递矩阵为

$$\boldsymbol{T}_{\mathrm{m}} = \begin{bmatrix} 1 & 0 & 0 & 0 \\ 0 & 1 & 0 & 0 \\ 0 & 0 & 1 & 0 \\ m\Omega^2 & 0 & 0 & 1 \end{bmatrix} \tag{14.7}$$

2. 轮盘站的传递矩阵

如图 14.2(b)所示,通过质量为 m,极转动惯量为 J_{p},直径转动惯量为 J_{d}的轮盘时,站的左、右两侧考虑陀螺力矩的传递矩阵关系为

$$\begin{bmatrix} y \\ \theta \\ M \\ Q \end{bmatrix}^{\mathrm{R}} = \begin{bmatrix} 1 & 0 & 0 & 0 \\ 0 & 1 & 0 & 0 \\ 0 & \left(\frac{\omega}{\Omega}\frac{J_{\mathrm{p}}}{J_{\mathrm{d}}}-1\right)J_{\mathrm{d}}\Omega^2 & 1 & 0 \\ m\Omega^2 & 0 & 0 & 1 \end{bmatrix} \begin{bmatrix} y \\ \theta \\ M \\ Q \end{bmatrix}^{\mathrm{L}} \tag{14.8}$$

式中:Ω 为自转转速;ω 为公转转速。可以引用当量转动惯量,$J=\left(\frac{\omega}{\Omega}\frac{J_{\mathrm{p}}}{J_{\mathrm{d}}}-1\right)J_{\mathrm{d}}$,轮盘站的传递矩阵为

$$\boldsymbol{T}_{\mathrm{d}}=\begin{bmatrix}1 & 0 & 0 & 0\\ 0 & 1 & 0 & 0\\ 0 & J\Omega^2 & 1 & 0\\ m\Omega^2 & 0 & 0 & 1\end{bmatrix} \tag{14.9}$$

在建模时，对于结构复杂的轮盘，可以使用三维绘图软件，如 UG，CATIA，Pro/E 等进行建模，然后使用软件的计算功能得到轮盘的质量和转动惯量。

3. 弹性铰链站的传递矩阵

如图 14.2(c)所示，通过抗弯刚度系数为 C_{h} 的弹性铰链站时，站的左、右两侧的传递矩阵关系为

$$\begin{bmatrix}y\\ \theta\\ M\\ Q\end{bmatrix}^{\mathrm{R}}=\begin{bmatrix}1 & 0 & 0 & 0\\ 0 & 1 & 1/C_{\mathrm{h}} & 0\\ 0 & 0 & 1 & 0\\ 0 & 0 & 0 & 1\end{bmatrix}\begin{bmatrix}y\\ \theta\\ M\\ Q\end{bmatrix}^{\mathrm{L}} \tag{14.10}$$

弹性铰链站的传递矩阵为

$$\boldsymbol{T}_{\mathrm{h}}=\begin{bmatrix}1 & 0 & 0 & 0\\ 0 & 1 & 1/C_{\mathrm{h}} & 0\\ 0 & 0 & 1 & 0\\ 0 & 0 & 0 & 1\end{bmatrix} \tag{14.11}$$

4. 弹性支承站的传递矩阵

如图 14.2(d)所示，通过横向刚度为 k 的弹性支承站时，站的左、右两侧的传递矩阵关系为

$$\begin{bmatrix}y\\ \theta\\ M\\ Q\end{bmatrix}^{\mathrm{R}}=\begin{bmatrix}1 & 0 & 0 & 0\\ 0 & 1 & 0 & 0\\ 0 & 0 & 1 & 0\\ -k & 0 & 0 & 1\end{bmatrix}\begin{bmatrix}y\\ \theta\\ M\\ Q\end{bmatrix}^{\mathrm{L}} \tag{14.12}$$

弹性支承站的传递矩阵为

$$\boldsymbol{T}_{\mathrm{b}}=\begin{bmatrix}1 & 0 & 0 & 0\\ 0 & 1 & 0 & 0\\ 0 & 0 & 1 & 0\\ -k & 0 & 0 & 1\end{bmatrix} \tag{14.13}$$

14.1.4 综合轴段的传递矩阵

为了编程方便，可以将一个包含质量、转动惯量、弹性铰链和弹性支承的广义站和一个无质量轴段组合成一个综合轴段，综合轴段的传递矩阵为

$$\boldsymbol{T}=\begin{bmatrix}1 & l & \dfrac{l^2}{2EI} & \dfrac{l^3}{6EI}(1-v)\\ 0 & 1 & \dfrac{l}{EI} & \dfrac{l^2}{2EI}\\ 0 & Nl & 1+\dfrac{l^2}{2EI}N & l+\dfrac{l^3N}{6EI}(1-v)\\ 0 & 0 & 0 & 1\end{bmatrix}\begin{bmatrix}1 & 0 & 0 & 0\\ 0 & 1 & 1/C_{\mathrm{h}} & 0\\ 0 & J\Omega^2 & 1 & 0\\ m\Omega^2-k & 0 & 0 & 1\end{bmatrix}=$$

$$\begin{bmatrix}1+\dfrac{l^3(1-v)}{6EI}(m\Omega^2-k) & l\left(1+\dfrac{l}{2EI}J\Omega^2\right) & \dfrac{l^2}{2EI}+\dfrac{I}{C_{\mathrm{h}}} & \dfrac{l^3}{6EI}(1-v)\\ \dfrac{l^2}{2EI}(m\Omega^2-k) & 1+\dfrac{l}{2EI}J\Omega^2 & \dfrac{l}{EI}+\dfrac{I}{C_{\mathrm{h}}} & \dfrac{l^2}{2EI}\\ \left[l+\dfrac{l^3(1-v)N}{6EI}\right](m\Omega^2-k) & Nl+\left(1+\dfrac{l^2N}{2EI}\right)J\Omega^2 & \dfrac{Nl}{C_{\mathrm{h}}}+1+\dfrac{l^2N}{2EI} & l+\dfrac{l^3N}{6EI}(1-v)\\ m\Omega^2-k & 0 & 0 & 1\end{bmatrix} \tag{14.14}$$

14.1.5　临界转速与振型计算

转子-支承系统的边界条件一般有自由端、刚性铰支端、刚性固支端、弹性支承端与外伸端。由于各种不同的边界条件应该满足的条件不同，为了使计算程序通用，可以一律采用自由端，转子两端的边界条件均为 $M=0,Q=0$。如果实际边界条件不是自由端，则可以加上一个虚设的长度为 0 的无质量轴段，使原先的边界条件变为一个站，并使新的边界条件统一为自由端。

转子终止端的状态参数可以通过传递矩阵用起始端的状态参数来表达。而传递矩阵计及了转子各站点和轴段的结构元素、几何元素、惯性元素和材料特性，同时还包含转子的转速。用 $\boldsymbol{Z}$ 表示状态参数，用 $\boldsymbol{T}$ 表示综合轴段的传递矩阵，则具有 n 个站的转子的传递矩阵关系为

$$\boldsymbol{Z}_n=\boldsymbol{T}_n\boldsymbol{T}_{n-1}\boldsymbol{T}_{n-2}\cdots\boldsymbol{T}_2\boldsymbol{T}_1\boldsymbol{Z}_0 \tag{14.15}$$

将所有传递矩阵的乘积用 $\boldsymbol{H}$ 表示，则 $\boldsymbol{H}$ 为 4×4 阶矩阵，有

$$\boldsymbol{H}=\begin{bmatrix}H_{11} & H_{12} & H_{13} & H_{14}\\ H_{21} & H_{22} & H_{23} & H_{24}\\ H_{31} & H_{32} & H_{33} & H_{34}\\ H_{41} & H_{42} & H_{43} & H_{44}\end{bmatrix} \tag{14.16}$$

式中：$\boldsymbol{H}$ 为以转速作为自变量的函数。

利用起始端和终止端均为自由端的边界条件，即

$$M_n=Q_n=M_0=Q=0 \tag{14.17}$$

联合式(14.15)和式(14.17)，可以得到

$$\left.\begin{aligned}H_{31}y_0+H_{32}\theta_0=0\\ H_{41}y_0+H_{42}\theta_0=0\end{aligned}\right\} \tag{14.18}$$

临界转速是转子的固有属性，计算临界转速时，没有考虑转子的不平衡量，即不平衡量不影响转子的临界转速。当转子没有不平衡量时，只有在临界转速下，其振动大小不为 0，而在其他转速下，振动大小均为 0。利用转子的这一个特点，只有在临界转速下式(14.18)有非零

解，这时，方程组的系数行列式为 0，即

$$\Delta=\begin{vmatrix} H_{31} & H_{32} \\ H_{41} & H_{42} \end{vmatrix}=0 \tag{14.19}$$

在转子发生协调正进动时，式(14.8)中 $\Omega=\omega$，方程式(14.19)的自变量仅为转速，求解该方程即可得到协调正进动时的临界转速。方程的最大阶数为转速的 $2n$ 次方，为高阶方程，由多项式函数的连续性，可以先设定一个初始转速和转速增量，在每一个转速处均计算系数行列式 Δ，得到 Δ 变号的区域，在每一个区域内采用割线法进行迭代求解，即可得到各阶临界转速，本章后文用“剩余量”表示系数行列式 Δ。割线法的迭代方程为

$$p_{k+1}=p_k-\frac{f(p_k)(p_k-p_{k-1})}{f(p_k)-f(p_{k-1})} \tag{14.20}$$

式中：p 为自变量，即转速，f 为自变量的函数，即式(14.19)中系数行列式的值。

求得临界转速后，将临界转速带入方程式(14.18)，即可得到 y_0 与 θ_0 的比值。假定 $y_0=1$，可得到 $\theta_0=-H_{31}/H_{32}$。利用传递矩阵，从起始端传递到终止端，即可求得各个站的状态参数。为了便于比较，可以用每个站点上的挠度除以最大挠度，使振型归一化。

需要注意的是，在求解各个站的截面上的状态参数时，为了避免矩阵连乘带来的数值误差积累，在计算一个截面上的状态参数时，应该使用该轴段的综合传递矩阵乘以上一段的状态参数得到，而不是一直使用传递矩阵连乘，再乘以初始端的状态参数。

在计算完振型后，可以对终止端站点的状态参数进行检验，标准为是否满足式(14.17)，即弯矩和剪力均为 0。由于数值计算必然带来一定的误差，只要终止端站点的弯矩和剪力远小于 1 即可，使用割线法进行求解时，只要程序正确，一般能达到 10^{-3} 以下，如果检验的结果远大于 1，则需要检查计算程序是否正确。

当假设式(14.8)中 $\Omega=-\omega$ 时，可求得协调反进动临界转速。

临界转速和振型的计算流程如图 14.3 所示。

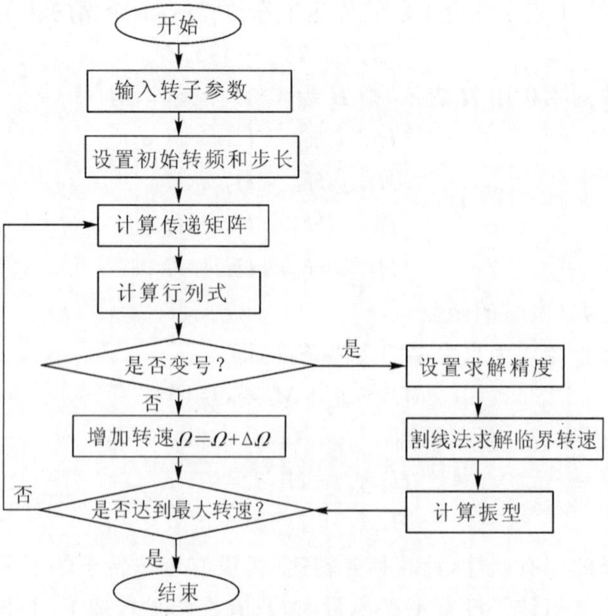

图 14.3　临界转速和振型计算流程图

14.1.6　分叉结构的传递矩阵法

现代航空发动机中，转子常含有分叉结构，而不是传统的从头至尾的直线链式结构。图 14.4 所示为 CFM－56 发动机的转子结构。其中风扇转子、高压压气机和低压涡轮均有分叉结构。

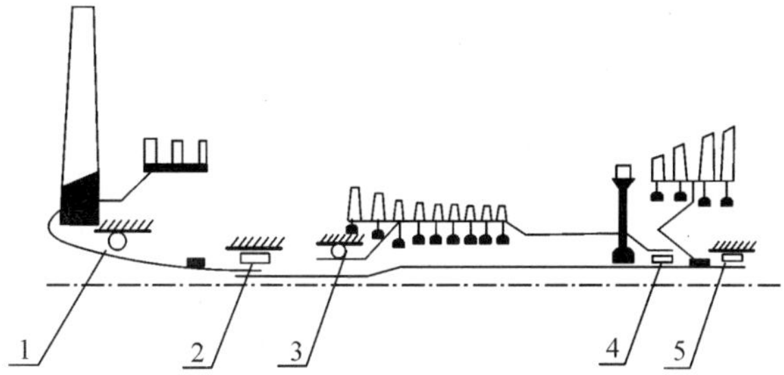

图 14.4　CFM－56 发动机的转子结构

1—风扇前支点；2—风扇后支点；3—高压转子前支点；
4—高压转子后支点(中介轴承)；5—低压涡轮后支点

图 14.5 所示为分叉结构的示意图。仍用 $[y \quad \theta \quad M \quad Q]^{T}$ 表示每个站的状态参数，状态参数中四个分量分别为挠度、挠角、弯矩和剪力。

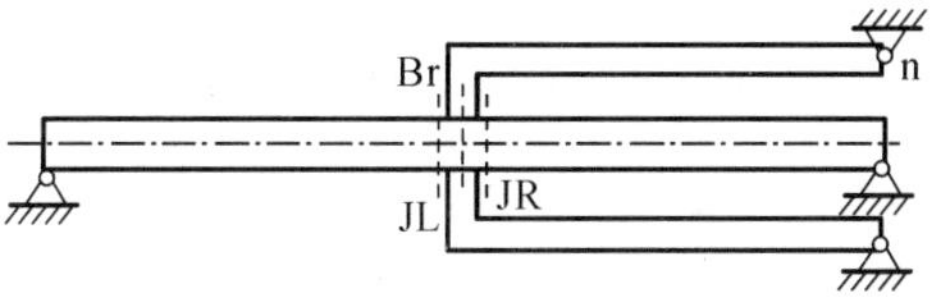

图 14.5　分叉结构示意图

n—分叉结构的边界；JL—主干上分叉点的左边界；
JR—主干上分叉点的右边界；Br—分叉结构上分叉点的节点

对于分叉点，由位移协调条件得到

$$\begin{bmatrix} y \\ \theta \end{bmatrix}_{JL} = \begin{bmatrix} y \\ \theta \end{bmatrix}_{JR} = \begin{bmatrix} y \\ \theta \end{bmatrix}_{Br} \tag{14.21}$$

对剪力和弯矩方向的规定为：运动方向向上为正；梁右截面上的剪力向下为正，弯矩逆时针方向为正；左截面上的剪力向上为正，弯矩顺时针方向为正。图 14.6 所示为在这一规定下分叉点的受力情况。这里，将分叉点处的集中质量传递矩阵放在分叉点之后处理。

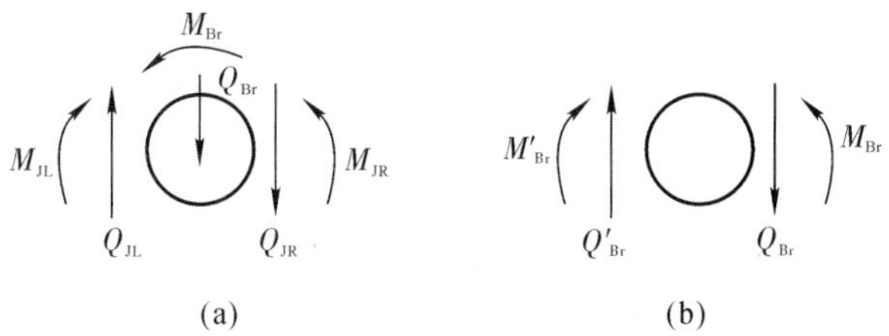

图 14.6　分叉点的受力情况

(a)主干上的分叉点；(b)分叉结构上的分叉点

图 14.6(a)所示为主干上分叉点的受力情况,图中 Q_{JL},Q_{JR},Q_{Br}分别表示分叉点左端、右端、分叉结构对分叉点的剪力,M_{JL},M_{JR},M_{Br}分别表示分叉点左端、右端、分叉结构对分叉点的弯矩。由力平衡条件得到

$$\begin{bmatrix} M \\ Q \end{bmatrix}_{JL} = \begin{bmatrix} M \\ Q \end{bmatrix}_{JR} - \begin{bmatrix} M \\ Q \end{bmatrix}_{Br} \tag{14.22}$$

分叉结构上分叉点的受力情况如图 14.6(b)所示,图中 Q'_{Br}和 Q_{Br}分别表示主干结构对分叉点的剪力和分叉结构上右端对分叉点的剪力,M'_{Br}和 M_{Br}分别表示主干结构对分叉点的弯矩和分叉结构上右端对分叉点的弯矩。Q'_{Br}和 Q_{Br}为两个相互作用的力,M'_{Br}和 Q'_{Br}为两个相互作用的力距。根据牛顿第三定律,它们两两之间大小相等,方向相反。在如图 14.6(b)所示的受力情况中,它们已经具有相反的方向,因而它们的大小满足

$$\begin{bmatrix} M \\ Q \end{bmatrix}_{Br} = \begin{bmatrix} M' \\ Q' \end{bmatrix}_{Br} \tag{14.23}$$

用 $\boldsymbol{T}_n$表示分叉结构上从 Br 点到末端的传递矩阵,它为所有轴段传递矩阵和各种站的传递矩阵的乘积。利用式(14.23),则有

$$\begin{bmatrix} y \\ \theta \\ M \\ Q \end{bmatrix}_{n} = \boldsymbol{T}_n \begin{bmatrix} y \\ \theta \\ M \\ Q \end{bmatrix}_{Br} \tag{14.24}$$

分叉结构末端的边界条件为:$M_n=0$,$Q_n=0$,代入式(14.24),得到

$$\boldsymbol{T}_{n21} \begin{bmatrix} y \\ \theta \end{bmatrix}_{Br} + \boldsymbol{T}_{n22} \begin{bmatrix} M \\ Q \end{bmatrix}_{Br} = \begin{bmatrix} 0 \\ 0 \end{bmatrix} \tag{14.25}$$

式中:$\boldsymbol{T}_{n21}$和 $\boldsymbol{T}_{n22}$为 $\boldsymbol{T}_n$的分块矩阵,即

$$\boldsymbol{T}_n = \left[\begin{array}{c:c} \boldsymbol{T}_{n11} & \boldsymbol{T}_{n12} \\ \hdashline \boldsymbol{T}_{n21} & \boldsymbol{T}_{n22} \end{array}\right]$$

从上式可以得到

$$\begin{bmatrix} M \\ Q \end{bmatrix}_{Br} = -\boldsymbol{T}_{n22}^{-1} \boldsymbol{T}_{n21} \begin{bmatrix} y \\ \theta \end{bmatrix}_{Br} \tag{14.26}$$

将式(14.26)代入式(14.22),并将位移协调条件(14.21)代入,得到

$$\begin{bmatrix} M \\ Q \end{bmatrix}_{JR} = \begin{bmatrix} M \\ Q \end{bmatrix}_{JL} + \boldsymbol{T}_{n22}^{-1} \boldsymbol{T}_{n21} \begin{bmatrix} y \\ \theta \end{bmatrix}_{JL} \tag{14.27}$$

进而可用状态参数的形式表示为

$$\begin{bmatrix} y \\ \theta \\ M \\ Q \end{bmatrix}_{JR} = \left[\begin{array}{cc:cc} 1 & 0 & 0 & 0 \\ 0 & 1 & 0 & 0 \\ \hdashline \multicolumn{2}{c:}{\boldsymbol{T}_{n22}^{-1} \boldsymbol{T}_{n21}} & 1 & 0 \\ & & 0 & 1 \end{array}\right] \begin{bmatrix} y \\ \theta \\ M \\ Q \end{bmatrix}_{JL} \tag{14.28}$$

式(14.28)中的 4×4 矩阵即为修正的分叉结构的传递矩阵。

求解振型时,可以假设初始端的位移或者转角为 1,进而求解其他站点的相对位移。不妨

假设位移为 1,求得临界转速下从初始端到末端的传递矩阵,用 $\boldsymbol{H}$ 表示。由于转子的两端均处理为自由端,即 $M_1=M_n=0, Q_1=Q_n=0$,如果有约束,就添上一个虚设段,利用这一边界条件,可以得到

$$\boldsymbol{H}\begin{bmatrix}1\\\theta\\0\\0\end{bmatrix}_1=\begin{bmatrix}y\\\theta\\0\\0\end{bmatrix}_n \tag{14.29}$$

上式的第三个或者第四个方程可以用来求解第一个站点的挠角。例如使用第三个方程,可以求得第一个站点的挠角为

$$\theta_1=-H_{31}/H_{32} \tag{14.3}$$

用第一段的传递矩阵和第一站的集中质量传递矩阵相乘,再乘以第一站点的状态参数,就得到第二个站点的状态参数。使用同样的方法,用传递矩阵乘以状态参数,得到第三个站点的状态参数。以此类推,得到主干上所有站点的状态参数。其中,过分叉点时,需要使用式(14.28),将分叉结构的影响考虑进去。

利用式(14.21)和式(14.26),得到分叉结构上第一点的状态参数 $[y\quad\theta\quad M\quad Q]_{\mathrm{Br}}^{\mathrm{T}}$ 与主干上分叉点的状态参数 $[y\quad\theta\quad M\quad Q]_{\mathrm{JL}}^{\mathrm{T}}$ 的关系为

$$\begin{bmatrix}y\\\theta\\M\\Q\end{bmatrix}_{\mathrm{Br}}=\begin{bmatrix}1&0&0&0\\0&1&0&0\\-\boldsymbol{T}_{n22}^{-1}&\boldsymbol{T}_{n21}&0&0\\&&0&0\end{bmatrix}\begin{bmatrix}y\\\theta\\M\\Q\end{bmatrix}_{\mathrm{JL}} \tag{14.31}$$

利用式(14.31)得到分叉结构上第一个站点的状态参数后,使用与求解主干上状态参数同样的方法,可以求解分叉结构上各个站点的状态参数。所有状态参数的第一个分量按照站点的轴向位置连接起来就得到了带分叉结构的转子的振型。

14.1.7　不平衡响应的计算

不平衡响应计算是评估转子在不平衡力作用下所产生的振动烈度的重要方法,也可以帮助确定转子的阻尼效果和动平衡时的校正面位置。

与临界转速计算不同的是,临界转速计算所求解的基本方程为线性齐次方程组,而不平衡响应计算所求解的基本方程为线性非齐次方程组,即在各个方程的等式右边加上了不平衡力。

在经过含有 $q=mr$ 大小的不平衡量的综合站时,传递矩阵关系为

$$\begin{bmatrix}y\\\theta\\M\\Q\end{bmatrix}^{\mathrm{R}}=\begin{bmatrix}1&0&0&0\\0&1&1/C_{\mathrm{h}}&0\\0&\left(\dfrac{\omega}{\Omega}\dfrac{J_{\mathrm{p}}}{J_{\mathrm{d}}}-1\right)J_{\mathrm{d}}\Omega^2&1&0\\m\Omega^2-k-\mathrm{j}d\Omega&0&0&1\end{bmatrix}\begin{bmatrix}y\\\theta\\M\\Q\end{bmatrix}^{\mathrm{L}}+\begin{bmatrix}0\\0\\0\\q\Omega^2\end{bmatrix} \tag{14.32}$$

式中:d 为支承的阻尼;j 为虚数的单位。为了传递方便,可以将式(14.32)改写为

$$\begin{bmatrix} y \\ \theta \\ M \\ Q \\ 1 \end{bmatrix}^{\mathrm{R}} = \begin{bmatrix} 1 & 0 & 0 & 0 & 0 \\ 0 & 1 & 1/C_{\mathrm{h}} & 0 & 0 \\ 0 & \left(\dfrac{\omega}{\Omega}\dfrac{J_{\mathrm{p}}}{J_{\mathrm{d}}}-1\right)J_{\mathrm{d}}\Omega^2 & 1 & 0 & 0 \\ m\Omega^2-k-\mathrm{j}d\Omega & 0 & 0 & 1 & q\Omega^2 \\ 0 & 0 & 0 & 0 & 1 \end{bmatrix} \begin{bmatrix} y \\ \theta \\ M \\ Q \\ 1 \end{bmatrix}^{\mathrm{L}} \tag{14.33}$$

将状态参数改为 5 项后，均质轴段的传递矩阵为

$$\boldsymbol{T}_{\mathrm{sh}} = \begin{bmatrix} T_1 & \dfrac{1}{k}T_2 & \dfrac{1}{EIk^2}T_3 & \dfrac{1}{EIk^3}T_4 & 0 \\ kT_4 & T_1 & \dfrac{1}{EIk^2}T_2 & \dfrac{1}{EIk^2}T_3 & 0 \\ EIk^2T_3 & EIkT_4 & T_1 & \dfrac{1}{k}T_2 & 0 \\ EIk^3T_2 & EIk^2T_3 & kT_4 & T_1 & 0 \\ 0 & 0 & 0 & 0 & 1 \end{bmatrix} \tag{14.34}$$

式中：$T_1=\frac{1}{2}(\cosh kL+\cos kL)$；$T_2=\frac{1}{2}(\sinh kL+\sin kL)$；$T_3=\frac{1}{2}(\cosh kL-\cos kL)$；$T_4=\frac{1}{2}(\sinh kL-\sin kL)$；$k^4=\frac{\omega^2 U}{EI}$（$U$ 为转轴单位长度的质量；E 为轴段材料的弹性模量；I 为轴段的截面惯性矩）。

无质量弹性轴段的传递矩阵为

$$\boldsymbol{T}_{\mathrm{sh}} = \begin{bmatrix} 1 & l & \dfrac{l^2}{2EI} & \dfrac{l^3}{6EI}(1-v) & 0 \\ 0 & 1 & \dfrac{l}{EI} & \dfrac{l^2}{2EI} & 0 \\ 0 & 0 & 1 & l & 0 \\ 0 & 0 & 0 & 1 & 0 \\ 0 & 0 & 0 & 0 & 1 \end{bmatrix} \tag{14.35}$$

计算不平衡响应时，矩阵的传递方式与计算临界转速时相同。将所有传递矩阵的乘积用 $\boldsymbol{H}$ 表示，则 $\boldsymbol{H}$ 为 5×5 阶矩阵

$$\boldsymbol{H} = \begin{bmatrix} H_{11} & H_{12} & H_{13} & H_{14} & H_{15} \\ H_{21} & H_{22} & H_{23} & H_{24} & H_{25} \\ H_{31} & H_{32} & H_{33} & H_{34} & H_{35} \\ H_{41} & H_{42} & H_{43} & H_{44} & H_{45} \\ H_{51} & H_{52} & H_{53} & H_{54} & H_{55} \end{bmatrix} \tag{14.36}$$

起始端和终止端的边界条件与式(14.17)一致，根据边界条件可以得到

$$\begin{bmatrix} H_{31} & H_{32} & H_{35} \\ H_{41} & H_{42} & H_{45} \end{bmatrix} \begin{bmatrix} y \\ \theta \\ 1 \end{bmatrix}_0 = \begin{bmatrix} 0 \\ 0 \end{bmatrix} \tag{14.37}$$

给定转速时，就可以由方程式(14.37)求解得到初始端的挠度和挠角，再将初始端的状态

参数带入传递矩阵关系式，即可逐步求得各个站点的状态参数。对于考虑阻尼的不平衡响应的求解，状态参数均为复数解，对挠度求模即得到不平衡响应的幅值。

14.1.8 应变能分析

应变能分析是航空发动机设计中的重要步骤。航空发动机设计准则要求转子部件在临界转速（或响应峰值转速）时的弯曲应变能不超过转子-支承-机匣系统总应变能的 25%。因此，转子系统应变能的计算贯穿在转子设计的始终。

1. 弯曲应变能

第 i 个轴段的弯曲应变能为

$$V_{\mathrm{b}}=\frac{l_i}{6EI_i}(M_i^2+M_iM_{i+1}+M_{i+1}^2) \tag{14.38}$$

式中：下标 i 和 $i+1$ 分别表示轴段左、右两端的参数。

若考虑在两个平面内的振动，则单元的应变能为

$$V_{\mathrm{b}}=\frac{l_i}{6EI_i}(M_{x,i}^2+M_{x,i}M_{x,i+1}+M_{x,i+1}^2+M_{y,i}^2+M_{y,i}M_{y,i+1}+M_{y,i+1}^2) \tag{14.39}$$

2. 剪切应变能

第 i 个轴段的剪切应变能为

$$V_{\mathrm{s}}=\frac{\beta l}{2A_iG}(Q_{xi}^2+Q_{yi}^2) \tag{14.40}$$

式中：A_i 为第 i 轴段横截面面积；G 为剪切弹性模量；β 为截面形状系数，其表达式见式(14.4)。

3. 弹性支承应变能

刚度为 k 的弹性支承的应变能为

$$V_{\mathrm{k}}=\frac{1}{2}k(x^2+y^2) \tag{14.41}$$

式中：x 和 y 分别为支承在两个方向上的位移。

4. 阻尼器消耗的能量

阻尼器每周消耗的能量为

$$V_{\mathrm{d}}=2\pi\Omega d(x^2+y^2) \tag{14.42}$$

式中：d 为阻尼器阻尼；Ω 为进动频率；x 和 y 分别为阻尼器在两个方向上的位移。

14.1.9 整体传递矩阵法

高压转子与低压转子之间、转子与机匣之间，均因有支承连接而相互耦合，传统传递矩阵法无法进行求解，这时可以使用整体传递矩阵法进行动力学特性分析。在双转子动力学计算过程中，将各个转子用耦合支承关联在一起作为一个整体，变为一条线传递，这样最终形成的

频率行列式阶数只与所考虑的转子个数有关,而与支承个数无关,便于编制通用程序。

1. 轴段和站的传递矩阵

为了实现整个结构沿一条直线传递,把各子结构相应节点的状态参数放在同一列阵中,构成整体状态参数,把各子结构相应单元的传递矩阵放在同一方阵中,构成整体传递矩阵。在传递过程中,如遇耦合点则乘以耦合单元。对于第 i 个单元,单转子的状态参数为

$$[Z]_i=[y \quad \theta \quad M \quad Q]_i^{\mathrm{T}} \tag{14.43}$$

双转子的状态参数为

$$[Z]_i=[y_1 \quad \theta_1 \quad M_1 \quad Q_1 \quad y_2 \quad \theta_2 \quad M_2 \quad Q_2]_i^{\mathrm{T}} \tag{14.44}$$

各子结构可根据情况独立划分单元,然后添加虚设单元使各子结构具有相同数目的单元,并逻辑对齐,以便整体传递。虚设单元长度为 0,质量为 0。这样,每个转子首尾两端都为自由端,即 $M_1=Q_1=M_2=Q_2=0$。

(1)初始矩阵。如上所述,为了便于计算,每个转子的起始端都让它成为自由端,如果有约束,就给它添加一个虚设单元。起始端的状态参数为

$$[Z_1 \quad Z_2]_0^{\mathrm{T}}=[y_1 \quad \theta_1 \quad 0 \quad 0 \quad y_2 \quad \theta_2 \quad 0 \quad 0]_0^{\mathrm{T}}=\boldsymbol{P}_{8\times 4}\boldsymbol{V}_0 \tag{14.45}$$

式中:下标“1”表示内转子(低压转子)参数;下标“2”表示外转子(高压转子)参数,以下式子中用同样的方法表示。$\boldsymbol{V}_0$ 为初始参量列阵,其为

$$\boldsymbol{V}_0=[y_1 \quad \theta_1 \quad y_2 \quad \theta_2]_0^{\mathrm{T}} \tag{14.46}$$

$\boldsymbol{P}$ 为 8×4 阶常数矩阵,称这个矩阵为初始矩阵。

$$\boldsymbol{P}=\begin{bmatrix}1&0&0&0\\0&1&0&0\\0&0&0&0\\0&0&0&0\\0&0&1&0\\0&0&0&1\\0&0&0&0\\0&0&0&0\end{bmatrix} \tag{14.47}$$

进行这样的变换后,整体传递矩阵计算时每次都是 8×8 阶方阵与 8×4 阶矩阵相乘,而不是 8×8 方阵与 8×8 方阵相乘,运算减少了一半。

(2)双转子轴段的传递矩阵。单转子无质量轴段的传递矩阵为

$$\boldsymbol{L}_i=\begin{bmatrix}1&l&\dfrac{l^2}{2EI}&\dfrac{l^3}{6EI}(1-v)\\0&1&\dfrac{l}{EI}&\dfrac{l^2}{2EI}\\0&0&1&l\\0&0&0&1\end{bmatrix} \tag{14.48}$$

则双转子无质量轴段传递矩阵为

$$\boldsymbol{L}_i=\begin{bmatrix}\boldsymbol{L}_{1i}&\boldsymbol{0}\\\boldsymbol{0}&\boldsymbol{L}_{2i}\end{bmatrix} \tag{14.49}$$

式中：$\boldsymbol{L}_{1i}$ 和 $\boldsymbol{L}_{2i}$ 分别为低压转子和高压转子的无质量轴段传递矩阵。双转子均质轴段的传递矩阵也使用相同的方法由单转子均质轴段传递矩阵扩展得到。

(3)双转子集中质量站的传递矩阵。单转子集中质量站传递矩阵为

$$\boldsymbol{T}_{\mathrm{m}}=\begin{bmatrix}1 & 0 & 0 & 0\\0 & 1 & 0 & 0\\0 & 0 & 1 & 0\\m\Omega^2 & 0 & 0 & 1\end{bmatrix}\tag{14.50}$$

则双转子集中质量站传递矩阵为

$$\boldsymbol{T}_{\mathrm{m}}=\begin{bmatrix}\boldsymbol{T}_{\mathrm{m1}} & \boldsymbol{0}\\\boldsymbol{0} & \boldsymbol{T}_{\mathrm{m2}}\end{bmatrix}\tag{14.51}$$

(4)双转子轮盘站的传递矩阵。单转子轮盘站的传递矩阵为

$$\boldsymbol{T}_{\mathrm{d}}=\begin{bmatrix}1 & 0 & 0 & 0\\0 & 1 & 0 & 0\\0 & \left(\dfrac{\omega}{\Omega}\dfrac{J_{\mathrm{p}}}{J_{\mathrm{d}}}-1\right)J_{\mathrm{d}}\Omega^2 & 1 & 0\\m\Omega^2 & 0 & 0 & 1\end{bmatrix}\tag{14.52}$$

式中：ω 为自转转速；Ω 为公转转速。如果该轮盘为低压转子轮盘，则双转子对应的轮盘站的传递矩阵为

$$\boldsymbol{T}_{\mathrm{d}}=\begin{bmatrix}\boldsymbol{T}_{\mathrm{d1}} & \boldsymbol{0}\\\boldsymbol{0} & \boldsymbol{E}_4\end{bmatrix}\tag{14.53}$$

式中：$\boldsymbol{E}_4$ 表示 4 阶单位矩阵。如果该轮盘为高压转子轮盘，则双转子对应的轮盘站的传递矩阵为

$$\boldsymbol{T}_{\mathrm{d}}=\begin{bmatrix}\boldsymbol{E}_4 & \boldsymbol{0}\\\boldsymbol{0} & \boldsymbol{T}_{\mathrm{d2}}\end{bmatrix}\tag{14.54}$$

(5)双转子弹性铰链站的传递矩阵。单转子弹性铰链站的传递矩阵为

$$\boldsymbol{T}_{\mathrm{h}}=\begin{bmatrix}1 & 0 & 0 & 0\\0 & 1 & 1/C_{\mathrm{h}} & 0\\0 & 0 & 1 & 0\\0 & 0 & 0 & 1\end{bmatrix}\tag{14.55}$$

如果弹性铰链在低压转子上，则双转子对应的弹性铰链站传递矩阵为

$$\boldsymbol{T}_{\mathrm{h}}=\begin{bmatrix}\boldsymbol{T}_{\mathrm{h1}} & \boldsymbol{0}\\\boldsymbol{0} & \boldsymbol{E}_4\end{bmatrix}\tag{14.56}$$

如果弹性铰链在高压转子上，则双转子对应的弹性铰链站传递矩阵为

$$\boldsymbol{T}_{\mathrm{h}}=\begin{bmatrix}\boldsymbol{E}_4 & \boldsymbol{0}\\\boldsymbol{0} & \boldsymbol{T}_{\mathrm{h2}}\end{bmatrix}\tag{14.57}$$

(6)双转子弹性支承站的传递矩阵。单转子弹性支承站的传递矩阵为

$$\boldsymbol{T}_{\mathrm{b}}=\begin{bmatrix}1&0&0&0\\0&1&0&0\\0&0&1&0\\-k&0&0&1\end{bmatrix} \tag{14.58}$$

如果弹性支承在低压转子上，则双转子对应的弹性支承站传递矩阵为

$$\boldsymbol{T}_{\mathrm{b}}=\begin{bmatrix}\boldsymbol{T}_{\mathrm{b1}}&\boldsymbol{0}\\\boldsymbol{0}&\boldsymbol{E}_4\end{bmatrix} \tag{14.59}$$

如果弹性支承在高压转子上，则双转子对应的弹性支承站传递矩阵为

$$\boldsymbol{T}_{\mathrm{b}}=\begin{bmatrix}\boldsymbol{E}_4&\boldsymbol{0}\\\boldsymbol{0}&\boldsymbol{T}_{\mathrm{b2}}\end{bmatrix} \tag{14.60}$$

(7)双转子中介支承站的传递矩阵。通过中介支承时，在整体传递矩阵的传递过程中应该乘以耦合矩阵，所谓耦合矩阵就是满足耦合点协调条件的矩阵。图 14.7 所示为双转子耦合的结构简图。

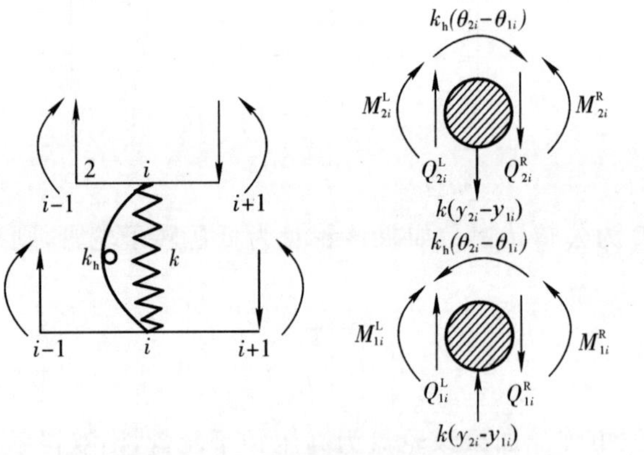

图 14.7　双转子耦合结构简图

对于 1 转子(低压转子)

$$y_{1i}^{\mathrm{R}}=y_{1i}^{\mathrm{L}},\theta_{1i}^{\mathrm{R}}=\theta_{1i}^{\mathrm{L}}$$
$$M_{1i}^{\mathrm{R}}=M_{1i}^{\mathrm{L}}+k_{\mathrm{h}}(\theta_{1i}-\theta_{2i})$$
$$Q_{1i}^{\mathrm{R}}=Q_{1i}^{\mathrm{L}}+k(-y_{1i}+y_{2i})$$

写成矩阵形式为

$$\begin{Bmatrix}y_1\\\theta_1\\M_1\\Q_1\end{Bmatrix}^{\mathrm{R}}=\begin{bmatrix}1&0&0&0&0&0&0&0\\0&1&0&0&0&0&0&0\\0&k_{\mathrm{h}}&1&0&0&-k_{\mathrm{h}}&0&0\\-k&0&0&1&k&0&0&0\end{bmatrix}_i\begin{Bmatrix}y_1\\\theta_1\\M_1\\Q_1\\y_2\\\theta_2\\M_2\\Q_2\end{Bmatrix}_i^{\mathrm{L}}$$

对于 2 转子(高压转子)

$$y_{2i}^{\mathrm{R}}=y_{2i}^{\mathrm{L}},\theta_{2i}^{\mathrm{R}}=\theta_{2i}^{\mathrm{L}}$$

$$M_{2i}^{\mathrm{R}}=M_{2i}^{\mathrm{L}}+k_{\mathrm{h}}(-\theta_{1i}+\theta_{2i})$$

$$Q_{2i}^{\mathrm{R}}=Q_{2i}^{\mathrm{L}}+k(y_{1i}-y_{2i})$$

写成矩阵形式为

$$\begin{bmatrix} y_2 \\ \theta_2 \\ M_2 \\ Q_2 \end{bmatrix}^{\mathrm{R}} = \begin{bmatrix} 0 & 0 & 0 & 0 & 1 & 0 & 0 & 0 \\ 0 & 0 & 0 & 0 & 0 & 1 & 0 & 0 \\ 0 & -k_{\mathrm{h}} & 0 & 0 & 0 & k_{\mathrm{h}} & 1 & 0 \\ k & 0 & 0 & 0 & -k & 0 & 0 & 1 \end{bmatrix}_i \begin{bmatrix} y_1 \\ \theta_1 \\ M_1 \\ Q_1 \\ y_2 \\ \theta_2 \\ M_2 \\ Q_2 \end{bmatrix}_i^{\mathrm{L}}$$

把上面两个矩阵方程组合在一起，得到

$$\begin{bmatrix} y_1 \\ \theta_1 \\ M_1 \\ Q_1 \\ y_2 \\ \theta_2 \\ M_2 \\ Q_2 \end{bmatrix}^{\mathrm{R}} = \begin{bmatrix} 1 & 0 & 0 & 0 & 0 & 0 & 0 & 0 \\ 0 & 1 & 0 & 0 & 0 & 0 & 0 & 0 \\ 0 & k_{\mathrm{h}} & 1 & 0 & 0 & -k_{\mathrm{h}} & 0 & 0 \\ -k & 0 & 0 & 1 & k & 0 & 0 & 0 \\ 0 & 0 & 0 & 0 & 1 & 0 & 0 & 0 \\ 0 & 0 & 0 & 0 & 0 & 1 & 0 & 0 \\ 0 & -k_{\mathrm{h}} & 0 & 0 & 0 & k_{\mathrm{h}} & 1 & 0 \\ k & 0 & 0 & 0 & -k & 0 & 0 & 1 \end{bmatrix}_i \begin{bmatrix} y_1 \\ \theta_1 \\ M_1 \\ Q_1 \\ y_2 \\ \theta_2 \\ M_2 \\ Q_2 \end{bmatrix}_i^{\mathrm{L}} \tag{14.61}$$

令

$$\boldsymbol{R}_1 = \begin{bmatrix} 1 & 0 & 0 & 0 \\ 0 & 1 & 0 & 0 \\ 0 & k_{\mathrm{h}} & 1 & 0 \\ -k & 0 & 0 & 1 \end{bmatrix}; \qquad \boldsymbol{R}_2 = \begin{bmatrix} 0 & 0 & 0 & 0 \\ 0 & 0 & 0 & 0 \\ 0 & -k_{\mathrm{h}} & 1 & 0 \\ k & 0 & 0 & 1 \end{bmatrix}$$

则式(14.61)可写成为

$$\begin{bmatrix} \boldsymbol{Z}_1 \\ \boldsymbol{Z}_2 \end{bmatrix}_i^{\mathrm{R}} = \begin{bmatrix} \boldsymbol{R}_1 & \boldsymbol{R}_2 \\ \boldsymbol{R}_2 & \boldsymbol{R}_1 \end{bmatrix} \begin{bmatrix} \boldsymbol{Z}_1 \\ \boldsymbol{Z}_2 \end{bmatrix}_i^{\mathrm{L}} \tag{14.62}$$

即

$$\boldsymbol{Z}_i^{\mathrm{R}} = \boldsymbol{R}_{\mathrm{S}} \cdot \boldsymbol{Z}_i^{\mathrm{L}}$$

$\boldsymbol{Z}_i^{\mathrm{R}}$，$\boldsymbol{Z}_i^{\mathrm{L}}$ 表示第 i 计算站的右侧和左侧整体状态参数；$\boldsymbol{R}_{\mathrm{S}}$ 为耦合传递矩阵，有

$$\boldsymbol{R}_{\mathrm{S}} = \begin{bmatrix} \boldsymbol{R}_1 & \boldsymbol{R}_2 \\ \boldsymbol{R}_2 & \boldsymbol{R}_1 \end{bmatrix} \tag{14.63}$$

由此可见，矩阵传递过程中遇到耦合点时，只需乘以耦合矩阵 $\boldsymbol{R}_{\mathrm{S}}$ 就可以连续传递下去。这种方法可以扩展到带机匣转子的计算。

2. 双转子临界转速与振型计算

将双转子按计算模型划分为 m 个单元，$m+1$ 个站，其中在第 i 站存在耦合点，耦合矩阵为 $\boldsymbol{R}_{\mathrm{S}i}$，初始状态参数为 $\boldsymbol{Z}_0=\boldsymbol{P}\boldsymbol{V}_0$。设第 n 轴段和第 n 站矩阵的乘积为矩阵 H_n，则传递公式为

$$\boldsymbol{Z}_{m+1} = [\boldsymbol{Z}_1 \quad \boldsymbol{Z}_2]_{m+1}^{\mathrm{T}} = \boldsymbol{H}_{m+1}\boldsymbol{H}_m \cdots \boldsymbol{H}_i\boldsymbol{R}_{\mathrm{S}i} \cdots \boldsymbol{H}_2\boldsymbol{H}_1\boldsymbol{P}\boldsymbol{V}_0 = \boldsymbol{T}\boldsymbol{V}_0 \tag{14.64}$$

式中：T 为 8×4 阶矩阵。

设由 T 矩阵的第 3,4,7,8 行组成的矩阵为 T'，T' 为 4×4 阶矩阵，则由终止端边界条件可得频率方程为

$$T'V_0 = 0 \tag{14.65}$$

为使方程式(14.65)有非零解，需要满足

$$\det(T') = 0 \tag{14.66}$$

用割线法可求得系统的临界转速。

振型是相对值，可以令 V_0 中 y_1 等于 1，同时将求得的某阶临界转速值代入方程(14.65)，去掉任意一个方程，然后解此方程就可得到起始端截面状态参数，再利用传递矩阵就可求得各子结构的振型，求解过程与单转子传递矩阵法一致。

值得注意的是，双转子临界转速分低压转子主激励和高压转子主激励两种，计算低压转子主激励临界转速时，公转转速应设置为低压转子的转速；反之，公转转速应设置为高压转子转速。

3. 双转子不平衡响应计算

主要考虑不平衡质量加在轮盘上引起的不平衡响应。这时，带不平衡质量的单盘的传递矩阵为

$$T_d = \begin{bmatrix} 1 & 0 & 0 & 0 \\ 0 & 1 & 0 & 0 \\ 0 & \left(\frac{\omega}{\Omega}\frac{J_p}{J_d}-1\right)J_d\Omega^2 & 1 & 0 \\ m\Omega^2 & 0 & 0 & 1 \\ 0 & 0 & 0 & 0 \end{bmatrix} \tag{14.67}$$

双转子不平衡响应也应分低压转子不平衡响应和高压转子不平衡响应两种情况分别进行计算。计算低压转子不平衡响应时，不平衡质量在低压转子上，且公转转速为低压转子转速；计算高压转子不平衡响应时，不平衡质量在高压转子上，而公转转速为高压转子转速。

高、低压转子的传递矩阵均由 4 阶改为 5 阶，加上的部分除第 5 行第 5 列为 1 外，其余都为 0，与第 14.1.7 节中所述的方法一致。合成双转子传递矩阵的方式同第 14.1.9 节所述。

初始参量列阵为

$$V_1 = [y_1 \quad \theta_1 \quad 1 \quad y_2 \quad \theta_2 \quad 1]_1^{\mathrm{T}}$$

初始矩阵为

$$P = \begin{bmatrix} 1 & 0 & 0 & 0 & 0 & 0 \\ 0 & 1 & 0 & 0 & 0 & 0 \\ 0 & 0 & 0 & 0 & 0 & 0 \\ 0 & 0 & 0 & 0 & 0 & 0 \\ 0 & 0 & 1 & 0 & 0 & 0 \\ 0 & 0 & 0 & 1 & 0 & 0 \\ 0 & 0 & 0 & 0 & 1 & 0 \\ 0 & 0 & 0 & 0 & 0 & 0 \\ 0 & 0 & 0 & 0 & 0 & 0 \\ 0 & 0 & 0 & 0 & 0 & 1 \end{bmatrix}$$

设从初始端至末端连乘后得到的矩阵为 $\boldsymbol{T}$，根据初始端和末端的边界条件

$$[M_1 \quad Q_1 \quad M_2 \quad Q_2]_1^{\mathrm{T}} = [M_1 \quad Q_1 \quad M_2 \quad Q_2]_n^{\mathrm{T}} = \mathbf{0}$$

可由如下方程求得初始参量列阵：

$$\begin{bmatrix} T_{31} & T_{32} & T_{33} & T_{34} & T_{35} \\ T_{41} & T_{42} & T_{43} & T_{44} & T_{45} \\ T_{81} & T_{82} & T_{83} & T_{84} & T_{85} \\ T_{91} & T_{92} & T_{93} & T_{94} & T_{95} \end{bmatrix} \begin{bmatrix} y_1 \\ \theta_1 \\ y_2 \\ \theta_2 \end{bmatrix} = - \begin{bmatrix} T_{33} + T_{36} \\ T_{43} + T_{46} \\ T_{83} + T_{86} \\ T_{93} + T_{96} \end{bmatrix} \tag{14.68}$$

从而可以根据各个传递矩阵计算出轴上各个位置的挠度和挠角，对挠度求模即得到不平衡响应的幅值。稳态不平衡响应的计算还能得出在不同转速下盘的振幅，从而也可以得到临界转速。

14.1.10　算例

本节分别给出单转子和双转子临界转速计算的算例。

1. 单转子临界转速算例

一个五支点转子经集总化后，其模型如图 14.8 所示，不计各节点圆盘的回转效应和摆动惯性。原始数据为 $m_1 = m_{13} = 2\,940$ kg，$m_i = 5\,880$ kg，$l_i = 1.3$ m$(i = 2,3,\cdots,12)$，$l_i/(EI)_i = 2.959\,2\times10^{-9}(\mathrm{N\cdot m})^{-1}$。五个弹性支承的参数为 $K_j = 1.960\,0\times10^9$ N/m，$K_{bj} = 2.704\,8\times10^9$ N/m，$m_{bj} = 3\,577$ kg，$(j=1,2,\cdots,5)$。

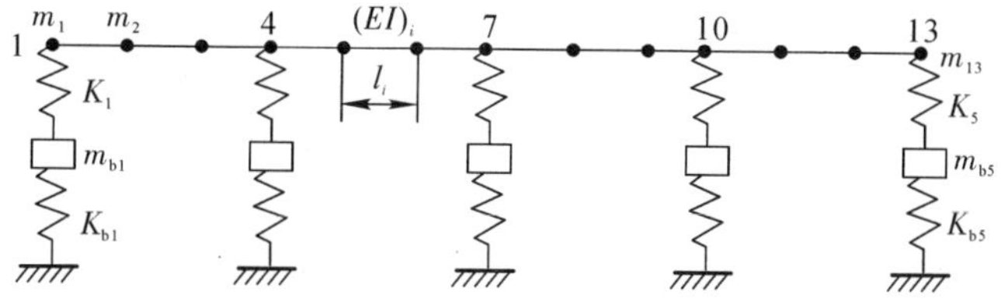

图 14.8　五跨转子系统的计算模型

对于本例中的支承结构，其等效刚度为

$$K_{\mathrm{eq}} = \frac{K(K_{\mathrm{b}} - m_{\mathrm{b}}\Omega^2)}{K + K_{\mathrm{b}} - m_{\mathrm{b}}\Omega^2}$$

临界转速计算得到的剩余量-转速曲线如图 14.9 所示。

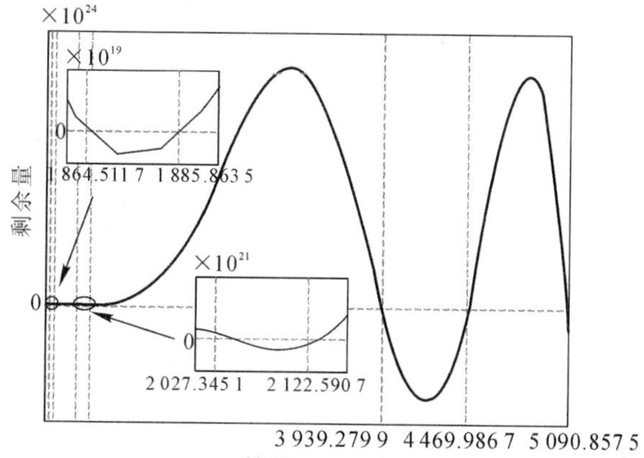

图 14.9　传递矩阵法临界转速计算的剩余量-转速曲线

各阶临界转速的计算精度对比见表 14.1。

表 14.1　各阶临界转速的计算精度对比

阶次	传递矩阵法/(r·min^{-1})	精确解/(r·min^{-1})
1	1 864.511 7	1 864.511 7
2	1 885.863 5	1 885.863 5
3	2 027.345 1	2 027.345 1
4	2 122.590 7	2 122.590 7
5	3 939.279 9	3 939.279 9
6	4 469.986 7	4 469.986 7
7	5 090.857 5	5 090.8574

二阶和六阶模态振型的计算精度与精确解对比见表 14.2。

表 14.2　二阶和六阶模态振型的计算精度对比

节点号	第二阶模态振型	精确解	第六阶模态振型	精确解
1	0.203 0	0.203 0	1	1
2	1	1	0.707 6	0.707 6
3	0.976 7	0.976 7	−0.455 2	−0.455 2
4	0.264 2	0.264 2	−0.808 2	−0.808 2
5	−0.262 9	−0.262 9	−0.081 2	−0.081 2
6	−0.369 9	−0.369 9	0.562 4	0.562 4
7	−0.288 0	−0.288 0	0	0
8	−0.369 9	−0.369 9	−0.562 4	−0.562 4
9	−0.262 9	−0.262 9	0.081 2	0.081 2
10	0.264 2	0.264 2	0.808 2	0.808 2
11	0.976 7	0.976 7	0.455 2	0.455 2
12	1	1	−0.707 6	−0.707 6
13	0.203 0	0.203 0	−1	−1

2. 双转子临界转速算例

如图 14.10 所示的双转子系统具有两个中介支承，两个转子分别在不同的转速下运转，模型的原始数据见表 14.3。

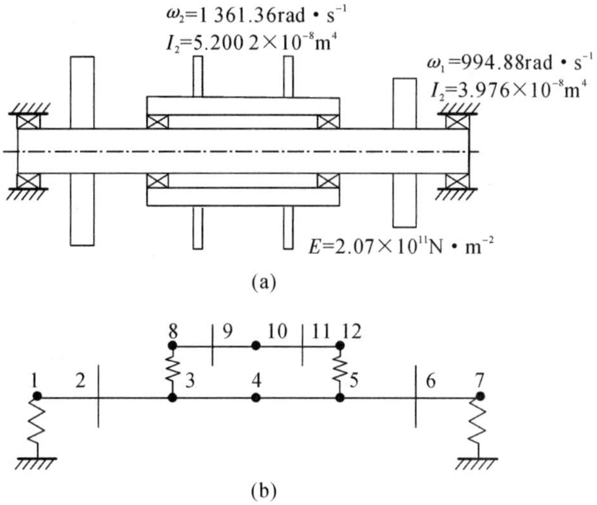

图 14.10　具有两个中介支承的双转子系统

(a)结构图；(b)计算模型

表 14.3　双转子算例原始数据

No.	m/kg	J_p/(kg · m^2)	k/(N · m^{-1})	l/m
1	0.305	0	2.5E7	0.075
2	10.45	0.112 5	—	0.075
3	0.935	0	1.2E7	0.225
4	1.320 5	0	—	0.225
5	0.925	0	1.0E7	0.075
6	8.45	0.09	—	0.075
7	0.305	0	1.5E7	
8	0.193 2	0	1.2E7	0.07 5
9	7.779 6	0.073 5	—	0.15
10	0.372 8	0	—	0.15
11	6.279 6	0.043 2	—	0.075
12	0.173 2	0	1.0E7	

固有频率计算得到的剩余量-转速曲线如图 14.11 所示。

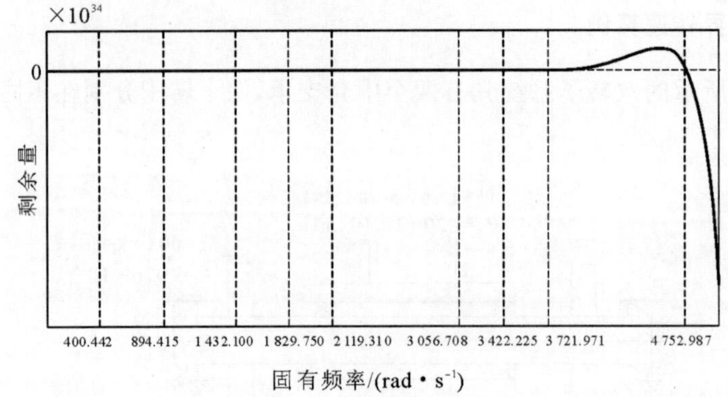

图 14.11　整体传递矩阵法临界转速计算的剩余量-转速曲线

表 14.4 显示了各阶正进动固有频率的计算精度。

表 14.4　各阶正进动固有频率的计算精度对比

阶次	整体传递矩阵法/($rad \cdot s^{-1}$)	拉格朗日方程的解/($rad \cdot s^{-1}$)
1	400.442	400.436
2	894.415	894.410
3	1 432.100	1 432.092
4	1 829.750	1 829.741
5	2 119.310	2 119.298
6	3 056.708	3 056.654
7	3 422.225	3 422.186
8	3 721.971	3 721.947
9	4 752.987	4 752.938

14.2　有限元法

有限元法是目前结构动力学软件中应用最普遍的方法。应用有限元法分析时,转子由离散的刚性盘、具有分布质量和弹性的轴以及离散的具有刚度和阻尼的轴承组成,其运动方程由这些元素的运动方程根据一定规则组合而成。

14.2.1　坐标系

建立如图 14.12 所示的坐标系,$OXYZ$ 为固定坐标系,$Oxyz$ 为旋转坐标系。其中,x 轴与 X 轴重合,为轴承中心的连线。$Oxyz$ 坐标系为 $OXYZ$ 坐标系绕着 x 轴旋转 ωt 角度得到,其中 ω 为转子的进动角速度。

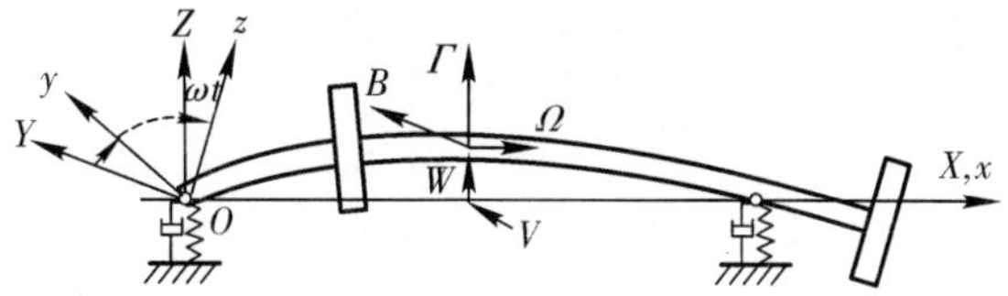

图 14.12　转子坐标系

在变形状态下，任意横截面相对于固定坐标系 $OXYZ$ 的位置用 V,W,B,Γ 表示，V 表示 Y 方向的位移，W 表示 Z 方向的位移，B 表示绕 Y 轴的转角，Γ 表示绕 Z 轴的转角。横截面绕其自身中心线以 Ω 的转速自转。

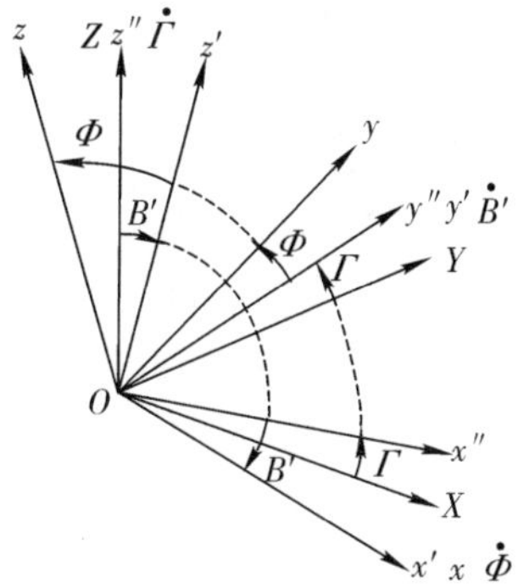

图 14.13　横截面坐标系的旋转关系图

图 14.13 所示为转轴上任一横截面坐标系的旋转关系图。固定坐标系为 $OXYZ$，首先坐标系绕 Z 轴旋转 Γ，得到 $Ox''y''z''$坐标系，然后 $Ox''y''z''$坐标系绕 y''轴旋转 B'，得到 $Ox'y'z'$坐标系，最后 $Ox'y'z'$坐标系绕 x'轴旋转 Φ，得到 $Oxyz$ 坐标系。经过这三个步骤后，该截面绕旋转坐标系三个主轴的角速度分别为

$$\left.\begin{aligned}\omega_x &= -\dot{\Gamma}\sin B' + \dot{\Phi}\\ \omega_y &= \dot{\Gamma}\cos B'\sin\Phi + \dot{B}'\cos\Phi\\ \omega_z &= \dot{\Gamma}\cos B'\cos\Phi - \dot{B}'\sin\Phi\end{aligned}\right\} \tag{14.69}$$

由于轴上点的摆动量很小，近似认为 B'与 B 同轴，即 $B'=B,\dot{B}'=\dot{B}$，从而，固定坐标系向旋转坐标系的转化关系为

$$\begin{bmatrix}\omega_x\\ \omega_y\\ \omega_z\end{bmatrix} = \begin{bmatrix}-\sin B & 1 & 0\\ \cos B\sin\Phi & 0 & \cos\Phi\\ \cos B\cos\Phi & 0 & -\sin\Phi\end{bmatrix}\begin{bmatrix}\dot{\Gamma}\\ \dot{\Phi}\\ \dot{B}\end{bmatrix} \tag{14.70}$$

14.2.2　各元素的运动方程

如上所述，将转子分为离散的刚性盘、具有分布质量和弹性的轴以及离散的具有刚度和阻尼的轴承，现在介绍这些元素的运动方程。

1. 盘元素运动方程

刚性盘的动能为

$$\boldsymbol{T}^{\mathrm{d}}=\frac{1}{2}\begin{bmatrix}\dot{V}\\ \dot{W}\end{bmatrix}^{\mathrm{T}}\begin{bmatrix}m_{\mathrm{d}} & 0\\ 0 & m_{\mathrm{d}}\end{bmatrix}\begin{bmatrix}\dot{V}\\ \dot{W}\end{bmatrix}+\frac{1}{2}\begin{bmatrix}\omega_x\\ \omega_y\\ \omega_z\end{bmatrix}^{\mathrm{T}}\begin{bmatrix}I_{\mathrm{p}} & 0 & 0\\ 0 & I_{\mathrm{d}} & 0\\ 0 & 0 & I_{\mathrm{d}}\end{bmatrix}\begin{bmatrix}\omega_x\\ \omega_y\\ \omega_z\end{bmatrix} \tag{14.71}$$

式中：m_{d} 为盘的质量；I_{d} 为盘的直径转动惯量；I_{p} 为盘的极转动惯量。

将式(14.70)代入式(14.71)，化简并略去二次方以上的项，得到

$$\boldsymbol{T}^{\mathrm{d}}=\frac{1}{2}\begin{bmatrix}\dot{V}\\ \dot{W}\end{bmatrix}^{\mathrm{T}}\begin{bmatrix}m_{\mathrm{d}} & 0\\ 0 & m_{\mathrm{d}}\end{bmatrix}\begin{bmatrix}\dot{V}\\ \dot{W}\end{bmatrix}+\frac{1}{2}\begin{bmatrix}\dot{B}\\ \dot{\Gamma}\end{bmatrix}^{\mathrm{T}}\begin{bmatrix}I_{\mathrm{d}} & 0\\ 0 & I_{\mathrm{d}}\end{bmatrix}\begin{bmatrix}\dot{B}\\ \dot{\Gamma}\end{bmatrix}-\dot{\Phi}\dot{\Gamma}BI_{\mathrm{p}}+\frac{1}{2}I_{\mathrm{p}}\dot{\Phi}^2 \tag{14.72}$$

利用拉格朗日方程

$$\frac{\mathrm{d}}{\mathrm{d}t}\left(\frac{\partial \boldsymbol{T}^{\mathrm{d}}}{\partial \dot{\boldsymbol{q}}^{\mathrm{d}}}\right)-\frac{\partial \boldsymbol{T}^{\mathrm{d}}}{\partial \boldsymbol{q}^{\mathrm{d}}}=\boldsymbol{Q}^{\mathrm{d}}$$

得到刚性盘在固定坐标系中的运动方程为

$$(\boldsymbol{M}_{\mathrm{T}}^{\mathrm{d}}+\boldsymbol{M}_{\mathrm{R}}^{\mathrm{d}})\ddot{\boldsymbol{q}}^{\mathrm{d}}-\Omega\boldsymbol{G}^{\mathrm{d}}\dot{\boldsymbol{q}}^{\mathrm{d}}=\boldsymbol{Q}^{\mathrm{d}} \tag{14.73}$$

式中：$\boldsymbol{M}$ 为质量矩阵及惯性矩阵；$\boldsymbol{q}$ 为广义位移矢量，$\boldsymbol{q}=[V\quad W\quad B\quad \Gamma]^{\mathrm{T}}$；$\Omega$ 为转子自转角速度；$\boldsymbol{G}$ 为陀螺效应矩阵；$\boldsymbol{Q}$ 为外力；上标 d 为盘元素。

$$\boldsymbol{M}_{\mathrm{T}}^{\mathrm{d}}=\begin{bmatrix}m_{\mathrm{d}} & 0 & 0 & 0\\ 0 & m_{\mathrm{d}} & 0 & 0\\ 0 & 0 & 0 & 0\\ 0 & 0 & 0 & 0\end{bmatrix},\quad \boldsymbol{M}_{\mathrm{R}}^{\mathrm{d}}=\begin{bmatrix}0 & 0 & 0 & 0\\ 0 & 0 & 0 & 0\\ 0 & 0 & I_{\mathrm{d}} & 0\\ 0 & 0 & 0 & I_{\mathrm{d}}\end{bmatrix},\quad \boldsymbol{G}^{\mathrm{d}}=\begin{bmatrix}0 & 0 & 0 & 0\\ 0 & 0 & 0 & 0\\ 0 & 0 & 0 & -I_{\mathrm{p}}\\ 0 & 0 & I_{\mathrm{p}} & 0\end{bmatrix}$$

如果盘的重心在旋转坐标系上的偏心距坐标为$(\eta_{\mathrm{d}},\zeta_{\mathrm{d}})$，则固定坐标系中的不平衡力为

$$\boldsymbol{Q}^{\mathrm{d}}=m_{\mathrm{d}}\Omega^2\begin{bmatrix}\eta_{\mathrm{d}}\\ \zeta_{\mathrm{d}}\\ 0\\ 0\end{bmatrix}\cos\Omega t+m_{\mathrm{d}}\Omega^2\begin{bmatrix}-\zeta_{\mathrm{d}}\\ \eta_{\mathrm{d}}\\ 0\\ 0\end{bmatrix}\sin\Omega t \tag{14.74}$$

2. 普通轴元素运动方程

在有限元法中，设定轴元素为 Timoshenko 梁，每个元素具有前后两个节点，每个节点有两个方向的位移和两个方向的转角共 4 个自由度，所以每个元素有 8 个自由度，如图 14.14 所示。这 8 个自由度组成的广义坐标(位移和转角)为

$$\boldsymbol{q}^{\mathrm{e}}=[q_1\quad q_2\quad q_3\quad q_4\quad q_5\quad q_6\quad q_7\quad q_8]^{\mathrm{T}} \tag{14.75}$$

式中：q_1，q_5 为轴元素两端在 Y 方向的位移；q_2，q_6 为轴元素两端在 Z 方向的位移；q_3，q_7 为轴元素两端绕 Y 轴的转角；q_4，q_8 为轴元素两端绕 Z 轴的转角。

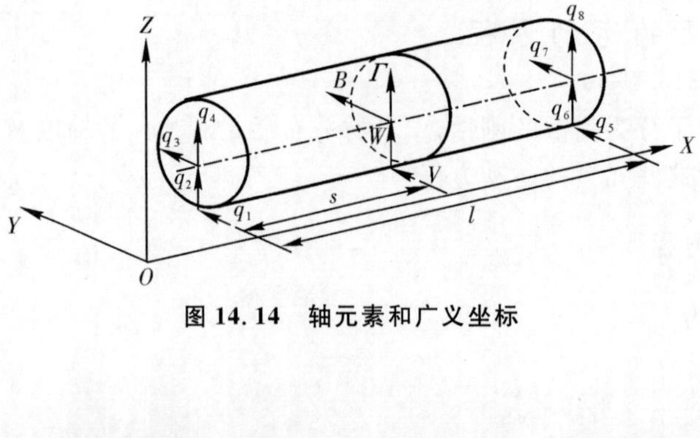

图 14.14　轴元素和广义坐标

有限元法求解轴元素的思路是用这八个自由度的广义坐标的函数表示轴上任意一个微元段的 4 自由度广义坐标，然后求每一个微元段的动能以及势能。将动能和势能沿轴向全长积分，并运用拉格朗日方程，即可得到运动方程。

位移(V,W)与转角(B,Γ)的关系可近似用以下方程表示：

$$\left.\begin{aligned} B &= -\frac{\partial W}{\partial s} \\ \Gamma &= \frac{\partial V}{\partial s} \end{aligned}\right\} \tag{14.76}$$

轴元素内任意一点的位移(V,W)可用端点的 8 个广义坐标表示，即

$$\begin{bmatrix} V(s,t) \\ W(s,t) \end{bmatrix} = \boldsymbol{\Psi}(s) q^{e}(t) \tag{14.77}$$

式中：形函数矩阵为

$$\boldsymbol{\Psi} = \begin{bmatrix} \Psi_V \\ \Psi_W \end{bmatrix} = \begin{bmatrix} \Psi_1 & 0 & 0 & \Psi_2 & \Psi_3 & 0 & 0 & \Psi_4 \\ 0 & \Psi_1 & -\Psi_2 & 0 & 0 & \Psi_3 & -\Psi_4 & 0 \end{bmatrix} \tag{14.78}$$

轴元素内任意一点的转角(B,Γ)可用端点的 8 个广义坐标表示，即

$$\begin{bmatrix} B(s,t) \\ \Gamma(s,t) \end{bmatrix} = \boldsymbol{\Theta}(s) q^{e}(t) \tag{14.79}$$

式中：形函数矩阵为

$$\boldsymbol{\Theta} = \begin{bmatrix} \Theta_B \\ \Theta_\Gamma \end{bmatrix} = \begin{bmatrix} 0 & -\theta_1 & \theta_2 & 0 & 0 & -\theta_3 & \theta_4 & 0 \\ \theta_1 & 0 & 0 & \theta_2 & \theta_3 & 0 & 0 & \theta_4 \end{bmatrix} \tag{14.80}$$

考虑 YOX 平面，在该平面内，轴单元的受力如图 14.15 所示。

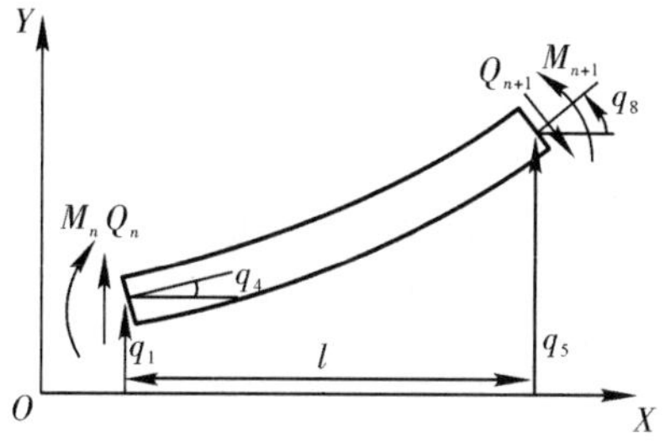

图 14.15　轴单元的受力图

不计外力和惯性力时，微元段的平衡条件为

$$\left.\begin{aligned} \frac{\partial Q}{\partial x} &= 0 \\ Q &= \frac{\partial M}{\partial x} \end{aligned}\right\} \tag{14.81}$$

由 Timoshenko 梁假设，有

$$\left.\begin{aligned} M &= EI\,\frac{\partial^2 V}{\partial x^2} \\ \Gamma &= \frac{\partial V}{\partial x} + \frac{Q}{A_s G} \end{aligned}\right\} \tag{14.82}$$

式中：M 为弯矩；E 为材料弹性模量；I 为截面惯性矩；Q 为剪力；G 为剪切弹性模量；A_s 为有效抗剪面积，其表达式为

$$A_s=\frac{A}{\frac{7+6\mu}{6(1+\mu)}\left[1+\frac{20+12\mu}{7+6\mu}\left(\frac{Dd}{D^2+d^2}\right)^2\right]}$$

式中：A 为横截面面积；D 为元素外径；d 为元素内径；μ 为泊松比。

对于实心轴，有效抗剪面积为

$$A_s=\frac{6A(1+\mu)}{7+6\mu}$$

由式(14.81)和式(14.82)可得到

$$\left.\begin{aligned}&V^{(4)}=0\\&\Gamma=V'+\frac{EI}{A_sG}V'''\end{aligned}\right\}\tag{14.83}$$

式中：上标为在 X 方向的导数。

可以假设方程式(14.83)的解为

$$V=a_0+a_1s+a_2s^2+a_3s^3\tag{14.84}$$

从而得到

$$\Gamma=a_1+2sa_2+\left(3s^2+\frac{6EI}{A_sG}\right)a_3\tag{14.85}$$

式中：s 为轴上任意点在 X 轴上的坐标；a_0,a_1,a_2,a_3 为待定系数。代入边界条件，即

$$\left.\begin{aligned}&s=0,V(0)=q_1,\Gamma(0)=q_4\\&s=L,V(l)=q_5,\Gamma(l)=q_8\end{aligned}\right\}\tag{14.86}$$

结合式(14.84)和式(14.85)，可得到

$$\left.\begin{aligned}&a_0=q_1\\&a_1=\frac{1}{l^3+2bl}[-2bq_1+(l^3+bl)q_4+2bq_5-blq_8]\\&a_2=\frac{1}{l^3+2bl}[-3lq_1+(2l^2+b)q_4+3lq_5-(l^2-b)q_8]\\&a_3=\frac{1}{l^3+2bl}[2q_1+lq_4-2q_5+lq_8]\end{aligned}\right\}\tag{14.87}$$

式中：$b=\frac{6EI}{GA_s}$。

将式(14.85)代入式(14.84)和式(14.85)并整理，分别得到式(14.78)和式(14.80)的各项为

$$\left.\begin{aligned}&\Psi_1=\frac{1}{1+\varphi_s}[1-3\zeta^2+2\zeta^3+(1-\zeta)\varphi_s]\\&\Psi_2=\frac{1}{1+\varphi_s}\left[l(\zeta-2\zeta^2+\zeta^3)+\frac{l}{2}(\zeta-\zeta^2)\varphi_s\right]\\&\Psi_3=\frac{1}{1+\varphi_s}(3\zeta^2-2\zeta^3+\zeta\varphi_s)\\&\Psi_4=\frac{1}{1+\varphi_s}\left[l(-\zeta^2+\zeta^3)-\frac{l}{2}(\zeta-\zeta^2)\varphi_s\right]\end{aligned}\right\}\tag{14.88}$$

$$\left.\begin{aligned}\theta_1&=\frac{1}{1+\varphi_s}\left[\frac{1}{l}(6\zeta^2-6\zeta)\right]\\\theta_2&=\frac{1}{1+\varphi_s}[1-4\zeta+3\zeta^2+(1-\zeta)\varphi_s]\\\theta_3&=\frac{1}{1+\varphi_s}\left[\frac{1}{l}(6\zeta-6\zeta^2)\right]\\\theta_4&=\frac{1}{1+\varphi_s}(3\zeta^2-2\zeta+\zeta\varphi_s)\end{aligned}\right\}\tag{14.89}$$

式中：$\zeta=\dfrac{s}{l}$；$\varphi=\dfrac{12EI}{GA_s l^2}$。

式(14.88)和式(14.89)的中括号中，含因式 φ_s 的部分为剪切变形效果，不含因式 φ_s 的部分为弯曲变形效果。同理，在 ZOX 平面上也可以得出同样的结果。

微元段的弹性弯曲变形能 $\mathrm{d}\boldsymbol{P}_B^e$ 和动能 $\mathrm{d}\boldsymbol{T}^e$ 分别为

$$\left.\begin{aligned}\mathrm{d}\boldsymbol{P}_B^e&=\frac{1}{2}\begin{bmatrix}\Theta'_B\\\Theta'_\Gamma\end{bmatrix}^{\mathrm{T}}\begin{bmatrix}EI&0\\0&EI\end{bmatrix}\begin{bmatrix}\Theta'_B\\\Theta'_\Gamma\end{bmatrix}\mathrm{d}s+\frac{1}{2}\begin{bmatrix}\Theta_\Gamma&-\Psi'_V\\-\Theta_B&-\Psi'_W\end{bmatrix}^{\mathrm{T}}\begin{bmatrix}GA_s&0\\0&GA_s\end{bmatrix}\begin{bmatrix}\Theta_\Gamma&-\Psi'_V\\-\Theta_B&-\Psi'_W\end{bmatrix}\mathrm{d}s\\\mathrm{d}\boldsymbol{T}^e&=\frac{1}{2}\begin{bmatrix}\dot V\\\dot W\end{bmatrix}^{\mathrm{T}}\begin{bmatrix}\rho_l&0\\0&\rho_l\end{bmatrix}\begin{bmatrix}\dot V\\\dot W\end{bmatrix}\mathrm{d}s+\frac{1}{2}\begin{bmatrix}\dot B\\\dot\Gamma\end{bmatrix}^{\mathrm{T}}\begin{bmatrix}I_d&0\\0&I_d\end{bmatrix}\begin{bmatrix}\dot B\\\dot\Gamma\end{bmatrix}\mathrm{d}s+\frac{1}{2}\dot\Phi^2I_p\mathrm{d}s-\dot\Phi\dot\Gamma BI_p\mathrm{d}s\end{aligned}\right\}\tag{14.90}$$

式中：$\Theta_\Gamma-\Psi'_V$ 为 YOX 平面的剪切变形；$-\Theta_B-\Psi'_W$ 为 ZOX 平面的剪切变形；ρ_l 为单位长度的质量；I_d 为单位长度的直径转动惯量；I_p 为单位长度的极转动惯量；Φ 为转角，$\dot\Phi=\Omega$；Ω 为转子自转转速。

将式(14.78)、式(14.79)以及式(14.88)和式(14.89)代入式(14.90)，并沿元素全长积分得到

$$\left.\begin{aligned}\boldsymbol{P}_B^e&=\frac{1}{2}[q^e]^{\mathrm{T}}\boldsymbol{K}_B^e\boldsymbol{q}^e\\\boldsymbol{T}^e&=\frac{1}{2}[\dot q^e]^{\mathrm{T}}(\boldsymbol{M}_{\mathrm{T}}^e+\boldsymbol{M}_{\mathrm{R}}^e)\dot{\boldsymbol{q}}^e+\frac{1}{2}\dot\Phi^2I_p-\dot\Phi[\dot q^e]^{\mathrm{T}}\boldsymbol{N}^e\boldsymbol{q}^e\end{aligned}\right\}\tag{14.91}$$

式中各表达式为

$$\left.\begin{aligned}\boldsymbol{K}_B^e&=\int_0^l EI[\Theta']^{\mathrm{T}}\Theta'\mathrm{d}s\\&\quad+\int_0^l GA_s\{[\Theta_\Gamma-\Psi'_V]^{\mathrm{T}}[\Theta_\Gamma-\Psi'_V]+[-\Theta_B-\Psi'_W]^{\mathrm{T}}[-\Theta_B-\Psi'_W]\}\,\mathrm{d}s\\\boldsymbol{M}_{\mathrm{T}}^e&=\int_0^l\rho_l[\Psi]^{\mathrm{T}}\Psi\mathrm{d}s\\\boldsymbol{M}_{\mathrm{R}}^e&=\int_0^l I_d[\Theta]^{\mathrm{T}}\Theta\mathrm{d}s\\\boldsymbol{N}^e&=\int_0^l I_p[\Theta_\Gamma]^{\mathrm{T}}\Theta_B\mathrm{d}s\end{aligned}\right\}\tag{14.92}$$

利用拉格朗日方程

$$\frac{\mathrm{d}}{\mathrm{d}t}\left(\frac{\partial\boldsymbol{T}^e}{\partial\dot{\boldsymbol{q}}}\right)-\frac{\partial\boldsymbol{T}^e}{\partial\boldsymbol{q}}+\frac{\partial\boldsymbol{P}^e}{\partial\boldsymbol{q}}=\boldsymbol{Q}$$

得到轴元素在固定坐标系中的运动方程如下：

$$(\boldsymbol{M}_{\mathrm{T}}^{\mathrm{e}}+\boldsymbol{M}_{\mathrm{R}}^{\mathrm{e}})\ddot{\boldsymbol{q}}^{\mathrm{e}}-\Omega\boldsymbol{G}^{\mathrm{e}}\dot{\boldsymbol{q}}^{\mathrm{e}}+\boldsymbol{K}_{\mathrm{B}}^{\mathrm{e}}\boldsymbol{q}^{\mathrm{e}}=\boldsymbol{Q}^{\mathrm{e}} \tag{14.93}$$

式中：$\boldsymbol{G}^{\mathrm{e}}=\boldsymbol{N}^{\mathrm{e}}-[\boldsymbol{N}^{\mathrm{e}}]^{\mathrm{T}}$；$\boldsymbol{K}^{\mathrm{e}}$ 为刚度矩阵；$\boldsymbol{Q}^{\mathrm{e}}$ 表示轴单元上的外力；上标 e 为轴元素。

等截面轴单元各系数矩阵的表达式为

(1)质量矩阵为

$$\boldsymbol{M}_{\mathrm{T}}^{\mathrm{e}}=\frac{\rho_l l}{(1+\varphi_{\mathrm{s}})^2}$$

$$\begin{bmatrix} M_{\mathrm{T1}} & & & & & & & \\ 0 & M_{\mathrm{T1}} & & & & \text{对称} & & \\ 0 & -M_{\mathrm{T4}} & M_{\mathrm{T2}} & & & & & \\ M_{\mathrm{T4}} & 0 & 0 & M_{\mathrm{T2}} & & & & \\ M_{\mathrm{T3}} & 0 & 0 & M_{\mathrm{T5}} & M_{\mathrm{T1}} & & & \\ 0 & M_{\mathrm{T3}} & -M_{\mathrm{T5}} & 0 & 0 & M_{\mathrm{T1}} & & \\ 0 & M_{\mathrm{T5}} & M_{\mathrm{T6}} & 0 & 0 & M_{\mathrm{T4}} & M_{\mathrm{T2}} & \\ -M_{\mathrm{T5}} & 0 & 0 & M_{\mathrm{T6}} & -M_{\mathrm{T4}} & 0 & 0 & M_{\mathrm{T2}} \end{bmatrix} \tag{14.94}$$

式中

$$M_{\mathrm{T1}}=\frac{13}{35}+\frac{7}{10}\varphi_{\mathrm{s}}+\frac{1}{3}\varphi_{\mathrm{s}}^2$$

$$M_{\mathrm{T2}}=\left(\frac{1}{105}+\frac{1}{60}\varphi_{\mathrm{s}}+\frac{1}{120}\varphi_{\mathrm{s}}^2\right)l^2$$

$$M_{\mathrm{T3}}=\frac{9}{70}+\frac{3}{10}\varphi_{\mathrm{s}}+\frac{1}{6}\varphi_{\mathrm{s}}^2$$

$$M_{\mathrm{T4}}=\left(\frac{11}{210}+\frac{11}{120}\varphi_{\mathrm{s}}+\frac{1}{24}\varphi_{\mathrm{s}}^2\right)l$$

$$M_{\mathrm{T5}}=\left(\frac{13}{420}+\frac{3}{40}\varphi_{\mathrm{s}}+\frac{1}{24}\varphi_{\mathrm{s}}^2\right)l$$

$$M_{\mathrm{T6}}=-\left(\frac{1}{140}+\frac{1}{60}\varphi_{\mathrm{s}}+\frac{1}{120}\varphi_{\mathrm{s}}^2\right)l^2$$

$$\boldsymbol{M}_{\mathrm{R}}^{\mathrm{e}}=\frac{\rho_l I}{l(1+\varphi_s)^2 A}\begin{bmatrix} M_{\mathrm{R1}} & & & & & & & \\ 0 & M_{\mathrm{R1}} & & & & \text{对称} & & \\ 0 & -M_{\mathrm{R4}} & M_{\mathrm{R2}} & & & & & \\ M_{\mathrm{R4}} & 0 & 0 & M_{\mathrm{R2}} & & & & \\ -M_{\mathrm{R1}} & 0 & 0 & -M_{\mathrm{R4}} & M_{\mathrm{R1}} & & & \\ 0 & -M_{\mathrm{R1}} & M_{\mathrm{R4}} & 0 & 0 & M_{\mathrm{R1}} & & \\ 0 & -M_{\mathrm{R4}} & M_{\mathrm{R3}} & 0 & 0 & M_{\mathrm{R_4}} & M_{\mathrm{R_2}} & \\ M_{\mathrm{R4}} & 0 & 0 & M_{\mathrm{R3}} & -M_{\mathrm{R4}} & 0 & 0 & M_{\mathrm{R2}} \end{bmatrix} \tag{14.95}$$

式中

$$M_{\mathrm{R1}}=\frac{6}{5}$$

$$M_{\mathrm{R2}}=\left(\frac{2}{15}+\frac{1}{6}\varphi_{\mathrm{s}}+\frac{1}{3}\varphi_{\mathrm{s}}^2\right)l^2$$

$$M_{R3}=\left(-\frac{1}{30}-\frac{1}{6}\varphi_s+\frac{1}{6}\varphi_s^2\right)l^2$$

$$M_{R4}=\left(\frac{1}{10}-\frac{1}{2}\varphi_s\right)l$$

(2)陀螺效应矩阵为

$$\boldsymbol{G}^e=\frac{\rho_l I}{15l(1+\varphi_s)^2A}\begin{bmatrix} 0 & & & & & & & \\ G_1 & 0 & & & & & & \\ -G_2 & 0 & 0 & & & \text{反对称} & & \\ 0 & -G_2 & G_4 & 0 & & & & \\ 0 & G_1 & -G_2 & 0 & 0 & & & \\ -G_1 & 0 & 0 & -G_2 & G_1 & 0 & & \\ -G_2 & 0 & 0 & G_3 & G_2 & 0 & 0 & \\ 0 & -G_2 & -G_3 & 0 & 0 & G_2 & G_4 & 0 \end{bmatrix} \tag{14.96}$$

式中

$$G_1=36$$
$$G_2=3l-15l\varphi_s$$
$$G_3=l^2+5l^2\varphi_s-5l^2\varphi_s^2$$
$$G_4=4l^2+5l^2\varphi_s+10l^2\varphi_s^2$$

$$\boldsymbol{N}^e=\frac{\rho_l I}{15l(1+\varphi_s)^2A}\begin{bmatrix} 0 & -N_1 & N_2 & 0 & 0 & N_1 & N_2 & 0 \\ 0 & 0 & 0 & 0 & 0 & 0 & 0 & 0 \\ 0 & 0 & 0 & 0 & 0 & 0 & 0 & 0 \\ 0 & -N_2 & N_4 & 0 & 0 & N_2 & -N_3 & 0 \\ 0 & N_1 & -N_2 & 0 & 0 & -N_1 & -N_2 & 0 \\ 0 & 0 & 0 & 0 & 0 & 0 & 0 & 0 \\ 0 & 0 & 0 & 0 & 0 & 0 & 0 & 0 \\ 0 & -N_2 & -N_3 & 0 & 0 & N_2 & N_4 & 0 \end{bmatrix} \tag{14.97}$$

式中

$$N_1=36$$
$$N_2=3l-15l\varphi_s$$
$$N_3=l^2+5l^2\varphi_s-5l^2\varphi_s^2$$
$$N_4=4l^2+5l^2\varphi_s+10l^2\varphi_s^2$$

(3)刚度矩阵为

$$\boldsymbol{K}_B^e=\frac{EI}{l^3(1+\varphi_s)}\begin{bmatrix} K_{B1} & & & & & & & \\ 0 & K_{B1} & & & & & & \\ 0 & -K_{B4} & K_{B2} & & & \text{对称} & & \\ K_{B4} & 0 & 0 & K_{B2} & & & & \\ -K_{B1} & 0 & 0 & -K_{B4} & K_{B1} & & & \\ 0 & -K_{B1} & K_{B4} & 0 & 0 & K_{B1} & & \\ 0 & -K_{B4} & K_{B3} & 0 & 0 & K_{B4} & K_{B2} & \\ K_{B4} & 0 & 0 & K_{B3} & -K_{B4} & 0 & 0 & K_{B2} \end{bmatrix} \tag{14.98}$$

式中

$$K_{B1}=12$$
$$K_{B2}=(4+\varphi_s)l^2$$
$$K_{B3}=(2-\varphi_s)l^2$$
$$K_{B4}=6l$$

3. 锥形轴元素运动方程

转子结构中，经常会出现锥形轴，如图 14.16 所示。

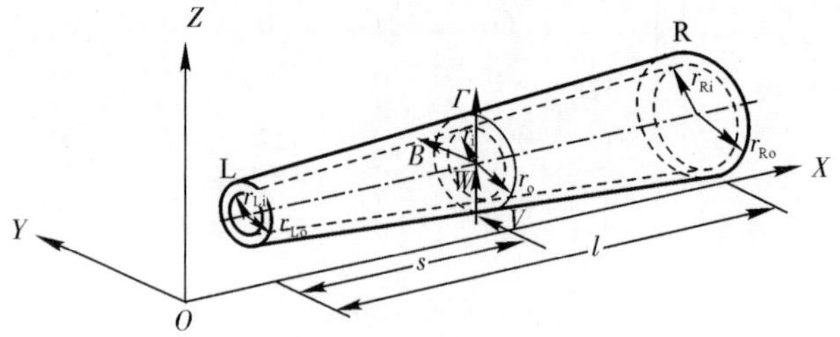

图 14.16　锥形轴元素和广义坐标

在图 14.16 中，L 和 R 分别表示锥形轴段的左端面和右端面；r_{Li} 和 r_{Lo} 分别表示左端面的内半径和外半径；r_{Ri} 和 r_{Ro} 分别表示右端面的内半径和外半径。参考上节内容，可以看出，在普通轴元素的运动方程推导过程中，没有强调整个轴段的内径和外径保持一致。因而，其公式可以移植到锥形轴元素运动方程的推导中。不同的是，内径、外径、截面面积、截面惯性矩等参数不再是常数，随着截面位置改变而改变。

剪切变形系数 φ_s 也随着微元段的位置改变而改变，从而使得推导过程变得十分复杂。假设剪切变形系数为常量，用锥形轴段两端直径的均方根值代替 φ_s 中的直径。于是，剪切变形系数为

$$\varphi_s=\frac{12EI_\varphi\chi}{GA_\varphi l^2} \tag{14.99}$$

式中

$$I_\varphi=\pi(r_{\varphi o}^4-r_{\varphi i}^4)/4$$
$$A_\varphi=\pi(r_{\varphi o}^2-r_{\varphi i}^2)$$
$$\chi=\frac{7+6\mu}{6(1+\mu)}\left[1+\frac{20+12\mu}{7+6\mu}\left(\frac{r_{\varphi o}r_{\varphi i}}{r_{\varphi o}^2+r_{\varphi i}^2}\right)^2\right]$$
$$r_{\varphi o}=\sqrt{\frac{1}{2}(r_{Lo}^2+r_{Ro}^2)}$$
$$r_{\varphi o}=\sqrt{\frac{1}{2}(r_{Li}^2+r_{Ri}^2)}$$

为了推导方便，用左端面的面积以及 ζ 来表示任意截面的截面积，用左端面的截面惯性矩以及 ζ 来表示任意截面的截面惯性矩。

$$A(\zeta)=A_L(1+\alpha_1\zeta+\beta_1\zeta^2) \tag{14.100}$$
$$I(\zeta)=I_L(1+\alpha_2\zeta+\beta_2\zeta^2+\gamma_2\zeta^3+\delta_2\zeta^4) \tag{14.101}$$

式中

$$\zeta = \frac{s}{l}$$

$$\alpha_1 = 2\pi(r_{\mathrm{Lo}}\Delta r_{\mathrm{o}} - r_{\mathrm{Li}}\Delta r_{\mathrm{i}})/A_{\mathrm{L}}$$

$$\alpha_1 = \pi(r_{\mathrm{Lo}}^3\Delta r_{\mathrm{o}} - r_{\mathrm{Li}}^3\Delta r_{\mathrm{i}})/A_{\mathrm{L}}$$

$$\beta_1 = \pi(\Delta r_{\mathrm{o}}^2 - \Delta r_{\mathrm{i}}^2)/A_{\mathrm{L}}$$

$$\beta_2 = 3\pi(r_{\mathrm{Lo}}^2\Delta r_{\mathrm{o}}^2 - r_{\mathrm{Li}}^2\Delta r_{\mathrm{i}}^2)/(2I_{\mathrm{L}})$$

$$\gamma_2 = \pi(r_{\mathrm{Lo}}\Delta r_o^3 - r_{\mathrm{Li}}\Delta r_i^3)/I_L$$

$$\delta_2 = \pi(\Delta r_o^4 - \Delta r_{\mathrm{i}}^4)/(4I_{\mathrm{L}})$$

$$\Delta r_{\mathrm{o}} = r_{\mathrm{Ro}} - r_{\mathrm{Lo}}$$

$$\Delta r_{\mathrm{i}} = r_{\mathrm{Ri}} - r_{\mathrm{Li}}$$

显然，当 $\alpha_1,\alpha_2,\beta_1,\beta_2,\gamma_2,\delta_2$ 均为 0 时，公式(14.100)和公式(14.101)退化为普通等截面轴元素的情况，等截面轴元素可以视为锥形轴元素的一个特殊情况。

微元段中单位长度的极转动惯量 I_{p} 和直径转动惯量 I_{d} 分别为

$$I_{\mathrm{p}}(\zeta) = \frac{1}{2}m(r_{\mathrm{o}}^2 + r_{\mathrm{i}}^2)/\mathrm{d}s = \frac{1}{2}\rho\pi(r_{\mathrm{o}}^2 - r_{\mathrm{i}}^2)(r_{\mathrm{o}}^2 + r_{\mathrm{i}}^2) =$$

$$\frac{1}{2}\rho\pi(r_{\mathrm{o}}^4 - r_{\mathrm{i}}^4) = 2\rho I(\zeta) \tag{14.102}$$

$$I_{\mathrm{d}}(\zeta) = \frac{1}{2}I_{\mathrm{p}}(\zeta) = \rho I(\zeta) \tag{14.103}$$

式中：ρ 为轴元素材料的密度；I 为截面惯性矩。

将式(14.99)～式(14.103)代入式(14.92)，用 A/χ 代替 A_{s}，并设定 χ 为常数，可以求得锥形轴元素运动方程中的各系数矩阵。由于计算量非常大，可以使用 MATLAB 进行公式推导，从而得到锥形轴元素的运动方程为

$$(\boldsymbol{M}_{\mathrm{T}}^{\mathrm{t}} - \boldsymbol{M}_{\mathrm{T}}^{\mathrm{t}})\ddot{\boldsymbol{q}}^{\mathrm{t}} - \boldsymbol{\Omega}\boldsymbol{G}^{\mathrm{t}}\dot{\boldsymbol{q}}^{\mathrm{t}} + \boldsymbol{K}_{\mathrm{B}}^{\mathrm{t}}\boldsymbol{q}^{\mathrm{t}} = \boldsymbol{Q}^{\mathrm{t}} \tag{14.104}$$

式中：上标 t 表示锥形轴元素。式中各矩阵的表达式如下：

(1)质量矩阵为

$$\boldsymbol{M}_{\mathrm{T}} - \frac{\rho A_{\mathrm{L}} l}{1260(1+\varphi_{\mathrm{s}})^2}\begin{bmatrix} M_1 & & & & & & & \\ 0 & M_1 & & & & \text{对称} & & \\ 0 & -lM_2 & l^2M_3 & & & & & \\ lM_2 & 0 & 0 & l^2M_5 & & & & \\ M_3 & 0 & 0 & lM_6 & M_8 & & & \\ 0 & M_3 & -lM_6 & 0 & 0 & M_8 & & \\ 0 & lM_4 & -l^2M_7 & 0 & 0 & lM_0 & l^2M_{10} & \\ -lM_4 & 0 & 0 & -l^2M_7 & -lM_9 & 0 & 0 & l^2M_{10} \end{bmatrix} \tag{14.105}$$

式中：ρ 为材料的密度；A_{L} 为锥形段左端面的面积。

$M_1 = (105\alpha_1 + 42\beta_1 + 420)\varphi_{\mathrm{s}}^2 + (210\alpha_1 + 78\beta_1 + 882)\varphi_{\mathrm{s}} + 108\alpha_1 + 38\beta_1 + 468$

$M_2 = (42\alpha_1 + 21\beta_1 + 105)\varphi_{\mathrm{s}}^2/2 + (81\alpha_1 + 36\beta_1 + 231)\varphi_{\mathrm{s}}/2 + (42\alpha_1 + 17\beta_1 + 132)/2$

$M_3 = (105\alpha_1 + 63\beta_1 + 210)\varphi_{\mathrm{s}}^2 + (189\alpha_1 + 111\beta_1 + 378)\varphi_{\mathrm{s}} + 81\alpha_1 + 46\beta_1 + 162$

$M_4=(42\alpha_1+21\beta_1+105)\varphi_s^2/2+(81\alpha_1+42\beta_1+189)\varphi_s/2+(36\alpha_1+19\beta_1+78)/2$

$M_5=(21\alpha_1+12\beta_1+42)\varphi_s^2/4+(36\alpha_1+18\beta_1+84)\varphi_s/4+(9\alpha_1+4\beta_1+24)/2$

$M_6=(63\alpha_1+42\beta_1+105)\varphi_s^2/2+(108\alpha_1+69\beta_1+189)\varphi_s/2+(42\alpha_1+25\beta_1+78)/2$

$M_7=(21\alpha_1+12\beta_1+42)\varphi_s^2/4+(21\alpha_1+12\beta_1+42)\varphi_s/2+(9\alpha_1+5\beta_1+18)/2$

$M_8=(315\alpha_1+252\beta_1+420)\varphi_s^2+(672\alpha_1+540\beta_1+882)\varphi_s+360\alpha_1+290\beta_1+468$

$M_9=(63\alpha_1+42\beta_1+105)\varphi_s^2/2+(150\alpha_1+105\beta_1+231)\varphi_s/2+(90\alpha_1+65\beta_1+132)/2$

$M_{10}=(21\alpha_1+12\beta_1+42)\varphi_s^2/4+(24\alpha_1+15\beta_1+42)\varphi_s/2+(15\alpha_1+10\beta_1+24)/2$

$$\boldsymbol{M}_R^t=\frac{\rho I_L}{210l(1+\varphi_s)^2}\begin{bmatrix} M_{11} & & & & & & & \\ 0 & M_{11} & & & & \text{对称} & & \\ 0 & -lM_{12} & l^2M_{14} & & & & & \\ lM_{12} & 0 & 0 & l^2M_{14} & & & & \\ -M_{11} & 0 & 0 & -lM_{12} & M_{11} & & & \\ 0 & -M_{11} & lM_{12} & 0 & 0 & M_{11} & & \\ 0 & -lM_{13} & -l^2M_{15} & 0 & 0 & lM_{13} & l^2M_{16} & \\ lM_{13} & 0 & 0 & -l^2M_{15} & -lM_{13} & 0 & 0 & l^2M_{16} \end{bmatrix} \tag{14.106}$$

式中：I_L为锥形段左端面的截面惯性矩面积。

$M_{11}=126\alpha_2+72\beta_2+30\delta_2+45\gamma_2+252$

$M_{12}=(-42\alpha_2-21\beta_2-7.5\delta_2-12\gamma_2-105)\varphi_s+21\alpha_2+15\beta_2+7.5\delta_2+10.5\gamma_2+21$

$M_{13}=(-63\alpha_2-42\beta_2-22.5\delta_2-30\gamma_2-105)\varphi_s+21-7.5\delta_2-7.5\gamma_2-6\beta_2$

$M_{14}=(17.5\alpha_2+7\beta_2+2\delta_2+3.5\gamma_2+70)\varphi_s^2+(35-7\beta_2-3.5\delta_2-5\gamma_2-7\alpha_2)\varphi_s+7\alpha_2+4\beta_2+2\delta_2+2.75\gamma_2+28$

$M_{15}=(-17.5\alpha_2-10.5\beta_2-5\delta_2-7\gamma_2-35)\varphi_s^2+(17.5\alpha_2+10.5\beta_2+5\delta_2+7\gamma_2+35)\varphi_s+3.5\alpha_2+3\beta_2+2.5\delta_2+2.75\gamma_2+7$

$M_{16}=(52.5\alpha_2+42\beta_2+30\delta_2+35\gamma_2+70)\varphi_s^2+(42\alpha_2+42\beta_2+37.5\delta_2+40\gamma_2+35)\varphi_s+21\alpha_2+18\beta_2+15\delta_2+16.25\gamma_2+28$

(2)陀螺效应矩阵为

$$\boldsymbol{G}^t=\frac{\rho I_L}{105l(1+\varphi_s)^2}\begin{bmatrix} 0 & & & & & & & \\ G_{t1} & 0 & & & & & & \\ -lG_{t2} & 0 & 0 & & & \text{反对称} & & \\ 0 & -lG_{t2} & l^2G_{t4} & 0 & & & & \\ 0 & G_{t1} & -lG_{t2} & 0 & 0 & & & \\ -G_{t1} & 0 & 0 & -lG_{t2} & G_{t1} & 0 & & \\ -lG_{t3} & 0 & 0 & l^2G_{t5} & lG_{t3} & 0 & 0 & \\ 0 & -lG_{t3} & -l^2G_{t5} & 0 & 0 & lG_{t3} & l^2G_{t6} & 0 \end{bmatrix} \tag{14.107}$$

式中

$G_{t1}=126\alpha_2+72\beta_2+30\delta_2+45\gamma_2+252$

$G_{t2}=(-42\alpha_2-21\beta_2-7.5\delta_2-12\gamma_2-105)\varphi_s+21\alpha_2+15\beta_2+7.5\delta_2+10.5\gamma_2+21$

$G_{t3}=(-63\alpha_2-42\beta_2-22.5\delta_2-30\gamma_2-105)\varphi_s+21-7.5\delta_2-7.5\gamma_2-6\beta_2$

$G_{t4}=(17.5\alpha_2+7\beta_2+2\delta_2+3.5\gamma_2+70)\varphi_s^2+(35-7\beta_2-3.5\delta_2-5\gamma_2-7\alpha_2)\varphi_s+7\alpha_2+4\beta_2+2\delta_2+2.75\gamma_2+28$

$G_{t5}=(-17.5\alpha_2-10.5\beta_2-5\delta_2-7\gamma_2-35)\varphi_s^2+(17.5\alpha_2+10.5\beta_2+5\delta_2+7\gamma_2+35)\varphi_s+3.5\alpha_2+3\beta_2+2.5\delta_2+2.75\gamma_2+7$

$G_{t6}=(52.5\alpha_2+42\beta_2+30\delta_2+35\gamma_2+70)\varphi_s^2+(42\alpha_2+42\beta_2+37.5\delta_2+40\gamma_2+35)\varphi_s+21\alpha_2+18\beta_2+15\delta_2+16.25\gamma_2+28$

$$\boldsymbol{N}^{t}=\frac{\rho I_L}{105l(1+\varphi_s)^2}\begin{bmatrix}0 & -N_{t1} & lN_{t2} & 0 & 0 & N_{t1} & lN_{t3} & 0\\ 0 & 0 & 0 & 0 & 0 & 0 & 0 & 0\\ 0 & 0 & 0 & 0 & 0 & 0 & 0 & 0\\ 0 & -lN_{t2} & l^2N_{t4} & 0 & 0 & lN_{t2} & -l^2N_{t5} & 0\\ 0 & N_{t1} & -l^2N_{t2} & 0 & 0 & -N_{t1} & -lN_{t3} & 0\\ 0 & 0 & 0 & 0 & 0 & 0 & 0 & 0\\ 0 & 0 & 0 & 0 & 0 & 0 & 0 & 0\\ 0 & -lN_{t3} & -l^2N_{t5} & 0 & 0 & lN_{t3} & l^2N_{t6} & 0\end{bmatrix} \tag{14.108}$$

式中：$N_{t1}=G_{t1}$，$N_{t2}=G_{t2}$，$N_{t3}=G_{t3}$，$N_{t4}=G_{t4}$，$N_{t5}=G_{t5}$，$N_{t6}=G_{t6}$。

(3)刚度矩阵为

$$\boldsymbol{K}_B^{t}=\frac{EI_L}{105l^3(1+\varphi_s)^2}\begin{bmatrix}k_1 & & & & & & & \\ 0 & k_1 & & & & \text{对称} & & \\ 0 & -lk_2 & l^2k_4 & & & & & \\ lk_2 & 0 & 0 & l^2k_4 & & & & \\ -k_1 & 0 & 0 & -lk_2 & k_1 & & & \\ 0 & -k_1 & lk_2 & 0 & 0 & k_1 & & \\ 0 & -lk_3 & l^2k_5 & 0 & 0 & lk_3 & l^2k_6 & \\ lk_3 & 0 & 0 & l^2k_5 & -lk_3 & 0 & 0 & l^2k_6\end{bmatrix}+$$

$$\frac{GA_L\varphi_s^2}{12\chi l(1+\varphi_s)^2}\begin{bmatrix}k_7 & & & & & & & \\ 0 & k_7 & & & & \text{对称} & & \\ 0 & -lk_8 & l^2k_9 & & & & & \\ lk_8 & 0 & 0 & l^2k_9 & & & & \\ -k_7 & 0 & 0 & -lk_8 & k_7 & & & \\ 0 & -k_7 & lk_8 & 0 & 0 & k_7 & & \\ 0 & -lk_8 & l^2k_9 & 0 & 0 & lk_8 & l^2k_9 & \\ lk_8 & 0 & 0 & l^2k_9 & -lk_8 & 0 & 0 & l^2k_9\end{bmatrix} \tag{14.109}$$

式中

$k_1=630\alpha_2+504\beta_2+396\delta_2+441\gamma_2+1260$

$k_2=(-105\alpha_2-105\beta_2-84\delta_2-94.5\gamma_2)\varphi_s+210\alpha_2+147\beta_2+114\delta_2+126\gamma_2+630$

$k_3=(105\alpha_2+105\beta_2+84\delta_2+94.5\gamma_2)\varphi_s+420\alpha_2+357\beta_2+282\delta_2+315\gamma_2+630$

$k_4=(52.5\alpha_2+35\beta_2+21\delta_2+26.25\gamma_2+105)\varphi_s^2+(210-42\delta_2-42\gamma_2-35\beta_2)\varphi_s+105\alpha_2+56\beta_2+36\delta_2+42\gamma_2+420$

$k_5=(-52.5\alpha_2-35\beta_2-21\delta_2-26.25\gamma_2-105)\varphi_s^2+(-105\alpha_2-70\beta_2-42\delta_2-52.5\gamma_2-210)\varphi_s+105\alpha_2+91\beta_2+78\delta_2+84\gamma_2+210$

$k_6=(52.5\alpha_2+35\beta_2+21\delta_2+26.25\gamma_2+105)\varphi_s^2+(210\alpha_2+175\beta_2+126\delta_2+147\gamma_2+210)\varphi_s+315\alpha_2+266\beta_2+204\delta_2+231\gamma_2+420$

$k_7=6\alpha_1+4\beta_1+12$

$k_8=3\alpha_1+2\beta_1+6$

$k_9=(3\alpha_1)/2+\beta_1+3$

当 $\alpha_1,\alpha_2,\beta_1,\beta_2,\gamma_2,\delta_2$ 均为 0 时，锥形轴段的各矩阵与圆柱轴段中的相应矩阵相同。如果 r_{Li} 和 r_{Ri} 均取为 0，则图 14.16 变成实心锥形。可见，以上公式对实心锥形同样适用。

4. 普通轴承运动方程

考虑线性刚度和阻尼时，轴承的运动方程为

$$-\boldsymbol{C}^{\mathrm{b}}\dot{\boldsymbol{q}}^{\mathrm{b}}-\boldsymbol{K}^{\mathrm{b}}\boldsymbol{q}^{\mathrm{b}}=\boldsymbol{Q}^{\mathrm{b\_ex}} \tag{14.110}$$

式中：$\boldsymbol{C}^{\mathrm{b}}$ 为轴承阻尼矩阵；$\boldsymbol{K}^{\mathrm{b}}$ 为轴承刚度矩阵；$\boldsymbol{Q}^{\mathrm{b\_ex}}$ 为轴承处外力；上标 b 表示普通轴承元素。

$$\boldsymbol{q}^{\mathrm{b}}=[V\quad W\quad B\quad \Gamma]^{\mathrm{T}}=\begin{bmatrix} c_{VV}^{\mathrm{b}} & c_{VW}^{\mathrm{b}} & 0 & 0\\ c_{WV}^{\mathrm{b}} & c_{WW}^{\mathrm{b}} & 0 & 0\\ 0&0&0&0\\0&0&0&0\end{bmatrix},\quad \boldsymbol{K}^{\mathrm{b}}=\begin{bmatrix} k_{VV}^{\mathrm{b}} & k_{VW}^{\mathrm{b}} & 0 & 0\\ k_{WV}^{\mathrm{b}} & k_{WW}^{\mathrm{b}} & 0 & 0\\ 0&0&0&0\\0&0&0&0\end{bmatrix}$$

以上矩阵表示成 4 阶方阵是为了方便组成转子系统矩阵。

5. 中介轴承运动方程

考虑线性刚度和阻尼时，中介轴承的运动方程为

$$-\boldsymbol{C}^{\mathrm{in}}\dot{\boldsymbol{q}}^{\mathrm{in}}-\boldsymbol{K}^{\mathrm{in}}\boldsymbol{q}^{\mathrm{in}}=\boldsymbol{Q}^{\mathrm{in\_ex}} \tag{14.111}$$

式中：$\boldsymbol{C}^{\mathrm{in}}$ 为中介轴承总阻尼矩阵；$\boldsymbol{K}^{\mathrm{in}}$ 为中介轴承总刚度矩阵；$\boldsymbol{Q}^{\mathrm{in\_ex}}$ 为中介轴承处所受外力；上标 in 表示中介轴承元素。

双转子耦合结构的受力如图 14.17 所示。

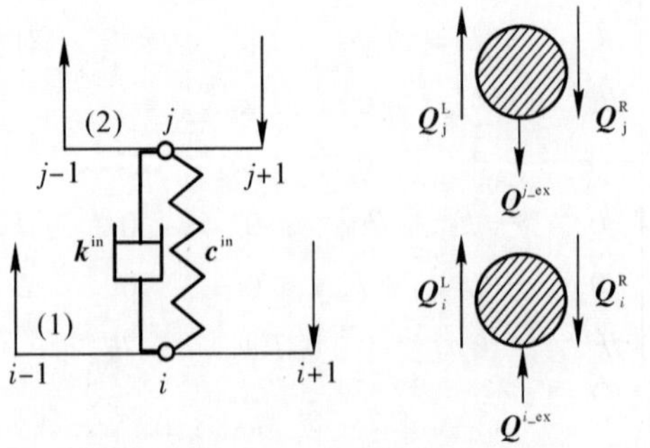

图 14.17　双转子耦合结构受力图

图 14.17 中，(1)表示低压转子；(2)表示高压转子；i,j 分别表示中介轴承在低压转子

和高压转子上的节点编号。$\boldsymbol{Q}_i^L$,$\boldsymbol{Q}_i^R$ 分别为低压转子在中介轴承左边和右边的剪力,为低压轴的内力,在组合成系统运动方程时,它们与相邻轴段的相应剪力相抵消,故这里不分析这两个力。同理,$\boldsymbol{Q}_j^L$,$\boldsymbol{Q}_j^B$ 分别为高压转子在中介轴承左边和右边的剪力,为高压轴的内力,不予分析。$\boldsymbol{k}^{\mathrm{in}}$和 $\boldsymbol{c}^{\mathrm{in}}$表示中介轴承的刚度矩阵和阻尼矩阵,$\boldsymbol{Q}^{i_\mathrm{ex}}$和 $\boldsymbol{Q}^{j_\mathrm{ex}}$分别表示高压转子和低压转子之间的相互作用力,它们满足 $\boldsymbol{Q}^{i\_\mathrm{ex}}+\boldsymbol{Q}^{j\_\mathrm{ex}}=0$。由于在考虑系统运动方程时,高压转子和低压转子在中介轴承处的节点不相邻,所以不能相互抵消,而应该分别按外力计算。$\boldsymbol{Q}^{i_\mathrm{ex}}$的表达式为

$$\boldsymbol{Q}^{i\_\mathrm{ex}}=\boldsymbol{k}^{\mathrm{in}}\begin{bmatrix}V_2-V_1\\W_2-W_1\end{bmatrix}+\boldsymbol{c}^{\mathrm{in}}\begin{bmatrix}\dot{V}_2-\dot{V}_1\\\dot{W}_2-\dot{W}_1\end{bmatrix}\tag{14.112}$$

式中

$$\boldsymbol{Q}^{i\_\mathrm{ex}}=\begin{bmatrix}Q_V^{i\_\mathrm{ex}}\\Q_W^{i\_\mathrm{ex}}\end{bmatrix},\quad \boldsymbol{k}^{\mathrm{in}}=\begin{bmatrix}k_{VV}^{\mathrm{in}} & k_{VW}^{\mathrm{in}}\\k_{WV}^{\mathrm{in}} & k_{WW}^{\mathrm{in}}\end{bmatrix},\quad \boldsymbol{c}^{\mathrm{in}}=\begin{bmatrix}c_{VV}^{\mathrm{in}} & c_{VW}^{\mathrm{in}}\\c_{WV}^{\mathrm{in}} & c_{WW}^{\mathrm{in}}\end{bmatrix}$$

因而得到

$$\begin{bmatrix}Q^{i\_\mathrm{ex}}\\Q^{j\_\mathrm{ex}}\end{bmatrix}=\begin{bmatrix}-\boldsymbol{k}^{\mathrm{in}} & \boldsymbol{k}^{\mathrm{in}}\\\boldsymbol{k}^{\mathrm{in}} & -\boldsymbol{k}^{\mathrm{in}}\end{bmatrix}\begin{bmatrix}V_1\\W_1\\V_2\\W_2\end{bmatrix}+\begin{bmatrix}-\boldsymbol{c}^{\mathrm{in}} & \boldsymbol{c}^{\mathrm{in}}\\\boldsymbol{c}^{\mathrm{in}} & -\boldsymbol{c}^{\mathrm{in}}\end{bmatrix}\begin{bmatrix}\dot{V}_1\\\dot{W}_1\\\dot{V}_2\\\dot{W}_2\end{bmatrix}\tag{14.113}$$

代入式(14.107),得到 $\boldsymbol{C}^{\mathrm{in}}$和 $\boldsymbol{K}^{\mathrm{in}}$分别为

$$\boldsymbol{K}^{\mathrm{in}}=\begin{array}{c}\begin{array}{cccc}4i-3 & 4i-2 & 4j-3 & 4j-2\end{array}\\\left[\begin{array}{cc:cc}k_{VV}^{\mathrm{in}} & k_{VW}^{\mathrm{in}} & -k_{VV}^{\mathrm{in}} & -k_{VW}^{\mathrm{in}}\\k_{WV}^{\mathrm{in}} & k_{WW}^{\mathrm{in}} & -k_{WV}^{\mathrm{in}} & -k_{WW}^{\mathrm{in}}\\\cdots & \cdots & \cdots & \cdots\\-k_{VV}^{\mathrm{in}} & -k_{VW}^{\mathrm{in}} & k_{VV}^{\mathrm{in}} & k_{VW}^{\mathrm{in}}\\-k_{WV}^{\mathrm{in}} & -k_{WW}^{\mathrm{in}} & k_{WV}^{\mathrm{in}} & k_{WW}^{\mathrm{in}}\end{array}\right]\end{array}\begin{array}{l}4i-3\\4i-2\\\\4j-3\\4j-2\end{array}\tag{14.114}$$

$$\boldsymbol{K}^{\mathrm{in}}-\begin{array}{c}\begin{array}{cccc}4i-3 & 4i-2 & 4j-3 & 4j-2\end{array}\\\left[\begin{array}{cc:cc}c_{VV}^{\mathrm{in}} & c_{VW}^{\mathrm{in}} & -c_{VV}^{\mathrm{in}} & -c_{VW}^{\mathrm{in}}\\c_{WV}^{\mathrm{in}} & c_{WW}^{\mathrm{in}} & -c_{WV}^{\mathrm{in}} & -c_{WW}^{\mathrm{in}}\\\cdots & \cdots & \cdots & \cdots\\-c_{VV}^{\mathrm{in}} & -c_{VW}^{\mathrm{in}} & c_{VV}^{\mathrm{in}} & c_{VW}^{\mathrm{in}}\\-c_{WV}^{\mathrm{in}} & -c_{WW}^{\mathrm{in}} & c_{WV}^{\mathrm{in}} & c_{WW}^{\mathrm{in}}\end{array}\right]\end{array}\begin{array}{l}4i-3\\4i-2\\\\4j-3\\4j-2\end{array}\tag{14.115}$$

式中:$4i-3$,$4i-2$,$4j-2$,$4j-3$ 表示 $\boldsymbol{K}^{\mathrm{in}}$和 $\boldsymbol{C}^{\mathrm{in}}$矩阵中各项在系统刚度矩阵和阻尼矩阵中的位置。

14.2.3　双转子系统稳态运动方程

根据双转子系统的结构特点将其划分为 $n-1$ 个单元和 n 个节点,如图 14.18 所示。每个节点有 4 个广义坐标,所以整个双转子系统的广义位移向量为

$$\boldsymbol{q}=[V_1\quad W_1\quad B_1\quad \Gamma_1\quad \cdots\quad V_i\quad W_i\quad B_i\quad \Gamma_i\quad \cdots\quad V_n\quad W_n\quad \Gamma_n]^{\mathrm{T}}\tag{14.116}$$

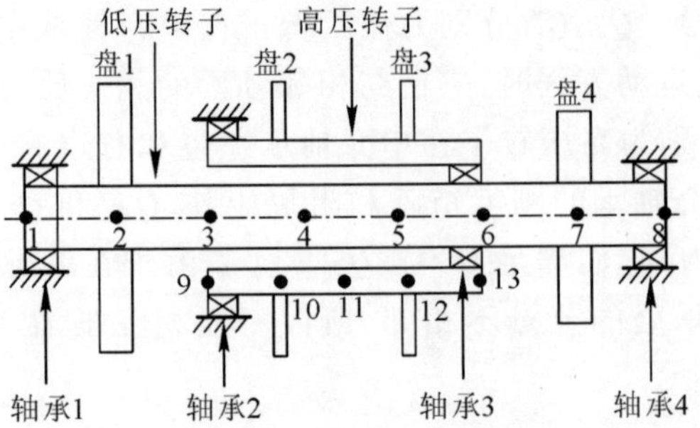

图 14.18 双转子系统模型

将盘元素、轴元素和轴承元素的运动方程组装成系统运动方程时，需要将各同类项的系数矩阵相加。对于轴元素，由于相邻两个元素共用一个节点，故需要将共用的部分对应的系数矩阵叠加，而且它们之间相互作用的剪力相互抵消，方程右边只有外力作用；对于盘元素，只需要把相应节点的盘元素的各系数矩阵叠加到轴元素系数矩阵中即可；对于轴承元素，其方程右边为轴承所受的外力，为了处理方便，组装时可以将其移到系统运动方程左边，并用刚度和阻尼的表达式代替。这时，只需要把相应节点的刚度和阻尼系数矩阵叠加到轴元素系数矩阵的对应位置，普通轴承元素和中介轴承元素在参与组装成系统运动方程时，与其他元素运动方程对应的方程分别为

$$\boldsymbol{C}^{\mathrm{b}}\dot{\boldsymbol{q}}^{\mathrm{b}}+\boldsymbol{K}^{\mathrm{b}}\boldsymbol{q}^{\mathrm{b}}=\boldsymbol{Q}^{\mathrm{b}} \tag{14.117}$$

$$\boldsymbol{C}^{\mathrm{in}}\dot{\boldsymbol{q}}^{\mathrm{in}}+\boldsymbol{K}^{\mathrm{in}}\boldsymbol{q}^{\mathrm{in}}=\boldsymbol{Q}^{\mathrm{in}} \tag{14.118}$$

由于普通轴元素和锥形轴段元素运动方程的形式一样，以下讨论中，将它们统一用轴元素代替。

将轴元素的 8×8 阶系数矩阵分为 4 个 4×4 阶的分块矩阵，其质量矩阵分为 $\boldsymbol{m}_{\mathrm{e11}}$，$\boldsymbol{m}_{\mathrm{e12}}$，$\boldsymbol{m}_{\mathrm{e21}}$，$\boldsymbol{m}_{\mathrm{e22}}$ 4 个矩阵；陀螺效应矩阵分为 $\boldsymbol{g}_{\mathrm{e11}}$，$\boldsymbol{g}_{\mathrm{e12}}$，$\boldsymbol{g}_{\mathrm{e21}}$，$\boldsymbol{g}_{\mathrm{e22}}$ 4 个矩阵；刚度矩阵分为 $\boldsymbol{k}_{\mathrm{e11}}$，$\boldsymbol{k}_{\mathrm{e12}}$，$\boldsymbol{k}_{\mathrm{e21}}$，$\boldsymbol{k}_{\mathrm{e22}}$ 4 个矩阵；盘元素的质量矩阵表示为 $\boldsymbol{m}_{\mathrm{d}}$，陀螺效应矩阵表示为 $\boldsymbol{g}_{\mathrm{d}}$，刚度矩阵表示为 $\boldsymbol{k}_{\mathrm{d}}$，它们均为4×4阶的方阵；轴承元素的阻尼矩阵表示为 $\boldsymbol{c}_{\mathrm{b}}$，刚度矩阵表示为 $\boldsymbol{k}_{\mathrm{b}}$，它们也均为 4×4 阶的方阵。

如图 14.19 所示为质量矩阵组装示意图。图中，轴元素的上标表示轴段左端在双转子系统中的节点号，盘元素的上标表示盘在双转子系统中的节点号。

相邻两个元素的系数矩阵经过这样叠加后，在方程中，就相当于把两个元素之间的相互作用力相抵消，从而方程右边只有外力的作用，叠加后的方程组与各元素运动方程的组合等效，这是系数矩阵组装的原理。

盘元素和轴元素陀螺效应矩阵的组装形式与图 14.19 所示的相同，只需要把相应的 $\boldsymbol{m}$ 换为 $\boldsymbol{g}$ 即可，上标和下标相同。需要注意的是，在如图 14.18 所示的双转子系统模型中，1～8 节点为低压转子，9～13 节点为高压转子，可将盘元素与轴元素的陀螺效应矩阵系数按照这两段各分为两个陀螺效应矩阵系数，各自对应自转转速，即将式(14.73)和式(14.93)分别变为

$$(\boldsymbol{M}_{\mathrm{T}}^{\mathrm{d}}+\boldsymbol{M}_{\mathrm{R}}^{\mathrm{d}})\ddot{\boldsymbol{q}}^{\mathrm{d}}-(\Omega_1\boldsymbol{G}_1^{\mathrm{d}}+\Omega_2\boldsymbol{G}_2^{\mathrm{d}})\dot{\boldsymbol{q}}^{\mathrm{d}}=\boldsymbol{Q}^{\mathrm{d}} \tag{14.119}$$

$$(\boldsymbol{M}_{\mathrm{T}}^{\mathrm{e}}+\boldsymbol{M}_{\mathrm{R}}^{\mathrm{e}})\ddot{\boldsymbol{q}}^{\mathrm{e}}-(\Omega_1\boldsymbol{G}_1^{\mathrm{e}}+\Omega_2\boldsymbol{G}_2^{\mathrm{e}})\boldsymbol{q}^{\mathrm{e}}+K_{\mathrm{B}}^{\mathrm{e}}\boldsymbol{q}^{\mathrm{e}}=\boldsymbol{Q}^{\mathrm{e}} \tag{14.120}$$

对于低压转子部分的陀螺效应矩阵，对应 9～13 节点的项均为 0，对于高压转子部分的陀螺效应矩阵，对应 1～8 节点的项均为 0。这样，在组装时，从两项组装变为四项组装，需要多组装两次，但是组装的原理完全相同。

将轴元素和盘元素的陀螺效应矩 $\Omega\boldsymbol{g}_{\mathrm{ed21}}$ 阵按照上述方法组装好后，再将各元素节点的陀螺效应矩阵乘以转速，并分为 $\Omega\boldsymbol{g}_{\mathrm{ed11}}$，$\Omega\boldsymbol{g}_{\mathrm{ed12}}$，$\Omega\boldsymbol{g}_{\mathrm{ed22}}$ 4 个矩阵，最后与阻尼矩阵 $\boldsymbol{c}_{\mathrm{b}}$ 结合。由于陀

螺效应矩阵是 8×8 阶方阵，而普通轴承元素是 4×4 阶方阵，其组装形式与图 14.19 类似，只是陀螺效应矩阵在组装前应乘以相应的转速。这时，$\boldsymbol{c}_b$ 对应图 14.19 中的 $\boldsymbol{m}_d$，$-\Omega \boldsymbol{g}_{ed}$ 对应 $\boldsymbol{m}_e$，上标和下标表达的含义相同。

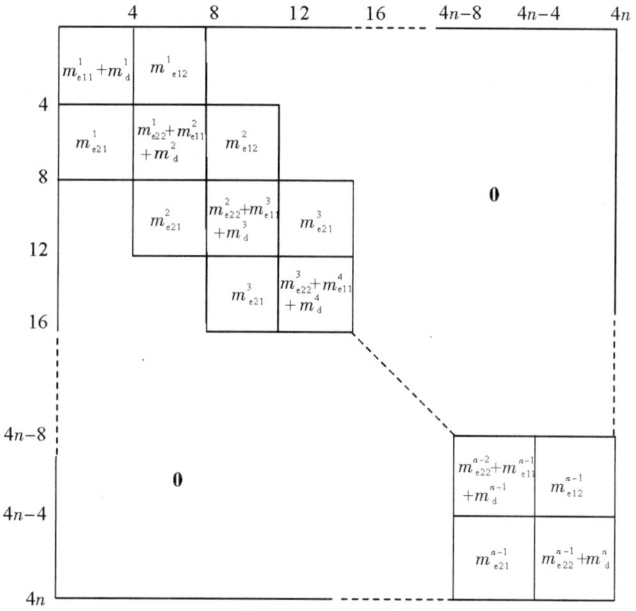

图 14.19　质量矩阵组装示意图

组装轴元素和普通轴承元素的刚度矩阵时，由于轴元素的刚度矩阵是 8×8 阶方阵，而普通轴承元素的刚度矩阵是 4×4 阶方阵，其组装形式与图 14.19 类似。$\boldsymbol{k}_b$ 对应图 14.19 中的 $\boldsymbol{m}_d$，$\boldsymbol{k}_e$ 对应 $\boldsymbol{m}_e$，上标和下标相同。

需要注意的是，中介轴承元素按照式(14.114)和式(14.115)所示的位置加到阻尼矩阵和刚度矩阵中，这时，如图 14.19 所示的系统阻尼矩阵和刚度矩阵的上三角和下三角不再全部为 0，这是双转子系统运动方程的另一个特点。

组装成的双转子系统稳态运动方程为

$$\boldsymbol{M}\ddot{\boldsymbol{q}}^s + (\boldsymbol{C} - \Omega_1 \boldsymbol{G}_1 - \Omega_2 \boldsymbol{G}_2)\dot{\boldsymbol{q}}^s + \boldsymbol{K}\boldsymbol{q}^s = \boldsymbol{Q}^s \tag{14.121}$$

式中：Ω_1 和 Ω_2 分别为低压转速和高压转速，系数矩阵为 $4n\times 4n$ 阶矩阵，广义位移向量 $\boldsymbol{q}^s$ 和外力向量 $\boldsymbol{Q}^s$ 为 $4n\times 1$ 阶向量。

对于单转子系统，组装成的单转子系统稳态运动方程为

$$\boldsymbol{M}\ddot{\boldsymbol{q}}^s + (\boldsymbol{C} - \Omega \boldsymbol{G})\dot{\boldsymbol{q}}^s + \boldsymbol{K}\boldsymbol{q}^s = \boldsymbol{Q}^s \tag{14.122}$$

式中：Ω 为转子转速，系数矩阵为 $4n\times 4n$ 阶矩阵，广义位移向量 $\boldsymbol{q}^s$ 和外力向量 $\boldsymbol{Q}^s$ 为 $4n\times 1$ 阶向量。

14.2.4　分叉结构的有限元法

传统的传递矩阵法和有限元法适合于处理直线的链式结构。本节在链式结构的基础上，分析和推导具有分叉结构的转子系统的有限元法。

1. 理论推导

图 14.20 表示了典型的分叉结构简图，图中 a,b,c,o 表示 4 个节点，(Ⅰ)(Ⅱ)(Ⅲ)表示 3

个轴段。o 点为三个轴段的交点，即分叉点。

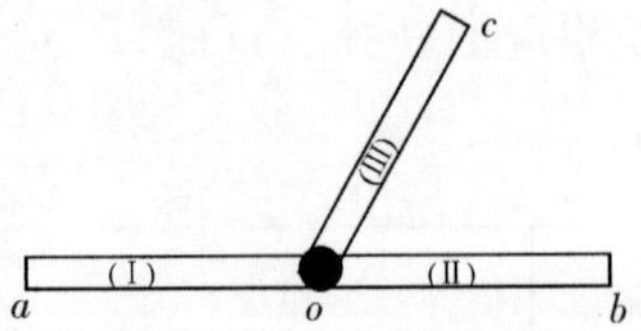

图 14.20　典型的分叉结构简图

分叉结构的位移协调条件为：三个轴段在交叉点的位移和转角相等，即

$$\boldsymbol{q}_o^{\mathrm{I}} = \boldsymbol{q}_o^{\mathrm{II}} = \boldsymbol{q}_o^{\mathrm{III}} \tag{14.123}$$

式中

$\boldsymbol{q}_o^{\mathrm{I}} = [V^{\mathrm{I}} \quad W^{\mathrm{I}} \quad B^{\mathrm{I}} \quad \Gamma^{\mathrm{I}}]^{\mathrm{T}}$，为轴段（Ⅰ）上 o 点的广义位移向量；

$\boldsymbol{q}_o^{\mathrm{II}} = [V^{\mathrm{II}} \quad W^{\mathrm{II}} \quad B^{\mathrm{II}} \quad \Gamma^{\mathrm{II}}]^{\mathrm{T}}$，为轴段（Ⅱ）上 o 点的广义位移向量；

$\boldsymbol{q}_o^{\mathrm{III}} = [V^{\mathrm{III}} \quad W^{\mathrm{III}} \quad B^{\mathrm{III}} \quad \Gamma^{\mathrm{III}}]^{\mathrm{T}}$，为轴段（Ⅲ）上 o 点的广义位移向量。

分支结构的力平衡条件为：三个轴段上的相互作用力相平衡，即

$$\boldsymbol{Q}_o^{\mathrm{I}} \boldsymbol{Q}_o^{\mathrm{II}} \boldsymbol{Q}_o^{\mathrm{III}} = \boldsymbol{0} \tag{14.124}$$

式中

$\boldsymbol{Q}_o^{\mathrm{I}} = [F_V^{\mathrm{I}} \quad F_W^{\mathrm{I}} \quad M_B^{\mathrm{I}} \quad M_\Gamma^{\mathrm{I}}]^{\mathrm{T}}$，为轴段（Ⅰ）上 o 点受到的广义力向量；

$\boldsymbol{Q}_o^{\mathrm{II}} = [F_V^{\mathrm{II}} \quad F_W^{\mathrm{II}} \quad M_B^{\mathrm{II}} \quad M_\Gamma^{\mathrm{II}}]^{\mathrm{T}}$，为轴段（Ⅱ）上 o 点受到的广义力向量；

$\boldsymbol{Q}_o^{\mathrm{III}} = [F_V^{\mathrm{III}} \quad F_W^{\mathrm{III}} \quad M_B^{\mathrm{III}} \quad M_\Gamma^{\mathrm{III}}]^{\mathrm{T}}$，为轴段（Ⅲ）上 o 点受到的广义力向量。

广义力向量中，F 表示力，M 表示力矩，上标表示轴段编号，下标表示方向。

对于三个轴段，分支结构并不影响各自的运动方程，它们分别为

$$\left.\begin{aligned}
\boldsymbol{M}^{\mathrm{I}}\ddot{\boldsymbol{q}}^{\mathrm{I}} - \Omega\boldsymbol{G}^{\mathrm{I}}\dot{\boldsymbol{q}}^{\mathrm{I}} + \boldsymbol{K}^{\mathrm{I}}\boldsymbol{q}^{\mathrm{I}} &= \boldsymbol{Q}^{\mathrm{I}} \\
\boldsymbol{M}^{\mathrm{II}}\ddot{\boldsymbol{q}}^{\mathrm{II}} - \Omega\boldsymbol{G}^{\mathrm{II}}\dot{\boldsymbol{q}}^{\mathrm{II}} + \boldsymbol{K}^{\mathrm{II}}\boldsymbol{q}^{\mathrm{II}} &= \boldsymbol{Q}^{\mathrm{II}} \\
\boldsymbol{M}^{\mathrm{III}}\ddot{\boldsymbol{q}}^{\mathrm{III}} - \Omega\boldsymbol{G}^{\mathrm{III}}\dot{\boldsymbol{q}}^{\mathrm{III}} + \boldsymbol{K}^{\mathrm{III}}\boldsymbol{q}^{\mathrm{III}} &= \boldsymbol{Q}^{\mathrm{III}}
\end{aligned}\right\} \tag{14.125}$$

将质量矩阵、陀螺效应矩阵和刚度矩阵都分为 4 个 4×4 阶的分块矩阵，并将广义位移向量和广义力向量各自分为 2 个 4×1 阶向量，则以上 3 个方程变为

$$\left.\begin{aligned}
\begin{bmatrix} M_{11}^{\mathrm{I}} & M_{12}^{\mathrm{I}} \\ M_{21}^{\mathrm{I}} & M_{22}^{\mathrm{I}} \end{bmatrix}\begin{bmatrix} \ddot{q}_a \\ \ddot{q}_0^{\mathrm{I}} \end{bmatrix} - \Omega\begin{bmatrix} G_{11}^{\mathrm{I}} & G_{12}^{\mathrm{I}} \\ G_{21}^{\mathrm{I}} & G_{22}^{\mathrm{I}} \end{bmatrix}\begin{bmatrix} \dot{q}_a \\ \dot{q}_0^{\mathrm{I}} \end{bmatrix} + \begin{bmatrix} K_{11}^{\mathrm{I}} & K_{12}^{\mathrm{I}} \\ K_{21}^{\mathrm{I}} & K_{22}^{\mathrm{I}} \end{bmatrix}\begin{bmatrix} q_a \\ q_0^{\mathrm{I}} \end{bmatrix} &= \begin{bmatrix} Q_a \\ Q_0^{\mathrm{I}} \end{bmatrix} \\
\begin{bmatrix} M_{11}^{\mathrm{II}} & M_{12}^{\mathrm{II}} \\ M_{21}^{\mathrm{II}} & M_{22}^{\mathrm{II}} \end{bmatrix}\begin{bmatrix} \ddot{q}_0^{\mathrm{II}} \\ \ddot{q}_b \end{bmatrix} - \Omega\begin{bmatrix} G_{11}^{\mathrm{II}} & G_{12}^{\mathrm{II}} \\ G_{21}^{\mathrm{II}} & G_{22}^{\mathrm{II}} \end{bmatrix}\begin{bmatrix} \ddot{q}_0^{\mathrm{II}} \\ \dot{q}_b \end{bmatrix} + \begin{bmatrix} K_{11}^{\mathrm{II}} & K_{12}^{\mathrm{II}} \\ K_{21}^{\mathrm{II}} & K_{22}^{\mathrm{II}} \end{bmatrix}\begin{bmatrix} q_0^{\mathrm{II}} \\ q_b \end{bmatrix} &= \begin{bmatrix} Q_0^{\mathrm{II}} \\ Q_b \end{bmatrix} \\
\begin{bmatrix} M_{11}^{\mathrm{III}} & M_{12}^{\mathrm{III}} \\ M_{21}^{\mathrm{III}} & M_{22}^{\mathrm{III}} \end{bmatrix}\begin{bmatrix} \ddot{q}_0^{\mathrm{III}} \\ \ddot{q}_c \end{bmatrix} - \Omega\begin{bmatrix} G_{11}^{\mathrm{III}} & G_{12}^{\mathrm{III}} \\ G_{21}^{\mathrm{III}} & G_{22}^{\mathrm{III}} \end{bmatrix}\begin{bmatrix} \ddot{q}_0^{\mathrm{III}} \\ \dot{q}_c \end{bmatrix} + \begin{bmatrix} K_{11}^{\mathrm{III}} & K_{12}^{\mathrm{III}} \\ K_{21}^{\mathrm{III}} & K_{22}^{\mathrm{III}} \end{bmatrix}\begin{bmatrix} q_0^{\mathrm{III}} \\ q_c \end{bmatrix} &= \begin{bmatrix} Q_0^{\mathrm{III}} \\ Q_c \end{bmatrix}
\end{aligned}\right\} \tag{14.126}$$

将式(14.126)组合成为一个方程，并利用式(14.123)和式(14.124)中给出的位移协调条件和力平衡条件，得

$$\boldsymbol{M}^{\mathrm{br}}\ddot{\boldsymbol{q}}^{\mathrm{br}} - \Omega\boldsymbol{G}^{\mathrm{br}}\boldsymbol{q}^{\mathrm{br}} + \boldsymbol{K}^{\mathrm{br}}\boldsymbol{q}^{\mathrm{br}} = \boldsymbol{Q}^{\mathrm{br}} \tag{14.127}$$

式中：上标 br 表示分叉结构单元；

$$
\boldsymbol{M}^{\mathrm{br}}=\begin{bmatrix} M^{\mathrm{I}\ 11} & M_{12}^{\mathrm{I}} & & \\ M_{21}^{\mathrm{I}} & M_{22}^{\mathrm{I}}+M_{11}^{\mathrm{II}}+M_{11}^{\mathrm{III}} & M_{12}^{\mathrm{II}} & M_{12}^{\mathrm{III}} \\ & M_{21}^{\mathrm{II}} & M_{22}^{\mathrm{III}} & \\ & M_{21}^{\mathrm{III}} & & M_{22}^{\mathrm{III}} \end{bmatrix};
$$

$$
\boldsymbol{G}^{\mathrm{br}}=\begin{bmatrix} G_{11}^{\mathrm{I}} & G_{12}^{\mathrm{I}} & & \\ G_{21}^{\mathrm{I}} & G_{22}^{\mathrm{I}}+G_{11}^{\mathrm{II}}+G_{11}^{\mathrm{III}} & G_{12}^{\mathrm{II}} & G_{12}^{\mathrm{III}} \\ & G_{21}^{\mathrm{II}} & G_{22}^{\mathrm{III}} & \\ & G_{21}^{\mathrm{III}} & & G_{22}^{\mathrm{III}} \end{bmatrix};
$$

$$
\boldsymbol{K}^{\mathrm{br}}=\begin{bmatrix} K_{11}^{\mathrm{I}} & K_{12}^{\mathrm{I}} & & \\ K_{21}^{\mathrm{I}} & K_{22}^{\mathrm{I}}+K_{11}^{\mathrm{II}}+K_{11}^{\mathrm{III}} & K_{12}^{\mathrm{II}} & K_{12}^{\mathrm{III}} \\ & K_{21}^{\mathrm{II}} & K_{22}^{\mathrm{III}} & \\ & K_{21}^{\mathrm{III}} & & K_{22}^{\mathrm{III}} \end{bmatrix};
$$

$$
\boldsymbol{q}^{\mathrm{br}}=[q_a \quad q_o \quad q_b \quad q_c]^{\mathrm{T}};
$$

$$
\boldsymbol{Q}^{\mathrm{br}}=[Q_a \quad 0 \quad Q_b \quad Q_c]^{\mathrm{T}}。
$$

以上分析和推导说明，对于分叉结构，使用有限元法进行动力学分析时，分叉的各轴元素的运动方程不变，只需要在组成系统质量、陀螺、刚度矩阵时，按照式(14.127)中各矩阵的组合形式进行处理即可。

对于一般的分叉结构，节点 b 和节点 c 并不相邻，将节点 a,o,b,c 分别用 $i-1,i,i+1,j$ 表示，以质量矩阵为例，说明系统质量矩阵的组合方式。图 14.21 显示了分叉结构的质量矩阵组装示意图。

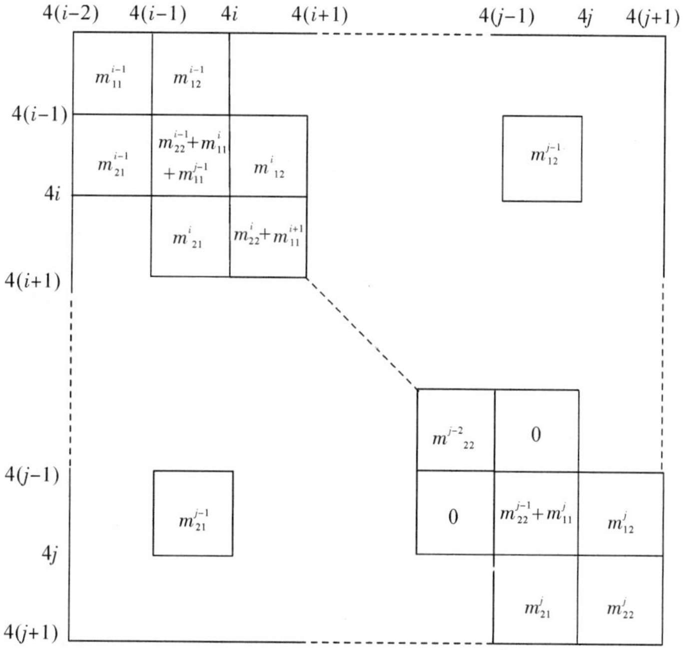

图 14.21　分叉结构的质量矩阵组装示意图

图 14.21 中忽略了盘的质量矩阵，实际操作中，只需要按照图 14.19 所示的方式将盘的质

量矩阵加入即可。比较图 14.21 和图 14.19，可以看出，在组装系统各矩阵时，在带状矩阵的基础上将 $\boldsymbol{m}_{11}^{i-1}$，$\boldsymbol{m}_{12}^{i-1}$ 和 $\boldsymbol{m}_{21}^{i-1}$ 移动到如图 14.21 所示的位置，其他矩阵的组合形式均不变，就可以适用于含分叉结构的转子。陀螺效应矩阵和刚度矩阵的组装形式与质量矩阵完全相同。

由本节的理论推导可以看出，只要将求解链式结构的程序略加修改，就可以求解含分叉结构转子的动力学特性，且分叉结构可以有多个。

2. 算例和分析

为了验证理论推导的正确性，构造如图 14.22 所示的带分叉结构的转子，用有限元法和带分叉结构的传递矩阵法分别进行计算，并进行比较。

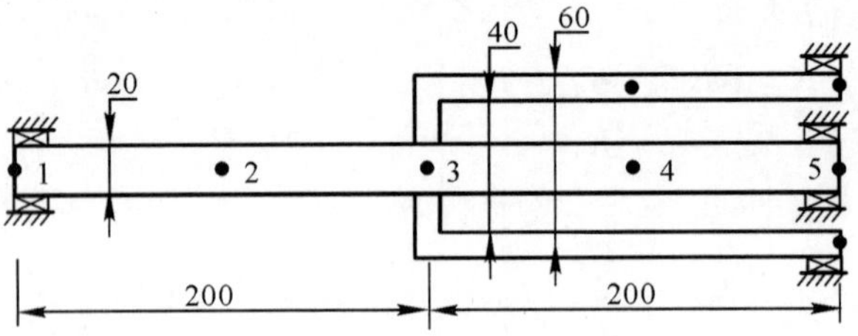

图 14.22 带分叉结构的简单转子模型示意图

图 14.22 中标注的单位为 mm，分叉结构长度为主干结构长度的一半。材料的密度为 ρ=7 850 kg/m^3，弹性模量为 $E=2\times10^{11}$ N/m^2，三个轴承的刚度均为 1×10^7 N/m，不考虑剪切效应。

用传递矩阵法和有限元法分别进行计算，得到转子的前三阶临界转速，如图 14.23 所示，数据统计和相对误差见表 14.5。在传递矩阵法中，主干部分被分为 800 段，分支部分被分为 400 段，这足以满足计算精度。

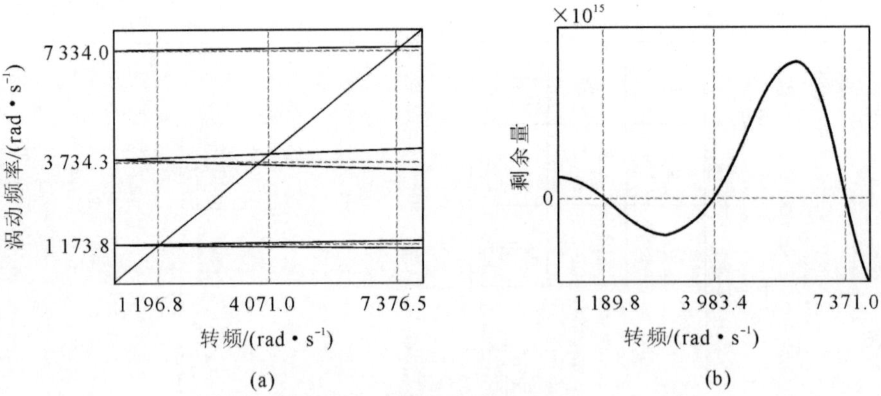

图 14.23 临界转速求解曲线

(a) 有限元法坎贝尔图；(b) 传递矩阵法剩余量-转速曲线

表 14.5 有限元法和传递矩阵法求解带分叉结构转子的临界转速及相对误差

阶次	有限元法/(rad·s^{-1})	传递矩阵法/(rad·s^{-1})	相对误差/(%)
1	1 196.8	1 189.8	0.58
2	4 071.0	3 983.4	2.15
3	7 376.5	7 371.0	0.07

图 14.24～图 14.26 显示了分别用有限元法和传递矩阵法计算的前三阶振型。

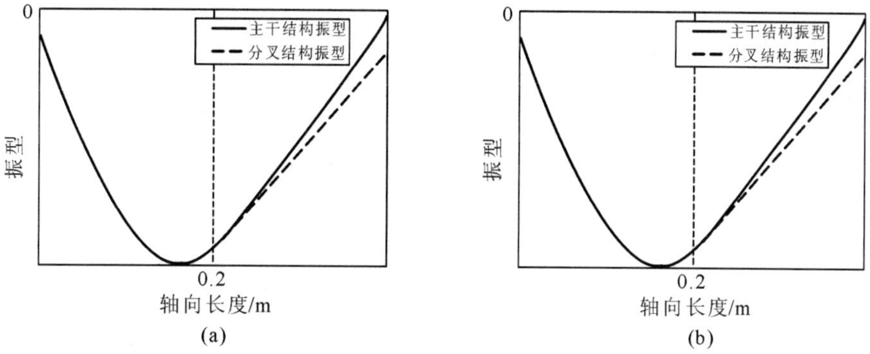

图 14.24　一阶振型

(a)有限元法;(b)传递矩阵法

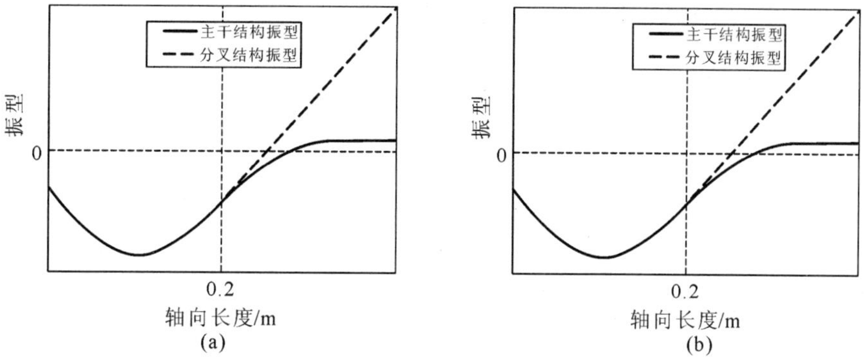

图 14.25　二阶振型

(a)有限元法;(b)传递矩阵法

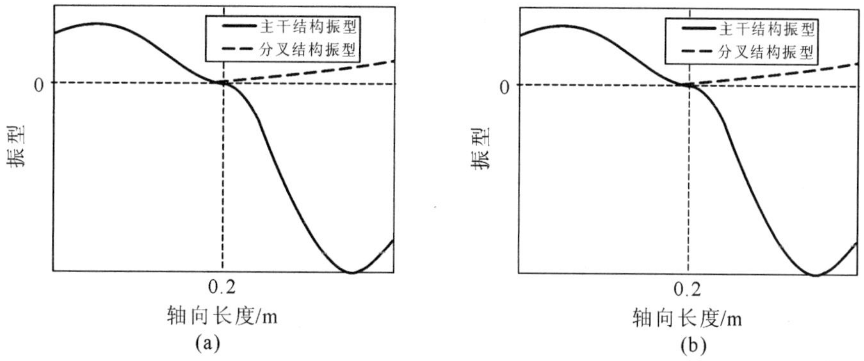

图 14.26　三阶振型

(a)有限元法;(b)传递矩阵法

14.2.5　运动方程求解

根据双转子系统运动方程,可以求解出系统的临界转速、振型、稳定性以及不平衡响应。

1. 临界转速、振型和稳定性分析

在双转子系统中,高压转子、低压转子均存在不平衡激振力。高、低压转子由于气动耦合,存在着高压转子/低压转子转速关系。两转子转速不同,因而高、低压转子不平衡力激振频率不相等。两转子的不平衡力都能激起转子系统的共振,共振时的转速都是转子系统的临界转速。通过中介轴承以及支承、机匣将载荷由一个转子传递给另一个转子。在发动机上测得的振动包括低压和高压转子的频率成分(主要分量)。低压转子的不平衡响应是由低压转子不平衡量引起,高压转子的不平衡响应是由高压转子不平衡量引起,其运动形式有所不同。当低压转子不平衡力为主激励时,低压转子以正同步进动,即自转与公转同步,并强迫高压转子作此公转运动。而高压转子因自转转速不一样,因此高压转子作非同步正进动。如果高压转子与低压转子旋转方向相反,则作非同步反进动。反之,高压转子不平衡量为主激励激起的运动是,高压转子作正同步进动,低压转子作非同步正进动(或非同步反进动)。发动机上测得的响应是此两种不平衡响应的叠加。

因此,双转子系统的临界转速按照主激振力不同分为两种:一种由低压转子不平衡力所激起,称为低压转子激振下的临界转速(Low pressure Rotor Excitation, LRE)。这时,低压转速为公转(进动)转速;另一种由高压转子不平衡力激起,称为高压转子激振下的临界转速(High pressure Rotor Excitation, HRE)。这时,高压转速为公转(进动)转速。因而计算临界转速时,需要先设定作为主激励的转速,然后根据高压转子/低压转子转速关系,确定另一个转速。

通过求解系统运动微分方程式(14.121)的齐次解,得到在一定的主激励转速下,低压转子和高压转子自转转速分别为 Ω_1 和 Ω_2 时的进动频率(涡动频率)及其模态振型。可以将广义位移向量设为 $\boldsymbol{q}^{\mathrm{s}}=\boldsymbol{q}\mathrm{e}^{\mathrm{j}\omega t}$,将方程变为实特征值问题,通过一维搜素的方法求出进动频率。但是求解 $4n\times4n$ 阶矩阵的行列式费时较长。推荐使用状态向量的方法,将方程转化为 $8n\times8n$ 阶矩阵的特征值问题。

用一个新的状态向量 $\boldsymbol{h}$ 代替方程式(14.121)中的 $\boldsymbol{q}^{\mathrm{s}}$,$h=\{\dot{q}^{\mathrm{s}}\quad \dot{q}^{\mathrm{s}}\}^{\mathrm{T}}$,$\boldsymbol{h}$ 为 $8n\times1$ 阶向量,这时方程的齐次式变为

$$\begin{bmatrix}0 & M \\ M & C-\Omega_1G_1-\Omega_2G_2\end{bmatrix}\dot{\boldsymbol{h}}+\begin{bmatrix}-M & 0 \\ 0 & K\end{bmatrix}\boldsymbol{h}=\begin{bmatrix}0 \\ 0\end{bmatrix} \tag{14.128}$$

设 $\boldsymbol{h}=\boldsymbol{h}_0\mathrm{e}^{\lambda t}$,则方程式(14.128)变为如下特征方程:

$$\begin{bmatrix}-\boldsymbol{M}^{-1}(\boldsymbol{C}-\Omega_1\boldsymbol{G}_1-\Omega_2\boldsymbol{G}_2) & -\boldsymbol{M}^{-1}\boldsymbol{K} \\ \boldsymbol{I} & \boldsymbol{O}\end{bmatrix}\boldsymbol{h}=\lambda\boldsymbol{h} \tag{14.129}$$

式中:$\boldsymbol{I}$ 为 $4n\times4n$ 阶单位矩阵;$\boldsymbol{O}$ 为 $4n\times4n$ 阶零矩阵。

方程式(14.129)中,将 $\boldsymbol{C}-\Omega_1\boldsymbol{G}_1-\Omega_2\boldsymbol{G}_2$ 用 $\boldsymbol{C}-\Omega\boldsymbol{G}$ 替换,就是单转子的特征方程。

在一定的主激励转速下,解方程式(14.129)得到左边矩阵的复特征值 $\lambda=\alpha+\mathrm{j}\Omega_{\mathrm{r}}$,则无阻尼进动频率 ω_{r} 和该模态下的阻尼比 ξ 为

$$\left.\begin{aligned}\omega_{\mathrm{r}}&=\sqrt{\alpha^2+\Omega_{\mathrm{r}}^2}\\ \xi&=\frac{-\alpha}{\sqrt{\alpha^2+\Omega_{\mathrm{r}}^2}}\end{aligned}\right\} \tag{14.130}$$

特征值 λ 的实部 α 为衰减指数,虚部 Ω_{r} 为带阻尼转子进动频率。它们在复平面中的几何关系如图 14.27 所示。

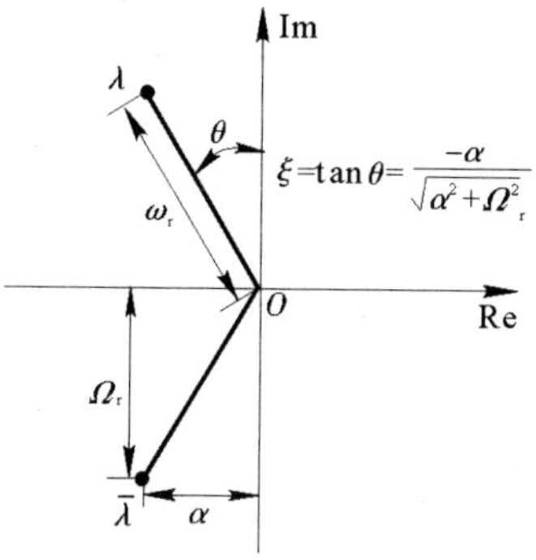

图 14.27　复平面中带阻尼进动频率和无阻尼进动频率的几何关系

图 14.27 中两个点表示复特征值总是以共轭形式存在的。$\alpha<0$ 时，运动是衰减的，因而系统稳定；$\alpha>0$ 时，运动是发散的，因而系统不稳定；$\alpha=0$ 时，为稳定和不稳定的临界状态。

根据转子自转转速与公转(进动)转速的方向，可以将转子进动分为正进动和反进动，用有限元法计算出进动频率后，需要根据对应的振型，即以上特征值问题的特征向量来判断转子的进动形式。假设一个进动频率对应的特征向量在某一截面上 V 和 W 方向的分量分别为 $V=V_r+jV_i$，$W=W_r+jW_i$，则有：

当 $V_iW_r-V_rW_i>0$ 时，转子作正进动；

当 $V_iW_r-V_rW_i<0$ 时，转子作反进动。

求解转子模态和不平衡响应的流程如图 14.28 所示。

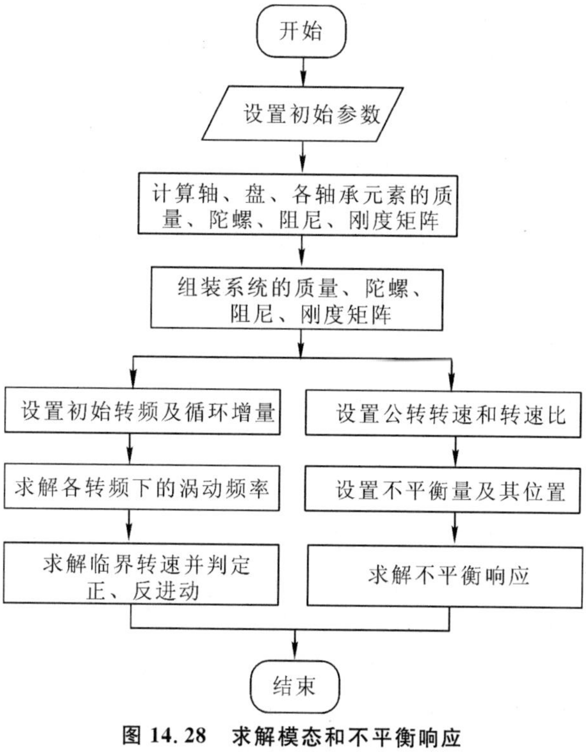

图 14.28　求解模态和不平衡响应

求解各自转角速度下的进动频率时，取主激励转速（进动转速）和转速比，计算方程式(14.129)左边矩阵的特征值，就是该自转角速度下的进动频率。一个自转角速度下有 $8n$ 个特征值，即 $8n$ 个进动频率，连接各自转角速度下相同阶进动频率，得到双转子坎贝尔图，如图 14.29 所示。其横坐标为主激励自转转速 Ω，纵坐标为计算出的各阶进动频率 Ω_r。由不平衡力激起共振时，其特点是激振力的频率等于自转角速度，在坎贝尔图上作出 $\Omega_r=\Omega$，即斜率为 1 的直线，该直线与各进动频率线的交点即为各阶临界转速。它们对应的模态振型就是临界转速下的振型。在图 14.29 中，从下往上第一个和第三个交点对应同步反进动，第二个和第四个交点对应同步正进动。

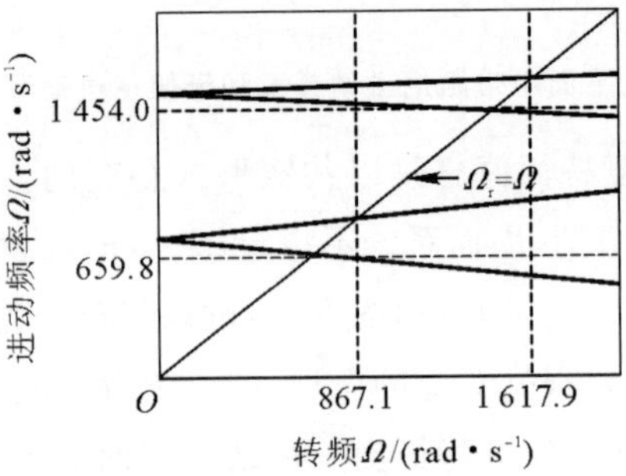

图 14.29　双转子坎贝尔图

在数值计算中，图 14.29 中各曲线均由离散点组成，所以不能直接得到交点。根据斜率为 1 的直线的特点，坎贝尔图上交点左边的点纵坐标比横坐标大，右边的点横坐标比纵坐标大。对于每一条进动频率曲线，利用一个循环找出这两个点，设其坐标分别为(x_1,y_1)和(x_2,y_2)，则用线性插值法得到该曲线上的交点的坐标为

$$(x,y)=\left(\frac{x_1y_2-x_2y_1}{x_1-x_2-y_1+y_2},\frac{x_1y_2-x_2y_1}{x_1-x_2-y_1+y_2}\right) \tag{14.131}$$

求解出的交点横坐标或者纵坐标即为临界转速。将临界转速代入式(14.129)，求解特征值和特征向量，寻找与该临界转速相等的特征值，其对应的特征向量即为振型。利用振型数据，可以判断该阶临界转速是正进动还是反进动。实际计算中，由于数值计算带来的误差，很难找到与临界转速完全相等的特征值。这时，可以通过寻找与该临界转速误差最小的特征值来解决。

从图 14.29 可以看出，前几阶进动频率曲线的线性度很好，流程图中自转角速度的循环增量可以设置为 10 rad/s。

双转子系统中的两个转子是以各自的转速旋转的，而转速又是变化的。由于高压转子和低压转子的转速关系经常不能用简单的表达式表示，在求解频率方程时将遇到困难。这种情况下，可采用下述的计算方法。

在求解临界转速时，先给定低压转子的转速，计算得到高压转子同步正进动的各阶临界转速；改变低压转子的转速，又可得到一组高压转子不平衡激起的各阶临界转速。依此方法，求得在低压转子若干不同的转速下，高压转子不平衡激起的临界转速。将各同阶临界转速点连成曲线，得到该双转子系统由高压转子不平衡激起的临界转速，随低压转子转速的变化曲线，即 HRE 曲线。依照相同的方法，求得该双转子系统低压转子不平衡激起的临界转速，随高压转子转速的变化曲线，即 LRE 曲线。在这个图谱中，绘出两个转子的工作转速变化关系曲线，

曲线与临界转速图谱中各线的交点便是实际的各阶临界转速。图 14.30 表示了双转子临界转速图谱。虚线是一条斜率为 45°的直线，它与两组曲线相交，且交点两两重合。这是因为，这条直线表示高压转速等于低压转速。这时，低压主激励和高压主激励是一致的。这条直线可以用来检验所计算的双转子临界转速图谱是否正确。

图 14.30 中，a，b，c，d，e 是该工作转速线下双转子的实际临界转速。其中 a，c，e 为高压转子不平衡激起，b 和 d 为低压转子不平衡激起。如果低压转子和高压转子的工作转速关系发生变化时，图中相应的各阶临界转速也会发生变化。

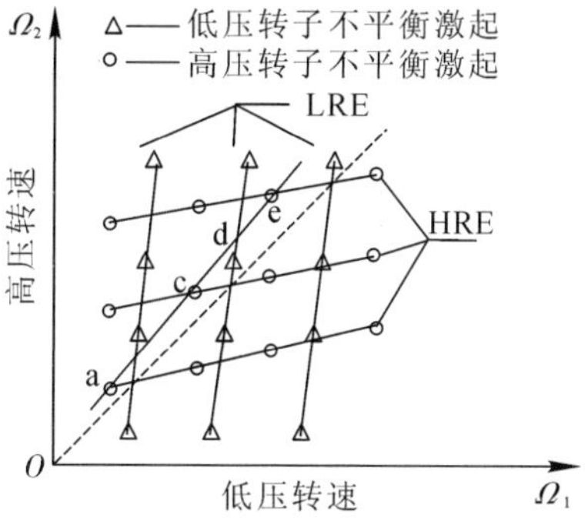

图 14.30　双转子临界转速图谱

2. 不平衡响应求解

不平衡响应的求解与临界转速和振型的求解不同的是，前者是求解二阶非齐次方程组，后者是求解二阶齐次方程组。不平衡响应也应该根据高压转子不平衡激励和低压转子不平衡激励分别予以计算。各自计算时，需要给定主激励转速以及高压转子和低压转子的定量关系。

主激励转速（选定高压转速或者低压转速）为 Ω，低压转速和高压转速分别为 Ω_1 和 Ω_2，同式(14.74)的表达方式，系统的不平衡力可以表示为

$$Q^s = Q_c\cos\Omega t + Q_s\sin\Omega t \tag{14.132}$$

则双转子运动微分方程的稳态解可设为

$$q^s = q_c\cos\Omega t + q_s\sin\Omega t \tag{14.133}$$

代入式(14.121)，并推导、整理得到

$$\begin{bmatrix} q_c \\ q_s \end{bmatrix} = \begin{bmatrix} K - M\Omega^2 & \Omega(C - \Omega_1 G_1 - \Omega_2 G_2) \\ -\Omega(C - \Omega_1 G_1 - \Omega_2 G_2) & K - M\Omega^2 \end{bmatrix}^{-1} \begin{bmatrix} Q_c \\ Q_s \end{bmatrix} \tag{14.134}$$

从而

$$q^s = q\cos(\Omega t - \theta) \tag{14.135}$$

其中

$$\left.\begin{aligned} q &= \sqrt{q_c^{\,2} + q_s^{\,2}} \\ \theta &= \arctan\frac{q_s}{q_c} \end{aligned}\right\} \tag{14.136}$$

方程式(14.134)中，将 $C - \Omega_1 G_1 - \Omega_2 G_2$ 用 $C - \Omega G$ 替换，就是单转子的不平衡响应求解方程，对该方程的求解与双转子一致。

由以上推导可以看到,每给定一个主激励转速以及高压转速和低压转速的定量关系,可以求出在一定不平衡量作用下双转子系统各节点的稳态响应。由方程式(14.134)可见,在线性条件下,稳态不平衡响应与不平衡量成正比。因而可以先求解单位不平衡量作用下的不平衡响应,然后根据实际不平衡量乘以相应系数。

3. 应变能分布的求解

为了减小转子系统不平衡振动响应的敏感度和避免转子系统自激振动引起的失稳,转子一支承一机匣系统应进行应变能分析。应变能分析的具体内容包括:转子(盘、轴等)和机匣的弯曲应变能、剪切应变能、弹性支承的应变能以及阻尼器消耗的能量。应变能分析通常在分析临界转速后进行,计算得到的是系统的应变能的相对值。

根据前述的临界转速的计算方法,可以得到整个双转子系统的振型,包括各节点的位移和转角。在此基础上,可以进行应变能分布的求解。

(1)轴的应变能。如第 14.2.2 节所述,轴元素的势能和动能由式(14.90)表示,即

$$\begin{cases} \boldsymbol{P}_B^{\mathrm{e}} = \dfrac{1}{2}[q^{\mathrm{e}}]^{\mathrm{T}}\boldsymbol{K}_{\mathrm{B}}^{\mathrm{e}}\boldsymbol{q}^{\mathrm{e}} \\ \boldsymbol{T}^{\mathrm{e}} = \dfrac{1}{2}[\dot{\boldsymbol{q}}^{\mathrm{e}}]^{\mathrm{T}}(\boldsymbol{M}_{\mathrm{T}}^{\mathrm{e}} + \boldsymbol{M}_{\mathrm{R}}^{\mathrm{e}})\dot{\boldsymbol{q}}^{\mathrm{e}} + \dfrac{1}{2}\dot{\Phi}^2 I_{\mathrm{p}} L - \dot{\Phi}[\dot{q}^{\mathrm{e}}]^{\mathrm{T}}\boldsymbol{N}^{\mathrm{e}}\boldsymbol{q}^{\mathrm{e}} \end{cases}$$

式中:$\boldsymbol{T}^{\mathrm{e}}$ 的第一项即为轴的弯曲应变能及剪切应变能,式中各项已经在求解临界转速时得到。

上式为一段轴元素的弯曲应变能及剪切应变能表达式,考虑相邻的两端轴元素时,其应变能为

$$\begin{aligned} \boldsymbol{P}_{\mathrm{B}}^{\mathrm{e}} = & \frac{1}{2}[q_{12}^{\mathrm{e}}]^{\mathrm{T}}\boldsymbol{K}_{\mathrm{B1}}^{\mathrm{e}}\boldsymbol{q}_{12}^{\mathrm{e}} + \frac{1}{2}[q_{23}^{e}]^{\mathrm{T}}\boldsymbol{K}_{\mathrm{B2}}^{\mathrm{e}}\boldsymbol{q}_{23}^{\mathrm{e}} = \\ & \frac{1}{2}\left[[q_1^{\mathrm{e}}]^{\mathrm{T}} \quad [q_2^{\mathrm{e}}]^{\mathrm{T}}\right]\begin{bmatrix} \boldsymbol{A} & \boldsymbol{B} \\ \boldsymbol{C} & \boldsymbol{D} \end{bmatrix}\begin{bmatrix} q_1^{\mathrm{e}} \\ q_2^{\mathrm{e}} \end{bmatrix} + \frac{1}{2}\left[[q_2^{\mathrm{e}}]^{\mathrm{T}} \quad [q_3^{\mathrm{e}}]^{\mathrm{T}}\right]\begin{bmatrix} \boldsymbol{E} & \boldsymbol{F} \\ \boldsymbol{G} & \boldsymbol{H} \end{bmatrix}\begin{bmatrix} q_2^{\mathrm{e}} \\ q_3^{\mathrm{e}} \end{bmatrix} = \\ & \frac{1}{2}\left[[q_1^{\mathrm{e}}]^{\mathrm{T}} \quad [q_2^{\mathrm{e}}]^{\mathrm{T}} \quad [q_3^{\mathrm{e}}]^{\mathrm{T}}\right]\begin{bmatrix} \boldsymbol{A} & \boldsymbol{B} & \boldsymbol{0} \\ \boldsymbol{C} & \boldsymbol{D}+\boldsymbol{E} & \boldsymbol{F} \\ \boldsymbol{0} & \boldsymbol{G} & \boldsymbol{H} \end{bmatrix}\begin{bmatrix} q_1^{\mathrm{e}} \\ q_2^{\mathrm{e}} \\ q_3^{\mathrm{e}} \end{bmatrix} \end{aligned} \tag{14.137}$$

式中:$\boldsymbol{q}_{12}^{\mathrm{e}}$ 和 $\boldsymbol{q}_{23}^{\mathrm{e}}$ 分别为第一个轴段和第二个轴段的广义坐标,形式如式(14.71)所示,均为 8×1 阶向量,$\boldsymbol{q}_1^{\mathrm{e}}$ 为第一个轴段左端的广义坐标,$\boldsymbol{q}_2^{\mathrm{e}}$ 为第一个轴段右端,也即第二个轴段左端的广义坐标,$\boldsymbol{q}_3^{\mathrm{e}}$ 为第二个轴段右端的广义坐标,三者均为 4×1 阶向量。$\boldsymbol{A},\boldsymbol{B},\boldsymbol{C},\boldsymbol{D}$ 为 $\boldsymbol{K}_{\mathrm{B1}}^{\mathrm{e}}$ 的分块矩阵,$\boldsymbol{E},\boldsymbol{F},\boldsymbol{G},\boldsymbol{H}$ 为 $\boldsymbol{K}_{\mathrm{B2}}^{\mathrm{e}}$ 的分块矩阵,八个分块矩阵均为 4×4 阶方阵。

上式中第三行的广义三阶矩阵的组成与刚度矩阵的组合形式相同,将上式进行推广,可以得到结论:轴元素的总应变能可以用轴元素的组合总刚度矩阵(不组合支承的刚度)和总广义位移向量按照式(14.137)计算。

(2)支承的应变能。支承的应变能为

$$U_k = \frac{1}{2}k(V^2 + W^2) \tag{14.138}$$

式中:k 为支承的刚度;V 为支承水平方向的位移;W 为支承垂直方向的位移。

(3)阻尼器消耗的能量。阻尼器每周消耗的能量为

$$U_c = 2\pi\Omega c(V^2 + W^2) \tag{14.139}$$

式中：c 为阻尼器的阻尼；Ω 为自转转速。

14.2.6　算例

本节给出单转子和双转子临界转速计算算例。

1. 单转子临界转速算例

转子初始模型及其分段如图 14.31 所示，转子各段的参数见表 14.6。

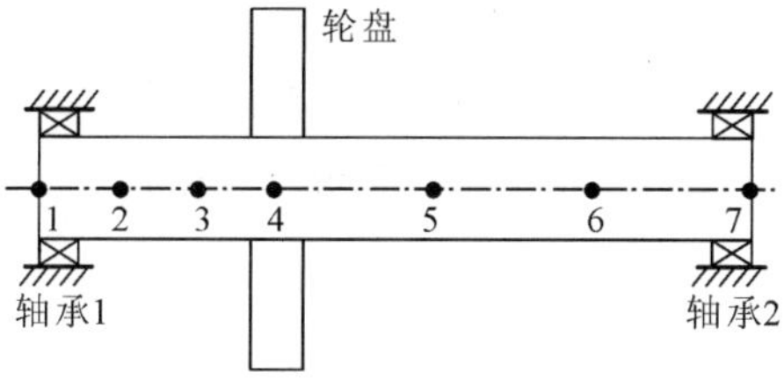

图 14.31　转子模型

表 14.6　转子模型参数表

段数	1	2	3	4	5	6
外径/m	0.025	0.025	0.025	0.025	0.025	0.025
内径/m	0	0	0	0	0	0
长度/m	0.08	0.08	0.08	0.16	0.16	0.16

材料的密度为 $\rho=7\ 850\ \mathrm{kg/m^3}$，弹性模量为 $E=2.06\times10^{11}\ \mathrm{N/m^2}$，两个轴承的刚度均为 $1\times10^8\ \mathrm{N/m}$，轮盘质量为 $m=8.9\ \mathrm{kg}$，直径转动惯量为 $I_\mathrm{d}=0.031\ 96\ \mathrm{kg\cdot m^2}$，极转动惯量为 $I_\mathrm{p}=0.063\ 92\ \mathrm{kg\cdot m^2}$。

不计剪切效应，分别使用有限元法和传递矩阵法，得到的前两阶临界转速见表 14.7。其中，使用传递矩阵法时，将转子分成 720 个轴段。

表 14.7　单转子临界转速计算结果

阶数	传递矩阵法临界转速 / $\mathrm{rad\cdot s^{-1}}$	有限元法临界转速 / $\mathrm{rad\cdot s^{-1}}$	相对误差 / %
1	248.20	248.21	0.004%
2	2 031.51	2 033.83	0.11%

2. 双转子临界转速算例

双转子模型图如图 14.32 所示。双转子系统的参数见表 14.8～表 14.10。材料参数：$E=2.069\times10^{11}\ \mathrm{N/m^2}$，$G=E/2.6$，$\rho=8\ 304\ \mathrm{kg/m^3}$。

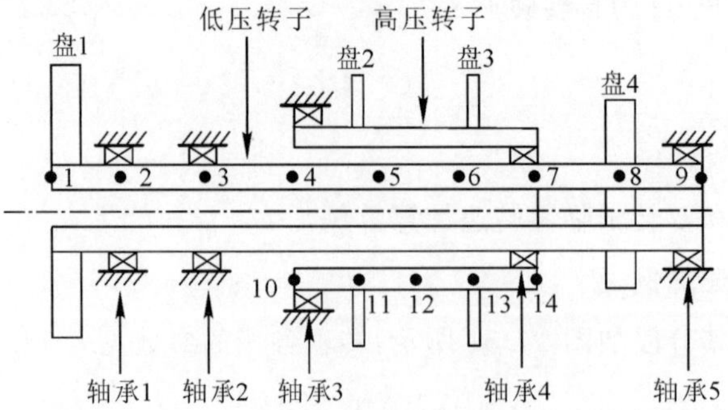

图 14.32 双转子系统模型

表 14.8 双转子系统分段尺寸

高压/低压转子	轴段(节点～节点)	长度/(10^{-2}m)	内半径/(10^{-2}m)	外半径/(10^{-2}m)
低压转子	1～2	5.08	0.7	1.524
	2～3	5.08	0.7	1.524
	3～4	5.08	0.7	1.524
	4～5	8.89	0.7	1.524
	5～6	7.62	0.7	1.524
	6～7	7.62	0.7	1.524
	7～8	5.08	0.7	1.524
	8～9	5.08	0.7	1.524
	9	0	0	0
高压转子	10～11	5.08	1.905	2.54
	11～12	7.62	1.905	2.54
	12～13	7.62	1.905	2.54
	13～14	5.08	1.905	2.54

其中，节点 9 是低压转子的最右端，在计算中，其长度、内径和外径均置为 0。

表 14.9 双转子系统盘的位置

高压/低压转子	节点	质量/kg	极转动惯量/(10^{-4}kg·m^2)	直径转动惯量/(10^{-4}kg·m^2)
低压转子	1	4.904	271.2	135.6
	8	4.203	203.4	101.7
高压转子	11	3.327	146.9	73.4
	13	2.277	97.2	48.6

表 14.10　双转子系统轴承参数

高压/低压转子	节点	刚度/(N·m^{-1})	阻尼/(N·s·m^{-1})
低压转子	2	26 279 500	100
	3	26 279 500	100
	7,14	8 759 800	100
	9	17 519 700	100
高压转子	10	17 519 700	100

图 14.33 所示为该双转子的临界转速图谱，图中虚线表示高压转速等于低压转速。这时，低压主激励和高压主激励是一致的。这条直线检验了双转子临界转速图谱的正确性。

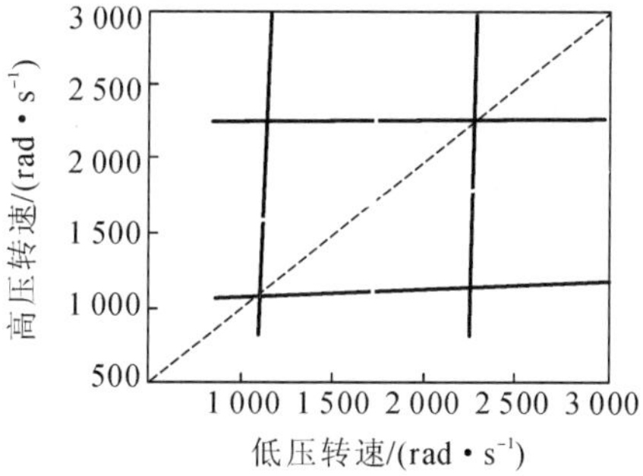

图 14.33　双转子临界转速图谱

设定转速比为 1.5，经过计算，其无阻尼临界转速见表 14.11。

表 14.11　无阻尼临界转速

主激励	一阶临界转速/(rad·s^{-1})	二阶临界转速/(rad·s^{-1})	三阶/(rad·s^{-1})
低压转子	1 126.5	1 727.3	2 279.6
高压转子	1 072.5	1 593.2	2 265.6

14.3　双转子动力学设计

航空发动机双转子一支承系统含有两个转子，高压转子和低压转子的不平衡质量均能激起转子系统的共振，它们的不平衡响应需要分别计算；另外，由于含有中介支承，一个转子的不平衡质量不仅影响该转子的响应，也会影响另一个转子的响应。高压转子和低压转子构成一个紧密耦合的双转子系统。

这些特点使得双转子动力学设计很难用单目标优化的思路完成，而需要使用多目标优化设计方法。单目标优化的好处在于，始终可以寻找到最优的解，而多目标优化则不一定能寻找到使所有优化目标均最优的解。多数情况下，只能找到亚优解或非劣解，它是对各个优化目标进行一定折中的结果。

以下先阐述双转子动力学优化设计流程，并给出优化设计的初始模型，进而讨论转子系统不平衡响应关于设计参数的灵敏度，最后介绍双转子动力学特性优化设计方法，并给出设计示例。

14.3.1 双转子动力学优化设计流程

转子动力学优化设计应与气动性能设计和结构设计同步，且需要在模型与设计规律的指导下进行。因而，设计中要受到气动性能设计和结构设计的约束。例如，轮盘的尺寸和质量，受到结构设计的约束，在转子动力学优化设计中认为是固定值，而不作为设计参数；高、低压转速比受到气动性能的约束，因而在转子动力学优化设计中，其取值范围应设置得很小。

本章从数值角度分析不平衡响应关于设计参数的灵敏度，讨论参数的设计规律。

对于航空发动机设计来说，转子动力学研究的主要宗旨在于减振，就是使发动机在所有运行状态下能够平稳地运行。为了保证质量轻、转速高的航空发动机不仅性能好，而且能安全可靠运行，寿命长，故需要满足5项主要设计准则：

(1)转子临界转速在恰当的转速范围；

(2)转子挠曲应变能应在容许的范围；

(3)动/静件间隙(如工作叶片与机匣间隙)应最小；

(4)支承结构载荷应在容许范围；

(5)转子稳定性储备应足够。

现代航空发动机工作转速范围内存在一、二阶甚至三阶临界转速。在以往的设计中，临界转速、应变能和稳定性要求适合作为约束条件，需要工作转速避开各阶临界转速的±20%范围，转轴的应变能小于总应变能的25%，且系统不产生失稳故障。转子的不平衡响应、支承的载荷作为优化目标，对于双转子，这两个优化目标不一定保持一致，因而需要设为两个目标。转子系统总质量越小越好，在这里将其作为另一个优化目标。

设计参数设置为转子的尺寸参数以及轴承的参数。另外，将转速比也设定为一个设计参数。

设计流程如图14.34所示。图中，性能要求包括模型与设计规律的要求、气动性能要求和结构设计要求等。

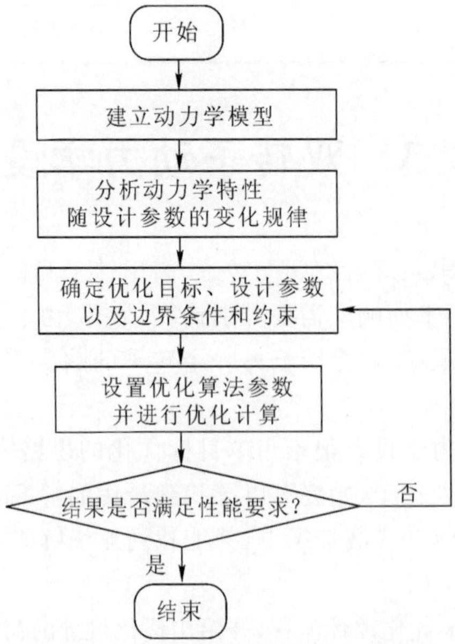

图 14.34 双转子动力学优化设计流程

在双转子航空发动机的设计中，经常是在已有模型的基础上进行改进，而非每次都从零开始新的设计。本章的航空发动机双转子优化设计以第 14.2.6 节中的双转子为基础模型，并在该模型的基础上进行优化设计。

14.3.2　转子系统不平衡响应关于设计参数的灵敏度分析

进行优化设计之前，进行不平衡响应关于设计参数的灵敏度分析，以找到参数变化时，不平衡响应的变化规律。

进行灵敏度分析可以得到各个设计参数对不平衡响应的影响程度，从而可以指导参数调整的优先级。

如前所述，双转子系统的不平衡响应计算公式为

$$\begin{bmatrix} q_c \\ q_s \end{bmatrix} = \begin{bmatrix} K - M\Omega^2 & \Omega(C - \Omega_1 G_1 - \Omega_2 G_2) \\ -\Omega(C - \Omega_1 G_1 - \Omega_2 G_2) & K - M\Omega^2 \end{bmatrix}^{-1} \begin{bmatrix} Q_c \\ Q_s \end{bmatrix} \tag{14.140}$$

可简化为

$$\boldsymbol{Y} = \boldsymbol{A}^{-1}\boldsymbol{Q} \tag{14.141}$$

式中

$$\boldsymbol{Y} = \begin{bmatrix} q_c \\ q_s \end{bmatrix}$$

$$\boldsymbol{A} = \begin{bmatrix} K - M\Omega^2 & \Omega(C - \Omega_1 G_1 - \Omega_2 G_2) \\ -\Omega(C - \Omega_1 G_1 - \Omega_2 G_2) & K - M\Omega^2 \end{bmatrix}$$

$$\boldsymbol{Q} = \begin{bmatrix} Q_c \\ Q_s \end{bmatrix}$$

将不平衡响应按照各个设计参数 $p = (p_1, p_2, \cdots, p_m)$ 进行泰勒展开，并忽略展开式中二阶及二阶以上导数项，得到

$$\boldsymbol{Y} = \boldsymbol{Y}_0 + \sum_{i=1}^{m} \frac{\partial \boldsymbol{Y}}{\partial p_i}\Big|_0 \Delta p_i \tag{14.142}$$

可以将 $\frac{\partial \boldsymbol{Y}}{\partial p_i}$ 定义为稳态不平衡响应关于设计参数 p_i 的灵敏度。

将式(14.141)对设计参数 p_i 求导，可得

$$\frac{\partial \boldsymbol{Y}}{\partial p_i} = -\boldsymbol{A}^{-1} \frac{\partial \boldsymbol{A}}{\partial p_i} \boldsymbol{A}^{-1} \boldsymbol{Q} + \boldsymbol{A}^{-1} \frac{\partial \boldsymbol{Q}}{\partial p_i} = -\boldsymbol{A}^{-1} \frac{\partial \boldsymbol{A}}{\partial p_i} \mathrm{Y} + \boldsymbol{A}^{-1} \frac{\partial \boldsymbol{Q}}{\partial p_i} \tag{14.143}$$

式中：在一定转速下，矩阵 $\boldsymbol{A}$ 为设计参数，如尺寸、质量、材料、轴承刚度、阻尼等的函数，$\boldsymbol{Q}$ 为不平衡量的函数。单纯改变不平衡量时，$\frac{\partial \boldsymbol{A}}{\partial p_i} = 0$。如果不平衡量不改变，而只改变其他设计参数，则 $\frac{\partial \boldsymbol{Q}}{\partial p_i} = 0$，这时，式(14.143)变为

$$\frac{\partial \boldsymbol{Y}}{\partial p_i} = -\boldsymbol{A}^{-1} \frac{\partial \boldsymbol{A}}{\partial p_i} \boldsymbol{Y} \tag{14.144}$$

式中：A^{-1}和Y在不平衡响应中已经求得。因此，灵敏度的求解主要工作是求矩阵A对设计参数的p_i的偏导数，也就是求质量矩阵、刚度矩阵、阻尼矩阵以及陀螺效应矩阵对设计参数的偏导数。对于独立的各设计参数，除了轮盘和支承的位置，很容易求得各自的偏导数。现在分别予以说明。

1. 轮盘元素

轮盘元素的设计参数有三个：质量、极转动惯量和直径转动惯量。这三个量一般会同时变化。这时，可以分别讨论三个量变化的情况，然后进行线性叠加。在以下讨论中，设定盘在双转子系统中的节点号为j。

(1)变化盘质量m_d。变化盘质量时，只有盘的质量矩阵M_T^d对盘质量的偏导数不为0，其他矩阵对盘质量的偏导数均为0。系统质量矩阵对其偏导数为

$$\frac{\partial \boldsymbol{M}}{\partial m_d}=\begin{array}{c} \quad 4j-3 \qquad\qquad 4j \\ \begin{bmatrix} 0 & 0 & 0 \\ 0 & \dfrac{(\boldsymbol{M}_T^d)_j}{m_d}_{(4\times 4)} & 0 \\ 0 & 0 & 0 \end{bmatrix}_{(4n\times 4n)} \begin{array}{l} 4j-3 \\ \\ 4j \end{array}\end{array} \tag{14.145}$$

在该$4n\times 4n$阶方阵中，只有第$4j-3$到第$4j$行、第$4j-3$到第$4j$列组成的4×4阶方阵不为0，其余均为0。

(2)变化盘极转动惯量I_p。变化盘极转动惯量I_p时，只有盘的陀螺效应矩阵$\boldsymbol{G}^d$对盘极转动惯量的偏导数不为0，其他矩阵对盘极转动惯量的偏导数均为0。系统陀螺效应矩阵对I_p的偏导数为

$$\frac{\partial \boldsymbol{G}}{\partial I_p}=\begin{array}{c} \quad 4j-3 \qquad\qquad 4j \\ \begin{bmatrix} 0 & 0 & 0 \\ 0 & \dfrac{(\boldsymbol{G}^d)_j}{I_p}_{(4\times 4)} & 0 \\ 0 & 0 & 0 \end{bmatrix}_{(4n\times 4n)} \begin{array}{l} 4j-3 \\ \\ 4j \end{array}\end{array} \tag{14.146}$$

在该$4n\times 4n$阶方阵中，只有第$4j-3$到第$4j$行、第$4j-3$到第$4j$列组成的4×4阶方阵不为0，其余均为0。如果该盘在低压轴上，则上式中系统陀螺效应矩阵为$\boldsymbol{G}_1$，反之为$\boldsymbol{G}_2$。

(3)变化盘直径转动惯量I_d。变化盘直径转动惯量I_d时，只有盘的质量矩阵M_R^d对盘直径转动惯量的偏导数不为0，其他矩阵对盘直径转动惯量的偏导数均为0。系统质量矩阵对I_d的偏导数为

$$\frac{\partial \boldsymbol{M}}{\partial I_d}=\begin{array}{c} \quad 4j-3 \qquad\qquad 4j \\ \begin{bmatrix} 0 & 0 & 0 \\ 0 & \dfrac{(\boldsymbol{M}_R^d)_j}{I_d}_{(4\times 4)} & 0 \\ 0 & 0 & 0 \end{bmatrix}_{(4n\times 4n)} \begin{array}{l} 4j-3 \\ \\ 4j \end{array}\end{array} \tag{14.147}$$

在该$4n\times 4n$阶方阵中，只有第$4j-3$到第$4j$行、第$4j-3$到第$4j$列组成的4×4阶方阵不为0，其余均为0。

在航空发动机设计中，叶片和盘的几何尺寸一般按照气动性能、结构强度以及载荷要求进行设计，在进行转子动力学设计时，可适当调整。但调整后，需进行强度校核。

2. 轴元素

轴元素的设计变量主要分为尺寸和材料两部分,材料部分往往不是转子动力学设计能决定的,因而本章主要讨论尺寸方面的设计变量,如转轴的内半径 r_i、外半径 r_o 以及轴段的长度 l。

在考虑剪切变形时,剪切变形系数 φ_s 与以上 3 个量均有关系,使得求偏导数比较复杂。本章忽略参数在小范围内变化时 φ_s 的变化。

在以下讨论中,设定转轴在双转子系统中的左、右端点节点号分别为 j 和 $j+1$。

(1) 变化转轴内半径 r_i。变化转轴内半径 r_i 时,质量矩阵、刚度矩阵以及陀螺效应矩阵对其偏导数均不为 0,只有阻尼矩阵的偏导数为 0。系统质量矩阵对其偏导数为

$$\frac{\partial \boldsymbol{M}}{\partial r_i} = \begin{matrix} & {\scriptstyle 4j-3} & & {\scriptstyle 4j+4} & \\ \left[\begin{array}{c:c:c} 0 & 0 & 0 \\ \hdashline 0 & \dfrac{\partial (\boldsymbol{M}_T^e)_j}{\partial r_i} + \dfrac{\partial (\boldsymbol{M}_R^e)_j}{\partial r_i}_{\;(8\times 8)} & 0 \\ \hdashline 0 & 0 & 0 \end{array}\right] & \begin{array}{l} {\scriptstyle 4j-3} \\ \\ {\scriptstyle 4j} \end{array} \\ & & & & {\scriptstyle (4n\times 4n)} \end{matrix} \tag{14.148}$$

在该 $4n \times 4n$ 阶方阵中,只有第 $4j-3$ 到第 $4j+4$ 行、第 $4j-3$ 到第 $4j+4$ 列组成的 8×8 阶方阵不为 0,其余均为 0。

其中,$\dfrac{\partial (\boldsymbol{M}_T^e)_j}{\partial r_i} = [(\boldsymbol{M}_T^e)_j]\big|_{r_o=0} \times \dfrac{-2}{r_i}$,$\dfrac{\partial (\boldsymbol{M}_R^e)_j}{\partial r_i} = [(\boldsymbol{M}_R^e)_j]\big|_{r_o=0} \times \dfrac{-4}{r_i}$。

系统刚度矩阵对 r_i 的偏导数为

$$\frac{\partial \boldsymbol{K}}{\partial r_i} = \begin{matrix} & {\scriptstyle 4j-3} & & {\scriptstyle 4j+4} & \\ \left[\begin{array}{c:c:c} 0 & 0 & 0 \\ \hdashline 0 & \dfrac{\partial (\boldsymbol{K}_B^e)_j}{\partial r_i}_{\;(8\times 8)} & 0 \\ \hdashline 0 & 0 & 0 \end{array}\right] & \begin{array}{l} {\scriptstyle 4j-3} \\ \\ {\scriptstyle 4j} \end{array} \\ & & & & {\scriptstyle (4n\times 4n)} \end{matrix} \tag{14.149}$$

在该 $4n \times 4n$ 阶方阵中,只有第 $4j-3$ 到第 $4j+4$ 行、第 $4j-3$ 到第 $4j+4$ 列组成的 8×8 阶方阵不为 0,其余均为 0。

其中,$\dfrac{\partial (\boldsymbol{K}_B^e)_j}{\partial r_i} = [(\boldsymbol{M}_R^e)_j]\big|_{r_o=0} \times \dfrac{-4}{r_i}$。

系统陀螺效应矩阵对 r_i 的偏导数为

$$\frac{\partial \boldsymbol{G}}{\partial r_i} = \begin{matrix} & {\scriptstyle 4j-3} & & {\scriptstyle 4j} & \\ \left[\begin{array}{c:c:c} 0 & 0 & 0 \\ \hdashline 0 & \dfrac{\partial (\boldsymbol{G}^e)_j}{\partial r_i}_{\;(8\times 8)} & 0 \\ \hdashline 0 & 0 & 0 \end{array}\right] & \begin{array}{l} {\scriptstyle 4j-3} \\ \\ {\scriptstyle 4j} \end{array} \\ & & & & {\scriptstyle (4n\times 4n)} \end{matrix} \tag{14.150}$$

在该 $4n \times 4n$ 阶方阵中,只有第 $4j-3$ 到第 $4j+4$ 行、第 $4j-3$ 到第 $4j+4$ 列组成的 8×8 阶方阵不为 0,其余均为 0。如果该轴段在低压轴上,则上式中系统陀螺效应矩阵为 $\boldsymbol{G}_1$,反之为 $\boldsymbol{G}_2$。

其中,$\dfrac{\partial (\boldsymbol{G}^e)_j}{\partial r_i} = [(\boldsymbol{G}^e)_j]\big|_{r_o=0} \times \dfrac{-4}{r_i}$。

将式(14.148)~式(14.150)以及 $\dfrac{\partial \boldsymbol{C}}{\partial r_i} = 0$ 代入式(14.141)的矩阵 $\boldsymbol{A}$ 中,就可以求得 $\boldsymbol{A}$ 对设

计参数 r_i 的偏导数。

以变化低压轴上第六段的内半径为例，它在各个转速下对第一个盘的不平衡响应的灵敏度如图 14.35 所示。从图中可以看出，不平衡响应灵敏度沿着转速的变化趋势与不平衡响应沿着转速的变化趋势保持一致。在临界转速处，不平衡响应的灵敏度也为极大值。

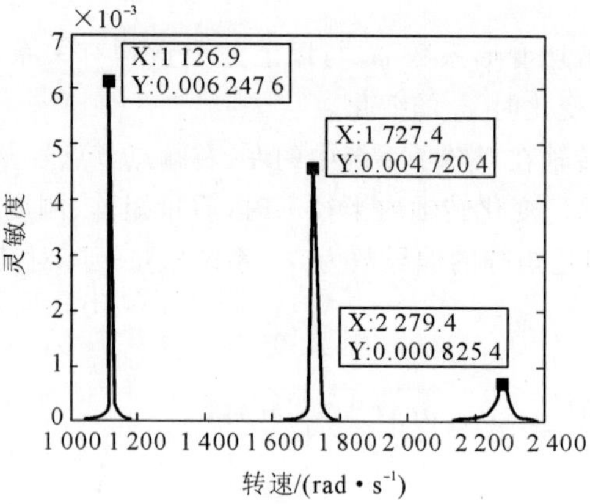

图 14.35 第一个盘的不平衡响应关于低压轴上第六段轴的内半径在各个转速下的灵敏度

(2)变化转轴外半径 r_o。与变化转轴内半径相似，变化转轴外半径 r_o 时，质量矩阵、刚度矩阵以及陀螺效应矩阵对其偏导数均不为 0，只有阻尼矩阵的偏导数为 0。系统质量矩阵对 r_o 的偏导数为

$$\frac{\partial \boldsymbol{M}}{\partial r_o}=\begin{bmatrix} 0 & 0 & 0 \\ 0 & \left(\dfrac{\partial (\boldsymbol{M}_T^e)_j}{\partial r_o}+\dfrac{\partial (\boldsymbol{M}_R^e)_j}{\partial r_o}\right)_{(8\times 8)} & 0 \\ 0 & 0 & 0 \end{bmatrix}_{(4n\times 4n)} \begin{matrix} \\ 4j-3 \\ 4j \end{matrix} \quad (\text{列 } 4j-3 \sim 4j+4) \tag{14.151}$$

在该 $4n\times 4n$ 阶方阵中，只有第 $4j-3$ 到第 $4j+4$ 行、第 $4j-3$ 到第 $4j+4$ 列组成的 8×8 阶方阵不为 0，其余均为 0。

其中，$\dfrac{\partial (\boldsymbol{M}_T^e)_j}{\partial r_o}=[(\boldsymbol{M}_T^e)_j]\,|_{r_i=0}\times\dfrac{2}{r_o}$，$\dfrac{\partial (\boldsymbol{M}_R^e)_j}{\partial r_o}=[(\boldsymbol{M}_R^e)_j]\,|_{r_i=0}\times\dfrac{4}{r_o}$。

系统刚度矩阵对 r_o 的偏导数为

$$\frac{\partial \boldsymbol{K}}{\partial r_o}=\begin{bmatrix} 0 & 0 & 0 \\ 0 & \left(\dfrac{\partial (\boldsymbol{K}_B^e)_j}{\partial r_o}\right)_{(8\times 8)} & 0 \\ 0 & 0 & 0 \end{bmatrix}_{(4n\times 4n)} \begin{matrix} \\ 4j-3 \\ 4j \end{matrix} \quad (\text{列 } 4j-3 \sim 4j+4) \tag{14.152}$$

在该 $4n\times 4n$ 阶方阵中，只有第 $4j-3$ 到第 $4j+4$ 行、第 $4j-3$ 到第 $4j+4$ 列组成的 8×8 阶方阵不为 0，其余均为 0。

其中，$\dfrac{\partial (\boldsymbol{K}_B^e)_j}{\partial r_o}=[(\boldsymbol{M}_B^e)_j]\,|_{r_i=0}\times\dfrac{4}{r_i}$。

系统陀螺效应矩阵对 r_o 的偏导数为

$$\frac{\partial \boldsymbol{G}}{\partial r_o}=\begin{array}{c} \begin{matrix} \quad 4j-3 & & 4j+4 \end{matrix} \\ \left[\begin{array}{c:c:c} 0 & 0 & 0 \\ \hdashline 0 & \dfrac{\partial (\boldsymbol{G}^e)_j}{\partial r_o}{}_{(8\times 8)} & 0 \\ \hdashline 0 & 0 & 0 \end{array}\right]_{(4n\times 4n)} \begin{matrix} 4j-3 \\ \\ 4j \end{matrix} \end{array} \tag{14.153}$$

在该$(4n\times 4n)$阶方阵中，只有第 $4j-3$ 到第 $4j+4$ 行、第 $4j-3$ 到第 $4j+4$ 列组成的 8×8 阶方阵不为 0，其余均为 0。如果该轴段在低压轴上，则上式中系统陀螺效应矩阵为 $\boldsymbol{G}_1$，反之为 $\boldsymbol{G}_2$。

其中，$\dfrac{\partial (\boldsymbol{G}^e)_j}{\partial r_o}=[(\boldsymbol{G}^e)_j]\big|_{r_i=0}\times \dfrac{4}{r_i}$。

将式(14.151)～式(14.153)以及$\dfrac{\partial \boldsymbol{C}}{\partial r_o}=0$ 代入式(14.137)的矩阵 $\boldsymbol{A}$ 中，就可以求得 $\boldsymbol{A}$ 对设计参数 r_o 的偏导数。

(3)变化轴段长度 l。变化转轴长度 l 时，质量矩阵、刚度矩阵以及陀螺效应矩阵对其偏导数均不为 0，只有阻尼矩阵的偏导数为 0。系统质量矩阵对 l 的偏导数为

$$\frac{\partial \boldsymbol{M}}{\partial l}=\begin{array}{c} \begin{matrix} 4j-3 & & 4j+4 \end{matrix} \\ \left[\begin{array}{c:c:c} 0 & 0 & 0 \\ \hdashline 0 & \left(\dfrac{\partial (\boldsymbol{M}_T^e)_j}{\partial l}+\dfrac{\partial (\boldsymbol{M}_R^e)_j}{\partial l}\right)_{(8\times 8)} & 0 \\ \hdashline 0 & 0 & 0 \end{array}\right]_{(4n\times 4n)} \begin{matrix} 4j-3 \\ \\ 4j \end{matrix} \end{array} \tag{14.154}$$

在该 $4n\times 4n$ 阶方阵中，只有第 $4j-3$ 到第 $4j+4$ 行、第 $4j-3$ 到第 $4j+4$ 列组成的 8×8 阶方阵不为 0，其余均为 0。式中的两项偏导数分别为

$$\frac{\partial (\boldsymbol{M}_T^e)_j}{\partial l}=\frac{\rho_l}{(1+\varphi_s)^2}\begin{bmatrix} M'_{T1} & & & & & & & \\ 0 & M'_{T1} & & & & \text{对称} & & \\ 0 & -M'_{T4} & M'_{T2} & & & & & \\ M'_{T4} & 0 & 0 & M'_{T2} & & & & \\ M'_{T3} & 0 & 0 & M'_{T5} & M'_{T1} & & & \\ 0 & M'_{T3} & -M'_{T5} & 0 & 0 & M'_{T1} & & \\ 0 & M'_{T5} & M'_{T6} & 0 & 0 & M'_{T4} & M'_{T2} & \\ -M'_{T5} & 0 & 0 & M'_{T6} & -M'_{T4} & 0 & 0 & M'_{T2} \end{bmatrix} \tag{14.155}$$

式中　$M'_{T1}=M_{T1}=\dfrac{13}{35}+\dfrac{7}{10}\varphi_s+\dfrac{1}{3}\varphi_s^2$

$M'_{T2}=3M_{T2}=3\left(\dfrac{1}{105}+\dfrac{1}{60}\varphi_s+\dfrac{1}{120}\varphi_s^2\right)l^2$

$M'_{T3}=M_{T3}=\dfrac{9}{70}+\dfrac{3}{10}\varphi_s+\dfrac{1}{6}\varphi_s^2$

$M'_{T4}=2M_{T4}=2\left(\dfrac{11}{210}+\dfrac{11}{120}\varphi_s+\dfrac{1}{24}\varphi_s^2\right)l$

$M'_{T5}=2M_{T5}=2\left(\dfrac{13}{420}+\dfrac{3}{40}\varphi_s+\dfrac{1}{24}\varphi_s^2\right)l$

$M'_{T6}=3M_{T6}=-3\left(\dfrac{1}{140}+\dfrac{1}{60}\varphi_s+\dfrac{1}{120}\varphi_s^2\right)l^2$

$$\frac{\partial(\boldsymbol{M}_{\mathrm{R}}^{\mathrm{e}})_j}{\partial l}=\frac{\rho_1 I}{(1+\varphi_{\mathrm{s}})^2 A}\begin{bmatrix} M'_{\mathrm{R1}} & & & & & & & \\ 0 & M'_{\mathrm{R1}} & & & & & & \\ 0 & -M'_{\mathrm{R4}} & M'_{\mathrm{R2}} & & & \text{对称} & & \\ M'_{\mathrm{R4}} & 0 & 0 & M'_{\mathrm{R2}} & & & & \\ -M'_{\mathrm{R1}} & 0 & 0 & -M'_{\mathrm{R4}} & M'_{\mathrm{R1}} & & & \\ 0 & -M'_{\mathrm{R1}} & M'_{\mathrm{R4}} & 0 & 0 & M'_{\mathrm{R1}} & & \\ 0 & -M'_{\mathrm{R4}} & M'_{\mathrm{R3}} & 0 & 0 & M'_{\mathrm{R4}} & M'_{\mathrm{R2}} & \\ M'_{\mathrm{R4}} & 0 & 0 & M'_{\mathrm{R3}} & -M'_{\mathrm{R4}} & 0 & 0 & M'_{\mathrm{R2}} \end{bmatrix} \tag{14.156}$$

式中 $M'_{\mathrm{R1}}=M_{\mathrm{R1}}\times\frac{-1}{l^2}=-\frac{6}{5l^2}$ $\qquad M'_{\mathrm{R2}}=M_{\mathrm{R2}}\times\frac{1}{l^2}=\frac{2}{15}+\frac{1}{6}\varphi_{\mathrm{s}}+\frac{1}{3}\varphi_{\mathrm{s}}^2$

$M'_{\mathrm{R3}}=M_{\mathrm{R3}}\times\frac{1}{l^2}=-\frac{1}{30}-\frac{1}{6}\varphi_{\mathrm{s}}+\frac{1}{6}\varphi_{\mathrm{s}}^2$ $\qquad M'_{\mathrm{R4}}=0$

系统刚度矩阵对 l 的偏导数为

$$\frac{\partial\boldsymbol{K}}{\partial l}=\begin{array}{c} \begin{matrix} \scriptstyle 4j-3 & & \scriptstyle 4j+4 \end{matrix} \\ \left[\begin{array}{c:c:c} 0 & 0 & 0 \\ \hdashline 0 & \dfrac{\partial(\boldsymbol{K}_{\mathrm{B}}^{\mathrm{e}})_j}{\partial l}_{(8\times8)} & 0 \\ \hdashline 0 & 0 & 0 \end{array}\right]_{(4n\times4n)} \end{array} \begin{array}{l} \scriptstyle 4j-3 \\ \\ \scriptstyle 4j \end{array} \tag{14.157}$$

在该 $4n\times4n$ 阶方阵中，只有第 $4j-3$ 到第 $4j+4$ 行、第 $4j-3$ 到第 $4j+4$ 列组成的 8×8 阶方阵不为 0，其余均为 0。偏导数项为

$$\frac{\partial(\boldsymbol{K}_{\mathrm{B}}^{\mathrm{e}})_j}{\partial l}=\frac{EI}{1+\varphi_{\mathrm{s}}}\begin{bmatrix} K'_{\mathrm{B1}} & & & & & & & \\ 0 & K'_{\mathrm{B1}} & & & & & & \\ 0 & -K'_{\mathrm{B4}} & K'_{\mathrm{B2}} & & & \text{对称} & & \\ K'_{\mathrm{B4}} & 0 & 0 & K'_{\mathrm{B2}} & & & & \\ -K'_{\mathrm{B1}} & 0 & 0 & -K'_{\mathrm{B4}} & K'_{\mathrm{B1}} & & & \\ 0 & -K'_{\mathrm{B1}} & K'_{\mathrm{B4}} & 0 & 0 & K'_{\mathrm{B1}} & & \\ 0 & -K'_{\mathrm{B4}} & K'_{\mathrm{B3}} & 0 & 0 & K'_{\mathrm{B4}} & K'_{\mathrm{B2}} & \\ K'_{\mathrm{B4}} & 0 & 0 & K'_{\mathrm{B3}} & -K'_{\mathrm{B4}} & 0 & 0 & K'_{\mathrm{B2}} \end{bmatrix} \tag{14.158}$$

式中 $K'_{\mathrm{B1}}=K_{\mathrm{B1}}\times\frac{-3}{l^4}=\frac{-36}{l^4}$ $\qquad K'_{\mathrm{B2}}=K_{\mathrm{B2}}\times\frac{-1}{l^4}=\frac{-(4+\varphi_{\mathrm{s}})}{l^2}$

$K'_{\mathrm{B3}}=K_{\mathrm{B3}}\times\frac{-1}{l^4}=\frac{-(2-\varphi_{\mathrm{s}})}{l^2}$ $\qquad K'_{\mathrm{B4}}=K_{\mathrm{B4}}\times\frac{-2}{l^4}=\frac{-12}{l^3}$

系统陀螺效应矩阵对 l 的偏导数为

$$\frac{\partial\boldsymbol{G}}{\partial l}=\begin{array}{c} \begin{matrix} \scriptstyle 4j-3 & & \scriptstyle 4j+4 \end{matrix} \\ \left[\begin{array}{c:c:c} 0 & 0 & 0 \\ \hdashline 0 & \dfrac{\partial(\boldsymbol{G}^{\mathrm{e}})_j}{\partial l}_{(8\times8)} & 0 \\ \hdashline 0 & 0 & 0 \end{array}\right]_{(4n\times4n)} \end{array} \begin{array}{l} \scriptstyle 4j-3 \\ \\ \scriptstyle 4j \end{array} \tag{14.159}$$

在该 $4n\times4n$ 阶方阵中，只有第 $4j-3$ 到第 $4j+4$ 行、第 $4j-3$ 到第 $4j+4$ 列组成的 8×8 阶方阵不为 0，其余均为 0。如果该轴段在低压轴上，则上式中系统陀螺效应矩阵为 $\boldsymbol{G}_1$，反之为 $\boldsymbol{G}_2$。偏导数项为

$$\frac{\partial(\boldsymbol{G}^{e})_j}{\partial l}=\frac{\rho_1 I}{15(1+\varphi_s)^2 A}\begin{bmatrix} 0 & & & & & & & \\ G_1' & 0 & & & & & & \\ -G_2' & 0 & 0 & & & \text{对称} & & \\ 0 & -G_2' & G_4' & 0 & & & & \\ 0 & G_1' & -G_2' & 0 & 0 & & & \\ -G_1' & 0 & 0 & -G_2' & G_1' & 0 & & \\ -G_2' & 0 & 0 & G_3' & G_2' & 0 & 0 & \\ 0 & -G_2' & -G_3' & 0 & 0 & G_2' & G_4' & 0 \end{bmatrix} \tag{14.160}$$

式中　$G_1'=G_1\times\dfrac{-1}{l^2}=-\dfrac{36}{l^2}$　　　　$G_2'=0$

$G_3'=G_3\times\dfrac{1}{l^2}=1+5\varphi_s-5\varphi_s^2$　　$G_4'=G_4\times\dfrac{1}{l^2}=4+5\varphi_s+10\varphi_s^2$

将式(14.154)～式(14.160)以及$\dfrac{\partial \boldsymbol{C}}{\partial l}=0$代入式(14.141)的矩阵 $\boldsymbol{A}$ 中，就可以求得 $\boldsymbol{A}$ 对设计参数的 l 的偏导数。

3. 轴承元素

轴承元素的设计参数主要有两个：轴承刚度和轴承阻尼。在以下讨论中，设定轴承为各向同性，且不考虑交叉刚度和阻尼。设定轴承在双转子系统中的节点号为 j。如果是中介轴承，则其在低压轴上的节点号为 i，高压轴上的节点号为 j。

(1)变化普通轴承刚度 k^{b}。变化普通轴承刚度时，只有轴承的刚度矩阵 K^{b} 对刚度的偏导数不为 0，其他矩阵对刚度的偏导数均为 0。系统刚度矩阵对轴承刚度的偏导数为

$$\frac{\partial \boldsymbol{K}}{\partial k^{b}}=\begin{bmatrix} 0 & 0 & 0 \\ 0 & \dfrac{(\boldsymbol{K}^{b})_j}{k^{b}}_{(4\times4)} & 0 \\ 0 & 0 & 0 \end{bmatrix}_{(4n\times4n)} \begin{matrix} 4j-3 \\ \\ 4j \end{matrix} \quad (\text{列 } 4j-3 \text{ 至 } 4j) \tag{14.161}$$

在该 $4n\times4n$ 阶方阵中，只有第 $4j-3$ 到第 $4j-2$ 行、第 $4j-3$ 到第 $4j-2$ 列组成的 2×2 阶方阵不为 0，其余均为 0。

(2)变化普通轴承阻尼 c^{b}。变化普通轴承阻尼时，只有轴承的阻尼矩阵 C^{b} 对轴承阻尼的偏导数不为 0，其他矩阵对阻尼的偏导数均为 0。系统阻尼矩阵对轴承阻尼的偏导数为

$$\frac{\partial \boldsymbol{C}}{\partial c^{b}}=\begin{bmatrix} 0 & 0 & 0 \\ 0 & \dfrac{(\boldsymbol{C}^{b})_j}{c^{b}}_{(4\times4)} & 0 \\ 0 & 0 & 0 \end{bmatrix}_{(4n\times4n)} \begin{matrix} 4j-3 \\ \\ 4j \end{matrix} \quad (\text{列 } 4j-3 \text{ 至 } 4j) \tag{14.162}$$

在该 $4n\times4n$ 阶方阵中，只有第 $4j-3$ 到第 $4j-2$ 行、第 $4j-3$ 到第 $4j-2$ 列组成的 2×2 阶方阵不为 0，其余均为 0。

(3)变化中介轴承刚度 k^{in}。变化中介轴承刚度时，只有轴承的刚度矩阵 $\boldsymbol{K}^{b}$ 对刚度的偏导数不为 0，其他矩阵对刚度的偏导数均为 0。系统刚度矩阵对中介轴承刚度的偏导数为

$$\frac{\partial \boldsymbol{K}}{\partial k^{\text{in}}}=\left[\begin{array}{c|cccc} & 4i-3 & 4i-2 & 4j-3 & 4j-2 \\ \hline 4i-3 & 1 & & -1 & \\ 4i-2 & & 1 & & -1 \\ 4j-3 & -1 & & 1 & \\ 4j-2 & & -1 & & 1 \end{array}\right]_{(4n\times 4n)} \tag{14.163}$$

在该 $4n\times 4n$ 阶方阵中，只有上式中标出 1 和 −1 的位置不为 0，其余均为 0。

(4)变化中介轴承阻尼 c^{in}。变化中介轴承阻尼时，只有轴承的阻尼矩阵 $\boldsymbol{C}^{\text{b}}$ 对阻尼的偏导数不为 0，其他矩阵对阻尼的偏导数均为 0。系统阻尼矩阵对中介轴承阻尼的偏导数为

$$\frac{\partial \boldsymbol{C}}{\partial c^{\text{in}}}=\left[\begin{array}{c|cccc} & 4i-3 & 4i-2 & 4j-3 & 4j-2 \\ \hline 4i-3 & 1 & & -1 & \\ 4i-2 & & 1 & & -1 \\ 4j-3 & -1 & & 1 & \\ 4j-2 & & -1 & & 1 \end{array}\right]_{(4n\times 4n)} \tag{14.164}$$

在该 $4n\times 4n$ 阶方阵中，只有上式中标出 1 和 −1 的位置不为 0，其余均为 0。

灵敏度大的物理意义是，在参数改变相同百分比的情况下，对不平衡响应的影响大。

14.3.3 临界转速裕度准则下的双转子动力学优化设计

目前转子动力学设计的基本准则是所谓的"临界转速裕度准则"，即工作转速要避开临界转速 15%～20%，这将作为转子优化设计的一个约束条件。

如前所述，在双转子系统优化设计过程中，将轮盘振幅、支承外传力和轴系总质量最小作为优化目标，将临界转速裕度要求、应变能分布以及稳定性储备作为约束条件。设计参数主要有两种：一种是轴承的参数，包括轴承的位置、刚度、阻尼等；另一种是转子的参数，包括轴内/外径、轴段长度、盘的位置、转速比等。以下分别予以讨论。

1. 设计参数

(1)轴承的参数。轴承的位置可以通过变化其左右两端的轴段长度来进行微调，因而这里不再重复设置参数。

本章优化设计中，支承(轴承与轴承座串联)的刚度取值范围定为 $5\times10^{5}\sim1\times10^{8}$ N/m。

由于双转子结构复杂，不容易求出阻尼比，因而使用阻尼对临界转速的影响程度确定阻尼的取值范围。工程中转子的阻尼比一般小于 5%，本章将最大的等效一阶阻尼比定为 5%。当阻尼比为 5%时，Jeffcott 转子临界转速的相对误差为 0.25%，这里取使得一阶临界转速影响达到 0.25%的阻尼为其最大阻尼。经过计算，得到各个支承的阻尼取值范围，见表 14.12。

表 14.12 双转子系统轴承参数

高压/低压转子	节点	阻尼取值范围/($N \cdot s \cdot m^{-1}$)
低压转子	2	0～6 600
	3	0～10 600
	7,14	0～1 400
	9	0～2 300
高压转子	10	0～5 700

(2)转子的参数。低压转子轴段内径的取值范围取为初始模型的－20%～10%,高压转子轴段内径的取值范围取为初始模型的±10%;低压转子和高压转子外径的取值范围取为初始模型的±10%;轴段长度的取值范围取为初始模型的±20%;由于转速比主要是由气动计算确定,因而取值范围窄,这里将其设定为1.4～1.6。

盘的位置也可以通过变化其左右两端的轴段长度来进行微调,也不再重复设置参数。

2. 约束条件

(1)临界转速约束。传统的临界转速约束是将低阶临界转速和高阶临界转速分别与临界转速禁忌区的下限和上限进行比较,即低阶临界转速小于临界转速禁忌区下限,而高阶临界转速大于临界转速禁忌区上限。这种处理方法适用于单转子系统,而双转子航空发动机在其工作转速范围内需要通过3阶甚至3阶以上临界转速,且临界转速禁忌区更多,这一处理方法已经不能用来处理双转子动力学优化设计的临界转速约束,因为无法保证这些临界转速会出现在哪个区域。

航空发动机在运行中经常使用5种转速,即最大状态转速(n_{max})、中间状态转速(n_{middle},达到或接近最大转速)、额定状态转速(n_{rated},转速约为最大状态转速的95%)、巡航状态转速($n_{cruising}$,转速为最大转速的90%)和慢车状态转速(n_{idle},转速为最大转速的20%～40%)。根据这5种转速与20%的临界转速裕度要求,可以将临界转速约束分为3个区域,如图14.36所示。

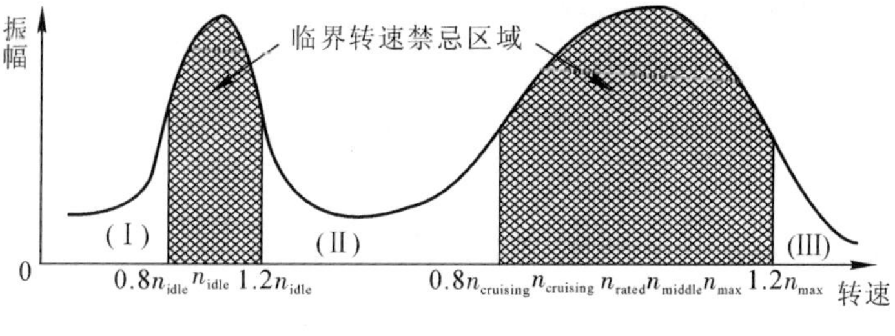

图 14.36　临界转速的取值范围

图14.36中除(Ⅰ)区、(Ⅱ)区和(Ⅲ)区外的两个区域为临界转速禁忌区域。为了统一临界转速约束的三个区域,可以构造一个一元四次多项式

$$f(\omega_n)=(\omega_n-0.8n_{idle})(\omega_n-1.2n_{idle})(\omega_n-0.8n_{cruising})(\omega_n-1.2n_{max}) \tag{14.165}$$

式中：ω_n 为计算出的临界转速。

当 $f(\omega_n)>0$ 时，其表达的含义等效于临界转速满足约束条件；反之，当 $f(\omega_n)\leqslant 0$ 时，临界转速会落在临界转速禁忌区域内。

对于任何工作转速范围及其附近的临界转速，都需要满足 $f(\omega_n)>0$。满足这个条件的数学表达式可以统一表示为

$$\min(f(\omega_n))>0 \tag{14.166}$$

式中：min 函数表达的意思是，取各阶临界转速对应的 $f(\omega_n)$ 函数的最小值。如果最小值大于0，则表示每个临界转速对应的 $f(\omega_n)$ 函数都大于0，即满足约束条件。反之，如果最小值小于0，则表示这一阶临界转速落在了临界转速禁忌区域，不满足约束条件，需要乘以惩罚因子。这样，就把临界转速约束从复杂的需要分区域讨论的表达式变成了简洁的形式，便于优化设计。

由于双转子临界转速分为低压转子主激励临界转速和高压转子主激励临界转速，图14.36所示的临界转速禁忌区域对于高压转子和低压转子分别存在，且两者的禁忌区域并不相同。但是存在比例关系，这个比例就是转速比。可以通过转速比的关系计算出高压主激励的临界转速下对应的低压转速，从而统一使用低压转速的临界转速禁忌区域进行约束。

例如将低压转子的最大转速设定为 $n_{\max}=2\ 000$ rad/s，则 $n_{\text{cruising}}=1\ 800$ rad/s，$n_{\text{idle}}=600$ rad/s（取为最大转速的30%），则图14.36中所示的两个临界转速禁忌区域为：[480 rad/s，720 rad/s]和[1 440 rad/s，2 400 rad/s]。

(2)应变能分布约束。对于在工作转速下的临界转速对应的振型，转轴的应变能小于总应变能的25%。即每个临界转速下转子的应变能比例都需要满足 $U_n-0.25<0$，满足这个条件的数学表达式可以统一表示为

$$\max(U_n-0.25)<0 \tag{14.167}$$

式中：U_n 表示转子第 n 阶振型转轴应变能与总应变能之比，max 表示取各阶临界转速对应的 $(U_n-0.25)$ 的最大值。

(3)稳定性约束。在工作转速下的临界转速对应的特征值的实部必须满足 $\alpha<0$，满足这个条件的数学表达式可以统一表示为

$$\max(\alpha)<0 \tag{14.168}$$

$\max(\alpha)$ 表示取各阶临界转速对应的特征值实部 α 的最大值。

综合以上三个约束，得到总的约束为

$$f_{\text{penalty}}=\max(0,-\min(f(\omega_n)/\omega_n^4)^2+\max(0,\max(U_n-0.25))^2+\max(0,\max(\alpha))^2 \tag{14.169}$$

临界转速约束除以 ω_n^4 是为了将该约束的值缩小，以防止它使后两个约束失效。这样处理后并不影响 $f(\omega_n)$ 函数的正负号。

3. 优化目标

优化目标有三个，轮盘振幅最小、支承外传力最小和轴系总质量最小。可以用三个函数分别进行表达。

$$\left.\begin{aligned} f_1 &= \max(R) + f_{\text{penalty}} \\ f_2 &= \sum_{j=1}^{n-1} \rho\pi(r_{oj}^2 - r_{ij}^2) l_j + f_{\text{penalty}} \\ f_3 &= \max(F) + f_{\text{penalty}} \end{aligned}\right\} \tag{14.170}$$

式中：R 为轮盘振幅；$\max(R)$ 为在整个工作转速范围内的各个轮盘振幅的最大值；ρ 为材料密度；r_{oj} 为第 j 个轴段的外半径；r_{ij} 为第 j 个轴段的内半径；l_j 第 j 个轴段的长度；$\max(F)$ 为在整个工作转速范围内的各个支承外传力的最大值，支承外传力的表达式为

$$F = |(k + \mathrm{j}\Omega c) R_\mathrm{b}| \tag{14.171}$$

式中：k 为支承刚度；c 为支承阻尼系数；R_b 为支承处的振幅；Ω 为主激励转速；绝对值符号为取其幅值部分。

4. 优化计算

使用传递矩阵法或有限元法计算转子临界转速、转轴应变能分布、不平衡响应及支承外传力，使用优化算法进行优化计算，典型的优化算法有遗传算法、粒子群算法、蚁群算法、模拟退火法等。优化计算流程如图 14.37 所示。

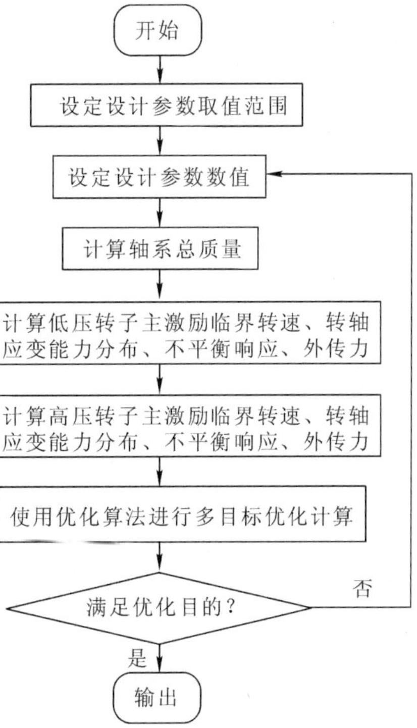

图 14.37　优化计算流程

经过优化计算，得到了一组满足约束条件的最优解集，如图 14.38 所示。

最优解集中的各个个体没有优劣的分别。也就是说，找不到使三个目标函数同时最小化的理论上的最优解。

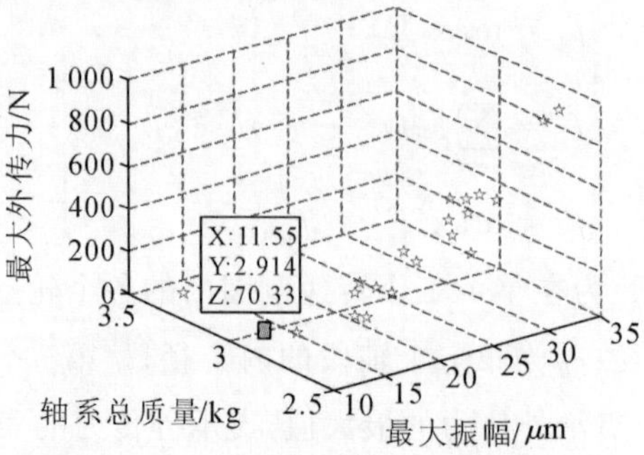

图 14.38　迭代后得到的最优解集

可以根据对各目标函数的重视程度从最优解集中进行选择。例如，可以选择轮盘最大振幅和轴系总质量相对小的点，如图 14.38 中所标出的数据。其转速比为 1.43，优化后的双转子系统模型如图 14.39 所示。

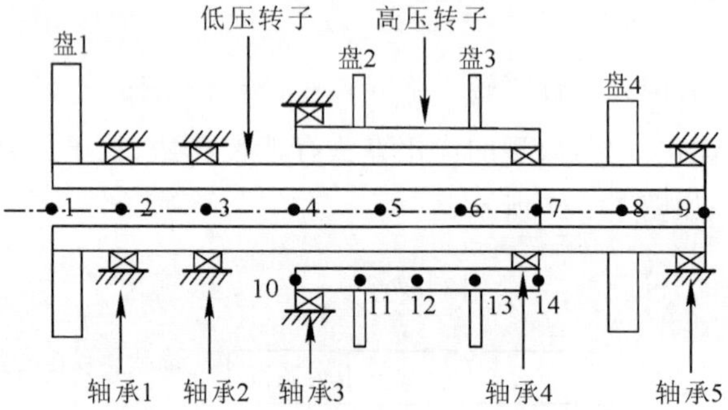

图 14.39　优化后的双转子系统模型

对应的转子系统分段尺寸见表 14.13，对应的轴承参数见表 14.14。

表 14.13　优化后的双转子系统分段尺寸

高压/低压转子	轴段(节点～节点)	长度/(10^{-2} m)	内半径/(10^{-2} m)	外半径/(10^{-2} m)
低压转子	1～2	4.220 0	0.748 1	1.398 4
	2～3	4.360 4	0.748 1	1.398 4
	3～4	4.116 4	0.748 1	1.400 2
	4～5	7.191 0	0.748 1	1.401 2
	5～6	6.993 7	0.748 1	1.422 9
	6～7	6.171 4	0.748 1	1.427 1
	7～8	4.803 9	0.748 1	1.427 0
	8～9	4.273 1	0.748 1	1.387 2
	9	0	0	0
高压转子	10～11	4.570 2	1.736 0	2.325 1
	11～12	6.349 5	1.736 0	2.327 5
	12～13	6.164 5	1.736 0	2.337 9
	13～14	4.119 6	1.736 0	2.345 7

表 14.14　优化后的双转子系统轴承参数

高压/低压转子	节点	刚度/(N·m^{-1})	阻尼/(N·s·m^{-1})
低压转子	2	7.7554×10^6	2 492.6
	3	2.0434×10^6	99.6
	7,14	1.7706×10^6	731.2
	9	7.5877×10^5	665.2
高压转子	10	2.7690×10^7	1 655.0

工作转速下低压主激励的临界转速为 396.5 rad/s,1 075.8 rad/s 和 1 159.0 rad/s,高压主激励的临界转速为 385.5 rad/s,1 035.1 rad/s 和 1 119.3 rad/s(对应的低压转速分别为 269.4 rad/s,723.4 rad/s 和 782.3 rad/s)。将低压转子的最大转速 n_{max}=2 000 rad/s、巡航转速 $n_{cruising}$=1 800 rad/s 以及慢车转速 n_{idle}=600 rad/s 代入如图 14.36 所示的临界转速取值范围,得到低压转速的临界转速取值范围,如图 14.40 所示。图中,转速的单位为 rad/s。

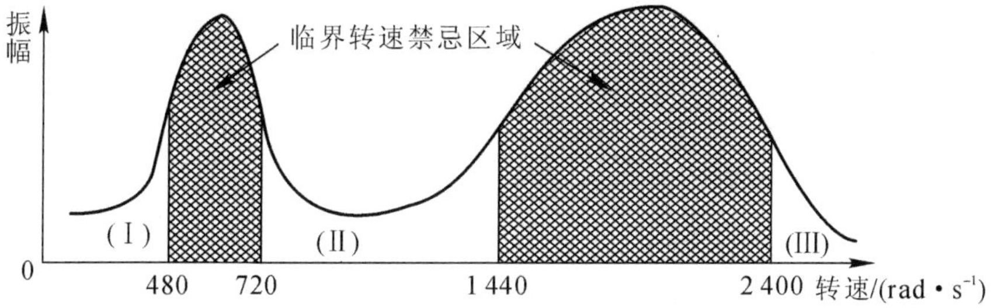

图 14.40　低压转速的临界转速取值范围

以上第一阶临界转速均在慢车转速以下,第二阶和第三阶临界转速在慢车以上、工作转速以下,且均满足临界转速的约束条件。

最大转轴应变能比例为 12.1%,且没有出现特征值实部大于 0 的情况,即没有发生失稳。以上数据均满足约束条件。

优化后的模型与初始模型的对比见表 14.15。

表 14.15　优化前后的对比

模型	轮盘最大振幅/μm	轴系总质量/kg	支承最大外传力/N
初始模型	578.1	4.24	7826
优化计算	11.55	2.914	70.33

由表中的对比可以发现,进行优化设计后,轮盘最大振幅、轴系总质量以及支承最大外传

力均减小。

优化设计时,如果只选择转子的支承刚度作为设计参数,而不考虑转子的惯量参数和几何参数,也可对转子进行优化设计计算,结果表明,只有将惯量参数、几何参数和支承刚度均作为设计参数,才能达到最佳优化目标,而仅优选支承刚度,则可能在常规支承刚度取值范围内无法得出符合约束条件的优化结果。

14.3.4 可容模态准则下的双转子动力学优化设计

如本书第 12 章所述,新一代发动机要工作在"可容模态"之下,即允许转子在临界转速下工作,不再为临界转速留有裕度。在"可容模态"下设计转子时,设计参数和优化目标与第 14.3.3 节保持一致,只是在约束条件中去除临界转速裕度约束。

经过优化计算,得到了满足约束条件的最优解集,如图 14.41 所示。

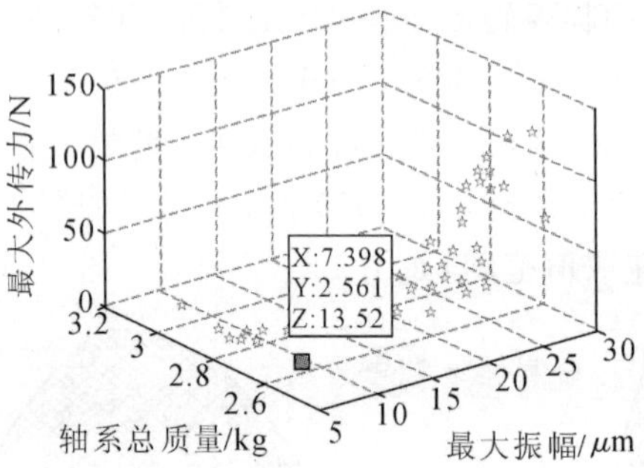

图 14.41 迭代后得到的最优解集

选择轮盘最大振幅和轴系总质量相对小的点,如图 14.41 中标出的数据。其转速比为 1.42,优化后的双转子系统模型如图 14.42 所示。

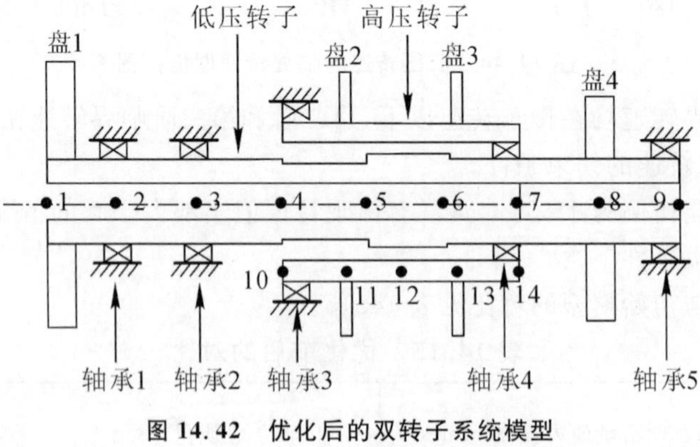

图 14.42 优化后的双转子系统模型

对应的转子系统分段尺寸见表 14.16,对应的轴承参数见表 14.17。

在表 14.16 和表 14.17 中,①表示可容模态准则下的双转子动力学优化设计,②表示临界转速裕度准则下的双转子动力学优化设计。

工作转速下低压主激励的临界转速为 449.1 rad/s,679.1 rad/s 和 1 016.4 rad/s,高压主激励的临界转速为 440.3 rad/s、668.1 rad/s 和 938.0 rad/s(对应的低压转速分别为 311.1 rad/s,472.1 rad/s 和 662.7 rad/s)。

表 14.16 优化后的双转子系统分段尺寸

高压/低压转子	轴段(节点～节点)	长度/(10^{-2}m)		内半径/(10^{-2}m)		外半径/(10^{-2}m)	
		①	②	①	②	①	②
低压转子	1～2	4.196 7	4.220 0	0.750 3	0.748 1	1.372 2	1.398 4
	2～3	4.176 6	4.360 4	0.748 1	0.748 1	1.398 1	1.398 4
	3～4	4.314 2	4.116 4	0.748 1	0.748 1	1.401 6	1.400 2
	4～5	7.365 7	7.191 0	0.748 1	0.748 1	1.384 0	1.401 2
	5～6	6.370 4	6.993 7	0.748 1	0.748 1	1.494 2	1.422 9
	6～7	6.508 4	6.171 4	0.748 1	0.748 1	1.413 9	1.427 1
	7～8	4.514 9	4.803 9	0.748 1	0.748 1	1.421 3	1.427 0
	8～9	4.454 1	4.273 1	0.748 1	0.748 1	1.374 8	1.387 2
	9	0	0	0	0	0	0
高压转子	10～11	4.160 9	4.5702	1.87	1.736 0	2.297 4	2.325 1
	11～12	6.292 1	6.349 5	1.87	1.736 0	2.297 1	2.327 5
	12～13	6.236 9	6.164 5	1.87	1.736 0	2.310 2	2.337 9
	13～14	4.287 2	4.119 6	1.87	1.736 0	2.328 5	2.345 7

表 14.17 优化后的双转子系统轴承参数

高压/低压转子	节点	刚度/(N·m^{-1})		阻尼(Ns·m^{-1})	
		①	②	①	②
低压转子	2	$1.532\ 6\times10^{6}$	$7.755\ 4\times10^{6}$	2 029.9	2 492.6
	3	$2.575\ 5\times10^{6}$	$2.043\ 4\times10^{6}$	1 106.7	99.6
	7,14	$2.533\ 5\times10^{7}$	$1.770\ 6\times10^{6}$	25.3	731.2
	9	$9.919\ 5\times10^{5}$	$7.587\ 7\times10^{5}$	503.5	665.2
高压转子	10	$1.797\ 9\times10^{6}$	$2.769\ 0\times10^{7}$	2 286	1 655.0

优化后的模型与初始模型的对比见表 14.18。

表 14.18 优化前后的对比

模型	轮盘最大振幅/μm	轴系总质量/kg	支承最大外传力/N
初始模型	578.1	4.24	7 826
临界转速裕度准则优化计算	11.55	2.914	70.33
可容模态准则优化计算	7.40	2.561	13.52

优化结果说明,使用可容模态准则优化计算后,可以得到振动更小、质量更轻、支承外传力更小的转子—支承系统。

图 14.43 所示为临界转速裕度准则优化计算和可容模态准则优化计算后的轮盘不平衡响应。

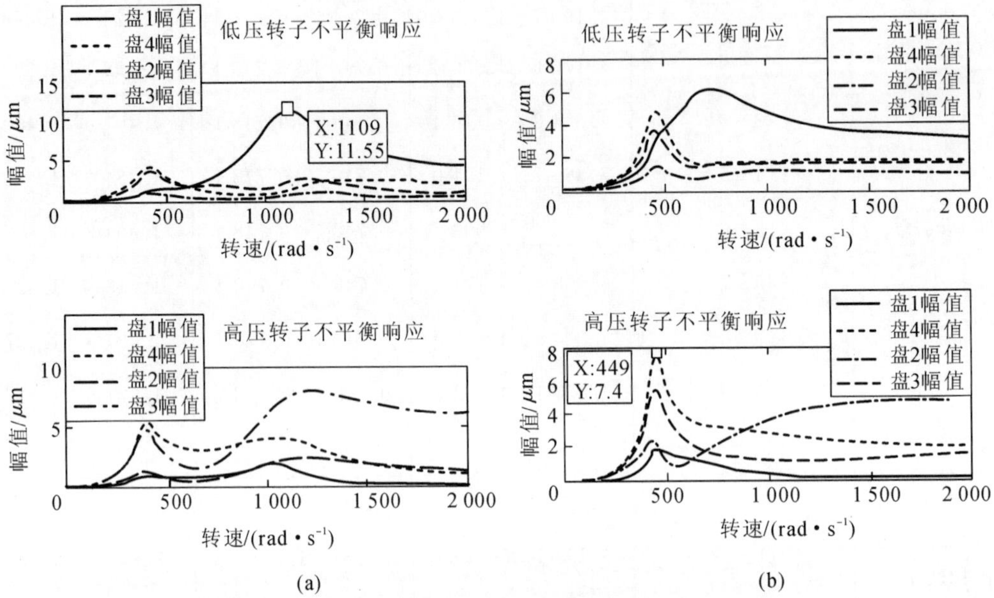

图 14.43 不平衡响应

(a)临界转速裕度准则优化计算;(b)可容模态准则优化计算

第 15 章　柔性转子的模态动平衡方法

如前面章节所述，航空发动机工作转速范围之内，转子系统具有若干阶模态，完全“避开共振”是非常困难的。因此，需要按照“可容模态”的设计方法来进行转子系统的动力学设计。转子的动平衡是转子“可容模态”设计方法的关键内容。对于运转在一阶、二阶甚至三阶弯曲临界转速之上的发动机转子，一般的刚性转子动平衡工艺达不到“可容模态”的平衡要求。必须将其视作柔性转子进行高速动平衡。柔性转子动平衡要比刚性转子动平衡复杂得多。它涉及平衡面的选取、各阶模态的确定、转子振动的测量、试重的加法、组件的平衡次序等诸多方面的问题。因此，目前无标准的平衡机和平衡工艺来进行柔性转子动平衡。

一般采用影响系数平衡法或模态平衡法对柔性转子实施动平衡。本书第 10 章曾系统地介绍了影响系数平衡法。本章将详细介绍单转子模态动平衡理论和方法。模态平衡法适用的条件是转子的振型可解耦。实际上，要求转子系统的阻尼很小。对于支承在滚动轴承上的转子来说，这一条件一般是满足的。模态平衡法基于转子模态分析，算法透明，物理意义很明确。本章将介绍单转子模态动平衡的 N 平面法、$N+2$ 平面法、向前正交平衡法、全正交平衡法以及模态动平衡的步骤和流程，以便于读者能系统、完整地学习和掌握。

15.1　柔性转子的运动方程和模态正交性

15.1.1　运动方程

为简单起见，但又不失一般性，以一各向同性的柔性轴为例予以分析。如图 15.1 所示，轴的刚度为 $EI(x)=B(x)$，单位长度的质量为 $U(x)$。轴承的刚度为 c。轴的质量中心 $S(W_s, V_s)$ 和轴的几何中心 (W, V) 不重合，即存在质心偏移 $[\varepsilon(x), \beta(x)]$。假设转轴稳态运转，角速度为 Ω。

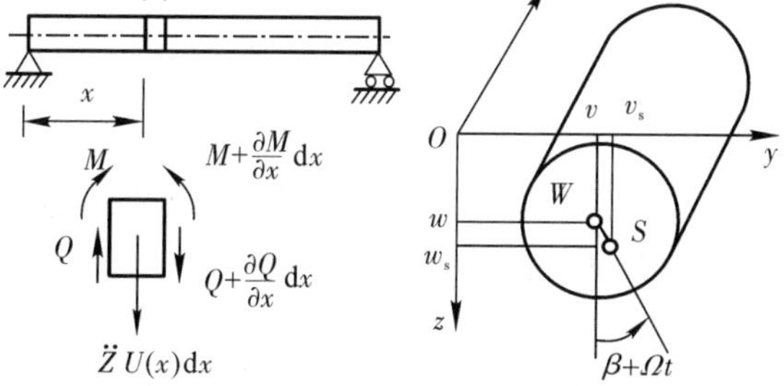

图 15.1　轴微元段受力图及截面位移坐标图

在轴上取一微元段 $\mathrm{d}x$，其受力如图 15.1 所示。于是，得到力矩平衡方程为

$$M+\frac{\partial M}{\partial x}\mathrm{d}x-M-\left[Q+\frac{\partial Q}{\partial x}\mathrm{d}x\right]\mathrm{d}x-\mathrm{d}xU(x)\ddot{Z}(x,t)\ \frac{1}{2}\mathrm{d}x=0 \tag{15.1}$$

忽略高阶量$(\mathrm{d}x)^2$之后，得

$$\frac{\partial M}{\partial x}-Q=0 \tag{15.2}$$

故

$$Q=\frac{\partial M}{\partial x} \tag{15.3}$$

由力平衡方程

$$Q-Q-\frac{\partial Q}{\partial x}\mathrm{d}x-\mathrm{d}xU(x)\ddot{Z}(x,t)=0 \tag{15.4}$$

得

$$\frac{\partial Q}{\partial x}=-U(x)\ddot{Z}(x,t) \tag{15.5}$$

考虑到方程式(15.3)，得

$$\frac{\partial^2 M}{\partial x^2}=-U(x)\ddot{Z}(x,t) \tag{15.6}$$

根据材料力学

$$M=EI\ \frac{\partial^2 Z(x,t)}{\partial x^2} \tag{15.7}$$

代入方程式(15.6)，得

$$\frac{\partial^2}{\partial x^2}\left[EI\ \frac{\partial^2 Z(s,t)}{\partial x^2}\right]=-U(x)\ddot{Z}(x,t) \tag{15.8}$$

由图15.1所示的几何关系得

$$W_s(x,t)=W(x,t)+\varepsilon(x)\cos[\beta(x)+\Omega t] \tag{15.9}$$

$$V_s(x,t)=V(x,t)+\varepsilon(x)\sin[\beta(x)+\Omega t] \tag{15.10}$$

则加速度为

$$\ddot{W}_s(x,t)=\ddot{W}(x,t)-\Omega^2\varepsilon(x)\cos[\beta(x)+\Omega t] \tag{15.11}$$

$$\ddot{V}_s(x,t)=\ddot{V}(x,t)-\Omega^2\varepsilon(x)\sin[\beta(x)+\Omega t] \tag{15.12}$$

利用方程式(15.8)的关系，得到z方向和y方向的运动方程分别为

$$\frac{\partial^2}{\partial x^2}\left[EI\ \frac{\partial^2 W(x,t)}{\partial x^2}\right]+U(x)\ddot{W}(x,t)=\Omega^2 U(x)\varepsilon(x)\cos[\Omega t+\beta(x)] \tag{15.13}$$

$$\frac{\partial^2}{\partial x^2}\left[EI\ \frac{\partial^2 V(x,t)}{\partial x^2}\right]+U(x)\ddot{V}(x,t)=\Omega^2 U(x)\varepsilon(x)\sin[\Omega t+\beta(x)] \tag{15.14}$$

方程式(15.13)和方程式(15.14)是关于转轴几何中心坐标(W,V)的运动方程。用几何中心坐标W和V来表示转轴的运动，便于测量。方程式(15.13)和方程式(15.14)的解由以下两部分组成：

$$W(x,t)=W_h(x,t)+W_p(x,t) \tag{15.15}$$

$$V(x,t)=V_h(x,t)+V_p(x,t) \tag{15.16}$$

其中$W_h(x,t)$和$V_h(x,t)$分别为方程的齐次通解，而$W_p(x,t)$和$V_p(x,t)$则为非齐次特解。

15.1.2　振动模态

为确定转轴的模态，先求解齐次方程的通解。不妨先只求 z 方向的运动方程，即

$$\frac{\partial^2}{\partial x^2}\left[EI(x)\frac{\partial^2 W}{\partial x^2}\right]+U(x)\ddot{W}(x,t)=0 \tag{15.17}$$

假设转轴的运动在时间和空间上是可分离的，即解具有如下形式：

$$W_{\mathrm{h}}(x,t)=W(x)\sin\omega_z t \tag{15.18}$$

$$\ddot{W}_{\mathrm{h}}(x,t)=-\omega_z^2 W(x)\sin\omega_z t \tag{15.19}$$

代入方程式(15.17)，得

$$\frac{\mathrm{d}^2}{\mathrm{d}x^2}\left[EI(x)\frac{\mathrm{d}^2 W(x)}{\mathrm{d}x^2}\right]-\omega_z^2 U(x)W(x)=0 \tag{15.20}$$

根据边界条件和方程式(15.20)就可解出转轴的振型和自振频率(或临界转速)。为给出简单的示例，不妨设等截面均质轴，铰支在绝对刚性的轴承上。此时，方程式(15.20)变为

$$WI\frac{\mathrm{d}^4 W(x)}{\mathrm{d}x^4}-\omega_z^2 UW(x)=0 \tag{15.21}$$

两边同除以 EI，并令

$$\frac{\omega_z^2 U}{EI}=k^4 \tag{15.22}$$

则有

$$\frac{\mathrm{d}^4 W(x)}{\mathrm{d}x^4}-k^4 W(x)=0 \tag{15.23}$$

设方程的解为

$$W(x)=W\mathrm{e}^{\lambda x} \tag{15.24}$$

$$W^{(4)}(x)=\lambda^4 W\mathrm{e}^{\lambda x} \tag{15.25}$$

代入方程式(15.23)，得

$$\lambda^4-k^4=0 \tag{15.26}$$

$$\lambda^4=k^4 \tag{15.27}$$

$$\lambda_{1,2}=\pm k \tag{15.28}$$

$$\lambda_{3,4}=\pm \mathrm{j}k \tag{15.29}$$

故

$$W(x)=A\mathrm{e}^{kx}+B\mathrm{e}^{-kx}+C\mathrm{e}^{\mathrm{j}kx}+D\mathrm{e}^{-\mathrm{j}kx} \tag{15.30}$$

$$W'(x)=Ak\mathrm{e}^{kx}-Bk\mathrm{e}^{-kx}+C\mathrm{j}k\mathrm{e}^{\mathrm{j}kx}-D\mathrm{j}k\mathrm{e}^{-\mathrm{j}kx} \tag{15.31}$$

$$W''(x)=Ak^2\mathrm{e}^{kx}+Bk^2\mathrm{e}^{kx}-Ck^2\mathrm{e}^{\mathrm{j}kx}-Dk^2\mathrm{e}^{-\mathrm{j}kx} \tag{15.32}$$

边界条件为

$$x=0,\quad W(0)=0,\quad W''(0)=0 \tag{15.33}$$

$$x=L,\quad W(L)=0,\quad W''(L)=0 \tag{15.34}$$

由

$$A+B+C+D=0 \tag{15.35}$$

$$Ak^2+Bk^2-Ck^2-Dk^2=0 \tag{15.36}$$

得

$$A=-B \tag{15.37}$$

$$C=-D \tag{15.38}$$

$$0=Ae^{kL}+Be^{-kL}+Ce^{jkL}+De^{-jkL} \tag{15.39}$$

$$0=Ak^2e^{kL}+Bk^2e^{-kL}-Ck^2e^{jkL}-Dk^2e^{-jkL} \tag{15.40}$$

$$2Ck^2e^{jkL}+2Dk^2e^{-jkL}=0 \tag{15.41}$$

$$2Dk^2[e^{-jkL}-e^{jkL}]=0 \tag{15.42}$$

$$D=0,\text{则 } C=0, Ae^{kL}+Be^{-kL}=0 \tag{15.43}$$

由于

$$e^{-kL}-e^{kL}\neq 0$$

故

$$A=B=0 \tag{15.44}$$

但转轴不运动，这不是所求的解。

因此，须有

$$e^{-jkL}-e^{jkL}=0 \tag{15.45}$$

$$\cos kL-j\sin kL-\cos kL-j\sin kL=0 \tag{15.46}$$

$$-2j\sin kL=0 \tag{15.47}$$

故

$$kL=n\pi,\quad n=1,2,3,\cdots \tag{15.48}$$

$$\frac{\omega_{zn}^2U}{EI}=k^4=\left(\frac{n\pi}{L}\right)^4 \tag{15.49}$$

$$\omega_{zn}=\left(\frac{n\pi}{L}\right)^2\sqrt{\frac{EI}{U}},\quad n=1,2,3,\cdots \tag{15.50}$$

于是得到

一阶模态为

$$W_1=\sin\frac{\pi x}{L} \tag{15.51}$$

$$\omega_{z1}=\left(\frac{\pi}{L}\right)^2\sqrt{\frac{EI}{U}} \tag{15.52}$$

二阶模态为

$$W_2=\sin\frac{2\pi x}{L} \tag{15.53}$$

$$\omega_{z2}=\left(\frac{2\pi}{L}\right)^2\sqrt{\frac{EI}{U}} \tag{15.54}$$

三阶模态为

$$W_3=\sin\frac{3\pi x}{L} \tag{15.55}$$

$$\omega_{z3}=\left(\frac{3\pi}{L}\right)^2\sqrt{\frac{EI}{U}} \tag{15.56}$$

图 15.2 给出了转轴的前三阶振型。

转轴的自由振动则由各阶模态组成，即

$$W_h(x,t)=\sum_{i=1}^{\infty}W_i(x)\left[A_i(x)\cos\omega_{zi}t+B_i\sin\omega_{zi}t\right] \tag{15.57}$$

其中常数 A_i 和 B_i 由初始条件所决定。

对于复杂的转子，其振型 $W_i(x)$ 和自振频率 ω_{zi} 可用有限元法或者传递矩阵法数值求解。

一般情况下，转子单阶纯模态振动并不发生。因为这样的初始条件很难出现。但振型对转子平衡非常重要。

利用模态分析方法，转子的不平衡响应很容易表征。

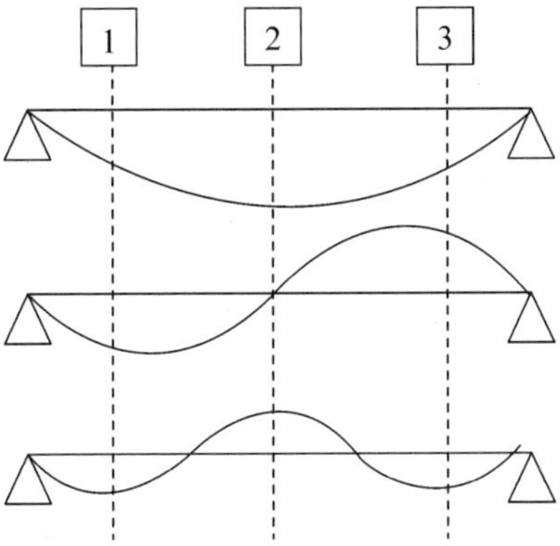

图 15.2　转轴的前三阶振型图

15.1.3　振型的正交特性

把第 i 阶模态对应的齐次解

$$W_i(x,t)=W_i(x)\left[A_i\cos\omega_{zi}t+B_i\sin\omega_{zi}t\right] \tag{15.58}$$

代入方程式(15.21)，得

$$EI\frac{\mathrm{d}^4W_i(x)}{\mathrm{d}x^4}-\omega_{zi}^2U(x)W_i(x)=0 \tag{15.59}$$

对第 j 阶振型，同样有

$$EI\frac{\mathrm{d}^4W_j(x)}{\mathrm{d}x^4}-\omega_j^2U(x)W_j(x)=0 \tag{15.60}$$

方程式(15.59)两边同乘以 $W_j(x)$，得

$$EI\frac{\mathrm{d}^4W_i(x)}{\mathrm{d}x^4}W_j(x)-\omega_{zi}^2U(x)W_i(x)W_j(x)=0 \tag{15.61}$$

方程式(15.60)两边同乘以 $W_i(x)$，得

$$EI\frac{\mathrm{d}^4W_j(x)}{\mathrm{d}x^4}W_i(x)-\omega_{zj}^2(x)U(x)W_j(x)W_i(x)=0 \tag{15.62}$$

对方程式(15.61)两边同时积分，得

$$\int_0^L EI\frac{\mathrm{d}^4W_i(x)}{\mathrm{d}x^4}W_j(x)\mathrm{d}x-\omega_{zi}^2(x)\int_0^L U(x)W_i(x)W_j(x)\mathrm{d}x=0 \tag{15.63}$$

$$\int_0^L EIW_j(x)\mathrm{d}\frac{\mathrm{d}^3W_i}{\mathrm{d}x^3}=EIW_j(x)\frac{\mathrm{d}^3W_i}{\mathrm{d}x^3}\Big|_0^L-\int_0^L EI\frac{\mathrm{d}^3W_i\mathrm{d}W_j}{\mathrm{d}x^3\ \ \mathrm{d}x}dx \tag{15.64}$$

对于双铰支轴，边界条件为

$$W_j(0)=W_j(L)=0 \tag{15.65}$$

对于悬臂轴，悬臂端的边界条件为

$$\frac{\mathrm{d}^3 W_i(x)}{\mathrm{d}x^3}\Big|_{x=L}=0 \tag{15.66}$$

故

$$EIW_j(x)\frac{\mathrm{d}^3 W_i(x)}{\mathrm{d}x^3}\Big|_0^L=0 \tag{15.67}$$

$$\int_0^L EI\frac{\mathrm{d}^3 W_i(x)}{\mathrm{d}x^3}\times\frac{\mathrm{d}W_j(x)}{\mathrm{d}x}\mathrm{d}x=\int_0^L EI\frac{\mathrm{d}W_j(x)}{\mathrm{d}x}\mathrm{d}\left[\frac{\mathrm{d}^2 W_i(x)}{\mathrm{d}x^2}\right]=$$

$$EI\frac{\mathrm{d}W_j}{\mathrm{d}x}\frac{\mathrm{d}^2 W_i(x)}{\mathrm{d}x^2}\Bigg|_0^L-\int_0^L EI\frac{\mathrm{d}^2 W_i(x)}{\mathrm{d}x^2}\frac{\mathrm{d}^2 W_j(x)}{\mathrm{d}x^2}\mathrm{d}x \tag{15.68}$$

双铰支轴的边界条件为

$$\frac{\mathrm{d}^2 W_i(x)}{\mathrm{d}x^2}\Bigg|_0^L=0 \tag{15.69}$$

悬臂轴的铰支端边界条件为

$$\frac{\mathrm{d}^2 W_i(x)}{\mathrm{d}x^2}\Bigg|_0=0 \tag{15.70}$$

悬臂端边界条件为

$$\frac{\mathrm{d}^2 W_i(x)}{\mathrm{d}x^2}\Bigg|_L=0 \tag{15.71}$$

最终得到

$$\int_0^L EI\frac{\mathrm{d}^4 W_i(x)}{\mathrm{d}x^4}W_j(x)\mathrm{d}x=\int_0^L EI\frac{\mathrm{d}^2 W_i(x)}{\mathrm{d}x^2}\frac{\mathrm{d}^2 W_j(x)}{\mathrm{d}x^2}\mathrm{d}x \tag{15.72}$$

同样对方程式(15.62)两边进行积分，考虑到边界条件之后，同理可得

$$\int_0^L EI\frac{\mathrm{d}^4 W_j(x)}{\mathrm{d}x^4}W_i(x)\mathrm{d}x=\int_0^L EI\frac{\mathrm{d}^2 W_j(x)}{\mathrm{d}x^2}\frac{\mathrm{d}^2 W_i(x)}{\mathrm{d}x^2}\mathrm{d}x \tag{15.73}$$

由式(15.72)和式(15.73)可重新列出 i 阶和 j 阶的模态积分方程分别为

$$\int_0^L EI\frac{\mathrm{d}^2 W_i(x)}{\mathrm{d}x^2}\frac{\mathrm{d}^2 W_j(x)}{\mathrm{d}x^2}\mathrm{d}x-\omega_i^2\int_0^L UW_j(x)W_i(x)\mathrm{d}x=0 \tag{15.74}$$

$$\int_0^L EI\frac{\mathrm{d}^2 W_i(x)}{\mathrm{d}x^2}\frac{\mathrm{d}^2 W_j(x)}{\mathrm{d}x^2}\mathrm{d}x-\omega_j^2\int_0^L UW_j(x)W_i(x)\mathrm{d}x=0 \tag{15.75}$$

由式(15.74)和式(15.75)得

$$(\omega_i^2-\omega_j^2)\int_0^L UW_j(x)W_i(x)\mathrm{d}x=0 \tag{15.76}$$

由于 $\omega_\mathrm{i}\neq\omega_\mathrm{j}(i\neq j)$，故有

$$\int_0^L UW_j(x)W_i(x)\mathrm{d}x=0 \tag{15.77}$$

进而有

$$\int_0^L EI\frac{\mathrm{d}^2 W_i(x)}{\mathrm{d}x^2}\frac{\mathrm{d}^2 W_j(x)}{\mathrm{d}x^2}\mathrm{d}x=0 \tag{15.78}$$

当 $i=j$ 时，可得第 i 阶模态质量和刚度分别为

$$m_{\mathrm{gen},i}=\int_0^L UW_i(x)W_i(x)\mathrm{d}x \tag{15.79}$$

$$S_{gen,i}=\int_0^L EI\frac{d^2W_i}{dx^2}\frac{d^2W_i}{dx^2}dx \tag{15.80}$$

于是，由方程式(15.74)得到第 i 阶自振频率为

$$\omega_i^2=\frac{S_{gen,i}}{m_{gen,i}} \tag{15.81}$$

15.2　转子的不平衡响应

15.2.1　复向量表示法

在转子动平衡中，用复向量表示方法既代表幅值又包含相位，给推导和运算带来方便，如图 15.3 所示。

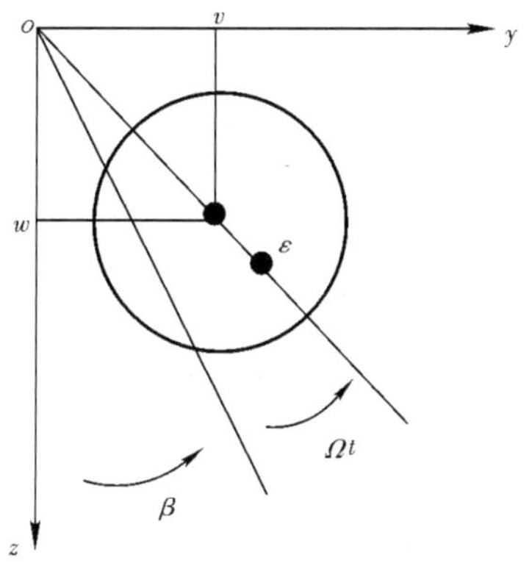

图 15.3　转子的不平衡响应

转子的挠度可表示成

$$r(x,t)=W(x,t)+jV(x,t) \tag{15.82}$$

式中：$j=\sqrt{-1}$。

在 z 方向和 y 方向转子的运动方程分别为

$$\left[EI\frac{\partial^2 W}{\partial x^2}\right]''+U(x)\ddot{W}(x,t)=\varepsilon(x)\Omega^2U(x)\cos(\beta+\Omega t) \tag{15.83}$$

$$\left[EI\frac{\partial^2 V}{\partial x^2}\right]''+U(x)\ddot{V}(x,t)=\varepsilon(x)\Omega^2U(x)\sin(\beta+\Omega t) \tag{15.84}$$

方程式(15.83)+j×方程式(15.84)可得

$$\left[EI\frac{\partial^2 r}{\partial x^2}\right]''+U(x)\ddot{r}(x,t)=\varepsilon(x)\Omega^2U(x)e^{j\beta(x)}e^{j\Omega t} \tag{15.85}$$

15.2.2　不平衡响应

假设方程的解为

$$r = R(x)\mathrm{e}^{\mathrm{j}\Omega t} \tag{15.86}$$

$R(x)$为复向量。代入方程式(15.85),可得

$$\left[EI\,\frac{\mathrm{d}^2R(x)}{\mathrm{d}x^2}\right]'' - \Omega^2 U(x)R(x) = \varepsilon(x)\Omega^2 U(x)\mathrm{e}^{\mathrm{j}\beta(x)} \tag{15.87}$$

$R(x)$可表示成转子模态向量的组合,即

$$R(x) = \sum_{i=1}^{\infty}\alpha_i R_i(x) \tag{15.88}$$

$R_i(x)$为转子第 i 阶复模态,即

$$R_i(x) = W_i(x) + \mathrm{j}V_i(x) \tag{15.89}$$

α_i 为复常数。把式(15.88)代入方程式(15.87)得

$$\left[EI\,\frac{\mathrm{d}^2}{\mathrm{d}x^2}\sum_{i=1}^{\infty}R_i(x)\alpha_i\right]'' - \Omega^2 U(x)\sum_{i=1}^{\infty}R_i(x)\alpha_i = \varepsilon(x)\Omega^2 U(x)\mathrm{e}^{\mathrm{j}\beta(x)} \tag{15.90}$$

方程式(15.90)两边同乘以 $R_j^*(x)$(为 $R(x)$的共轭复向量)并积分,则有

$$\int_0^L\left[\sum_{i=1}^{N}\alpha_i EI\,\frac{\mathrm{d}^2R_i(x)}{\mathrm{d}x^2}\right]''R_j^*(x)\mathrm{d}x - \Omega^2\int_0^L R_j^*\sum\alpha_i R_i U(x)\mathrm{d}x = \int_0^L R_j^*\varepsilon(x)\Omega^2U(x)\mathrm{e}^{\mathrm{j}\beta(x)}\mathrm{d}x \tag{15.91}$$

考虑正交条件

$$\int_0^L\left[EI\,\frac{\mathrm{d}^2R_i(x)^2}{\mathrm{d}x^2}\right]''R_j^*\,\mathrm{d}x = 0,\quad i\neq j \tag{15.92}$$

$$\int_0^L R_j^* R_i U(x)\mathrm{d}x = 0,\quad i\neq j \tag{15.93}$$

方程式(15.91)则变为

$$\int_0^L\left[\alpha_i EI\,\frac{\mathrm{d}^2R_i(x)}{\mathrm{d}x^2}\right]''R_i^*(x)\mathrm{d}x - \Omega^2\int_0^L R_i^*\alpha_i R_i U(x)\mathrm{d}x = \int_0^L R_i^*\varepsilon(x)\Omega^2U(x)\mathrm{e}^{\mathrm{j}\beta(x)}\mathrm{d}x \tag{15.94}$$

对方程式(15.94)左边第一项进行分部积分,代入后可得

$$\alpha_i\int_0^L EI\,\frac{\mathrm{d}^2R_i(x)}{\mathrm{d}x^2}\,\frac{\mathrm{d}^2R_i^*(x)}{\mathrm{d}x^2}\mathrm{d}x - \Omega^2\alpha_i\int_0^L U(x)R_i(x)R_i^*(x)\mathrm{d}x = \int_0^L R_i^*\varepsilon(x)\Omega^2U(x)\mathrm{e}^{\mathrm{j}\beta(x)}\mathrm{d}x \tag{15.95}$$

代入如下的模态刚度和模态质量:

模态刚度为

$$S_{\mathrm{gen},i} = \int_0^L EI\,\frac{\mathrm{d}^2R_i(x)}{\mathrm{d}x^2}\,\frac{\mathrm{d}^2R_i^*(x)}{\mathrm{d}x^2}\mathrm{d}x \tag{15.96}$$

模态质量为

$$M_{\mathrm{gen},i} = \int_0^L U(x)R_i(x)R_i^*(x)\mathrm{d}x \tag{15.97}$$

方程式(15.95)变为

$$\alpha_i\left[S_{\mathrm{gen},i} - \Omega^2 M_{\mathrm{gen},i}\right] = \int_0^L \varepsilon(x)\Omega^2U(x)\mathrm{e}^{\mathrm{j}\beta(x)}R_i^*(x)\mathrm{d}x \tag{15.98}$$

由此解得

$$\alpha_i = \frac{\Omega^2}{S_{\mathrm{gen},i} - \Omega^2 M_{\mathrm{gen},i}}\hat{U}_i \tag{15.99}$$

式中

$$\hat{U}_i = \int_0^L \varepsilon(x)U(x)e^{j\beta(x)}R_i^*(x)dx$$

代入式(15.88)后得到转子的不平衡响应为

$$r(x,t) = \sum R_i(x)\frac{\Omega^2\hat{U}_i e^{j\Omega t}}{S_{gen,i} - \Omega^2 M_{gen,i}} \tag{15.100}$$

引入第 i 阶临界转速 $\omega_i = \sqrt{\dfrac{S_{gen,i}}{M_{gen,i}}}$，式(15.100) 可整理为

$$r(x,t) = \sum R_i(x)\frac{\left(\dfrac{\Omega}{\omega_i}\right)^2}{1-\left(\dfrac{\Omega}{\omega_i}\right)^2}\frac{\hat{U}_i}{M_{gen,i}}e^{j\Omega t} \tag{15.101}$$

根据式(15.101)可得出如下结论：

(1)转子的运动轨迹为正进动圆轨迹；

(2)当转速与临界转速 ω_i 一致时，即当 $\Omega=\omega_i$ 时，转子发生共振；

(3)共振时，转子的振动以 i 阶振型为主，其他阶振型的影响可忽略不计。

此时，转子的响应为

$$r(s,t) = r_i(s,t) = R_i(x)\frac{\left(\dfrac{\Omega}{\omega_i}\right)^2}{1-\left(\dfrac{\Omega}{\omega_i}\right)^2}\frac{\hat{U}_i}{M_{gen,i}}e^{j\Omega t} \tag{15.102}$$

此式表明，转子的挠曲变形发生在平面之内。图 15.4 所示为转子前三阶模态的幅频响应。

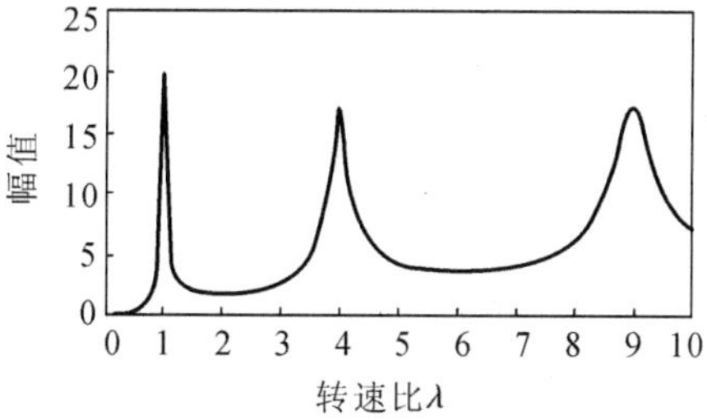

图 15.4　转子前三阶模态的幅频响应

15.3　模态平衡的 N 平面法

15.3.1　N 平面理论

N 平面平衡方法的目的是消除或减小转子前 N 阶不平衡模态响应。为此，要在 N 个平面上加校正质量。如图 15.5(a)和(b)所示分别为一柔性转子及其不平衡分布、挠度和平衡面。

在截面 n 上加一质量 Δm_n，相角为 β_n，所引起的不平衡为

$$\hat{U}_n = e_n \Delta m_n e^{j\beta_n} \tag{15.103}$$

表示成分布函数的形式为

$$\hat{U}_n(x)=e_n\Delta m_n e^{j\beta_n}\delta(x-x_n) \tag{15.104}$$

式中

$$\delta(x-x_n)=\begin{cases}1, & x=x_n\\ 0, & x\neq x_n\end{cases} \tag{15.105}$$

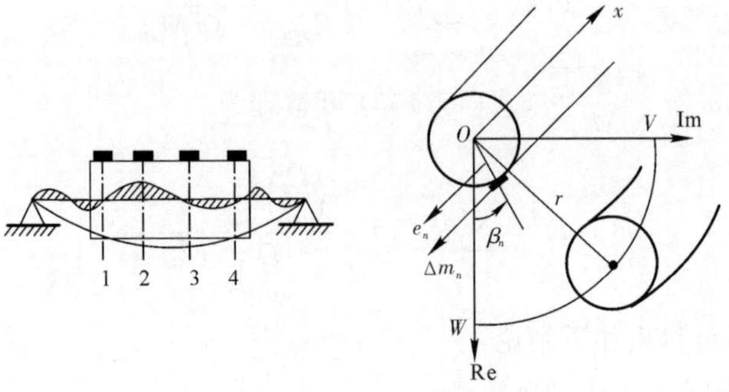

(a) (b)

图 15.5 柔性转子不平衡分布

(a)转子的不平衡分布及平衡面;(b)转子某一截面的不平衡

在所有 N 个平面上加配重后,所产生的不平衡分布为

$$\hat{U}(x)=\sum_{i=1}^{N}\hat{U}_i(x)=\sum_{i=1}^{N}e_i\Delta m_i e^{j\beta_i}\delta(x-x_i) \tag{15.106}$$

在初始不平衡 $\varepsilon(x)$ 和所加的配重 $\hat{U}(x)$ 的共同作用下,转子的响应为

$$r(x,t)=\sum_{i=1}^{\infty}R_i(x)\frac{\eta_i^2 e^{j\Omega t}}{[1-\eta_i^2+2jD_i\eta_i]m_i}\left[\int_0^l\varepsilon(x)u(x)R_j^*(x)\mathrm{d}x+\int_0^l\hat{U}(x)R_i^*(x)\mathrm{d}x\right] \tag{15.107}$$

式中:$\eta_i=\dfrac{\Omega}{\omega_i}$,$\omega_i$ 是 i 阶临界转速。

式(15.107)的右端为

$$\int_0^l\sum_{k=1}^{N}\hat{U}_k(x)R_i^*(x)\mathrm{d}x=\sum_{k=1}^{N}\int_0^l\hat{U}_k(x)R_i^*(x)\mathrm{d}x=$$
$$\sum_{k=1}^{N}\int_0^l\hat{U}_k(x_k)\delta(x-x_k)R_i^*(x)\mathrm{d}x=$$
$$\sum_{k=1}^{N}\hat{U}_k(x_k)R_i^*(x_k) \tag{15.108}$$

于是,得到平衡条件为

$$\sum_{k=1}^{N}\hat{U}_k(x_k)R_i^*(x_k)+\int_0^l\varepsilon(x)u(x)e^{j\beta(x)}R_i^*(x)\mathrm{d}x=0,\quad i=1,2,3,\cdots,N \tag{15.109}$$

写成矩阵形式为

$$\begin{bmatrix}R_1^*(x_1) & R_1^*(x_2) & \cdots & R_1^*(x_N)\\ R_2^*(x_1) & R_2^*(x_2) & \cdots & R_2^*(x_N)\\ \vdots & \vdots & & \vdots\\ R_p^*(x_1) & R_p^*(x_2) & \cdots & R_p^*(x_N)\end{bmatrix}\begin{bmatrix}\hat{U}_1\\ \hat{U}_2\\ \vdots\\ \hat{U}_N\end{bmatrix}=-\begin{bmatrix}\hat{u}_1\\ \hat{u}_2\\ \vdots\\ \hat{u}_p\end{bmatrix} \tag{15.110}$$

式中
$$\hat{u}_i = \int_0^l \varepsilon(x) u(x) e^{j\beta(x)} R_i^*(x) dx, \quad i = 1,2,3,\cdots,p \tag{15.111}$$

由此线性方程组可见，要使方程组有唯一解，须满足 $p=N$。这说明，要平衡 N 阶振型不平衡量，至少应选择 N 个平衡校正面。这就是所谓的 N 平面理论。

要从方程式(15.110)中解得平衡校正量 $\hat{U}_k$，须事先确定转子的前 N 阶振型和初始 N 阶不平衡量 $\hat{u}_k$。转子的振型可以通过计算的方法获得(例如有限元法)，而初始不平衡量 $\hat{u}_k$ 则需经适当的实验测量来确定。

15.3.2 实际平衡方法和步骤

如上所述，对转子进行动平衡的首要步骤是确定转子初始不平衡的幅值和相位。转子不平衡响应与不平衡有明确的关系。在某一固定的测点，转速恒定时，不平衡响应只取决于转子不平衡量。

事实上，可用实验的方法分离出每阶模态不平衡量。使转子转速接近某阶模态对应的临界转速，即 $\Omega=\omega_i$，则很容易分离出该阶模态不平衡。例如，当转子转速接近一阶临界转速时，即 $\Omega\approx\omega_1$，转子响应中，一阶模态绝对占优，即

$$r(x,t) = \hat{r}_1(x) e^{j\Omega t} = R_1(x) \frac{\eta_1^2}{m_1[1-\eta_1^2+j2D_1\eta_1]} \hat{u}_1 e^{j\Omega t} = R_1(x) \hat{F}_1(\Omega) \hat{u}_1 e^{j\Omega t} \tag{15.112}$$

式中
$$\hat{F}_1(\Omega) = \frac{\eta_1^2/m_1}{1-\eta_1^2+j2D_1\eta_1} \tag{15.113}$$

此时转子的挠度为一阶振型，并绕轴承连线旋转。

在转子上标记一个相位基准，就可在测量面 $x=x_M$ 处同时测量到转子振动的幅值和相位，即

$$\hat{r}_{10} x_M = kR_1(x_M) \hat{F}_1(\Omega_M) \hat{u}_1 = \hat{Q}\hat{u}_1 \tag{15.114}$$

式中：$\hat{Q}$ 为转速 $\Omega=\Omega_M$ 时的频响 $\hat{F}_1$、一阶模态变形 $R_1(x_M)$ 和测量系统标定系数 k 的乘积。若使 $\hat{Q}$ 保持为常数，则所测到的响应变化就与不平衡成正比。图 15.6 所示为转子不平衡响应的测量方案。

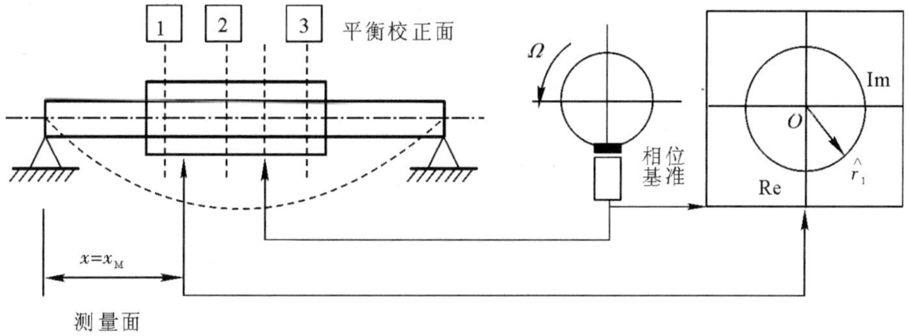

图 15.6 转子不平衡响应的测量

在转子第 0 次运行之后(即 $\Omega=\Omega_M\approx\omega_1$，带初始不平衡)，已测得转子在初始不平衡作用

下的响应 $\hat{r}_{10}x_{\mathrm{M}}$。在已知位置，例如 $x=x_2$ 处，加一附加试重：$\hat{U}_2^{\mathrm{T}}=\Delta m_2 e_2 \mathrm{e}^{\mathrm{j}\beta_2}$，在同样的转速 $\Omega=\Omega_{\mathrm{M}}\approx\omega_1$ 下运行转子，并保持测量位置和传感器不变。此时，频响 $\hat{F}_1$ 保持不变。所测得的转子振动 $\hat{r}_{12}$ 包含了原始不平衡和附加试重的共同影响。因此，以下关系成立：

$$\hat{r}_{12}=\hat{Q}\hat{u}_1+R_1^*(x_2)\hat{U}_2^{\mathrm{T}} \tag{15.115}$$

从两次运行所测得的振动可求得所加试重的影响为

$$\hat{r}_{12}-\hat{r}_{10}=\hat{Q}R_1^*(x_2)\hat{U}_2^{\mathrm{T}}=\hat{\alpha}\hat{U}_2^{\mathrm{T}} \tag{15.116}$$

于是得到影响系数 $\hat{\alpha}$ 为

$$\hat{\alpha}=\frac{\hat{r}_{12}-\hat{r}_{10}}{\hat{U}_2^{\mathrm{T}}} \tag{15.117}$$

$\hat{\alpha}$ 与转子一阶模态在校正面 $x=x_2$ 处的值成正比。

利用式(15.117)所确定的影响系数，就可很容易求得在校正面 $x=x_2$ 上的平衡校正量 $\hat{U}_2^{\mathrm{balance}}$。利用此校正量转子的一阶模态不平衡就可得以校正。

设在平衡校正面 $x=x_2$ 上需加的校正量为 $\hat{U}_2^{\mathrm{B}}$，则平衡条件为

$$\hat{\alpha}\hat{U}_2^{\mathrm{B}}=-\hat{r}_{10} \tag{15.118}$$

代入 $\hat{\alpha}=\dfrac{\hat{r}_{12}-\hat{r}_{10}}{\hat{U}_2^{\mathrm{T}}}$，解得

$$\hat{U}_2^{\mathrm{B}}=-\frac{\hat{r}_{10}}{\hat{r}_{12}-\hat{r}_{10}}\hat{U}_2^{\mathrm{T}} \tag{15.119}$$

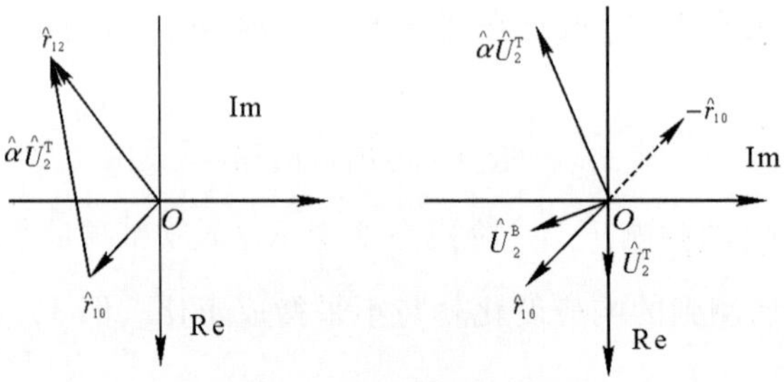

图 15.7　试重及其影响

图 15.7 给出了上述步骤的矢量表示。把所得到的校正量 $\hat{U}_2^B$ 加到转子上之后，转子的一阶振形就得以平衡。转子可安全地越过一阶临界转速 ω_1。

在二阶临界转速附近重复上述的平衡过程就可平衡二阶模态。但平衡二阶模态的校正质量不能破坏一阶模态的平衡结果。为此，须保证二阶平衡校正量与一阶振形正交。

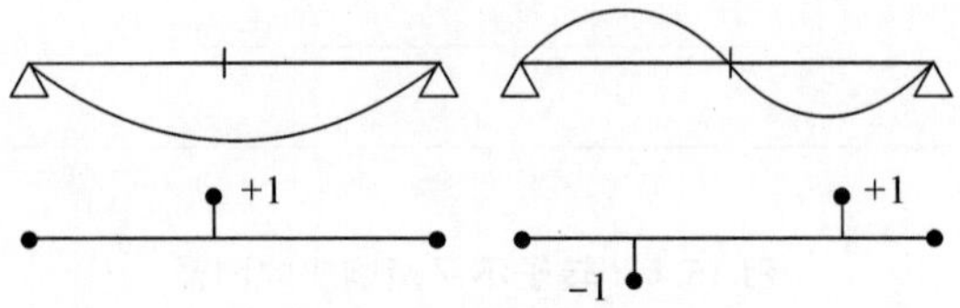

图 15.8　正交校正量

对于完全对称的转子，可加一组反对称的校正量来校正二阶模态不平衡，如图 15.8 所示。

而对于复杂转子和高阶模态校正质量组须由事先确定的转子振型来进行计算或通过实验确定。

15.3.3　正交校正质量组的确定

方程式(15.110)给出了转子 N 平面法平衡的条件,但转子模态不平衡是未知的。因此,由方程式(15.110)无法解得 N 个平衡校正量。但正交校正质量组只影响对应的转子振型不平衡,因此,可令方程式(15.110)的右端向量中对应某一振型的不平衡量不为 0,而其余的全部为 0。不妨令其为 1,就可求出校正质量组。事实上,校正质量组 $\boldsymbol{t}$ 是一组试重组,它只影响质量组 $\boldsymbol{t}$ 所对应模态的振动。

对于第一阶模态,设质量组为 $\boldsymbol{t}_1$。由于实际的第一阶模态 $\hat{u}_1$ 并不为 1,故所求的 t_1 需乘以 $\hat{u}_1$。而第一阶模态不平衡 $\hat{u}_1$ 需通过测量转子加试重组后的响应而求得,过程如前所述。

$$\begin{bmatrix} R_1^*(x_1) & R_1^*(x_2) & \cdots & R_1^*(x_N) \\ R_2^*(x_1) & R_2^*(x_2) & \cdots & R_2^*(x_N) \\ \vdots & \vdots & & \vdots \\ R_N^*(x_1) & R_N^*(x_2) & \cdots & R_N^*(x_N) \end{bmatrix} \boldsymbol{t}_1 = -\begin{bmatrix} 1 \\ 0 \\ \vdots \\ 0 \end{bmatrix} \tag{15.120}$$

式中

$$\boldsymbol{t}_1 = \begin{bmatrix} t_{11} \\ t_{12} \\ \vdots \\ t_{1N} \end{bmatrix} \tag{15.121}$$

对于所有 N 阶振形,则 N 个正交校正质量组可由下列方程组求得:

$$\begin{bmatrix} R_1^*(x_1) & R_1^*(x2) & \cdots & R_1^*(x_N) \\ R_2^*(x_1) & R_2^*(x2) & \cdots & R_2^*(x_N) \\ \vdots & \vdots & & \vdots \\ R_N^*(x_1) & R_N^*(x2) & \cdots & R_N^*(x_N) \end{bmatrix} \begin{bmatrix} \boldsymbol{t}_1 & \boldsymbol{t}_2 & \cdots & \boldsymbol{t}_N \end{bmatrix} = -\begin{bmatrix} 1 & 0 & \cdots & 0 \\ 0 & 1 & \cdots & 0 \\ \vdots & \vdots & & \vdots \\ 0 & 0 & \cdots & 1 \end{bmatrix} \tag{15.122}$$

15.3.4　N 平面平衡法的一般步骤

正交校正质量组由方程式(15.122)确定。为了确定初始一阶模态不平衡 $\hat{u}_1$ 的影响,首先把转子增速至第一阶临界转速,即 $\Omega=\omega_1$,测得转子的响应为

$$\hat{r}_{10} = \hat{Q}\hat{u}_1 \tag{15.123}$$

之后在转子上加试重组 $\hat{q}_{\mathrm{T}}\boldsymbol{t}_1$,在同一转速之下运行转子并测量转子的响应。其中的复系数 $\hat{q}_{\mathrm{T}}$ 根据经验来选取,使得加试重之后转子的响应既要有明显的差别,但又不至于太大,以免使转子振动剧烈,出现非线性效应。最好使加试重后转子振动明显减小。

如果所加试重组过小或过大,需重复进行。最后对于一组合适的试重,转子的响应为

$$\hat{r}_{11} = \hat{Q}[\hat{u}_1 + \hat{q}_{\mathrm{T}}[R_1^*(x_1), R_1^*(x_2), \cdots, R_1^*(x_N)]\boldsymbol{t}_1] \tag{15.124}$$

由方程式(15.122)可知

$$[R_1^*(x_1),R_1^*(x_2),\cdots,R_1^*(x_N)]\boldsymbol{t}_1=-1 \tag{15.125}$$

故有

$$\hat{r}_{11}=\hat{Q}(\hat{u}_1-\hat{q}_{\mathrm{T}}) \tag{15.126}$$

而

$$\hat{r}_{11}-\hat{r}_{10}=-\hat{Q}\hat{q}_{\mathrm{T}} \tag{15.127}$$

则

$$\hat{Q}=-\frac{\hat{r}_{11}-\hat{r}_{10}}{\hat{q}_{\mathrm{T}}} \tag{15.128}$$

于是,就得到了试重组对所测量位置转子响应的影响。由式(15.123)得

$$\hat{u}_1=\frac{\hat{r}_{10}}{\hat{Q}}=-\frac{\hat{r}_{10}}{\hat{r}_{11}-\hat{r}_{10}}\hat{q}_{\mathrm{T}} \tag{15.129}$$

现在拟选一复系数 $\hat{q}_{\mathrm{B}}$ 使转子在试重组 $\hat{q}_{\mathrm{B}}^*\boldsymbol{t}_1$ 的作用之下的响应为 0,即

$$\hat{Q}[\hat{u}_1+\hat{q}_{\mathrm{B}}[R_1^*(x),R_1^*(x_2),\cdots,R_1^*(x_N)]\boldsymbol{t}_1]=0 \tag{15.130}$$

考虑到式(15.125),则有

$$\hat{q}_{\mathrm{B}}=\hat{u}_1 \tag{15.131}$$

于是校正质量组为

$$\boldsymbol{t}_1^{\mathrm{B}}=\hat{u}_1\boldsymbol{t}_1=-\frac{\hat{r}_{10}}{\hat{r}_{11}-\hat{r}_{10}}\hat{q}_{\mathrm{T}}\boldsymbol{t}_1 \tag{15.132}$$

由于校正质量组是以初始状态为基准来计算的,故在最后加配重时,须去掉试重组。如果不去掉试重组,则在方程式(15.132)中以 $\hat{r}_{11}$ 为基准,而不是 $\hat{r}_{10}$。

15.3.5　向前正交平衡法

在第 15.3.2 节曾说明利用一个配重就可平衡一阶模态。当平衡二阶模态时不应破坏一阶模态的平衡状态。为此,需多加一个平衡面。当平衡三阶模态时,不应该破坏一阶和二阶模态平衡状态,此时则需 3 个平衡面。这样的平衡过程称为向前正交平衡法。每平衡一个模态时,只保证不影响前一个模态的平衡状态,但对下一个模态不平衡却是有影响的。

向前正交平衡与前面所述的过程类似。但以一个平衡面 $N=1$ 开始,每增高 1 个模态,则增加 1 个平衡面,逐步进行。

不妨以 3 个平衡面平衡前三阶模态为例来说明向前正交平衡法的步骤(见图 15.9)。

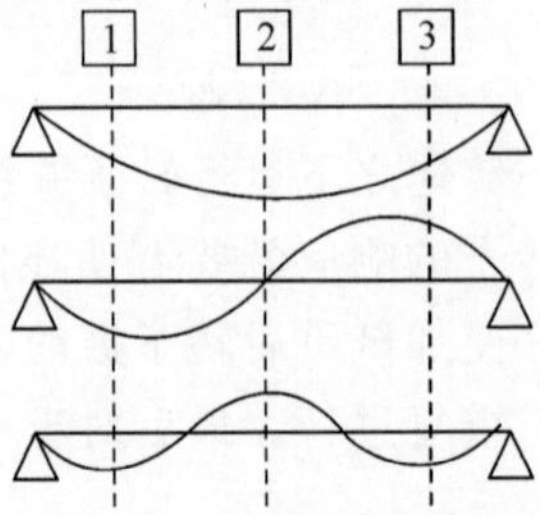

图 15.9　转子前三阶振型

为平衡一阶振型取校正质量为 $\boldsymbol{t}_1=[t_{11},0,0]^{\mathrm{T}}$，即在第一个平衡校正面上加配重 $t_{11}\hat{q}_1$，得

$$R_1^*(x_1)t_{11}\hat{q}_1=-\hat{u}_1 \tag{15.133}$$

由方程式(15.122)知

$$R_1^*(x_1)t_{11}=-1 \tag{15.134}$$

故

$$\hat{q}_1=\hat{u}_1 \tag{15.135}$$

在转子第 1 个校正面上加配重 $t_{11}\hat{q}_1$ 就可平衡转子一阶模态。由于选择的 t_{11} 仅满足

$$t_{11}R_1^*(x_1)=-1$$

而一般情况下

$$\left.\begin{aligned}t_{11}R_2^*(x_1)\neq 0\\ t_{11}R_3^*(x_1)\neq 0\end{aligned}\right\} \tag{15.136}$$

因此，所加的配重 $t_{11}\hat{q}_1$ 会影响二、三阶模态不平衡。

平衡二阶振型时，选用两个平衡面。校正质量为 $\boldsymbol{t}_2=[t_{12},t_{22},0]^{\mathrm{T}}$。为使所加校正质量不对一阶模态造成影响，$\boldsymbol{t}_2$ 应满足如下条件：

$$R_1^*(x_1)t_{12}+R_1^*(x_2)t_{22}=0 \tag{15.137}$$

$$R_2^*(x_1)t_{12}+R_2^*(x_2)t_{22}=-1 \tag{15.138}$$

由式(15.137)解得

$$t_{22}=-\frac{R_1^*(x_1)}{R_1^*(x_2)}t_{12} \tag{15.139}$$

代入式(15.138)，得

$$R_2^*(x_1)t_{12}-\frac{R_1^*(x_1)}{R_1^*(x_2)}R_2^*(x_2)t_{12}=-1 \tag{15.140}$$

可解出

$$t_{12}=\frac{R_1^*(x_2)}{R_1^*(x_1)R_2^*(x_2)-R_1^*(x_2)R_2^*(x_1)} \tag{15.141}$$

此时所加配重为 $\boldsymbol{t}_2\hat{q}_2$，其中

$$\hat{q}_2=\hat{u}_2 \tag{15.142}$$

但其中的 $\hat{u}_2$ 包含了一阶平衡校正量的影响。

平衡三阶振型时，选取校正量为

$$\boldsymbol{t}_3=[t_{13},t_{23},t_{33}]^{\mathrm{T}} \tag{15.143}$$

所需满足的平衡条件为

$$R_1^*(x_1)t_{13}+R_1^*(x_2)t_{23}+R_1^*(x_3)t_{33}=0 \tag{15.144}$$

$$R_2^*(x_1)t_{13}+R_2^*(x_2)t_{23}+R_2^*(x_3)t_{33}=0 \tag{15.145}$$

$$R_3^*(x_1)t_{13}+R_3^*(x_2)t_{23}+R_3^*(x_3)t_{33}=0 \tag{15.146}$$

最后得到配重组为 $\boldsymbol{t}_3\hat{q}_3$，其中

$$\hat{q}_3=\hat{u}_3 \tag{15.147}$$

它不影响一、二阶振型的平衡状态。

上述的过程可写成如下矩阵形式：

$$\begin{bmatrix} R_1^*(x_1) & R_1^*(x_2) & R_1^*(x_3) \\ R_2^*(x_1) & R_2^*(x_2) & R_1^*(x_3) \\ R_3^*(x_1) & R_3^*(x_2) & R_3^*(x_3) \end{bmatrix} \begin{bmatrix} t_{11} & t_{12} & t_{13} \\ 0 & t_{22} & t_{23} \\ 0 & 0 & t_{33} \end{bmatrix} = -\begin{bmatrix} 1 & 0 & 0 \\ * & 1 & 0 \\ * & * & 1 \end{bmatrix} \tag{15.148}$$

向前正交平衡法的优点是,可减小配重数目。但缺点是平衡低阶模态时,将会影响到高阶模态的平衡状态,使转子在高阶临界转速附近时振动剧烈,如图 15.10(b)所示。

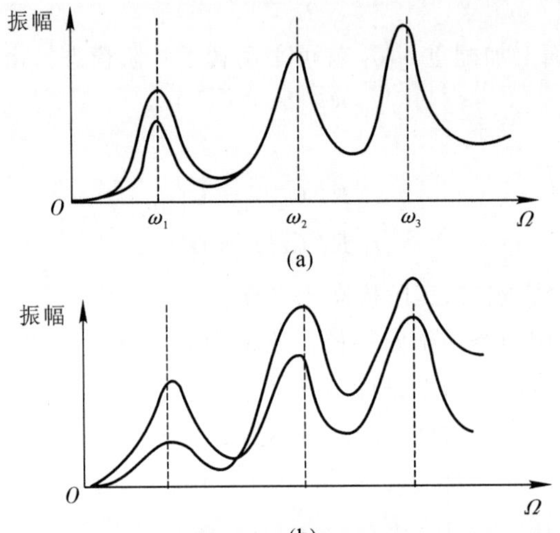

(b)

图 15.10　平衡方法对幅频特性的影响

(a)全正交平衡;(b)向前正交平衡

15.3.6　全正交平衡法

向前正交平衡法平衡低阶模态时,会使高阶模态平衡状态恶化。当转子在较高一阶临界转速附近运行时,转子振动可能会很剧烈。例如,涡轴发动机转子一般工作在二阶弯曲临界转速之上,且距三阶临界转速不远。当用向前正交平衡法平衡一阶和二阶模态之后,转子在工作转速的振动可能仍会居高不下。这主要是由于对一阶和二阶模态的平衡使三阶模态不平衡恶化。

在此情况下,须用平衡条件

$$\begin{bmatrix} R_1^*(x_1) & R_1^*(x_2) & \cdots & R_1^*(x_N) \\ R_2^*(x_1) & R_2^*(x_2) & \cdots & R_2^*(x_N) \\ \vdots & \vdots & & \vdots \\ R_N^*(x_1) & R_N^*(x_2) & \cdots & R_N^*(x_N) \end{bmatrix} [\boldsymbol{t}_1 \quad \boldsymbol{t}_2 \quad \cdots \quad \boldsymbol{t}_N] = -\boldsymbol{I} \tag{15.149}$$

式中

$$\boldsymbol{I} = \begin{bmatrix} 1 & 0 & \cdots & 0 \\ 0 & 1 & \cdots & 0 \\ \vdots & \vdots & & \vdots \\ 0 & 0 & \cdots & 1 \end{bmatrix} \tag{15.150}$$

解得

$$[\boldsymbol{t}_1 \quad \boldsymbol{t}_2 \quad \cdots \quad \boldsymbol{t}_N] = -\begin{bmatrix} R_1^*(x_1) & R_1^*(x_2) & \cdots & R_1^*(x_N) \\ R_2^*(x_1) & R_2^*(x_2) & \cdots & R_2^*(x_N) \\ \vdots & \vdots & & \vdots \\ R_N^*(x_1) & R_N^*(x_2) & \cdots & R_N^*(x_N) \end{bmatrix} \tag{15.151}$$

由此可见，平衡每一阶模态都需在所有平衡面上加配重。这是全正交平衡法的缺点。

事实上，在转子运行时，可用向前正交方法计算试重组，而平衡时则用全正交平衡法计算配重组。这样可适当减少加试重的次数。

15.4　模态平衡的 $N+2$ 平面法

前面曾说明，要平衡转子一阶模态需使转子运行在接近一阶临界转速的状态，即 $\Omega=\omega_1$。但在实际中，这常常是不可能的。因为转子在低速（$\Omega \ll \omega_1$）时，支承动反力就可能很大，必须进行平衡，即首先需对转子进行刚性动平衡。为此，需选择 2 个平衡面。此后，再对转子进行柔性动平衡，需选择 N 个平衡面。共计 $N+2$ 个平衡面，故称 $N+2$ 平面法。

N 平面法的目标是减小或消除工作转速下转子的弹性变形，而 $N+2$ 平面法是减小或消除支承动反力。

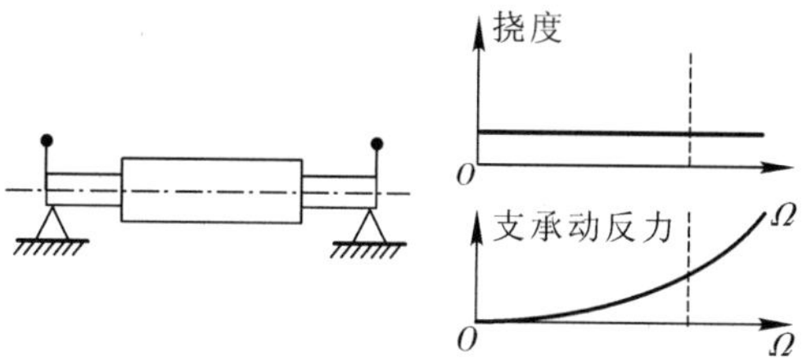

图 15.11　N 平面法平衡后，转子的挠度和支承的动反力

图 15.11 表示了当支承平面有不平衡量时，N 平面法虽然消除了转子挠度和共振峰值，但支承动反力依然存在。

根据 $N+2$ 平面法，首先对转子进行刚性动平衡，以消除支承动反力。在进行柔性动平衡时，不应破坏刚性动平衡的结果。

15.4.1　向前正交的 $N+2$ 平衡面法

对转子进行刚性平衡之后，使转子增速至第一阶临界转速 $\Omega=\omega_1$，开始平衡第一阶模态。原则上，与 N 平面法相似。所不同的只是不仅要求配重组与已平衡的模态正交，而且不能破坏转子刚体平衡状态。

对于简单对称转子，配重组很容易求得，如图 15.12 所示。对于复杂转子，正交配重组只能依据已知的转子振型来计算。

为保证刚体平衡，正交配重组须满足下列两个平衡条件：
力平衡条件为

$$\Omega^2\left[\hat{U}_1+\hat{U}_2+\hat{U}_3+\hat{U}_4+\int_0^L u(x)\varepsilon(x)\mathrm{e}^{\mathrm{j}\beta(x)}\,\mathrm{d}x\right]=0 \tag{15.152}$$

力矩平衡条件为

$$\Omega^2\left[\hat{U}_1\frac{x_1}{l}+\hat{U}_2\frac{x_2}{l}+\hat{U}_3\frac{x_3}{l}+\hat{U}_4\frac{x_4}{l}+\int_0^L\left(\frac{x}{l}\right)u(x)\mathrm{e}^{\mathrm{j}\beta(x)}\,\mathrm{d}x\right]=0 \tag{15.153}$$

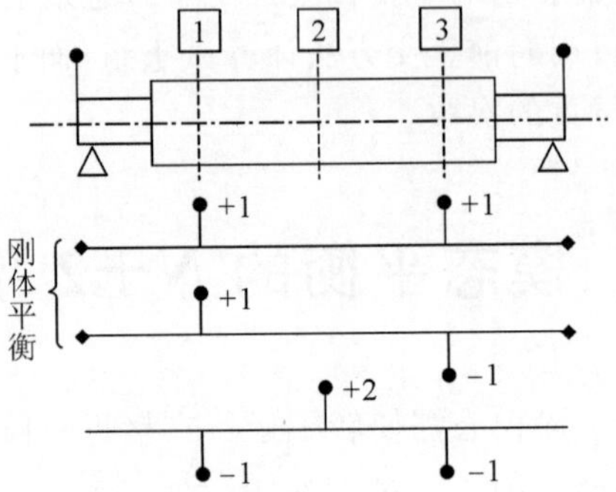

图 15.12 对称转子刚体平衡和第一阶模态平衡正交配重组

下面以平衡转子一阶和二阶模态为例，说明 $N+2$ 平面法的平衡步骤。

15.4.2 向前正交的 N+2 平衡面法的平衡步骤

1. 刚体平衡

在低转速时，在平衡面 1 和 2 上施加配重 $\hat{U}_1$ 和 $\hat{U}_2$，使支承动反力为零。

2. 模态平衡

一阶模态：平衡一阶模态时，需用 3 个平衡面，所加配重组为 $\boldsymbol{t}_1=[t_{11},t_{21},t_{31}]^{\mathrm{T}}$。平衡条件为

$$t_{11}+t_{21}+t_{31}=0 \tag{15.154}$$

$$\frac{x_1}{l}t_{11}+\frac{x_2}{l}t_{21}+\frac{x_3}{l}t_{31}=0 \tag{15.155}$$

$$R_1^*(x_1)t_{11}+R_1^*(x_2)t_{21}+R_1^*(x_3)t_{31}=-1 \tag{15.156}$$

其中式(15.154)和式(15.155)为保证刚体平衡的力平衡和力矩平衡条件。写成矩阵形式为

$$\begin{bmatrix}1 & 1 & 1\\ \dfrac{x_1}{l} & \dfrac{x_2}{l} & \dfrac{x_3}{l}\\ R_1^*(x_1) & R_1^*(x_2) & R_1^*(x_3)\end{bmatrix}\begin{bmatrix}t_{11}\\ t_{21}\\ t_{31}\end{bmatrix}=\begin{bmatrix}0\\ 0\\ -1\end{bmatrix} \tag{15.157}$$

由此方程可解出

$$\boldsymbol{t}_1=[t_{11},t_{21},t_{31}]^{\mathrm{T}}$$

二阶模态：平衡二阶模态需要用 4 个平衡面，所加配重为 $\boldsymbol{t}_2=[t_{12},t_{22},t_{32},t_{42}]^{\mathrm{T}}$，须满足的平衡条件为

$$\begin{bmatrix} 1 & 1 & 1 & 1 \\ \dfrac{x_1}{l} & \dfrac{x_2}{l} & \dfrac{x_3}{l} & \dfrac{x_4}{l} \\ R_1^*(x_1) & R_1^*(x_2) & R_1^*(x_3) & R_1^*(x_4) \\ R_2^*(x_1) & R_2^*(x_2) & R_2^*(x_3) & R_2^*(x_4) \end{bmatrix} \begin{bmatrix} t_{12} \\ t_{22} \\ t_{32} \\ t_{42} \end{bmatrix} = - \begin{bmatrix} 0 \\ 0 \\ 0 \\ 1 \end{bmatrix} \tag{15.158}$$

利用 $N+2$ 平面法也可进行全正交平衡，但由于 $N+2$ 平面法多用了 2 个平衡面，故可达到更好的平衡效果。另外，即便使用了向前正交平衡，但仍保持了刚体平衡状态。

15.5　柔性转子模态平衡法的过程与步骤

以 3 个平衡面为例，说明模态平衡法的过程与步骤。

15.5.1　转子模态的确定

利用计算或实验可得到转子的振动模态。在 3 个校正面 $x=x_1, x=x_2, x=x_3$ 处，转子前三阶振型的值为

$$\boldsymbol{R} = \begin{bmatrix} R_1(x_1) & R_1(x_2) & R_1(x_3) \\ R_2(x_1) & R_2(x_2) & R_2(x_3) \\ R_3(x_1) & R_3(x_2) & R_3(x_3) \end{bmatrix} \tag{15.159}$$

式中：$R_i(x_j)(i,j=1,2,3)$ 取实数。

15.5.2　N 平面向前正交平衡法

1. 平衡一阶模态

在第 1 平衡面上加试重 $\boldsymbol{q}_1=\boldsymbol{Q}_1\mathrm{e}^{\mathrm{j}\beta_{\mathrm{T1}}}$，在转子一阶临界转速附近，即 $\Omega=\omega_1$，分别测得转子的初始不平衡响应 $\boldsymbol{r}_0$ 和加试重之后的响应 $\boldsymbol{r}_1$，则得影响系数为

$$\boldsymbol{\alpha} = \frac{\boldsymbol{r}_1 - \boldsymbol{r}_0}{\boldsymbol{Q}_1\mathrm{e}^{\mathrm{j}\beta_{\mathrm{T1}}}} = \frac{\boldsymbol{r}_1}{\boldsymbol{Q}_1}\mathrm{e}^{\mathrm{j}(\beta_0-\beta_{\mathrm{T1}})} - \frac{\boldsymbol{r}_0}{\boldsymbol{Q}_1}\mathrm{e}^{\mathrm{j}(\beta_0-\beta_{\mathrm{T1}})} \tag{15.160}$$

所加的校正质量 $\boldsymbol{U}=U\mathrm{e}^{\mathrm{j}\beta_1}$ 应满足下列平衡条件：

$$\boldsymbol{\alpha U} = -\boldsymbol{r}_0 \quad \text{(所加试重去掉)} \tag{15.161}$$

或

$$\boldsymbol{\alpha U} = -\boldsymbol{r}_1 \quad \text{(所加试重不去掉)} \tag{15.162}$$

由此解得

$$\boldsymbol{U} = -\frac{\boldsymbol{r}_0}{\boldsymbol{r}_1 - \boldsymbol{r}_0} Q_1\mathrm{e}^{\mathrm{j}\beta_{\mathrm{T1}}} \tag{15.163}$$

或

$$\boldsymbol{U} = -\frac{\boldsymbol{r}_1}{\boldsymbol{r}_1 - \boldsymbol{r}_0} Q_1\mathrm{e}^{\mathrm{j}\beta_{\mathrm{T1}}} \tag{15.164}$$

由上述步骤可见，平衡一阶模态的方法与影响系数法是一致的。

2. 平衡二阶模态

平衡二阶模态时，需在平衡面 X_1 和 X_2 上同时加试重 $\boldsymbol{Q}_2(t_{12},t_2)$，并满足下列正交条件：

$$R_1(x_1)t_{12}+R_1(x_2)t_{22}=0 \tag{15.165}$$

$$R_2(x_1)t_{12}+R_2(x_2)t_{22}=1 \tag{15.166}$$

由此解得

$$t_{12}=-\frac{R_1(x_2)}{R_1(x_1)}t_{22} \tag{15.167}$$

$$t_{22}=\frac{R_1(x_1)}{R_2(x_2)R_1(x_1)-R_1(x_2)R_2(x_1)} \tag{15.168}$$

在 $\Omega=\omega_2$ 时，测得转子未加二阶试重的响应 $\boldsymbol{r}_0$。它可表达为

$$\boldsymbol{r}_0=F_2(\Omega)p_2\hat{\boldsymbol{u}}_2 \tag{15.169}$$

式中：$F_2(\Omega)$为转子的二阶频响函数，p_2 为常数，$\hat{\boldsymbol{u}}_2$ 为一阶模态平衡之后，转子的剩余不平衡量。

在相同的转速处($\Omega=\omega_2$)，测得加上二阶试重 $\boldsymbol{Q}_2(t_{12},t_{22})$后转子的响应 $\boldsymbol{r}_2$。它应满足如下条件：

$$\boldsymbol{r}_2=F_2(\Omega)p_2(\hat{\boldsymbol{u}}_2-\boldsymbol{Q}_2[R_2(x_1),R_2(x_2)][t_{12},t_{22}]^{\mathrm{T}}) \tag{15.170}$$

将方程式(15.166)代入式(15.170)，可得

$$\boldsymbol{r}_2=F_2(\Omega)p_2(\hat{\boldsymbol{u}}_2-\boldsymbol{Q}_2) \tag{15.171}$$

式(15.171)减去式(15.169)得

$$\boldsymbol{r}_2-\boldsymbol{r}_0=-F_2(\Omega)p_2\boldsymbol{Q}_2 \tag{15.172}$$

由此解得

$$-F_2(\Omega)p_2=\frac{\boldsymbol{r}_2-\boldsymbol{r}_0}{\boldsymbol{Q}_2} \tag{15.173}$$

由式(15.169)和式(15.173)得到

$$\hat{\boldsymbol{u}}_2=\frac{\boldsymbol{r}_0}{F_2(\Omega)p_2}=-\frac{\boldsymbol{r}_0}{\boldsymbol{r}_2-\boldsymbol{r}_0}\boldsymbol{Q}_2 \tag{15.174}$$

最后得到二阶校正质量为

$$\hat{\boldsymbol{U}}_2=\hat{\boldsymbol{u}}_2(t_{12},t_{22})=\frac{-\boldsymbol{r}_0}{\boldsymbol{r}_2-\boldsymbol{r}_0}\boldsymbol{Q}_2(t_{12},t_{22}) \tag{15.175}$$

注意，在平衡二阶模态时，平衡面的选择应考虑到对二阶模态的影响最为明显，而测量位置要避开二阶振型的节点。

3. 平衡三阶模态

在平衡面 x_1，x_2和 x_3上加三阶试重组 $\boldsymbol{Q}_3(t_{13},t_{23},t_{33})$。试重组必须满足的正交条件为

$$\begin{bmatrix} R_1(x_1) & R_1(x_2) & R_1(x_3) \\ R_2(x_1) & R_2(x_2) & R_2(x_3) \\ R_3(x_1) & R_3(x_2) & R_3(x_3) \end{bmatrix}\begin{bmatrix} t_{13} \\ t_{23} \\ t_{33} \end{bmatrix}=\begin{bmatrix} 0 \\ 0 \\ 1 \end{bmatrix} \tag{15.176}$$

由此解得

$$\begin{bmatrix} t_{13} \\ t_{23} \\ t_{33} \end{bmatrix} = \begin{bmatrix} R_1(x_1) & R_1(x_2) & R_1(x_3) \\ R_2(x_1) & R_2(x_2) & R_2(x_3) \\ R_3(x_1) & R_3(x_2) & R_3(x_3) \end{bmatrix}^{-1} \begin{bmatrix} 0 \\ 0 \\ 1 \end{bmatrix} \tag{15.177}$$

在转速 $\Omega=\omega_3$ 处，测量转子的振动，不加三阶试重组 $\boldsymbol{Q}_3(t_{13},t_{23},t_{33})$时，转子的响应为

$$\boldsymbol{r}_0 = F_3(\Omega)p\hat{\boldsymbol{u}}_3 \tag{15.178}$$

式中：$F_3(\Omega)$为转子的三阶频响函数，p_3 为常数，$\hat{\boldsymbol{u}}_3$ 为一、二阶模态平衡之后，转子的剩余不平衡量，加试重之后转子的振动为

$$\boldsymbol{r}_3 = F_3(\Omega)p_3[\hat{\boldsymbol{u}}_3 - \boldsymbol{Q}_3[R_3(x_1),R_3(x_2),R_3(x_3)][t_{13},t_{23},t_{33}]^{\mathrm{T}}] \tag{15.179}$$

考虑到方程式(15.176)，可得

$$\boldsymbol{r}_3 = F_3(\Omega)p_3(\hat{\boldsymbol{u}}_3 - \boldsymbol{Q}_3) \tag{15.180}$$

三阶试重组 $\boldsymbol{Q}_3(t_{13},t_{23},t_{33})$的影响为

$$\boldsymbol{r}_3 - \boldsymbol{r}_0 = -F_3(\Omega)p_3\boldsymbol{Q}_3 \tag{15.181}$$

由此解出

$$F_3(\Omega)p_3 = -\frac{\boldsymbol{r}_3 - \boldsymbol{r}_0}{\boldsymbol{Q}_3} \tag{15.182}$$

于是得到

$$\hat{\boldsymbol{u}}_3 = -\frac{\boldsymbol{r}_0}{\boldsymbol{r}_3 - \boldsymbol{r}_0}\boldsymbol{Q}_3 \tag{15.183}$$

应加的三阶校正质量为

$$\hat{\boldsymbol{U}}_3 = \hat{\boldsymbol{u}}_3(t_{13},t_{23},t_{33}) = -\frac{\boldsymbol{r}_0}{\boldsymbol{r}_3 - \boldsymbol{r}_0}\boldsymbol{Q}_3(t_{13},t_{23},t_{33}) \tag{15.184}$$

15.6　多测点优化

在上述平衡过程中，只用了一个振动测量信号来确定平衡校正量。实际平衡时，一般要用若干个传感器来测量转子的振动。可同时利用所有的测量信号来确定平衡校正量。由此可减小测量误差的影响，另外，还可避免某一传感器安装位置距所要平衡振型的节点太近所带来的影响。

设在 $\Omega=\omega_i(i=1,2,3)$时，所测得的转子振动为 $\boldsymbol{r}_{0k}(k=1,2,\cdots,m)$。$m$ 为传感器个数。加试重 $\boldsymbol{Q}_i(t_{1i},t_{2i},t_{3i})$后，转子的振动为 $\boldsymbol{r}_{ik}(k=1,2,\cdots,m)$。

$$\boldsymbol{r}_{0k} = F_{ik}(\Omega)p_{ik}\boldsymbol{u}_i \tag{15.185}$$

式中：$F_{ik}(\Omega)$为转子在测点 k 的第 i 阶频响函数，p_{ik} 为常数，$\hat{\boldsymbol{u}}_i$ 为转子的第 i 阶剩余不平衡量。

加试重 $\boldsymbol{Q}_i(t_{1i},t_{2i},t_{3i})$之后转子的振动为

$$\boldsymbol{r}_{ik} = F_{ik}(\Omega)p_{ik}(\hat{\boldsymbol{u}}_i - \boldsymbol{Q}_i) \tag{15.186}$$

转子在测点 k 的第 i 阶影响系数则为

$$\boldsymbol{\alpha}_{ik} = \frac{\boldsymbol{r}_{ik} - \boldsymbol{r}_{0k}}{\boldsymbol{Q}_i} = F_{ik}(\Omega)p_{ik} \tag{15.187}$$

于是得到

$$\hat{\boldsymbol{u}}_i = \frac{\boldsymbol{r}_{0k}}{\boldsymbol{\alpha}_{ik}} \tag{15.188}$$

而平衡方程为

$$\boldsymbol{\alpha}_{ik}\hat{\boldsymbol{u}}_i = -\boldsymbol{r}_{0k} \tag{15.189}$$

可将方程式(15.189)写成矩阵形式为

$$\begin{bmatrix} \alpha_{i1} \\ \alpha_{i2} \\ \vdots \\ \alpha_{im} \end{bmatrix} \hat{\boldsymbol{u}}_i = -\begin{bmatrix} r_{01} \\ r_{02} \\ \vdots \\ r_{0m} \end{bmatrix} \tag{15.190}$$

上述方程中只有一个未知数 $\hat{u}_i$，故为矛盾方程组。

应求得一个解 $\hat{\boldsymbol{u}}_i = \hat{\boldsymbol{u}}_{\mathrm{i,optimum}}$，使上述矛盾方程组误差最小。运用最小二乘优化可得到

$$\hat{\boldsymbol{u}}_{i,\mathrm{optimum}} = -(\boldsymbol{\alpha}^{*\mathrm{T}}\boldsymbol{\alpha})^{-1} \cdot \boldsymbol{\alpha}^{*\mathrm{T}}\boldsymbol{r}_0 \tag{15.191}$$

式中：$\boldsymbol{\alpha} = \begin{bmatrix} \boldsymbol{\alpha}_{i1} \\ \boldsymbol{\alpha}_{i2} \\ \vdots \\ \boldsymbol{\alpha}_{i3} \end{bmatrix}$，$\boldsymbol{\alpha}^{*\mathrm{T}}$ 为 $\boldsymbol{\alpha}$ 的共轭转置列阵，$\boldsymbol{r}_0 = \begin{bmatrix} \boldsymbol{r}_{01} \\ \boldsymbol{r}_{02} \\ \vdots \\ \boldsymbol{r}_{0m} \end{bmatrix}$。

由此得到的平衡校正量 $\hat{\boldsymbol{u}}_{i,\mathrm{optimum}}$ 使得第 i 阶振型各个测点上的振动均达到最小。但需注意，平衡第 i 阶振型时，至少要有一个传感器安装在该振型节点以外的位置。用最小二乘优化得到的校正质量 $\hat{\boldsymbol{u}}_{\mathrm{optimum}}$ 对安装在 i 阶振型节点处传感器测得的振动无影响。换言之，在 i 阶振型节点处测得的振动信号对由式(15.191)求得的 $\hat{\boldsymbol{u}}_{i,\mathrm{optimum}}$ 值不产生影响。

假设第 l 个传感器安装在第 i 阶振型的节点，则第 i 阶影响系数为

$$\boldsymbol{\alpha}_{il} = \frac{\boldsymbol{r}_{il} - \boldsymbol{r}_{0l}}{\boldsymbol{Q}_1} = \boldsymbol{0} \tag{15.192}$$

于是，影响系数列阵为

$$\boldsymbol{\alpha} = [\boldsymbol{\alpha}_{i1} \quad \boldsymbol{\alpha}_{i2} \quad \cdots \quad \boldsymbol{\alpha}_{il-1} \quad \boldsymbol{0} \quad \boldsymbol{\alpha}_{il+1} \quad \cdots \quad \boldsymbol{a}_{im}]^{\mathrm{T}} \tag{15.193}$$

因此，$\boldsymbol{\alpha}^{*\mathrm{T}}\boldsymbol{r}_0$ 中就不包含第 l 个传感器测得的振动信号 $\boldsymbol{r}_{0l}$，故其对式(15.191)的结果不产生影响。

15.7 N 平面全正交平衡法——向前和向后正交平衡法

以平衡前三阶模态为例，N 平面全正交平衡所要满足的平衡条件为

$$\begin{bmatrix} R_1(x_1) & R_1(x_2) & R_1(x_3) \\ R_2(x_1) & R_2(x_2) & R_2(x_3) \\ R_3(x_1) & R_3(x_2) & R_3(x_3) \end{bmatrix} \begin{bmatrix} t_{11} & t_{12} & t_{13} \\ t_{21} & t_{22} & t_{23} \\ t_{31} & t_{32} & t_{33} \end{bmatrix} = \boldsymbol{I} \tag{15.194}$$

上式说明，平衡每一阶振型都必须在 3 个平衡校正面上同时加配重，即配重组。但加试重时，可按向前正交的平衡方法来确定影响系数。例如，平衡一阶振型时，在 x_1 平面上加试重 $\boldsymbol{Q}_1$，求得校正质量为

$$\boldsymbol{U}_1=-\frac{\boldsymbol{r}_0}{\boldsymbol{r}_1-\boldsymbol{r}_0}\boldsymbol{Q}_1 \tag{15.195}$$

于是，最终的校正质量组为

$$\boldsymbol{U}_1(t_{12},t_{21},t_{31}) \tag{15.196}$$

平衡二、三阶振型时，加试重及求影响系数的步骤及算法与向前正交的平衡过程是完全一样的。所得到的校正质量组分别为

$$\boldsymbol{U}_2(t_{12},t_{22},t_{32}) \tag{15.197}$$

$$\boldsymbol{U}_3(t_{13},t_{23},t_{33}) \tag{15.198}$$

用这样的方法进行全正交平衡时，所加试重的个数减少 3 个。否则，若按全正交条件加试重时，试重个数为 9 个。

15.8　全正交平衡的步骤

以平衡前三阶振型为例，说明全正交平衡的过程和步骤。假设转子的前三阶振型是已知的。

15.8.1　正交向量组的确定

$$\begin{bmatrix} R_1(x_1) & R_1(x_2) & R_1(x_3) \\ R_2(x_1) & R_2(x_2) & R_2(x_3) \\ R_3(x_1) & R_3(x_2) & R_3(x_3) \end{bmatrix}\begin{bmatrix} t_{11} & t_{12} & t_{13} \\ t_{21} & t_{22} & t_{23} \\ t_{31} & t_{32} & t_{33} \end{bmatrix}=\boldsymbol{I} \tag{15.199}$$

由此方程可解得 3 个正交向量：$\boldsymbol{T}_1=[t_{11},t_{21},t_{31}]^{\mathrm{T}}$；$\boldsymbol{T}_2=[t_{12},t_{22},t_{32}]^{\mathrm{T}}$；$\boldsymbol{T}_3=[t_{13},t_{23},t_{33}]^{\mathrm{T}}$。

15.8.2　平衡一阶振型

在 3 个校正面中，选择 1 个对一阶振型最敏感的校正面，例如第 2 个校正面。在此校正面上加试重

$$\boldsymbol{q}_1=\boldsymbol{Q}_1\mathrm{e}^{\mathrm{j}\beta_1}s_{21} \tag{15.200}$$

其中

$$R_1(x_2)s_{21}=1 \tag{15.201}$$

在一阶临界转速附近测得转子的振动为 $\boldsymbol{r}_1$，则影响系数为

$$\boldsymbol{\alpha}_1=\frac{\boldsymbol{r}_1-\boldsymbol{r}_{10}}{\boldsymbol{q}_1} \tag{15.202}$$

于是，校正总质量应满足

$$\boldsymbol{\alpha}_1\boldsymbol{U}_1=-\boldsymbol{r}_{10} \tag{15.203}$$

解得

$$\boldsymbol{U}_1=-\frac{\boldsymbol{r}_{10}}{\boldsymbol{\alpha}_1}=\frac{\boldsymbol{r}_{10}}{\boldsymbol{r}_1-\boldsymbol{r}_{10}}\boldsymbol{Q}_1\mathrm{e}^{\mathrm{j}\beta_1} \tag{15.204}$$

与向前正交平衡法不同的是，不是直接把校正总质量 $\boldsymbol{U}_1$ 加在 1 个校正面（第 2 个校正面）上，而是按式(15.199)中 $\boldsymbol{T}_1$ 所确定的比例把 $\boldsymbol{U}_1$ 分解到 3 个校正面上。

在 $\Omega \approx \omega_1$ 时，转子的原始响应为

$$\boldsymbol{r}_{10} = F_1(\Omega) p_1 \hat{\boldsymbol{u}}_1 \tag{15.205}$$

式中：$F_1(\Omega)$ 为转子的一阶频响函数，p_1 为常数。

加上试重之后，转子的响应为

$$\boldsymbol{r}_1 = F_1(\Omega) p_1 [\hat{\boldsymbol{u}}_1 + \boldsymbol{Q}_1 \mathrm{e}^{\mathrm{j}\beta_1} [R_1(x_1), R_1(x_2), R_1(x_3)][0, s_{21}, 0]^{\mathrm{T}}] = F_1(\Omega) p_1 [\hat{\boldsymbol{u}}_1 + \boldsymbol{Q}_1 \mathrm{e}^{\mathrm{j}\beta_1} R_1(x_2) s_{21}] \tag{15.206}$$

试重的影响则为

$$\boldsymbol{r}_1 - \boldsymbol{r}_{10} = F_1(\Omega) p_1 \boldsymbol{Q}_1 \mathrm{e}^{\mathrm{j}\beta_1} \tag{15.207}$$

由此式可解出

$$F_1(\Omega) p_1 = \frac{\boldsymbol{r}_1 - \boldsymbol{r}_{10}}{\boldsymbol{Q}_1 \mathrm{e}^{\mathrm{j}\beta_1}} \tag{15.208}$$

代入式(15.205)则得

$$\hat{\boldsymbol{u}}_1 = \frac{\boldsymbol{r}_{10}}{F_1(\Omega) p} = \frac{\boldsymbol{r}_{10}}{\boldsymbol{r}_1 - \boldsymbol{r}_{10}} \boldsymbol{Q}_1 \mathrm{e}^{\mathrm{j}\beta_1} = -\boldsymbol{U}_1 \tag{15.209}$$

把校正质量组 $\boldsymbol{U}_1[t_{11}, t_{21}, t_{31}]$ 加到转子上之后，则有

$$\boldsymbol{r}_1 = F_1(\Omega) p_1 [\hat{\boldsymbol{u}}_1 + \boldsymbol{U}_1 [R_1(x_1), R_1(x_2), R_1(x_3)][t_{11}, t_{21}, t_{31}]^{\mathrm{T}}] \tag{15.210}$$

考虑到式(15.199)和式(15.209)，可得

$$\boldsymbol{r}_1 = \boldsymbol{0} \tag{15.211}$$

由于 $\boldsymbol{T}_1$ 满足式(15.199)，故加上校正质量组 $\boldsymbol{U}_1(t_{11}, t_{21}, t_{31})$ 后，对二阶和三阶振型无影响。由上述结果可见，平衡一阶振型时，试重加在哪 1 个平衡面上，对平衡结果均无影响。

15.8.3 平衡二阶振型

在 3 个校正面中，选定两个校正面加试重。试重面避免选在二阶振型的节点上。不妨选择第 1 个和第 3 个平面为试重面。加试重组为

$$\boldsymbol{q}_2 = \boldsymbol{Q}_2 \mathrm{e}^{\mathrm{j}\beta_2} (s_{12}, s_{32}) \tag{15.212}$$

其中 s_{12} 和 s_{32} 须满足

$$R_1(x_1) s_{12} + R_1(x_3) s_{32} = 0 \tag{15.213}$$

$$R_2(x_2) s_{12} + R_2(x_3) s_{32} = 1 \tag{15.214}$$

在转速 $\Omega \approx \omega_2$ 处，测得转子的振动为

$$\boldsymbol{r}_2 = F_2(\Omega) p_2 [\hat{\boldsymbol{u}}_2 + \boldsymbol{Q}_2 \mathrm{e}^{\mathrm{j}\beta_2} [R_2(x_1), R_2(x_2), R_2(x_3)][s_{12}, 0, s_{32}]^{\mathrm{T}}] = F_2(\Omega) p_2 [\hat{\boldsymbol{u}}_2 + \boldsymbol{Q}_2 \mathrm{e}^{\mathrm{j}\beta_2}] \tag{15.215}$$

式中：$F_2(\Omega)$ 为转子的二阶频响函数，p_2 为常数。

在转速 $\Omega \approx \omega_2$ 处转子不加试重时的响应为

$$\boldsymbol{r}_{20} = F_2(\Omega) p_2 \hat{\boldsymbol{u}}_2 \tag{15.216}$$

于是，得到

$$\boldsymbol{r}_2 - \boldsymbol{r}_{20} = F_2(\Omega) p_2 \boldsymbol{Q}_2 \mathrm{e}^{\mathrm{j}\beta_2} \tag{15.217}$$

故

$$F_2(\Omega)p_2=\frac{\boldsymbol{r}_2-\boldsymbol{r}_{20}}{\boldsymbol{Q}_2\mathrm{e}^{\mathrm{j}\beta_2}} \tag{15.218}$$

代入式(15.216)得

$$\hat{\boldsymbol{u}}_2=\frac{\boldsymbol{r}_{20}}{\boldsymbol{r}_2-\boldsymbol{r}_{20}}\boldsymbol{Q}_2\mathrm{e}^{\mathrm{j}\beta_2}=-\boldsymbol{U}_2 \tag{15.219}$$

把 $\boldsymbol{U}_2$ 按 $\boldsymbol{T}_2$ 的分布比例加在 3 个校正平面上，则

$$\boldsymbol{r}_2=F_2(\Omega)p_2[\hat{\boldsymbol{u}}_2+\boldsymbol{U}_2[R_2(x_1),R_2(x_2),R_2(x_3)][t_{12},t_{22},t_{32}]^{\mathrm{T}}] \tag{15.220}$$

考虑到式(15.199)和式(15.219)，可得

$$\boldsymbol{r}_2=\boldsymbol{0} \tag{15.221}$$

15.8.4　平衡三阶振型

在 3 个校正面上，按 $\boldsymbol{T}_3$ 的分配比例加试重组

$$\boldsymbol{q}_3=\boldsymbol{Q}_3\mathrm{e}^{\mathrm{j}\beta_3}(s_{13},s_{23},s_{33}) \tag{15.222}$$

在转速 $\Omega\approx\omega_3$ 处，测得转子的响应为

$$\boldsymbol{r}_3=F_3(\Omega)p_3[\hat{\boldsymbol{u}}_3+\boldsymbol{Q}_3\mathrm{e}^{\mathrm{j}\beta_3}[R_3(x_1),R_3(x_2),R_3(x_3)][t_{13},t_{23},t_{33}]^{\mathrm{T}}]=F_3(\Omega)p_3[\hat{\boldsymbol{u}}_3+\boldsymbol{Q}_3\mathrm{e}^{\mathrm{j}\beta_3}] \tag{15.223}$$

式中：$F_3(\Omega)$为转子的三阶频响函数，p_3 为常数。

不加试重时的响应为

$$\boldsymbol{r}_{30}=F_3(\Omega)p_3\hat{\boldsymbol{u}}_3 \tag{15.224}$$

式(15.223)减去式(15.224)得

$$F_3(\Omega)p_3=\frac{\boldsymbol{r}_3-\boldsymbol{r}_{30}}{\boldsymbol{Q}_3\mathrm{e}^{\mathrm{j}\beta_3}} \tag{15.225}$$

代入式(15.224)，则有

$$\hat{\boldsymbol{u}}_3=\frac{\boldsymbol{r}_{30}}{\boldsymbol{r}_3-\boldsymbol{r}_{30}}\boldsymbol{Q}_3\mathrm{e}^{\mathrm{j}\beta_3}=-\boldsymbol{U}_3 \tag{15.226}$$

把 $\boldsymbol{U}_3$ 按 $\boldsymbol{T}_3$ 的分布比例加在 3 个校正平面上之后，转子的三阶振型就得以平衡。

在上述过程中，未加说明地假定，每次所加的试重都要去掉。事实上，试重不去掉也是可行的。

第16章　带挤压油膜阻尼器转子的动力学特性

如前面章节所述，航空发动机不断追求高推比特性和宽适应性，结构越来越轻柔，负荷越来越大，使得发动机易于发生振动。涡轴发动机的转子会运行在二阶临界转速之上，即使大型涡扇发动机，转子也在一阶临界转速之上工作。除此之外，航空发动机在较大范围变工况工作，转子频繁地穿越临界转速，有时甚至要在临界转速处运行，即在第12章所述的"可容模态"下运行。这就使发动机的振动问题异常突出。因此，发动机的减振非常重要。挤压油膜阻尼器就是一种广泛应用于航空发动机减振的流固耦合结构。

挤压油膜阻尼器作为阻尼元件用于发动机中，以提供阻尼。航空发动机使用滚动轴承，阻尼很小。挤压油膜阻尼器的作用是向转子系统输入阻尼，限制转子的振动幅值，减小外传到机匣上的动态载荷。

本章将介绍挤压油膜阻尼器的基本理论，分析油膜的力学特性，以带挤压油膜阻尼器的转子为例，剖析阻尼器的减振效果及影响因素，建立挤压油膜阻尼器与转子匹配设计的方法，最后介绍一系列的实验验证结果。

16.1　挤压油膜阻尼器的发展和应用

16.1.1　挤压油膜阻尼器的结构和基本原理

航空发动机采用挤压油膜阻尼器来减振。如图16.1所示为一种已经成功地使用在某航空发动机上的挤压油膜阻尼器结构。阻尼器的主要部分为油膜环和油膜轴颈，即图16.1上的油膜环1和弹性支座2上的油膜轴颈表面A。在油膜环1和表面A间形成间隙。转子的振动负荷由转子轴颈4经轴承3传到弹性支座2上。弹性支座用螺栓5固定在机匣6上。弹性支座的形状如图16.2所示，在其圆筒部分，切去部分材料，形成若干根肋条，使其具有较低的刚性。弹性支座是不旋转的。当转子出现横向振动时，弹性支座上的表面A，亦即油膜轴颈产生平面运动，挤压油膜，从而起到减振作用。

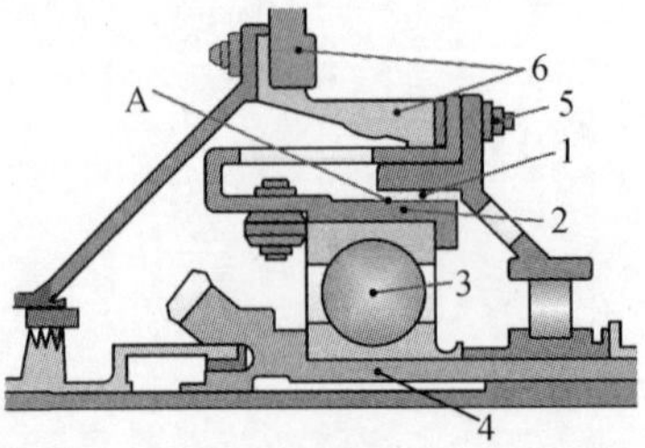

图16.1　挤压油膜阻尼器的结构

1—油膜环；2—弹性支承与轴承座；3—轴承；4—高压轴；5—螺栓；6—机匣

图 16.2　鼠笼式弹性支承

实际使用的挤压油膜阻尼器结构有两种典型形式。一种是带定心弹性支座的，如图 16.1 所示。在转子的重量下，弹性支座 2 会下沉。故在设计时，弹性支座留有适当偏心，以补偿重力作用下的下沉量，使得油膜轴颈表面 A 与油膜环 1 保持同心，这就是所谓的定心弹性支座。另一种是不带定心弹性支座的，如图 16.3 所示。转子上的负荷通过轴 1 经滚棒轴承 2 直接作用在挤压油膜上。轴承外环 3 为油膜轴颈。固定在轴承座 6 上的轴承挡板 5 上加工有齿槽，与油膜轴颈 3 上的凸块咬合，使其不旋转。对于这种不带定心弹支的挤压油膜阻尼器，在转子的不平衡力作用下，油膜轴颈将对油膜环作非圆进动，这与前一种结构中的运动是不相同的，分析起来要复杂得多。

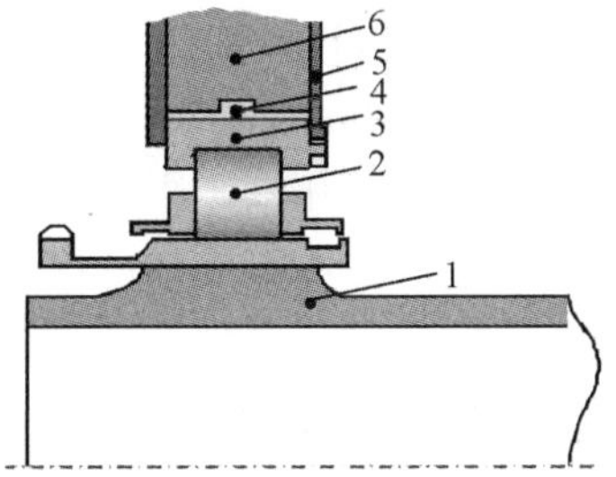

图 16.3　不带定心弹簧的挤压油膜阻尼器

1—轴；2—滚棒轴承；3—支承外环（油膜轴颈）；4—油膜环；5—轴承挡板；6—轴承座

16.1.2　挤压油膜阻尼器的诞生与发展

工程技术上应用油压减振的设想由来已久，在生产实践中已经设计出各式各样的减振器。在这样的背景条件下，特别是动压润滑理论的发展与完善，为挤压油膜阻尼器的出现提供了良好的实践与理论基础。1961 年奥斯卡·平卡斯（Oscar Pinkus）在他的《动压润滑原理》一书中，已经提到了挤压油膜的概念。1963 年，英国罗耳斯·罗伊斯公司（Rolls&Royce）的 S·库珀（Cooper）发表了首篇关于挤压油膜阻尼器实验研究的文章。在库珀的文章发表后不久，挤压油膜阻尼器就在英国的康维发动机（Conway）上成功地得到了使用，起到了良好的减振作用，可使振动减小约 60%。在此之后，挤压油膜阻尼器的研究和应用获得了飞速的发展，各国的科学研究单位和制造厂家都非常重视，许多学者、专家和工程技术人员都致力于这方面的研究工作。

随着研究工作的进展，挤压油膜阻尼器在发动机上的实际应用也得到了发展。继康维发动机之后，20 世纪 60 年代英国又在威派尔(Viper)发动机的压气机转子前端使用了挤压油膜滚珠轴承。1972 年投入航线使用的 RB-211 发动机上所有的滚棒轴承均带有挤压油膜。

20 世纪 60 年代美国把挤压油膜阻尼器应用在 J-69 发动机上，减振效果显著。1969 年研制成的 JT8D 发动机，在 1 号和 6 号轴承上采用了挤压油膜阻尼器，获得了良好的减振效果，外传振幅降低的情况如图 16.4 所示。在 5 000 r/min 的工作状态下，甚至达到了近乎100%的减振。其他如 T-64 燃气发生器，采用油膜阻尼器之后，在所有工作状态下运转都很平稳，最佳情况可使振动减小 60%。

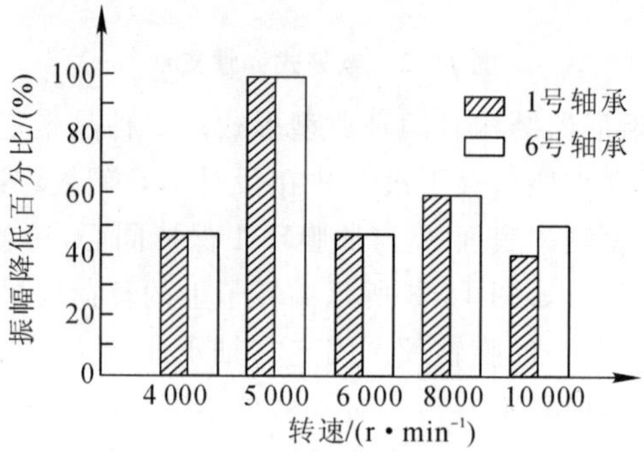

图 16.4　JT8D 采用挤压油膜阻尼器后的减振效果

经过几十年的研究和应用实践，挤压油膜阻尼器在发动机中几乎成了标准配置，例如俄罗斯的 AL 31Φ，D30，英国罗罗公司的 RB199，RB211，Trent 系列发动机，美国的 T700，T800，F404，CFM56，JT8D，JT9D，PW2037，PW4000，GE90，GEnx 等发动机都配置了 2～3 个挤压油膜阻尼器，甚至大部分燃气轮机也都应用挤压油膜阻尼器减振。这说明，一方面发动机振动问题很突出；另一方面挤压油膜阻尼器能够发挥显著的减振作用。

目前，全球倡导节能减排、发展可再生能源，使能源供应多元化、低碳化。为此，燃气轮机发电站将广泛用作为调节电源。这就要求燃气轮机发电机组响应更快，起停机更频繁，负荷变化范围更宽。机组的减振将成为设计任务的重中之重。挤压油膜阻尼器在燃气轮机中的应用将变得更加重要。

但困难是，挤压油膜阻尼器的减振效果取决于多个参数，若设计不当，可能会无减振作用。实际中，若机器的工艺状态、载荷条件发生变化，阻尼器的减振效果可能会恶化。本章旨在总结前人的研究成果，为挤压油膜阻尼器的设计提供指导。

16.2　挤压油膜阻尼器的基本特性及特征参数

如图 16.5 所示为挤压油膜阻尼器的基本结构。其特征是在轴承座和不旋转的弹支之间存在一个油膜间隙，在油膜间隙中充油形成油膜。油膜间隙一般为弹支轴颈的 1.5‰～3‰。当弹支轴颈发生振动时，对油膜形成挤压，由此就产生阻尼效果。

挤压油膜阻尼器无静态承载能力，即无静刚度。挤压油膜阻尼器的阻尼效果与若干参数相关，主要为油膜间隙、滑油黏度、进油方式、密封形式，油膜轴径的长度和对中程度等。

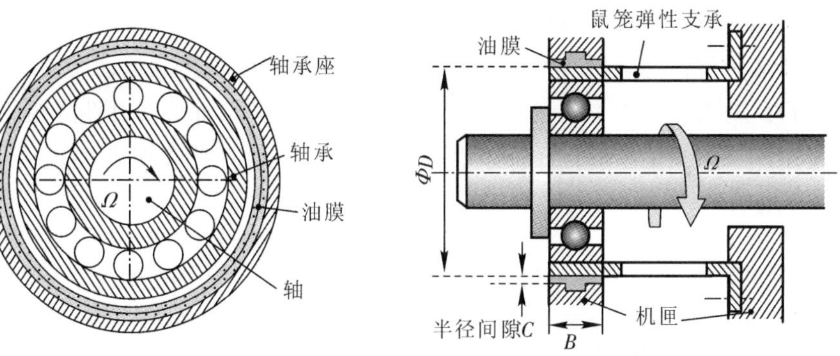

图 16.5 挤压油膜阻尼器基本结构及特征参数

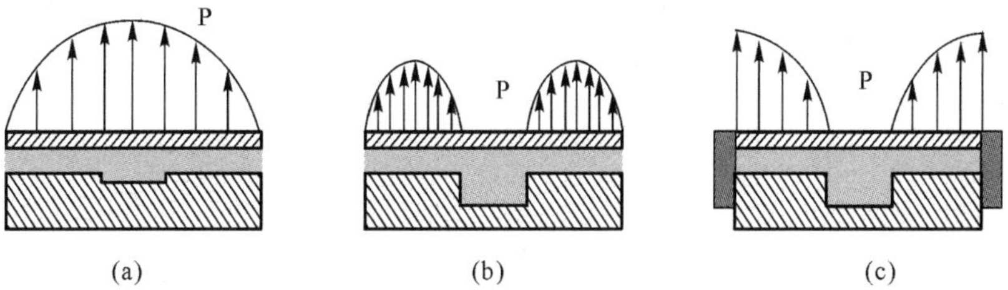

图 16.6 供油方式和油膜压力分布

(a)浅槽供油;(b)深槽供油;(c)带端封的深槽供油

原则上,进油方式可有若干种选择。例如,可通过端面环槽、进油口、进油孔或者油膜环中间的环槽进油。若采用油膜环中间的环槽进油,则槽的深度对油膜力影响很大。如果进油槽很浅,则槽里的动压不能忽略,油膜压力如图 16.6(a)所示。如果油槽较深,槽里的压力可忽略不计,形成 2 个挤压油膜,压力分布如图 16.6(b)所示。由此,使得阻尼只有浅油槽阻尼器的 1/4。通过端部密封可阻挡油的泄漏,提高油膜的压力,增大阻尼效果,如图 16.6(c)所示。端部密封还有一个重要作用,就是减小油膜间隙出现气穴的可能性。周围的空气可从侧面吸入油膜间隙,在滑油中气蚀的空气可能会释出,或者油膜中的压力会降至大气压,由此产生气穴。其结果是阻尼降低,并出现"跳跃"现象,即在转子的幅频特性中幅值发生"跳跃"。第 16.4.7 节将分析这一现象。

如图 16.2 所示为鼠笼式弹性支承,承担转子的静态载荷,并可用于定心。通过改变弹支刚度,可以按照需求调整转子支承系统无阻尼时的自振频率。例如,要调整自振频率与转子工作转速的距离,使转子峰值转速落在预先设定的转速范围。如果油膜轴径振动不超过油膜间隙的 40%,并且无气穴存在,则可对挤压油膜阻尼器的特性进行线化处理,即油膜轴颈在油膜间隙中偏离中心小于 40%时,阻尼系数 C 的线性度变化不会很显著。但若偏心过大,阻尼系数急剧增加,如图 16.7 所示。因此,振动剧烈时,挤压油膜阻尼器的非线性特性就会凸显。

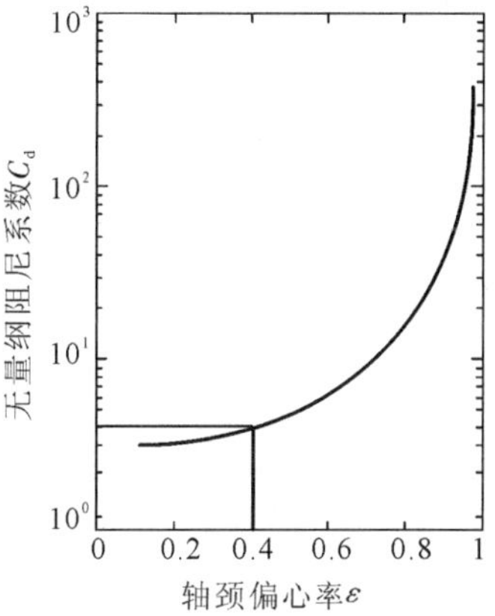

图 16.7 无量纲阻尼系数随轴径偏心率的变化

即使无弹支定心,也不会影响挤压油膜阻尼器的功能。轴承外环落在油膜间隙的底部。当动载荷较大时,将会把转子抬离油膜间隙底部。这样的挤压油膜阻尼器优点是结构简单,造价低,但在整个幅值范围内阻尼器均表现出非线性。

若要阻尼器达到最佳的减振效果,需充分掌握其动态特性,即力和运动之间的关系。第一步可用本章所得到的雷诺方程来描述。在方程的推导过程中,惯性力与黏性力相比忽略不计。这一假设对于工作在高频范围的挤压油膜阻尼器不再适用,此时雷诺数较大。

$$Re = \frac{\rho\omega C^2}{\mu} \tag{16.1}$$

式中:ρ 为油的密度;ω 为轴承外环的振动频率;C 为径向间隙;μ 为油的黏度。

通常,当雷诺数大于 10 时需要考虑流体惯性力。此时,除存在正比于速度的力之外,还会产生与加速度有关的力,相当于出现流体等效质量。

关于挤压油膜阻尼器的大部分研究都假设轴颈运动轨迹为圆轨迹,但并不一定是小幅值运动。当用定心弹支,且不平衡量较大时,这一假设是合理的。油膜力与轨迹半径呈高度非线性关系,这对转子的动力学特性有显著影响。

16.3 雷诺方程

动压润滑理论是挤压油膜阻尼器设计的基础。动压润滑理论的核心是纳维·斯托克斯(Navier - Stokes)方程和雷诺方程。1886 年继博钱普·托尔(Beauchamp Tower)的经典实验之后,奥斯本·雷诺(Oshorne Reynolds)推导出了一个包含两个变量的椭圆方程。托尔在他的实验中第一次观察到了极薄的油膜的形成,从而奠定了动压润滑的基本理论。

如果应用相同的假设,雷诺方程也可从纳维·斯托克斯方程简化得出。下面从轴颈的动力学分析来阐述雷诺方程。

16.3.1 坐标系

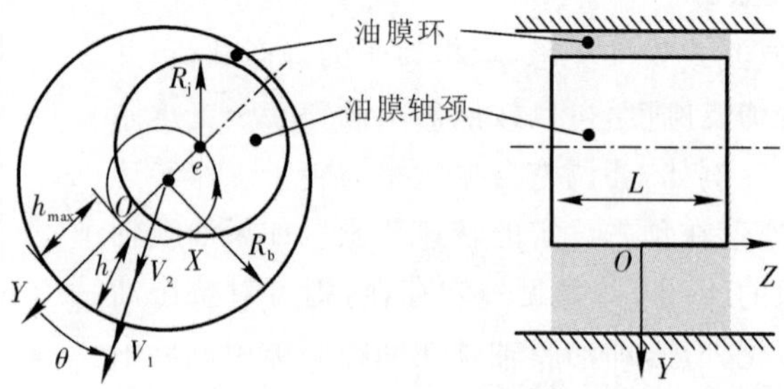

图 16.8 阻尼器的坐标系

根据挤压油膜阻尼器的结构可以将其简化成如图 16.8 所示的模型,并建立旋转坐标系如下:

原点 O 为在油膜厚度最大处的轴颈表面中点上;X 为指向轴颈表面的周向;Y 为指向轴颈表面的法向;Z 为沿轴颈的轴线方向;θ 为从最大油膜厚度处算起。

16.3.2　平衡方程

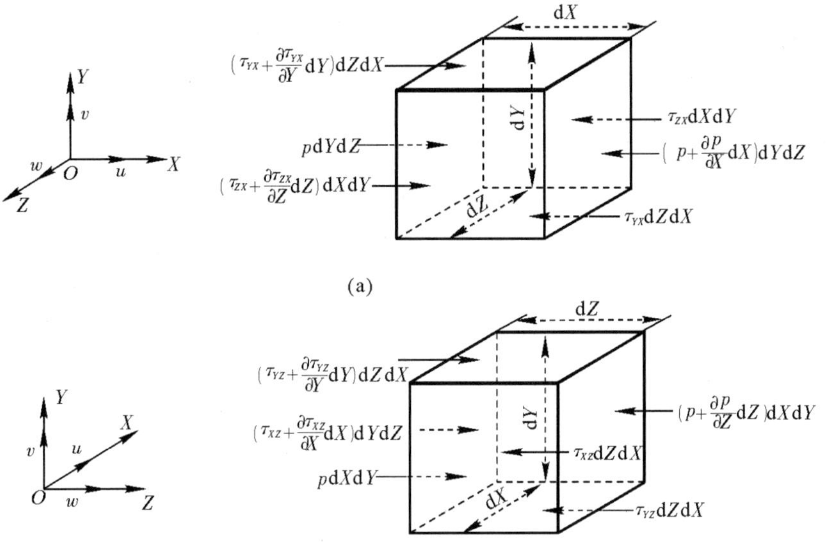

(b)

图 16.9　作用于油膜微元体的力

(a)X 方向力;(b)Z 方向力

将油膜间隙中的油膜取出一微元体进行分析，如图 16.9 所示。略去油膜的体力，即油膜流速发生变化时的惯性力、在环形腔内运动时的离心力以及油膜自身的重力。如果其他外力也不存在，则作用在微元体上的将只是流体的压力 p 和流层间由于黏性摩擦而产生的剪应力 τ。

每个剪应力都带双下标，第一个下标表示剪应力作用表面的法向轴，第二个下标表示剪应力的作用方向。

写出微元体在 X 和 Z 方向上的力平衡方程，即

$$\left[p-\left(p+\frac{\partial p}{\partial X}\mathrm{d}X\right)\right]\mathrm{d}Y\mathrm{d}Z+\left[\left(\tau_{YX}+\frac{\partial \tau_{YX}}{\partial Y}\mathrm{d}Y\right)-\tau_{YX}\right]\mathrm{d}Z\mathrm{d}X+$$
$$\left[\left(\tau_{ZX}+\frac{\partial \tau_{ZX}}{\partial Z}\mathrm{d}Z\right)-\tau_{ZX}\right]\mathrm{d}X\mathrm{d}Y=0$$
$$\left[p-\left(p+\frac{\partial p}{\partial Z}\mathrm{d}Z\right)\right]\mathrm{d}X\mathrm{d}Y+\left[\left(\tau_{YZ}+\frac{\partial \tau_{YZ}}{\partial Y}\mathrm{d}Y\right)-\tau_{YZ}\right]\mathrm{d}Z\mathrm{d}X+$$
$$\left[\left(\tau_{XZ}+\frac{\partial \tau_{XZ}}{\partial X}\mathrm{d}X\right)-\tau_{XZ}\right]\mathrm{d}Y\mathrm{d}Z=0$$

将上式化简得

$$\left.\begin{aligned}\frac{\partial p}{\partial X}&=\frac{\partial \tau_{YX}}{\partial Y}+\frac{\partial \tau_{ZX}}{\partial Z}\\ \frac{\partial p}{\partial Z}&=\frac{\partial \tau_{XZ}}{\partial X}+\frac{\partial \tau_{YZ}}{\partial Y}\end{aligned}\right\}\tag{16.2}$$

用同样的方法可以求得

$$\frac{\partial p}{\partial Y}=\frac{\partial \tau_{XY}}{\partial X}+\frac{\partial \tau_{ZY}}{\partial Z}$$

由于油膜的厚度很小,可以认为沿轴颈表面的法线方向油膜压力不变,故

$$\frac{\partial P}{\partial Y}=0$$

假定油膜的流动为层流,没有涡流和紊流,符合牛顿黏性定律,则有

$$\tau_{YX}=\mu\frac{\partial u}{\partial Y},\quad \tau_{ZX}=\mu\frac{\partial u}{\partial Z}$$

$$\tau_{XZ}=\mu\frac{\partial w}{\partial X},\quad \tau_{YZ}=\mu\frac{\partial w}{\partial Y}$$

式中:μ 为油膜的黏度,常用动力黏度计算,单位为 Pa·s;u,v,w 分别表示沿 X,Y,Z 方向油膜流动的速度,如图 16.9 所示。

由于 Y 向的尺寸远比 X 和 Z 方向的尺寸小,故 Y 向流速变化率远远大于 X 和 Z 方向的变化率,即

$$\frac{\partial u}{\partial Y}\gg\frac{\partial u}{\partial Z},\quad \frac{\partial w}{\partial Y}\gg\frac{\partial w}{\partial X}$$

故力平衡方程可以近似地表示为

$$\left.\begin{aligned}\frac{\partial p}{\partial X}&=\frac{\partial}{\partial Y}\left(\mu\frac{\partial u}{\partial Y}\right)\\ \frac{\partial p}{\partial Z}&=-\frac{\partial}{\partial Y}\left(\mu\frac{\partial w}{\partial Y}\right)\end{aligned}\right\}\tag{16.3}$$

16.3.3 连续方程

在挤压油膜阻尼器的低压区,油膜有时会汽化,即阻尼器的工质会形成液气两相,因而应采用三维可压缩流的连续方程

$$\frac{\partial\rho}{\partial t}+\frac{\partial(\rho u)}{\partial X}+\frac{\partial(\rho v)}{\partial Y}+\frac{\partial(\rho w)}{\partial Z}=0\tag{16.4}$$

式中:ρ 为油膜微元体物质的密度;u 和 w 可以这样来求,将式(16.3)对 Y 积分两次,可得

$$u=\frac{1}{2\mu}\frac{\partial p}{\partial X}Y^2+\frac{Y}{\mu}C_1+C_2$$

$$w=\frac{1}{2\mu}\frac{\partial p}{\partial Z}Y^2+\frac{Y}{\mu}C_3+C_4$$

假定油膜与油膜环和轴颈表面之间没有相对滑动,并假定油膜环的 X 向速度为 U_1,油膜轴颈的圆周速度为 U_2(见图 16.8),则可以得到如下边界条件:

当 $Y=0$ 时,$u=U_2$,$w=0$

当 $Y=h$ 时,$u=U_1$,$w=0$

代入边界条件,可得

$$C_1=\left(U_1-U_2-\frac{1}{2\mu}\frac{\partial p}{\partial X}h^2\right)\frac{\mu}{h}$$

$$C_2=U_2$$

$$C_3=-\frac{1}{2}\frac{\partial p}{\partial Z}h$$

$$C_4=0$$

将积分常数代入原式，即得

$$\left.\begin{aligned} u &= \frac{1}{2\mu}\frac{\partial p}{\partial X}Y(Y-h)+\left(1-\frac{Y}{h}\right)U_2+\frac{Y}{h}U_1 \\ w &= \frac{1}{2\mu}\frac{\partial p}{\partial Z}Y(Y-h) \end{aligned}\right\} \tag{16.5}$$

16.3.4　广义雷诺方程

由于油膜的厚度很小，可以假定油膜的密度 ρ 沿 Y 方向不变化，并取任意点 M' 处的径向流速为 V_1，M 处的径向流速为 V_2（见图 16.8），沿油膜厚度 h 对连续方程式(16.4)进行积分可得

$$h\frac{\partial\rho}{\partial t}+\rho(V_1-V_2)=-\int_0^h\left[\frac{\partial(\rho u)}{\partial X}+\frac{\partial(\rho w)}{\partial Z}\right]\mathrm{d}Y \tag{16.6}$$

式(16.6)的右端，积分界限 h 是 X 和 Z 的函数，故可用莱布尼兹(Leibniz)法则求积分，即

$$\int_0^h\frac{\partial(\rho u)}{\partial X}\mathrm{d}Y=\frac{\partial}{\partial X}\int_0^h(\rho u)\mathrm{d}Y-\rho u\mid_{Y=h}\frac{\partial h}{\partial X}$$

$$\int_0^h\frac{\partial(\rho w)}{\partial Z}\mathrm{d}Y=\frac{\partial}{\partial Z}\int_0^h(\rho w)\mathrm{d}Y-\rho w\mid_{Y=h}\frac{\partial h}{\partial Z}$$

如上所述，当 $Y=h$ 时，$u=U_1$，$w=0$，故得

$$\int_0^h\frac{\partial(\rho u)}{\partial X}\mathrm{d}Y=\frac{\partial}{\partial X}\int_0^h(\rho u)\mathrm{d}Y-\rho U_1\frac{\partial h}{\partial X}$$

$$\int_0^h\frac{\partial(\rho w)}{\partial Z}\mathrm{d}Y=\frac{\partial}{\partial Z}\int_0^h(\rho w)\mathrm{d}Y$$

将式(16.5)的流速关系代入，得

$$\int_0^h(\rho u)\mathrm{d}Y=-\frac{\rho h^3}{12\mu}\frac{\partial p}{\partial X}+\frac{\rho h}{2}(U_1+U_2)$$

$$\int_0^h(\rho w)\mathrm{d}Y=-\frac{\rho h^3}{12\mu}\frac{\partial p}{\partial Z}$$

将以上关系代入式(16.6)，得

$$h\frac{\partial\rho}{\partial t}+\rho(V_1-V_2)=\frac{\partial}{\partial X}\left[\frac{\rho h^3}{12\mu}\frac{\partial p}{\partial X}-\frac{\rho h}{2}(U_1+U_2)\right]+\rho U_1\frac{\partial h}{\partial X}+\frac{\partial}{\partial Z}\left(\frac{\rho h^3}{12\mu}\frac{\partial p}{\partial Z}\right)$$

即

$$\frac{\partial}{\partial X}\left(\frac{\rho h^3}{\mu}\frac{\partial p}{\partial X}\right)+\frac{\partial}{\partial Z}\left(\frac{\rho h^3}{\mu}\frac{\partial p}{\partial Z}\right)=6(U_1+U_2)\frac{\partial(\rho h)}{\partial X}+6\rho h\frac{\partial}{\partial X}(U_1+U_2)-$$

$$12\rho U_1\frac{\partial h}{\partial X}+12\rho(V_1-V_2)+12h\frac{\partial\rho}{\partial t}$$

因为

$$\frac{\partial}{\partial X}(U_1+U_2)=0$$

$$-12\rho U_1\frac{\partial h}{\partial X}=12U_1h\frac{\partial\rho}{\partial X}-12U_1\frac{\partial(\rho h)}{\partial X}$$

故有

$$\frac{\partial}{\partial X}\left(\frac{\rho h^3}{\mu}\frac{\partial p}{\partial X}\right)+\frac{\partial}{\partial Z}\left(\frac{\rho h^3}{\mu}\frac{\partial p}{\partial Z}\right)=6(U_2-U_1)\frac{\partial(\rho h)}{\partial X}+12U_1h\frac{\partial\rho}{\partial X}+12\rho(V_1-V_2)+12h\frac{\partial\rho}{\partial t} \tag{16.7}$$

又因$\partial h/\partial t=V_1-V_2$，故得

$$\frac{\partial}{\partial X}\left(\frac{\rho h^3}{\mu}\frac{\partial p}{\partial X}\right)+\frac{\partial}{\partial Z}\left(\frac{\rho h^3}{\mu}\frac{\partial p}{\partial Z}\right)=6(U_2-U_1)\frac{\partial(\rho h)}{\partial X}+12\frac{\partial(\rho h)}{\partial t}+12U_1 h\frac{\partial\rho}{\partial X} \quad (16.8)$$

这就是变黏度可压缩流的广义雷诺方程。

16.3.5 轴颈轴承的雷诺方程

轴颈轴承的特点反映在 X 向分速 U 和 Y 向分速 V 上。如图 16.10 所示，因为坐标原点是取在轴颈表面上的，所以 M 点的 X 与 Y 轴方向的分速 U_2 和 V_2 分别为该点的切向分速和法向分速。

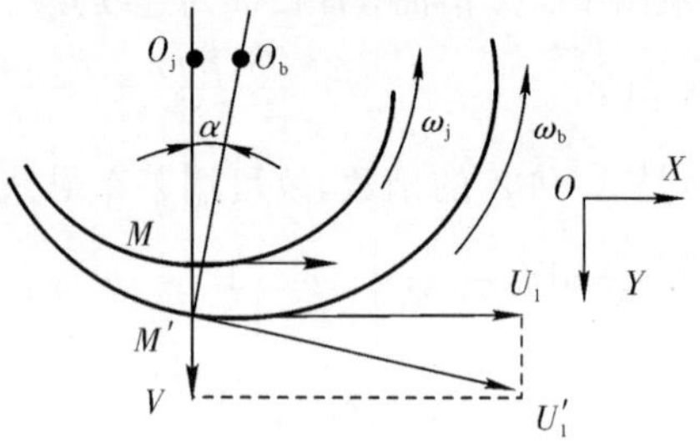

图 16.10 轴颈轴承表面的运动

轴承表面上 M'点的 X 向分速 U_1 应为

$$U_1=U_1'\cos\alpha$$

其中 U_1'为轴承的圆周速度。但由于 α 角很小，故

$$U_1\approx U_1'$$

也就是说，在所有各式中的 U_1 均可用轴承（油膜环同）的圆周速度来近似地表达。M'点的 Y 向分速 V_1 要这样来分析：因为轴颈与轴承不是绕相同的轴心线旋转，因而两者在旋转过程中便会产生相对于 Y 方向的分速，即图 16.10 中的 V；另外，轴承自身的径向运动会产生 Y 向分速，令其为 V_0。于是 M'点的 Y 向分速为

$$V_1=V_0+V$$

由图 16.10 可知

$$V=U_1'\sin\alpha=U_1\frac{\partial h}{\partial X}$$

将 V_1 代入式(16.7)，得

$$\frac{\partial}{\partial X}\left(\frac{\rho h^3}{\mu}\frac{\partial p}{\partial X}\right)+\frac{\partial}{\partial Z}\left(\frac{\rho h^3}{\mu}\frac{\partial p}{\partial Z}\right)=6(U_2-U_1)\frac{\partial(\rho h)}{\partial X}+12U_1 h\frac{\partial\rho}{\partial X}+12\rho(V_0-V_2)+$$
$$12\rho U_1\frac{\partial h}{\partial X}+12h\frac{\partial\rho}{\partial t}$$

将含 U_1 的项合并，即得

$$\frac{\partial}{\partial X}\left(\frac{\rho h^3}{\mu}\frac{\partial p}{\partial X}\right)+\frac{\partial}{\partial Z}\left(\frac{\rho h^3}{\mu}\frac{\partial p}{\partial Z}\right)=6(U_1+U_2)\frac{\partial(\rho h)}{\partial X}+12\rho(V_0-V_2)+12h\frac{\partial\rho}{\partial t} \quad (16.9)$$

而这时$\partial h/\partial t=V_0-V_2$，故得

$$\frac{\partial}{\partial X}\left(\frac{\rho h^3}{\mu}\frac{\partial p}{\partial X}\right)+\frac{\partial}{\partial Z}\left(\frac{\rho h^3}{\mu}\frac{\partial p}{\partial Z}\right)=6(U_1+U_2)\frac{\partial(\rho h)}{\partial X}+12\frac{\partial(\rho h)}{\partial t} \quad (16.10)$$

这就是变黏度可压缩流的轴颈轴承雷诺方程。

通常轴承是固定不转的，并认为在轴颈轴承中工作的是不可压缩的纯滑油，滑油的黏度为常数，在这种情况下，雷诺方程为

$$\frac{\partial}{\partial X}\left(h^3 \frac{\partial p}{\partial X}\right)+\frac{\partial}{\partial Z}\left(h^3 \frac{\partial p}{\partial Z}\right)=6\mu U_2 \frac{\partial h}{\partial X}+12\mu \frac{\partial h}{\partial t} \tag{16.11}$$

16.3.6　挤压油膜阻尼器的雷诺方程

为方便起见，采用圆柱坐标系推导用于挤压油膜阻尼器的雷诺方程。首先求出油膜厚度 h 与有关参数间的几何关系。如图 16.11 所示，存在如下几何关系：

$$e\cos\theta + R_b\cos a = R_j + h$$

$$\sin a = \frac{e}{R_b}\sin\theta$$

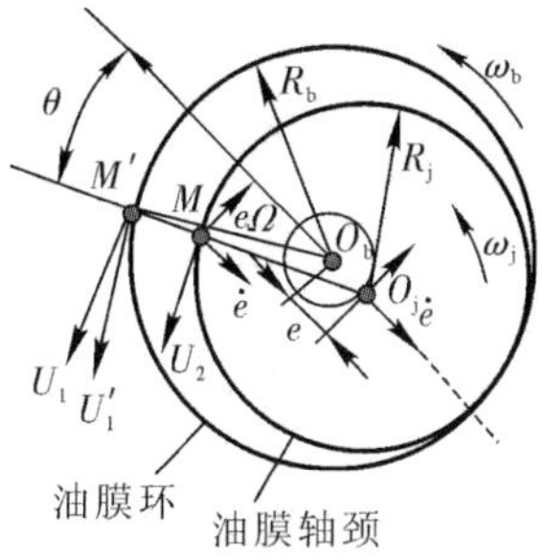

图 16.11　挤压油膜阻尼器的运动

因而

$$h = R_b\sqrt{1-\frac{e^2}{R_b^2}\sin^2\theta} - R_j + e\cos\theta$$

式中：e 为油膜轴颈与油膜环间的偏心距。

通常 e/R_b 为 0.001～0.004，远小于 1，故根号内的数非常接近于 1，因此

$$h = R_b - R_j + e\cos\theta$$

其中 $R_b - R_j$ 即油膜半径间隙 C。偏心距通常用无量纲参数 ε 表示，即

$$\varepsilon = \frac{e}{C}$$

式中：ε 称之为轴颈偏心率，在分析油膜阻尼器特性时，这是一个重要的参数。

将这些关系代入前式，即可得出

$$h = C(1+\varepsilon\cos\theta) \tag{16.12}$$

挤压油膜阻尼器除包括前面推导广义雷诺方程时所可能具备的那些运动外，还有轴颈中心 O_j 绕油膜环中心 O_b 的进动运动。在图 16.11 中，进动角速度为 Ω。ω_b 和 ω_j 分别为油膜环和油膜轴颈的旋转角速度。

按式(16.10)的定义，$V_0 - V_2$ 只代表轴承和轴颈的平移产生在 MM' 方向（Y 方向）的分速。图 16.11 中的 $\dot{e}$ 是沿连心线 O_jO_b 方向的平移速度，故

$$\frac{\partial h}{\partial t} = V_0 \qquad V_2 = \dot{e}\cos\theta。$$

这一关系也可按式(16.12)求出。如果油膜环无径向运动，则 $\dot{e}$ 就是轴颈中心 O_j 沿 O_bO_j 连线的平移速度。

由进动引起的 M 点的 Y 向分速为$(-e\Omega\sin\theta)$，而 M、M' 点处的 X 向分速分别为

$$U_2 = R_j\omega_j + e\sin\theta - e\Omega\cos\theta$$

$$U_1 \approx U'_1 = R_b\omega_b \approx R_j\omega_b$$

按圆柱坐标，有

$$X = R_j\theta$$

借助式(16.9)包含的概念，应用此处所得的关系，可得

$$\frac{1}{R_j^2}\frac{\partial}{\partial\theta}\left(\frac{\rho h^3}{\mu}\frac{\partial p}{\partial\theta}\right)+\frac{\partial}{\partial Z}\left(\frac{\rho h^3}{\mu}\frac{\partial p}{\partial Z}\right)=6(R_j\omega_b+R_j\omega_j+\dot{e}\sin\theta-e\Omega\cos\theta)\frac{1}{R_j}\frac{\partial(\rho h)}{\partial\theta}+$$

$$12\rho\left(\frac{\partial h}{\partial t}+e\Omega\sin\theta\right)+12h\frac{\partial\rho}{\partial t}\tag{16.13}$$

按式(16.12)有

$$\frac{\partial h}{\partial\theta}=-e\sin\theta$$

并且

$$\dot{e}=C\frac{\partial\varepsilon}{\partial t}$$

则式(16.13)的右端为

$$6\left(\omega_b+\omega_j-2\Omega+\frac{C}{R_j}\frac{\partial\varepsilon}{\partial t}\sin\theta-\frac{e}{R_j}\Omega\cos\theta\right)\frac{\partial(\rho h)}{\partial\theta}+12\Omega h\frac{\partial\rho}{\partial\theta}+12\frac{\partial(\rho h)}{\partial t}$$

因为 C/R_j,e/R_j 远小于 2,故可将这些项略去,由此得出变黏度可压缩流的挤压油膜雷诺方程为

$$\frac{1}{R_j^2}\frac{\partial}{\partial\theta}\left(\frac{\rho h^3}{\mu}\frac{\partial p}{\partial\theta}\right)+\frac{\partial}{\partial Z}\left(\frac{\rho h^3}{\mu}\frac{\partial p}{\partial Z}\right)=6(\omega_b+\omega_j-2\Omega)\frac{\partial(\rho h)}{\partial\theta}+12\Omega h\frac{\partial\rho}{\partial\theta}+12\frac{\partial(\rho h)}{\partial t}\tag{16.14}$$

油膜环半径与油膜轴颈半径非常接近,故 R_j 可用 R 表示,通称油膜阻尼器半径。由此可得定黏度不可压缩流的挤压油膜雷诺方程为

$$\frac{1}{R^2}\frac{\partial}{\partial\theta}\left(h^3\frac{\partial p}{\partial\theta}\right)+\frac{\partial}{\partial Z}\left(h^3\frac{\partial p}{\partial Z}\right)=6\mu(\omega_b+\omega_j-2\Omega)\frac{\partial h}{\partial\theta}+12\mu\frac{\partial h}{\partial t}\tag{16.15}$$

方程式(16.15)为在旋转的圆柱坐标系中(见图 16.11),轴颈中心 O_j 对油膜环中心 O_b 作一般进动时的瞬态雷诺方程。

由方程式(16.15)还可看出,右端第一项表示滑油进入楔形间隙产生力的情况;第二项表示挤压作用产生压力的情况。也就是说,右端是产生油压的动因,下面依次分析。

(1)如果$(\omega_b-\omega_j-2\Omega)>0$,则在$\partial h/\partial\theta<0$ 区域,轴承表面会将滑油带入收敛形楔形间隙。动压润滑理论已经证明,在收敛形间隙内将产生正压,即正压力区在 $\theta=0\sim\pi$ 范围内(见图 16.11);如$(\omega_b+\omega_j-2\Omega)<0$,则按同样的分析方法,正压力区将产生在 $\theta=\pi\sim2\pi$ 区域内。

(2)$\partial h/\partial t<0$,即油膜间隙随时间减小,油膜轴颈与油膜环彼此靠拢,相互挤压,故在相应区间会产生正压力;如$\partial h/\partial t>0$,则表面彼此分离,故得负压。

上面的分析将对轴颈轴承和挤压油膜阻尼器内,油膜负压力区和气穴位置的理解有所帮助。

如果认为油膜厚度 h 沿轴向 Z 不变,则式(16.15)可写成

$$6\mu B-\frac{1}{R^2}\frac{\partial}{\partial\theta}\left(h^3\frac{\partial p}{\partial\theta}\right)-h^3\frac{\partial^2 p}{\partial Z^2}=0\tag{16.16}$$

式中:$B=(\omega_b+\omega_j-2\Omega)\dfrac{\partial h}{\partial\theta}+2\dfrac{\partial h}{\partial t}$。

如果阻尼器轴颈只作圆进动,则在稳态运转时,雷诺方程应为

$$\frac{1}{R^2}\frac{\partial}{\partial\theta}\left(h^3\frac{\partial p}{\partial\theta}\right)+\frac{\partial}{\partial Z}\left(h^3\frac{\partial p}{\partial Z}\right)=6\mu(\omega_b+\omega_j-2\Omega)\frac{\partial h}{\partial\theta}\tag{16.17}$$

按本章第 16.1 节中所介绍的挤压油膜阻尼器,油膜环和油膜轴颈都不旋转,油膜轴颈只绕油膜环中心作圆进动运动,这时雷诺方程应为

$$\frac{1}{R^2}\frac{\partial}{\partial\theta}\left(h^3\frac{\partial p}{\partial\theta}\right)+\frac{\partial}{\partial Z}\left(h^3\frac{\partial p}{\partial Z}\right)=-12\Omega\mu\frac{\partial h}{\partial\theta} \tag{16.18}$$

16.4　油膜反力、油膜刚度和油膜阻尼

为了求解油膜反力，必须分析油膜压力沿轴颈的分布，根据具体情况分析油膜的正负压力区域，并根据运动状态和边界条件来求解雷诺方程。

16.4.1　半油膜、全油膜和气穴现象

就一般全轴颈滑动轴承而言，如供油压力为环境大气压力（表压 $p=0$），则沿轴向的油压分布如图 16.12(a)所示。在圆周方向，由于轴颈的旋转，将滑油带入 $\theta=0\sim\pi$ 的“收敛楔”内，滑油受挤压因而产生正压力（见图 16.13）；在 $\theta=\pi\sim2\pi$ 的“扩张楔”内，滑油被带出，从理论上讲，将产生与正压力区相同的负压力区。但由经验知道，液体是承受不了多大负压（即拉应力）的，在负压力作用下，油膜必然破裂，所以负压力区实际上并不存在，而只能有较小的负压，因为油膜尚可承受这种较小的负压力，如图 16.12(b)虚线所示。

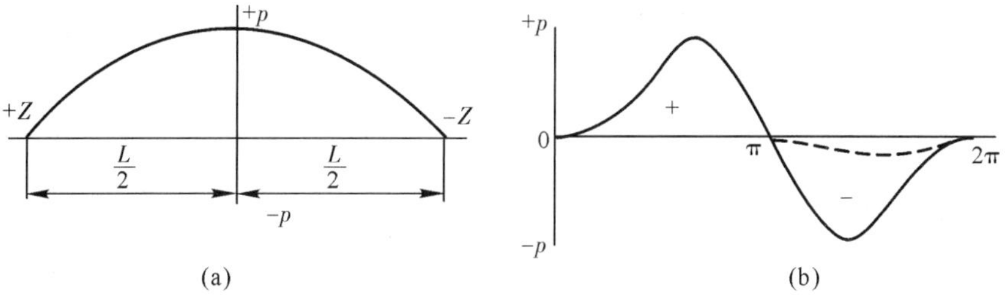

图 16.12　油膜压力分布

对于挤压油膜阻尼器，情况正好相反，挤压油膜阻尼器的工作如图 16.14 所示，油膜轴颈对油膜环作进动运动。在带定心弹性支承的情况下，阻尼器未运转之前，油膜轴颈与油膜环同心，转子的重量由弹性支座承受，与挤压油膜无关。转子运转时，在不平衡力 P_e 或其他作用力作用下，轴承外环挤压油膜轴颈，使 O_j 偏离 O_b 产生偏心距 e，这就是振动向量的方向，它总是滞后于不平衡激振力 P_e。如图 16.14 所示，β 角就是滞后相位角。

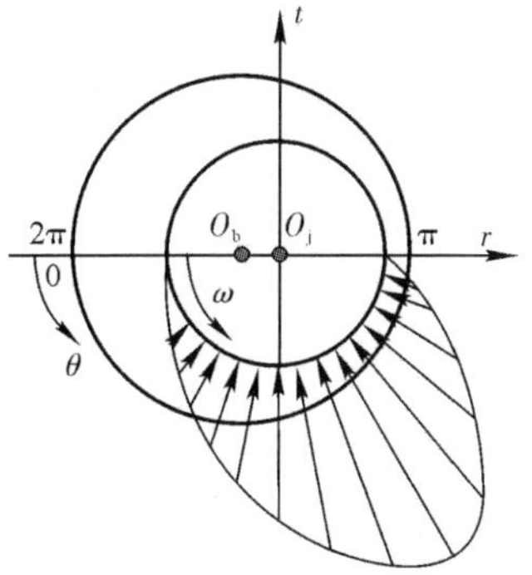

图 16.13　轴颈轴承油膜压力分布

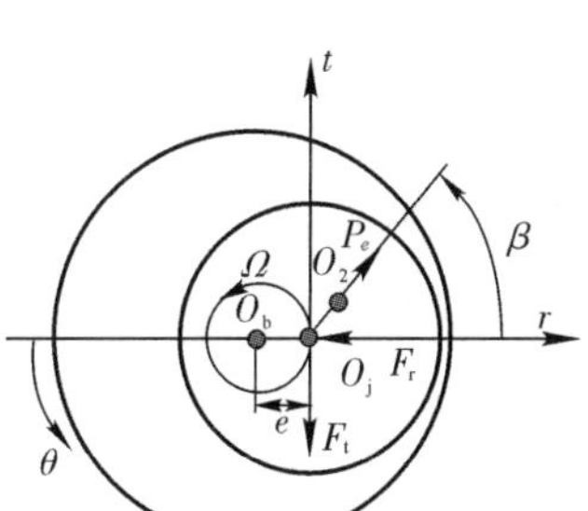

图 16.14　挤压油膜阻尼器的工作情况

在旋转的不平衡力 Pe 作用下，油膜受挤压的一边，也就是挤压油膜阻尼器的正压力区，大约在 $\theta=\pi\sim2\pi$ 范围内。而且在受挤压的扩张楔内，间隙小的一端反压大，故而油压升高较大；间隙大的一端反压小，油压升高较小。因此，正压力区的油压分布便呈现出如图 16.15 所示的规律。

大约在 $\theta=0\sim\pi$ 的范围内则为负压力区。正如前面对轴颈轴承所作的分析一样，只能有很小的负压出现。英国 R. 霍尔姆斯(Holmes)在实验中曾观察到这种现象。当油膜压力降到低于滑油在环境中的饱和压力时，气体便从油中逸出，即油膜中出现气穴。J. A. 科尔(Cole)等人还在实验中观察到在旋转载荷作用下，正压力区在旋转，而气穴区也以相同的速度旋转。

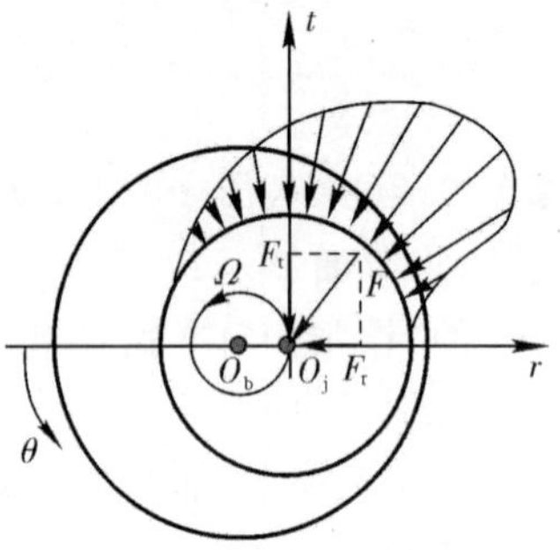

图 16.15　挤压油膜阻尼器油膜压力分布

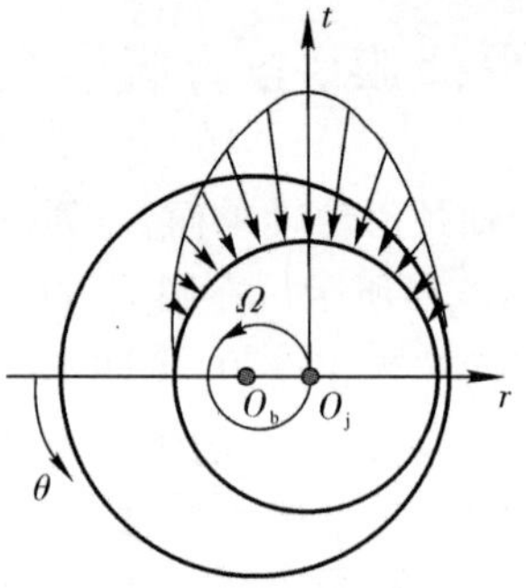

图 16.16　全油膜的挤压油膜阻尼器压力分布

当压力较低而温度较高时，滑油还会汽化，这也是在油膜中产生气穴的原因。

因此，将正压力区在 $0\sim\pi$ 或 $\pi\sim2\pi$ 的油膜称之为半油膜或有气穴油膜。

我们以轴颈中心 O_j 为原点，取旋转坐标系 rO_jt(如图 16.14 所示)，按轴颈进动方向，O_jt 代表周向，O_jr 代表径向。当供油压力提高到一定程度后，不平衡力 P_e 挤压油膜，扩张楔两端反压都较大，则油膜压力将按 O_jt 轴对称分布，如图 16.16 所示。这时对油膜轴颈的径向反压将会彼此抵消。而负压力区将不复出现，气穴亦会被抑制而消失，油膜从 $0\sim2\pi$ 都有正压，故称这种油膜为全油膜或无空穴油膜。

探讨了油膜的边界条件以后，即可进一步按雷诺方程求出油膜压力沿阻尼器的分布，即 $p(\theta,Z)$。由于雷诺方程为一包含两个变量 θ,Z 的偏微分方程，求解困难，因而便出现了许多近似解法，下面择要介绍。

16.4.2　短轴承近似理论——圆进动假设

所谓短轴承理论，即认为油膜压力沿阻尼器轴线方向 Z 的变化，远比沿圆周方向的变化大，故可将 $\partial p/\partial\theta$ 项略去。对于采用滚动轴承的发动机来说，轴承的长径比可以小于 0.25，因而设计相应的阻尼器，长径比也可很小，滑油进入油膜间隙后，易于向两端流出，所以 $\partial p/\partial Z$ 变化很大。实践经验证明，当阻尼器的长径比比较小时，短轴承理论是有实用价值的。

按挤压油膜阻尼器的这种具体工作条件，在式(16.18)中，可略去 $\partial p/\partial\theta$ 项，则作圆进动的阻尼器方程变为

$$\frac{\partial}{\partial Z}\left(h^3\frac{\partial p}{\partial Z}\right)=-12\Omega\mu\frac{\partial h}{\partial\theta}$$

按式(16.12)有

$$\frac{\partial h}{\partial \theta}=-C\varepsilon\sin\theta$$

故得

$$\frac{\partial}{\partial Z}\left(h^3\frac{\partial p}{\partial Z}\right)=12\mu\Omega C\varepsilon\sin\theta$$

前已假定油膜厚度 h 沿轴向 Z 不变，并且知道

$$\text{当 } Z=\pm L/2 \text{ 时}, p(\theta,Z)=0$$

其中 L 为轴颈长度。

将上式积分两次，并代入边界条件，可得

$$p(\theta,Z)=-6\frac{\mu\Omega C\varepsilon\sin\theta}{h^3}\left(\frac{L^2}{4}-Z^2\right) \tag{16.19}$$

这就是挤压油膜阻尼器圆进动雷诺方程的短轴承近似解。

在求得油膜压力分布之后，便可进一步求解油膜反力。对于挤压油膜阻尼器而言，前已说明，正压力区在 $\theta=\pi\sim2\pi$ 范围内(从式(16.19)也可证明)。为分析方便起见，将油膜力 F 分解为径向反力 F_r 和周向反力 F_t，如图 16.15 所示，则有空穴的挤压油膜阻尼器的径向油膜反力为

$$F_r=\int_{-\frac{L}{2}}^{\frac{L}{2}}\int_{\pi}^{2\pi}p(\theta,Z)R\cos\theta\mathrm{d}\theta\mathrm{d}Z$$

将式(16.12)及式(16.19)的关系代入，并对 Z 积分后可得

$$F_r=-\frac{\mu\Omega RL^3}{C^2}\int_{\pi}^{2\pi}\frac{\varepsilon\sin\theta\cos\theta}{(1+\varepsilon\cos\theta)^3}\mathrm{d}\theta \tag{16.20}$$

因为

$$\int_{\pi}^{2\pi}\frac{\varepsilon\sin\theta\cos\theta}{(1+\varepsilon\cos\theta)^3}\mathrm{d}\theta=\int_{\pi}^{2\pi}\frac{\cos\theta}{(1+\varepsilon\cos\theta)}\frac{\varepsilon\sin\theta}{(1+\varepsilon\cos\theta)^2}\mathrm{d}\theta=$$

$$\int_{\pi}^{2\pi}\left[\frac{1}{\varepsilon}-\frac{1}{\varepsilon(1+\varepsilon\cos\theta)}\right]\frac{\varepsilon\sin\theta}{(1+\varepsilon\cos\theta)^2}\mathrm{d}\theta=$$

$$-\frac{1}{\varepsilon}\int_{\pi}^{2\pi}\frac{-\varepsilon\sin\theta\mathrm{d}\theta}{(1+\varepsilon\cos\theta)^2}+\frac{1}{\varepsilon}\int_{\pi}^{2\pi}\frac{-\varepsilon\sin\theta\mathrm{d}\theta}{(1+\varepsilon\cos\theta)^3}=\frac{2\varepsilon^2}{(1-\varepsilon^2)^2}$$

故得到有空穴的短轴承挤压油膜阻尼器的径向油膜反力为

$$F_r=-\frac{\mu\Omega RL^3}{C^2}\left[\frac{2\varepsilon^2}{(1-\varepsilon^2)^2}\right] \tag{16.21}$$

仿照式(16.20)，可以相似地得出有空穴的挤压油膜阻尼器的周向油膜反力为

$$F_t=-\frac{\mu\Omega RL^3}{C^2}\int_{\pi}^{2\pi}\frac{\varepsilon\sin\theta\sin\theta}{(1+\varepsilon\cos\theta)^3}\mathrm{d}\theta \tag{16.22}$$

按分部积分法，可得

$$\int_{\pi}^{2\pi}\frac{\varepsilon\sin\theta\sin\theta}{(1+\varepsilon\cos\theta)^3}\mathrm{d}\theta=-\frac{1}{2\varepsilon}\int_{\pi}^{2\pi}\frac{d\theta}{(1+\varepsilon\cos\theta)}+\frac{1}{2\varepsilon}\int_{\pi}^{2\pi}\frac{\mathrm{d}\theta}{(1+\varepsilon\cos\theta)^2} \tag{16.23}$$

应用萨默菲尔德(Sommerfeld)代换，即

$$\cos\alpha=\frac{\varepsilon+\cos\theta}{1+\varepsilon\cos\theta} \tag{16.24}$$

这一代换的特点是 α 和 θ 在 $0,\pi$ 和 2π 处，上式两端具有同一值。由式(16.24)还可导出

$$1+\varepsilon\cos\theta=\frac{1-\varepsilon^2}{1-\varepsilon\cos\alpha} \tag{16.25a}$$

$$\mathrm{d}\theta=\frac{(1-\varepsilon^2)^{1/2}}{(1-\varepsilon\cos\alpha)}\mathrm{d}\alpha \tag{16.25b}$$

将其代入式(16.23)即得

$$\int_\pi^{2\pi}\frac{\varepsilon\sin^2\theta\mathrm{d}\theta}{(1+\varepsilon\cos\theta)^3}=-\frac{1}{2\varepsilon(1-\varepsilon^2)^{1/2}}\int_\pi^{2\pi}\mathrm{d}\alpha+\frac{1}{2\varepsilon(1-\varepsilon^2)^{3/2}}+\int_\pi^{2\pi}(1-\varepsilon\cos\alpha)\mathrm{d}\alpha=\frac{\pi\varepsilon}{2(1-\varepsilon^2)^{3/2}}$$

再代入式(16.22)即得短轴承条件下有空穴的挤压油膜阻尼器的周向油膜反力

$$F_t=-\frac{\mu\Omega RL^3}{C^2}\left[\frac{\pi\varepsilon}{2(1-\varepsilon^2)^{3/2}}\right] \tag{16.26}$$

对于无空穴油膜，必须由 $0\sim2\pi$ 积分。用同样方法可求得无空穴油膜的径向油膜反力为

$$F_r=0 \tag{16.27}$$

周向油膜反力为

$$F_t=-\frac{\mu\Omega RL^3}{C^2}\left[\frac{\pi\varepsilon}{(1-\varepsilon^2)^{3/2}}\right] \tag{16.28}$$

对于轴颈滑动轴承来说，在稳态运转情况下，如下条件成立：

$$\partial h/\partial t=0$$

按圆柱坐标可将式(16.11)写成

$$\frac{1}{R^2}\frac{\partial}{\partial\theta}\left(h^3\frac{\partial p}{\partial\theta}\right)+\frac{\partial}{\partial Z}\left(h^3\frac{\partial p}{\partial Z}\right)=6\frac{\mu}{R}U_2\frac{\partial h}{\partial\theta} \tag{16.29}$$

式中：$U_2=R\omega$；R 为轴颈半径；ω 为轴颈旋转角速度。

按短轴承理论，方程式(16.29)可以写成

$$\frac{\partial}{\partial Z}\left(h^3\frac{\partial p}{\partial Z}\right)=6\mu\omega\frac{\partial h}{\partial\theta}=-6\mu\omega C\varepsilon\sin\theta$$

根据油膜厚度沿轴向不变的假设，并应用边界条件：

当 $Z=\pm L/2$ 时，$p(\theta,Z)=0$

将上式积分两次，可得

$$p(\theta,Z)=\frac{3\mu\omega C\varepsilon\sin\theta}{h^3}\left[\frac{L^2}{4}-Z^2\right] \tag{16.30}$$

若仍取图 16.11 的 rO_jt 坐标系，则半油膜轴颈轴承的径向油膜反力为

$$F_r=\int_{-\frac{L}{2}}^{\frac{L}{2}}\int_0^\pi p(\theta,Z)R\cos\theta\mathrm{d}\theta\mathrm{d}Z$$

将式(16.30)的 $p(\theta,Z)$ 代入，对 Z 积分后得

$$F_r=-\frac{\mu\omega RL^3}{2C^2}\int_0^\pi\frac{\varepsilon\sin\theta\cdot\cos\theta\mathrm{d}\theta}{(1+\varepsilon\cos\theta)^3}$$

按求解式(16.20)相似的方法，可得

$$\int_0^\pi\frac{\varepsilon\sin\theta\cdot\cos\theta\mathrm{d}\theta}{(1+\varepsilon\cos\theta)^3}=-\frac{2\varepsilon^2}{(1-\varepsilon^2)^2}$$

代入上式，即得短轴承半油膜轴颈轴承的径向油膜反力为

$$F_r=-\frac{\mu\omega RL^3}{C^2}\left[\frac{\varepsilon^2}{(1-\varepsilon^2)^2}\right] \tag{16.31}$$

用相似方法可求得短轴承半油膜轴颈轴承的周向油膜反力为

$$F_t=\frac{\mu\omega RL^3}{2C^2}\int_0^{\pi}\frac{\varepsilon\sin^2\theta\mathrm{d}\theta}{(1+\varepsilon\cos\theta)^3}=\frac{\mu\omega RL^3}{C^2}\left[\frac{\pi\varepsilon}{4(1-\varepsilon^2)^{3/2}}\right]\tag{16.32}$$

16.4.3　宽轴承近似理论——圆进动假设

假设阻尼器为无限长，则可以认为沿阻尼器的轴线方向，油膜压力不变。无限长的阻尼器自然是不存在的，但下面的论述可以近似应用于长径比比较大的阻尼器或轴颈滑动轴承。特别是阻尼器的两端有封油圈时，如图 16.17 所示，端部漏油很少，压力沿轴向的变化远比沿圆周的变化小，故可将式(16.18)中的$\partial p/\partial Z$ 项略去，从而得到轴颈作圆进动时的雷诺方程

$$\frac{1}{R^2}\frac{\partial}{\partial\theta}\left(h^3\frac{\partial p_\infty(\theta,z)}{\partial\theta}\right)=-12\mu\Omega\frac{\partial h}{\partial\theta}\tag{16.33}$$

式中：p_∞表示应用宽轴承近似假设时的油膜压力。

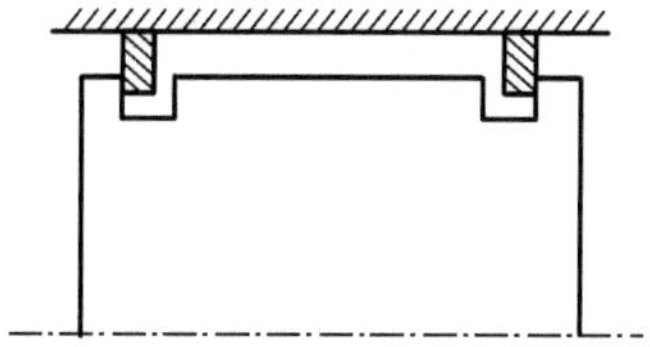

图 16.17　阻尼器两端油封示意图

对式(16.33)积分得

$$h^3\frac{\partial p_\infty(\theta,z)}{\partial\theta}=-12\mu\Omega R^2h+C_1$$

两边同除 h^3，再进行积分，得到

$$p_\infty(\theta,z)=-12\mu\Omega R^2\int\frac{\mathrm{d}\theta}{C^2(1+\varepsilon\cos\theta)^2}+\int\frac{C_1\mathrm{d}\theta}{C^3(1+\varepsilon\cos\theta)^3}+C_2$$

式中：C_1，C_2 都是积分常数。

应用萨默菲尔德代换(参见(16.24)、(16.25)式)，则得

$$p_\infty(\theta,z)=-12\mu\Omega R^2\int\frac{(1-\varepsilon\cos\alpha)^2(1-\varepsilon^2)^{1/2}}{C(1-\varepsilon^2)(1-\varepsilon\cos\alpha)}\mathrm{d}\alpha+\int\frac{C_1(1-\varepsilon\cos\alpha)^3(1-\varepsilon^2)^{1/2}}{C^3(1-\varepsilon^2)^3(1-\varepsilon\cos\alpha)}\mathrm{d}\alpha+C_2=$$

$$-12\mu\Omega R^2\int\frac{1-\varepsilon\cos\alpha}{C^2(1-\varepsilon^2)^{3/2}}\mathrm{d}\alpha+\int\frac{C_1(1-\varepsilon\cos\alpha)^2}{C^3(1-\varepsilon^2)^{5/2}}\mathrm{d}\alpha+C_2=$$

$$-12\mu\Omega R^2\frac{\alpha-\varepsilon\sin\alpha}{C^2(1-\varepsilon^2)^{3/2}}+\frac{C_1}{C^3(1-\varepsilon^2)^{5/2}}\left[\alpha-2\varepsilon\sin\alpha+\left(\frac{1}{2}\alpha+\frac{1}{4}\sin2\alpha\right)\varepsilon^2\right]+C_2$$

当 $\theta(\alpha)$等于 0 和 2π 时，$p_\infty(\theta,z)$具有同一值，故由上式可得

$$-12\mu\Omega R^2\frac{\alpha}{C^2(1-\varepsilon^2)^{3/2}}+\frac{C_1}{C^3(1-\varepsilon^2)^{5/2}}\left(1+\frac{1}{2}\varepsilon^2\right)\alpha=0$$

由此可定出积分常数

$$C_1=\frac{24\mu\Omega R^2C(1-\varepsilon^2)}{2+\varepsilon^2}$$

将 C_1 之值代入 $p_\infty(\theta,z)$的表达式，即得

$$p_{\infty}(\theta,z)=\frac{12\mu\Omega R^2\varepsilon\sin\alpha}{C^2(1-\varepsilon^2)^{3/2}}+\frac{12\mu\Omega R^2\varepsilon\left(-2\sin\alpha+\frac{\varepsilon}{4}\sin2\alpha\right)}{C^2(1-\varepsilon^2)^{3/2}(2+\varepsilon^2)}+C_2=$$
$$\frac{12\mu\Omega R^2\varepsilon\sin\alpha}{C^2(1-\varepsilon^2)^{3/2}(2+\varepsilon^2)}(\varepsilon^2+\varepsilon\cos\alpha-2)+C_2$$

将上式中的 $\sin\alpha$ 和 $\cos\alpha$ 用萨默菲尔德代换代回，即按式(16.25)有

$$1-\varepsilon\cos\alpha=\frac{1-\varepsilon^2}{1+\varepsilon\cos\theta}$$

故得

$$\cos\alpha=\frac{\cos\theta+\varepsilon}{1+\varepsilon\cos\theta},\sin\alpha=\frac{(1-\varepsilon^2)^{1/2}\sin\theta}{1+\varepsilon\cos\theta}$$

将这些关系代入后得

$$p_{\infty}(\theta,z)=\frac{12\mu\Omega R^2\varepsilon\sin\theta}{C^2(1-\varepsilon^2)^{3/2}(2+\varepsilon^2)}\frac{(1+\varepsilon^2)^{1/2}}{1+\varepsilon\cos\theta}\left[\varepsilon^2+\varepsilon\frac{\cos\theta+\varepsilon}{1+\varepsilon\cos\theta}\right]+C_2=$$
$$-\frac{12\mu\Omega^2R^2\varepsilon\sin(2+\varepsilon\cos\theta)}{C^2(2+\varepsilon^2)(1+\varepsilon\cos\theta)^2}+C_2$$

如供油压力为环境压力，则当 $\theta=0$ 时，$p_{\infty}(\theta,z)=0$，故 $C_2=0$。这时，宽轴承近似理论假设下油膜压力为

$$p_{\infty}(\theta,z)=6\mu\left(\frac{R}{C}\right)^2\frac{(-2\Omega)\varepsilon(2+\varepsilon\cos\theta)\sin\theta}{(2+\varepsilon^2)(1+\varepsilon\cos\theta)^2}\tag{16.34}$$

如供油压力为 p_0，则当 $\theta=0$ 时，$p_{\infty}(\theta,z)=p_0$，故 $C_2=p_0$。这时，宽轴承近似理论解的油膜压力为

$$p_{\infty}(\theta,z)=6\mu\left(\frac{R}{C}\right)^2\frac{(-2\Omega)\varepsilon(2+\varepsilon\cos\theta)\sin\theta}{(2+\varepsilon^2)(1+\varepsilon\cos\theta)^2}+p_0\tag{16.35}$$

式(16.34)表明，θ 在 $0\sim\pi$ 的范围内为负压力区，在 $\pi\sim2\pi$ 的范围内为正压力区，与本章16.3.1的分析是一致的。但当供油压力高于环境压力，正负压力区就会发生变化。当供油压力高到一定程度时，在 $0\sim2\pi$ 范围内都会变成正压力区。

下面按宽轴承近似理论求半油膜时的径向油膜反力。如图16.15所示，径向油膜反力 F_r 为

$$F_r=\int_{-\frac{L}{2}}^{\frac{L}{2}}\int_{\pi}^{2\pi}p_{\infty}(\theta,z)R\cos\theta\mathrm{d}Z\mathrm{d}\theta=RL\int_{\pi}^{2\pi}p_{\infty}(\theta,z)\cos\theta\mathrm{d}\theta=$$
$$RL\left[p_{\infty}(\theta,z)\sin\theta\Big|_{\pi}^{2\pi}-\int_{\pi}^{2\pi}\sin\theta\frac{\mathrm{d}p_{\infty}(\theta,z)}{\mathrm{d}\theta}\mathrm{d}\theta\right]$$

在式(16.33)推导油膜压力 p_{∞} 的过程中，可知

$$\frac{\partial p_{\infty}(\theta,z)}{\partial\theta}=-\frac{12\mu\Omega R^2}{h^2}+\frac{24\mu\Omega R^2C}{h^3}-\frac{(1-\varepsilon^2)}{(2+\varepsilon^2)}\tag{16.36}$$

故得

$$F_r=\frac{12\mu\Omega LR^3}{C^2}\int_{\pi}^{2\pi}\frac{\sin\theta\mathrm{d}\theta}{(1+\varepsilon\cos\theta)^2}-\frac{24\mu\Omega LR^3}{C^2}\frac{(1-\varepsilon^2)}{(2+\varepsilon^2)}\int_{\pi}^{2\pi}\frac{\sin\theta\mathrm{d}\theta}{(1+\varepsilon\cos\theta)^3}$$

最后得到宽轴承半油膜挤压油膜阻尼器的径向油膜反力为

$$F_r=-\frac{\mu\Omega LR^3}{C^2}\left[\frac{24\varepsilon^2}{(2+\varepsilon^2)(1-\varepsilon^2)}\right]\tag{16.37}$$

半油膜时的周向油膜反力 F_t 的推导，仍应用类似方法：

$$F_t=\int_{-\frac{L}{2}}^{\frac{L}{2}}\int_{\pi}^{2\pi}p_{\infty}(\theta,z)R\sin\theta\mathrm{d}Z\mathrm{d}\theta=-RL\left[p_{\infty}(\theta,z)\cos\theta\Big|_{\pi}^{2\pi}-\int_{\pi}^{2\pi}\cos\theta\frac{\mathrm{d}p_{\infty}(\theta,z)}{\mathrm{d}\theta}\mathrm{d}\theta\right]$$

由式(16.34)知，当 $\theta=\pi$ 和 2π 时，$p_{\infty}=0$，将式(16.36)的关系代入，即得

$$F_t=-\frac{12\mu\Omega LR^3}{C^2}\int_{\pi}^{2\pi}\frac{\cos\theta\mathrm{d}\theta}{(1+\varepsilon\cos\theta)^2}+\frac{24\mu\Omega LR^3}{C^2}\frac{(1-\varepsilon^2)}{(2+\varepsilon^2)}\int_{\pi}^{2\pi}\frac{\cos\theta\mathrm{d}\theta}{(1+\varepsilon\cos\theta)^3}$$

因为

$$\int_{\pi}^{2\pi}\frac{\cos\theta\mathrm{d}\theta}{(1+\varepsilon\cos\theta)^2}=-\frac{\pi\varepsilon}{(1-\varepsilon^2)^{3/2}}$$

$$\int_{\pi}^{2\pi}\frac{\cos\theta\mathrm{d}\theta}{(1+\varepsilon\cos\theta)^3}=-\frac{3\pi\varepsilon}{2(1-\varepsilon^2)^{5/2}}$$

将其代入上式，即得宽轴承半油膜挤压油膜阻尼器的周向油膜反力为

$$F_t=-\frac{\mu\Omega LR^3}{C^2}\left[\frac{12\pi\varepsilon}{(2+\varepsilon^2)(1-\varepsilon^2)^{1/2}}\right]\tag{16.38}$$

对于无空穴的全油膜，积分区间应为 0～2π，则径向油膜反力为

$$F_r=0\tag{16.39}$$

周向油膜反力为

$$F_t=-\frac{\mu\Omega LR^3}{C^2}\left[\frac{24\pi\varepsilon}{(2+\varepsilon^2)(1-\varepsilon^2)^{1/2}}\right]\tag{16.40}$$

对于轴颈滑动轴承来说，按宽轴承近似理论，式(16.29)可以写成

$$\frac{\partial}{\partial\theta}\left(h^3\frac{\partial p_{\infty}(\theta,z)}{\partial\theta}\right)=6\mu\omega R^2\frac{\partial h}{\partial\theta}$$

按照推导式(16.36)的相似方法，可得

$$\frac{\partial p_{\infty}(\theta,z)}{\partial\theta}=\frac{6\mu\omega R^2}{h^2}-\frac{12\mu\omega R^2C}{h^3}\frac{1-\varepsilon^2}{2+\varepsilon^2}\tag{16.41}$$

积分式(16.41)，并参照推导式(16.34)的方法，即可得出宽轴承轴颈滑动轴承的油膜压力分布为

$$p_{\infty}(\theta,z)=6\mu\left(\frac{R}{C}\right)^2\frac{\omega\varepsilon(2+\varepsilon\cos\theta)\sin\theta}{(2+\varepsilon^2)(1+\varepsilon\cos\theta)^2}\tag{16.42}$$

参见图 16.13，轴颈轴承的径向油膜反力为

$$F_r=\int_{-\frac{L}{2}}^{\frac{L}{2}}\int_{0}^{\pi}p_{\infty}(\theta,z)R\cos\theta\mathrm{d}Z\mathrm{d}\theta$$

周向油膜反力为

$$F_t=\int_{-\frac{L}{2}}^{\frac{L}{2}}\int_{0}^{\pi}p_{\infty}(\theta,z)R\sin\theta\mathrm{d}Z\mathrm{d}\theta$$

应用求解挤压油膜阻尼器油膜反力相似的方法，即可导出宽轴承半油膜轴颈轴承的径向油膜反力

$$F_r=-\frac{\mu\omega LR^3}{C^2}\left[\frac{12\varepsilon^2}{(2+\varepsilon^2)(1-\varepsilon^2)}\right]\tag{16.43}$$

和周向油膜反力

$$F_t=\frac{\mu\omega LR^3}{C^2}\left[\frac{6\pi\varepsilon}{(2+\varepsilon^2)(1-\varepsilon^2)^{1/2}}\right]\tag{16.44}$$

16.4.4 有限宽轴承近似方法

所谓有限宽轴承,即认为轴承即不是无限长,也不是非常短,而是具有一定的长度。在分析上就是将雷诺方程中$\partial p/\partial Z$和$\partial p/\partial \theta$的项都保留,而采用其他的近似假设,以求得油膜压力的近似解析解。

关于有限宽轴承的近似解法,目前有很多种,此处选用了计算既不太复杂而准确度又较高的一种。

假设油膜轴颈中线(油膜轴颈长度 1/2 处)一周上的油膜压力为 $p_0(0)$,$f(Z)$为沿轴长的压力分布函数,并且

$$p(\theta,Z)=f(Z)p_0(0)$$

或简写成

$$p=fp_0$$

由上式可知,只要能确定 f 和 p_0,便可求得挤压油膜阻尼器的压力分布 p。

将上式的关系代入雷诺方程式(16.16),即得

$$6\mu B-\frac{f}{R^2}\frac{\partial}{\partial\theta}\left(h^3\frac{\partial p_0}{\partial\theta}\right)-h^3p_0\frac{\mathrm{d}^2f}{\mathrm{d}Z^2}=0$$

设

$$\frac{6\mu B}{p_0h^3}=b,\quad \frac{1}{p_0h^3}\frac{\partial}{\partial\theta}\left(h^3\frac{\partial p_0}{\partial\theta}\right)=G^2$$

则上式变成

$$b+\left(\frac{G}{R}\right)^2f-\frac{\mathrm{d}^2f}{\mathrm{d}Z^2}=0 \tag{16.45}$$

应用边界条件

$$Z=\pm\frac{L}{2},f=0$$

解微分方程式(16.45),并把 b 值代入,可得

$$f=-\frac{6\mu B}{h^3p_0}\left(\frac{R^2}{G}\right)\left[1-\frac{\mathrm{ch}(GZ/R)}{\mathrm{ch}(GZ/D)}\right] \tag{16.46}$$

根据式(16.16),挤压油膜阻尼器在稳态情况下运转,可得

$$B=-2\Omega\frac{\partial h}{\partial\theta}=2C\varepsilon\Omega\sin\theta$$

代入式(16.46),即可求出 f,再乘以 p_0,即得

$$p(\theta,Z)=-\frac{12\mu\Omega C\varepsilon\sin\theta}{h^3}\left(\frac{R}{G}\right)^2\left[1-\frac{\mathrm{ch}(GZ/R)}{\mathrm{ch}(GL/D)}\right] \tag{16.47}$$

应用式(16.47)还不能计算 $p(0,Z)$,因为 G 仍未知,所以下面必须分析 G。显然,当$L/D\to\infty$时,$\mathrm{d}f/\mathrm{d}Z\to 0$,$f\to 1$,由式(16.45)可得

$$b+\left(\frac{G}{R}\right)^2=0$$

注意,这时应将 b 中的 p_0 代换为 p_∞,从而得出

$$G^2 = -\frac{6\mu BR^2}{p_\infty h^3}$$

可见应用宽轴承近似理论作了这样的修正之后，便可求得 G。修正之后令其为 g，即

$$g^2 = -\frac{6\mu BR^2}{p_\infty h^3}$$

式中：p_∞ 为按宽轴承近似理论计算的油膜压力。将式(16.34)的 p_∞、式(16.12)的 h 以及此处的 B 值代入，经整理后得

$$g^2 = \frac{2+\varepsilon^2}{(2+\varepsilon\cos\theta)(1+\varepsilon\cos\theta)} \tag{16.48}$$

按式(16.48)，即用宽轴承近似理论进行修正之后得出的公式来计算，从所得的结果来看，当 $L/D=0.5$ 时已与精确解很接近，这主要是由于滑油沿轴向流出比较容易，压力沿周向的变化 $\partial p/\partial\theta$ 在整个计算中的影响要比 $\partial p/\partial Z$ 小。特别是在轴承的长径比比较小的时候，更是如此。当 L/D 越大时，按宽轴承近似理论进行修正，更切合实际。

由于修正系数 g 是 ε 和 θ 两者的函数，将 g 代入式(16.47)后对 θ 和 Z 进行积分求油膜反力仍有困难。近似的办法是用 g 随 θ 变化的平均值。实际上，用 g 的加权平均值更科学，因为权函数可按经验校正。

按这样的思路，先将 g 分解为径向和周向两个矢量，即

$$\boldsymbol{g}_{\mathrm{r}} = g\cos\theta$$

$$\boldsymbol{g}_{\mathrm{t}} = g\sin\theta$$

按半油膜条件求 g_{r}^2 和 g_{t}^2 的权平均值，即

$$\boldsymbol{g}_{\mathrm{r}}^2 = \frac{1}{\pi}\int_{\pi}^{2\pi} W(g\cos\theta)^2\,\mathrm{d}\theta \tag{16.49}$$

选取轴承的长径比 $L/D=0.5$，1.0 和 1.25，在本方法原有假设的基础上，对油膜径向反力等参数，进行对比计算，证明取权函数

$$W=\pi$$

可以得到很好的结果。以选 $L/D=0.5$ 为例，用三种方法计算相同的阻尼器，当轴颈偏心率 $\varepsilon=0.5$ 时，用本方法计算的结果，与精确的变分有限元法的计算结果相比，还看不出什么显著的差别，而用短轴承理论进行计算的结果，误差已接近 30%。

选定权函数为 π 之后，则

$$\boldsymbol{g}_{\mathrm{r}}^2 = \int_{\pi}^{2\pi} \frac{(2+\varepsilon^2)\cos^2\theta\,\mathrm{d}\theta}{(1-\varepsilon\cos\theta)(2+\varepsilon\cos\theta)}$$

因为

$$\frac{\cos\theta}{1+\varepsilon\cos\theta} = \frac{1}{\varepsilon} - \frac{1}{\varepsilon(1+\varepsilon\cos\theta)}, \qquad \frac{\cos\theta}{2+\varepsilon\cos\theta} = \frac{1}{\varepsilon} - \frac{2}{\varepsilon(2+\varepsilon\cos\theta)}$$

故得

$$\boldsymbol{g}_{\mathrm{r}}^2 = \frac{\pi(2+\varepsilon^2)}{\varepsilon^2}\left[1+\frac{1}{(1-\varepsilon^2)^{1/2}} - \frac{4}{(4-\varepsilon^2)^{1/2}}\right] \tag{16.50}$$

同样可得

$$\boldsymbol{g}_{\mathrm{t}}^2 = \frac{1}{\pi}\int_{\pi}^{2\pi} W(g\sin\theta)^2\,\mathrm{d}\theta \tag{16.51}$$

将所选权函数 π 及式(16.48)的 g 值代入，并进行积分后得

$$\boldsymbol{g}_{\mathrm{t}}^{2}=\frac{\pi(2+\varepsilon^{2})}{\varepsilon^{2}}\left[(4-\varepsilon^{2})^{1/2}-(1-\varepsilon^{2})^{1/2}-1\right] \tag{16.52}$$

现在 $\boldsymbol{g}_{\mathrm{r}}$ 和 $\boldsymbol{g}_{\mathrm{t}}$ 都只是 ε 的函数，因而在对 θ 和 Z 进行积分求油膜反力时，可以把 g_{r} 和 g_{t} 看成是常数。

先求径向油膜反力

$$F_{\mathrm{r}}=\int_{-\frac{L}{2}}^{\frac{L}{2}}\int_{\pi}^{2\pi}pR\cos\theta\mathrm{d}\theta\mathrm{d}Z$$

将式(16.47)的压力值代入，并将 G 换成 g_{r}，则

$$F_{\mathrm{r}}=\int_{-\frac{L}{2}}^{\frac{L}{2}}\int_{\pi}^{2\pi}-\frac{12\mu\Omega CR^{3}\varepsilon\sin\theta\cos\theta}{h^{3}g_{\mathrm{r}}^{2}}\left[1-\frac{\mathrm{ch}(g_{\mathrm{r}}Z/R)}{\mathrm{ch}(g_{\mathrm{r}}L/D)}\right]\mathrm{d}\theta\mathrm{d}Z=$$

$$-\frac{3\mu\Omega D^{3}}{2g_{\mathrm{r}}^{2}C^{2}}\int_{-\frac{L}{2}}^{\frac{L}{2}}\int_{\pi}^{2\pi}\frac{\varepsilon\sin\theta\cos\theta}{(1+\varepsilon\cos\theta)^{3}}\left[1-\frac{\mathrm{ch}(2g_{\mathrm{r}}Z/R)}{\mathrm{ch}(g_{\mathrm{r}}L/D)}\right]\mathrm{d}\theta\mathrm{d}Z$$

在本章第 16.3.2 节中曾得到

$$\int_{\pi}^{2\pi}\frac{\varepsilon\sin\theta\cos\theta}{(1+\varepsilon\cos\theta)^{3}}\mathrm{d}\theta=\frac{2\varepsilon^{2}}{(1-\varepsilon^{2})^{2}}$$

因此

$$F_{\mathrm{r}}=\frac{-3\mu\Omega D^{3}\varepsilon^{2}}{g_{\mathrm{r}}^{2}C^{2}(1-\varepsilon^{2})^{2}}\int_{-\frac{L}{2}}^{\frac{L}{2}}\left[\mathrm{d}Z-\left(\frac{D}{2g_{\mathrm{r}}}\right)\frac{\mathrm{ch}(2g_{\mathrm{r}}Z/D)}{\mathrm{ch}(g_{\mathrm{r}}L/D)}\mathrm{d}\left(\frac{2g_{\mathrm{r}}}{D}Z\right)\right]$$

故得按有限宽轴承近似方法计算的半油膜时的径向油膜反力为

$$F_{\mathrm{r}}=\frac{-3\mu LD^{3}\Omega\varepsilon^{2}}{C^{2}g_{\mathrm{r}}^{2}(1-\varepsilon^{2})^{2}}\left[1-\left(\frac{D}{g_{\mathrm{r}}L}\right)\mathrm{th}\left(\frac{g_{\mathrm{r}}L}{D}\right)\right] \tag{16.53}$$

周向油膜反力为

$$F_{\mathrm{t}}=\int_{-\frac{L}{2}}^{\frac{L}{2}}\int_{\pi}^{2\pi}pR\sin\theta\mathrm{d}\theta\mathrm{d}Z$$

将式(16.47)的压力值代入，并以 g_{t} 替换 G，则

$$F_{\mathrm{t}}=\int_{-\frac{L}{2}}^{\frac{L}{2}}\int_{\pi}^{2\pi}-\frac{12\mu\Omega C\varepsilon\sin^{2}\theta}{h^{3}}\left(\frac{R}{g_{\mathrm{t}}}\right)^{2}\left[1-\frac{\mathrm{ch}(2g_{\mathrm{t}}Z/D)}{\mathrm{ch}(g_{\mathrm{t}}L/D)}\right]R\mathrm{d}\theta\mathrm{d}Z=$$

$$-\frac{3\mu\Omega D^{3}}{2C^{2}g_{\mathrm{t}}^{2}}\int_{-\frac{L}{2}}^{\frac{L}{2}}\int_{\pi}^{2\pi}\frac{\varepsilon\sin^{2}\theta}{(1+\varepsilon\cos\theta)^{3}}\left[1-\frac{\mathrm{ch}(2g_{\mathrm{t}}Z/D)}{\mathrm{ch}(g_{\mathrm{t}}L/D)}\right]\mathrm{d}\theta\mathrm{d}Z$$

由本章第 16.3.2 节可知

$$\int_{\pi}^{2\pi}\frac{\varepsilon\sin^{2}\theta}{(1+\varepsilon\cos\theta)^{3}}\mathrm{d}\theta=\frac{\pi\varepsilon}{2(1-\varepsilon^{2})^{3/2}}$$

因此

$$F_{\mathrm{t}}=-\frac{3\mu\Omega D^{3}\pi\varepsilon}{4C^{2}g_{\mathrm{t}}^{2}(1-\varepsilon^{2})^{3/2}}\int_{-\frac{L}{2}}^{\frac{L}{2}}\left[\mathrm{d}Z-\left(\frac{D}{2g_{\mathrm{t}}}\right)\frac{\mathrm{ch}(2g_{\mathrm{t}}Z/D)}{\mathrm{ch}(g_{\mathrm{t}}L/D)}\mathrm{d}\left(\frac{2g_{\mathrm{t}}}{D}Z\right)\right]$$

故得按有限宽轴承近似方法计算的半油膜时的周向油膜反力为

$$F_{\mathrm{t}}=\frac{-3\mu LD^{3}\Omega\pi\varepsilon^{2}}{4C^{2}g_{\mathrm{t}}^{2}(1-\varepsilon^{2})^{3/2}}\left[1-\left(\frac{D}{g_{\mathrm{t}}L}\right)\mathrm{th}\left(\frac{g_{\mathrm{t}}L}{D}\right)\right] \tag{16.54}$$

对于全油膜而言

$$F_{\mathrm{r}}=\int_{-\frac{L}{2}}^{\frac{L}{2}}\int_{\pi}^{2\pi}pR\cos\theta\mathrm{d}\theta\mathrm{d}Z$$

因为压力 p 中包含有 $\varepsilon\sin\theta$，而

$$\int_0^{2\pi}\frac{\varepsilon\sin\theta\cos\theta\mathrm{d}\theta}{(1+\varepsilon\cos\theta)^3}=0$$

故全油膜的径向油膜反力仍为

$$F_{\mathrm{r}}=0$$

用同样的方法可以得到按有限宽轴承近似方法求得的全油膜周向油膜反力为

$$F_{\mathrm{t}}=-\frac{3\mu\Omega LD^3\pi\varepsilon}{2C^2g_{\mathrm{t}}^2(1-\varepsilon^2)^{3/2}}\left[1-\left(\frac{D}{g_{\mathrm{t}}L}\right)\mathrm{th}\left(\frac{g_{\mathrm{t}}L}{D}\right)\right] \tag{16.55}$$

对于全油膜按式(16.51)求修正系数 g_{t}，积分应从 0 积到 2π，积分内的值要增大一倍。但由于求的是加权平均值，故积分的结果要除以 2π，因而 g_{t} 的值仍不变。也就是说计算全油膜的周向油膜反力时，仍可用式(16.52)计算 g_{t}。

用有限宽轴承近似方法计算转子动力学特性，即使在挤压油膜阻尼器的长径比较小的情况下($L/D=0.25$)，也比按短轴承近似理论计算的结果更接近实验结果。

在上述求解油膜反力的过程中，运用了轴颈作圆进动的雷诺方程。若轴颈以任意形式运动时，方程的求解要复杂得多。以下讨论轴颈作任意运动时挤压油膜阻尼器的油膜阻尼。

16.4.5　短轴承理论下的阻尼系数

在短轴承假设下，挤压油膜阻尼器的雷诺方程为

$$\frac{\partial}{\partial Z}\left(h^3\frac{\partial p}{\partial Z}\right)=-12\mu\dot{\gamma}\frac{\partial h}{\partial\theta}+12\mu\frac{\partial h}{\partial t} \tag{16.56}$$

式中：$\dot{\gamma}$ 为轴颈作任意进动时的角速度。

把式(16.12)表示的油膜间隙函数代入方程式(16.56)可得

$$\frac{\partial}{\partial Z}\left(h^3\frac{\partial p}{\partial Z}\right)=12\mu C(\dot{\gamma}\varepsilon\sin\theta+\dot{\varepsilon}\cos\theta) \tag{16.57}$$

假设间隙 h 沿轴向不变化，于是方程式(16.56)变为

$$\frac{\partial^2 p}{\partial Z^2}=\frac{12\mu}{c^2(1+\varepsilon\cos\theta)^3}(\dot{\gamma}\varepsilon\sin\theta+\dot{\varepsilon}\cos\theta) \tag{16.58}$$

由此解出油压的分布函数为

$$p(\theta,Z,t)=\frac{6\mu(\dot{\gamma}\varepsilon\sin\theta+\dot{\varepsilon}\cos\theta)}{C^2(1+\varepsilon\cos\theta)^3}\left(\frac{L^2}{4}-Z^2\right)+p_0 \tag{16.59}$$

对压力分布函数式(16.59)积分就可求得力 F_{t} 和 F_{r}。为此，事先须假设油膜间隙中油膜的形态。若设流出油压为零，无负压区存在，则整个油膜间隙充满油，对油压分布的积分可在 $0\leqslant\varphi\leqslant2\pi$ 进行(2π 油膜理论)。由于流出油压沿周向为常数，故 P_0 最终产生的油膜力为零，对转子无影响。

1. 全油膜阻尼器-2π 理论

根据 2π 理论，可得到周向力 F_{t} 和径向力 F_{r} 分别为

$$F_{\mathrm{t}}=-\int_0^{2\pi}\int_{-\frac{L}{2}}^{\frac{L}{2}}p(\theta,Z,t)\mathrm{d}ZR\sin\theta\mathrm{d}\theta=-\frac{\mu L^3R}{C^3}\left[\pi\frac{1}{(1-\varepsilon^2)^{3/2}}\right]e\dot{\gamma} \tag{16.60}$$

$$F_{\mathrm{r}}=-\int_0^{2\pi}\int_{-\frac{L}{2}}^{\frac{L}{2}}p(\theta,Z,t)\mathrm{d}ZR\cos\theta\mathrm{d}\theta=-\frac{\mu L^3R}{C^3}\left[\pi\frac{1+2\varepsilon^2}{(1-\varepsilon^2)^{5/2}}\right]\dot{e} \tag{16.61}$$

可写成矩阵形式

$$\begin{bmatrix} F_r \\ F_t \end{bmatrix} = -\begin{bmatrix} d_{rr} & 0 \\ 0 & d_{tt} \end{bmatrix} \begin{bmatrix} \dot{e} \\ e\dot{\gamma} \end{bmatrix} \tag{16.62}$$

其中

$$d_{rr} = \frac{\mu L^3 R}{C^3}\left[\pi \frac{1+2\varepsilon^2}{(1-\varepsilon^2)^{5/2}}\right] = \frac{\mu L^3 R}{C^3}\bar{d}_{rr} \tag{16.63}$$

$$d_{tt} = \frac{\mu L^3 R}{C^3}\pi \frac{1}{(1-\varepsilon^2)^{3/2}} = \frac{\mu L^3 R}{C^3}\bar{d}_{tt} \tag{16.64}$$

式(16.63)和式(16.64)表明，阻尼系数 d_{rr} 和 d_{tt} 为轴颈相对偏心量 $\varepsilon = \frac{e}{C}$ 的非线性函数。

图 16.18 所示为全油膜挤压油膜阻尼器无量纲阻尼系数 $\bar{d}_{tt}$ 和 $\bar{d}_{rr}$ 随轴颈相对偏心量 ε 的变化。由图可见，阻尼随位移非线性增加。这是挤压油膜阻尼器最有用的特性，振动幅值增加，阻尼力也增加。

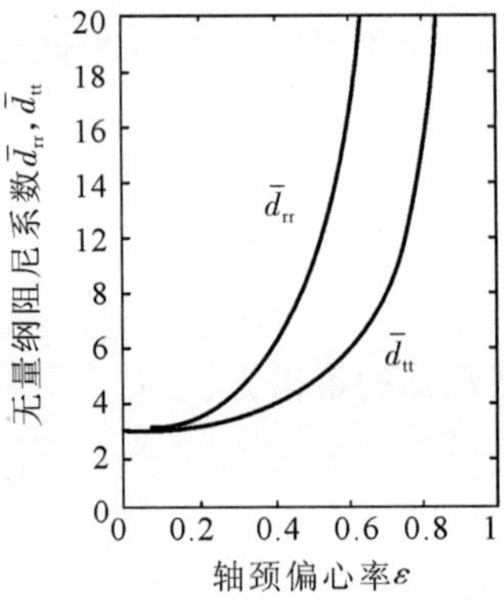

图 16.18 无量纲阻尼系数(2π 油膜)

假设轴颈以圆轨迹进动，进动角速度为 Ω，则有

$$F_t = -\frac{\mu L^3 R}{C^3}\left[\pi \frac{1}{(1-\varepsilon^3)^{3/2}}\right] r\Omega \tag{16.65}$$

$$F_r = 0 \tag{16.66}$$

圆轨迹：$r = e =$ 常数；$\dot{r} = \dot{e} = 0$；$\gamma = \dot{\gamma} = \Omega e$；$\dot{\gamma} = \Omega =$ 常数。

由于 $\dot{r} = \dot{e} = 0$，故径向力 F_r 为零，仅余周向力 F_t。

2. 半油膜阻尼器-π 理论

假设空穴占据了油膜间隙周向的一半，即所谓的 π 油膜假设。空穴区的起点可由式(16.59)表示的压力分布函数来确定。由此得到油压为正的积分区间为

$$\left.\begin{aligned} \varphi_1 &= \arctan\left(\frac{-\dot{\varepsilon}}{\varepsilon\dot{\gamma}}\right) \\ \varphi_2 &= \varphi_1 + \pi \end{aligned}\right\} \tag{16.67}$$

在此区间对油压分布函数式(16.58)进行积分，就可得到周向和径向力。

$$\begin{bmatrix} F_r \\ F_t \end{bmatrix} = -\begin{bmatrix} d_{rr} & d_{rt} \\ d_{tr} & d_{tt} \end{bmatrix} \begin{bmatrix} \dot{e} \\ e\dot{\gamma} \end{bmatrix} \tag{16.68}$$

式中对 e 和 γ 并无限制，而

$$\left.\begin{aligned}d_{tt}&=\frac{\mu L^3R}{C^3}\left[\frac{\varepsilon\sin\xi(1-2\cos^2\xi+\varepsilon^2\cos^2\xi)}{(1-\varepsilon^2)(1-\varepsilon^2\cos^2\xi)^2}+\frac{\delta}{(1-\varepsilon^2)^{3/2}}\right]\\d_{rr}&=\frac{\mu L^3R}{C^3}\left[\frac{\varepsilon\sin\xi(3+(2-5\varepsilon^2)\cos^2\xi)}{(1-\varepsilon^2)(1-\varepsilon^2\cos^2\xi)^2}+\frac{\delta(1+2\varepsilon^2)}{(1-\varepsilon^2)^{5/2}}\right]\\d_{tr}&=d_{rt}=\frac{\mu L^3R}{C^3}\left[\frac{-2\varepsilon\cos^3\xi}{(1-\varepsilon^2\cos^2\xi)^2}\right]\end{aligned}\right\}\tag{16.69}$$

式中：$\delta=\dfrac{\pi}{2}+\arctan\left[\dfrac{\varepsilon\sin\xi}{(1-\varepsilon^2)^{1/2}}\right]$；$\xi=\varphi_1-\pi$。

空穴产生了交叉阻尼项 d_{tr} 和 d_{rt}。交叉阻尼以及主阻尼 d_{tt} 和 d_{rr} 不仅取决于相对位移 ε，还与角度 φ_1（参见式(16.67)）、速度 $\dot{\varepsilon}$ 和角速度 $\dot{\gamma}$ 有关。

若轴颈以圆轨迹运动时，半径为 r，$\dot{\gamma}=\Omega$，$\dot{e}=\ddot{\gamma}=0$，在 $0\leqslant\varphi\leqslant\pi$ 范围对油膜压力积分可得

$$F_t=-\frac{\mu L^3R}{C^3}\left[\frac{\pi}{2}\,\frac{1}{(1-\varepsilon^2)^{3/2}}\right]r\Omega\tag{16.70}$$

$$F_r=-\frac{\mu L^3R}{C^3}\left[\frac{2\varepsilon}{(1-\varepsilon^2)^2}\right]r\Omega\tag{16.71}$$

写成向量形式

$$\begin{bmatrix}F_r\\ \boldsymbol{F}_t\end{bmatrix}=-\begin{bmatrix}d_{rt}\\ d_{tt}\end{bmatrix}r\Omega\tag{16.72}$$

其中

$$d_{tt}=\frac{\mu L^3R}{C^3}\left[\frac{\pi}{2}\,\frac{1}{(1-\varepsilon^2)^{3/2}}\right]=\frac{\mu L^3R}{C^3}\overline{d}_{tt}\tag{16.73}$$

$$d_{rt}=\frac{\mu L^3R}{C^3}\left[\frac{2\varepsilon}{(1-\varepsilon^2)^2}\right]=\frac{\mu L^3R}{C^3}\overline{d}_{rt}\tag{16.74}$$

主阻尼系数 d_{tt} 与全油膜（无空穴）的主阻尼系数相比，减小一半，阻尼效果减弱。交叉阻尼系数 d_{rt} 将使周向速度 $r\Omega$ 产生径向力。

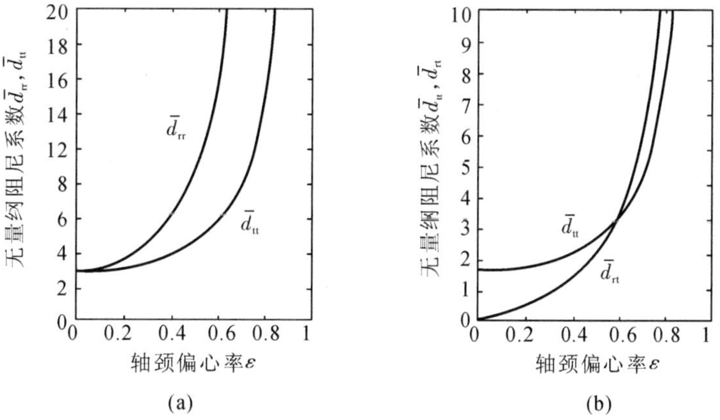

图 16.19　无量纲阻尼系数(短轴承)

(a)2π 油膜理论；(b)π 油膜理论

图 16.19 所示为短轴承阻尼器的无量纲阻尼系数 $\overline{d}_{tt}$ 与 $\overline{d}_{rt}$ 随相对偏心量 ε 的变化。把全油膜（2π 理论）和半油膜（π 理论）的阻尼系数画在一起，进行比较。其中半油膜的阻尼系数是

基于圆轨迹运动的特殊情况得到的。对于其他的运动形式，阻尼系数将不相同，要根据式(16.69)来确定。与此相反，全油膜的阻尼系数则与运动轨迹的形式无关。

16.4.6 宽轴承理论下的阻尼系数

对于宽挤压油膜阻尼器或带端面密封的短挤压油膜阻尼器，宜运用宽轴承理论来确定阻尼系数。

1. 全油膜阻尼器——2π 理论

整个阻尼器全周向充油，则阻尼力为

$$F_t = -\frac{\mu R^3 L}{C^3}\left[\frac{24\pi}{(2+\varepsilon^2)(1-\varepsilon^2)^{1/2}}\right]e\dot{\gamma} \tag{16.75}$$

$$F_r = -\frac{\mu R^3 L}{C^3}\left[\frac{12\pi}{(1-\varepsilon^2)^{3/2}}\right]\dot{e} \tag{16.76}$$

写成矩阵形式

$$\begin{bmatrix} F_r \\ F_t \end{bmatrix} = -\begin{bmatrix} d_{rr} & 0 \\ 0 & d_{tt} \end{bmatrix}\begin{bmatrix} \dot{e} \\ e\dot{\gamma} \end{bmatrix} \tag{16.77}$$

式中

$$d_{rr} = \frac{\mu R^3 L}{C^3}\frac{12\pi}{(1-\varepsilon^2)^{3/2}} = \frac{\mu R^3 L}{C^3}\bar{d}_{rr} \tag{16.78}$$

$$d_{tt} = \frac{\mu R^3 L}{C^3}\frac{24\pi}{(2+\varepsilon^2)(1-\varepsilon^2)^{1/2}} = \frac{\mu R^3 L}{C^3}\bar{d}_{tt} \tag{16.79}$$

2. 半油膜阻尼器——π 理论

对于有空穴的阻尼器，仍设转子有弹支定心，轴颈沿同步圆轨迹运动。根据宽轴承理论求得油膜力为

$$F_t = -\frac{\mu R^3 L}{C^3}\left[\frac{12\pi}{(2+\varepsilon^2)(1-\varepsilon^2)^{1/2}}\right]r\Omega \tag{16.80}$$

$$F_r = -\frac{\mu R^3 L}{C^3}\left[\frac{24\varepsilon}{(1-\varepsilon^2)(2+\varepsilon^2)}\right]r\Omega \tag{16.81}$$

同样写成矩阵形式

$$\begin{bmatrix} F_r \\ F_t \end{bmatrix} = -\begin{bmatrix} d_{rt} \\ d_{tt} \end{bmatrix}r\Omega \tag{16.82}$$

式中

$$d_{rt} = \frac{\mu R^3 L}{C^3}\frac{24\varepsilon}{(1-\varepsilon^2)(2+\varepsilon^2)} = \frac{\mu R^3 L}{C^3}\bar{d}_{rt} \tag{16.83}$$

$$d_{tt} = \frac{\mu R^3 L}{C^3}\frac{12\pi}{(2+\varepsilon^2)(1-\varepsilon^2)^{1/2}} = \frac{\mu R^3 L}{C^3}\bar{d}_{tt} \tag{16.84}$$

如图 16.20(a)和(b)所示分别为全油膜和半油膜阻尼系数随无量纲偏心量 ε 变化的曲线。此处要注意，图 16.19 和图 16.20 中对阻尼系数以不同的方式进行了无量纲化处理。

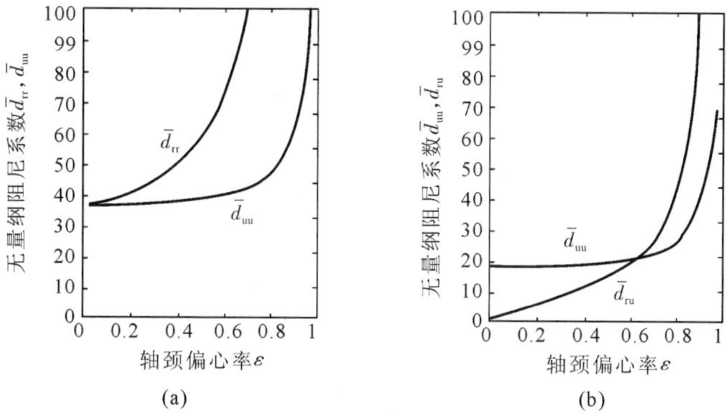

图 16.20　无量纲阻尼系数(宽轴承)

(a)2π 油膜理论;(b)π 油膜理论

对于短轴承阻尼器,以$\frac{\mu L^3 R}{C^3}$为参考;而对宽轴承阻尼器,则以$\frac{\mu R^3 L}{C^3}$为基准。针对有量纲阻尼系数 d_{rt}和 d_{tt}的直接比较,设短轴承阻尼器和宽轴承阻尼器的几何参数相同,当端面不密封时为短轴承;而当端面密封时代表宽轴承。于是就有

$$\frac{d_{ij宽}}{d_{ij短}} = \frac{\bar{d}_{ij宽}}{\bar{d}_{ij短}} \cdot \frac{R^2}{L^2} = \frac{\bar{d}_{ij宽}}{\bar{d}_{ij短}} \cdot \frac{1}{4\beta^2} \tag{16.85}$$

式中:$i,j=\mathrm{r},\mathrm{t}$;$\beta=\frac{L}{2R}$。

若取 $\beta=0.25$,则阻尼系数之比$\frac{d_{ij宽}}{d_{ij短}}$将在 20～40 之间。在此情况下,“宽轴承”阻尼器的阻尼系数要大得多。

16.4.7　支承在挤压油膜阻尼器上的刚性转子

不妨以刚性转子为例,来分析挤压油膜阻尼器的阻尼效果。

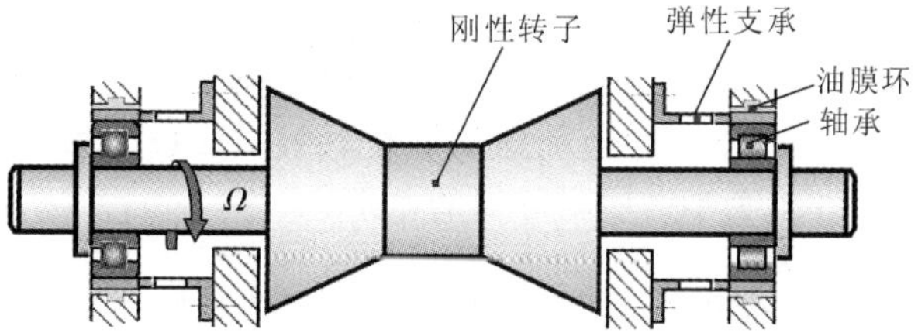

图 16.21　带挤压油膜阻尼器的刚性转子

图 16.21 所示为支承在挤压油膜阻尼器上的刚性转子模型。刚性转子轴对称地支承在两个滚动轴承上,每个轴承均配有挤压油膜阻尼器。轴承的参振质量等效到轴上,轴承本身及轴承座均视为刚体,定心弹支与轴承座内环构成挤压油膜阻尼器。在建立转子运动方程时,挤压油膜阻尼器的特性要予以考虑,即力和运动之间的关系。只考虑横向振动,不计偏摆运动。

1. 转子运动方程

假设转子在不平衡作用下,沿同步圆轨迹进动。刚性转子的惯性力由支承的动反力来平衡,即

$$F_{\Omega t}=2F_t \tag{16.86}$$

$$F_{\Omega r}=2F_r+2F_s \tag{16.87}$$

式中：$F_{\Omega t}$和$F_{\Omega r}$分别表示转子的周向和径向力；F_s表示弹支的弹性力。

转子惯性力为

$$F_{\Omega t}=m\Omega^2\delta\sin\varphi$$

$$F_{\Omega r}=m\Omega^2(r+\delta\cos\varphi)$$

式中：δ为转子质心偏移。

代入方程式(16.86)和式(16.87)后，得

$$2F_t=m\Omega^2\delta\sin\varphi \tag{16.88}$$

$$2F_r+2F_s=m\Omega^2(r+\delta\cos\varphi) \tag{16.89}$$

阻尼器的油膜力F_t和F_r与$\varepsilon=\dfrac{r}{C}$有关。而弹支弹性力为$F_s=sr$，s为弹支刚度。由方程式(16.88)和式(16.89)可得

$$(2sr+2F_r-mr\Omega^2)^2+(2F_t)^2=(m\delta\Omega^2)^2 \tag{16.90}$$

根据此方程可解出轴颈轨迹半径r。显而易见，r与转子质量m、质心偏心距δ、阻尼力$F_t(L,R,C,\mu)$和$F_r(L,R,C,\mu)$、弹支刚度s以及转子角速度Ω有关。为便于计算和表达，引入如下参数：

参考自振频率为

$$\omega_0=\sqrt{\frac{2s}{m}} \tag{16.91}$$

相对角速度为

$$\eta=\Omega/\omega_0 \tag{16.92}$$

相对质心偏移为

$$\varepsilon_0=\delta/C \tag{16.93}$$

阻尼系数为

$$D^*=\frac{\pi\mu RL^3}{m\omega_0C^3} \tag{16.94}$$

式中：D^*为无量纲阻尼系数，集成了挤压油膜阻尼器的特征参数。

下面将分析不同条件下支承在挤压油膜阻尼器上的刚性转子的振动特性，确定线性和非线性响应的边界，显示全油膜和半油膜阻尼器的差别。

2. 全油膜短轴承挤压油膜阻尼器上刚性转子的不平衡响应

对于全油膜(无空穴)短轴承挤压油膜阻尼器，当轴颈发生圆轨迹运动时，油膜力为

$$F_t=-\frac{\mu L^3R}{C^3}\left[\pi\frac{1}{(1-\varepsilon^2)^{3/2}}\right]r\Omega=-d_{tt}(\varepsilon)r\Omega \tag{16.95}$$

$$F_r=0 \tag{16.96}$$

式中

$$\varepsilon=\frac{r}{C}$$

$$d_{tt}=\frac{\mu L^3R}{C^3}\left[\pi\frac{1}{(1-\varepsilon^2)^{3/2}}\right]=\frac{\mu L^3R}{C^3}\overline{d}_{tt} \tag{16.97}$$

首先分析小幅进动时的线性特性。幅值较大时，须非线性求解。

(1)线性解。小幅运动时，$\varepsilon=\dfrac{r}{C}\ll 1$，于是得到

$$d_{\mathrm{tt}}\approx\frac{\mu L^{3}R}{C^{3}}\pi \tag{16.98}$$

周向力为

$$F_{\mathrm{t}}=-\frac{\mu L^{3}R}{C^{3}}\pi r\Omega=-d_{\mathrm{tt}}r\Omega \tag{16.99}$$

把式(16.99)代入方程式(16.90)，就可解得转子的不平衡响应

$$\varepsilon=\frac{r}{C}=\frac{\varepsilon_{0}\eta^{2}}{\sqrt{(1-\eta^{2})^{2}+(2D^{*}\eta)^{2}}} \tag{16.100}$$

这与一个线性转子的不平衡响应相同。转子的响应取决于相对不平衡量 ε_0、相对转速 η 和阻尼系数 D^*。在图 16.22 中，将比较此线性解和后面将要得到的非线性解。

(2)非线性解。把非线性周向力，式(16.95)代入方程式(16.90)，经整理后，可得

$$\left[\left(\frac{\varepsilon_{0}}{\varepsilon}\right)^{2}-1\right]\eta^{4}+\left[2-\frac{4D^{*2}}{(1-\varepsilon^{2})^{3}}\right]\eta^{2}-1=0 \tag{16.101}$$

由给定的参数 ε_0，η 就可解出 D^*，就可解出 ε。

如图 16.22 所示为线性和非线性解随相对转速的变化，其中 ε_0 和 D^* 以参数形式给出。

如图 16.22(a)和(b)所示，这两个图对应很小的质量偏心距，即 $\varepsilon_0=0.04$。阻尼系数 D^* 相同。由图可见，质量偏心距 ε_0 很小时，轨迹半径很小，即使在临界转速处，幅值才达到 30%。另外，非线性影响可忽略不计。当不平衡增大，如 $\varepsilon_0=0.4$，振动幅值增大，非线性影响非常明显，如图 16.22(c)和(d)所示。同时也可看出，此时线性化处理已不再适用。随着阻尼减小，轴颈将超出阻尼器外环($\varepsilon>1$，$r>C$)，这在实际中是不可能的。而在图 16.22(d)中，非线性阻尼使轴颈在油膜间隙内运动，$\varepsilon<1$。由图 16.22(d)可见，转子的幅频特性具有明显的非线性。

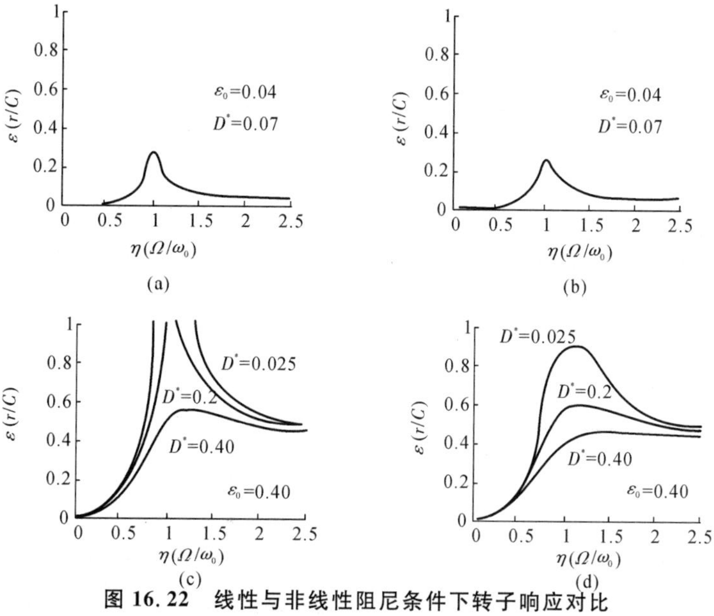

图 16.22　线性与非线性阻尼条件下转子响应对比

(a)线性阻尼(小不平衡)；(b)非线性阻尼(小不平衡)；(c)线性阻尼(大不平衡)；(d)非线性阻尼(大不平衡)

3. 半油膜短轴承挤压油膜阻尼器上刚性转子的不平衡响应

油膜间隙中出现空穴后，阻尼效果将减弱，将会出现“跳跃”现象。这可在转子的幅频响应中观察到。仍假设轴颈沿圆轨迹运动，为此，把式(16.70)和式(16.71)所表示的力代入到转子运动方程式(16.90)，即

$$F_t = -\frac{\mu L^3 R}{C^3}\left[\frac{\pi}{2}\frac{1}{(1-\varepsilon^2)^{3/2}}\right]r\Omega \tag{16.102}$$

$$F_r = -\frac{\mu L^3 R}{C^3}\left[\frac{2\varepsilon}{(1-\varepsilon^2)^2}\right]r\Omega \tag{16.103}$$

$$\left[\left(\frac{\varepsilon_0}{\varepsilon}\right)^2 - 1\right]\eta^4 + \left[\frac{8D^*}{\pi}\frac{\varepsilon}{(1-\varepsilon^2)}\right]\eta^3 + \left[2 - \frac{D^{*2}}{(1-\varepsilon^2)^3} - \frac{16}{\pi^2}D^{*2}\frac{\varepsilon^2}{(1-\varepsilon^2)^4}\right]\eta^2 - \left[\frac{8D^*}{\pi}\frac{\varepsilon}{(1-\varepsilon^2)^2}\right]\eta - 1 = 0 \tag{16.104}$$

通过求解方程的正实根，可解出转子的相对位移 ε 与相对转速 η 的变化关系，其中阻尼系数 D^* 和相对质量偏心 ε_0 作为参数，事先给定。

图 16.23 所示为两种情况下的幅频特性，阻尼系数 D^* 是相同的，即 $D^* = 0.025\ 3$，而相对质量偏心 ε_0 不同。虚线代表的幅频特性对应 $\varepsilon_0 = 0.2$。在相对转速 $\eta = 1$ 时，振动幅值达到最大，η 增大，振动幅值趋于 ε_0。

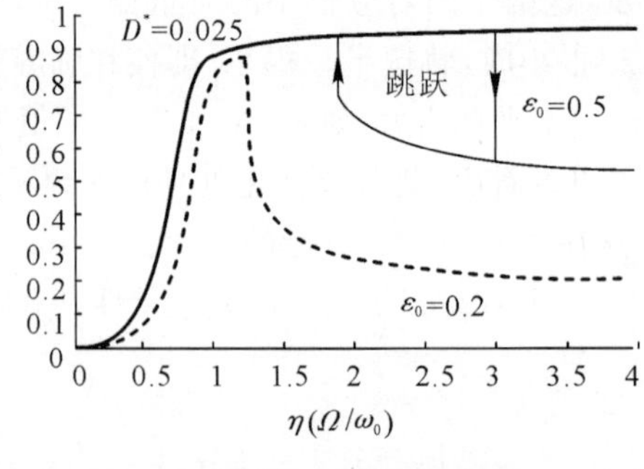

图 16.23 短轴承空穴油膜响应

不平衡增大后，如 $\varepsilon_0 = 0.5$，由于挤压油膜阻尼器的非线性特征，从某一相对转速 η 开始，轴颈的幅频特性曲线会出现三条分支。其中上部和下部两条分支线描述了轴颈的稳定运动。转子升速时，振动幅值沿上部分支线变化。降速时也沿这一分支曲线变化。当在高转速范围，转子遇到强激扰时，转子振动幅值会跳到下部分支曲线上。中间虚线表示的分支是不稳定的。它把两个稳定分支线分成两个区。若转子由于强激扰，振动处于下部分支；而降速到 $\eta = 1.90$ 时，振动将“跳跃”到上部分支曲线上。

对于刚性转子，引起振动“跳跃”的最大静态不平衡门槛值是阻尼器间隙的 40%。因此，挤压油膜阻尼器不适宜用于控制诸如叶片飞出这种非正常情况下不平衡量很大时的振动。

1963 年罗罗公司的 Cooper 发表了关于带挤压油膜阻尼器转子振动特性的第一篇文章。在此文中，Cooper 分析到，在同一转速，有可能存在两个轨迹，它们均能满足动力学平衡方程。此后其他研究者进一步证实，存在三个轨迹，其中一个总是不稳定的，转子进动“跳跃”到最大

轨迹上，挤压油膜阻尼器将放大轴承动载荷。或者“跳跃”到最小轨迹上，阻尼器将限制轴承动载荷。“跳跃”到哪个轨迹取决于运行条件和阻尼器的设计。这些结论都是基于刚性转子得到的。对于刚性转子，更容易凸显阻尼器的效果。

幅频特性的“跳跃”现象说明，要发挥挤压油膜阻尼器的减振作用，须精确确定阻尼器的参数。

考虑挤压油膜阻尼器只产生阻尼力，但转子系统的刚度变化从何而起呢？在有的文献中，把径向力 F_r（式(16.71)）不是作为阻尼力而是作为动态弹性力引入

$$F_r = -\frac{\mu L^3 R}{C^3}\left[\frac{2\varepsilon\Omega}{(1-\varepsilon^2)^2}\right]r \tag{16.105}$$

$$F_r = -k_{rr} r \tag{16.106}$$

$$k_{rr} = \frac{\mu L^3 R}{C^3}\left[\frac{2\varepsilon\Omega}{(1-\varepsilon^2)^2}\right] \tag{16.107}$$

刚度系数 k_{rr} 随转速变化，故称之为动刚度。

再研究方程式(16.90)，即

$$(2sr + 2F_r - mr\Omega^2)^2 + (2F_t)^2 = (m\delta\Omega^2)^2 \tag{16.108}$$

它表达力平衡条件。阻尼力 F_r 作用的方向与定心弹支的弹性力方向一致。因此，可理解为弹性力。Vance 给出了另外的解释，一个刚性转子支承在无定心弹支的挤压油膜阻尼器上，存在一个临界转速，说明挤压油膜阻尼器为转子系统提供了支承刚度。实际上，把油膜力 F_r 视作阻尼力或弹性力，无关紧要，对转子振动分析的基础都是方程式(16.90)。因此，结果是相同的。

16.4.8　考虑流体惯性力时的阻尼特性

仍假设轴颈作圆轨迹运动。若考虑流体惯性力，则有

$$F_r = -d_{rt} r\Omega - d_{Irr} a_r - d_{Irt} a_t \tag{16.109}$$

$$F_t = -d_{tt} r\Omega - d_{Itr} a_r - d_{Itt} a_t \tag{16.110}$$

式中：d_{Iij} $(i,j=\mathrm{r},\mathrm{t})$ 为惯性系数，表征惯性效应。对于圆轨迹运动，$a_r = -\omega^2 r$，$a_t = 0$，两者分别为轴颈沿圆轨迹运动的径向和切向加速度。

流体惯性力类似于离心力，正比于径向加速度 $\omega^2 r$。因此，惯性系数 d_{Irr} 有时也称为“附加质量”。

当实验测试阻尼器的力时，有时很难区分阻尼力和惯性力。一种方法是把测量结果与雷诺（纯黏性）理论进行比较，并假设引起差别的原因是流体惯性。另一种方法是证明力与 ω^2 的关系。如果油膜无空穴，$d_{rt}=0$，径向油膜力 F_r 完全是惯性效应。

理论上，惯性项是一项附加力，正比于雷诺数，如式(16.1)所定义。

物理上，式(16.1)所定义的雷诺数表示惯性力与黏性力之比。因此，挤压油膜阻尼器的径向与切向力分量可表示为

$$F_r = F_{r0} + Re f_{r1} \tag{16.111}$$

$$F_t = F_{t0} + Re f_{t1} \tag{16.112}$$

式中：F_{r0} 和 F_{t0} 为雷诺方程的解（纯黏性力），第二项表示考虑了惯性效应之后的附加力。

对于短阻尼器($L/D<0.5$),并且无端面密封,半油膜,阻尼系数 d_{rt} 和 d_{tt} 分别由式(16.73)和式(16.74)所表达。

雷诺数 $Re\geqslant 1$ 时的惯性系数为

$$d_{\mathrm{Irr}}=-\frac{\pi\rho RL^3}{12C}\frac{\beta-1}{\beta\varepsilon^2}(2\beta-1) \tag{16.113}$$

$$d_{\mathrm{Itr}}=\frac{-\rho RL^3}{C}\frac{27}{70\varepsilon}\left[2+\frac{1}{\varepsilon}\ln\left(\frac{1-\varepsilon}{1+\varepsilon}\right)\right] \tag{16.114}$$

式中:$\beta=(1-\varepsilon^2)^{1/2}$。

对于定心圆轨迹运动,进动频率为 Ω,系数 d_{rt} 和 d_{Irr} 可组合成油膜"动刚度",即

$$K_e=-\frac{F_r}{r}=d_{rt}\Omega-d_{\mathrm{Irr}}\Omega^2 \tag{16.115}$$

从中可以看出,"附加质量"或惯性系数 d_{Irr} 减小了交叉阻尼的刚化效应。

当轨迹半径很小时,惯性系数占优,径向力为正(指向外)。

类似地,把交叉惯性系数 d_{Irr} 与主阻尼系数 d_{tt} 合成,就得到包含惯性力的等效阻尼系数

$$d_e=-\frac{F_t}{\omega r}=d_{tt}+d_{\mathrm{Itr}}\Omega \tag{16.116}$$

在运用方程式(16.116)时,应注意,对于定心圆轨迹,方程式(16.109)和式(16.110)中的径向加速度 a_r 为负,d_{Itr} 亦为负,因此,惯性效应增加了总的阻尼力。

上述所有方程仅适用于端面无密封的 π 油膜短轴承挤压油膜阻尼器。某些挤压油膜阻尼器带有端面密封,限制滑油轴向流动。端面密封对油膜力影响很大。分析起来很复杂,读者可参考文献[62]。端面密封最重要的影响是显著增大了主刚度系数。对带端面密封的挤压油膜阻尼器进行精确分析,需要精确已知端面泄漏条件。

16.4.9 考虑油膜惯性效应时挤压油膜阻尼器对转子振动的影响

油膜力与弹支进动幅值的非线性关系、交叉阻尼系数和流体惯性产生的径向力,以及由交叉惯性力附加的等效阻尼,使得阻尼器对转子的影响非常复杂。

在阻尼器的设计中,阻尼器的特征参数非常重要。它定义为

$$B=\frac{\mu RL^3}{m\omega C^3} \tag{16.117}$$

或

$$B_k=\frac{\mu RL^3}{m\omega_0 C^3} \tag{16.118}$$

式中:m 为转子质量;ω_0 为带定心弹支转子的自振频率;B 或 B_k 是短轴承阻尼器的设计参数,其中 $1/B$ 可用于幅频响应中的无量纲转速。

对于同心圆轨迹运动,转子径向和切向的力平衡方程仍然为

$$(2sr+2F_r-mr\Omega^2)^2+(2F_t)^2=(m\delta\Omega^2)^2 \tag{16.119}$$

把挤压油膜阻尼器的油膜力表达式

$$F_r=-d_{rt}r\Omega-d_{\mathrm{Irr}}a_r \tag{16.120}$$

$$F_t=-d_{tt}r\Omega-d_{\mathrm{Itr}}a_r \tag{16.121}$$

代入方程式(16.119)，就可解出转子的不平衡响应。

如果不考虑惯性力($Re=0;d_{Itr}=d_{Irr}=0$)，把方程变换成如下的无量纲形式

$$(B_k\overline{d}_{tt}\varepsilon)^2+\left(B_k\overline{d}_{rt}+\frac{1}{\eta}-\eta\right)^2\varepsilon^2-\varepsilon_0^2\eta^2=0 \tag{16.122}$$

对每一个无量纲转速 η 和不平衡量 ε_0，方程式(16.122)为 ε 的多项式，其解就决定了转子的响应。

图 16.24 所示为转子的不平衡响应。转子为对称刚性转子，质量为 $2m$，支承在两个全油膜阻尼器上，不考虑惯性效应。

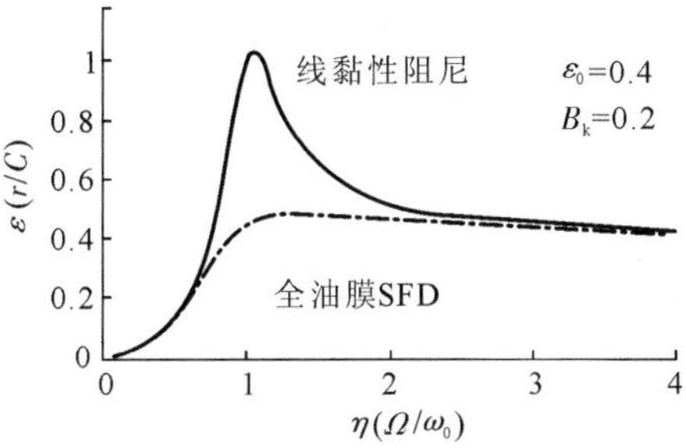

图 16.24　线性阻尼和全油膜阻尼条件下转子的响应(不计流体惯性)

若油膜中无空穴，就无径向刚化效应，无论不平衡多大，“跳跃”现象都不会出现。为便于比较，实线为线黏性(d_{tt}为常数)阻尼条件下转子的不平衡响应。

由图 16.24 可见，挤压油膜阻尼器的非线性阻尼效果在减小转子临界响应上比线性阻尼还要好。转速越过临界转速之后，仍然发生“偏心转向”现象。

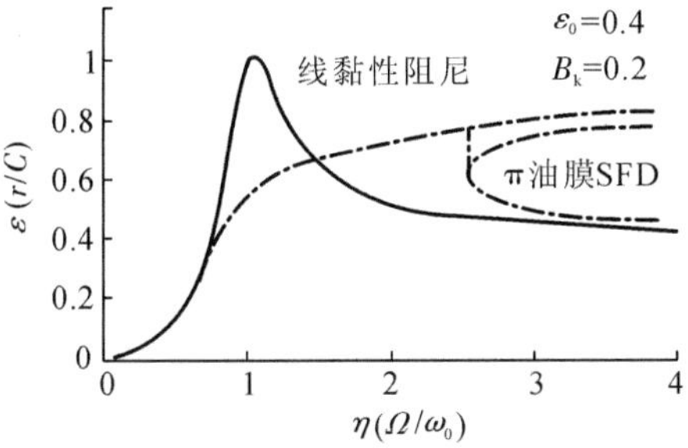

图 16.25　线性阻尼和半油膜阻尼条件下转子的响应(不计流体惯性)

图 16.25 所示为在相同不平衡条件之下，带半油膜挤压油膜阻尼器转子的幅频响应。阻尼器的非线性交叉阻尼产生了进动幅值的“双值跳跃”现象，其中幅值较大的进动使得外传力增加。说明挤压油膜阻尼器设计不当。可采用如下的措施消除“跳跃”现象：

(1)减小不平衡，使 $\varepsilon_0<0.4$；

(2)提高油压，消除空穴(一般不可行)；

(3)增大阻尼器特征参数 B_k。可通过增大滑油黏度 μ 或增加阻尼器轴向长度 L 来实现。不宜采取减小油膜间隙 C 的方法，因为这将增加无量纲不平衡量 ε_0。图 16.26 所示为 B_k 增加到 0.5 的结果。

(4)计入流体惯性的影响。实际上，当雷诺数较大时，流体惯性的影响自然要出现。

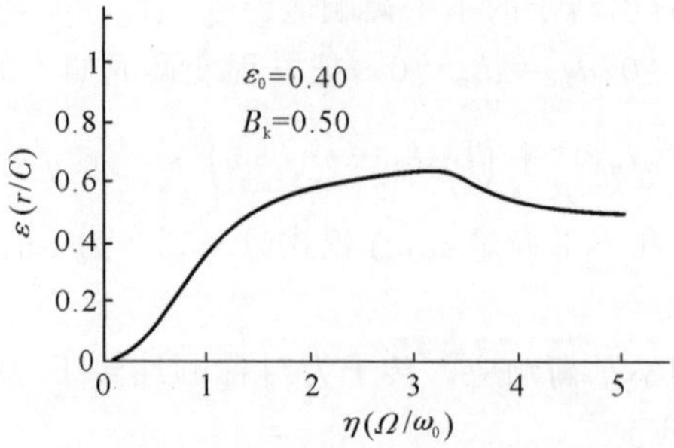

图 16.26　增大轴承参数后半油膜条件下转子的响应

惯性系数 d_{Irr} 将与交叉阻尼系数 d_{Irt} 的径向作用相抵消，而 d_{Itr} 则增加切向阻尼力。

实际中，现代航空发动机工作在雷诺数大于1的条件下，通过前两阶临界转速时(包含刚体模态)，阻尼器的阻尼效果都很显著，很少观察到"跳跃"现象。理论上，曾经非常费解，直到考虑了流体惯性效应之后，才得以解释。

根据无阻尼自振频率 ω_0 处求得的阻尼器特征参数 B_k 和雷诺数 Re_0，可得到惯性系数为

$$d_{\mathrm{Irr}}=-m\left\{B_k Re_0\ \frac{\pi}{12}\left(\frac{\beta-1}{\beta\varepsilon^2}\right)(2\beta-1)\right\} \tag{16.123}$$

$$d_{\mathrm{Itr}}=-B\left\{B_k Re_0\ \frac{27}{70\varepsilon}\left[2+\frac{1}{\varepsilon}\ln\left(\frac{1-\varepsilon}{1+\varepsilon}\right)\right]\right\} \tag{16.124}$$

式中：$\beta=(1-\varepsilon^2)^{1/2}$。

注意，式(16.123)花括号中的项可以认为是转子质量中参与产生等效离心力的百分比。

图16.27所示为考虑了惯性力后刚性转子的不平衡响应。雷诺数 $Re_0=10$(现代航空发动机适用)，而其他条件与图16.25相同。

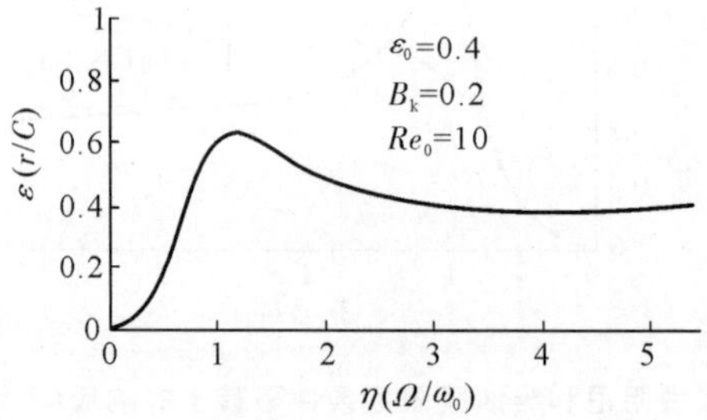

图 16.27　考虑流体惯性后刚性转子的响应(π 油膜)

对于柔性转子，由于有多个临界转速，挤压油膜阻尼器对转子不平衡响应的影响要复杂得多。阻尼器若位于某阶模态的节点，由于弹支的运动很小，故对该阶模态的阻尼效果就很弱。当雷诺数很小时，对柔性转子同样能观察到非线性"跳跃"现象。

图16.28～图16.30所示为San Andres计算的柔性转子的不平衡响应，其中考虑流体惯性的影响，$Re_0=10$。计算所用的参数见表16.1，代表了航空发动机的典型条件。如果流体惯性不予考虑，计算出的不平衡响应在两个临界转速之间会出现"跳跃"现象，产生很大的外传力。

表 16－1　带挤压油膜阻尼器的柔性转子设计参数

参数	数值
转子刚性支承临界转速 ω_s	16 000r・min^{-1}
弹性支承 ω_r	9 600r・min^{-1}
转子偏心距 u	0.050 8mm
阻尼器半径间隙 C	0.254mm
轴承参数 B_k	0.01,0.1
刚支临界转速雷诺数 Re_0	10
油膜条件	π 油膜

在图 16.28～图 16.30 中，响应峰值最大的曲线对应 $B_k=0.01$。$B_k=0.01$ 是目前航空发动机的适用值。要增大 B_k，需增大阻尼器长度 L 或/和增大润滑油黏度 μ。但在其他设计约束条件下，两者可能均不可行。然而，值得注意，把 B_k 增加到 0.1，将会取得非常好的阻尼效果。对于每一个转子支承系统，都要进行分析，以确定最佳的阻尼器特征参数(例如，增加阻尼器端面密封，将会明显改变阻尼器的特性)。从上述的分析可以看出，转子的动力学特性对挤压油膜阻尼器的设计和其运行参数非常敏感。

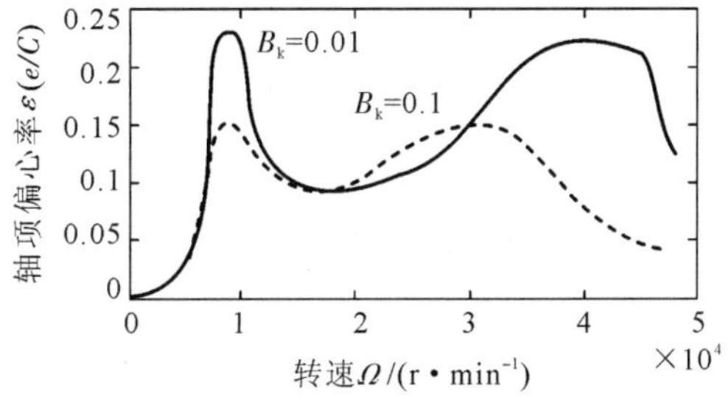

图 16.28　带挤压油膜阻尼器柔性转子轴颈的响应(考虑流体惯性)

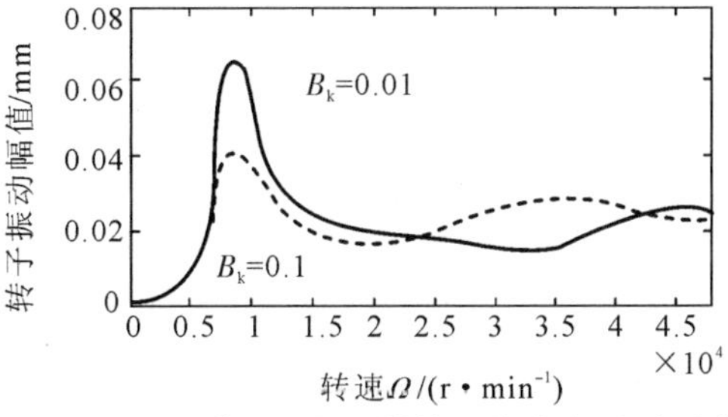

图 16.29　带挤压油膜阻尼器柔性转子的响应(考虑流体惯性)

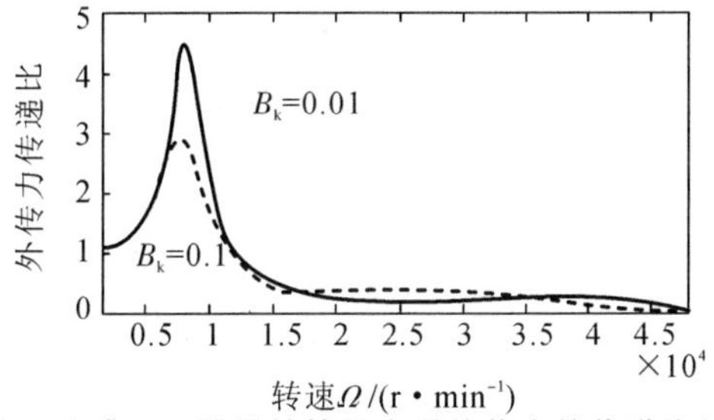

图 16.30　带挤压油膜阻尼器柔性转子支承外传力的传递比(考虑流体惯性)

图中结果所依据的柔性转子模型刚支临界转速约为 16 000r/min。由响应曲线可以看到,这一转速非常接近最佳运行转速。第一阶临界转速约为 10 000r/min,为刚性临界转速。在第二阶临界转速时,转子弯曲变形较大,挤压油膜阻尼器对第二阶临界的减振效果更好。一则是因为阻尼器处轴的运动较大,其次是阻尼器要控制的有效质量要比第一阶模态(10 000r/min)小得多。须再次强调,挤压油膜阻尼器的阻尼效果取决于转子支承系统的结构和参数,要针对性地进行阻尼器的匹配设计。

16.5 挤压油膜阻尼器设计

从转子系统的设计流程来看,阻尼器设计通常位于转子结构设计与动力学设计之后,其作用是通过减振使转子的动力学性能更加优良,可靠性更高。有关发动机高低压转子结构动力学设计的内容请参阅本书第 11 章"航空发动机高压转子的动力学设计"和第 12 章"航空发动机的'可容模态'和减振设计"。本节所要解决的问题是:在结构动力学设计完成后,如何为转子系统设计性能优良的阻尼器(挤压油膜阻尼器)。该问题也可进一步描述为:如何将挤压油膜阻尼器与转子的参数匹配设计,使得减振效果最佳。例如,在转子工作转速范围内存在"可容模态"时,发动机频繁穿越临界转速,或者工作在临界转速处。此时,应如何设计阻尼器使得转子具备这种"可容模态"工作能力。

挤压油膜阻尼器的减振效果与转子结构有紧密联系,在某个转子上减振效果优良的阻尼器安装到其他转子上时,不能保证具有同样的减振效果,甚至有可能失效。因此,阻尼器的设计必须与转子结构设计相结合,才能达到理想的减振效果。本节从设计的角度出发,结合一个设计实例,详细讨论挤压油膜阻尼器的设计方法;通过一系列挤压油膜阻尼器减振实验,探索影响阻尼器减振性能的因素和挤压油膜阻尼器的设计准则。

16.5.1 挤压油膜阻尼器设计流程和实例

在完成结构动力学设计之后,转子的总体结构,质量分布,支承刚度等参数已基本确定。此时,可根据已有的转子几何参数和物理参数设计挤压油膜阻尼器。下面以一个模拟发动机高压转子为例说明如何为转子系统设计合适的挤压油膜阻尼器。

设计思路为:根据转子的结构参数确定工作转速范围内转子的模态,选定挤压油膜阻尼器的设计转速(一阶或二阶临界转速);计算转子的模态刚度与模态质量,进而确定设计点模态阻尼。根据模态阻尼确定阻尼器的具体几何参数,最后在工作转速范围内对阻尼器的减振性能进行验算,以确定是否达到设计目标。以上设计思路可概括为如图 16.31 所示的设计流程。

图 16.32 所示为模拟高压转子结构简图,该转子系统有两个支点,支点 1 模拟高压转子前支点,支点 2 模拟高压转子后支点,两个支点均为弹性支承,且在支点 1 安装挤压油膜阻尼器。两个盘分别模拟高压压气机盘和高压涡轮盘。

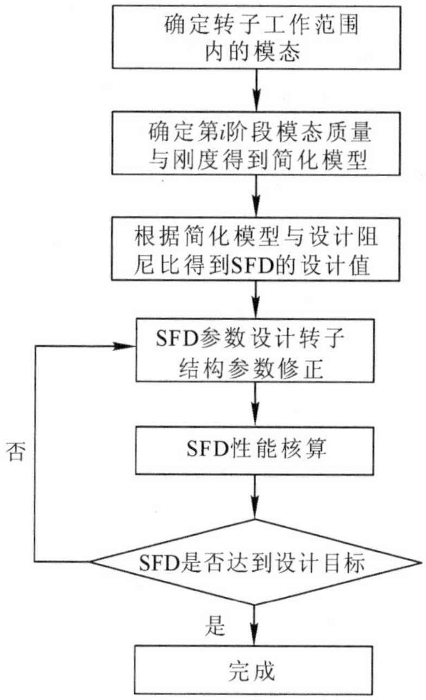

图 16.31　挤压油膜阻尼器的设计流程

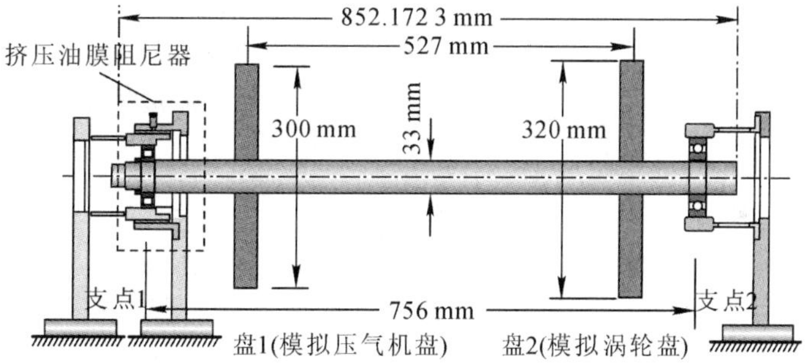

图 16.32　模拟高压转子结构

该转子系统的最高转速为 6 000r/min，在工作转速范围内有两阶临界转速。确定的设计目标为：通过为转子设计阻尼器，使转子在具有 20g・cm 不平衡量条件下，在工作转速范围内的转子振动小于 40μm；转子的二阶模态为转子“可容模态”，转子的二阶模态阻尼比达到7%～10%。

首先，确定阻尼器结构为无端封的挤压油膜阻尼器。设计所需确定的参数包括：油膜长度 L，油膜半径 R 以及油膜半径间隙 C。下面为阻尼器设计步骤。

第一步：根据已有参数确定转子的模态。

使用有限元法进行计算，单元划分如图 16.32 所示，有限元模型参数见表 16.2。

表 16.2　有限元单元划分

单元类型	数　目	节点数
梁单元	18	1～19
刚性盘单元	2	7,14
弹性支承	2	4,17

两个支点的设计刚度分别为 0.75×10^6 N/m 和 1.0×10^6 N/m。计算转子无阻尼临界转速与振型。根据计算结果转子在最大转速范围内具有两阶临界转速，分别为 1 810r/min 和 2 807r/min。前两阶振型如图 16.33 所示，前两阶振型所对应的应变能在轴上分别为 4.3% 和1.5%，均小于 10%，符合刚性转子假设。

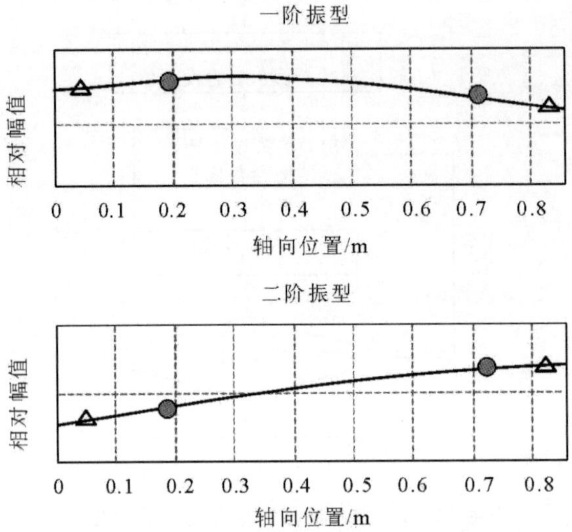

图 16.33　前两阶振型

图 16.34 所示为转子具有 20 g·cm 不平衡量条件下的响应。计算过程中假设，转子自身阻尼比小于 2%（无阻尼器，该假设对于真实转子是合理的），轴承阻尼 $c_1=c_2=100$N·s/m；不平衡量集中于靠近前支点的盘 1。

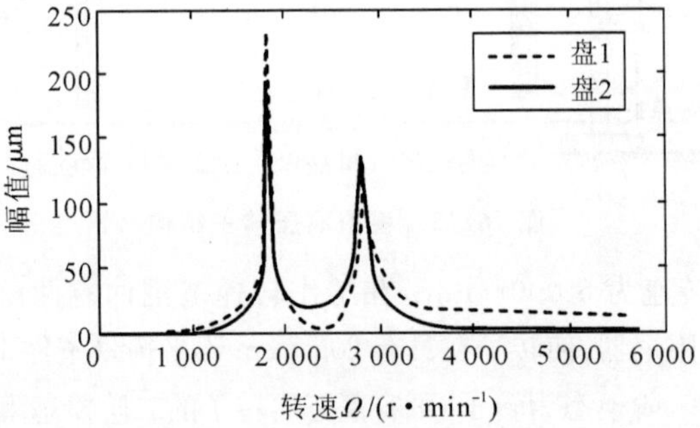

图 16.34　转子响应（不平衡量 $U_1=20\text{g}\cdot\text{cm}\angle 0^\circ$）

根据计算结果，在没有阻尼器的条件下转子的响应远远不能达到设计的要求。因此，必须通过设置阻尼器，才能使得转子满足设计指标。

第二步：根据转子模态计算转子等效简化模型。

对于 N 个自由度的线性系统，其运动方程为

$$[M]\ddot{\boldsymbol{x}}+[C]\dot{\boldsymbol{x}}+[K]\boldsymbol{x}=\boldsymbol{f} \tag{16.125}$$

式中：$[M]$，$[C]$，$[K]$分别为系统的质量、阻尼及刚度矩阵；而 $\boldsymbol{f}$，$\boldsymbol{x}$ 分别为激励矢量和位移矢量。

设第 i 阶转子的振型为 φ_i，则该阶的模态质量、模态刚度和模态阻尼可表示为

模态质量：

$$M_{\mathrm{m},j}=\boldsymbol{\varphi}_i^{\mathrm{T}}[M]\boldsymbol{\varphi}_i \tag{16.126}$$

模态刚度：

$$K_{\mathrm{m},i}=\boldsymbol{\varphi}_i^{\mathrm{T}}[K]\boldsymbol{\varphi}_i \tag{16.127}$$

模态阻尼：

$$C_{\mathrm{m},i}=\boldsymbol{\varphi}_i^{\mathrm{T}}[C]\boldsymbol{\varphi}_i \tag{16.128}$$

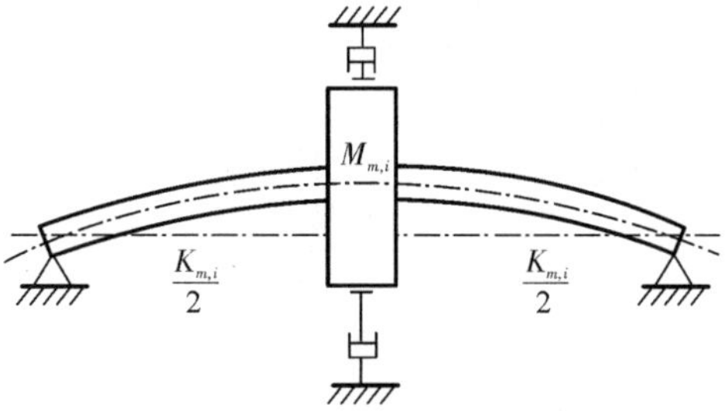

图 16.35　等效简化模型

通过模态分析，转子系统可模化为 N 个单转子模型，如图 16.35 所示。由于无阻尼器转子系统为弱阻尼系统，实际上这里的模态阻尼是很小的。

根据转子的振型，计算得到转子的两阶模态质量与刚度(见表 16.3)。

表 16.3　转子模态参数

阶次	模态质量/kg	模态刚度/(N·m^{-1})	临界转速/(rad·s^{-1})	临界阻尼/(N·s·m^{-1})
1	35.7	1.284E6	189.6	1.355E4
2	17.3	1.492E6	294.0	1.015E4

第三步：根据简化模型响应特征确定所要求的挤压油膜阻尼器阻尼值。

由于所需的一阶临界阻尼较大，因此按照一阶模态设计阻尼器。用 $D_{\mathrm{m,d}}$ 表示添加阻尼器后，简化模型的阻尼比。其中

$$D_{\mathrm{m,d}}=\frac{d_{\mathrm{m},1}}{2\sqrt{M_{\mathrm{m},1}K_{m,1}}} \tag{16.129}$$

式中：模态阻尼 $d_{\mathrm{m},1}$ 既包含了轴承提供的阻尼，也包含了阻尼器提供的阻尼。取简化模型的设计阻尼比 $D_{\mathrm{m,d}}$ 为 8.5%。得到此条件下，转子系统的模态阻尼 $d_{\mathrm{m},1}$ 为 1 151 N·s/m。

根据模态阻尼的定义：

$$d_{\mathrm{m},1}=\boldsymbol{\varphi}_1^{\mathrm{T}}[C]\boldsymbol{\varphi}_1=[r_1\quad r_2\quad\cdots\quad r_N]\begin{bmatrix}\ddots & & & & \\ & c_1+c_{\mathrm{sfd}} & & & \\ & & \ddots & & \\ & & & c_2 & \\ & & & & \ddots\end{bmatrix}\begin{bmatrix}r_1\\ r_2\\ \vdots\\ r_N\end{bmatrix} \tag{16.130}$$

在式(16.130)中，振型 φ_1，轴承阻尼 c_1，c_2 均为已知量。其中 r_m 为振型中第 m 个自由度的广义位移。根据式(16.130)得到，在一阶临界条件下，阻尼器所需提供的阻尼 c_{sfd} 为 1 121 N·s/m。

第四步：确定挤压油膜阻尼器结构参数，修正转子参数。

如前所述需确定的阻尼器参数分别为：油膜长度 L、油膜半径 R 以及油膜半径间隙 C。

对于航空发动机轴承，油膜半径 R 与轴承外环半径是相当的，有时是完全相同的（例如带弹支外环的轴承）。因此，油膜半径 R 是由轴承决定的。对于本实例而言，油膜半径为轴承座半径，R 为 75mm，如图 16.36 所示。实践经验表明，当油膜直径间隙为油膜直径的 1‰～5‰时，可使阻尼器取得良好阻尼效果。按照该方法油膜半径间隙 C 取为 0.150mm（2‰）。

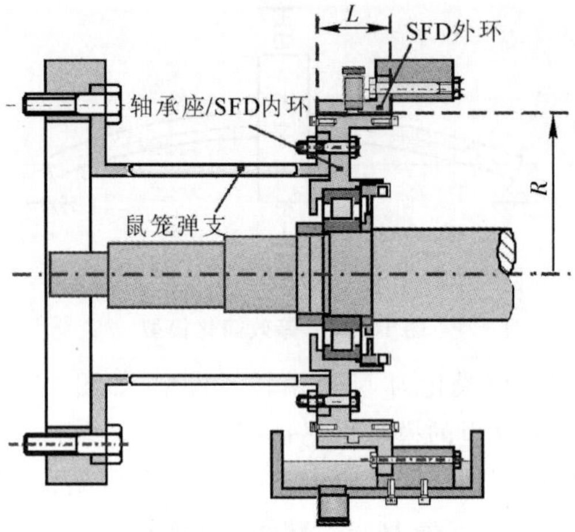

图 16.36 挤压油膜阻尼器局部视图

此时仅剩下油膜长度 L 未确定。将设计阻尼 c_{sfd} 作为线性阻尼，带入转子模型，计算前支承轴颈的响应，如图 16.37 所示。

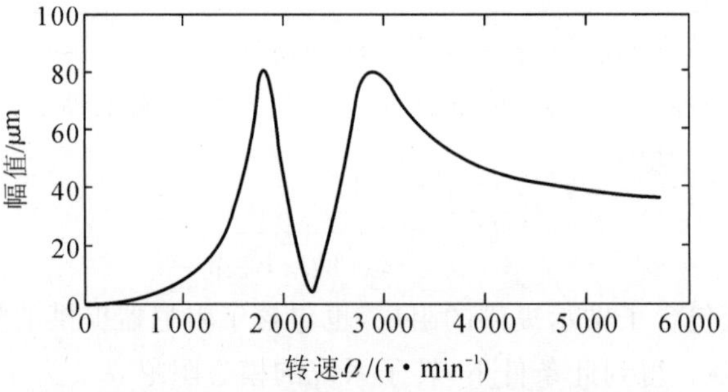

图 16.37 线性阻尼条件下轴颈的响应

根据计算结果，转子在一阶临界转速处轴颈偏心比 ε 近似为 0.21。

半油膜挤压油膜阻尼器提供的阻尼与刚度为

$$C_d = \frac{\mu R L^3}{C^3} \bar{C}_d \tag{16.131}$$

$$K_d = \frac{\mu R L^3}{C^3} \Omega \bar{K}_d \tag{16.132}$$

式中：无量纲阻尼系数 $\bar{C}_d$，与无量纲刚度系数 $\bar{K}_d$ 分别为

$$\bar{C}_d = \frac{\pi}{2(1-\varepsilon^2)^{1.5}} \tag{16.133}$$

$$\bar{K}_d = \frac{2\varepsilon}{(1-\varepsilon^2)^2} \tag{16.134}$$

根据式(16.131)～式(16.134)计算得到油膜长度 L 为 10.4mm。阻尼器提供的油膜刚度 K_d 为 5.85×10^4 N/m。考虑到油膜刚度的影响，前支点刚度调整为 0.7×10^6 N/m。

第五步：挤压油膜阻尼器性能验算。

由于转子支承刚度的改变和油膜刚度的影响，转子的动力特性可能与设计状态发生偏离。因此，阻尼器参数确定之后需要对阻尼器的减振性能进行验算。

计算不平衡量为 U_d 时转子的响应，计入挤压油膜阻尼器的非线性。为显示挤压油膜阻尼器的减振效果，同时计算了同等条件下无挤压油膜阻尼器时转子的响应，结果如图 16.38 和表 16.4 所示。

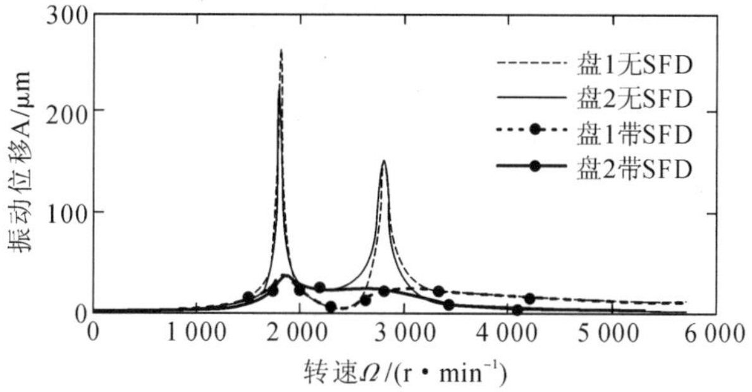

图 16.38　挤压油膜阻尼器减振效果图

表 16.4　挤压油膜阻尼器计算结果

挤压油膜阻尼器	一阶	二阶
阻尼/($N\cdot s\cdot m^{-1}$)	1 125	1 131
临界峰值(盘 1)	36	25
轴颈偏心率	0.22	0.22
模态阻尼比	8%	13.5%

根据计算结果，转子添加阻尼器后，两阶临界转速的临界峰值均减小 70%以上，幅值控制在 40μm 内。转子在两阶临界转速的模态阻尼比均在 7%以上。转子在二阶的临界峰值较小，可以将二阶模态作为“可容模态”，允许转子在该转速下运行。因此，该阻尼器可为转子提供有效的阻尼，达到了设计目标。

对于刚性转子，按照一阶模态阻尼比的要求来设计阻尼器，一般均可满足二阶模态的减振要求。

需要再次强调的是，对转子进行结构动力学设计时，应首先根据动力学设计目标对转子的结构进行设计，例如刚度配比、质心分布等。转子本身的动力学设计是否优良对于阻尼器的减振效果有很大的影响。为说明这一点，使用一个未考虑“可容模态”设计的例子进行说明。所用模型的几何参数与上述例子相同，但是支承刚度的取值按照传统的设计思路，使前支点(带阻尼器支点)的刚度小于后支点刚度，参数见表 16.5。

表 16.5　刚度参数

前支点刚度 K_1	后支点刚度 K_2	刚度比 K_1/K_2
0.2×10^6 $N\cdot m^{-1}$	2×10^6 $N\cdot m^{-1}$	0.1

假设前支点的阻尼器仍然能够提供相同的阻尼，同时两个盘上均含有大小为 10g·cm 的不平衡量，相位为反相位。计算该条件下转子的响应。为便于对比，给出前面基于可容模态设计条件下转子($K_1/K_2=0.75$)的响应，如图 16.39 所示。

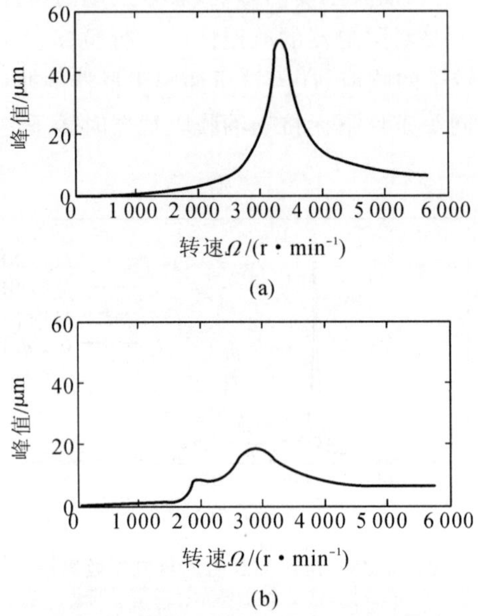

图 16.39　不同刚度配置下转子响应的比较

(a)$K_1/K_2=0.1$ 时转子的响应；(b)$K_1/K_2=0.75$ 时转子的响应

根据计算结果，当支承刚度比 K_1/K_2 为 0.1 时，转子的一阶临界峰值比考虑“可容模态”设计条件时的一阶临界峰值要小。但是，其二阶临界峰值增大了 1 倍以上，超过了最大振动限制值 40μm 这一设计要求。显然，在这种设计下，即使为转子添加合适的阻尼器也难以使得转子的二阶模态成为“可容模态”。因此，设计转子时，应先完成转子的结构动力学设计，再结合转子参数进行阻尼器匹配设计。

16.5.2　挤压油膜阻尼器实验和减振性能影响因素

1. 转子实验器的结构

带挤压油膜阻尼器的转子实验器为一个发动机高压转子模拟系统，结构与实物如图16.40所示。该转子前支点为带挤压油膜阻尼器的弹性支承，用以模高压转子前支点；后支点为刚性支承。其中挤压油膜阻尼器的油膜间隙 C 与油膜长度可调 L。两盘分别用以模拟高压压气机盘与高压涡轮盘。转速范围为 0～6 000r/min。

图 16.41 所示为带有挤压油膜阻尼器前支点的结构简图。改变油膜外环与轴承座的相对位置，可调节阻尼器的油膜长度；更换油膜外环(零件 3)可改变油膜间隙。鼠笼弹性支承(零件 5)也可更换，从而改变前支点支承刚度。

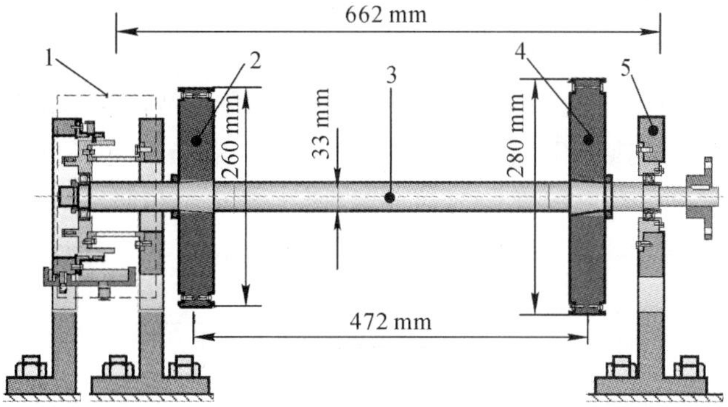

(a)

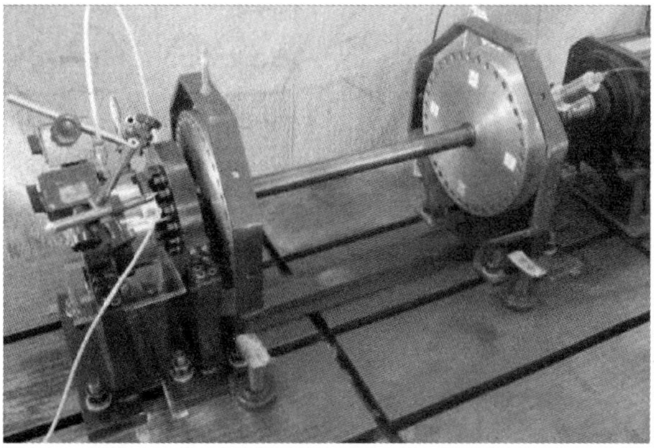

(b)

图 16.40　实验转子系统

(a) 结构简图;(b) 实物图

1—带挤压油膜阻尼器的弹性支承(模拟前支点);2—盘 1(模拟高压压气机盘);3—模拟高压轴;4—盘 2(模拟高压涡轮盘);5—刚性支承(模拟后支点)

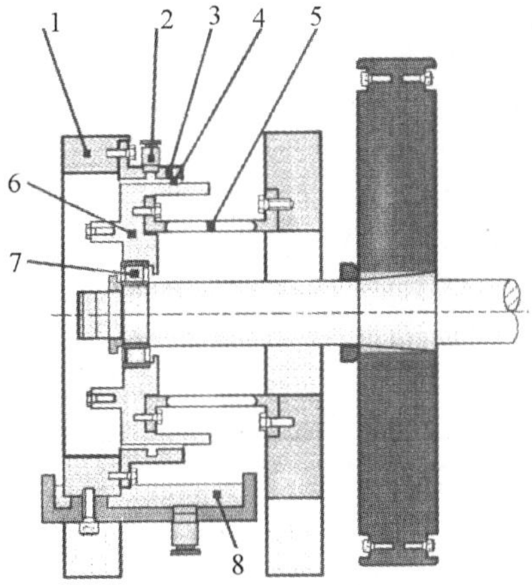

图 16.41　挤压油膜阻尼器结构简图

1—模拟机匣;2—供油嘴;3—油膜外环;4—油膜环;5—鼠笼弹性支承;6—轴承座(油膜内环);7—轴承;8—回油槽

2. 转子实验器的模态

经计算，转子一阶临界转速 ω_{cr1} 为 3 470r/min；二阶临界转速 ω_{cr2} 为 12 085r/min，如图 16.42 所示，在转子工作转速范围内，仅存在一阶模态。实验中可对盘 1 和盘 2 振动进行监测。根据图 16.42 可知，转子在一阶临界转速时，盘 1 振动峰值较大，其原因为盘 1 靠近弹性支承，盘 2 靠近刚性支承。因此，下文中使用的测试数据为盘 1 的振动数据。

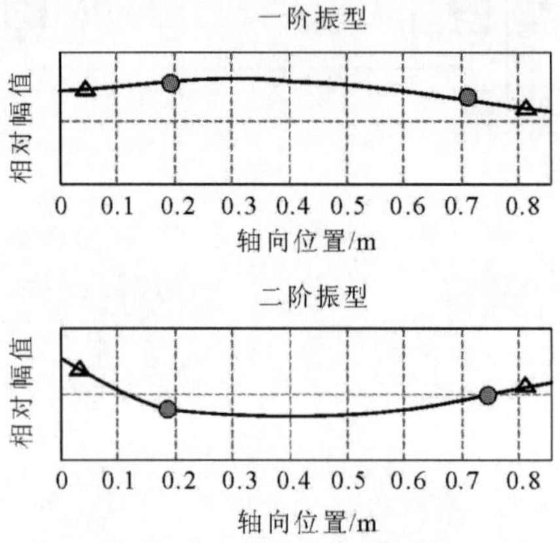

图 16.42 实验转子的振型

3. 挤压油膜阻尼器的参数

为了提供更多的实验条件，阻尼器的油膜长度 L 和油膜间隙 C 均为可调参数。阻尼器设计参数如表 16.6 所示。

表 16.6 挤压油膜阻尼器设计参数

临界转速	油膜长度 L	油膜半径 R	油膜间隙 C	不平衡量 U_m
3 450 r·min^{-1}	8～20mm	67.5mm	0.16mm(2.3‰R) 0.20mm(3‰R)	9.8g·cm

4. 挤压油膜阻尼器的减振实验

图 16.43 所示为在盘 1 添加 9.8g·cm 不平衡量时，阻尼器的减振效果曲线。油膜长度为 11mm，间隙为 0.16mm(2.3‰R)。根据转子响应计算转子阻尼比，不使用阻尼器时转子系统阻尼比约为 1.5%，使用阻尼器时阻尼比增至 7.4%。

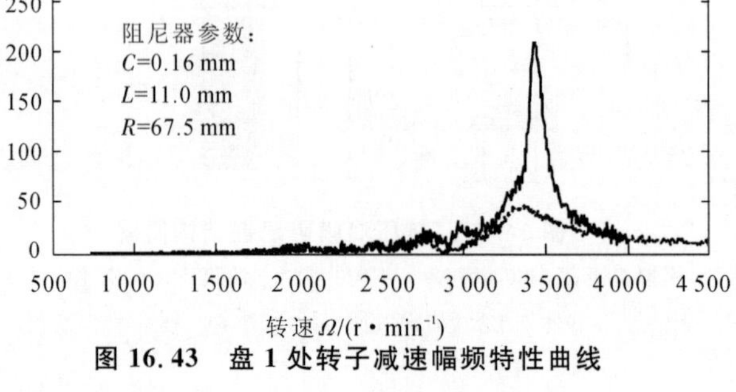

图 16.43 盘 1 处转子减速幅频特性曲线

根据实验结果，该条件下的挤压油膜阻尼器具有良好的减振效果。事实上，添加阻尼器之后转子可承载的不平衡量大幅增加。在不加阻尼器条件下，当不平衡量增大至 10.5 g·cm 左右时，由于振动过大，转子已无法通过临界转速。而添加挤压油膜阻尼器之后，转子可承受的不平衡量增大至 55 g·cm 以上(不平衡量进一步增大，表现出强非线性)，即转子可承受的最大不平衡量增大近 5 倍。

5. 挤压油膜阻尼器减振实验结果与理论结果对比

将上述减振实验的阻尼参数作为阻尼器设计参数，计算阻尼器的减振性能。通过与实验结果对比，评估阻尼器的设计减振性能与实测减振性能的差别。

使用第 16.5.1 节中的挤压油膜阻尼器设计方法设计阻尼器。在转子工作转速范围内，仅存在 1 阶刚支临界转速。因此，设计阻尼器时仅考虑一阶模态。一阶模态参数见表 16.7。

表 16.7 刚支转子模态参数

阶次	模态质量/kg	模态刚度/(N·m^{-1})	临界转速/(r·min^{-1})	模态临界阻尼/(N·s·m^{-1})
1	9.2	2.6E6	4 617	1.10E4

取模态阻尼比设计值为 7%，可计算得到阻尼器设计值 c_d。将设计阻尼值 c_d 代入计算模型，计算转子不平衡响应，得到转子的最大偏心比 ε_{max}。由于油膜间隙已经取定为0.16 mm，油膜半径 R 为 67.5 mm，根据阻尼值计算得到挤压油膜阻尼器的油膜长度 L 为 11 mm。阻尼器参数见表 16.8。需要说明的是：下表中的设计不平衡量并非该阻尼器能承受的最大不平衡量。由于设计最大偏心比仅为 0.2，所以只要转子不平衡量引起的轴颈偏心比不超过 0.4，都是可以接受的。经计算当不平衡量 U_m 为 23 g·cm 时，轴颈偏心比达到 0.4。

表 16.8 阻尼器设计参数

参数	数值
设计模态阻尼比 D	7.0%
设计不平衡量/(g·cm)	10
阻尼器设计值 c_d/(N·s·m^{-1})	2 400
最大偏心比 ε_{max}	0.20
油膜间隙 C/mm	0.16
油膜长度 L/mm	11

将上述参数，代入转子参数化模型，计算转子的不平衡响应。所选取的不平衡量大小与实验值相同，为 9.8 g·cm。图 16.44 所示为计算得到的转子盘 1 的响应曲线，为与实验结果形成对比，同时给出了转子无阻尼器时的响应曲线。

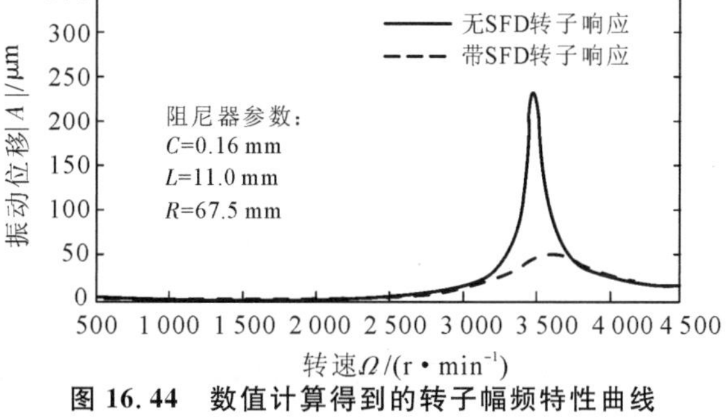

图 16.44 数值计算得到的转子幅频特性曲线

对比图 16.43 与图 16.44 可以看出：在该条件下，转子响应的理论结果与实验结果具有较好的吻合度。使用半功率法可以得到转子理论计算的阻尼比与实验测得的阻尼比，结果见表 16.9。

表 16.9　实验与理论计算结果对比

	不带挤压油膜阻尼器转子响应		带挤压油膜阻尼器转子响应	
	临界峰值/μm	阻尼比	临界峰值/μm	阻尼比
实验	220.2	1.50%	49.48	7.40
理论结果	248.4	1.51%	53.44	7.36
误差	13%	1%	8%	1%

无挤压油膜阻尼器时，转子系统阻尼比约为 1.5%。根据该参数使用半功率法可确定转子的初始阻尼。计算过程中，忽略了转子的结构阻尼与风阻（这两个阻尼本身特别小），仅考虑轴承处阻尼。另外，由于阻尼器提供的阻尼远大于转子自身的阻尼。所以，忽略转子结构阻尼和风阻对转子阻尼比的估计值影响。由表 16.9 可知，带挤压油膜阻尼器转子的阻尼比，理论结果与实验结果误差仅为 1%。

在本章第 16.4.7 节至第 16.4.9 节的分析中，所用方法为简化模型的解析法。在这样的模型中使用综合了转子与阻尼器参数的特征参数 B_k 来表征挤压油膜阻尼器的阻尼水平。对于该实验转子，可通过转子模态参数计算得到阻尼器的特征参数 B_k。对于一个近似对称的转子，弹性支承在一阶模态的控制质量可取为模态质量的 1/2。根据式(16.118)计算得到，设计条件下转子的特征参数 B_k 为 0.175，这与如图 16.28～图 16.30 所示的算例接近。

6. 阻尼器在“可容模态”下的减振

通过为转子系统添加设计得当的阻尼器，可大幅改善转子的振动特性，使得转子的“临界转速裕度”大大减小，甚至不用避开转子的临界转速，允许转子长时间在临界转速下工作，从而实现“可容模态”设计。为验证“可容模态”设计的效果，进行了转子在临界转速下长时间运行的实验验证。

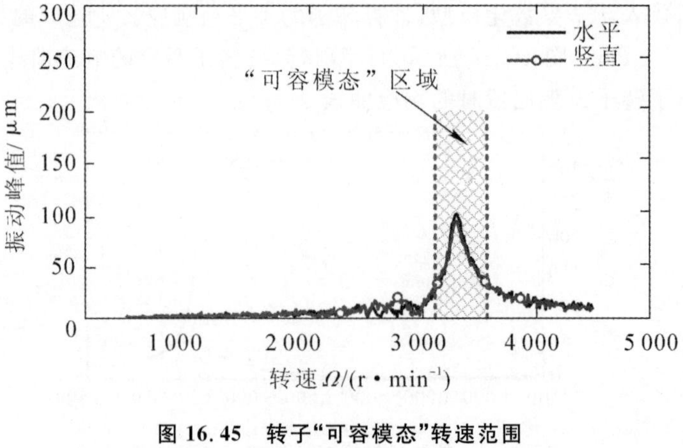

图 16.45　转子“可容模态”转速范围

实验过程中,阻尼器参数设置与前文减振实验设置相同:油膜间隙 C 为 0.16 mm,油膜长度 L 为 11 mm。如图 16.45 所示,当转子不平衡量增大至 U 为 31.2 g·cm 时,转子振动仍能维持在 100 μm 左右(对于该实验系统,100 μm 是完全可以接受的)。根据幅频响应,转子临界转速大约为 3 500 r/min。将转速维持在 3 500 r/min,持续运行约为 3 h,测试模拟高压压气机盘与模拟高压涡轮盘的水平与竖直方向振动位移值,以及前支点 45°与 135°方向振动速度值。转子振动幅值变化如图 16.46 所示。

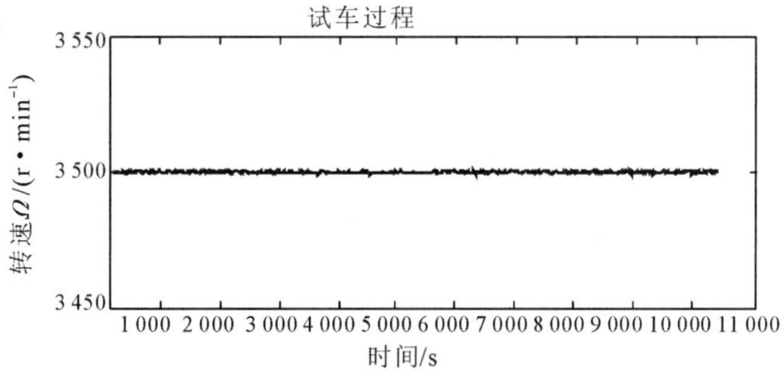

(a)

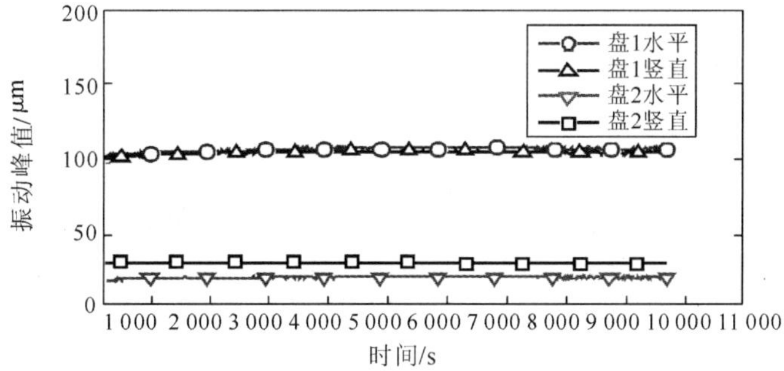

(b)

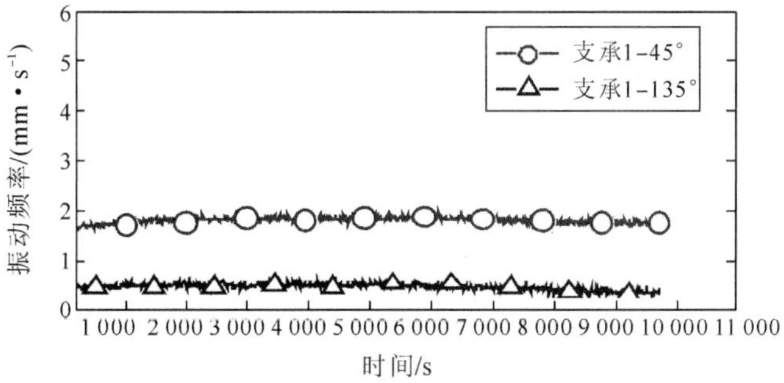

(c)

图 16.46　转子在临界转速下运行的振动变化(U=31.2g·cm)

(a)转速;(b)盘的振动位移;(c)支承 1 的振动速度

根据实验结果,在 3 h 的运行过程中,转子的振动维持在相同的水平。可见,添加了阻尼器后,只要不平衡量不至于过大(如出现叶片断裂等事故),就可允许转子在临界转速下工作或频繁穿越临界转速。这样,转子的工作转速范围可不受临界转速裕度的限制,从而实现“可容模态”设计。

7. 挤压油膜阻尼器转子掉块实验

将橡皮块固定在盘缘，通过离心力使其自行脱落来模拟叶片掉块实验。橡皮块质量为 2 g，用细尼龙绳固定在盘上半径为 120 mm 的两个孔间，如图 16.47 所示。当转子稳定在某转速后，所使用的尼龙绳会断裂，橡皮块飞出，从而实现“叶片掉块”的模拟。使用该方法可在整个转子工作转速范围内任意工作转速下实现模拟“掉块”实验。

图 16.47　模拟“掉块”实验设置

选择靠近一阶临界的转速 3 350 r/min，进行模拟转子掉块实验。试验中阻尼器参数与前文减振实验参数相同：油膜间隙 C 为 0.16 mm，油膜长度 L 为 11 mm。实验测得的时域波形如图 16.48 所示。根据时域波形，掉块发生在 0.2 ～0.35 s 之间。发生掉块后，由于阻尼的存在，转子的振动幅值没有瞬间增大，而是逐渐增大。这一过程持续为 7 个周期，约为0.125 s。

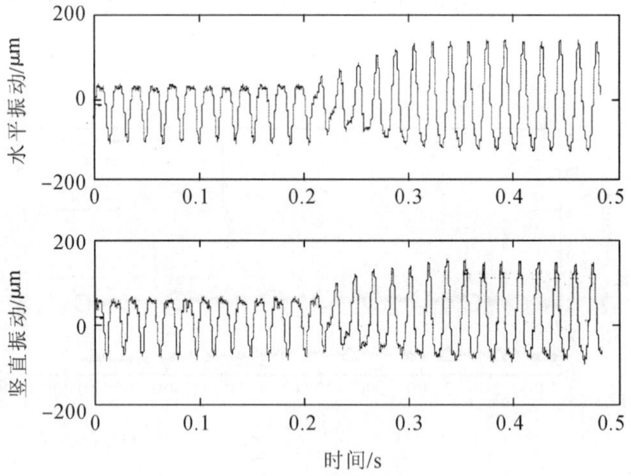

图 16.48　掉块时转子振动时域波形

在掉块的过程中，由于转子的不平衡位置发生了改变，所以转子振动的相位也发生了改变。为了说明这一点，可以使用一条正弦曲线作为参考，如图 16.49 所示。该正弦曲线具有与转子相同的转动角频率。将该曲线与掉块前后转子的振动曲线进行对比，可以看出转子的相位变化。

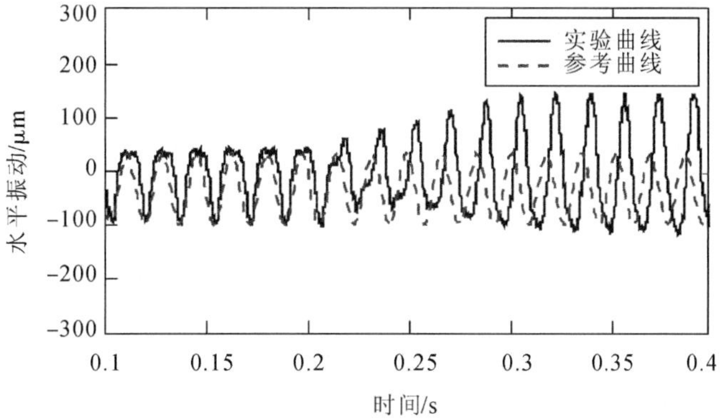

图 16.49　掉块过程中转子振动相位的变化

对于真实的发动机，叶片掉块为常见故障。另外，随着叶冠的磨损，转子的不平衡也可能发生较大改变。此时，阻尼器的作用将显得格外重要。

航空发动机转子常常在一阶甚至是二阶临界转速以上运行。此时若发生掉块，对于没有安装阻尼器的发动机，停机时，在临界转速处振动会非常剧烈，可能会造成二次破坏。

为验证这一过程，在挤压油膜阻尼器不工作的条件下(挤压油膜阻尼器不供油)，进行了掉块实验。掉块时转速为 4 000 r/min，掉块质量为 1.5 g，半径位置 120 mm。发生掉块时转子振动时域波形如图 16.50 所示。

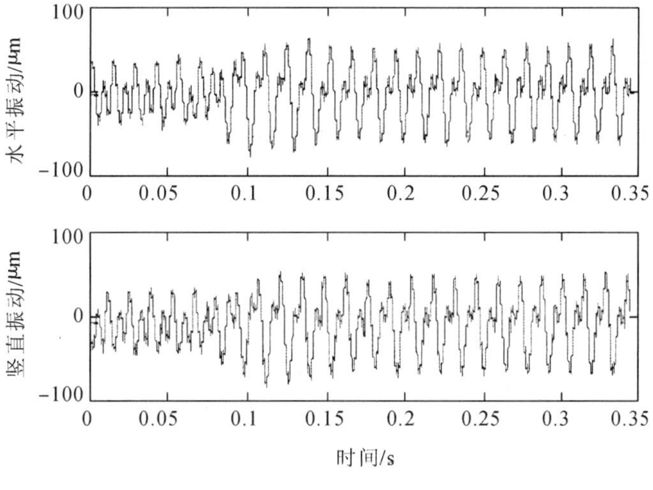

图 16.50　掉块时转子振动时域波形($4\ 000\ r \cdot min^{-1}$)

此时，逐渐降低转子转速，转子在到达临界转速附近时，振动急剧增大，无法通过临界转速顺利停车。遂将转速升高至 4 500 r/min，以减小转子振动。此时，为挤压油膜阻尼器供油，转子可顺利通过临界转速而停车，如图 16.51 所示。通过掉块实验，充分说明了挤压油膜阻尼器对提高转子减振与抗振性能的重要作用。同时，也为实现“可容模态”设计提供了方法，即在结构动力学设计达到最优的同时，也要为转子系统设计合适的阻尼器，允许转子在临界转速处运行。

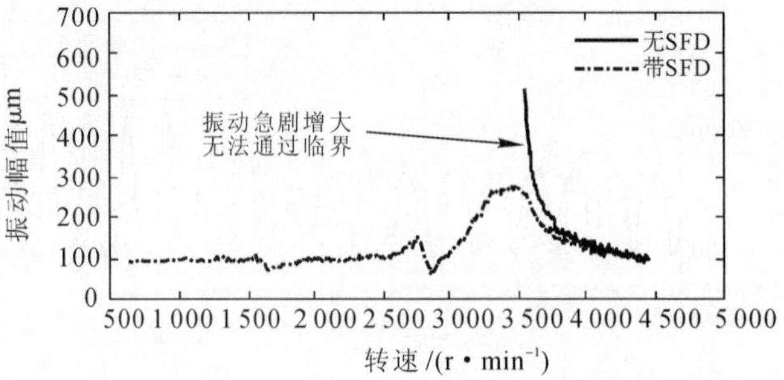

图 16.51 临界转速以上发生掉块时转子的幅频特性曲线

8. 影响挤压油膜阻尼器效果的因素

在实际工作中，有许多因素影响挤压油膜阻尼器的减振性能。例如，随着发动机的使用，转子的不平衡可能增大；装配工艺设计不合理、安装操作不当，造成轴颈的静偏心率偏大，甚至使油膜在某个方向上完全消失；供油压力不足导致无法形成油膜等情况均有可能发生。这些因素均会使阻尼器性能劣化。下面对影响挤压油膜阻尼器减振性能的几个因素进行讨论，并通过实验给予验证和说明。

将半油膜条件下的油膜阻尼 C_0 与油膜刚度 K_0 列出，以便说明参数的改变如何影响阻尼器的减振性能。

$$C_0=-\frac{F_t}{e\Omega}=\frac{\mu RL^3}{c^3}\frac{\pi}{2\ (1-\varepsilon^2)^{3/2}} \tag{16.135}$$

$$K_0=-\frac{F_r}{e}=\frac{\mu RL^3}{c^3}\frac{2\Omega\varepsilon}{(1-\varepsilon^2)^2} \tag{16.136}$$

由于挤压油膜阻尼器结构各异，尺寸相差较大，不易统一无量纲表达关键参数。但转子的轴承是根据工况和负荷条件选择或设计的，相对较为标准，另外，轴承的加工精度远高于一般结构。再者，有的轴承外环直接带弹支。因此，为便于设计，选用轴承外环直径来无量纲表达挤压油膜阻尼器的长径比和间隙比。

设轴承外环直径为 D_b，则式 (16.135)和式(16.136)可表达为

$$C_0=-\frac{F_t}{e\Omega}=\frac{\mu RL^3}{c^3}\frac{\pi}{2\ (1-\varepsilon^2)^{3/2}}=\frac{8\mu R\left(\dfrac{L}{D_b}\right)^3}{\left(\dfrac{2C}{D_b}\right)^3}\frac{\pi}{2\ (1-\varepsilon^2)^{3/2}}$$

$$K_0=-\frac{F_r}{e}=\frac{\mu RL^3}{c^3}\frac{2\Omega\varepsilon}{(1-\varepsilon^2)^2}=\frac{8\mu R\left(\dfrac{L}{D_b}\right)^3}{\left(\dfrac{2C}{D_b}\right)^3}\frac{2\Omega\varepsilon}{(1-\varepsilon^2)^2}$$

式中：$\dfrac{L}{D_b}$是以轴承直径为基准的长径比，$\dfrac{2C}{D_b}$是以轴承直径为基准的间隙比。

(1)油膜长度 L。根据《航空发动机设计手册》(见参考文献[42])，在选择了合适的油膜间隙 C 后，长径比$\dfrac{L}{D_b}$在一定范围内改变时，对减振效果不会带来重大影响。因此，对 L 的选取不必很严，可直接取为轴承宽度。

然而，从阻尼器的设计、油膜阻尼与刚度的表达式来看，油膜长度 L 是影响阻尼器性能的关键参数。根据式(16.135)和式(16.136)，油膜刚度 K_0 与阻尼 C_0 均与油膜长度的三次方成正比。也就是说，随着油膜长度的增大，阻尼器提供的阻尼与刚度均大幅度增加。针对油膜长度的影响，进行实验，实验结果如图 16.52 和表 16.10 所示。测试过程中所用不平衡量 U 约为 8.0 g·cm，位于盘 1 上；油膜间隙 C 为 0.2 mm；供油压力均为 20 kPa；轴颈静偏心约为 0.04 mm。图中使用数据为自由减速下转子的响应。表中阻尼比 D_{re} 为使用半功率法计算得到的转子系统阻尼比。

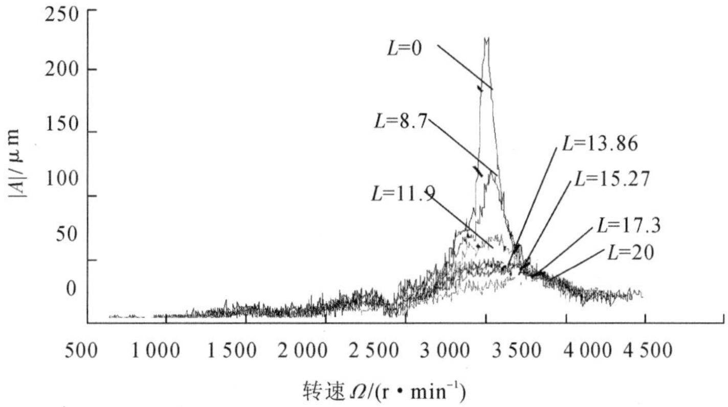

图 16.52　不同油膜长度 L 下转子的幅频特性曲线

表 16.10　不同油膜长度 L 下转子阻尼比与临界转速

油膜长度 L/mm	0	8.70	11.90	13.86	15.27	17.30	20.00
长径比 $\frac{L}{D_b}$	0	0.16	0.22	0.25	0.28	0.31	0.36
阻尼比 D_{re}	1.5%	2.5%	5.0%	7.0%	7.4%	8.2%	8.4%
阻尼临界转速/(r·min^{-1})	3 466	3 470	3 476	3 564	3 577	3 590	3 602

在表 16.10 中列出了不同油膜长度 L 条件下，转子响应的阻尼比 D_{re}。根据实验结果，随着油膜长度的增加，转子临界峰值逐步减小，但减小的幅度越来越小，同时临界转速表现出增大趋势。当长度大于 15 mm 时，增大油膜长度对减振效果的影响已不明显。

对于上述的转子实验器，如图 16.52 所示，阻尼器的长径比$\frac{L}{D_b}$约为 30%，即达到了最佳的阻尼效果。油膜长度过长时，会出现阻尼过大引起的"阻尼锁定(damper lock)"现象。在油膜长度过大时，阻尼提供的动刚度与油膜刚度会使弹性支承完全失效。此时的支承相当于刚性支承。因此，转子的动力学特性将偏离结构动力学的设计目标。所以，油膜长度的增大不一定使得转子的振动特性更加优良。从另外一个角度，油膜长度增大，会使油膜内、外环同心度更加难以保证，进而给阻尼器的结构、工艺设计及装配带来困难。

(2)转子的不平衡量。随着发动机的使用，转子的不平衡量不会一直维持在同一水平，可能发生变化甚至超出转子系统允许的最大不平衡量。不平衡量过大时，会使轴颈偏心比超出设计范围，进入非线性区，进而表现出非线性现象。图 16.53 所示为同等条件下，改变转子不平衡量U测得的转子减速响应曲线。实验时，挤压油膜阻尼器的参数：油膜间隙C为0.2 mm，间隙比$\frac{2c}{D_b}$为7.3‰；油膜长度L为11.5 mm，长径比$\frac{L}{D_b}$为0.21；供油压力P为25 kPa。

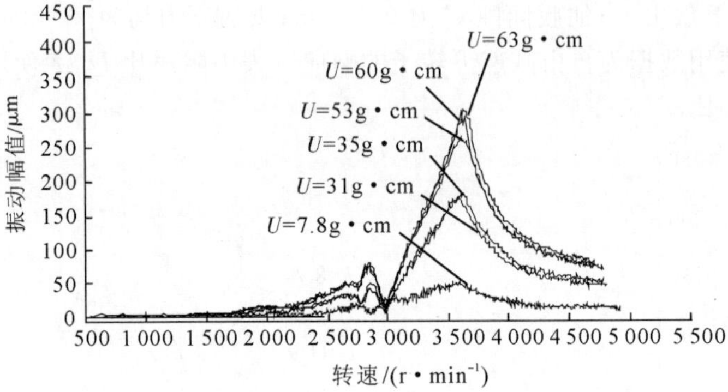

图 16.53　不同不平衡 U 下转子减速幅频特性曲线

根据响应曲线计算得到不同不平衡量下转子的阻尼比，结果如表16.11所示。

表 16.11　不同不平衡 U 下转子阻尼比变化

不平衡 U/(g・cm)	7.8	31	35	53	60	63
阻尼比 D	5.5%	5.7%	5.6%	6.2%	5.4%(跳跃)	4.4%(跳跃)

实验结果表明，随着不平衡量的增大，转子的阻尼比基本维持在相当的水平，即不平衡量对挤压油膜阻尼器的减振效果影响不大。在不平衡量为60 g・cm和63 g・cm实验中，转子在升速过程中出现了非线性“跳跃”现象，但在减速过程中“跳跃”现象并不明显，如图16.53所示。不平衡进一步增大时，转子表现出明显的非线性振动现象。关于挤压油膜阻尼器的非线性振动，将在第16.5.3节中讨论。

由实验结果可见，在小不平衡量条件下，挤压油膜阻尼器的减振效果基本维持在相同的水平，但是随着不平衡量的增大，转子响应逐渐表现出非线性特性。

(3)供油压力p的影响。理论上，供油压力对阻尼器减振效果的影响并不明显。从式(16.135)和式(16.136)可以看出，油膜刚度与阻尼的表达式中没有压力项。但是油压可以通过影响油膜环的形成来改变阻尼器的阻尼效果。图16.54所示为不同油压下测得的转子响应曲线，测试条件为：油膜长度10 mm，长径比$\frac{L}{D_b}$为18.2%；间隙0.16 mm，间隙比$\frac{2c}{D_b}$为5.8‰；不平衡量7.8 g・cm。实验结果表明：只要供油压力能够保证滑油在挤压油膜阻尼器中形成油膜，供油压力就不是阻尼器减振的主要影响因素。在实验中，供油压力为50 kPa和75 kPa时，转子的响应曲线几乎重合。

在航空发动机中，由润滑系统为挤压油膜阻尼器供油。正常情况下，供油压力足以满足挤压油膜阻尼器供油要求。

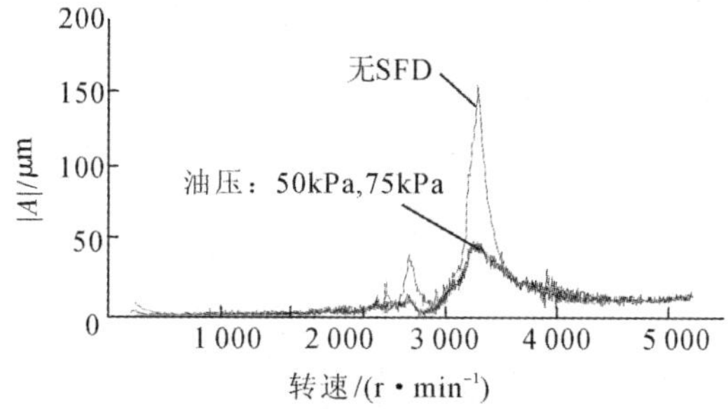

图 16.54　不同供油压力下转子的幅频特性曲线

(4)静偏心量 e_s 的影响。实际工作中，难以保证挤压油膜阻尼器油膜内外环处于同心状态。事实上，油膜内外环绝对同心是做不到的。影响阻尼器油膜环同心度的因素有以下几个：结构设计是否合理；加工工艺是否满足要求；装配工艺是否正确；发动机是否在稳态下工作等。

为揭示阻尼器内外环静偏心量 e_s 对阻尼器减振性能的影响，以下介绍利用挤压油膜阻尼器实验转子(见图 16.40)所进行的实验验证。

实验条件：油膜长度为 11.0 mm，长径比 $\frac{L}{D_b}$ 为 0.21；设计油膜间隙 C 为 0.16 mm，间隙比 $\frac{2c}{D_b}$ 为 5.8‰；不平衡量为 21.6 g・cm，油压为 30 kPa。阻尼器静偏心条件见表 16.12，各条件下油膜环间隙周向分布如图 16.55 所示。

表 16.12　静偏心量设置

实验组编号	1	2	3	4	5	6	7	8	9	10
静偏心量 e_s/mm	0.01	0.04	0.05	0.07	0.09	0.11	0.12	0.13	0.14	0.16
静偏心比 e_s/C	0.06	0.25	0.31	0.44	0.56	0.69	0.75	0.81	0.88	1.00

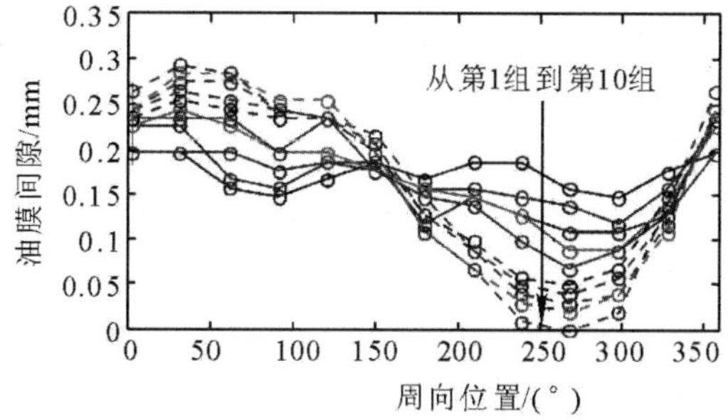

图 16.55　不同静偏心下油膜间隙周向分布

在上述实验条件下，测得的转子减速过程振动响应如图 16.56 所示。根据响应曲线可以得到不同静偏心条件下转子的临界转速与临界峰值，变化趋势如图 16.57 所示。

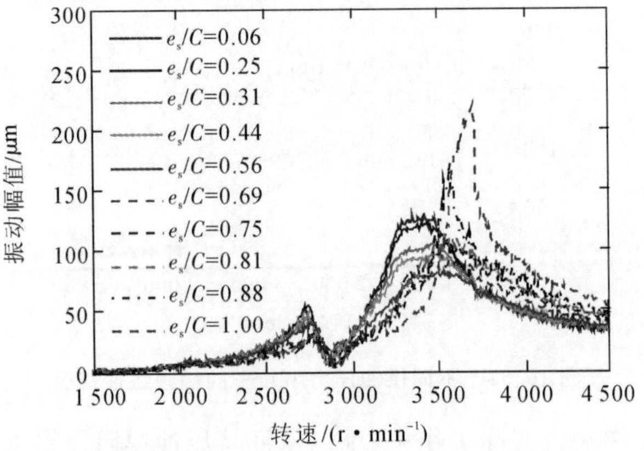

图 16.56　不同静偏心下转子幅频特性曲线

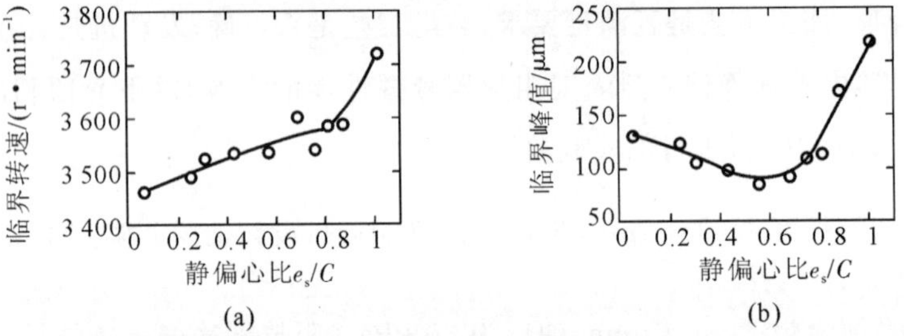

图 16.57　转子临界转速与临界峰值随静偏心的变化(U=21.6 g·cm)

(a)临界转速;(b)临界峰值

由图 16.57 可知,随着挤压油膜阻尼器静偏心量的逐渐增大,转子的临界转速也随之增大。根据图 16.57(a)转子静偏心比 e_s/C 在 0～0.8 范围时,临界转速随静偏心比 e_s/C 增大近似线性增加,增幅约 3%。在静偏心比 e_s/C 由 0.8 增大至 1 时,转子临界转速增加较明显。当静偏心比 e_s/C 为 1 时,表示阻尼器内外环已经完全接触,此时转子前支点的支承刚度大幅增加,因此导致转子临界转速增幅较大,约为 9%。

根据图 16.57(b),当静偏心比 e_s/C 在 0～0.6 范围内时,随着静偏心比 e_s/C 的增大,转子临界峰值逐渐减小,近似线性,减幅约 28%。单从临界峰值来看,静偏心比 e_s/C 在 0～0.6 范围内变化时,不会使挤压油膜阻尼器减振性能恶化。当 e_s/C 由 0.6 增大至 1 过程中,转子临界峰值急剧增大,增幅约 1.5 倍。可见,当偏心比 e_s/C 大于 0.6 时,静偏心量的增加会导致挤压油膜阻尼器减振效果恶化。

为进一步评估静偏心量的影响,此处引入失效不平衡量的定义。失效不平衡量定义为使带挤压油膜阻尼器的转子出现振动幅值“跳跃”的最小不平衡量。它是转子抗振性能的指标之一。

实验测得的转子失效不平衡量 U_f 如图 16.58 所示。根据实验结果,在静偏心比为 0.06 时,阻尼器的失效不平衡量约为 40g·cm。以此作为比较的基准。

根据图 16.58 可知,随着静偏心比的增大,转子的失效不平衡量呈减小趋势。静偏心比在 0～0.6 和 0.6～1 的范围内,失效不平衡量近似分段线性减小。静偏心比从 0 增加至 0.6,转子失效不平衡量减小约 40%,转子抗振性能显著劣化。

以上实验说明,当阻尼器存在较小静偏心时,有利于提高阻尼器的减振性能。但是,静偏心的存在可导致失效不平衡量大幅减小，从而影响转子的抗振性能。事实上，阻尼器的减振性能在设计阶段就已经得到了充分的保证，只要阻尼器正常工作，转子的振动即可控制在允许范围内。在实际应用中应更加关注阻尼器的抗振性能，即在不平衡量增大时，保证阻尼器不失效。因此，在挤压油膜阻尼器的设计、加工与装配过程中，应当尽可能保证阻尼器的同心度，减小阻尼器静偏心，例如，将静偏心比 e_s/C 控制在 0.2 以内，就可使转子具有较高的抗振性能。

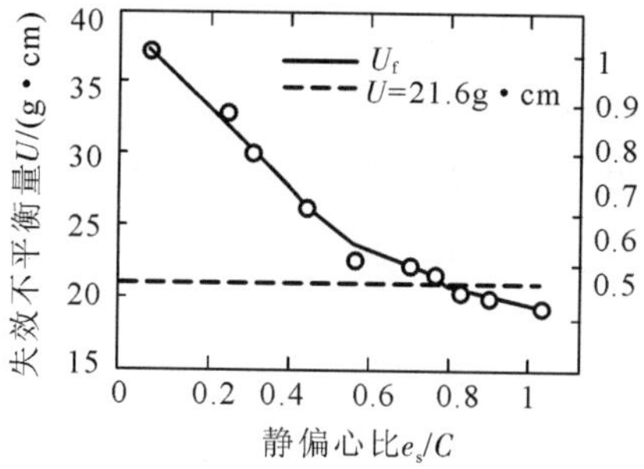

图 16.58　静偏心比对转子失效不平衡量的影响

16.5.3　挤压油膜阻尼器的非线性特性

1. 不平衡量增大引起的振动幅值“跳跃”现象

带挤压油膜阻尼器的转子在不平衡量较小时，可视作线性系统。当转子上的不平衡量增大到一定程度时，阻尼器将进入强非线性区，使得转子表现出强非线性。转子增减速过程中，将会出现振动幅值“跳跃”现象。该现象在第 16.7.3 节中已有论述。在表 16.13 所给条件下，进行增减速实验，转子响应出现“跳跃”现象，实验结果如图 16.59 所示。

表 16.13　非线性“跳跃”现象出现的实验条件

油膜半径间隙 C	油膜长度 L	静偏心 e_0	油压 P	不平衡量 U
0.16 mm	11 mm	0.01 mm	25 kPa	50.05 g・cm

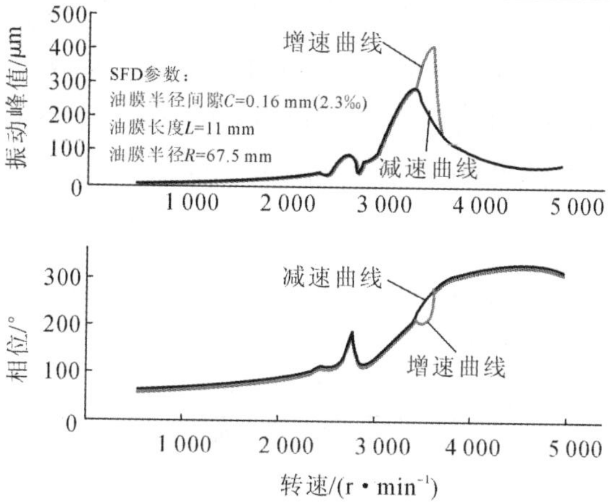

图 16.59　转子增减速过程中的振动幅值“跳跃”现象

由图16.59可见，转子在3 600 r/min左右出现振动幅值和相位的“跳跃”现象。转子在通过一阶临界转速(3 470 r/min)后，振动并没有随着转速的增大而减小，而是继续增大。同时，从相位来看，转子也未发生质心转向。当转速达到3 600 r/min时，转子振动突然减小，同时完成质心转向。减速过程中，转子同样会发生振动“跳跃”，但跳跃点靠近一阶临界转速，“跳跃”现象没有增速过程明显。

真实发动机应力求避免出现转子振动“跳跃”现象。因此，有必要对大不平衡条件下影响转子振动幅值“跳跃”的因素进行探讨。实验研究发现，除不平衡量外，转子增减速过程加速度大小、油温与装配条件等因素也会影响转子振动幅值“跳跃”现象的出现。

2. 增速速率对转子振动幅值“跳跃”的影响

在上述实验条件下，分别以角加速度 $\dot{\omega}=0.698\ \mathrm{rad/s^2}$ 和 $\dot{\omega}=1.047\ \mathrm{rad/s^2}$，进行转子增速实验。采用慢加速升速时（$\dot{\omega}=0.698\ \mathrm{rad/s^2}$），转子振动幅值“跳跃”现象出现；而采用快加速时($\dot{\omega}=1.047\ \mathrm{rad/s^2}$)，不出现“跳跃”现象，如图16.60所示。由此可见，采用较大加速度增速时，有利于抑制转子振动幅值“跳跃”现象的出现。

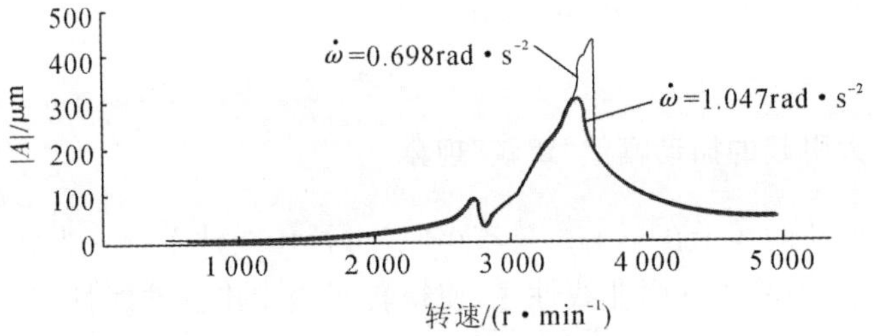

图16.60 不同加速条件下转子增速幅频特性曲线

3. 滑油温度对转子振动幅值“跳跃”的影响

油膜力与滑油黏度成正比，滑油黏度受温度的影响，因此，油温也会影响挤压油膜阻尼器的非线性减振特性。同等条件下，分别在室温13℃和19℃条件下进行转子慢加速实验。室温13℃时，转子不出现振动幅值“跳跃”现象；而室温在19℃时，出现振动幅值“跳跃”现象，结果如图16.61所示。由此可见，挤压油膜阻尼器的特性对滑油温度较为敏感。在航空发动机中，滑油温度会超过100℃，滑油黏度会减小，有可能使挤压油膜阻尼器的减振效果变差。但另一方面，滑油黏度减小，滑油在油膜间隙中的流动会得到改善，有利于挤压油膜阻尼器减振。

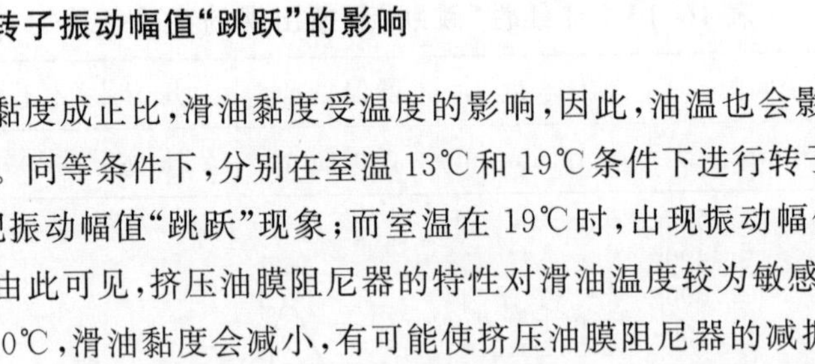

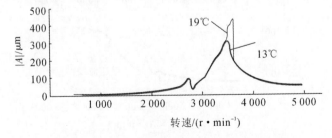

图16.61 不同油温下转子增速幅频特性曲线

4. 滑油压力对转子振动幅值"跳跃"的影响

转子出现振动幅值"跳跃"现象时，轴颈处振动剧烈，油膜间隙有大量的气泡溢出。说明有空气进入油膜间隙。实验中将供油压力提高至 100 kPa 以防止空气进入。但实验结果表明，提高供油压力并不能阻止空气吸入，也不能有效抑制振动幅值"跳跃"。油压 100 kPa 时转子的响应曲线与 30 kPa 条件下响应曲线重合，如图 16.62 所示。因此，油压对于转子振动幅值"跳跃"的影响较小。

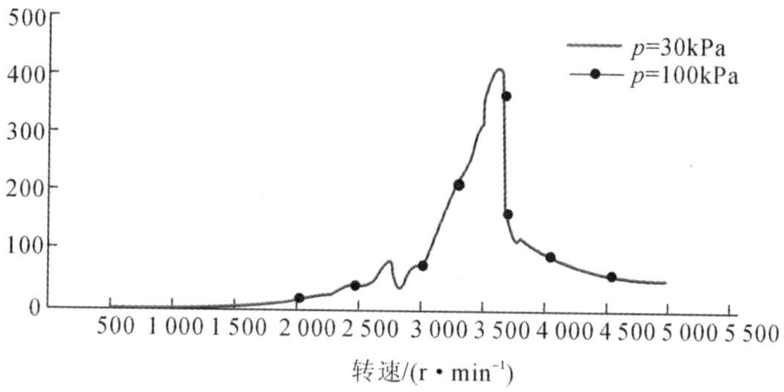

图 16.62　不同油压下转子增速幅频特性曲线

5. 静偏心对转子振动幅值"跳跃"的影响

如第 16.5.2 节中所述，阻尼器存在静偏心量时，转子的失效不平衡量会显著减小。因此，在同等条件下阻尼器静偏心较小的带挤压油膜阻尼器转子不易出现振动跳跃现象。仍使用第 15.5.2 节中改变静偏心条件的实验结果。图 16.63(a)所示为静偏心比 e_s/C 分别为 0.06 和 0.88 时转子减速振动响应曲线。根据图 16.63(a)可知，在相同不平衡条件下，静偏心比为 0.88 时的转子出现振动的跳跃现象，而静偏心比为 0.06 的转子仍可稳定运行。这说明，静偏心越大，转子越容易出现振动跳跃现象。图 16.63(b)所示为静偏心的改变对转子失效不平衡量的影响。

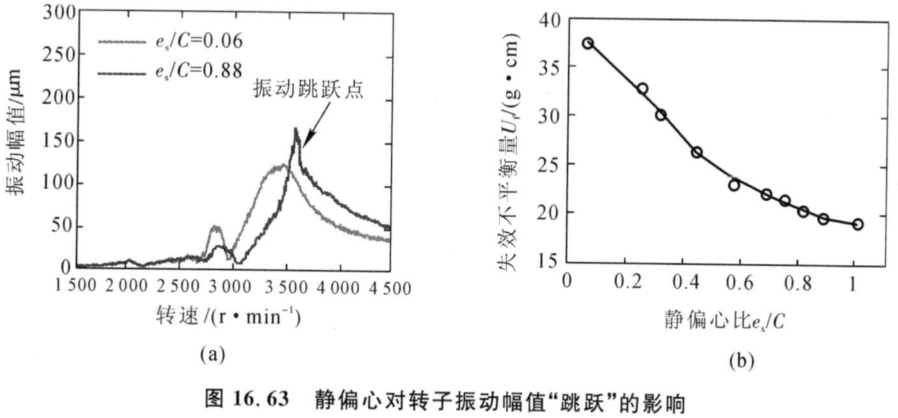

图 16.63　静偏心对转子振动幅值"跳跃"的影响

(a)转子响应对比(U=21.6 g·cm)；(b) 失效不平衡量

显然，改善挤压油膜阻尼器的装配条件，提高油膜环的同心度可大幅提高转子的抗振性能，同时抑制大不平衡量条件下的振动幅值"跳跃"。

综上所述，大不平衡量条件下，提高转子经过临界转速时的加速度；改善阻尼器装配条件，提高阻尼器油膜环同心度；改善轴承的润滑条件，控制阻尼器滑油温度升高等措施，有利于提高阻尼器的减振性能、抑制转子振动幅值"跳跃"现象的出现。

上述实验结果说明，挤压油膜阻尼器要与转子的参数匹配设计，才能达到有效的减振效果。本章所建立的挤压油膜阻尼器设计方法可为设计提供指导。

第 17 章　电磁轴承及带电磁轴承的转子振动

轴承是发动机的承力和传力部件，对转子系统的动力学特性和发动机的运行可靠性有着重要影响。由于具有无摩擦、适用高转速范围、可主动控制等优点，从 20 世纪 70 年代开始，人们对电磁轴承进行了大量的研究和研制，目前已在一定程度上获得应用。表 17.1 比较了 3 类轴承的特性。本章介绍电磁轴承的结构、工作原理以及动态特性，分析带电磁轴承转子的振动及主动控制方法，给出带电磁轴承转子系统设计的要点。本章的内容主要参考了文献[2]。

表 17.1　轴承特性比较(承载面积＝轴承长度×轴承直径×80%)

轴承类型	滑动轴承	滚动轴承	电磁轴承
承载能力/(N·cm^{-2})	≤4 000	≤500	≤60
耐温能力/℃	120*	150*(200*)	150*
转速范围/(r·min^{-1})	0～200 000**	0～60 000**	0～200 000
摩擦损失	小	中	很小
寿命	理论寿命无穷(磨损)	有限，可估计	理论寿命无穷(存在崩溃风险)
费用	高	低	很高

* 滑动和滚动轴承耐温能力主要受滑油的限制；电磁轴承的耐温能力主要受绝缘材料限制。用于航空发动机的滚动轴承耐温可达到 200℃左右。

** 滑动轴承可在高转速下工作，但工作转速范围受到限制；滚动轴承的转速范围取决于载荷，大部分情况下，转速范围不超过 10 000 r/min。

17.1　概　　述

图 17.1 所示为苏黎世 ETH 研发的高速工具，全部使用主动控制的电磁轴承，转速为 40 000 r/min，功率为 35 kW。

与传统轴承相比，主动式电磁轴承的费用要高得多，因为要配备传感器、控制器和功率放大器。另外，重量也要增加很多。主动式电磁轴承的优点是轴承无磨损、工作转速范围宽、可在转子上施加任意可控的力。

主动式电磁轴承不仅用于承载，而且用于镇定转子系统。例如，内阻尼、间隙激振等自激失稳因素时常会使转子失稳。还可对转子不平衡、转子弯曲等因素引起的其他激扰力进行补偿。

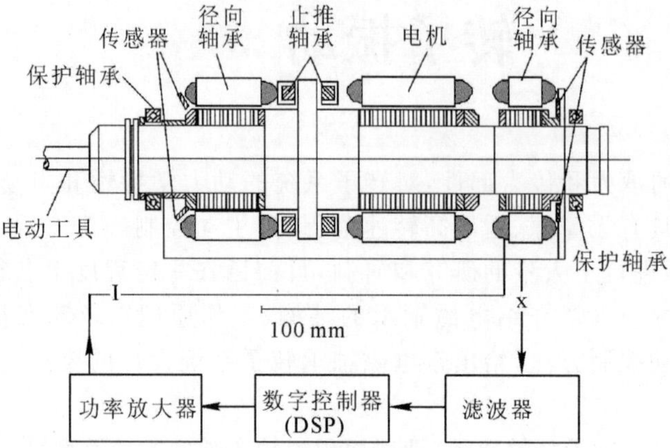

图 17.1　全部使用主动控制电磁轴承的高速工具

主动式电磁轴承的缺陷是，电控系统的失效会导致转子系统的破坏。为此，一般配置保护轴承，而在实际中，设计双轴承结构：正常情况下，电磁轴承发挥作用；紧急情况下，使用滚动轴承。但这会增加轴承重量。另外，电磁轴承的使用会受到温度的限制，见表 17.1 所示。

17.2　主控式磁悬浮轴承的结构

众所周知，根据充磁效应，电磁力与电流的平方成正比，与距离成反比。图 17.2 所示，若把两个电磁铁成对地构成磁力轴承，会产生电磁力为

$$f_y=\frac{k\,(i_v+i_s)^2}{(h-v)^2}-\frac{k\,(i_v-i_s)^2}{(h+v)^2} \tag{17.1}$$

式中：h 为静态间隙，v 为位移。控制电流 $\pm i_s(t)$ 与充磁电流 i_v 叠加，k 是电磁轴承一个重要的特征参数，与线圈匝数的平方、磁极面积以及磁强度 μ_0 成正比。图 17.3 所示为一种磁力轴承的结构，内置传感器 S_1，S_2，S_3 和 S_4，用以测量轴颈的相位、位移和速度。图 17.4 和图 17.5 所示分别为轴承力和电流以及力和位移的特征关系。

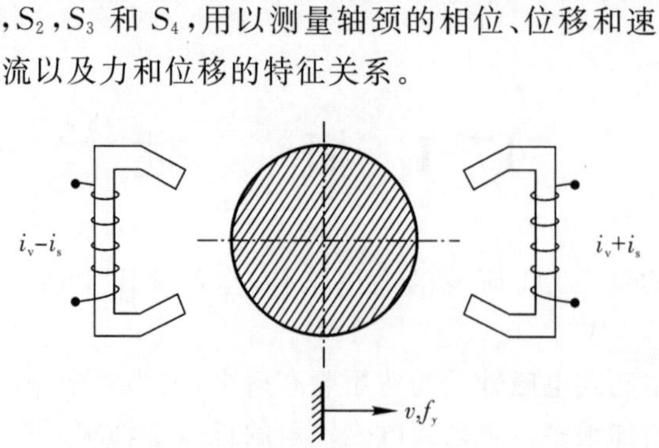

图 17.2　主控式磁悬浮轴承的原理图

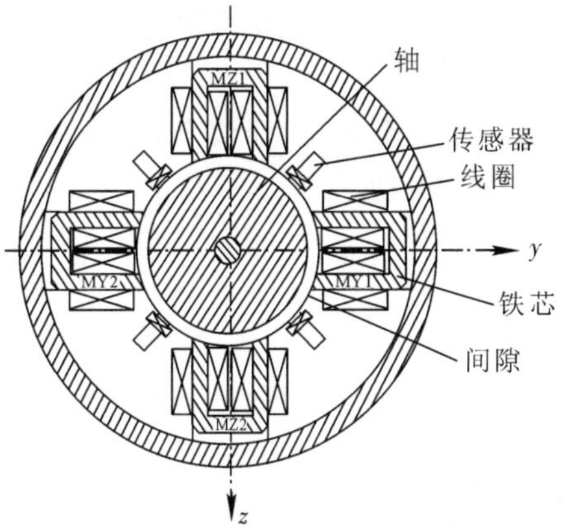

图 17.3　一种磁力轴承的结构

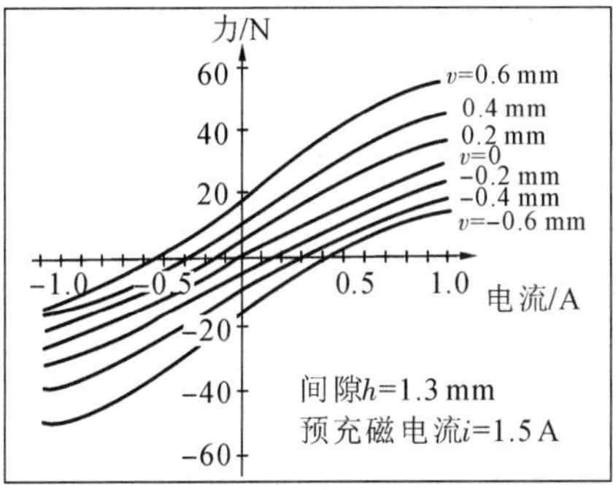

图 17.4　电磁轴承力与电流的关系

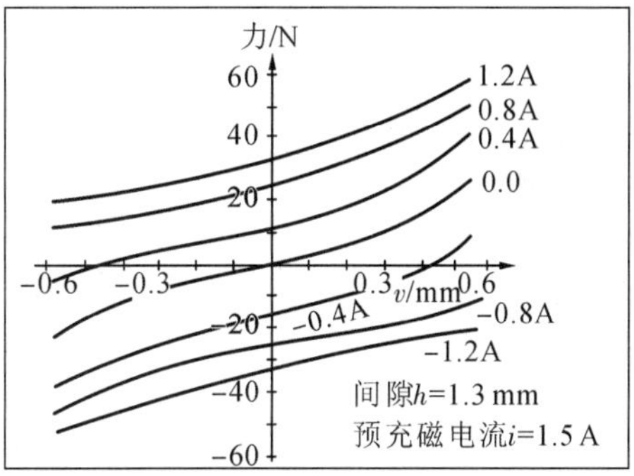

图 17.5　电磁轴承力与位移的关系

把电磁铁成对地设置成电磁轴承，在静态位置附近轴承表现出线性特性，由图 17.4 和图 17.5 可以看出这一特性。当控制电流 $i_s(t)$ 与充磁电流 i_v 相比很小，且运动位移 v 相对于静态间隙很小时，由式(17.1)也可分析得出磁力轴承的线性关系，即力与电流、力与位移之间的线性关系：

$$f_y = k_i i_s(t) + s_o v(t) \tag{17.2}$$

$$k_i = 4ki_v/h^2, s_o = 4ki_v^2/h^3 \tag{17.3}$$

考虑 y 和 z 两个方向的力，可得到电磁轴承总的线化特征关系为

$$\begin{bmatrix} f_z \\ f_y \end{bmatrix} = \begin{bmatrix} k_i & 0 \\ 0 & k_i \end{bmatrix} \begin{bmatrix} i_z \\ i_y \end{bmatrix} + \begin{bmatrix} s_o & 0 \\ 0 & s_o \end{bmatrix} \begin{bmatrix} w \\ v \end{bmatrix} \tag{17.4}$$

式中：i_z 和 i_y 分别为 z 和 y 方向的控制电流。

17.3　PD 反馈控制下电磁轴承控制器及转子系统的运动方程

图 17.6 所示为支承在磁力轴承上刚性转子的控制框图。内置传感器测量轴颈的相位和运动速度。通过换极调整，使位移和速度信号带负号，在接下来的分析中很有用。控制器对位移信号 $(w_{ref}-w)$，$(v_{ref}-v)$ 和速度信号 $\dot{w}$，$\dot{v}$ 加权，转换成电压信号，输入到电流放大器，如图

17.8所示。根据外部控制目标信号 w_{ref} 和 v_{ref}，在控制电路中输入一个常电压，由此，可使轴颈在间隙范围内任意静态位置保持平衡。

不妨设图17.6所示的转子系统完全对称，即两个磁力轴承完全相同。此时，转子偏摆和横向振动可以解耦，先可只考虑横向振动。

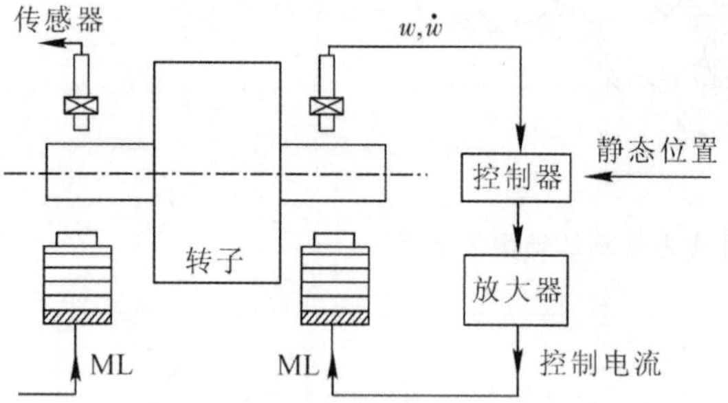

图17.6 支承在磁力轴承上刚性转子的控制框图

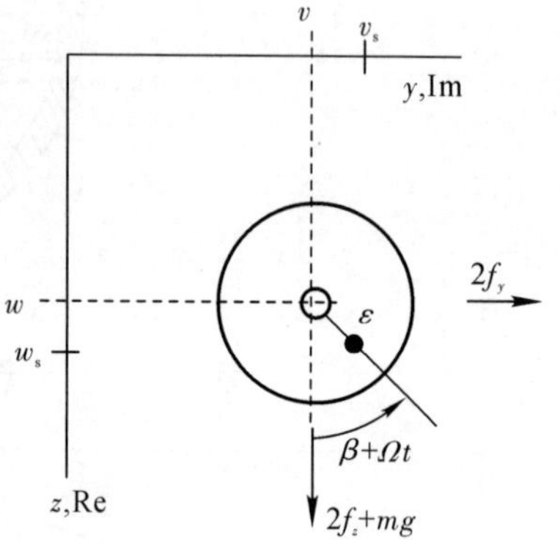

图17.7 转子运动坐标系及作用在转子上的力

由图17.7所示的受力分析可得到转子的平衡方程

$$m\ddot{w}_s = mg + 2f_z$$
$$m\ddot{v}_s = zf_y \tag{17.5}$$

而

$$w_s = w(t) + \varepsilon\cos(\Omega t + \beta)$$
$$v_s = v(t) + \varepsilon\sin(\Omega t + \beta) \tag{17.6}$$

图17.8所示为对应的控制框图。

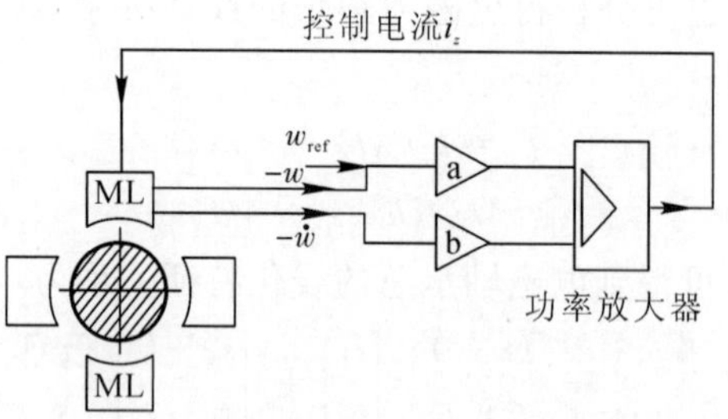

图17.8 振动位移和速度反馈的PD控制框图

如果功率放大器在输入和输出之间无滞后，则控制电流可写成

$$\begin{bmatrix} i_z \\ i_y \end{bmatrix} = \begin{bmatrix} a & 0 \\ 0 & a \end{bmatrix} \begin{bmatrix} w_{ref} - w \\ v_{ref} - v \end{bmatrix} + \begin{bmatrix} b & 0 \\ 0 & b \end{bmatrix} \begin{bmatrix} -\dot{w} \\ -\dot{v} \end{bmatrix} \tag{17.7}$$

式中：a 和 b 为通过“旋钮”可调节的控制器常数。方程中的振动速度 $\dot{w}$ 和 $\dot{v}$ 可通过控制器中的微分获得，或者可由如图17.3所示的电磁轴承中的传感器直接测量，在实际中有所区别，但对下面的分析并不重要。

由式(17.4)～式(17.7)可构建转子系统运动方程

$$\begin{bmatrix} m & 0 & 0 & 0 \\ 0 & m & 0 & 0 \\ 0 & 0 & 0 & 0 \\ 0 & 0 & 0 & 0 \end{bmatrix}\begin{bmatrix} \ddot{w} \\ \ddot{v} \\ \ddot{i}_z \\ \ddot{i}_y \end{bmatrix}+\begin{bmatrix} 0 & 0 & 0 & 0 \\ 0 & 0 & 0 & 0 \\ b & 0 & 0 & 0 \\ 0 & b & 0 & 0 \end{bmatrix}\begin{bmatrix} \dot{w} \\ \dot{v} \\ \dot{i}_z \\ \dot{i}_y \end{bmatrix}+$$

$$\begin{bmatrix} -2s_o & 0 & -2k_i & 0 \\ 0 & -2s_o & 0 & -2k_i \\ a & 0 & 1 & 0 \\ 0 & a & 0 & 1 \end{bmatrix}\begin{bmatrix} w \\ v \\ i_z \\ i_y \end{bmatrix}=\begin{bmatrix} mg \\ 0 \\ aw_{ref} \\ av_{ref} \end{bmatrix}+\varepsilon m\Omega^2\begin{bmatrix} \cos(\Omega t+\beta) \\ \sin(\Omega t+\beta) \\ 0 \\ 0 \end{bmatrix} \tag{17.8}$$

方程的上半部分涉及力学和电学，下半部分涉及电学与电子学，相互之间耦合。这样的系统为典型的机电一体化系统。

从控制角度来看，方程式(17.8)是一个线性微分系统的控制方程。状态向量中不仅包含振动位移 w 和 v，而且还包含位移的一阶导数 $\dot{w}$ 和 $\dot{v}$。

17.4　PD 控制下转子运动方程的解

为了便于理解，把方程式(17.8)中的电流项消去，即用转子运动的位移 w，v 和速度 $\dot{w}$ 和 $\dot{v}$ 来表示，最终得到

$$\begin{bmatrix} m & 0 \\ 0 & m \end{bmatrix}\begin{bmatrix} \ddot{w} \\ \ddot{v} \end{bmatrix}+2\begin{bmatrix} bk_i & 0 \\ 0 & bk_i \end{bmatrix}\begin{bmatrix} \dot{w} \\ \dot{v} \end{bmatrix}+2\begin{bmatrix} (ak_i-s_o) & 0 \\ 0 & (ak_i-s_o) \end{bmatrix}\begin{bmatrix} w \\ v \end{bmatrix}=$$

$$\begin{bmatrix} mg+2ak_iw_{ref} \\ 2ak_iw_{ref} \end{bmatrix}+\varepsilon m\Omega^2\begin{bmatrix} \cos(\Omega t+\beta) \\ \sin(\Omega t+\beta) \end{bmatrix} \tag{17.9}$$

式中：$2bk_i$ 代表了阻尼系数；$2(ak_i-s_o)$ 表示轴承的刚度。把两个方向上的位移和速度作为反馈量调节，就得到一个各向同性的轴承，可用如图 17.9 所示的等效机械轴承来表达。当然，一个机电一体化的系统，仅用图 17.9 所示的模型是不能完全描述的。

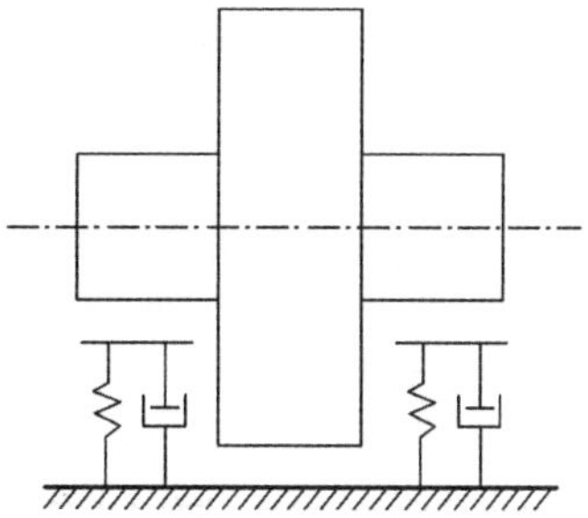

图 17.9　机械等效转子模型

1. 静态位置

若转子完全平衡，$\varepsilon=0$，转子系统位于其静平衡位置，位移的所有导数都为零。由方程式(17.9)可解出

$$\left.\begin{aligned} w &= w_{\text{stat}} = \frac{mg + 2ak_{\text{i}}w_{\text{ref}}}{2(ak_{\text{i}} - s_{\text{o}})} \\ v &= v_{\text{stat}} = \frac{2ak_{\text{i}}v_{\text{ref}}}{2(ak_{\text{i}} - s_{\text{o}})} \end{aligned}\right\} \tag{17.10}$$

由式(17.10)可见，通过调整参考值 w_{ref} 和 v_{ref}，可使轴颈中心位置任意可调。这一特性是图 17.9 所示的机械系统不具备的。同时，由式(17.10)的分母可以看到，位移反馈的放大因子 a 必须足够大，保证 $ak_{\text{i}} > s_{\text{o}}$，否则系统将静态失稳。磁力轴承的“自然”刚度为负。位移产生的力作用在位移方向上，比较图 17.2 和图 17.5 可以看出这一结果。

2. 自由振动与不平衡响应

由于转子各向同性，可将转子位移用复向量来表达，即 $r = w(t) + \text{j}v(t)$。由重力引起的常数项以及预设的参考值在静态时平衡，故不予考虑。于是转子的运动为

$$m\ddot{r} + 2bk_{\text{i}}\dot{r} + 2(ak_{\text{i}} - s_{\text{o}})r = m\varepsilon\Omega^2 \text{e}^{\text{j}(\Omega t + \beta)} \tag{17.11}$$

方程的解为

$$r(t) = r_{\text{o}} + r_{\varepsilon} \tag{17.12}$$

式中 r_{o} 为方程的齐次解，r_{ε} 为转子的不平衡响应。

把式(17.12)代入方程式(17.11)后，可求得通解为

$$r(t) = \text{e}^{-\delta t}\left[\hat{r}_{+}\text{e}^{\text{j}\nu t} + \hat{r}_{-}\text{e}^{-\text{j}\nu t}\right] + \frac{\eta^2\varepsilon}{1 - \eta^2 + 2\text{j}D\eta}\text{e}^{\text{j}(\Omega t + \beta)} \tag{17.13}$$

$$r_{\text{o}} = \text{e}^{-\delta t}\left[\hat{r}_{+}\text{e}^{\text{j}\nu t} + \hat{r}_{-}\text{e}^{-\text{j}\nu t}\right]$$

$$r_{\varepsilon} = \frac{\eta^2\varepsilon}{1 - \eta^2 + 2\text{j}D\eta}\text{e}^{\text{j}(\Omega t + \beta)}$$

式中

$$\delta = \frac{bk_{\text{i}}}{m}, \quad \omega = \sqrt{2(ak_{\text{i}} - s_{\text{o}})/m}, \quad \nu^2 = \omega^2 - \delta^2, \quad D = \delta/\omega, \quad \eta = \frac{\Omega}{\omega}$$

其中的齐次解将随时间衰减，而仅存稳态不平衡响应。转子的临界转速位置及临界转速响应在轴承电磁力调节范围内可任意调节，如图 17.10 所示。

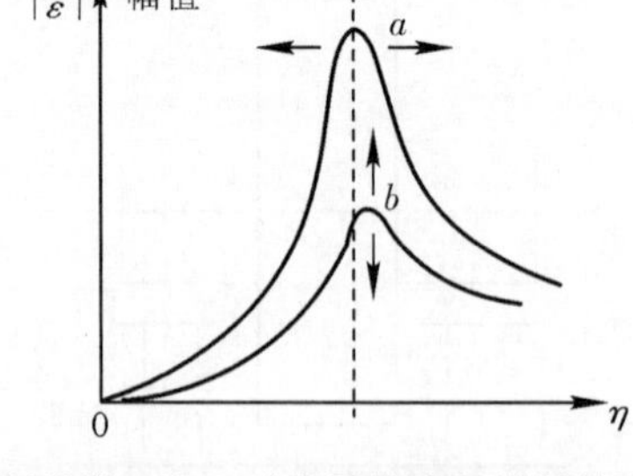

图 17.10　控制常数 a 和 b 对临界转速和临界转速处响应的影响

如何选取控制常数 a 和 b 呢？阻尼项 b 的作用是减小转子的临界响应。选值的范围为使 $D = 0.1 \sim 0.3$，$D = bk_{\text{i}}/m\omega = bk_{\text{i}}/\sqrt{2m(ak_{\text{i}} - s_{\text{o}})}$。阻尼的存在使自由振动受到阻滞而衰减，故无须考虑初始条件以及外部失稳激振力。而 a 值的选择应保证 $ak_{\text{i}} > s_{\text{o}}$，$ak_{\text{i}} > 4ki_{\text{v}}^2/h^3$，即要保证电磁轴承静态稳定。

谨慎起见，一般选取 ak_{i} 大于 s_{o} 至少一倍。只有在特殊情况下，才会大于 5 倍。若太大，

则电磁轴承的力主要用于增加刚度，失去了电磁轴承的优势。

17.5　PID 控制下转子系统的振动特性

如上所述，通过参考信号 w_{ref} 和 v_{ref} 的调节，总可以把转子调节到零位。

有的机器所受的静态力是变化的，例如砂轮机的砂轮上所受的力总是变化的，不能靠手动来调节零位，如图 17.11 所示。可用如图 17.12 所示的积分控制来调节。

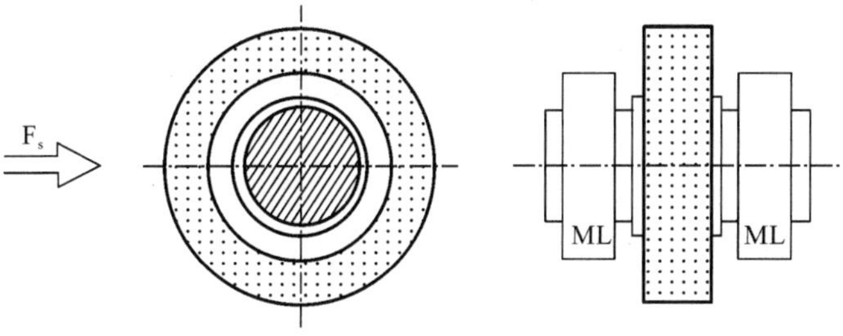

图 17.11　支承在电磁轴承上的砂轮机所受的力

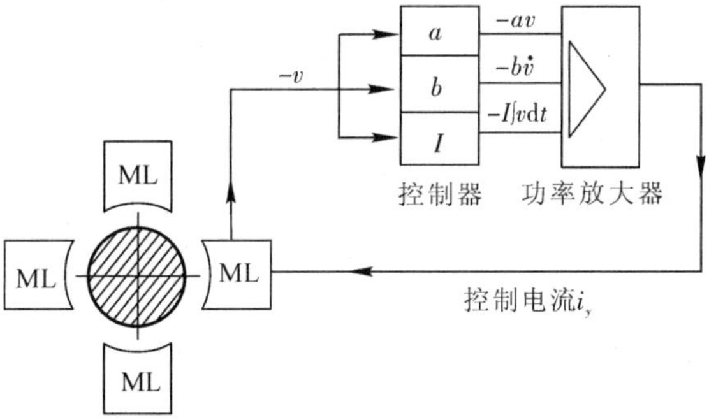

图 17.12 PID 控制的电磁轴承

为方便起见，仅分析水平方向的振动。主要的压力作用在水平方向。转子的运动方程为

$$m\ddot{v} + 2bk_i\dot{v} + 2(ak_i - s_o)v + 2I\int v\mathrm{d}t = F_s(t) \tag{17.14}$$

方程中出现积分项 $2I\int v\mathrm{d}t$ 。其中 I 是一个可预设的参数。由于无手动调节，故令 $v_{ref}=0$，方程中无含 v_{ref} 的项。

磨削时的压力包含常力部分和一倍频以及高次频率分量。不妨设压力的频率为 Ω^*，$\Omega^*=0$ 时，代表静力作用条件。

$$F_s = F_o\cos\Omega^* t \tag{17.15}$$

为便于求解，把压力 $F_s(t)$ 表示成复数形式

$$F_s(t) = F_+\mathrm{e}^{\mathrm{j}\Omega^* t} + F_-\mathrm{e}^{-\mathrm{j}\Omega^* t} \tag{17.16}$$

式中：$F_+ = F_- = F_o/2$。

把式(17.16)代入方程式(17.14)，并设解为

$$v(t) = v_+\mathrm{e}^{\mathrm{j}\Omega^* t} + v_-\mathrm{e}^{-\mathrm{j}\Omega^* t} \tag{17.17}$$

最后得到转子在水平方向的位移为

$$v(t)=\frac{\frac{1}{2}\mathrm{j}\Omega^{*}F_{\mathrm{o}}\mathrm{e}^{+\mathrm{j}\Omega^{*}t}}{-\mathrm{j}\Omega^{*3}m-\Omega^{*2}2bk_{\mathrm{i}}+2\mathrm{j}\Omega^{*}(ak_{\mathrm{i}}-s_{\mathrm{o}})+I}+\frac{\frac{1}{2}\mathrm{j}\Omega^{*}F_{\mathrm{o}}\mathrm{e}^{-\mathrm{j}\Omega^{*}t}}{-\mathrm{j}\Omega^{*3}m+\Omega^{*2}2bk_{\mathrm{i}}+2\mathrm{j}\Omega^{*}(ak_{\mathrm{i}}-s_{\mathrm{o}})-I}\tag{17.18}$$

当静态时，$\Omega^{*}=0$，由于积分反馈项的存在，位移总为 0。压力频率低时，位移很小。当频率高时，积分反馈项变弱，$I/\mathrm{j}\Omega^{*}\to 0$。

17.6 电磁轴承的控制目标和布局

17.6.1 减小不平衡响应

如何设计电磁轴承的结构，如何施行轴承控制主要取决于电磁轴承所承担的任务。但完成同一任务可采取不同的实现方式。首先，研究控制转子不平衡响应的情况，其主要目标是降低转子通过临界转速时的振动峰值。可分别采用如下的三种解决方案：

(1)通过速度反馈，引入阻尼，使临界响应大幅降低，如图 17.10 所示。

(2)在控制系统中设置一陷滤器，使控制系统对转频 Ω 不响应。转子对转频如同无约束系统一样，仅绕其主轴旋转。转速恒定时，这一方案是可行的，但穿越临界转速时会出问题。

(3)电磁轴承的力不是以阻尼的形式出现在运动方程的左边，而是出现在运动方程的右边，直接补偿激振力。这在控制电路中很容易实现。

在方程的右边除不平衡激振力之外，再作用轴承电磁力

$$\mathrm{R.S.}=\varepsilon m\Omega^{2}\mathrm{e}^{\mathrm{j}(\Omega t+\beta)}+P\mathrm{e}^{\mathrm{j}(\Omega t+\gamma)}\tag{17.19}$$

式中：P 和 γ 应取 $P=\varepsilon m\Omega^{2}$，$\gamma=\beta-180^{\circ}$。于是就抵消了不平衡激振力，转子系统不再出现不平衡响应。对于这样一种消除不平衡激振力的控制策略，必须事先或实时辨识不平衡激振力的大小 P 及相位 β。原则上，这并不困难，但保证 P 始终适应 Ω^{2} 有一定的代价。

实际上，上述的方法可以更简单地实现。使轴承电磁力 P 满足如下条件

$$P=m\varepsilon\omega^{2}$$

其中 ω 为无阻尼转子系统的自振频率。

代入到转子运动方程之后，得到转子的不平衡响应为

$$r(t)=\varepsilon\left[\frac{\eta^{2}}{1-\eta^{2}+2\mathrm{j}D\eta}-\frac{1}{1-\eta^{2}+2\mathrm{j}D\eta}\right]\mathrm{e}^{\mathrm{j}(\Omega t+\beta)}\tag{17.20}$$

转子临界转速消失，转子振动幅值为 $|\varepsilon|$。令阻尼 $D=0$ 时，即可看出这一结果。但在实际转子系统中要有意引入一定的阻尼，一是衰减自由振动，二是增加系统稳定性。

17.6.2 改善系统稳定性

电磁轴承可用于提高转子系统的稳定性。滑动轴承、间隙激振、密封装置、内摩擦等

诸多因素会使转子发生失稳振动。在这种情况下，磁力轴承可用作转子镇定器，防止转子失稳。

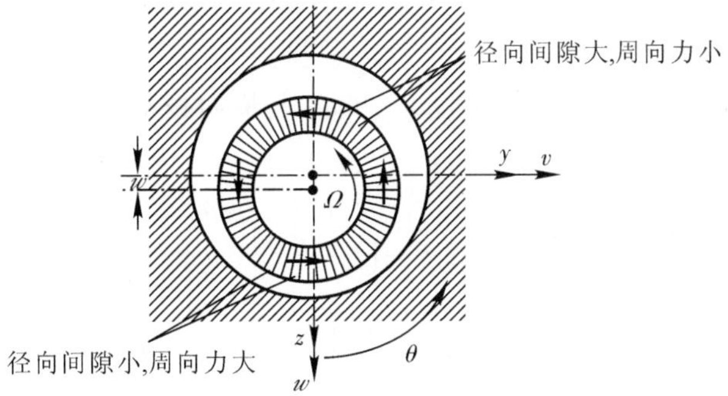

图 17.13　涡轮叶尖间隙不均

不妨以如图 17.13 所示的涡轮叶尖间隙不均为例，来说明磁力轴承的镇定作用。叶尖间隙不均时，气流会产生反对称交叉"刚度效应"，使转子失稳。

在 PD 控制的系统中，运动方程为

$$\begin{bmatrix} m & 0 \\ 0 & m \end{bmatrix}\begin{bmatrix} \ddot{w} \\ \ddot{v} \end{bmatrix}+2\begin{bmatrix} bk_i & 0 \\ 0 & bk_i \end{bmatrix}\begin{bmatrix} \dot{w} \\ \dot{v} \end{bmatrix}+2\begin{bmatrix} (ak_i-s_o) & 0 \\ 0 & ak_i-s_o \end{bmatrix}\begin{bmatrix} w \\ v \end{bmatrix}+\begin{bmatrix} 0 & +C \\ -C & 0 \end{bmatrix}\begin{bmatrix} w \\ v \end{bmatrix}=\begin{bmatrix} 0 \\ 0 \end{bmatrix} \tag{17.21}$$

式中：C 为间隙激振力的影响。

根据 Hurwitz 稳定性判据，当 $bk_i\sqrt{\dfrac{2(ak_i-s_o)}{m}}>C$ 时，转子系统保持稳定。可见，速度反馈项(bk_i)是必须要引入的。

另一致稳方法是，通过一交叉电路，直接抵消间隙激振力。如图 17.14 所示为放大器的框图，以及由此产生的"刚度矩阵"。通过调节使 $2C^*k_i=C$，则可完全抵消间隙激振，即

$$\left(\begin{bmatrix} 0 & +C \\ -C & 0 \end{bmatrix}+2\begin{bmatrix} (ak_i-s_o) & -C^*k_i \\ C^*k_i & (ak_i-s_o) \end{bmatrix}\right)\begin{bmatrix} w \\ v \end{bmatrix}=2\begin{bmatrix} (ak_i-s_o) & 0 \\ 0 & (ak_i-s_o) \end{bmatrix}\begin{bmatrix} w \\ v \end{bmatrix} \tag{17.22}$$

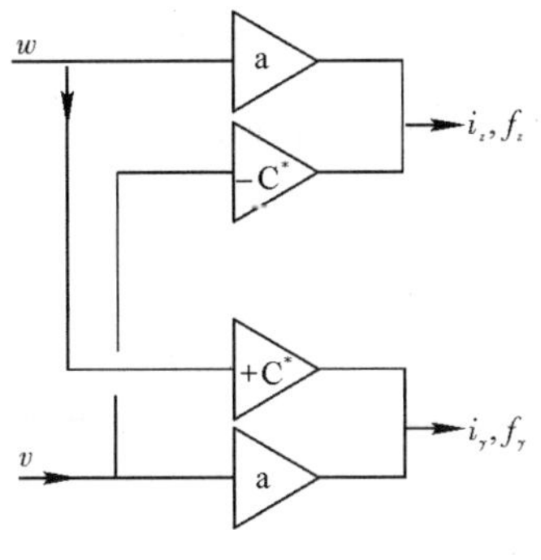

图 17.14　补偿反对称交叉刚度的控制回路

但这种方法的风险是，当间隙失稳效应消除之后，必须立刻使磁力轴承的 C^* 项置零。否则，磁力轴承将引起转子失稳，并且以反进动失稳。

17.7 转子偏摆的影响

如上所述，对于对称转子，偏摆自由度 φ_z 和 φ_y 与横向振动自由度 w 和 v 是相互独立的。偏摆运动方程为

$$\begin{bmatrix} G_d & 0 \\ 0 & G_d \end{bmatrix}\begin{bmatrix} \ddot{\varphi}_y \\ \ddot{\varphi}_z \end{bmatrix}+\left(\begin{bmatrix} 0 & \Omega G_p \\ -\Omega G_p & 0 \end{bmatrix}+2\begin{bmatrix} L^2 bk_i & 0 \\ 0 & L^2 bk_i \end{bmatrix}\right)\begin{bmatrix} \dot{\varphi}_y \\ \dot{\varphi}_z \end{bmatrix}+$$

$$2\begin{bmatrix} L^2(ak_i-s_o) & 0 \\ 0 & L^2(ak_i-s_o) \end{bmatrix}\begin{bmatrix} \varphi_y \\ \varphi_z \end{bmatrix}=\Omega^2(G_d-G_p)\alpha\begin{bmatrix} \cos(\Omega t+\delta) \\ \sin(\Omega t+\delta) \end{bmatrix} \tag{17.23}$$

其中，L 是转子半长度，G_d 和 G_p 分别是转子直径惯性矩和极惯性矩，α 是盘的初始偏角，如图 17.15 所示。

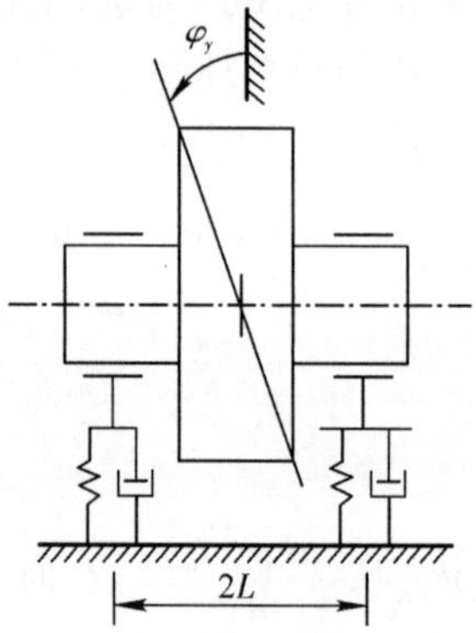

图 17.15 转子偏摆自由度

由方程可以看出，自由振动将受到抑制。另外，由于陀螺力矩的影响，转子系统的自振频率与转速有关。

17.8 带磁力轴承的柔性转子

对于柔性转子，可以不同的方式运用磁力轴承。一种方式是把磁力轴承用作为转子的辅助支承，以提高转子系统的稳定性，减小转子的不平衡响应，如图 17.16 所示。

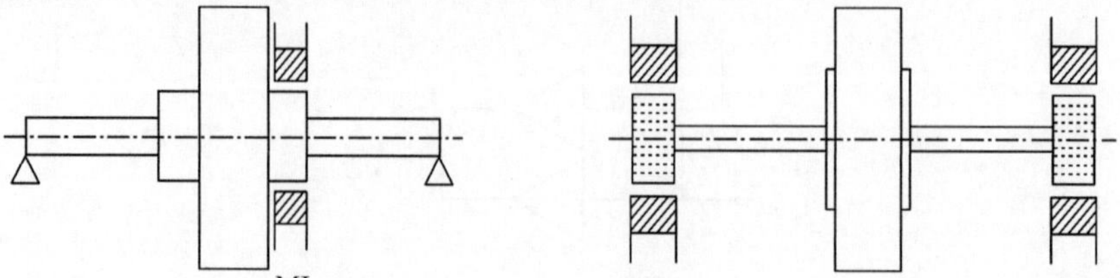

图 17.16 磁力轴承的应用

(a) 磁力轴承用作辅助支承；(b) 磁力轴承用作承力轴承

另一种用途是完全替代接触式需要润滑的传统轴承，即用磁力轴承承担转子的所有负荷，如图 17.16(b)所示。

17.8.1　辅助支承

最简单的应用可以 Jeffcott 转子为例来说明。如图 17.16(a)所示，辅助支承安置在紧靠转子盘的一侧。转子的运动方程为

$$\begin{bmatrix} m_R & 0 \\ 0 & m_R \end{bmatrix} \begin{bmatrix} \ddot{w} \\ \ddot{v} \end{bmatrix} + \begin{bmatrix} bk_i & 0 \\ 0 & bk_i \end{bmatrix} \begin{bmatrix} \dot{w} \\ \dot{v} \end{bmatrix} +$$

$$\left(\begin{bmatrix} (ak_i - s_o) & 0 \\ 0 & (ak_i - s_o) \end{bmatrix} + \begin{bmatrix} s_R & 0 \\ 0 & s_R \end{bmatrix} + \begin{bmatrix} 0 & c \\ -c & 0 \end{bmatrix} \right) \begin{bmatrix} w \\ v \end{bmatrix} = \varepsilon m_R \Omega^2 \begin{bmatrix} \cos\Omega t \\ \sin\Omega t \end{bmatrix} \tag{17.24}$$

式中：m_R 为转子质量，s_R 为轴的刚度，c 为某种失稳因素产生的反对称交叉刚度系数。

前面章节有关刚性转子涉及到的磁力轴承参数的定义也适用于本节的柔性转子。对于柔性转子，轴的刚度 s_R 要迭加到磁力轴承的刚度矩阵中。

磁力轴承实际上用作为镇定器和阻尼器，抑制转子失稳，降低转子临界峰值。

同样可设计一个交叉的控制电路，如图 17.14 所示，直接用电磁轴承的电磁力抵消失稳激振力。原理上与前面讨论的刚性转子镇定是相似的，此处不再赘述。

图 17.17 所示为一个用磁力轴承作为辅助支承的实例。图示为一个液体泵，磁力轴承用于直接抵消失稳激振力。

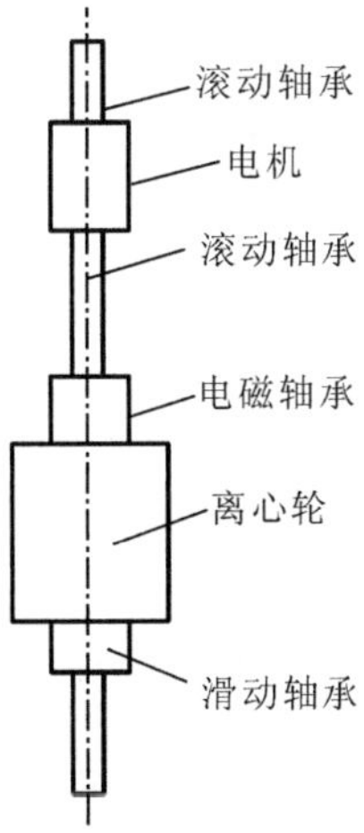

图 17.17　电磁轴承用作一个液体泵的辅助轴承

17.8.2　磁力轴承支承的柔性转子

由于磁力轴承的承载能力小(见表 17.1)，轴颈直径要足够大，轴承才能承担所要求的负荷。因此，轴颈直径要比滚动轴承所要求的大得多。在图 17.18 所示的模型中，考虑轴颈的质量 m_L，其位移为 $w_L(t)$和 $v_L(t)$。仍取对称转子模型为分析对象，如图 17.18 所示。把转子的运动用复向量表示为

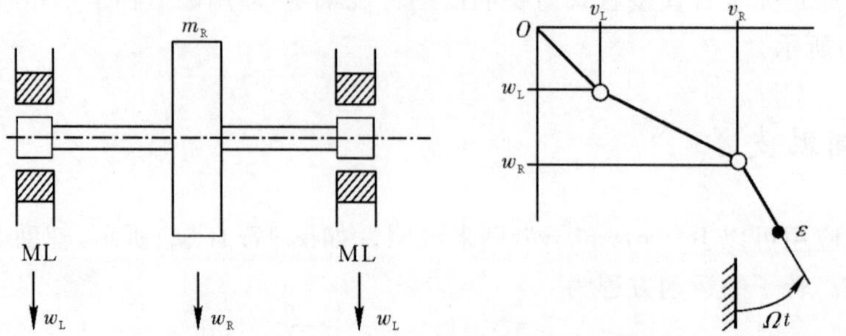

图 17.18　支承在两个电磁轴承上的弹性对称转子以及轴颈和转子的位移

$$\left.\begin{aligned} r_R(t)&=w_R(t)+jv_R(t)\\ r_L(t)&=w_L(t)+jv_L(t)\end{aligned}\right\}\tag{17.25}$$

转子的运动方程则为

$$\begin{bmatrix} m_R & 0\\ 0 & m_L\end{bmatrix}\begin{bmatrix}\ddot{r}_R\\ \ddot{r}_L\end{bmatrix}+\begin{bmatrix}0 & 0\\ 0 & 2bk_i\end{bmatrix}\begin{bmatrix}\dot{r}_R\\ \dot{r}_L\end{bmatrix}+$$

$$\begin{bmatrix} s_R & -s_R\\ -s_R & s_R+2(ak_i-s_o)\end{bmatrix}\begin{bmatrix}r_R\\ r_L\end{bmatrix}=m_R\varepsilon\Omega^2\begin{bmatrix}e^{j\Omega t}\\ 0\end{bmatrix}\tag{17.26}$$

式中：a 和 b 仍沿用第 17.4 节 PD 控制系统中的参数定义。

17.8.3　固有特性

假设转子自由振动的解为

$$\begin{bmatrix}r_R(t)\\ r_L(t)\end{bmatrix}=\begin{bmatrix}\bar{r}_R\\ \bar{r}_L\end{bmatrix}e^{\lambda t}\tag{17.27}$$

代入到微分方程式(17.26)对应的齐次方程，可得到转子系统的特征方程

$$2\bar{\lambda}^4\xi+\bar{\lambda}^3b^*+\bar{\lambda}^2(1+a^*+2\xi)+\bar{\lambda}b^*+a^*=0\tag{17.28}$$

式中：$\bar{\lambda}=\lambda/\omega_{Jeff}$；$\xi=m_L/m_R$ 为轴承与转子质量比；$a^*=2(ak_i-s_o)/s_R$ 为轴承与转子刚度比；$b^*=2bk_i/(m_R\omega_{Jeff})$ 为相对阻尼；$\omega_{Jeff}=\sqrt{\dfrac{s_R}{m_R}}$ 为支承刚性时转子的临界转速。

设 $\xi=\dfrac{m_L}{m_R}=0.2$，$b^*=0.5$，特征根为

$$\left.\begin{aligned} \bar{\lambda}_k&=\bar{\alpha}_k+j\bar{\omega}_k\\ \bar{D}_k&=-\bar{\alpha}_k/|\lambda_k|\end{aligned}\right\}\tag{17.29}$$

它们为刚度比 a^* 的函数，如图 17.19 所示。为使 a^* 从 0 到∞都能清晰地表达，图中横坐标一半为 a^*，另一半为$\dfrac{1}{a^*}$。

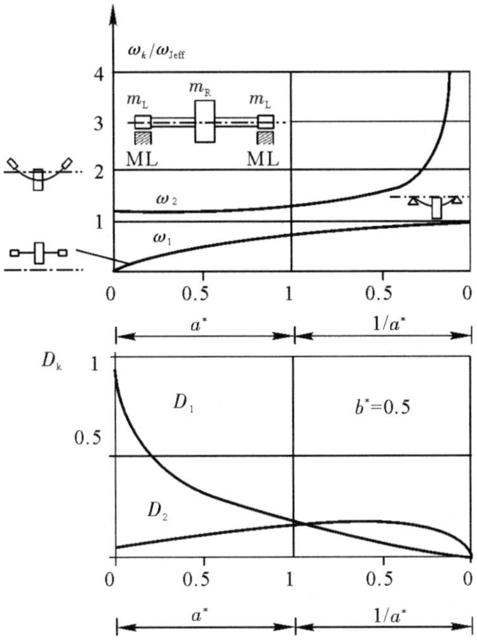

图 17.19 转子自振频率和阻尼比随电磁轴承参数的变化

(a^*-电磁轴承的刚度;b^*-电磁轴承的阻尼;$\xi=\frac{m_L}{m_R}$-轴承和转子的质量比)

由此可见,a^* 越小,自振频率越低。当 $a^*=0$,对应两端自由的刚体运动,一阶自振频率 $\omega_1=0$。在图中间位置的两较大范围内,两阶模态都是"弹性"的,表明轴颈发生位移,轴也发生弯曲变形。当 a^* 增大,ω_1 趋近 ω_{Jeff},即趋于刚性支承。而 ω_2 几乎不受轴刚度的影响,主要由轴颈质量 m_L 和轴承刚度(ak_i-s_o)确定。a^* 增加,ω_2 亦增加。

值得关注的是,阻尼系数 $D_1(a^*)$ 和 $D_2(a^*)$ 的变化规律。轴承刚度系数 a^* 很小时,刚体运动模态受到很强的阻尼影响;当 a^* 增加时,磁力轴承逐步失去对转子一阶模态的阻尼效果。而对二阶模态,a^* 从 0 变至 $a^*=2\left(\frac{1}{a^*}=0.5\right)$,二阶自振频率 ω_2 和对应的阻尼系数 D_2 变化甚微。只有轴承刚度非常大时,阻尼 D_2 才会趋于零。

17.8.4 转子的不平衡响应

设转子的稳态解为

$$\begin{bmatrix} r_R(t) \\ r_L(t) \end{bmatrix} = \begin{bmatrix} \hat{r}_R \\ \hat{r}_L \end{bmatrix} e^{j\Omega t} \tag{17.30}$$

代入到微分方程式(17.26),得到方程组

$$\begin{bmatrix} -\bar{\Omega}^2+1 & -1 \\ -1 & -\bar{\Omega}^2 2\xi + j\bar{\Omega}b^* + 1 + a^* \end{bmatrix} \begin{bmatrix} \hat{r}_R/\varepsilon \\ \hat{r}_L/\varepsilon \end{bmatrix} = \bar{\Omega}^2 \begin{bmatrix} 1 \\ 0 \end{bmatrix} \tag{17.31}$$

式中:$\hat{r}_R$ 和 $\hat{r}_L$ 分别为转子和轴颈的振幅。$\bar{\Omega}=\frac{\Omega}{\omega_{\mathrm{Jeff}}}$,取 $\xi=0.2$,$a^*=0.6$,$b^*=0.5$ 可得到转子

和轴颈的幅频特性,如图 17.20 所示。

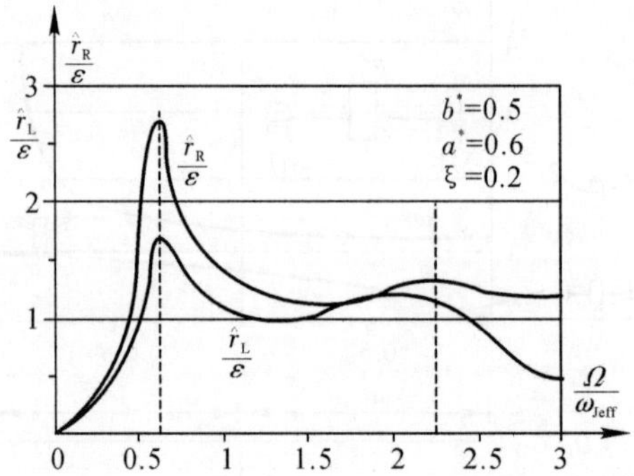

图 17.20 转子和轴颈的不平衡响应特性

($\frac{\hat{r}_R}{\varepsilon}$-转子的相对振动幅值;$\frac{\hat{r}_L}{\varepsilon}$-轴颈的相对振动幅值)

正如所预期的效果,在两个临界转速处(虚线所示),磁力轴承的阻尼作用都很明显。为把电磁轴承的电控系统和振动关联在一起,利用式(17.7)计算电流特性。把水平方向和垂直方向的电流 i_y 和 i_z 写成复量 $i(t)=i_z+\mathrm{j}i_y$,则电流为

$$i(t)=a\left[r_{\mathrm{L,ref}}-r_{\mathrm{L}}(t)\right]+b\dot{r}_{\mathrm{L}}(t) \tag{17.32}$$

对于柔性转子,不考虑 $r_{\mathrm{L,ref}}$,即 $r_{\mathrm{L,ref}}=0$。

由方程式(17.31)所解的 $\hat{r}_{\mathrm{L}}$,可求出电流幅频特性为

$$\hat{i}(\Omega)=-\hat{r}_{\mathrm{L}}(\Omega)\left[a-\mathrm{j}b\Omega\right] \tag{17.33}$$

此表达式决定了电流放大器的输出特性。

17.8.5 总结

在电磁轴承的设计中,几个问题值得注意。应用本章所介绍的电磁轴承结构时,传感器集成在轴承之中。应避免轴承设置在转子振型节点位置。否则,传感器测不到这阶模态,即系统不可测;电磁轴承对此模态起不到作用,即系统不可控,如图 17.21 所示。

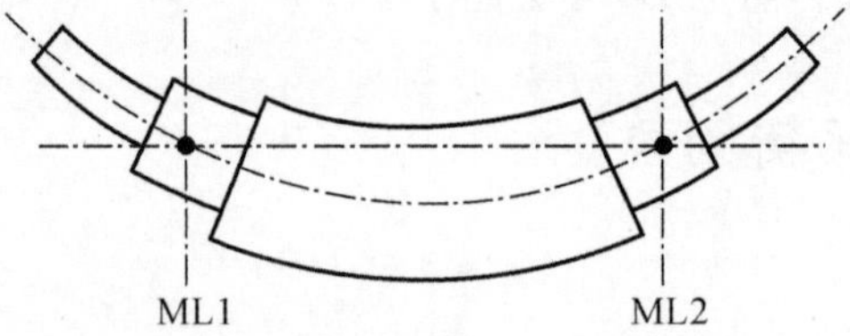

图 17.21 电磁轴承安置在振型节点上(既不可观,也不可控)

这似乎不足为患,但对陀螺效应很强的转子往往会出问题。由于模态与转速强关联,节点可能会发生明显移动。

人们经常运用诸如状态控制类的复杂控制技术,传感器不集成在轴承之中。在某些条件之下,会出现问题。瑞士的 Schweitzer 曾给出如图 17.22 所示的提示。

对于柔性转子,如图 17.22(b)所示,转子的振动速度 $\dot{w}_{\mathrm{R}}$ 与轴颈的振动速度 $\dot{w}_{\mathrm{L}}$ 是反相的,如用 $\dot{w}_{\mathrm{R}}$ 作为控制量,则轴承的电磁力正好沿着 $\dot{w}_{\mathrm{L}}$ 的方向作用,使转子发生二阶模态

失稳。

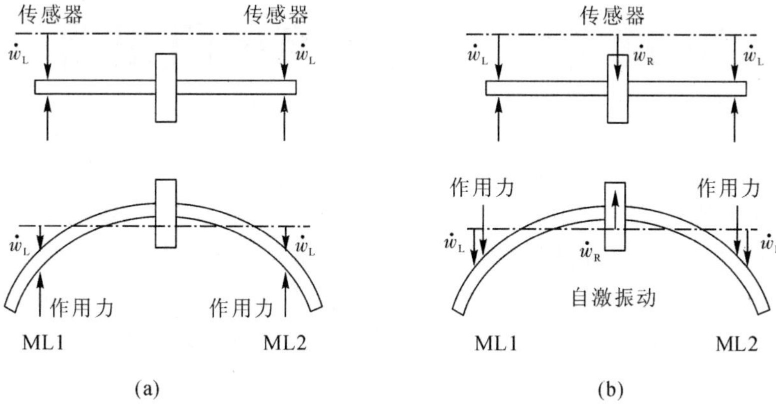

图 17.22　传感器位置和电磁轴承的作用力

(a)传感器安装在轴承截面,振动速度反馈,1 阶和 2 阶模态都受到抑制;

(b) 传感器不在轴承截面,1 阶模态受到抑制,但 2 阶模态受到激励

20 世纪 70 年代以来,发表了很多论文,研究柔性转子振动控制的方法。文献[81]对此进行了较全面的综述。

当然,电磁轴承还可用于机器的故障诊断。电磁轴承的调节和控制指令可与测试信号迭加,在机器运行过程中,检测机器结构是否出现异常变化。

第 18 章　弹支干摩擦阻尼器

转子减振设计是航空发动机结构动力学设计的关键内容之一。截至目前，普遍采用的转子减振机构是挤压油膜阻尼器。如第 16 章所述，挤压油膜阻尼器对油膜间隙的不同心度很敏感，且当转子不平衡量过大时，表现出很强的非线性。这些因素会使挤压油膜阻尼器的阻尼效果恶化。另外，挤压油膜阻尼器是一种被动式阻尼器，不易实现振动主动控制。随着对发动机推重比和机动性能的要求进一步提高，振动主动控制技术将是未来航空发动机的核心技术。人们已经开展了电磁轴承、电流变液、磁流变液等几种形式的主动减振技术研究，并取得了若干成果，但距发动机中的实际应用尚有相当的距离。

本章介绍由西北工业大学发明的一种新型主动式阻尼器——弹支干摩擦阻尼器。该阻尼器利用弹支端面与静子件间的干摩擦为转子提供阻尼，通过调节弹支端面与静子件间的正压力实现振动主动控制，结构简单，减振效果显著，易于主动控制，是一种很有应用前景的振动主动控制机构。

18.1　弹支干摩擦阻尼器的结构与减振原理

图 18.1 所示为弹支干摩擦阻尼器结构与减振原理示意图。转子系统采用弹性支承（部件 1），转子支承在滚动轴承（部件 6）之上。在转子一侧或两侧安装一个或两个弹支干摩擦阻尼器。干摩擦阻尼器由动摩擦片（部件 2）、静摩擦片（部件 3）和压紧力施加装置（部件 A）等组成。动摩擦片固装在弹性支承的端部，不随转子的转动而旋转。静摩擦片径向固定在静子结构上，但可沿轴向移动，通过压紧力施加装置使静摩擦片与动摩擦片压紧，压紧力施加装置保证压紧力可调。

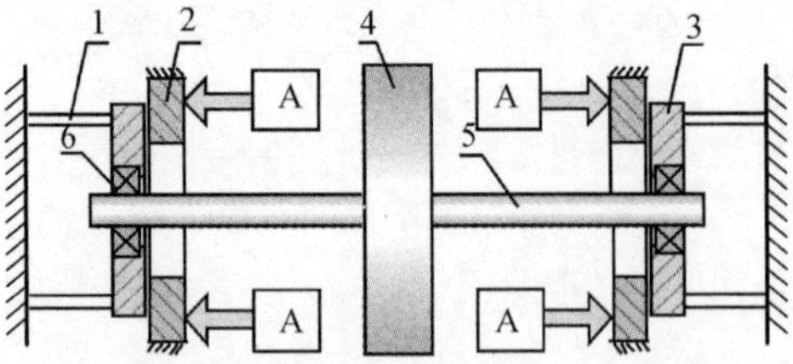

图 18.1　弹支干摩擦阻尼器结构与减振原理

1—弹性支承；2—动摩擦片；3—静摩擦片；4—转子圆盘；5—轴；6—轴承；A—控制力

弹支干摩擦阻尼器的减振机理是，当转子不振动时，动、静摩擦片皆不运动；当转子振动时，动摩擦片将随弹支一同作平面运动但不旋转，动、静摩擦片间就会产生相对滑动，从而产生干摩擦。干摩擦力的方向始终与转子振动速度的方向相反，由此就对转子的振动施加了阻尼作用。压紧力施加装置根据转子振动大小调节动、静摩擦片间的压紧力，从而实现振动的主动控制。由于动、静摩擦片的接触，弹支干摩擦阻尼器不仅给转子系统提供附加阻尼，也会提供附加刚度。

18.2　弹支干摩擦阻尼器的摩擦模型和分析方法

18.2.1　干摩擦模型

干摩擦阻尼作为结构振动控制的一种手段具有结构简单、效果明显、对环境要求不敏感等特点，已经广泛应用于航空、航天、交通运输、建筑等领域。其中，叶轮机叶片、交通运输工具中的悬挂系统和建筑隔振是最活跃的三个应用领域。弹支干摩擦阻尼器就是利用干摩擦阻尼和目前广泛应用于高速转子系统的弹性支承的组合机构来控制转子系统的振动。

干摩擦是指两摩擦接触面间既无润滑剂又无其他介质的摩擦。摩擦作用的最明显后果之一是使物体振动的机械能转变为热能扩散于周围介质中，即产生能量转换，因而可达到减振的目的。干摩擦现象涉及的因素很多，发生的机理也十分复杂，虽然没有准确的理论模型，但还是有一些模型能够满足工程设计和分析的需要。本章针对弹支干摩擦阻尼器，主要分析宏观条件下干摩擦表现出来的力学特性。

1. 干摩擦的理想模型

干摩擦的理想模型即古典摩擦定律或者称为库仑摩擦定律。Den Hartog 早在 1931 年就提出了干摩擦的理想模型。其基本思想是在一个具有干摩擦交接面的单自由度系统中，交接面上的干摩擦力可用如图 18.2 所示的模型表示。当一个干摩擦系统受到外力的激扰，发生运动时，干摩擦力总是阻碍运动，因此，它与运动速度反向。如果干摩擦力不是大到令质量运动发生断续现象，那么，当质量的速度发生反向变化时，干摩擦力也随之变向。

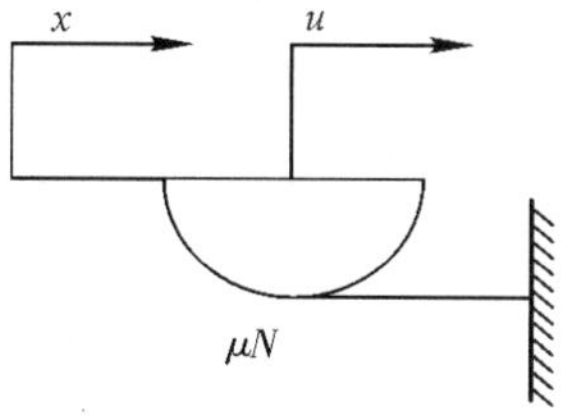

图 18.2　理想摩擦模型

库仑摩擦模型又称为 sgn 模型。其力学表达如图 18.3 所示，在滑移过程中，摩擦力的变化为

$$F_{\mathrm{f}}=\begin{cases}\mu N, & v>0\\ -\mu N, & v<0\end{cases} \tag{18.1}$$

可以简化为

$$F_{\mathrm{f}}=\mu N\,\mathrm{sgn}(v) \tag{18.2}$$

式中：F_{f}为摩擦力，μ 为滑动摩擦因数，N 为正压力，v 为接触表面相对滑动速度，sgn 为符号函数。

在 $v=0$ 的情况下为粘滞状态，摩擦力为

$$F_s = \mu_s N \tag{18.3}$$

式中：μ_s表示静摩擦因数。

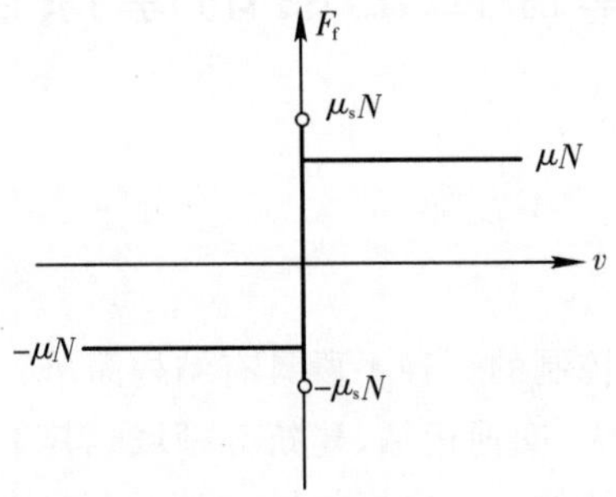

图 18.3　理想摩擦模型的力学表达

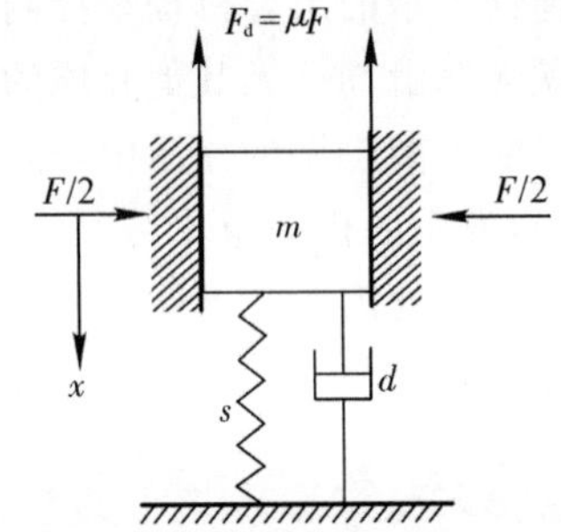

图 18.4　带干摩擦阻尼器的单自由度振动系统

根据理想摩擦模型，对于一个单自由度的质量为 m、弹簧刚度为 s 和阻尼系数为 d 的振动系统，如图 18.4 所示，引入干摩擦阻尼，其运动方程为

$$m\ddot{x} + d\dot{x} + sx + F_d = F_0\cos\Omega t, \quad \dot{x} > 0 \tag{18.4}$$

$$m\ddot{x} + d\dot{x} + sx - F_d = F_0\cos\Omega t, \quad \dot{x} < 0 \tag{18.5}$$

式中：F_d 为干摩擦阻尼力，$F_d=\mu F$，x 为振动位移。Den Hartog 曾给出方程的精确解，但是这种精确解的计算量较大，在工程实际应用中受到很大的限制。因此，对干摩擦阻尼发展了各种线性等效方法。其中，Den Hartog 按照耗能相等的原理求出了干摩擦的等效黏性阻尼系数方程为

$$\pi(d_e\Omega X)X = 4F_d X$$

由此解得

$$d_e = \frac{4F_d}{\pi\Omega X} \tag{18.6}$$

式中：d_e 为等效黏性阻尼系数，Ω 是振动频率，X 是振幅。等效结果与精确解相差不大。

研究表明，用黏性阻尼来描述多自由度系统的库仑摩擦力，理论分析结果与实验结果可以很好地吻合。但是如果运动中出现了黏滞效应，用黏性阻尼来等效摩擦阻尼误差会较大。

2. 迟滞弹簧干摩擦模型

干摩擦的理想模型与实际情况有很大出入。实际情况是，干摩擦接触面的变形不是突然发生的。当外力小于干摩擦力时，接触面仍然有变形，因为接触点本身具有一定的弹性，所以接触面上干摩擦力不是常数，而是随着振幅的加大而缓慢上升的。

迟滞弹簧干摩擦模型考虑了在接触面产生相对滑动之前的变形问题，将摩擦接触面看作是由弹簧和理想的干摩擦阻尼器串联组成的系统。

图 18.5 所示为迟滞弹簧的物理模型，图 18.6 和图 18.7 所示为相对应的力学模型，其中，μ_s为静摩擦因数，μ 为滑动摩擦因数，N 为法向正压力。图 18.7 所示的力学模型不考虑静摩擦因数，是因为转子振动时，弹支干摩擦阻尼器产生的摩擦力是一种振动力，静摩擦因数 μ_s只是在振动初始阶段与滑动摩擦因数 μ 不同，当振动持续了一段时间，经过磨合后，μ_s与 μ 的差别很小，为了计算方便，通常忽略这种差别。

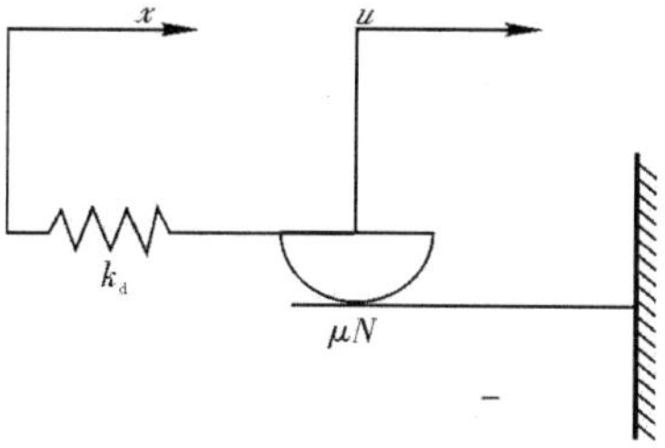

图 18.5　迟滞弹簧干摩擦模型

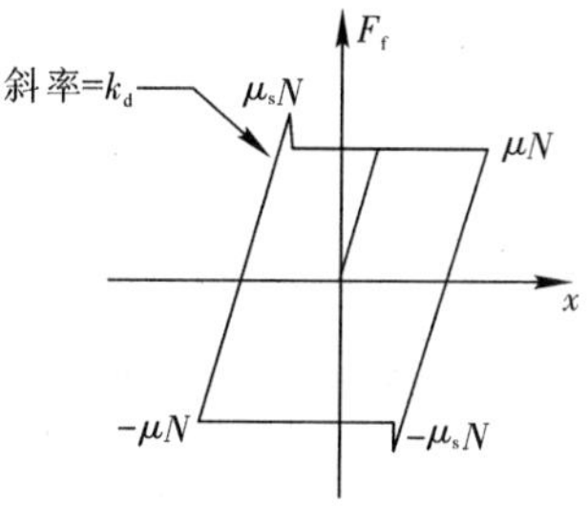

图 18.6　迟滞弹簧力学模型
（考虑静摩擦因数）

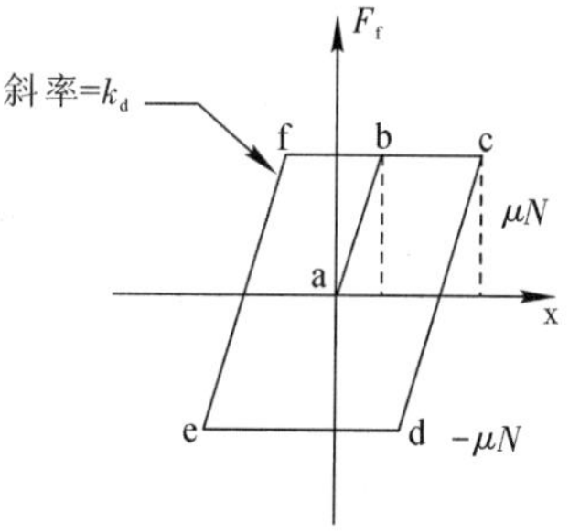

图 18.7　迟滞弹簧力学模型
（不考虑静摩擦因数）

迟滞弹簧模型的本构关系可以表示为

$$u=\begin{cases}A-\mu N/k_d, & 0\leqslant\theta<\theta^*\\ x+\mu N/k_d, & \theta^*\leqslant\theta<\pi\\ -A-\mu N/k_d, & \pi\leqslant\theta<\theta^*+\pi\\ x-\mu N/k_d, & \theta^*+\pi\leqslant\theta<2\pi\end{cases} \tag{18.7}$$

式中：μN 为最大摩擦力，k_d为接触面刚度。若接触点作一维运动，设 $x=A\cos(\theta)$，这时，$\theta=\omega t+\psi$，$\theta^*=\arccos[1-2\mu N/(Ak_d)]$（$\theta^*\in[0,\pi]$）。

在图 18.7 中，c 点 $\theta=0$，由滑动转为黏滞；d 点 $\theta=\theta^*$，由黏滞转为滑动；e 点 $\theta=\pi$，由滑动转为黏滞；f 点 $\theta=\pi+\theta^*$，由黏滞转为滑动。

由于迟滞弹簧干摩擦模型更能接近于实际的摩擦现象，因此，如图 18.7 所示的模型适合作为弹支干摩擦阻尼器干摩擦部分的分析模型。

18.2.2　干摩擦环节的简化

图 18.8 所示为带有弹支干摩擦阻尼结构的单自由度系统模型，其振动微分方程为

$$M\ddot{x}+c_1\dot{x}+k_1x=F_L+F_f \tag{18.8}$$

式中：M 为质量，c_1 为系统阻尼系数，k_1 为系统刚度，x 为位移，F_L 和 F_f 分别为作用在系统上的常幅激振力和非线性摩擦力。

对于带有弹支干摩擦的非线性系统，一般很难得到其精确解，而常用谐波平衡法（HBM）进行近似求解。

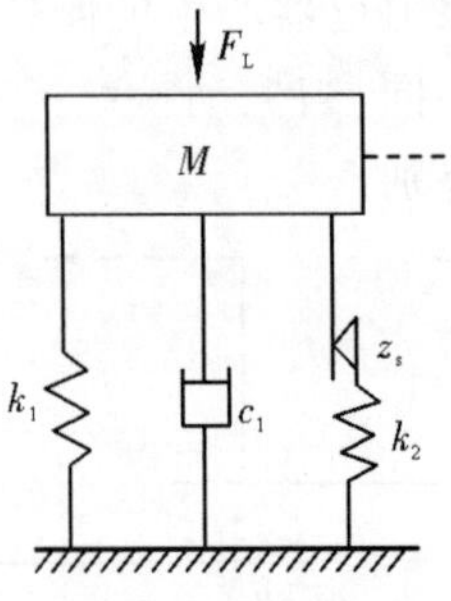

图 18.8　弹支干摩擦阻尼器单自由度力学简化模型

对方程式(18.8)的稳态响应求解，一般都是将非线性摩擦力 F_f 线性化，然后采用谐波平衡法求解。

1. 谐波平衡法

谐波平衡法是用来替代极为耗时的非线性系统动力学分析的一种方法，特别是在带有干摩擦系统的分析中得到了广泛的应用。谐波平衡法的基本思想是在于找到等效线性化系数，使得其可替代依赖于系统振动频率和振幅的非线性系数。弹支干摩擦阻尼器主要是用于控制转子通过临界转速区域的不平衡响应，此时转子振动的主要谐波是一阶分量，因此用一阶谐波平衡法将一个与振幅相关的刚度和一个与振幅、激振频率都相关的阻尼系数分别表达摩擦副中摩擦力的恢复力和摩擦耗能。

对于非线性摩擦力与位移关系的函数，可以假定

$$F_f = F(x) \tag{18.9}$$

同时，假定其谐波振动响应为

$$x = X\cos\omega t = X\cos\theta \tag{18.10}$$

根据计算摩擦力一阶谐波分量的谐波平衡法，可以得到干摩擦环节的等效刚度为

$$k_{eq} = \frac{1}{\pi X}\int_0^{2\pi} F(X\cos\theta)\cos\theta \mathrm{d}\theta \tag{18.11}$$

同理，可得到其等效阻尼系数为

$$c_{eq} = \frac{-1}{\pi\omega X}\int_0^{2\pi} F(X\cos\theta)\sin\theta \mathrm{d}\theta \tag{18.12}$$

2. 等效刚度和等效阻尼系数

由如图 18.9 所示的摩擦力与位移的关系，以及式(18.11)和式(18.12)可以得到等效刚度为

$$k_{\mathrm{eq}}=\begin{cases}\dfrac{k_2}{\pi}\left(\beta-\dfrac{1}{2}\sin 2\beta\right), & X\geqslant X_{\mathrm{cr}}\\ k_2, & X<X_{\mathrm{cr}}\end{cases}\tag{18.13}$$

等效阻尼系数为

$$c_{\mathrm{eq}}=\begin{cases}\dfrac{4\mu N}{\pi\omega X}\dfrac{X-X_{\mathrm{cr}}}{X}, & X\geqslant X_{\mathrm{cr}}\\ 0, & X<X_{\mathrm{cr}}\end{cases}\tag{18.14}$$

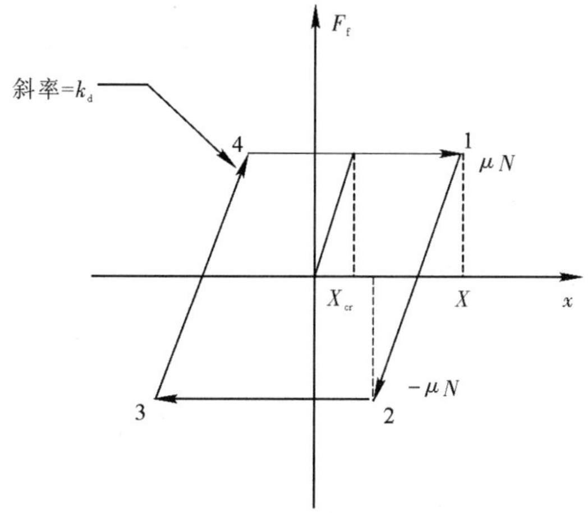

图 18.9　迟滞弹簧干摩擦模型摩擦力与位移的关系

式中：X 为动、静摩擦片径向相对位移幅值，μ 为摩擦因数，N 为摩擦副之间的正压力，k_2 为干摩擦环节未发生滑移时的线性刚度，$X_{\mathrm{cr}}=\mu N/k_2$，$\beta=\arccos(1-2X_{\mathrm{cr}}/X)$，$\omega$ 为激振力的角频率。

经过上述推导，可以在建立接触面间合理的摩擦模型后，用数值分析方法得到较准确的结果，即以非比例黏性阻尼和弹性力等效弹支干摩擦阻尼器摩擦副之间的摩擦力，然后研究弹支干摩擦阻尼器的摩擦阻尼和接触弹性对转子系统固有特性及响应特性的影响。

18.3　带弹支干摩擦阻尼器的转子振动特性

18.3.1　带有弹支干摩擦阻尼器的转子系统力学模型

图 18.10 所示为带有弹支干摩擦阻尼器的转子系统的力学模型。为了便于分析，假定转子支承和弹支干摩擦阻尼器各向同性，在分析转子振动时，只需研究一个方向的振动，选取垂直方向作为研究对象。图中的参数：z_s 为干摩擦环节产生滑移后的摩擦力，k_2 为干摩擦环节未发生滑移时的线性刚度，k_1 为弹性支承的刚度，c_1 为弹性支承的阻尼系数。

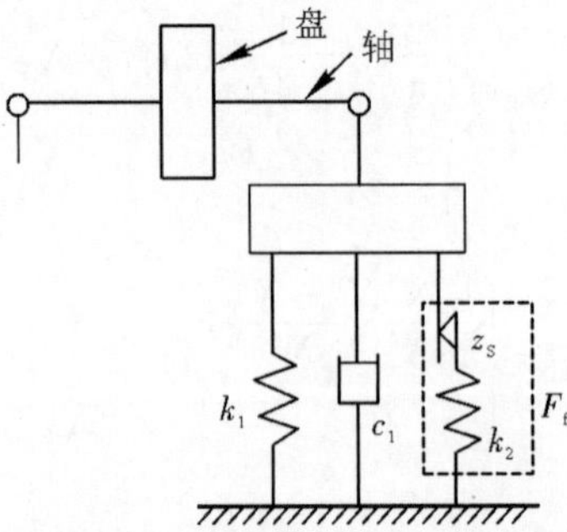

图 18.10　带有弹支干摩擦阻尼器的转子系统力学模型

18.3.2　弹支干摩擦阻尼器单自由度的模型分析

为了分析弹支干摩擦阻尼器干摩擦环节线性化后对转子的减振效果，建立如图 18.11 所示的弹支干摩擦阻尼器单自由度力学简化模型：M 为集中质量，包括转子作用在支承处的质量和弹支干摩擦阻尼器本身的质量，以及弹性支承的质量；k_1 为线性刚度，包括转子的刚度和弹性支承的刚度；c_1 为整个系统中非干摩擦环节引起的阻尼系数；x 为绝对坐标，在基础完全固装的情况下，x 为集中质量 M 与基础之间的相对位移；k_{eq} 为干摩擦环节的等效刚度；c_{eq} 为干摩擦环节的等效阻尼系数。

对于转子系统模型，将转子的不平衡量作为单自由度系统的外激励源，则外激励力可以表示为

$$f(\tau)=f(\omega t)=m\varepsilon\omega^2\sin\omega t \tag{18.15}$$

式中：ε 为偏心距（如图 18.12 所示）；ω 为角速度（或频率）；m 为盘的质量。为了计算方便，式(18.15)可简化为

$$f(\tau)=f(\omega t)=F_0\omega^2\sin\omega t,\quad F_0=m\varepsilon \tag{18.16}$$

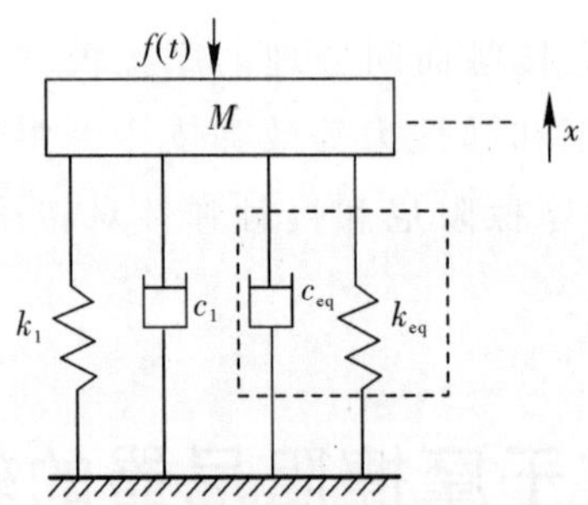

图 18.11　弹支干摩擦阻尼器单自由度力学简化模型

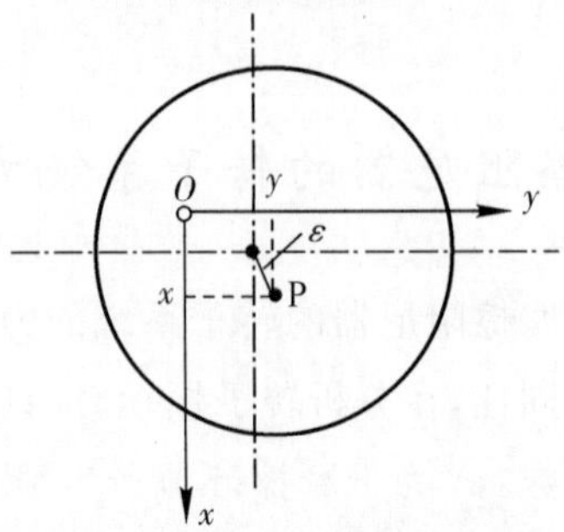

图 18.12 转子不平衡量示意图

18.3.3　转子振动响应分析

假设

$$x=X\sin(\omega t+\varphi) \tag{18.17}$$

在 $X>X_{cr}$ 的情况下，系统的运动方程为

$$M\ddot{x}+c_1\dot{x}+k_1x+c_{eq}\dot{x}+k_{eq}x=F_0\omega^2\sin(\omega t) \tag{18.18}$$

引入以下变量：$p_1^2=k_1/M$，$D_1=\dfrac{c_1}{2\sqrt{Mk_1}}$，$\tilde{g}=\dfrac{F_0}{M}$，则式(18.18)变为

$$\ddot{x}+2p_1D_1\dot{x}+p_1^2X+\dot{x}c_{eq}/M+xk_{eq}/M=\tilde{g}\omega^2\sin(\omega t) \tag{18.19}$$

根据式(18.17)有

$$\dot{x}=X\omega\cos(\omega t+\varphi),\ddot{x}=-X\omega^2\sin(\omega t+\varphi) \tag{18.20}$$

根据式(18.13)和式(18.14)有

$$k_{eq}=\frac{k_2}{\pi}\left(\beta-\frac{1}{2}\sin2\beta\right),c_{eq}=\frac{4\mu N}{\pi\omega X}\frac{X-X_{cr}}{X} \tag{18.21}$$

把式(18.17)、式(18.20)和式(18.21)代入式(18.19)。由于采用的是一次谐波平衡法，因此 $\sin(\omega t+\varphi)$，$\cos(\omega t+\varphi)$ 项的系数相等，则可得到以下方程组：

$$\left.\begin{aligned}-X\omega^2+p_1^2X+\frac{Xk_2}{M\pi}\left(\beta-\frac{1}{2}\sin2\beta\right)=\tilde{g}\omega^2\cos\varphi\\ 2p_1D_1X\omega+\frac{4\mu N(X-X_{cr})}{\pi MX}=-\tilde{g}\omega^2\sin\varphi\end{aligned}\right\} \tag{18.22}$$

由 $\sin^2\varphi+\cos^2\varphi=1$，对式(18.22)合并得到

$$\left[(p_1^2-\omega^2)X+\frac{p_1^2Xk_2}{\pi k_1}\left(\beta-\frac{1}{2}\sin2\beta\right)\right]^2+\left[2p_1D_1X\omega+\frac{4p_1^2X_{cr}k_2}{\pi k_1}\left(1-\frac{X_{cr}}{X}\right)\right]^2=\tilde{g}^2\omega^4 \tag{18.23}$$

对式(18.23)采用牛顿迭代法进行求解。

设

$$f(X)=\left[(p_1^2-\omega^2)X+\frac{p_1^2Xk_2}{\pi k_1}\left(\beta-\frac{1}{2}\sin2\beta\right)\right]^2+\left[2p_1D_1X\omega+\frac{4p_1^2X_{cr}k_2}{\pi k_1}\left(1-\frac{X_{cr}}{X}\right)\right]^2-\tilde{g}^2\omega^4 \tag{18.24}$$

对式(18.24)进行求导，得到

$$f'(X)=2f_1\left[p_1^2-\omega^2+\frac{p_1^2k_2}{\pi k_1}\left(\beta-\frac{1}{2}\sin2\beta\right)+\frac{p_1^2k_2X}{\pi k_1}(1-\cos2\beta)\dot{\beta}\right]+2f_2\left[2p_1D_1\omega+\frac{4p_1^2X_{cr}^2k_2}{\pi X^2k_1}\right] \tag{18.25}$$

其中

$$f_1=(p_1^2-\omega^2)X+\frac{p_1^2Xk_2}{\pi k_1}\left(\beta-\frac{1}{2}\sin2\beta\right)$$

$$f_2 = 2p_1 D_1 X\omega + \frac{4p_1^2 X_{cr} k_2}{\pi k_1}\left(1 - \frac{X_{cr}}{X}\right)$$

$$\dot{\beta} = -\frac{2X_{cr}/X^2}{\sqrt{1-\left(1-\frac{2X_{cr}}{X}\right)^2}}$$

根据牛顿迭代法,可得

$$X_{(k+1)} = X_{(k)} - \frac{f(X_{(k)})}{f'(X_{(k)})} \tag{18.26}$$

在 $X < X_{cr}$ 的情况下,可设 $\tilde{k} = k_1 + k_2$,则 $p_1^2 = \tilde{k}/M$,可直接求解系统的振动响应

$$X^2 = \frac{\tilde{g}^2 \omega^4}{(p_1^2 - \omega^2)^2 + (2p_1 D_1 \omega)^2} \tag{18.27}$$

18.3.4 振动响应的数值仿真与分析

选取以下系统参数对如图 18.11 所示的单自由度系统进行数值计算。系统参数为:$M=0.5$ kg,$k_1=6\ 497$ N/m,$k_2=2\ 468$ N/m,$c_1=1.5$ N·s/m,$\mu=0.19$,$N=40$ N,$F_0=1\times10^{-3}$ kg·m。计算结果如图 18.13 所示。其中,A 是 $N=40$ N 曲线;B 是没有施加干摩擦力的曲线,即 $N=0$ N;C 是弹支干摩擦阻尼器未滑移的情况,阻尼器处于黏滞状态,系统刚度 $k=k_1+k_2$。

从图 18.13 中的 A 和 B 幅频曲线可以看出,弹支干摩擦阻尼器能够显著减小转子的振动,特别是减小转子通过临界转速区域的振动。但弹支干摩擦阻尼器的引入,也使系统支承刚度有所变化,造成转子临界转速的增加;同时,从 A 和 C 幅频曲线可以看出,弹支干摩擦阻尼器未滑移时,刚度 k_2 使转子临界转速增大。

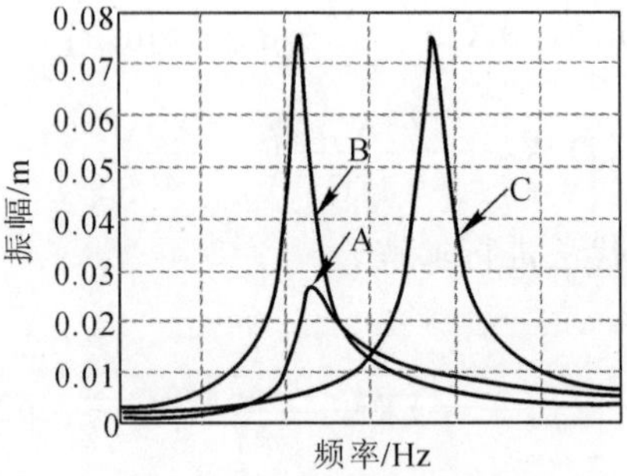

图 18.13 幅频特性仿真结果

18.3.5 干摩擦力对转子幅频特性的影响

图 18.14 所示为弹支干摩擦阻尼器不同正压力下转子幅频特性曲线,其中,按照箭头所指方向正压力 N 依次增大,正压力分别为 1 N,10 N,25 N,50 N,100 N,300 N,500 N 和 800 N。从图中可以看出,振动幅值随着正压力的增加先减小,后又开始增加,在 $N=50$ N 和 $N=100$ N之间振幅最小,减振效果达到最好。同时,由幅频特性曲线可以看出,临界转速随着 N 的增加而提高。

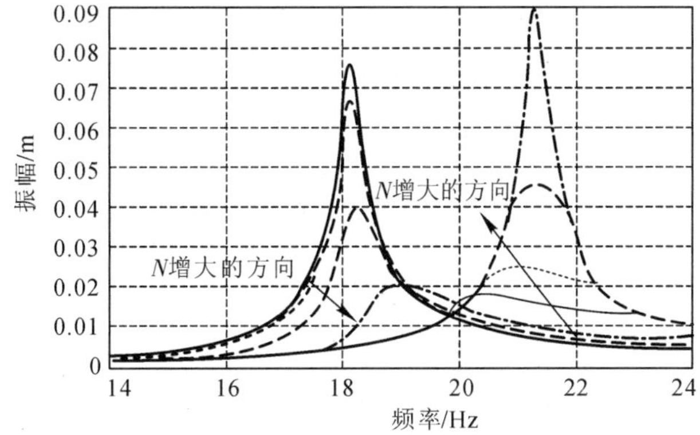

图 18.14　弹支干摩擦阻尼器不同正压力下转子幅频特性曲线

上述结果表明，当正压力 N 增大到一定程度时，幅频特性曲线将不再变化。原因是，此时 $X<X_{cr}$，即在整个运动过程中阻尼器始终处于黏滞状态，没有滑动的发生。因此，可以将此时的弹支干摩擦阻尼器视为一个线性弹簧，系统也变为线性系统。

从上述对弹支干摩擦阻尼器减振特性的分析可知，有必要对弹支干摩擦阻尼器进行主动控制，对干摩擦力，即正压力进行寻优控制。根据不同的减振要求，采用不同的控制律。例如，只要求减小转子的临界峰值，则只需在临界转速区域施加正压力，产生摩擦阻尼，而在其他转速区不加正压力。这样就不改变转子在控制转速区外的动力学特性。

18.3.6　带有弹支干摩擦阻尼器转子的稳定性

转子失稳振动是工程实际中值得关注的问题。研究表明，增大转子的外阻尼有利于提高转子系统的稳定性。弹支干摩擦阻尼器能够向转子系统提供附加的外阻尼。因此，弹支干摩擦阻尼器可作为镇定器，抑制转子的失稳振动。

为简单起见，不妨取库伦摩擦模型，并以如图 18.4 所示的单自由度振动系统为例讨论干摩擦阻尼器的镇定作用。设转子原有的阻尼为负，即 $D<0$。若对转子不施加镇定措施，则此时转子就将失稳。无干摩擦阻尼器时，振系的运动方程为

$$\ddot{x}+2\omega D\dot{x}+\omega^2 x=0 \tag{18.28}$$

其解为

$$x=e^{-D\omega t}(A\cos\sqrt{1-D^2}\,\omega t+B\sin\sqrt{1-D^2}\,\omega t) \tag{18.29}$$

式中：阻尼比 D 和自振频率 ω 取如下的表达式：

$$D=\frac{d}{2\sqrt{ms}}$$

$$\omega=\sqrt{\frac{s}{m}}$$

式中：m 为振系的质量，s 为振动系统的刚度，d 为振动系统的阻尼，系数 A 和 B 则由初始条件确定。

当 $D\ll 1$ 时，$\sqrt{1-D^2}\approx 1$，故可忽略阻尼对自振频率的影响。于是式(18.29)变为

$$x=e^{-D\omega t}(A\cos\omega t+B\sin\omega t) \tag{18.30}$$

当阻尼 $D<0$ 时，振动幅值将随时间不断增大，转子失稳。

如图 18.4 所示，当振动系统中有干摩擦阻尼器时，振动系统的运动微分方程为

$$\ddot{x}+2\omega D\dot{x}+\omega^2 x=-\omega^2 r_f,\qquad \dot{x}>0 \tag{18.31}$$

$$\ddot{x}+2\omega D\dot{x}+\omega^2 x=\omega^2 r_f,\qquad \dot{x}<0 \tag{18.32}$$

式中：等效位移为 $r_f=\dfrac{F_d}{s}$，$F_d=\mu F$ 为摩擦力。

取初始条件 $t=0$，$x(0)=x_0$，$\dot{x}(0)=0$，则运动微分方程为

$$\ddot{x}+2\omega D\dot{x}+\omega^2 x=\omega^2 r_f \tag{18.33}$$

解得

$$x=e^{-D\omega t}[A_0\cos\omega t+B_0\sin\omega t]+r_f \tag{18.34}$$

由初始条件求得

$$A_0=x_0-r_f,\quad B_0=(x_0-r_f)D$$

于是

$$x=e^{-D\omega t}[(x_0-r_f)\cos\omega t+(x_0-r_f)D\sin\omega t]+r_f \tag{18.35}$$

当 $\omega t_1=\pi$ 时，$\dot{x}=0$。自此之后，$\dot{x}>0$，转子的运动方程为

$$\ddot{x}+2\omega D\dot{x}+\omega^2 x=-\omega^2 r_f \tag{18.36}$$

解为

$$x=e^{-D\omega t}[A_1\cos\omega t+B_1\sin\omega t]-r_f \tag{18.37}$$

在 $\omega t_1=\pi$ 的时刻，联立求解方程式(18.35)和式(18.37)，可得

$$A_1=x_0-r_f-2r_f e^{D\pi} \tag{18.38}$$

$$B_1=(x_0-r_f-2r_f e^{D\pi})D \tag{18.39}$$

继续上述的过程，得到振动系统一个周期后的振动为

$$X=e^{-D\omega t}[A_2\cos\omega t+B_2\sin\omega t]+r_f \tag{18.40}$$

式中

$$A_2=x_0-r_f-2r_f e^{D\pi}-2r_f e^{2D\pi} \tag{18.41}$$

$$B_2=(x_0-r_f-2r_f e^{D\pi}-2r_f e^{2D\pi})D \tag{18.42}$$

如此反复循环，振动系统每振动一个周期，振幅都将减小。在干摩擦阻尼器的作用下，振动不断衰减，直至振幅 $X\leqslant r_f$ 时，振动停止。图 18.15 所示为无干摩擦阻尼器和带干摩擦阻尼器振系振动的比较。振动系统振动初始值为 $x_0=1$ mm，$\dot{x}_0=0$，$\omega=2\ 400$ r/min，$D=-0.02$，虚线为未加入干摩擦阻尼器的振动波形，实线为加入 $r_f=0.08$ mm 的干摩擦阻尼器后的振动波形。由图可见，干摩擦阻尼器使转子镇定。

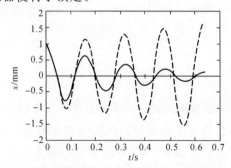

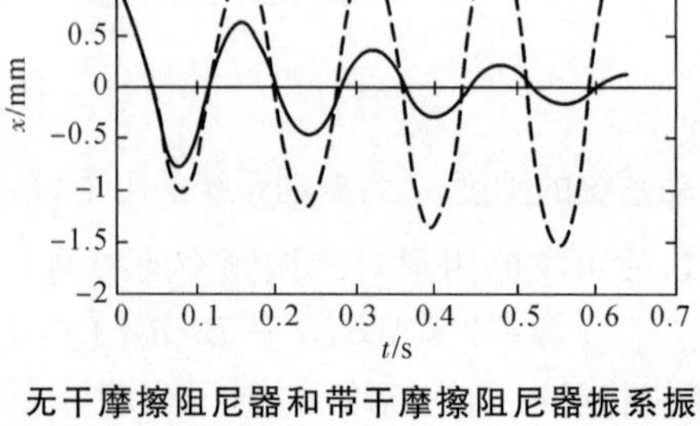

图 18.15　无干摩擦阻尼器和带干摩擦阻尼器振系振动的比较

($x_0=1$mm，$\dot{x}=0$，$\omega=2\ 400$r·min^{-1}，$D=-0.02$，$r_f=0.08$mm)

下面讨论干摩擦阻尼器的镇定边界。

当负阻尼输入振系的能量与干摩擦阻尼器耗散的能量相等时，振动系统的运动达到稳定性边界。此时，振动系统发生周期运动，即

$$x = A\cos(\omega t + \varphi) \tag{18.43}$$

式中：振幅 A 取决于初始激扰。

一个周期内，负阻尼输入振动系统的能量为

$$W = 2\pi D s A^2 \tag{18.44}$$

干摩擦阻尼器耗散的能量则为

$$W_\mu = 4AF\mu \tag{18.45}$$

令式(18.44)与式(18.45)相等，则得到干摩擦阻尼器的镇定边界，即

$$A_{\text{lim}} = \frac{2F\mu}{\pi|D|s} = \frac{2r_f}{\pi|D|} \tag{18.46}$$

这说明初始激扰引起的振动幅值 A 只要不超过 A_{lim}，则负阻尼输入振动系统的能量总是小于干摩擦阻尼器耗散的能量，因此，振动系统的振动是稳定的。反之，则失稳。

另从式(18.46)可见，负阻尼 D 的绝对值越大，干摩擦阻尼器的镇定边界越小。要提高镇定边界 A_{lim} 值，则需加大摩擦力 $F_d = F\mu$。

图 18.16 所示为振系 3 种振动形态。初始条件是 $x_0 = 2$ mm，$\omega = 2\ 400$ r/min，$D = -0.02$，$r_f = 0.08$ mm。初始激扰产生的振动幅值分别为：①$A < A_{\text{lim}}$（见图(a)）；②$A = A_{\text{lim}}$（见图(b)）；③$A > A_{\text{lim}}$（见图(c)）。由图可见，当 $A < A_{\text{lim}}$ 时，振动稳定，最后停止于 $r < r_f$ 处；当$A = A_{\text{lim}}$时，振动处于稳定性边界状态；当 $A > A_{\text{lim}}$ 时振系失稳。

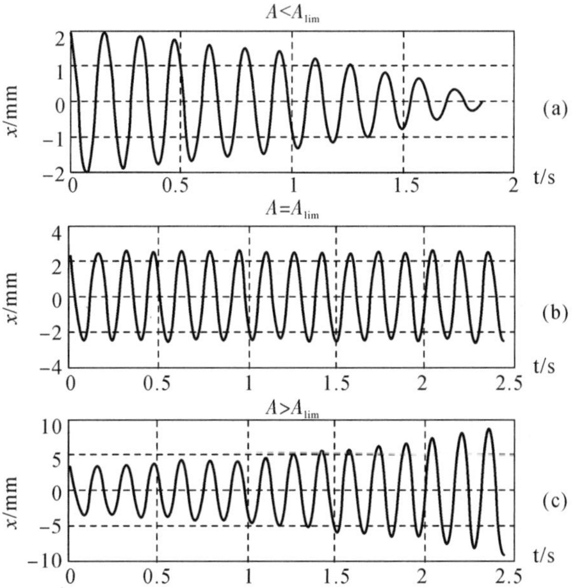

图 18.16　带干摩擦阻尼器振系的振动($x_0 = 2$ mm，$\dot{x}_0 = 0$，$\omega = 2\ 400$ r·min^{-1}，$D = -0.02$，$r_f = 0.08$ mm)

(a)振幅 $A < A_{\text{lim}}$；(b)振幅 $A = A_{\text{lim}}$；(c)振幅 $A > A_{\text{lim}}$

18.3.7　带弹支干摩擦阻尼器单盘转子的振动

图 18.17 所示，利用一个简单转子模型来分析干摩擦阻尼器的减振原理。转子支承在滚动轴承之上。在转子跨度之

间，两侧对称地各安装一个干摩擦阻尼器。干摩擦阻尼器由动摩擦片、静摩擦片和滚动轴承等元件组成。动摩擦片套装在安装于轴上的滚动轴承外环之上，但不旋转。静摩擦片固定在机匣或其他固定结构上，并与动摩擦片压紧，压紧力 F 可调。

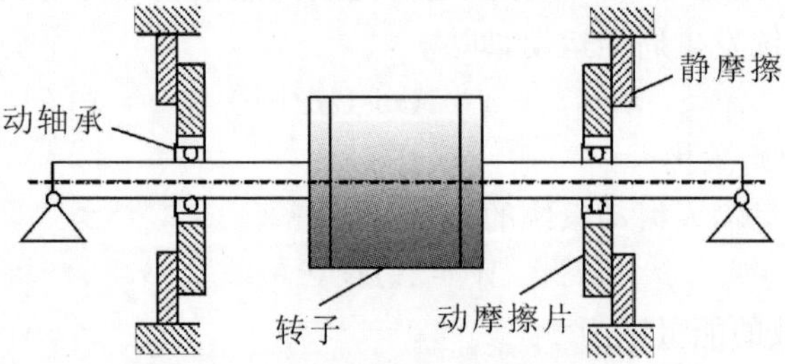

图 18.17　带干摩擦阻尼器的转子

当转子不振动时，动、静摩擦片皆不运动。当转子振动时，动摩擦片随轴一同发生平面运动，但不旋转。动、静摩擦片之间就产生相对滑动，从而产生摩擦力。摩擦力的方向始终与转子振动速度的方向相反，由此，就给转子的振动施加了阻尼作用。

转子的运动与受力如图 18.18 所示，其运动方程为

$$m\ddot{x}+d\dot{x}+F_x\operatorname{sgn}(\dot{x})+sx=m\varepsilon\Omega^2\cos\Omega t \tag{18.47}$$

$$m\ddot{y}+d\dot{y}+F_x\operatorname{sgn}(\dot{y})+sy=m\varepsilon\Omega^2\cos\Omega t \tag{18.48}$$

式中：m，d 和 s 分别为转子的质量、阻尼和刚度。F_x 和 F_y 分别为阻尼器作用在转子上的摩擦力。sgn( )为符号函数，当其自变量为正时，其值为$+1$；当其自变量为负时，其值为-1。ε 表示转子的质量偏心距，Ω 为转速。

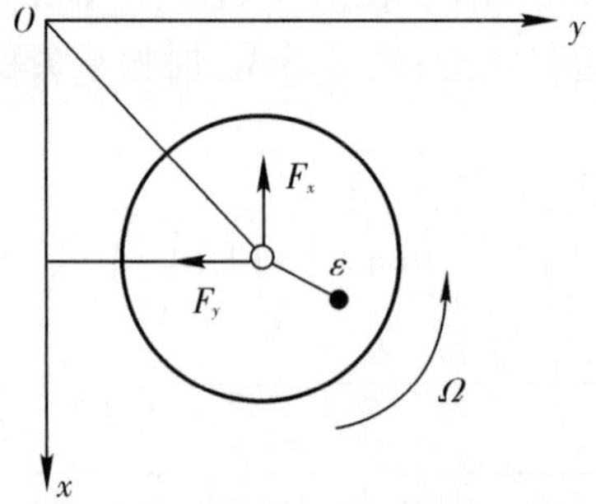

图 18.18　转子的运动与受力分析

假设压紧力在整个摩擦片上是均匀分布的，且摩擦片各向同性，取库伦摩擦模型，则有

$$F_x=F_y=\mu F=F_d \tag{18.49}$$

式中：F 为动、静摩擦片之间的压紧力，μ 为摩擦因数。

数学上，符号函数可表示为

$$\operatorname{sgn}(\dot{x})=\frac{\dot{x}}{|\dot{x}|} \tag{18.50}$$

$$\operatorname{sgn}(\dot{y})=\frac{\dot{y}}{|\dot{y}|} \tag{18.51}$$

代入方程式(18.47)和式(18.48)后，就变成非线性方程组，不易求解。

事实上，可将方程式(18.47)和式(18.48)分解成 4 个线性方程，即

$$m\ddot{x}+d\dot{x}+sx=-F_d+m\varepsilon\Omega^2\cos\Omega t,\qquad \dot{x}>0 \tag{18.52}$$

$$m\ddot{x}+d\dot{x}+sx=F_d+m\varepsilon\Omega^2\cos\Omega t,\qquad \dot{x}<0 \tag{18.53}$$

$$m\ddot{y}+d\dot{y}+sy=-F_d+m\varepsilon\Omega^2\sin\Omega t,\qquad \dot{y}>0 \tag{18.54}$$

$$m\ddot{y} + d\dot{y} + sy = F_d + m\varepsilon\Omega^2\sin\Omega t, \qquad \dot{y} < 0 \tag{18.55}$$

引入阻尼比 $D = \dfrac{d}{2\sqrt{ms}}$，自振频率 $\omega = \sqrt{\dfrac{s}{m}}$，等效位移 $r_f = \dfrac{F_d}{s}$，则上述 4 个方程可简化为

$$\ddot{x} + 2\omega D\dot{x} + \omega^2 x = -\omega^2 r_f + \varepsilon\Omega^2\cos\Omega t, \quad \dot{x} > 0 \tag{18.56}$$

$$\ddot{x} + 2\omega D\dot{x} + \omega^2 x = \omega^2 r_f + \varepsilon\Omega^2\cos\Omega t, \quad \dot{x} < 0 \tag{18.57}$$

$$\ddot{y} + 2\omega D\dot{y} + \omega^2 y = -\omega^2 r_f + \varepsilon\Omega^2\sin\Omega t, \quad \dot{y} > 0 \tag{18.58}$$

$$\ddot{y} + 2\omega D\dot{y} + \omega^2 y = \omega^2 r_f + \varepsilon\Omega^2\sin\Omega t, \quad \dot{y} < 0 \tag{18.59}$$

方程的解将包含两部分：一部分是由初始激扰所引起的振动，即自由振动；另一部分是转子不平衡所激起的强迫振动。

为分析干摩擦阻尼器的阻尼作用，只需考察转子的自由振动即可。

设转子质量偏心 $\varepsilon = 0$，则方程式(18.56)～式(18.59)转换为

$$\ddot{x} + 2\omega D\dot{x} + \omega^2 x = -\omega^2 r_f, \quad \dot{x} > 0 \tag{18.60}$$

$$\ddot{x} + 2\omega D\dot{x} + \omega^2 x = \omega^2 r_f, \quad \dot{x} < 0 \tag{18.61}$$

$$\ddot{y} + 2\omega D\dot{y} + \omega^2 y = -\omega^2 r_f, \quad \dot{y} > 0 \tag{18.62}$$

$$\ddot{y} + 2\omega D\dot{y} + \omega^2 y = \omega^2 r_f, \quad \dot{y} < 0 \tag{18.63}$$

为了只分析干摩擦阻尼器的阻尼效果，可不考虑转子原有的阻尼，即 $D=0$。

假设转子运动的初始条件为 $t=0, x(0)=x_0, \dot{x}(0)=0$； $y(0)=0, \dot{y}(0)=\dot{y}_0$，则首先应取以下两式来描述转子的运动：

$$\ddot{x} + \omega^2 x = \omega^2 r_f \tag{18.64}$$

$$\ddot{y} + \omega^2 y = -\omega^2 r_f \tag{18.65}$$

方程的解为

$$x = (x_0 - r_f)\cos\omega t + r_f \tag{18.66}$$

$$y = r_f\cos\omega t + \frac{\dot{y}_0}{\omega}\sin\omega t - r_f = Y_1\sin(\omega t + \varphi_1) - r_f \tag{18.67}$$

$$Y_1 = \sqrt{r_f^2 + \left(\frac{\dot{y}_0}{\omega}\right)^2} \tag{18.68}$$

$$\tan\varphi_1 = \frac{\omega r_f}{\dot{y}_0} \tag{18.69}$$

速度为

$$\dot{x} = -\omega(x_0 - r_f)\sin\omega t \tag{18.70}$$

$$\dot{y} = -\omega r_f\sin\omega t + \dot{y}_0\cos\omega t \tag{18.71}$$

当 $0 < \omega t \leqslant \pi$ 时，则 $\dot{x} < 0$，方程式(18.64)在此范围内形式不变。但当

$$\tan\omega t_1 = \frac{\dot{y}}{\omega r_f} \tag{18.72}$$

或

$$t_1 = \frac{1}{\omega}\arctan^{-1}\frac{\dot{y}_0}{\omega r_f} \tag{18.73}$$

时，$\dot{y}=0$。自此之后，$\dot{x}<0$，$\dot{y}<0$，则在 x 和 y 方向的运动方程应为

$$\ddot{x}+\omega^2 x=\omega^2 r_f \tag{18.74}$$

$$\ddot{y}+\omega^2 y=\omega^2 r_f \tag{18.75}$$

其解为

$$x=(x_0-r_f)\cos\omega t+r_f \tag{18.76}$$

$$y=A\cos\omega t+B\sin\omega t+r_f \tag{18.77}$$

$$A=\frac{\omega^2 r_f^2\left(r_f+\dfrac{\dot{y}_0^2}{\omega^2 r_f}-\dfrac{2r_f}{\cos\omega t_1}\right)}{\omega^2 r_f^2+\dot{y}_0^2} \tag{18.78}$$

$$B=\frac{\omega r_f \dot{y}_0\left(r_f+\dfrac{\dot{y}_0^2}{\omega^2 r_f}-\dfrac{2r_f}{\cos\omega t_1}\right)}{\omega^2 r_f^2+\dot{y}_0^2} \tag{18.79}$$

如果 x 和 y 仍然足够大，弹性恢复力足以克服静态摩擦力，转子轴心的运动将不会停止。当 $\omega t_2=\pi$ 时，$\dot{x}=0$。自此之后，$\dot{x}>0$，$\dot{y}<0$，转子的运动方程为

$$\ddot{x}+\omega^2 x=-\omega^2 r_f \tag{18.80}$$

$$\dot{y}+\omega^2 y=\omega^2 r_f \tag{18.81}$$

其解为

$$x=(x_0-3r_f)\cos\omega t-r_f \tag{18.82}$$

$$y=A\cos\omega t+B\sin\omega t+r_f \tag{18.83}$$

式中：A 和 B 由式(18.78)和式(18.79)给定。

转子继续运转至 $\omega t_3=\pi+\omega t_1$ 时，$\dot{y}=0$。从时刻 t_3 开始，$\dot{x}>0$，$\dot{y}>0$，转子的运动方程为

$$\ddot{x}+\omega^2 x=-\omega^2 r_f \tag{18.84}$$

$$\ddot{y}+\omega^2 y=-\omega^2 r_f \tag{18.85}$$

求得方程的解为

$$x=(x_0-3r_f)\cos\omega t-r_f \tag{18.86}$$

$$y=C\cos\omega t+E\sin\omega t-r_f \tag{18.87}$$

式中

$$C=\frac{\omega^2 r_f^2\left(r_f+\dfrac{\dot{y}_0^2}{\omega^2 r_f^2}-\dfrac{4r_f}{\cos\omega t_1}\right)}{\omega^2 r_f^2+\dot{y}_0^2} \tag{18.88}$$

$$E=\frac{\omega r_f \dot{y}_0\left(r_f+\dfrac{\dot{y}_0^2}{\omega^2 r_f^2}-\dfrac{4r_f}{\cos\omega t_1}\right)}{\omega r_f+\dot{y}_0^2} \tag{18.89}$$

当 $\omega t_4=2\pi$ 时，亦有 $\dot{x}=0$。自此之后，$\dot{x}<0$ ，$\dot{y}>0$，转子的运动方程为

$$\ddot{x}+\omega^2 x=\omega^2 r_f \tag{18.90}$$

$$\ddot{y}+\omega^2 y=-\omega^2 r_f \tag{18.91}$$

其解为

$$x=(x_0-5r_f)\cos\omega t+r_f \tag{18.92}$$

$$y=C\cos\omega t+E\sin\omega t-r_f \tag{18.93}$$

式中：C 和 E 由式(18.88)和式(18.89)确定。

由上面的分析过程可见，在干摩擦阻尼器的作用之下，转子每旋转一个周期，振动幅值都将减小。在 x 和 y 方向的减小量分别为 $4r_f$ 和 $\frac{4r_f^2}{Y_1^2}\frac{Y_1}{\cos\omega t_1}$。振动不断衰减，直到转子的振动幅值 $r=\sqrt{x^2+y^2}<r_f$ 时，振动将停止。干摩擦阻尼器起到了阻尼效果。

图 18.19 所示为转子的运动轨迹。初始值 $x_0=5$ mm，$\dot{x}=0$，$y=0$，$\dot{y}_0=800$ mm/s，$r_f=0.25$ mm，$\omega=2\,400$ r/min，$D=0$。转子的振动在 $r=\sqrt{x^2+y^2}<r_f$ 时停止。

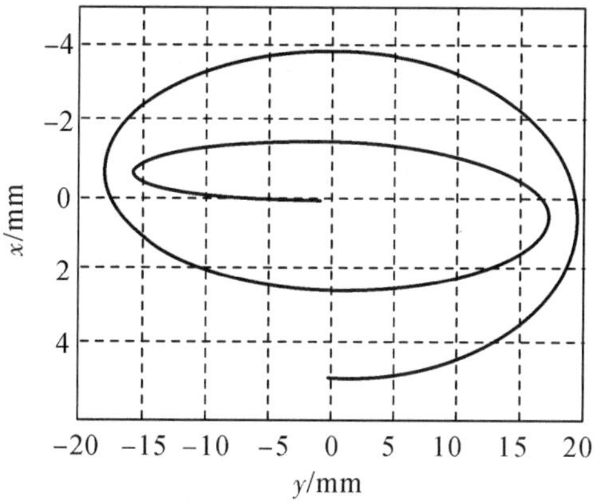

图 18.19　转子的运动轨迹

($x_0=5$ mm，$\dot{x}=0$，$y=0$，$\dot{y}_0=800$ mm/s，$r_f=0.25$ mm，$\omega=2\,400$ r/min，$D=0$)

18.4　几种弹支干摩擦阻尼器的结构形式和特点

经过了多年的探索研究，已经将弹支干摩擦阻尼器从最初的理论构想发展成为折返式弹支主控型干摩擦阻尼器，已初步达到工程应用的水平。下面将介绍几种弹支干摩擦阻尼器的结构形式和特点。

18.4.1　被动式弹支干摩擦阻尼器

图 18.20 所示为弹簧式弹支干摩擦阻尼器。轴承外环支承在鼠笼式弹性支座中；弹支一端固定在固装的支座 1 上，另一端面上固定了动摩片。在支座 7 中安装了静摩片和弹簧筒，弹簧筒中的弹簧为静摩片提供压紧力，使静摩片与动摩片保持接触；转子不振动时，动、静摩片均保持静止；转子振动时，动摩片随弹性支承的振动一同作平面运动，但不随着轴的旋转而转动。动摩片与静摩片之间产生相对运动，在压紧力的作用下摩擦耗能，从而为转子提供阻尼。

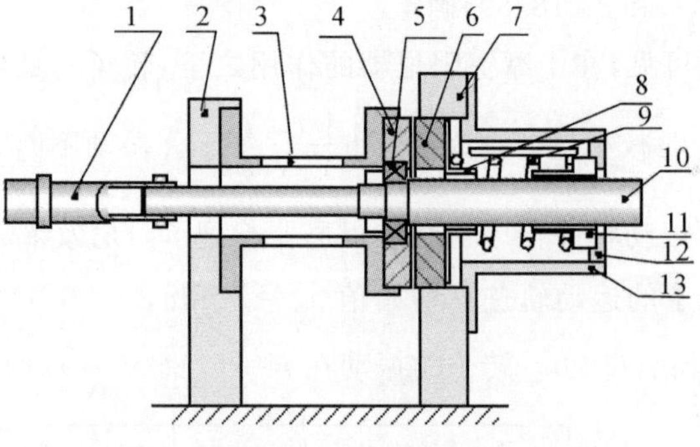

图 18.20　弹簧式干摩擦阻尼器结构

1—联轴器；2—轴承支座；3—鼠笼式弹性支承；4—动摩擦片；5—轴承；6—静摩擦片；7—支承；8—弹簧前导杆；9—弹簧；10—轴；11—弹簧后导杆；12—压板；13—弹簧筒

这种阻尼器的优点是结构简单，重量轻，压紧力由预压弹簧提供，缺点是不能根据转子的振动大小主动地控制压紧力。它适用于一般的转子实验器。

18.4.2　电磁式主动弹支干摩擦阻尼器

由前两节所述的干摩擦减振理论可知，弹支干摩擦阻尼器既可用于控制转子在通过临界转速时的振动，也可同时用于抑制转子的失稳振动。在发动机运行过程中，引起这两种振动的激励及其强度是变化的，减振所需提供的阻尼也是变化的。因此，主动式阻尼器是实现转子振动主动控制的关键。图 18.21 所示为一种电磁式主动控制弹支干摩擦阻尼器。该阻尼器用电磁铁作为施力装置，提供静摩片与动摩片之间的压紧力，可以通过改变电压的大小来调节电磁铁施加的压紧力，从而实现振动主动控制。电磁铁固定在支座上，静摩擦片为一环形双圆板结构。前圆板与动摩擦片接触，产生干摩擦；后圆板与电磁铁端面配合。电磁铁对后圆板产生吸力。静摩擦片经内孔与支座的筒形支柱配合，可轴向移动。根据转子的振动，调节电磁铁的电压，由此改变电磁铁对后圆板的吸力，从而改变静摩擦片与动摩擦片之间的压紧力，达到以自适应的方式向转子提供阻尼的目的。

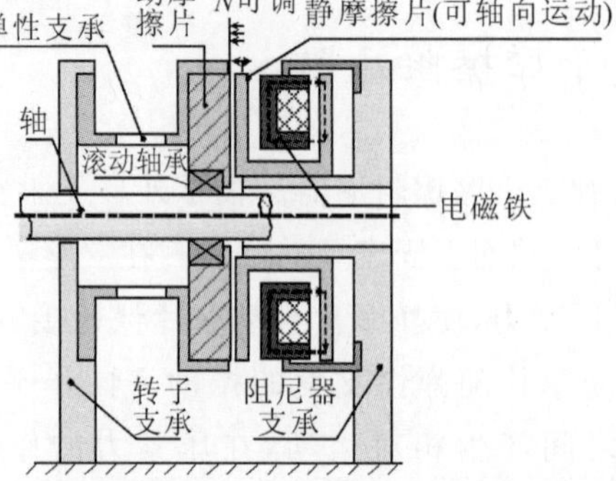

图 18.21　电磁铁式主动控制弹支干摩擦阻尼器结构

这种主动控制式弹支干摩擦阻尼器原理简单，调节范围大，不需预紧力，作用距离较大，易于控制。但重量较大，响应时间较长。这适用于地面大型发动机实验系统转子的减振。

18.4.3　压电式主动弹支干摩擦阻尼器

图 18.22 所示的主动式弹支干摩擦阻尼器利用智能材料作为作动器，以使阻尼器小型化。其结构与上述两种阻尼器相似，但用 3 个堆叠式压电陶瓷作为阻尼器的施力元件，夹角 120°均布于阻尼器支承的孔中，向静摩擦片提供压紧力。调节压电陶瓷的供电电压，就可控制压紧力。这种结构重量轻，响应快，但作用距离短，需提供预紧力。

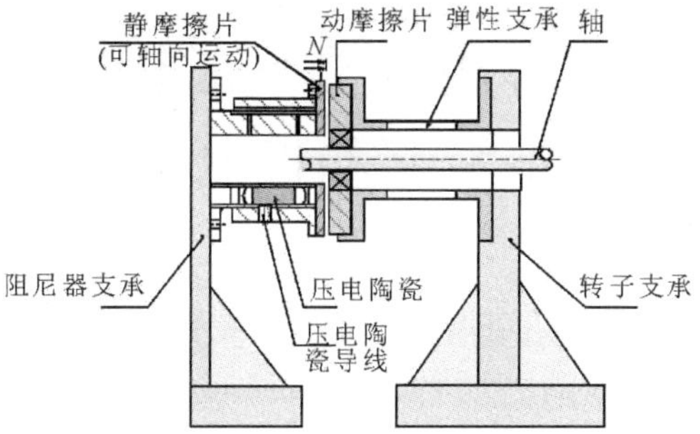

图 18.22　干摩擦阻尼器及堆叠式压电陶瓷

18.4.4　压电式折返主动弹支干摩擦阻尼器

为了使弹支干摩擦阻尼器结构更加紧凑，适合于航空发动机转子系统的减振，将支座和弹支结构进行改良，设计了图 18.23 所示的紧凑型主动弹支干摩擦阻尼器。

图 18.23 所示，作动器仍用 3 个堆叠式压电陶瓷，夹角 120°均布于支承底座的通孔中。采用折返式弹性支承。外弹支一端固定在支座上，另一端与内弹支固联。内弹支尾端连接动摩擦片，动摩擦片只随弹支作径向运动，不随轴转动。静摩擦片固定于支座上，只能作轴向运动。压电陶瓷抵紧静摩擦片的背面，通过电压变化控制压电陶瓷的伸缩，进而改变动、静摩擦片之间的压紧力，实现转子振动的主动控制。

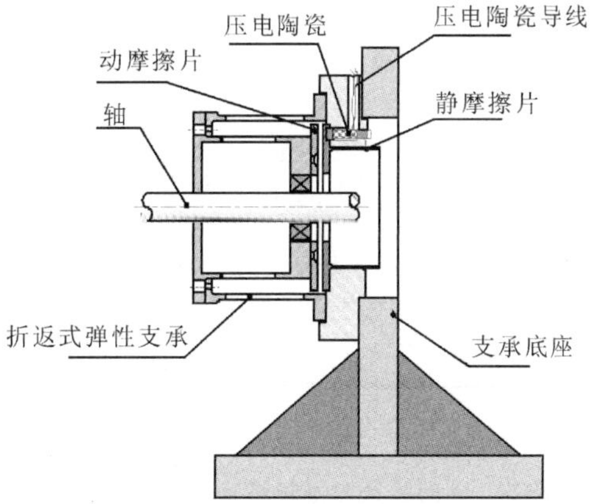

图 18.23　压电式折返主动弹支干摩擦阻尼器结构

该设计的进步在于引入了折返式弹支结构，即将原有弹支分成了外弹支和内弹支两个部分。这样便可使弹性支承与阻尼器的施力机构共用一个支座，结构紧凑，重量小，尺寸短，有望在航空发动机上获得应用。

弹支干摩擦阻尼器的特点可概括如下：

(1)弹支干摩擦阻尼器减振机理清晰，构思巧妙，是航空发动机转子减振的新技术手段。

(2)弹支干摩擦阻尼器结构简单，响应快，耗能小，便于实施主动控制，有望成为新一代发动机振动主动控制的支撑技术。

(3)经过十多年的持续研究，目前已初步达到工程应用的技术水平。可以预见，弹支干摩擦阻尼器在航空发动机领域具有很好的应用前景。

18.5 主动式弹支干摩擦阻尼器的控制策略和控制方法

如上所述，主动式弹支干摩擦阻尼可用于转子系统的振动主动控制。转子振动主动控制器的设计可沿用经典控制理论中的PID(Proportion Integration Differentiation)控制方法或现代控制论中的H^{∞}控制、最优控制等方法，控制转子通过临界转速区域的振动峰值，或同时抑制转子的失稳振动。本节介绍利用主动式弹支干摩擦阻尼控制转子振动的策略与方法。

18.5.1 弹支干摩擦阻尼器主动控制转子振动的策略

图18.24所示为利用弹支干摩擦阻尼器施行振动控制时，转子的振动幅频特性曲线，其中，按照箭头所指方向压紧力依次增大，分别为1 N，10 N，25 N，50 N，100 N，300 N，500 N和800 N。从图中可以看出，在临界转速区域振动幅值随着压紧力的增加先减小，后又开始增加。当压紧力达到800 N时，振动峰值甚至超过无阻尼器时的峰值。因此，需进行寻优控制。同时，由幅频特性曲线可以看出，临界转速随着压紧力的增加而提高，改变了转子系统的临界转速。

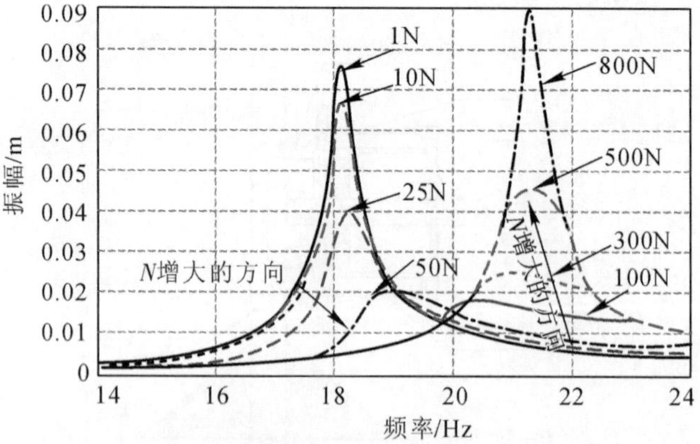

图18.24 不同压紧力下转子幅频特性曲线的比较

由此可见，若弹支干摩擦阻尼器用于控制转子的临界峰值，则应选择合适的转速区间(临界转速区域)实施控制。在所选的控制转速区间内，调节弹支干摩擦阻尼器静摩擦片和动摩擦片之间的压紧力，进行寻优控制；而在其他转速区间，不对转子施加阻尼，这样，既能达到控制转子振动峰值的目的，又不会改变转子非控制转速区域的动力学特性。

18.5.2　基于主动式弹支干摩擦阻尼器的控制方法

1. PI(Proportion Integration)控制

(1)PI 控制器设计。针对带有弹支干摩擦阻尼器的转子系统，设计 PI 控制器。PI 控制器输入到功率放大器的电压为

$$u(t)=k_{p}e(t)+k_{i}\int e(t)dt \tag{18.94}$$

式中 $u(t)$为控制输入电压，k_p为比例系数，k_i为积分系数，$e(t)=A_r-A_t$是检测的振幅偏差信号，A_r是目标振动峰值，A_t为转子圆盘处实时测到的振动峰值。控制的目标是转子的临界振动峰值不超过目标振动峰值。

(2)系统仿真。以简单对称转子为例，分析电磁式主动弹支干摩擦阻尼器对转子振动的控制效果。取比例系数 k_p和积分系数 k_i分别为 2.5 和 3.5，$A_r=0.42\times10^{-3}$ m。

图 18.25 所示为当转速在 1 680～1 820 r/min 区域内，施加 PI 控制，仿真得到的转子幅频响应曲线，即在临界转速区域使用 PI 控制时的幅频响应曲线。其中，图 18.25(a)所示为利用弹支干摩擦阻尼器按照 PI 控制律对转子实施振动控制时，转子的幅频曲线，图 18.25(b)所示为控制过程的电磁铁电压曲线。

从图 18.25(a)中可以看出，在转速区间(1 680～1 820 r/min)的 PI 控制要比简单被动控制有优势，既能有效降低转子通过临界转速区域的振动，又不改变转子系统的临界转速特性。由图 18.25(b)可见，在控制器刚打开时，以及在转子临界转速区域，控制电压明显增大，说明所设计的 PI 控制器能够根据振动幅值大小，调节励磁电压，控制转子通过临界转速区域的振动。

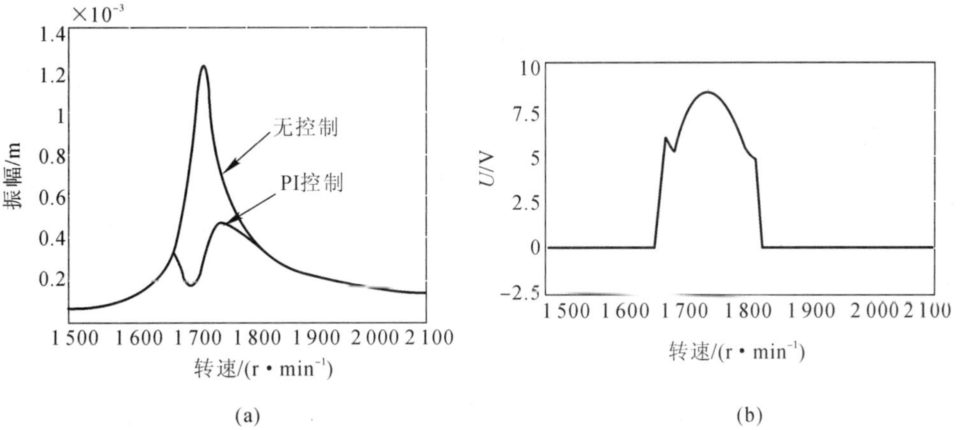

图 18.25　电磁式主动弹支干摩擦阻尼器控制下(PI 控制)转子的幅频特性及电磁铁的励磁电压(PI 控制)

(a)PI 控制下转子的幅频曲线；(b)PI 控制电磁铁励磁电压曲线

2. 连续增益调度(Gain Scheduling)PI 控制(连续 GSPI)

由于干摩擦滞迟特性的影响，使用固定比例系数和固定积分系数的 PI 控制器控制转子通

过临界转速区域的振动时，当振动偏差较小时，出现不稳定，而在振动较大时，振动控制效果达不到最优目标。因此，需要设计控制器，使得比例系数和积分系数能够根据转子振动的大小，实时变化，即在转子振动偏差较小时给定较小的比例系数和较大的积分系数，而在振动偏差较大时给定较大的比例系数和较小的积分系数，实现稳定和最优的控制效果。

(1)基于电磁式弹支干摩擦阻尼器的连续 GSPI 控制器设计。根据 GSPI 控制器的原理，基于电磁式弹支干摩擦阻尼器的 GSPI 控制器的结构如图 18.26 所示，其上层驱动事件是转子的转速(RPM)，完成临界转速区域的确定(即模态的调度，如 1/2 临界转速区域、1 阶临界区域等)及参数调整，$G_c(s)$，$G_a(s)$，$G_d(s)$ 和 $G_t(s)$ 分别是控制器、功率放大器、位移传感器和信号调理器的传递函数，它们都为比例传递函数；k_p 和 k_i 分别为比例系数和积分系数；u 和 U 分别是控制输出电压和功率放大后电压。

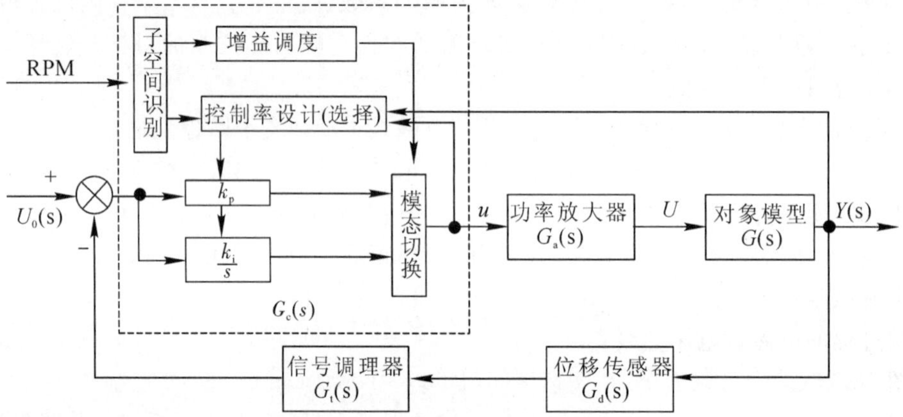

图 18.26　GSPI 控制器工作原理

控制器实时输入到功率放大器的电压为

$$u(t)=k_p(t)e(t)+k_i(t)\int e(t)\mathrm{d}t \tag{18.95}$$

式中 $e(t)=A_r-A(t)$，比例系数 $k_p(t)$ 和积分系数 $k_i(t)$ 都是振动幅值偏差 $e(t)$ 的函数。

比例系数 $k_p(t)$ 的数学表达式为

$$k_p(t)=k_{pmax}-(k_{pmax}-k_{pmin})\exp\{-[a|e(t)|]\}) \tag{18.96}$$

式中 a 是常数，k_{pmax} 和 k_{pmin} 是比例系数 k_p 的最大值和最小值。

由式(18.96)可知，比例系数 k_p 是通过振动幅值偏差 $e(t)$ 自动调节的，即当转速通过临界转速时，振动偏差 $e(t)$ 较大，指数项趋近于 0，k_p 达到最大 k_{pmax}。此时，较大的比例系数会使得动、静摩擦片之间的压紧力加大，从而使得转子振动迅速减小。在刚打开控制器和接近控制器关闭的转速点时，振动偏差较小，指数项趋近于 1，k_p 达到最小 k_{pmin}。a 的大小决定 k_p 在 k_{pmax} 和 k_{pmin} 之间调节的快慢。

积分系数 $k_i(t)$ 的数学表达式为

$$k_i(t)=k_{imax}[1-b(t)] \tag{18.97}$$

式中 k_{imax} 是增益系数的最大值，$0\leqslant b(t)\leqslant 1$。$k_i$ 随着 $a(t)$ 的变化而变化，变化范围为 $0\leqslant k_i\leqslant k_{imax}$。

当转子振动比较小时，较大的积分系数可以减小振动偏差信号小而引起的系统不稳定；当转子振动比较大时，较小的积分系数可以减小系统的振荡。

(2)系统仿真。仍以上述的单盘对称转子模型为例，当转速在 1 680～1 820r/min 区域内，利用电磁式弹支干摩擦阻尼器对转子振动施加连续 GSPI 控制，得到的转子幅频曲线如图 18.27 所示。其中，图 18.27(a)所示为 PI 控制和 GSPI 控制下转子振动幅频曲线的比较，图 18.27(b)所示为 PI 控制和 GSPI 控制过程的电磁铁励磁电压曲线。

由图 18.27 可见，在转子振动信号偏差较小时，连续 GSPI 控制以较小的比例系数和较大积分系数实施控制，利于系统的稳定；而在振动偏差信号较大时，连续 GSPI 控制以较大的比例系数和较小的积分系数控制转子振动，利于迅速减小转子振动和减小系统的振荡，与 PI 控制比较具有更好的控制效果。

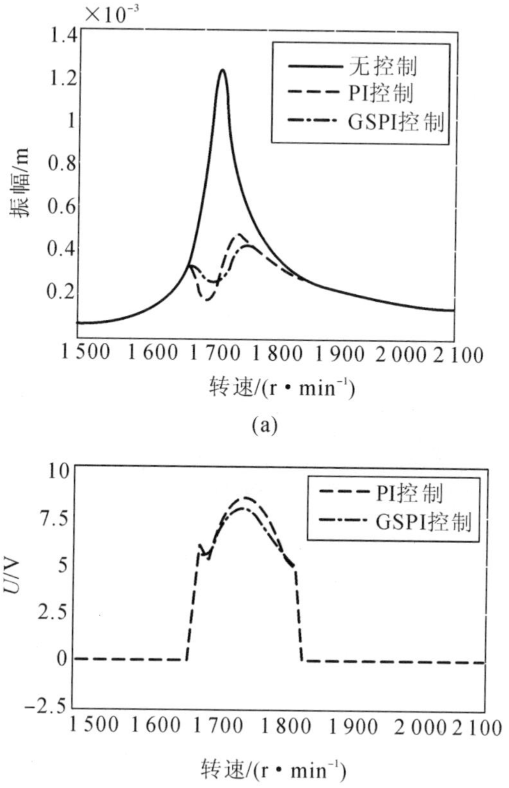

(b)

图 18.27　不同控制方法下的增速过程

(a)连续 GSPI 控制幅频曲线；(b)连续 GSPI 和 PI 控制电压

综上所述，相同条件下，基于 PI 控制和连续 GSPI 控制方法的主动弹支干摩擦阻尼器，均能有效控制转子通过临界转速区域的振动。但在抑制转子通过临界转速振动过大、减小系统振荡和增大系统的稳定性方面，连续 GSPI 控制方法较 PI 控制更有优势。

18.5.3　主动式弹支干摩擦阻尼器控制转子振动的实验

1. 实验装置

图 18.28(a)和(b)所示分别为带有主动弹支干摩擦阻尼器的转子系统结构简图和实验器

实物照片。实验器主要包括转子支座(1,4)、保护支座5、主动弹支干摩擦阻尼器(1#,2#)、轴、轮盘、柔性联轴器。主动弹支干摩擦阻尼器的鼠笼式弹性支承一端与转子支座相连,另一端安装有动摩擦片与滚动轴承。由轴和盘组成的转子支承在滚动轴承上。支座2,3是主动弹支干摩擦阻尼器的电控驱动机构与静摩擦片的固定支座;支座5是转子系统的保护支座,用于限制转子的最大振幅。转子系统通过柔性联轴器与三相异步电机相连,并由电机驱动。三相异步电机的转速由变频器进行控制。实验器的主要尺寸和参数见表18.1所示。

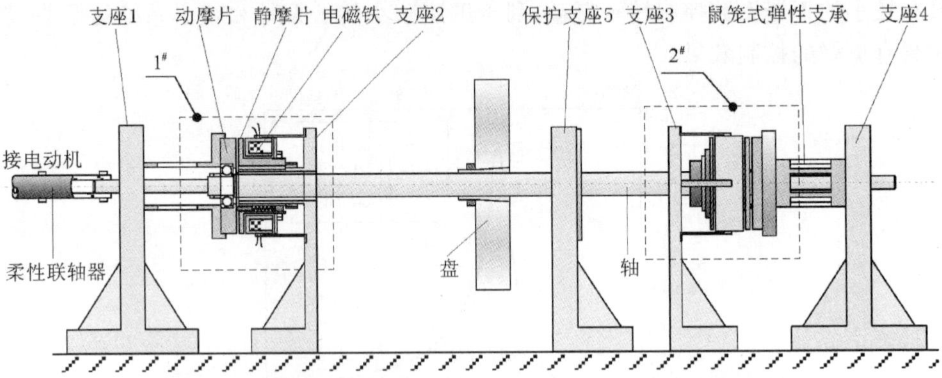

(a)

(b)

图 18.28 带有主动弹支干摩擦阻尼器的转子系统

(a)实验器整体结构;(b)实验器照片

表 18.1 实验器主要尺寸及参数

支点间距	轴直径	盘直径	盘厚	盘轴材料	弹支刚度	临界转速
700 mm	28 mm	240 mm	40 mm	45# 钢	7.5E05 N/m	1 630 r/min

测控系统如图18.29所示。振动速度、振动位移和转速的测试信号输入信号调理器进行信号调理,然后经由数据采集卡A/D输入计算机,进行处理和分析。计算机根据处理和分析结果发出控制指令,经由数据采集卡D/A输入功率放大器,驱动电磁式主动弹支干摩擦阻尼器工作。测控系统框图如图18.30所示。

转子实验转速从200r/min开始,均匀上升到2 700r/min,也可稳定在200～2 700r/min之间的任意转速。当每次转速稳定后,采用同步整周期方式采集实验数据。每次连续采集32周期的信号,每周期采集128点数据。

在实验过程中，控制反馈信号为圆盘处的水平振动位移信号。

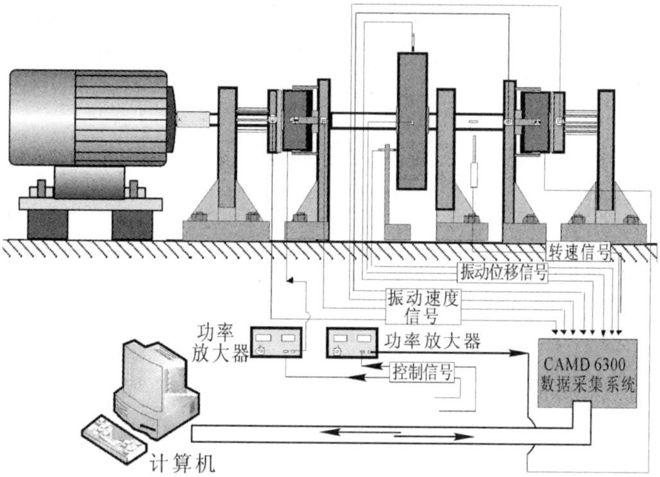

图 18.29　测控系统

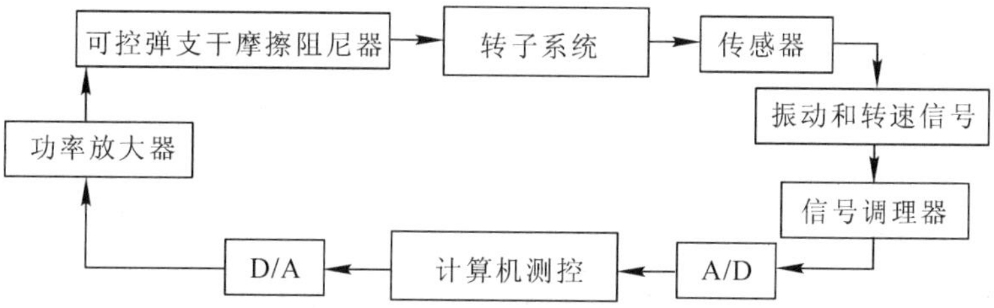

图 18.30　测控系统框图

2. 实验过程

为了验证主动弹支干摩擦阻尼器对转子振动的控制效果，对比上述两种控制方法的优劣，主要进行以下实验：

(1)主动弹支干摩擦阻尼器均不加控制电压，转子从 200 r/min 均匀增速到 2 700 r/min，测定转子的幅频曲线，以便确定增速过程中，实施临界区域振动控制的转速范围。

(2)根据实验过程(1)中的幅频曲线，设置转子从 200 r/min 均匀增速到 2 700 r/min 过程中的控制转速区域。在转速区域内，控制主动弹支干摩擦阻尼器的电磁铁励磁电压，使得控制电压分别按照 PI 控制和 GSPI 控制方法给定。控制的反馈信号为圆盘处的水平振动位移信号。临界转速区域的振动幅值参考值 $A_r-200\ \mu m$，非临界转速区域的 $A_r=82\mu m$。

3. 实验结果与分析

按照实验过程(1)不施加控制，使转子从 200 r/min 均匀增速至 2 700 r/min，得到转子的幅频特性如图 18.31 所示。由图可见，转子的临界转速约为 1 630 r/min。根据幅频曲线，设定控制转速区域为 1 500～1 720 r/min。

当转子增速在 1 500～1 720 r/min 时，分别按照 PI 控制方法和 GSPI 控制方法，利用电磁式主动弹支干摩擦阻尼器对转子通过临界转速区域的振动进行控制；在其他转速区域的振动应根据振动增大的原因进行相应的控制。如图 18.31 所示，转子在 1/2 临界时，振动幅值较大。为此,在转速区间 700～850 r/min 内也分别采用 PI 控制和 GSPI 控制法实施控制。在以上控制转速区间内主动弹支干摩擦阻尼器工作,动摩擦片和静摩擦片之间的压紧力根据相应的控制方法进行调整;控制转速区间之外,主动弹支干摩擦阻尼器不工作,即动摩擦片和静摩擦片不接触。

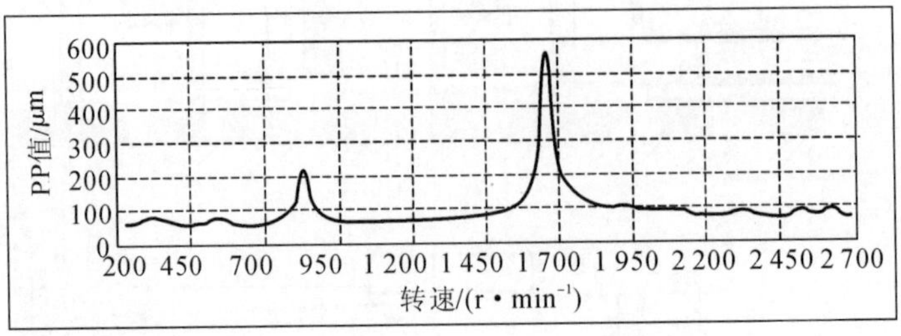

图 18.31　无控制时圆盘处的幅频曲线

图 18.32 和图 18.33 所示为按照实验过程(2),在转速区间 700～850 r/min 和 1 500～1 720r/min分别使用 PI 控制和 GSPI 控制方法控制与无控制时,圆盘处的幅频曲线。图18.34所示为控制过程中,主动弹支干摩擦阻尼器电磁铁的励磁电压。图 18.35 所示为 PI 控制和 GSPI 控制效果的比较。

由图 18.32 和图 18.33 可知,主动弹支干摩擦阻尼器实施控制后,在控制转速区域内,转子振动幅值大幅减小。在临界转速区域内振动幅值最大减幅为 65%,而“副临界”峰值消失。在非控制转速区域转子的动力学特性没有发生变化。

综合图 18.32～图 18.35 可知,在转子通过临界转速区域时,连续 GSPI 控制方法,即控制器的比例系数和积分系数能够根据转子振动的大小进行实时调整,控制转子振动的效果要优于 PI 控制法。

上述实验结果证实,主动式弹支干摩擦阻尼器能有效地控制转子的振动,且结构简单,易于实施,必将会获得广泛应用。

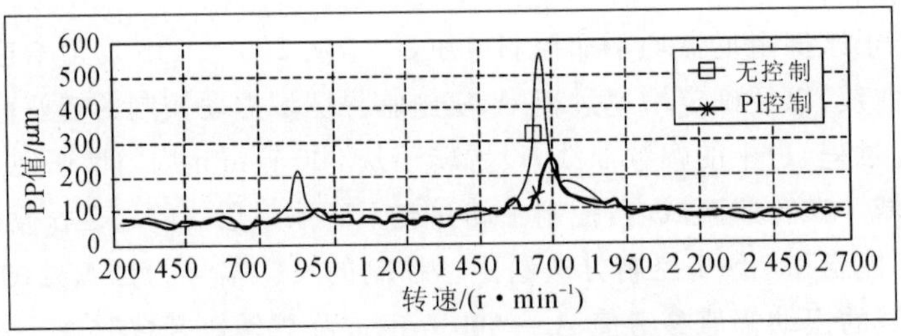

图 18.32　PI 控制时圆盘处的幅频曲线

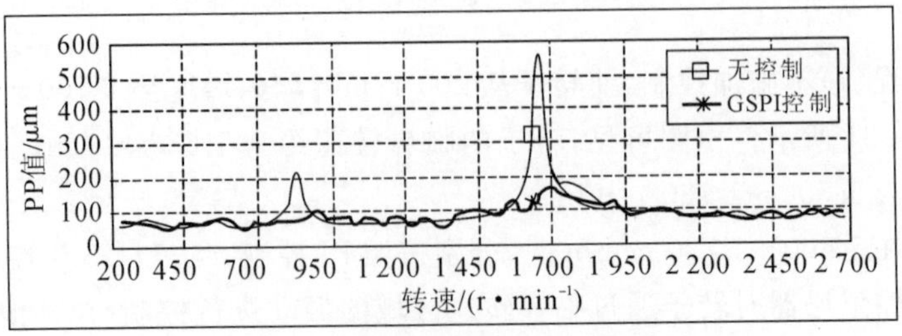

图 18.33　GSPI 控制时圆盘处的幅频曲线

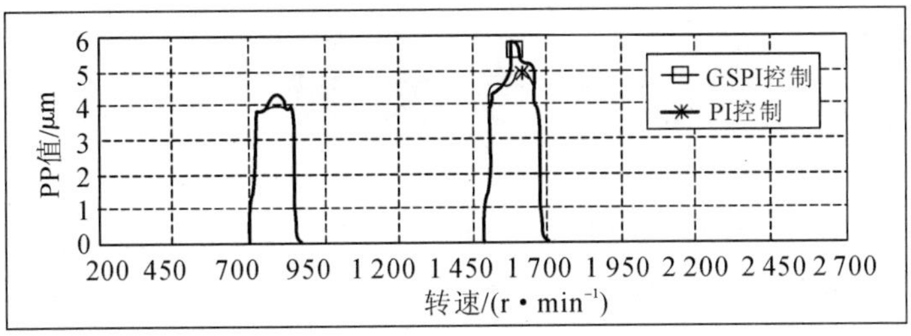

图 18.34　PI 和 GSPI 控制时电磁铁的励磁电压曲线

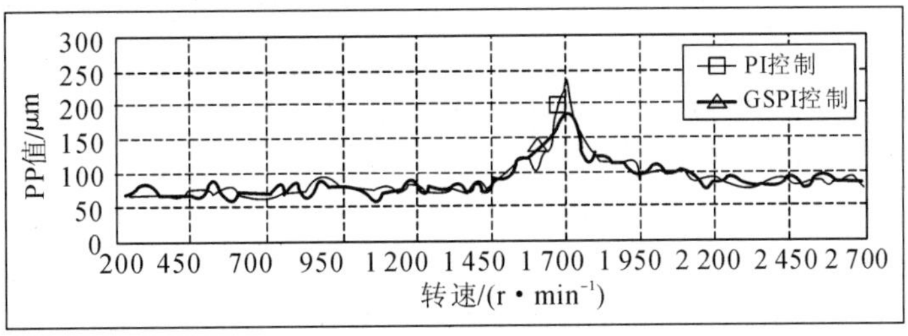

图 18.35　PI 控制与 GSPI 控制效果比较

参 考 文 献

[1] GASCH R, KNOTHE K. Strukturdynamik[M]. Berlin: Springer-Verlag, 1987.

[2] GASCH R, NORDMANN R, PFUETZNER H. Rotordynamik[M]. Berlin: Springer-Verlag, 2002.

[3] KRAEMER E. Dynamics of Rotors and Foundations [M]. Berlin: Springer-Verlag, 1993.

[4] THOMSON W. Theory of Vibration with Applications[M]. 4th Edition. London: Chapman & Hall, 1993.

[5] MEIROVITCH L. Fundamentals of Vibrations[M]. Boston:McGraw-Hill, 2001.

[6] VANCE J M. Rotordynamics of Turbomachinery[M]. New York: John Wiley & Sons, 1988.

[7] VANCE J M, ZEIDAN F, MURPHY B. Machinery Vibration and Rotordynamics [M]. New York: John Wiley & Sons Inc, 2010.

[8] 顾家柳. 转子动力学[M]. 北京：国防工业出版社，1985.

[9] 钟一锷，何衍宗，王正，等. 转子动力学[M]. 北京：清华大学出版社，1987.

[10] 闻邦椿，顾家柳，夏松波，等. 高等转子动力学[M]. 北京：机械工业出版社，2000.

[11] LIAO Mingfu, GASCH R. Crack detection in rotating shafts-an experimental study [C]. Proceeding of Institution of Mechanical Engineers Conference on Vibrations in Rotating Machinery. Bath, England: Institution of Mechanical Engineers, 1992: 289.

[12] GASCH R, LIAO Mingfu. Verfahren zur Frueherkennung eines Risses in einer rotierender Welle: Germany, DE 4229340[P]. 1992-09-04.

[13] GASCH R. A Survey of the Dynamic Behavior of a Simple Rotating Shaft with a Transverse Crack[J]. Journal of Sound and Vibration, 1993, 160(2):313 - 332.

[14] LIAO Mingfu. Risserkennung mittels eines Monitoring Systems[R]. Germany: Carl Schenck Bericht, 1993.

[15] 杨伸记，廖明夫. 旋转机械状态监测与故障诊断系统[J]. 测控技术，2000，19(1): 56 - 58.

[16] 廖明夫. 裂纹转子动力学特性及其监测技术研究[D]. 西安：西北工业大学，1995.

[17] 季文美，方同，陈松淇. 机械振动[M]. 北京：科学出版社，1985.

[18] GASCH R, LIAO Mingfu. Verfahren zur Frueherkennung eines Risses in einer rotierender Welle: Europe, EP 0585623 B1[P]. 1996-09-04.

[19] GASCH R, LIAO Mingfu. Process for Early Detection of a Crack in a Rotating Shaft: America, 5533400[P]. 1996-05-12.

[20] LIAO Mingfu, EICHLER A, SCHATZ M. A New Approach to Detection of Cracks in an Anisotropic Rotor[J]. Machine Vibration, 1995(4):147-151.

[21] 廖明夫，EICHLER A, SCHATZ M. 一种识别支承各向异性的转子轴上裂纹的方法：

中国，ZL 951154656[P]. 1995-09-11.
[22] RIETZ R，SEGEBART P，LIAO Mingfu. Diagnosehinweise aus der numerischen Simulation von Anstreifvorgaengen rotierender Wellen[J]. VDI BERICHTE，1999，1466：261-274.
[23] GOLDMAN P，MUSZYNSKA A. Application of Full Spectrum to Rotating Machinery Diagnostics[J]. Orbit，1999，20(1)：17-21.
[24] 廖明夫，邓小文，杨伸记. 诊断转子支座松动故障的一种新方法[J]. 振动、测试与诊断，1999，19(4)：359-382.
[25] 杨伸记，廖明夫. 旋转机械状态监测与故障诊断系统[J]. 测控技术，2000，19(1)：56-58.
[26] WEIGEL M. Neue Verfahren zur Erkennung und überwachung von nderungen im Schwingungsverhalten von Turbos tzen[C]. Schwingungen in rotierenden Maschinen V. Wien，2001.
[27] 廖明夫. 金陵石化南京炼油厂催化裂化 J－110 风机的振动测试及分析报告[R]. 西安：西北工业大学，1999.
[28] 廖明夫. 包钢燃气厂 TRT 振动故障的诊断报告[R]. 西安：西北工业大学，2000.
[29] 廖明夫. 山西铝厂 2# 高压风机故障诊断报告[R]. 西安：西北工业大学，2000.
[30] 廖明夫，蒲秋洪，钟志才. 转子特性参数的预估和临界响应的预报[J]. 航空动力学报，2003，18(3)：367-372.
[31] 廖明夫，汪玉，谭大力. 转子进动分析的 4 个定理[J]. 航空动力学报，2008，23(2)：281-285.
[32] SCHNEIDER H. Auswucht-Technik[M]. Duesseldorf：VDI Verlag，1992.
[33] LINGENER A. Auswuchten-Theorie und Praxis[M]. Berlin：Verlag Technik，1992.
[34] DARLOW M S. Balancing of High-Speed Machinery [M]. New York：Springer-Verlag，1989.
[35] 陈光. 用于波音 787 客机的 GEnx 发动机设计特点[J]. 航空发动机，2010，36(1)：1-6.
[36] SHANMUGAM A，PADMANABHAN C. A fixed-free interface component mode synthesis method for rotordynamic analysis[J]. Journal of Sound and Vibration，2006，297(3－5)：664-679.
[37] VON GROLL G V，EWINS D J. On the dynamics of windmilling in aero-engines [C]// IMechE Conference Transactions. London：Professional Engineering Publishing，2000.
[38] 韩清凯，于涛，俞建成，等. 单跨双圆盘不平衡转子-轴承系统的非线性动力学分析[J]. 机械工程学报，2004，40(4)：16-20.
[39] 陈萌，洪杰，朱彬，等. 基于实体单元的转子动力特性计算方法[J]. 北京航空航天大学学报，2007，33(1)：10-13.
[40] 廖明夫，王四季. 航空发动机柔性转子动平衡方法[J]. 噪声与振动控制，2011，31(6)：91-94.

[41] 廖明夫，谭大力，耿建明，等. 航空发动机高压转子的结构动力学设计方法[J]. 航空动力学报，2014，29(7)：1505－1519.

[42] 付才高. 航空发动机设计手册：第19册 转子动力学及整机振动[M]. 北京：航空工业出版社，2000.

[43] 朱梓根. 航空涡喷、涡扇发动机结构设计准则(研究报告)：第六册 转子系统[M]. 北京：中国航空工业总公司发动机系统工程局，1997.

[44] GUNTER E J . Optimum bearing and support damping for unbalance response and stability of rotating machinery[J]. Journal of Engineering for Power，1978，100(1)：1-6.

[45] 廖明夫，于潇，王四季，等. 双转子系统的振动[J]. 机械科学与技术，2013，32(4)：475-480.

[46] 廖明夫，刘永泉，王四季，等. 中介轴承对双转子振动的影响[J]. 机械科学与技术，2013，32(5)：641-646.

[47] 黄文虎，夏松波，焦映厚，等. 旋转机械非线性动力学[M]. 北京：科学出版社，2006.

[48] SCHOBEIRI T，LIPPKE C，ABOUELKHEIR M. Nonlinear dynamic simulation of single-and multi-spool core engines[R]. AIAA 93-2580，1993.

[49] HUANG Taiping. The transfer matrix impedance coupling method for the eigensolutions ofmulti-spool rotor systems[J]. ASMEJournal of Vibration，Acoustics，Stress，and Reliability in Design，1988，110(4)：468-472.

[50] CHIANG H W D，HSU C N，JENG W，et al. Turbomachinery Dual Rotor-Bearing System Analysis[C]. Proceedings of ASME Turbo Expo. Amsterdam：American Society of Mechanical Engineers，2002：803-810.

[51] RAO J S，SREENIVAS R. Dynamics of a Three Level Rotor System Using Solid Elements[C] Proceedings of ASME Turbo Expo. Atlanta：American Society of Mechanical Engineers，2003：601-606.

[52] 柴山，刚宪约，姚福生，等. 计算多转子系统临界转速的整体传递矩阵法[J]. 上海理工大学学报，2002，24(1)：8-12.

[53] 晏砺堂. 航空燃气轮机振动和减振[M]. 北京：国防工业出版社，1991.

[54] 廖明夫，丛佩红，王娟 ，等. 航空发动机转子振动的“可容模态”和减振设计[J]. 航空动力学报，2015，30(5)：1125-1140.

[55] 金路. 航空发动机转子系统动力学优化设计方法研究[D]. 西安：西北工业大学，2014.

[56] NELSON H D，MCVAUGH J M . The Dynamics of Rotor-Bearing Systems Using Finite Elements[J]. Journal of Engineering for Industry，1976，98(2)：593-600.

[57] NELSON H D. A Finite Rotating Shaft Element Using Timoshenko Beam Theory [J]. J Mech Design，1980，102(4)：793-803.

[58] PINKUS O，STERNLICHT B. Theory of Hybrodynamic Lubrication[M]. New York：McGraw-Hill，1961.

[59] LUND J W，SAIBEL E. Oil Whip Whirl Orbits of a Rotor in Sleeve Bearings[J].

Journal of Engineering for Industry, 1967, 89(4):813-823.

[60] MASSEY B S. A Note on the Theory of the Short Journal Bearing[J]. International Journal of Mechanical Engineering Education, 1977, 5(1): 95-96.

[61] BARRETT L E, ALLAIRE P E, GUNTER E J. A Finite Lenght Bearing Correction Factor for Short Bearing Theory[J]. ASME Journal of Lucrication Thechnology, 1980, 102(3):283-290.

[62] HOLMES R. Rotor Vibration Control using Squeeze-Film Dampers[C]. Proceedings of IFToMM: Fifth International Conference on Rotor Dynamics. Darmstadt, Germany: IFToMM, 1988: 32-51.

[63] COOPER S. Preliminary Investigation of Oil Films for the Control of Vibration[J]. Lubrication and Wear Convention, 1963, 6(6):305-315.

[64] WHITE D C. The Dynamics of a Rigid Rotor Supported on Squeeze Film Bearings [C]. Proceedings of the Conference on Vibrations in Rotating Systems. London: Institution of Mechanical Engineers,1972: 213-229.

[65] MOHAN S, HAHN E J. Design of Squeeze Film Damper Supports for Rigid Rotors [J]. Journal of Engineering for Industry, 1974, 96(3):976-982.

[66] 廖明夫，杨伸记. 火箭发动机涡轮泵振动信号的同步整周期采集[J]. 导弹与航天运载技术，2003(5): 10-13.

[67] 王四季. 发动机转子高速动平衡系统的设计与实现[D]. 西安：西北工业大学，2005.

[68] KLIMEK W. Ein Beitrag zur meβtechnischen Anwendung der aktiven elektromagnetischen Lagerung[R]. DLR Forschungsbericht, 1972.

[69] SCHWEITZER G, ULBRICH H. Magnetic Bearings: A Novel Type of Suspension [C]. The Second International Conference on Vibrations in Rotating Machinery. London: Institution of Mechanical Engineers, 1980.

[70] LARSONNEUR R, SIEGWART R, TRAXLER A. Active Magnetic Bearing Control Strategies for Solving Vibration Problems in Industrial Rotor Systems[C]. IMechE Conference on Vibrations in Rotating Machinery. Bath: Institution of Mechanical Engineers, 1980.

[71] 范天宇，廖明夫. 转子干摩擦阻尼器及其减振机理[J]. 机械科学与技术，2003, 22(5): 743-745.

[72] 范天宇. 弹件支承干摩擦阻尼器减振研究[D]. 西安：西北工业大学，2006.

[73] 王四季，廖明夫，杨伸记. 主动式弹支干摩擦阻尼器控制转子振动的实验[J]. 航空动力学报，2007, 22(11): 1893-1897.

[74] 王四季，廖明夫. 主动弹支干摩擦阻尼器控制转子突加不平衡响应的研究[J]. 机械科学与技术，2008, 27(5): 667-672.

[75] 王四季，廖明夫. 弹支局部断裂后主动式弹支干摩擦阻尼器对转子的保护[J]. 航空动力学报，2008, 23(11): 2026-2030.

[76] 王四季. 主动弹支干摩擦阻尼器控制转子振动的技术研究[D]. 西安：西北工业大学，2008.

[77] WANG Siji, LIAO Mingfu. Experimental Investigation of an Active Elastic Support/Dry Friction Damper on Vibration Control of Rotor Systems[J]. International of Turbo & Jet Engines, 2014, 31(1): 13-17.

[78] 王四季，廖明夫. 弹支干摩擦阻尼器在线控制转子失稳[J]. 振动、测试与诊断，2012，32(2)：323-326.

[79] LIAO Mingfu, SONG Mingbo, WANG Siji. Active Elastic Support/Dry Friction Damper with Piezoelectric Ceramic Actuator[J]. Shock and Vibration, 2014, 2014(2):1-10.

[80] 廖明夫，GASCH R，KOLK O,等. 转子失稳故障的在线消除[J]. 机械科学与技术，1999，18(4)：539-543.

[81] LIAO Mingfu, GASCH R, KOLK O, et al. Stability Improvement of Motion of a Rotor with an Active Control Method[J]. Journal of Vibration and Control, 2000, 6(2):291-308.

[82] WEITZ B. Stabilitaetsunteruchung eines hochtourigen Schleuderstandes mit aktiv geregeltem Magnetlager[C]. Reihe 11 Schwingungstechnik Nr. 200, Düsseldorf: VDI Verlag, 1993.

[83] MCKEAN H, MOLL V. Elliptic Curves: Function, Theory, Geometry, Arithmetic[M]. Cambridge: Cambridge University Press, 1999.